# Springer-Lehrbuch Masterclass

Weitere Informationen zu dieser Reihe finden Sie unter
http://www.springer.com/series/8645

Marcus Kriele · Jochen Wolf

# Wertorientiertes Risikomanagement von Versicherungsunternehmen

2., überarbeitete Auflage

 Springer Spektrum

Marcus Kriele
Geschäftsbereich Versicherungen
FINMA
Bern, Schweiz

Jochen Wolf
Fachbereich Mathematik und Technik
Fachhochschule Koblenz
Remagen, Deutschland

Springer-Lehrbuch Masterclass
ISBN: 978-3-662-50256-3        ISBN: 978-3-662-50257-0 (eBook)
DOI 10.1007/978-3-662-50257-0

Die Deutsche Nationalbibliothek verzeichnet diese Publikation in der Deutschen Nationalbibliografie; detaillierte
bibliografische Daten sind im Internet über http://dnb.d-nb.de abrufbar.

Springer Spektrum
© Springer-Verlag Berlin Heidelberg 2012, 2016

Planung: Annika Denkert

Gedruckt auf säurefreiem und chlorfrei gebleichtem Papier

Springer-Spektrum ist Teil von Springer Nature
Die eingetragene Gesellschaft ist Springer-Verlag GmbH Berlin Heidelberg

# Vorwort zur zweiten Auflage

In der zweiten Auflage des Buches haben wir alle uns bekannte Fehler korrigiert. Darüber hinaus gibt es zwei größere Änderungen.

- Wir haben die Abschnitte über die Solvenzaufsicht auf den neuesten Stand gebracht.
  - Der Abschnitt über den Schweizer Solvenztest wurde etwas erweitert.
  - Die Abschnitte über Solvency 2 wurden stark erweitert. Insbesondere wird das Solvenzkapital für einen (vereinfachten) Lebensversicherer bestimmt. Es wird auch ein Beispiel für die Berechnung des Solvenzkapitals für das Nichtlebenmodul beschrieben. Im qualitativen Teil gibt es einen neuen Abschnitt über ORSA.
- Während in der ersten Auflage für einige Beispiele R-Code am Ende des Buches abgedruckt wurde, wurden in dieser Auflage alle Beispiele in der neuen Programmiersprache Julia[1] ausgeführt. Der Code ist als Julia-Package frei erhältlich und kann aus dem Internet heruntergeladen werden (siehe Anhang C.2). Die Code Basis hat sich gegenüber der ersten Auflage stark vergrößert. Insbesondere enthält der Code nun das Modell eines Lebensversicherers mit dynamischer Überschussbeteiligung.

Wir möchten uns bei Stephan Schultze für anregende Diskussionen und für Erklärungen einiger Aspekte des SST bedanken.

Zürich, Schweiz
Remagen, Deutschland
Februar 2016

*Marcus Kriele*
*Jochen Wolf*

---

[1]Julia hat zwar noch nicht die Version 1.0 erreicht, ist aber unserer Ansicht nach für Aktuare schon jetzt eine sehr gute Wahl. Wir vergleichen einige populäre Programmierumgebungen für Aktuare in Anhang B.

# Vorwort zur ersten Auflage

Die wert- und risikoorientierte Unternehmenssteuerung ist ein ganzheitlicher Ansatz zur Steuerung von Unternehmen. Dieser Ansatz umfasst Komponenten, die klassisch im Controlling oder im Aktuariat angesiedelt waren, wodurch eine fachübergreifende Herangehensweise notwendig wird. Durch seine Betonung der Messung von Risiken sehen wir hier ein neues, sich dynamisch entwickelndes Aufgabengebiet für Aktuare. In diesem Buch versuchen wir, das dafür notwendige Basiswissen aus der Aktuarsperspektive zu vermitteln. Unsere Sprache ist hier daher die der Mathematiker. Für die Kommunikation im Unternehmen müssen die hier vorgestellten Konzepte natürlich in die allgemeine Sprache übersetzt werden. Es ist auch die Aufgabe des Aktuars, dass bei dieser Übersetzung die Kernaussagen erhalten bleiben, ohne dass der Adressat mathematisch überfordert wird. Da jede Messung sowohl mit einem Messfehler als auch mit Modellfehler behaftet ist, war es uns ein besonderes Anliegen, die Grenzen der besprochenen Methoden aufzuzeigen.

Das vorliegende Buch wurde als Begleittext zum Modul „Wertorientiertes Risikomanagement" der Aktuarsausbildung der Deutschen Aktuarvereinigung e.V.[2] (DAV) konzipiert und umfasst den gesamten Lehrplan für dieses Fach. Das Buch greift jedoch nicht auf andere Module zurück und kann unabhängig von der Aktuarsausbildung gelesen werden. Außerdem haben wir zusätzlich einige weiterführende Themen behandelt, die wir für wichtig halten, die jedoch den Rahmen eines DAV-Moduls sprengen würden.

Das Kap. 7 zur wertorientierten Unternehmenssteuerung enthält Übungen, die den Leser zu einer besonders intensiven Beschäftigung mit diesem Gebiet animieren sollen. Zu den meisten dieser Übungen gibt es mehr als eine Lösung.

---

[2] http://www.aktuar.de

Das Buch enthält Code-Beispiele, die in der Skriptsprache der statistischen Programmumgebung R[3] geschrieben sind. R ist unter GNU 2.0 lizensierte[4] Open Source Software und kann kostenlos von der Website

$$\texttt{http://cran.r-project.org/}$$

für die gängigen Betriebssysteme Linux, OSX, Windows heruntergeladen werden. Neben dem Basispaket wird die `copula` Bibliothek[5] benutzt, die ebenfalls unter der gleichen Lizenz von der angegebenen Website heruntergeladen werden kann. Der hier abgedruckte Code ist rein für Lehrzwecke gedacht. Die Autoren lehnen ausdrücklich jede Verantwortung für die Korrektheit oder Eignung zur Unternehmenssteuerung ab.

Wir haben dieses Buch gemeinsam geschrieben und redigiert. Allerdings gibt es für jeden Abschnitt einen Autor, der sich besonders verantwortlich fühlt.

| | |
|---|---|
| Marcus Kriele: | 2, 3, 4.1, 4.3, 4.4.3, 4.5, 4.6, 4.7, 5, 6, 7 |
| Jochen Wolf: | 1, 4.2, 4.4, 4.5.3, 8 |

Bei der Verfassung dieses Buchs haben wir intensiv von der Open Source Software Gebrauch gemacht, insbesondere vom Textsatzprogramm LATEX[6] von dem auf LATEX basierenden Textverarbeitungsprogramm LyX,[7] vom LATEX-Graphik-Paket TikZ,[8] vom Editor Emacs[9]/Aquamacs.[10] Unser besonderer Dank gilt den Entwicklern, die der Öffentlichkeit derart ausgereifte Werkzeuge zur Verfügung gestellt haben.

Wir möchten uns ganz herzlich bei Guido Bader für seine vielen Anmerkungen und Verbesserungsvorschläge bedanken.

Unserer ganz besonderer Dank gilt Damir Filipović. Dieses Buch basiert auf einem Skript, das wir gemeinsam geschrieben hatten. Abschn. 4.6 ist eine Erweiterung der von ihm geschriebenen Originalversion und Abschn. 5.3 wurde unverändert von ihm

---

[3]R Core Team. *R: A language and environment for statistical computing.* R Foundation for Statistical Computing, Vienna, Austria, 2013. `http://www.R-project.org`.

[4]Das R Core Team ist der Ansicht, das diese Lizenz die Anwendung von R und R-Packages für kommerzielle Anwendungen (incl. Beratungstätigkeiten) gestattet.

[5]J. Yan and I. Kojadinovic. Modeling multivariate distributions with continuous margins using the copula R-package. *Journal of Statistical Software*, 34(9):1–20, 2010.

[6]F. Mittelbach, M. Goossens, J. Braams, D. Carlisle, and C. Rowley. *The LATEX companion.* Addison-Wesley Series on Tools and Techniques for Computer Typesetting. Addison-Wesley Professional, Boston, 2004.

[7]The LyX Team. LyX 2.0.x - The document processor, 2011. `http://www.lyx.org`.

[8]T. Tantau. *The TikZ and PGF packages.* Universität zu Lübeck, Institut für Theoretische Informatik, 2010.

[9]Gnu Emacs Developers. Emacs 23.x, 2009. `http://www.gnu.org/software/emacs/`.

[10]Aquamacs Developers. Aquamacs 2.x, 2010. `http://aquamacs.org`.

übernommen. Darüber hinaus konnten wir den Text aufgrund seiner Kommentare und aufgrund vieler Diskussionen mit ihm stark verbessern.

Die hier dargestellten Ideen spiegeln nicht notwendig die Meinungen unserer gegenwärtigen oder früheren Arbeitgeber wider. Insbesondere sei der Leser für die offiziellen Meinungen oder Verordnungen von BaFin oder FINMA auf ihre Websites und ihre Originalpublikationen verwiesen.

New York
Remagen, Deutschland
Oktober 2011

*Marcus Kriele*
*Jochen Wolf*

# Inhaltsverzeichnis

# Risikomanagementprozess

## 1.1 Risiko und Chance

Im allgemeinen Sprachgebrauch wird der Begriff „Risiko" oft weitläufig mit der Gefahr negativer Ereignisse oder Auswirkungen assoziiert. Aus betriebswirtschaftlicher Sicht stellt dagegen ein Risiko die Möglichkeit dar, aufgrund der Unvorhersagbarkeit der Zukunft von dem Planwert oder dem erwarteten Wert einer Zielgröße abzuweichen. Beispielsweise kann der Gewinn eines Versicherungsunternehmens höher oder niedriger ausfallen, als er in der Unternehmensplanung prognostiziert wurde. Betrachtet man ausschließlich Abweichungen vom Planwert in eine Richtung, so spricht man von einem *einseitigen Risiko*. Sollen jedoch Abweichungen in beide Richtungen betrachtet werden, also im Beispiel höhere und niedrigere Gewinne, so spricht man von einem *zweiseitigen Risiko*.

Ein gutes Risikomanagement richtet seinen Blick nicht ausschließlich auf die negativen Abweichungen, sondern ist in die wertorientierte Unternehmenssteuerung eingebunden. Daher fokussieren wir in diesem Abschnitt auf das Risiko-Chancen-Profil als Grundlage für Bewertungen und Entscheidungen der Unternehmenssteuerung. So könnten z. B. zwei Strategien anhand des Chancenmaßes „erwarteter Gewinn" $G$ und des Risikomaßes „maximaler Verlust $V$, der höchstens mit einer Wahrscheinlichkeit von 5 % überschritten wird", verglichen werden. Die Entscheidung zwischen beiden Strategien könnte dann anhand einer Kennzahl getroffen werden, die Risiko- und Chancenmaß kombiniert, z. B. anhand des risikoadjustierten Gewinns $G/V$.

Ein anderes Beispiel für die Kombination von Risiko- und Chancenmaß stellt die Bewertung eines Unternehmens durch die Summe der diskontierten zukünftigen Erträge dar, wobei der Diskontierungssatz risikoabhängig ist. Je unsicherer die erwarteten zukünftigen Erträge sind, desto höher fällt der Diskontierungssatz aus, d. h. desto niedriger der Unternehmenswert.

© Springer-Verlag Berlin Heidelberg 2016
M. Kriele und J. Wolf, *Wertorientiertes Risikomanagement von Versicherungsunternehmen*, Springer-Lehrbuch Masterclass,
DOI 10.1007/978-3-662-50257-0_1

Mathematisch wird das Risiko-Chancen-Profil durch eine Wahrscheinlichkeits-verteilung beschrieben. Mit deren Analyse liefert das Risikomanagement die Grundlage für eine zuverlässige und transparente Unternehmensplanung, die bei adäquater Einschätzung und Kontrolle der Risiken auf die Chancen des Unternehmens ausgerichtet ist. Ziel unternehmerischen Handelns ist nicht die Risikovermeidung. Ein Versicherungsunternehmen generiert im Gegenteil seine Erträge durch die Übernahme von Risiken. Das Ziel des Risikomanagements besteht daher in der Optimierung des Risiko-Chancen-Profils.

Indem die Risiken eines Geschäftsfeldes bewertet werden, kann die Renditeerwartung auf das als Risikopuffer benötigte Eigenkapital mit dem erwarteten Ertrag des Geschäftsfeldes verglichen werden. Risikomanagement unterstützt somit die strategische Ausrichtung eines Unternehmens hin zu chancenreichen Geschäftsfeldern.

Der Risikomanagementprozess ist eng mit der Unternehmenssteuerung verzahnt. Um Risiko als Abweichung von den geplanten Zielwerten erfassen zu können, erfordert das Risikomanagement eine transparente und fundierte Unternehmensplanung. Zunächst müssen alle relevanten internen und externen Risiken identifiziert, bewertet und unter Berücksichtigung ihrer Interdependenzen aggregiert werden. Damit liefert das Risikomanagement zum einen eine Rückkopplung für die strategische Unternehmensausrichtung, zum anderen die Grundlage für konkrete Maßnahmen zur Optimierung des Chancen-Risiko-Profils und damit zur Steigerung des Unternehmenswertes. Zu solchen Risikobewältigungsmaßnahmen zählen Risikovermeidung, Risikoreduktion und Risikotransfer. Die Entwicklung der Risiken muss im Zeitablauf stetig überwacht werden, was eine entsprechende Ausgestaltung im Controlling durch Zuweisung von Verantwortlichkeiten, klare Kommunikationsstrukturen und Berichtspflichten erfordert. Die Verzahnung von Risikomanagement und Unternehmenssteuerung stellt ein zentrales Element der gesetzlichen Anforderungen aus KonTraG, Solvency 2 und MaRisk dar und wird in Abb. 1.1 verdeutlicht.

Der Kernprozess des Risikocontrollings umfasst die Schritte von der Risikoidentifikation bis zur Risikoüberwachung und erfüllt somit die Anforderungen des KonTraG, Risiken frühzeitig zu erkennen und angemessene Maßnahmen zu ergreifen. Mit der Aufteilung des im Risikocontrolling ermittelten Risikokapitals auf die einzelnen Geschäftsbereiche und Produkte ermöglicht die Risikokapitalallokation eine Gegenüberstellung von Erträgen/Chancen und der Kapitalkosten für die Übernahme der zugehörigen Risiken. Auf dieser Grundlage kann die Unternehmenssteuerung produktpolitische Entscheidungen treffen und dem Risikocontrolling Zielvorgaben für die Optimierung des Risikoprofils geben.

Während die Perspektive des Risikocontrollings auf die negativen Abweichungen von Zielgrößen gerichtet ist, trifft die Unternehmenssteuerung Entscheidungen unter Unsicherheit und benötigt dazu die komplette Information der Wahrscheinlichkeitsverteilung. Somit liegt dem Risikocontrolling der einseitige Risikobegriff näher. Zur Berechnung des ökonomischen Kapitals als Risikopuffer werden daher in der Regel Risikomaße herangezogen, die das einseitige Risiko negativer Abweichungen messen. Die Unterneh-

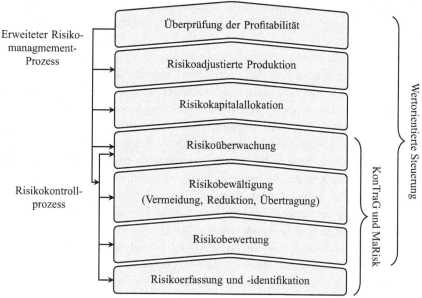

**Abb. 1.1** Der Risikocontrolling und -managementprozess (leichte Modifizierung einer Grafik von Bernd Heistermann, 2005)

menssteuerung nutzt neben dem Risikomaß auch die Information des Chancenmaßes. So z. B. stellt die Kenngröße RORAC den Quotienten des erwarteten Ertrags durch das ökonomische Risikokapital dar und drückt somit ein Chancen-Risiko-Verhältnis aus.

In den verbleibenden Abschnitten dieses Kapitels werden wir den Risikokontrollprozess beschreiben. Der erweiterte Risikomanagementprozess wird in den folgenden Kapiteln ausführlich behandelt werden.

## 1.2 Erfassung und Identifizierung von Risiken

Ziel der *Risikoidentifikation* ist es, alle wesentlichen Risiken durch eine zeitgerechte, systematische Analyse des Versicherungsunternehmens und seines ökonomischen Umfeldes auf aktuellem Stand zu erfassen.

Eine systematische Analyse ist erforderlich um sicherzustellen, dass zum einen alle materiell relevanten Risiken erkannt werden und zum anderen Risikobewältigungsmaßnahmen fokussiert auf die relevanten zu steuernden Risiken angewandt werden, ohne durch eine unkontrollierte Informationsflut über unwesentliche Risiken behindert zu werden. Materiell bedeutende Risiken können allerdings auch im Zeitablauf durch Interaktionen von isoliert betrachtet unbedeutenden Risiken entstehen.

Die Risikoidentifikation sollte stets die aktuelle Risikoexposition des Unternehmens erfassen, da ein frühzeitiges Erkennen von Risiken effizientere Risikobewältigungsmaßnahmen ermöglicht.

Man unterscheidet zwischen *systematischen Risiken*, die eine große Anzahl von Versicherungsunternehmen betreffen, und *unternehmensspezifischen Risiken*. Zu den systematischen Risiken gehören Konjunkturschwankungen, Finanzmarktbewegungen, Sterblichkeitstrends, Naturkatastrophen, Epidemien, Änderungen in den gesetzlichen, regulatorischen und politischen Rahmenbedingungen sowie exogene Schocks wie etwa Ölkrisen oder Terrorakte. Versicherungsunternehmen können die Realisationen systematischer Risiken nicht beeinflussen, müssen aber ihre Risikoexposition erfassen und bewältigen. Unternehmensspezifische Risiken, die vom einzelnen Unternehmen gesteuert werden können, umfassen strategische Fehlentscheidungen, das Managementrisiko, Reputationsrisiken (z. B. Verkauf unangemessener Produkte), eine falsche Liquiditätsplanung, IT-Ausfälle, Betrugsfälle sowie diejenigen Komponenten von Markt-, Kredit- und versicherungstechnischen Risiken, die durch das Unternehmen individuell beeinflusst werden können wie z. B. die Struktur der Kapitalanlagen, die Wahl der Rückversicherer, das Prämienrisiko (z. B. durch mangelhafte Risikoprüfung) und das Reserverisiko (etwa durch unangemessene Modelle oder eine unzulängliche Regulierungspraxis).

Es gibt zahlreiche Möglichkeiten, die Risiken von Versicherungsunternehmen zu klassifizieren. Wir werden die folgende Risikoklassifikation zugrundelegen: strategische Risiken, Marktrisiken, Kreditrisiken, Liquiditätsrisiken, versicherungstechnische Risiken, operationelle Risiken (einschließlich dem Managementrisiko), Reputationsrisiken und Konzentrationsrisiken. Die Feinheit der Risikoklassifikation sollte stets auf das individuelle Risikoprofil des Unternehmens zugeschnitten sein.

Die einzelnen Risikoklassen können sowohl systematischen als auch unternehmensindividuellen Einflüssen unterliegen. Beispielsweise realisiert sich das Marktrisiko in Abhängigkeit von den Finanzmarktbewegungen und der unternehmensindividuellen Kapitalanlagestruktur.

Die strategische Unternehmensplanung legt die strategische Ausrichtung auf die einzelnen Geschäftsfelder fest. Dabei müssen Erfolgspotentiale erkannt, die Position des Unternehmens im Wettbewerbsumfeld sowie Trends in Markt und Gesellschaft analysiert und Kernkompetenzen entwickelt werden. Kernkompetenzen sollen dabei einen erheblichen Beitrag zum Kundennutzen leisten, bedeutsam für viele Geschäftsfelder sein und von der Konkurrenz idealerweise nur schwierig zu kopieren sein. Ferner sind Kostenstrukturen und die Veränderungen des Risikoprofils bei der Entscheidung, welche Leistungen der Wertschöpfungskette selbst erbracht und welche outgesourct werden, zu berücksichtigen.

Aufgabe des strategischen Risikomanagements ist es, Einflussfaktoren für das Erreichen der strategischen Ziele zu identifizieren und Abweichungen von den strategischen Zielvorgaben zu analysieren. Da strategische Ziele oft schwer anhand von Kenngrößen beschrieben werden können, können auch *strategische Risiken* meist nur qualitativ beurteilt werden.

Eine Analyse von Krisensituationen in Versicherungsunternehmen mündet im Sharma-Report [1] in der Feststellung, dass Krisen zwar oft mit einem auslösenden externen Ereignis in Verbindung gebracht werden können, ihre zentrale Ursache jedoch eine Realisation des Managementrisikos darstellte. Unter dem *Managementrisiko* subsumiert man alle Gefahren, die mit der internen Organisation und Führung des Unternehmens (Corporate Governance) in Zusammenhang stehen. Dazu zählen die mangelnde fachliche Qualifikation der Mitarbeiter, unklare Kompetenzverteilungen und Mängel in der Aufbau- und Ablauforganisation sowie den Kommunikations- und Berichtsstrukturen.[1] Für das Managementrisiko ist eine quantitative Bewertung schwierig und von untergeordneter Bedeutung. Aufgabe des Risikomanagements ist es vorrangig, für die Einbindung aller Mitarbeiter in den Risikomanagementprozess zu sorgen.

Kerngeschäft von Versicherungsunternehmen ist die Übernahme versicherungstechnischer Risiken. *Versicherungstechnische Risiken* manifestieren sich in Abweichungen von den zugrunde gelegten biometrischen Wahrscheinlichkeiten, Schadenfrequenz- und Schadenhäufigkeitsverteilungen sowie dem Versicherungsnehmerverhalten (z. B. Storno, Selektion). Das versicherungstechnische Risiko wird oft in die Komponenten Zufalls-, Irrtums- und Änderungsrisiko unterteilt. Während das Zufallsrisiko die natürlichen Schwankungen der Schäden bzw. Versicherungsleistungen auf Basis der zugrunde gelegten Annahmen beschreibt, wird das Irrtumsrisiko durch unvollständige Information über die wahren Eigenschaften des versicherten Bestandes bedingt und spiegelt die Gefahr falscher Annahmen wider. Das Änderungsrisiko bringt mögliche Veränderungen in den Risikocharakteristika im Zeitablauf (z. B. Trends, Strukturbrüche) zum Ausdruck. Darüber hinaus wird auch die Komponente Katastrophenrisiko betrachtet, die extreme Szenarien wie etwa eine Pandemie oder einen schweren Unfall in der Chemie-Industrie beschreibt.

Das versicherungstechnische Risiko wird vor allem in der Sachversicherung unterschieden in das Prämien- und Reserverisiko. Das *Prämienrisiko* besteht darin, dass die vereinnahmten Prämien des aktuellen Geschäftsjahres oder künftiger Perioden nicht ausreichen, die Versicherungsleistungen zu erbringen und die erforderlichen Rückstellungen zu bilden (z. B. „Münchner Hagel",[2] „Wiehltalbrücke",[3] Naturkatastrophen). Das *Reserverisiko* bezeichnet die Gefahr, dass sich die gebildeten versicherungstechnischen Rückstellungen für bereits zurückliegende Perioden als unzureichend erweisen. Beispiele

---

[1]2008 belasteten die Transaktionen von Jérôme Kerviell die Société Générale mit einem Verlust von 5 Milliarden Euro. Wenn auch der Verlust primär durch Realisation von Marktrisiken entstand, so besteht seine Ursache in der Manifestation eines Managementrisikos: Ausschaltung des 4-Augen-Prinzips, Umgehung von Kontrollmechanismen durch fingierte Emails und Verzicht auf Urlaub.

[2]1984 führte in München ein Hagelunwetter zu einem volkswirtschaftlichen Schaden von 3 Milliarden DM, wovon 1.5 Milliarden DM versichert waren.

[3]2004 stürzte ein mit 32000 Litern Kraftstoff beladener Tanklastzug nach einer Kollision mit einem PKW, dessen Fahrer unter Drogeneinfluss stand und keinen Führerschein besaß, von der Wiehltalbrücke. Die Brücke wurde durch den Brand erheblich beschädigt und musste gesperrt werden. Der Unfallschaden belief sich auf eine Größenordnung von 30 Millionen Euro.

dafür bilden in der Schadenversicherung die Nachreservierung für Asbestschäden, in der
Lebensversicherung die Verstärkung der Deckungsrückstellung infolge der Langlebigkeit.

*Marktrisiken* gehen auf adverse Änderungen von Preisen auf den Finanzmärkten zurück. Marktpreisschwankungen resultieren aus Veränderungen von Aktienkursen (z. B.
2002, Neuer Markt, Cargo Lifter, Finanzmarktkrise 2008), Zinssätzen (Kursverluste
festverzinslicher Papiere bei Zinsanstieg, Spreadausweitung infolge von Subprime- und
Finanzmarktkrise), Wechselkursen (z. B. starke Schwankungen des Euro-Dollar-Kurses),
Volatilitäten (z. B. Spreadvolatilitäten), Immobilienpreisen und anderen Veränderungen.
Die Marktpreisschwankungen schlagen sich dann in Wertänderungen des Kapitalanlage-
portfolios und der versicherungstechnischen Verbindlichkeiten nieder.

*Kreditrisiken* bestehen im Ausfall oder in der Bonitätsverschlechterung von Geschäftspartnern (z. B. „Hypo Real Estate" als Folge der Finanzkrise in 2008). Im Bereich
der Kapitalanlagen erstreckt sich diese Gefahr auf den Ausfall von Kreditschuldnern
und Gegenparteien bei derivativen Finanzinstrumenten sowie auf Wertminderungen
von Wertpapieren infolge der Bonitätsverschlechterung ihrer Emittenten. Eine zweite
bedeutende Quelle des Kreditrisikos für Versicherungsunternehmen besteht in der Gefahr,
dass Leistungen eines Rückversicherers ausfallen können. Da die Leistungsverpflichtung
des Erstversicherers gegenüber dem Versicherungsnehmer vom Rückversicherungsvertrag
unberührt bleibt, kann im Falle des Eintretens eines Großschadens der Ausfall des Rückversicherers schnell zu einer existenzbedrohenden Gefahr für den Erstversicherer werden.
Im Unterschied zum Ausfall eines Kreditschuldners stellt der Ausfall eines Rückversicherers ein sekundäres Risiko dar, das sich erst dann manifestieren kann, wenn das versicherungstechnische Schadenereignis eingetreten ist.[4] Weitere Kreditrisikoquellen bestehen
in möglichen Forderungsausfällen gegenüber Versicherungsnehmern (z. B. ausstehende
Prämien), Maklern und Vertriebspartnern (Ansprüche auf Provisionsrückzahlung).

Das *Liquiditätsrisiko* bezeichnet die Gefahr, dass ein Versicherer seinen fälligen Zahlungsverpflichtungen nicht uneingeschränkt termingerecht nachkommen kann. Auch wenn
die Bereitstellung von Liquidität für Versicherungsunternehmen im Normalfall leicht
möglich ist, kann sich das Liquiditätsrisiko in Interaktion mit anderen Risiken verstärken,
etwa infolge einer Ratingabstufung oder wenn bei Anstieg der Stornorate stille Lasten
realisiert werden müssen und die Verluste einen weiteren Stornoanstieg auslösen. Daher
ist das Liquiditätsrisiko nicht nur unter dem Aspekt der Kosten für die Bereitstellung
von Liquidität zu betrachten, sondern auch aus Sicht der Risikosteuerung von Bedeutung.
Schließlich kann es in Extremszenarien (Großschäden in der Sachversicherung, Pandemie
oder sprunghafter Stornoanstieg infolge veränderter Finanzmarktbedingungen in der

---

[4]In der Praxis ist ein Ausfall des Rückversicherers denkbar, wenn eine Katastrophe sehr hohe
Schäden bei mehreren Erstversicherern ausgelöst hat. Das primäre versicherungstechnische Risiko
und das sekundäre Kreditrisiko sind dann nicht unabhängig.

Lebensversicherung, Zusammenbruch der Märkte für Bankennachrangdarlehen) zu einer existenzgefährdenden Bedrohung werden.

Das *operationale Risiko* wird in der Literatur oft als Residualkategorie eingeführt, die ein breites Spektrum von Risiken umfasst, die nicht in die Kategorien Markt-, Kredit- oder versicherungstechnisches Risiko fallen. Die Definition von Basel II, die auch die Rahmenrichtlinie für Solvency 2 in Artikel 101 verwendet, beschreibt das operationale Risiko als

„the risk of loss resulting from inadequate or failed internal processes, people, systems or from external events. This definition includes legal, but excludes strategic and reputational risk."

Operationales Risiko umfasst also

- unternehmensinterne und externe kriminelle Handlungen ("dolose Handlungen"),
- politische, rechtliche und gesellschaftliche Risiken,
- Beschädigung von Betriebsvermögen, Betriebsunterbrechungen und Systemversagen (IT),
- operative Fehler von Mitarbeitern,
- Verluste infolge von Störungen in den Ablaufprozessen, Kommunikationsstrukturen und Schwächen in der Aufbauorganisation und das bereits gesondert betrachtete
- Managementrisiko.

Da das operationale Risiko nicht unwesentlich durch seltene Ereignisse mit sehr hohen Schadensummen geprägt wird, kann sich die Datenlage eines Versicherungsunternehmens für die Quantifizierung als unzureichend erweisen. In diesem Fall kann die Datenbasis durch den Zusammenschluss mehrerer Unternehmen zu einem Datenpool oder die Nutzung kommerzieller Datenbanken verbreitert werden. Bayessche Modelle ermöglichen es, die unternehmensindividuelle Datenhistorie mit externen Daten oder auch Expertenwissen zu kombinieren. Auch die Erfahrung so genannter „near misses", also noch rechtzeitig abgewendeter Verluste, kann bei getrennter Modellierung von Schadenfrequenz und -höhe zu einer fundierteren Einschätzung der Schadenhöhe beitragen.

Ferner kann sich die Abgrenzung des operationalen Risikos zu anderen Risikoklassen schwierig gestalten. Wenn die Abgrenzung auch für die Bewertung des Gesamtrisikos irrelevant ist, so stellt sie doch für die Risikobewältigung als bedeutend heraus. Beispielsweise können unerwartet hohe Schadenzahlungen Folgen eines versicherungstechnischen Risikos oder aber fehlerhafter Geschäftsprozesse, mangelnder Kontrollen oder der Ausnutzung technologiebedingter Systemschwächen sein. Auch die Abgrenzung zum ausdrücklich ausgeschlossenen strategischen Risiko erscheint schwierig. Strategisches Risiko kann vom Managementrisiko im Wesentlichen nur durch den längeren Zeithorizont abgegrenzt werden.

Vor dem Hintergrund dieser Schwierigkeiten bieten sich szenariobasierte Verfahren an. Zum einen lassen sich mit Hilfe von hypothetischen Szenarien auf der Basis von Experteneinschätzungen Auswirkungen von Ereignissen untersuchen, für die es keine historischen Daten gibt. Zum anderen erfassen Szenarien die Wechselwirkungen zwischen verschiedenen Risikokategorien und entschärfen somit das Abgrenzungsproblem. Szenariobasierte Modelle lassen sich auch mit Modellen auf der Basis von Verlustdatenbanken kombinieren.

*Konzentrationsrisiken* entstehen, wenn ein Versicherungsunternehmen innerhalb einer Risikokategorie eine starke Exponierung aufweist oder stark korrelierte Risiken eingeht. Eine hohe Exponierung kann beispielsweise bzgl. einzelner Kreditschuldner, einzelner Aktientitel, einzelner Rückversicherer oder einer einzelnen Region (z. B. Sturm „Lothar") vorliegen. Hält ein Versicherungsunternehmen einen bedeutenden Aktienanteil an einem Unternehmen, dessen gesamten Fuhrpark es versichert, entsteht eine Konzentration über Risikokategorien hinweg, die sich in einer ungünstigeren Aggregation zum Gesamtrisiko niederschlägt.

*Reputationsrisiken* manifestieren sich in einer Rufschädigung des Unternehmens infolge einer negativen Wahrnehmung in der Öffentlichkeit z. B. bei Kunden (Verkauf unangemessener Produkte), bei Geschäftspartnern (schlecht kommunizierte Neuordnung der Vertriebsstruktur), Aktionären (Verluste infolge mangelhaften Risikomanagements) oder Behörden. Das Reputationsrisiko kann meist nur qualitativ beurteilt werden. Es tritt oft im Zusammenhang mit der Realisation anderer Risiken (z. B. IT-Ausfall) auf, kann aber auch als Einzelrisiko auftreten.

Ergebnis der Risikoidentifikation ist ein vollständiges Risikoinventar, das die Grundlage für die weiteren Schritte des Risikomanagementprozesses bildet.

## 1.3   Bewertung von Risiken

Im Anschluss an die Risikoidentifikation erfolgt die Risikobewertung auf zwei Stufen, einer qualitativen Bewertung und einer quantitativen Messung in einem Risikomodell.

Die *qualitative Bewertung* dient einer Relevanzeinschätzung der Risiken. Die einzelnen Risiken können in eine Relevanzskala mit Stufen, die von „unbedeutend" bis „existenzgefährdend" reichen, eingeordnet und mit weiteren Einschätzungen hinsichtlich ihrer Eintrittswahrscheinlichkeit, ihrer mittleren Auswirkung und möglicherweise eines realistischen Höchstschadens beschrieben werden.

Die Grenze zwischen Risikoidentifikation und qualitativer Bewertung lässt sich nicht immer scharf ziehen, da vernachlässigbare Risiken Gefahr laufen, nicht erfasst zu werden. Solche Risiken könnten aber im Laufe der Zeit an Relevanz gewinnen (z. B. Zerstörung eines Verwaltungsgebäudes infolge eines Flugzeugabsturzes nach Veränderungen der Einflugschneisen).

Die Einordnung in eine Relevanzskala reduziert die Komplexität des Risikoinventars und zeigt die relative Bedeutung der einzelnen Risiken auf, was die Kommunikation über mögliche Bewältigungsmaßnahmen in Abhängigkeit von den Auswirkungen der Risiken erleichtert.

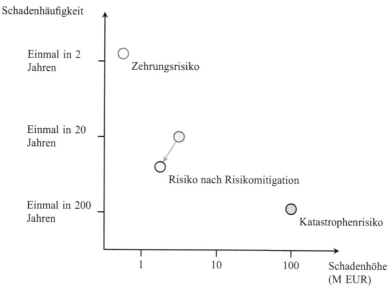

**Abb. 1.2** Beispiel einer Risikomatrix. Man beachte die logarithmische Darstellung, die es ermöglicht, einen gleichzeitigen Überblick über Katastrophen- und Zehrungsrisiken („Attrition Risk") zu erhalten

Es gibt verschiedene Darstellungsmöglichkeiten der qualitativen Bewertung:

- Die Achsen einer Risikomatrix stellen Eintrittswahrscheinlichkeit und Auswirkungsgrad eines potentiellen Schadens dar. Risikobewältigungsmaßnahmen können durch eine Bewegung des Risikos in der Risikomatrix dargestellt werden. Risikomatrizen werden auch benutzt, um den Erfolg der Risikomitigation darzustellen. Siehe Abb. 1.2.
- Risikobäume veranschaulichen eine Klassifikation der Risiken und ihre Unterteilung in Teilrisiken.
- In strukturierten Workshops können die Risk Owner Checklisten für die relevanten Risikofaktoren aufstellen, Ursache-Wirkungs-Zusammenhänge und die Risikofaktoren beeinflussenden Umweltfaktoren, sogenannte Einflussfaktoren, analysieren.
- Szenario-Analysen geben Aufschluss über potentielle Auswirkungen der Risiken unter vorgegebenen Konstellationen der Einflussfaktoren.
- Abhängigkeitsanalysen untersuchen mit Blick auf Kumulproblematiken oder Verstärkungseffekte Interdependenzen von Einfluss- und Risikofaktoren.
- SWOT-Analysen (strengths-weaknesses-opportunities-threats) bestehen aus zwei Teilanalysen, der Stärken-Schwächen-Analyse und der Chancen-Risiken-Analyse. In einer Stärken-Schwächen-Analyse werden auf der Grundlage von Unternehmensdaten, Schätzungen und Expertenwissen die Ist-Position des Unternehmens untersucht und komparative Stärken und Schwächen im Vergleich zur Konkurrenz herausgearbeitet. In einer Chancen-Risiken-Analyse ermittelt man mittels Szenarien für die relevanten

Einflussfaktoren die Auswirkungen von Marktentwicklungen auf das Unternehmen. In der Zusammenfassung beider Analysen werden erfolgsversprechende Unternehmensstrategien entwickelt.

Die *quantitative* Bewertung der Risiken erfolgt mit Hilfe von Risikomodellen. Zunächst werden für die einzelnen Risiken Teilmodelle entwickelt. Diese Teilmodelle, die mit Hilfe von statistischen Verfahren an die Daten des Unternehmens kalibriert werden, liefern Wahrscheinlichkeitsverteilungen für die einzelnen Teilrisiken, die dann wie in Kap. 3 unter Beachtung der Abhängigkeitsstrukturen zu einer Verteilung der Gesamtrisikoposition des Unternehmens aggregiert werden. Risikomaße aus Kap. 2 werden dann zur Bewertung der komplexen Information der Wahrscheinlichkeitsverteilung in einer Kenngröße herangezogen.

## 1.4   Risikobewältigung

Im Anschluss an die Bewertung der Risiken dienen Risikobewältigungsmaßnahmen dazu, das Risiko-Chancen-Profil im Einklang mit der strategischen Unternehmensplanung zu optimieren.

### 1.4.1   Vermeidung von Risiken

*Risikovermeidung* zielt darauf ab, den Eintritt bestimmter Risiken zu verhindern und damit bestimmte Zielabweichungen auszuschließen. Dazu bestehen folgende Möglichkeiten:

- Eine restriktive Zeichnungspolitik nimmt bestimmte Risiken nicht an, z. B. auf der Grundlage einer medizinischen oder finanziellen Risikoprüfung. Bereits bestehende Verträge mit nicht länger akzeptablem Rendite-Risiko-Profil werden, falls möglich, gekündigt.
- In der Produktgestaltung können Vertragsklauseln bestimmte Risikoaspekte wie etwa Krieg, Terrorakte, innere Unruhen oder Elementarschäden ausschließen. Zusätzliche Vertragsklauseln können bestimmte Risiken wie z. B. Zins- oder Währungsrisiken komplett auf den Versicherungsnehmer abwälzen.
- Eine grundsätzliche oder einzelfallbezogene Risikoauslese verhindert die Entstehung außerordentlicher Schadenhöhen oder von Kumulrisiken.
- Bestimmte riskante Kapitalanlageformen können ausgeschlossen werden.
- Bei unzureichender Risikotragfähigkeit, einem schlechten Ergebnis der SWOT-Analyse oder schlechten risikoadjustierten Renditekennzahlen kann das Unternehmen eine Geschäftssparte aufgeben.

Risikovermeidung kann jedoch keine zentrale Rolle in den Risikobewältigungsstrategien eines Versicherungsunternehmens spielen, da die Übernahme von Risiken, vor allem von versicherungstechnischen Risiken, die Kernaktivität zur Renditegewinnung darstellt und für die langfristige Entwicklung von Kernkompetenzen notwendig ist.

### 1.4.2 Reduzierung von Risiken

Maßnahmen zur *Reduzierung von Risiken* können darauf abzielen, eine ursachenorientierte Minderung der Eintrittswahrscheinlichkeit von Schäden oder eine wirkungsorientierte Reduktion der Schadenhöhe oder Diversifikations- und Kompensationseffekte auf Portfolioebene zu erzielen. Versicherungsunternehmen stehen vielfältige Maßnahmen zur Risikoreduktion und der damit verbundenen Verbesserung des Risiko-Chancen-Profils offen.

- Im Underwriting können Risikoprüfungen neben der Ablehnung von nicht akzeptablen Risiken und Leistungsausschlüssen zu einer risikosensitiven Prämiendifferenzierung beitragen. Limitsysteme können Kumulrisiken (z. B. Exposition gegenüber einem Großkunden, hohe Versicherungssummen in der Berufsunfähigkeitsversicherung, regionale Konzentration in der Schadenversicherung) begrenzen oder verhindern.
- Kontrollmechanismen bei der Leistungsprüfung und Schadenregulierung können Missbrauch und Betrug vorbeugen und somit Versicherungsleistungen reduzieren.
- Die Produktentwicklung hat die Möglichkeit, Vertragsklauseln zu entwerfen, die die Versicherungsnehmer zu Maßnahmen der Schadenprävention (z. B. den Einbau von Einbruchsicherungen) verpflichten. Elemente der Risiko- und Schicksalsteilung mit den Versicherungsnehmern wie Selbstbehalte, Gewinnbeteiligungskonzepte und Bonus-Malus-Systeme in Abhängigkeit von der individuellen Schadenerfahrung schaffen konkrete Anreize für die Versicherungsnehmer, Schäden zu vermeiden oder in ihren Auswirkungen gering zu halten. Prämienanpassungsklauseln und Kündigungsrechte eröffnen dem Versicherungsunternehmen Reaktionsmöglichkeiten im Falle der Verschlechterung der versicherten Risiken.
- Risiken der Kapitalanlagen können durch Diversifikation über verschiedene Anlageklassen und Emittenten sowie durch Hedging mittels derivativer Instrumente reduziert werden.
- Risiken der Passivseite kann ein Versicherungsunternehmen durch Diversifikation über Sparten, Produkte, Regionen und Absatzorganisationen vermindern. Zudem kann es versuchen, durch gezielte Vertriebsmaßnahmen Einfluss auf die Bestandszusammensetzung zu nehmen. Beispielsweise kann der Einfluss sinkender Sterblichkeiten auf Rentenversicherungskollektive durch den entgegengesetzten Einfluss auf Risikoversicherungen teilweise kompensiert werden.

- Auch ALM-Maßnahmen können risikomindernd wirken, indem beispielsweise Durationslücken zwischen den Zahlungsströmen auf Aktiv- und Passivseite verringert und somit das Zinsänderungsrisiko reduziert wird.
- Eine simultane Planung und Abstimmung der Cash-Flows auf Aktiv- und Passivseite wirkt zudem dem Liquiditätsrisiko entgegen.
- Maßnahmen zur Reduktion operationaler Risiken stellen unter anderem Business Continuity Planing, Sicherungsmechanismen in den IT-Systemen, das 4-Augen-Prinzip, interne Limitsysteme zur Vermeidung doloser Handlungen dar.

### 1.4.3  Transfer von Risiken

Von *Risikotransfer* spricht man, wenn ein Risiko ganz oder teilweise auf andere Wirtschaftssubjekte übertragen wird. Versicherungsunternehmen steht ein weites Spektrum von Risikotransfermöglichkeiten offen.

Zunächst kann das versicherungstechnische Risiko mit dem Versicherungsnehmer geteilt werden. Geeignete Maßnahmen stellen die Vereinbarung von Selbstbehalten und Haftungsobergrenzen oder von Gewinnbeteiligungsverfahren dar, in dem z. B. der Versicherungsnehmer durch Beitragsrückerstattungen an einem günstigen Schadenverlauf oder mit Hilfe von Erfahrungskonten an den Abwicklungsergebnissen der Schadenregulierung beteiligt wird. Ferner können einzelne Risiken wie etwa das Kapitalanlagerisiko bei der fondsgebundenen Lebensversicherung komplett auf den Versicherungsnehmer übergewälzt werden.

Bei der *Mitversicherung* wird ein versicherungstechnisches Risiko von mehreren Versicherungsunternehmen gemeinsam getragen. Jedes Unternehmen übernimmt einen Teil des Risikos. Das Unternehmen, das die technische Abwicklung übernimmt, erhält als Vergütung eine Provision. Bei der *offenen Mitversicherung* besitzt der Versicherungsnehmer mit jedem beteiligten Unternehmen einen Vertrag, während er bei einer *verdeckten Mitversicherung* von der Risikoteilung mit anderen Versicherungsunternehmen nichts erfährt. Beispiele für Mitversicherung stellen Großrisiken in der Haftpflichtversicherung sowie Konsortialverträge in der Lebensversicherung dar. Im Gegensatz zum Versicherungspool wird jedoch das Risiko pro Versicherungsvolumen nicht verringert.

Bei einem *Versicherungspool* schließen sich mehrere Versicherungsunternehmen zur gemeinschaftlichen Tragung von Risiken zusammen. Die Motivation besteht darin, Großrisiken oder neue, bisher als nicht versicherbar geltende Risiken (z. B. Terrorrisiken) versichern zu können. Der Pool ist selbst kein Risikoträger, sondern organisiert lediglich die Risikotragung. Ein Poolvertrag legt fest, welches Versicherungsunternehmen welche Risiken in welcher Form in den Pool einbringen kann bzw. muss und in welcher Form die Risiken auf die einzelnen Poolmitglieder aufgeteilt werden. Der Anteil am Gesamtgeschäft, den ein Poolmitglied einbringt, heißt Zeichnungsquote, der übernommene Anteil an Poolrisiken Poolquote.[5] Sind den Versicherungsnehmern alle Poolmitglieder bekannt, spricht man von einem *Mitversicherungspool*. Beispiele sind der Atompool und die Rückdeckung des Pensionssicherungsvereins durch verschiedene Lebensversicherungsunternehmen. Steht der Versicherungsnehmer jeweils nur mit einem Poolmitglied unter Vertrag, spricht man von einem *Rückversicherungspool*. Vorteile eines Pools bestehen in dem erweiterten Risikoausgleich innerhalb des größeren Kollektivs, in einer Reduktion der Verwaltungskosten und in einer breiteren statistischen Basis. Ein Versicherungspool zeichnet sich durch hohe Transparenz aus und erleichtert damit die Kumulkontrolle. Beispiele für einen Rückversicherungspool sind der Deutsche Luftpool und der Pharmapool.

Neben den erwähnten Formen der Risikoteilung gibt es bedeutende und besser auf die individuellen Bedürfnisse der Versicherungsunternehmen zugeschnittene Risikotransfermöglichkeiten auf dem Versicherungsmarkt in Gestalt der Rückversicherung, auf den Finanzmärkten mit Hilfe derivativer Instrumente und zwischen Finanz- und Versicherungsmärkten durch Mechanismen des Alternativen Risikotransfers.

In der klassischen Rückversicherung transferiert ein Erstversicherer versicherungstechnische Risiken auf ein Rückversicherungsunternehmen. Aus risikotechnischer Sicht unterscheidet man proportionale und nichtproportionale Rückversicherung.

Bei der *proportionalen Rückversicherung* wird das Risiko in einem bestimmten Verhältnis zwischen Erst- und Rückversicherer aufgeteilt. Formen proportionaler Rückversicherung sind die Quotenrückversicherung, die Summenexzendentenrückversicherung und die Quotenexzendentenrückversicherung.

Bei der *Quotenrückversicherung* übernimmt der Rückversicherer einen bestimmten Prozentsatz an allen unter den Rückversicherungsvertrag fallenden versicherungstechnischen Einheiten. Somit wird der Schaden $R_i$ der $i$-ten Einheit

$$R_i = cR_i + (1-c)R_i$$

in den Rückversicherungsanteil $(1-c)R_i$ und den beim Erstversicherer verbleibenden Anteil $cR_i$ aufgeteilt, wobei $c \in ]0,1[$ gilt. Die Quotenrückversicherung verringert das absolute Maß der Haftung des Erstversicherers. Sie kann jedoch das Portfolio nicht homogenisieren. Wichtige Risikokennzahlen wie der Variationskoeffizient und Renditekennzahlen wie RORAC bleiben unverändert.

Bei einer *Summenexzendentenrückversicherung* ist der Rückversicherer nur an denjenigen versicherungstechnischen Einheiten beteiligt, deren Versicherungssumme $v_i$ einen absoluten Selbstbehalt $v_0$ des Erstversicherers übersteigen. Von Schäden $R_i$ versicherungstechnischer Einheiten, deren Versicherungssumme über dem Selbstbehalt liegen, verbleibt beim Erstversicherer der Anteil $c_iR_i$, der dem Verhältnis von Selbstbehalt und Versicherungssumme entspricht:

---

[5]Während sich also die Zeichnungsquote auf die Abgabe von Risiken an den Pool bezieht, quantifiziert die Poolquote den Anteil der Risikotragung durch das Poolmitglied.

$$R_i = c_i R_i + (1 - c_i)\, R_i, \quad c_i = \min\left(\frac{v_0}{v_i}, 1\right)$$

Die Summenexzedentenrückversicherung bewirkt eine Entlastung des Erstversicherers von Spitzenschäden und trägt zur Homogenisierung des Kollektivs durch Varianzreduktion bei. Jedoch schützt die Summenexzedentenrückversicherung nur sehr eingeschränkt gegen den Kumul kleiner oder mittlerer Schäden.

Die Kombination von Quoten- und Summenexzedentenrückversicherung wird *Quotenexzedentenrückversicherung* genannt. Wird zunächst der Exzedent, danach die Quote angewandt, so spricht man von einem Quotenexzedenten mit Vorwegexzedent, bei umgekehrter Reihenfolge von einem Quotenexzedenten mir Vorwegquote.

Die *nichtproportionale Rückversicherung* beschreibt Rückversicherungsverträge, bei denen die Zahlungen des Rückversicherers nicht proportional zur Schadenzahlung des Erstversicherers sind.

In der *Einzelschadenexzedentenrückversicherung* übernimmt der Rückversicherer den die *Priorität a* des Erstversicherers übersteigenden Teil jedes einzelnen Schadens $X$ bis zur vereinbarten Haftungsobergrenze $h$, d. h. er zahlt

$$\min(h, \max(X - a, 0)).$$

Der Einzelschadenexzedent bietet einen wirksamen Schutz gegen Großschäden und reduziert die Varianz der Schadenverteilung. Er ist relativ einfach zu verwalten. Er schützt jedoch nur bedingt gegen ansteigende Schadenhäufigkeiten, da in jedem Schadenfall die Priorität vom Erstversicherer getragen werden muss. Kleine und mittlere Schäden verbleiben beim Erstversicherer.

Löst ein Schadenereignis mehrere Einzelschäden aus, so übernimmt eine *Kumulschadenexzedentenrückversicherung* den die Priorität übersteigenden Teil der Gesamtschadensumme. Der Kumulschadenexzedent kann eine bestehende Exzedenten- oder Quotenrückversicherung ergänzen, wobei die Priorität über dem höchsten Selbstbehalt der Exzedentenrückversicherung liegt.

Die *Stop Loss-Rückversicherung* (Jahresüberschadenexzedentenrückversicherung) übernimmt denjenigen Teil der Gesamtsumme $S$ aller Schäden eines Jahres, der die vereinbarte Priorität $a$ des Erstversicherers übersteigt: $\max(S - a, 0)$. Der Stop Loss gewährt einen wirksamen Bilanzschutz und glättet das Jahresergebnis, da er gegen sämtliche Auswirkungen des versicherungstechnischen Risikos schützt. Er ist aber mit einem erheblichen moralischen Risiko seitens des Erstversicherers verbunden, der beispielsweise durch eine veränderte Zeichnungs- oder Bestandspolitik oder eine weniger sorgfältige Schadenprüfung und -regulierung bei Überschreiten der Schwelle $a$ den vom Rückversicherer zu tragenden Schaden erheblich erhöhen kann. Daher wird ein Stop Loss in der Regel nur im Zusammenspiel mit anderen Rückversicherungsverträgen und gegen einen proportionalen Selbstbehalt des Erstversicherers am Jahresüberschaden vereinbart.

Der Reduktion des versicherungstechnischen Risikos durch Rückversicherung steht jedoch das *Ausfallrisiko* des Rückversicherers entgegen. Da Zahlungsstörungen des Rückversicherers gravierende Folgen für den Erstversicherer nach sich ziehen können, hat die Finanzstärke des Rückversicherers eine hohe Bedeutung für den Erstversicherer. Maßnahmen zur Begrenzung des Kreditrisikos bestehen in der Stellung von Beitrags- oder Reservendepots durch den Rückversicherer oder in einem Letter of Credit, mit dem eine Bank für die Sicherheit des Rückversicherers bürgt.

Der Übergang von der traditionellen Rückversicherung zur *Finanzrückversicherung* ist fließend. Bei der Finanzrückversicherung stehen finanzwirtschaftliche, jahresabschluss-politische oder aufsichtsrechtliche Ziele (z. B. Erhöhung des Kapitals, Finanzierungshilfe bei starkem Wachstum, Stabilisierung der Geschäftsergebnisse, Verbesserung von Kenn-zahlen) im Vordergrund, während der Transfer von versicherungstechnischen Risiken nur eingeschränkt erfolgt. Finanzrückversicherung bedient sich der klassischen Vertragsge-staltungen der Rückversicherung. Neben dem eingeschränkten Risikotransfer zeichnet sie sich häufig durch lange Vertragslaufzeiten, umfangreiche Provisionsregelungen und die Berücksichtigung von Kapitalerträgen im Rückversicherungspreis aus. Klassisches Beispiel ist die Quotenversicherung mit Provisionszahlung an den Erstversicherer in der Lebensversicherung.[6]

Zum Transfer von finanziellen Risiken der Aktivseite können die *derivativen Instru-mente des Finanzmarktes* genutzt werden. Beispiele sind Put, Call, Forward, Future zur Absicherung gegen Aktienkursrisiken oder Swaps zur Absicherung gegen Zins- und Währungsrisiken.

Werden finanzielle Risiken in den Versicherungsmarkt oder versicherungstechnische Risiken in den Finanzmarkt transferiert, spricht man von *Alternativem Risikotransfer*. So z. B. kann ein Rückversicherungsunternehmen das durch entsprechende Garantien in der Lebensversicherung induzierte Zinsrisiko übernehmen. Andererseits besteht die Motivation, Versicherungsrisiken in den Finanzmarkt zu transferieren, in der Überwindung von Kapazitätsgrenzen des Rückversicherungsmarktes und im Streben nach maßgeschnei-derten Transfermethoden im Rahmen eines integrierten Risikomanagements.

Insurance Linked Securities (ILS) sind Wertpapiere, deren Kupon- und/oder Principal-Zahlungen von der Realisation eines versicherungstechnischen Risikos abhängt. Beispiele sind Katastrophenbonds, deren Kupon oder Principal etwa beim Aufkommen einer be-stimmten Zahl von Hurrikans in einer bestimmten Region (teilweise) ausfallen oder Bonds, die beim sprunghaften Anstieg der Sterblichkeit ausfallen und somit als Absicherung ge-gen eine Pandemie eingesetzt werden können. Ferner sichern sogenannte Longevity-Bonds das Langlebigkeitsrisiko in der Rentenversicherung ab. Für Katastrophen-, Epidemie- oder Langlebigkeitsrisiken existiert im Rückversicherungsmarkt oft nur eine sehr eingeschränk-te Kapazität.

---

[6]Derzeit verlangt die Aufsicht einen signifikanten Risikotransfer, da sie ansonsten eine verbotene Kreditaufnahme in dem Rückversicherungsvertrag sieht.

Da der Nennbetrag der ILS von einem Special Purpose Vehicle in sicheren Anlagen investiert wird, entfällt im Vergleich zur traditionellen Rückversicherung das Kreditrisiko. Da aus Kostengründen Wertpapiere in hohem Maße standardisiert werden müssen und um dem moralischen Risiko vorzubeugen, wird die Definition des versicherten Risikos oft nicht (wie bei der Rückversicherung) an den Schadenverlauf des emittierenden Versicherungsunternehmens gekoppelt, sondern an einen Schadenindex. Dadurch entsteht für das Versicherungsunternehmen ein Basisrisiko, dass der Index sich anders als die eigenen Schadenerfahrung entwickelt.

ILS umfassen neben Bonds auch Termingeschäfte und derivative Instrumente wie Swaps.

Maßgeschneiderte Angebote für das Risikomanagement bilden darüber hinaus Multiple-Trigger-Produkte, die eine gewünschte Kombination von mehreren finanz- oder versicherungstechnischen Risiken absichern, oder Contingent Capital Lösungen. So z. B. stellen Put-Option zur Ausgabe neuer Aktien, die nur bei Überschreitung eines bestimmten Schadenbetrags ausgeübt werden können, eine kostengünstige Absicherung gegen die Kombination der Gefahren dar, dass nach einer hohen Schadenbelastung die Eigenkapitalbasis verstärkt werden muss, aber aufgrund der Schadenereignisse der eigene Aktienkurs eingebrochen ist.

## 1.5   Risikoüberwachung

Das Risiko-Controlling begleitet den Risikomanagementprozess und unterstützt dabei die Geschäftsführung und die Risk Owner. Es stellt eine permanente Überwachung der Risiken sicher und wacht darüber, dass die Vorgaben der strategischen Unternehmensplanung und die Risikopolitik der Geschäftsführung umgesetzt sowie Risikolimite und Zeichnungsrichtlinien eingehalten werden.

Die permanente Überwachung der Risiken soll sicherstellen, dass neue Risiken, aber auch Veränderungen bereits identifizierter Risiken frühzeitig erkannt werden. Dazu sind für die einzelnen Risikofelder Verantwortlichkeiten, ein Überwachungsturnus sowie Berichtspflichten festzulegen. In einer effektiven Organisation werden bei gravierenden Veränderungen in der Risikostruktur Ad-hoc-Meldungen an das Risiko-Controlling und vorgesetzte Instanzen der Risk Owner ausgelöst. Bestandsgefährdende Risiken werden unverzüglich der Geschäftsführung berichtet. Die Praxis für bestandsgefährdende Risiken wird in Deutschland gesetzlich vorgeschrieben (KonTraG).

Das Risiko-Controlling überprüft die Ergebnisse der Berichte der Risk Owner auf Plausibilität und wertet Risikokennzahlen sowie Erfolgsgrößen aus. Das Controlling wird unter anderem durch die folgenden aktuariellen Tätigkeiten unterstützt:

- die regelmäßige Überprüfung der Angemessenheit der Rechnungsgrundlagen,
- die Nachkalkulation bei veränderten Rechnungsgrundlagen,
- Kalkulation der Reserven nach aktuariellen Grundsätzen,

- Projektionsrechnungen zur Cash-Flow-Ermittlung,
- Profit-Testing unter verschiedenen Szenarien, um Risiken unter bestimmten Marktbedingungen zu erkennen (wie etwa gezieltes Storno zum günstigen Zeitpunkt),
- Asset Liability Management,
- Aufbau und Weiterentwicklung interner Modelle,
- Analysen zur Angemessenheit der Rückversicherungsstruktur.

## 1.6 Die Rolle des Verantwortlichen Aktuars im Risikomanagementprozess

In vielen Ländern ist die aktuarielle Aufgabe im Risikomanagement gesetzlich verankert. In Deutschland schreibt das VAG die Bestellung eines Verantwortlichen Aktuars in

- der Lebensversicherung gemäß § 11a VAG,
- der Unfallversicherung mit Prämienrückgewähr gemäß § 11d VAG,
- für die Ermittlung der Deckungsrückstellung, für Haftpflicht- und Unfallrenten gemäß § 11e VAG,
- der substitutiven Krankenversicherung gemäß § 12 VAG

vor.

In der Lebensversicherung hat der Verantwortliche Aktuar gemäß § 11a VAG sicherzustellen, dass Prämien und Deckungsrückstellung unter Beachtung der gesetzlichen Anforderungen nach anerkannten versicherungsmathematischen Grundsätzen berechnet werden. Aufgrund der Bedeutung der Deckungsrückstellung spielt der Verantwortliche Aktuar somit eine wesentliche Rolle bei der Risikoidentifikation und -bewertung. Diese Rolle ist nicht auf versicherungstechnische Risiken beschränkt, da der Verantwortliche Aktuar zudem die Finanzlage des Unternehmens im Hinblick auf die dauerhafte Erfüllbarkeit der Verpflichtungen und die Bedeutung der Solvabilitätsspanne überprüfen muss. Auch die Anforderungen an den (ebenfalls in Deutschland vorgeschriebenen) Aktuarsbericht haben sich von der Prüfung der Rechnungsgrundlagen hin zu einem umfassenden Risikobericht entwickelt, in dem der Verantwortliche Aktuar gegebenenfalls notwendige Maßnahmen zur Verbesserung der Risikosituation vorschlagen muss. Damit wird er auch in die Risikobewältigung mit eingebunden. Schließlich unterstützen Funktionen des aktuariellen Controllings die Wertorientierung in der Unternehmenssteuerung.

Auch wenn der Verantwortliche Aktuar eine bedeutende Rolle im Risikomanagementprozess einnimmt, so unterscheidet sich seine Funktion von derjenigen des *Chief Risk Officers* (CRO). Der CRO stellt die Aufbau- und Ablauforganisation des Risikomanagements sicher und setzt die strategischen Unternehmensvorgaben im Risikomanagement um.

Im Gegensatz zum CRO haftet in Deutschland der Verantwortliche Aktuar mit seinem persönlichen Vermögen.

## Literatur

1. Conference of Insurance Supervisory Services of the Member States of the European Union. Prudential supervision of insurance undertakings, December 2002. Sharma-Report

# Risikomaß

## 2.1 Die Idee des Risikomaßes

Umgangssprachlich wird unter Risiko einfach die Möglichkeit verstanden, dass „ungünstige Ereignisse" auftreten. Abweichungen hin zum Positiven („Chance") werden also in der Regel ausgeblendet. Wenn man aber „Risiko" quantitativ zu erfassen versucht, zeigt sich, dass Risiko ein sehr vielschichtiges Phänomen ist.

Eine Möglichkeit, Risiko mathematisch zu beschreiben, besteht darin, Risiko generell mit Schwankung (zum Beispiel Wertschwankungen) zu identifizieren. Damit werden sowohl „ungünstige" als auch „günstige" Abweichungen betrachtet. Ein solcher Ansatz wird zum Beispiel verfolgt, wenn man als Risikomaß die Standardabweichung (siehe unten) wählt.

Ein anderer Fokus wäre, finanzielle Risiken mit einem Geldbetrag zu identifizieren, der einen Hinweis darauf gibt, wie viel man bei einer Manifestation des Risikos verlieren kann. Dies wird der von uns hauptsächlich verfolgte Ansatz sein. Hierfür sind je nach Situation unterschiedliche Maße geeignet. Besonders beliebt sind Maße, deren Ergebnis operativ als der Kapitalbetrag interpretiert werden kann, den das Unternehmen seiner Risikoaversion entsprechend vorhalten muss, um sein Geschäft betreiben zu können.

Es sei $(\Omega, \mathscr{A}, \mathbf{P})$ ein Wahrscheinlichkeitsraum mit einer $\sigma$-Algebra $\mathscr{A}$ und Wahrscheinlichkeitsmaß $\mathbf{P}$. Wir bezeichnen mit $\mathscr{M}_{\mathscr{B}}(\Omega, \mathbb{R}^k)$ den Raum der $\mathbb{R}^k$-wertigen Zufallsvariablen

$$X \colon \Omega \to \mathbb{R}^k, \quad \omega \mapsto X(\omega),$$

© Springer-Verlag Berlin Heidelberg 2016
M. Kriele und J. Wolf, *Wertorientiertes Risikomanagement von Versicherungsunternehmen*, Springer-Lehrbuch Masterclass,
DOI 10.1007/978-3-662-50257-0_2

also der bzgl. $\mathscr{A}$ und der Borelschen $\sigma$-Algebra messbaren Abbildungen. Wenn wir die $\sigma$-Algebra $\mathscr{A}$ hervorheben wollen, sprechen wir auch von $\mathscr{A}$-*messbaren Abbildungen* bzw. von *bzgl. $\mathscr{A}$ messbaren Abbildungen*.

**Definition 2.1.** Ein *Risikomaß* ist eine Abbildung

$$\rho : \mathscr{M}(\Omega, \mathbb{R}) \to \mathbb{R}, \qquad X \mapsto \rho(X),$$

wobei $\mathscr{M}(\Omega, \mathbb{R}) \subseteq \mathscr{M}_{\mathscr{B}}(\Omega, \mathbb{R})$ ein (von $\rho$ abhängiger) geeigneter Vektorunterraum ist.

*Anmerkung 2.1.* Die Beschränkung auf einen Teilraum ist notwendig, da aus Anwendungssicht interessante Risikomaße häufig nicht auf ganz $\mathscr{M}_{\mathscr{B}}(\Omega, \mathbb{R}^k)$ definiert sind. Wenn wir im folgenden die Notation $\mathscr{M}(\Omega, \mathbb{R}^k)$ benutzen, ist immer ein aus dem Kontext ersichtlicher geeigneter Unterraum von $\mathscr{M}_{\mathscr{B}}(\Omega, \mathbb{R}^k)$ gemeint.

## 2.2  Beispiele von Risikomaßen

Es sei $Y$ eine Zufallsvariable, die ein unsicheres finanzielles Ergebnis beschreibt. Dann gibt $X = -Y$ den möglichen Verlust an. Viele Risikomaße enthalten einen Parameter $\alpha \in ]0, 1[$, über den das durch dieses Maß beschriebene (intuitive) Sicherheitsniveau festgelegt wird. Wir wollen hier diesen Parameter *Konfidenzniveau* nennen und den Begriff *Sicherheitsniveau* in seiner intuitiven Bedeutung reservieren. Eine mathematische Konkretisierung erfährt das Sicherheitsniveau durch Angabe eines Risikomaßes, eines Konfidenzniveaus und des Zeithorizonts, auf den sich die Erfolgs- bzw. Verlustgrößen beziehen. Die Terminologie geht in der Literatur jedoch bunt durcheinander, so dass sich die gemeinte Bedeutung nur jeweils im Zusammenhang erschließt.

### 2.2.1  Maße, die auf Momenten basieren

#### 2.2.1.1 Maße, die auf der Standardabweichung basieren
Ein mathematisch sehr einfaches Risikomaß ist die Standardabweichung

$$\sigma(X) = \sqrt{\mathrm{E}\left((X - \mathrm{E}(X))^2\right)} = \sqrt{\mathrm{E}\left((Y - \mathrm{E}(Y))^2\right)} = \sqrt{\mathrm{var}(X)} = \sqrt{\mathrm{var}(Y)}.$$

Sie gibt an, wie weit im Durchschnitt die Ergebnisse vom erwarteten Wert abweichen, wobei das „Abweichungsmaß" einfach an die euklidische Geometrie angelehnt wird. Als Risikomaß wird die Standardabweichung auch in der Form

$$\rho(X) = a\mathrm{E}(X) + b\sigma(X) \tag{2.1}$$

genutzt, wobei $a, b > 0$ vorgegebene Parameter sind. Ein traditionelles Anwendungsgebiet für dieses Maß ist die Prämienbestimmung. Ein verwandtes Prinzip der Prämienbestimmung ist das *Varianzprinzip* mit Risikomaß

$$\rho(X) = aE(X) + b\sigma^2(X). \tag{2.2}$$

Beim Varianzprinzip ist zu beachten, dass die Varianz nicht wie der Erwartungswert einen Geldbetrag, sondern einen quadratischen Geldbetrag darstellt und somit die Summe aus $aE(X)$ und $b\sigma^2(X)$ schwer zu interpretieren ist.

Das Risikomaß (2.1) hat die unangenehme Eigenschaft, dass positive Abweichungen auf die Standardabweichung den gleichen Einfluss haben wie negative Abweichungen. Es ist damit unempfindlich dafür, ob ein Ereignis „günstig" oder „ungünstig" ist. Um diese Probleme zu umgehen, könnte man nur Verluste berücksichtigen, die den Erwartungswert übersteigen, indem man die einseitige Standardabweichung $\sigma_+ = \sqrt{E\left(\max\left(0, X - E(X)\right)\right)^2}$ betrachtet.

### 2.2.1.2 Risikomaße, die auf höheren Momenten basieren

Risikomaße, die nur auf dem Erwartungswert und der Standardabweichung basieren, ignorieren, dass Verlustverteilungen im allgemeinen sehr unsymmetrisch sind. Beispiele dafür bilden Schadenhöhenverteilungen in der Sachversicherung und die Überschussbeteiligung in Lebensversicherungsverträgen mit Garantiezins. Dieser Asymmetrie kann durch das Einbeziehen höherer Momente in das Risikomaß Rechnung getragen werden.

### 2.2.1.3 Shortfallmaße

Die Gefahr der Überschreitung einer vorgegebenen Verlustschwelle $a$ messen die sogenannten Shortfallmaße. Die oberen und unteren partiellen Momente gewichten dabei die Abweichung mit einer Potenzfunktion.

Für Verlustgrößen betrachtet man die *oberen partiellen Momente* (upper partial moments):

$$\mathrm{UPM}_{(h,a)}(X) = \begin{cases} E\left(\max\left(0, X - a\right)^h\right) & \text{für } h > 0 \\ \mathbf{P}\left(X \geq a\right) & \text{für } h = 0. \end{cases}$$

Spezialfälle sind die Überschreitungswahrscheinlichkeit der kritischen Grenze $a$ ($h = 0$), die mittlere Überschreitung ($h = 1$) und die Semivarianz ($h = 2$).

Für Ertragsgrößen ergeben sich analog die *unteren partiellen Momente* (lower partial moments):

$$\mathrm{LPM}_{(h,a)}(Y) = \begin{cases} E\left(\max\left(0, a - Y\right)^h\right) & \text{für } h > 0 \\ \mathbf{P}\left(Y \leq a\right) & \text{für } h = 0. \end{cases}$$

#### 2.2.1.4 Allgemeine Probleme mit momentenbasierten Maßen

Das schwerwiegendste Problem mit momentenbasierten Maßen ist die Tatsache, dass sie finanziell nur schlecht interpretierbar sind. Am ehesten lässt sich noch die Standardabweichung als „durchschnittlicher Abstand zum Erwartungswert" interpretieren. Jedoch ist ein euklidischer Abstand zwar ein gutes Entfernungsmaß, aber eben kein natürliches Maß für finanzielle Risiken.

Für viele in der Versicherungsindustrie angewendete Verteilungen existieren höhere Momente nicht. Bei der Modellierung operationaler Risiken mit Hilfe der GPD (Generalized Pareto Distribution) ist für in der Praxis vorkommende Parameter mitunter noch nicht einmal der Erwartungswert definiert. In einem solchen Fall wird das Unternehmen auf Dauer nicht bestehen können, wenn das Risikomanagement für operationale Risiken nicht deutlich verbessert wird.

### 2.2.2   Value at Risk

Der Value at Risk ist dagegen ein direktes und einfaches finanzmathematisches Maß. Es beschreibt den Betrag, den man mit einer vorgegebenen Wahrscheinlichkeit $\alpha$ höchstens „verlieren" wird.

**Definition 2.2.** Der *Value at Risk* (oder kurz *VaR*) $\mathrm{VaR}_\alpha(X)$ ist durch die Formel

$$\mathrm{VaR}_\alpha(X) = \inf\{x \in \mathbb{R} : F_X(x) \geq \alpha\},$$

gegeben, wobei $F_X$ die Verteilungsfunktion von $X$ ist.

Der Value at Risk, $\mathrm{VaR}_\alpha(X)$, ist der *minimale* Verlust, der in $100\,(1-\alpha)\,\%$ der schlechtesten Szenarien für das Portfolio entsteht (siehe Abb. 2.1).

Mit anderen Worten, wenn ein Unternehmen mit der Wahrscheinlichkeit $\alpha$ nicht im Laufe einer Periode sein Eigenkapital verzehren möchte, muss es als Eigenkapital *mindestens* den Betrag $\mathrm{VaR}_\alpha(X)$ vorhalten, wobei $X$ den Verlust in dieser Periode bezeichnet. Dieses Maß eignet sich somit für einen Aktionär, der nur mit dem Geld, das er investiert hat, haftet. Für das interne Risikomanagement, wo man auch an höheren Risiken jenseits des Quantils interessiert ist, ist das Maß nicht immer geeignet.

*Anmerkung 2.2.* In Ausnahmefällen kann $\mathrm{VaR}_\alpha(X)$ auch für hohes $\alpha$ negativ sein. Dann würde dieser Wert einem Gewinn und keinem Verlust entsprechen.

In der Sprache der Statistik stellt der Value at Risk das untere $\alpha$-Quantil der Verteilung von $X$ dar. Im Spezialfall, dass $F_X$ invertierbar ist, ergibt sich $\mathrm{VaR}_\alpha(X) = F_X^{-1}(\alpha)$.

**Lemma 2.1.** *Für $\alpha \in ]0, 1[$ gilt $F_X(\mathrm{VaR}_\alpha(X)) = \alpha$, falls $\alpha$ im Bild von $F$ liegt.*

*Beweis.* Dies folgt direkt aus der Rechtsstetigkeit der Verteilungsfunktion. □

Die beiden folgenden Lemmata verdeutlichen, dass der Value at Risk als eine „Pseudo-Inverse" der Verteilungsfunktion von $X$ aufgefasst werden kann.

**Lemma 2.2.** *Ist $F_X$ die Verteilungsfunktion von $X$, so gilt $\mathrm{VaR}_{F_X(X)}(X) = X$ f.s.*

*Beweis.* Aufgrund der Monotonie von $F_X$ gilt

$$Y := \mathrm{VaR}_{F_X \circ X}(X) = \inf\{x \in \mathbb{R} : F_X(x) \geq F_X \circ X\} \leq X \text{ f.s.}$$

Aus Lemma 2.1 folgt außerdem $F_X(Y(\omega)) = F_X(X(\omega))$ für alle $\omega \in \Omega$. Damit ist $F_X$ konstant auf jedem Intervall $[Y(\omega_0), X(\omega_0)[$ für das $\omega_0 \in \{\omega : Y(\omega) < X(\omega)\}$ gilt. Folglich ist $\mathbf{P}(Y < X) = 0$. □

**Lemma 2.3.** *Es sei $U$ eine Zufallsvariable mit $\mathbf{P}(U \leq u) = u$ für alle $u \in ]0, 1[$. Dann hat die Zufallsvariable $\mathrm{VaR}_{U(\cdot)}(X)$ die gleiche Verteilungsfunktion wie $X$.*

*Beweis.* Es sei $\omega \in \Omega$ mit $U(\omega) \leq F_X(x)$. Dann gilt offenbar

$$\inf\{y : U(\omega) \leq F_X(y)\} \leq x,$$

da $x$ die Bedingung für $y$ selbst erfüllt. Umgekehrt folgt aus der Rechtsstetigkeit von $F_X$, dass die Gleichung $U(\omega) \leq F_X(y)$ auch für das Infimum über die $y$ erfüllt ist. Wir haben also

$$\{\omega \in \Omega : U \leq F_X(x)\} = \{\omega \in \Omega : \inf\{y : U \leq F_X(y)\} \leq x\}$$

gezeigt, und es folgt

$$\begin{aligned}
\mathbf{P}\left(\mathrm{VaR}_{U(\cdot)}(X) \leq x\right) &= \mathbf{P}\left(\inf\{y : F_X(y) \geq U\} \leq x\right) \\
&= \mathbf{P}\left(U \leq F_X(x)\right) \\
&= F_X(x) = \mathbf{P}(X \leq x).
\end{aligned}$$

□

**Lemma 2.4.** *Es sei $\mathscr{M}(\Omega, \mathbb{R})$ und $\alpha \in ]0, 1[$. Dann gilt*

$$\mathbf{P}(X < \mathrm{VaR}_\alpha(X)) \leq \alpha \leq \mathbf{P}(X \leq \mathrm{VaR}_\alpha(X))$$

*Gilt außerdem $\mathbf{P}(X = \mathrm{VaR}_\alpha(X)) = 0$, so folgt insbesondere $\alpha = \mathbf{P}(X \leq \mathrm{VaR}_\alpha(X))$.*

*Beweis.* Es sei $U$ eine Zufallsvariable mit $\mathbf{P}(U \leq u) = u$ für alle $u \in \,]0,1[$. Da der Value at Risk monoton mit dem Konfidenzniveau wächst, haben wir

$$\{\omega \colon \mathrm{VaR}_{U(\omega)}(X) < \mathrm{VaR}_\alpha(X)\} \subseteq \{\omega : U(\omega) < \alpha\}$$

$$\subseteq \{\omega \colon \mathrm{VaR}_{U(\omega)}(X) \leq \mathrm{VaR}_\alpha(X)\}.$$

Aus Lemma 2.3 folgt nun

$$\mathbf{P}\left(X < \mathrm{VaR}_\alpha(X)\right) = \mathbf{P}\left(\mathrm{VaR}_{U(\cdot)}(X) < \mathrm{VaR}_\alpha(X)\right)$$

$$\leq \overbrace{\mathbf{P}\left(U(\cdot) < \alpha\right)}^{=\alpha}$$

$$\leq \mathbf{P}\left(\mathrm{VaR}_{U(\cdot)}(X) \leq \mathrm{VaR}_\alpha(X)\right) = \mathbf{P}(X \leq \mathrm{VaR}_\alpha(X)).$$

Unter der zusätzlichen Voraussetzung $\mathbf{P}\left(X = \mathrm{VaR}_\alpha(X)\right) = 0$ entarten die Ungleichungen zu Gleichungen, da dann $\mathbf{P}\left(X < \mathrm{VaR}_\alpha(X)\right) = \mathbf{P}\left(X \leq \mathrm{VaR}_\alpha(X)\right)$ gilt. $\qquad\square$

Für die wichtige Klasse der normalverteilten Zufallsvariablen lässt sich der Value at Risk direkt angeben:

**Proposition 2.1.** *Es sei $X \colon \Omega \to \mathbb{R}$ eine normalverteilte Zufallsvariable mit Erwartungswert $m$ und Standardabweichung $s$. Ist $\Phi_{0,1}$ die Verteilungsfunktion der Standardnormalverteilung und $f \colon X(\Omega) \to \mathbb{R}$ eine streng monoton wachsende Abbildung, so gilt*

$$\mathrm{VaR}_\alpha(f \circ X) = f\left(m + s\Phi_{0,1}{}^{-1}(\alpha)\right).$$

*Beweis.* Da $F_{f \circ X}$ streng monoton wachsend ist, wird der Value at Risk eindeutig durch $F_{f \circ X}\left(\mathrm{VaR}_\alpha(f \circ X)\right) = \alpha$ bestimmt. Die Behauptung folgt also aus

$$\mathbf{P}\left(f \circ X \leq f\left(m + s\Phi_{0,1}{}^{-1}(\alpha)\right)\right) = \mathbf{P}\left(X \leq m + s\Phi_{0,1}{}^{-1}(\alpha)\right)$$

$$= \mathbf{P}\left(\frac{X - m}{s} \leq \Phi_{0,1}{}^{-1}(\alpha)\right)$$

$$= \Phi_{0,1}\left(\Phi_{0,1}{}^{-1}(\alpha)\right) = \alpha,$$

wobei wir benutzt haben, dass $f$ auf $X(\Omega)$ invertierbar ist und $\omega \mapsto \frac{X-m}{s}$ standardnormalverteilt ist. $\qquad\square$

*Beispiel 2.1.* Ist $X$ lognormalverteilt mit Parametern $m$ und $s^2$, so gilt $VaR_\alpha(X) = \exp\left(m + s\Phi_{0,1}^{-1}(\alpha)\right)$.

### 2.2.3 Tail Value at Risk und Expected Shortfall

Der Tail Value at Risk gewichtet gegenüber dem Value at Risk auch höhere Verluste.

**Definition 2.3.** Der *Tail Value at Risk* ist durch die bedingte Erwartung

$$\text{TailVaR}_\alpha(X) = E\left(X \mid X > \text{VaR}_\alpha(X)\right)$$

gegeben.

Er liefert damit aus der Sicht des internen Risikomanagements die interessantere Information, nämlich den *erwarteten* Verlust der $100\,(1-\alpha)\,\%$ schlechtesten Szenarien. Es ist klar, dass der Tail Value at Risk zum gleichen Konfidenzniveau $\alpha$ immer größer als der (oder im Extremfall gleich dem) Value at Risk ist. Siehe Abb. 2.1 und 2.2.

Der Tail Value at Risk erlaubt eine klare ökonomische Interpretation. Für stetige Verteilungsfunktionen $X_1, X_2$ hat er außerdem, wie wir später sehen werden, die wichtige

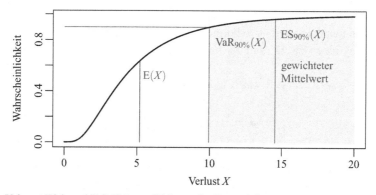

**Abb. 2.1** Value at Risk und Tail Value at Risk aus der Perspektive der Verteilungsfunktion

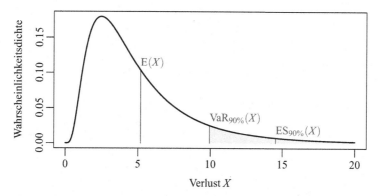

**Abb. 2.2** Value at Risk und Tail Value at Risk aus der Perspektive der Dichte

Subadditivitätseigenschaft

$$\text{TailVaR}_\alpha (X_1 + X_2) \le \text{TailVaR}_\alpha (X_1) + \text{TailVaR}_\alpha (X_2),$$

die intuitiv ausdrückt, dass das Risiko in einem diversifizierten Kollektiv geringer ist als die Summe der Einzelrisiken. Diese Eigenschaft gilt allerdings im allgemeinen nicht für Zufallsvariablen $X_1, X_2$ mit Verteilungsfunktionen, die Sprünge haben. Dagegen erfüllt das eng verwandte Risikomaß "Expected Shortfall" die Subadditivitätseigenschaft für alle Zufallsvariablen (siehe Abschn. 2.3).

**Definition 2.4.** Der *Expected Shortfall* ist durch die Formel

$$\text{ES}_\alpha(X) = \frac{1}{1-\alpha} \int_\alpha^1 \text{VaR}_z(X)\,\mathrm{d}z$$

gegeben.

In der Literatur wird der Expected Shortfall gelegentlich auch *Average Value at Risk* genannt.

Wir werden nun eine alternative Formel für $\text{ES}_\alpha(X)$ herleiten, die zeigt, dass für stetige Verteilungsfunktionen $\text{ES}_\alpha(X)$ mit $\text{TailVaR}_\alpha(X)$ übereinstimmt.

**Lemma 2.5.** *Es sei* $X\colon \Omega \to \mathbb{R}$ *eine Zufallsvariable und* $x \in \mathbb{R}$. *Wir setzen*

$$1_{X,x,\alpha} = 1_{\{X>x\}} + \beta_{X,\alpha}(x) 1_{\{X=x\}},$$

*wobei*

$$\beta_{X,\alpha}(x) = \begin{cases} \frac{\mathbf{P}(X \le x) - \alpha}{\mathbf{P}(X = x)} & \text{\textit{falls} } \mathbf{P}(X = x) > 0 \\ 0 & \text{\textit{sonst.}} \end{cases}$$

*Dann gilt*

(i) $1_{X,\text{VaR}_\alpha(X),\alpha}(\omega) \in [0,1]$ *für alle* $\omega \in \Omega$,

(ii) $\text{E}\left(1_{X,\text{VaR}_\alpha(X),\alpha}\right) = 1 - \alpha$,

(iii) $\text{E}\left(X 1_{X,\text{VaR}_\alpha(X),\alpha}\right) = (1 - \alpha)\,\text{ES}_\alpha(X)$.

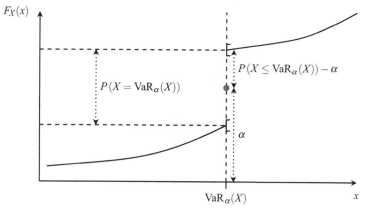

**Abb. 2.3** Zum Beweis von Lemma 2.5

*Beweis.* Einige im Beweis benutzte Grössen sind in Abb. 2.3 illustriert.

(i): Die Behauptung ist in den Spezialfällen $\mathbf{P}(X = \mathrm{VaR}_\alpha(X)) = 0$ und $\omega \notin \{X = \mathrm{VaR}_\alpha(X)\}$ klar. Indem wir Lemma 2.4 zweimal anwenden, erhalten wir

$$0 \leq \mathbf{P}\left(X \leq \mathrm{VaR}_\alpha(X)\right) - \alpha$$
$$= \mathbf{P}\left(X = \mathrm{VaR}_\alpha(X)\right) + \mathbf{P}\left(X < \mathrm{VaR}_\alpha(X)\right) - \alpha$$
$$\leq \mathbf{P}\left(X = \mathrm{VaR}_\alpha(X)\right).$$

Gilt $\mathbf{P}(X = \mathrm{VaR}_\alpha(X)) > 0$, so folgt daher für $\omega \in \{X = \mathrm{VaR}_\alpha(X)\}$

$$1_{X,\mathrm{VaR}_\alpha(X),\alpha}(\omega) = \frac{\mathbf{P}\left(X \leq \mathrm{VaR}_\alpha(X)\right) - \alpha}{\mathbf{P}\left(X = \mathrm{VaR}_\alpha(X)\right)} \in [0, 1].$$

(ii): Wir betrachten zunächst den Fall $\mathbf{P}\left(X = \mathrm{VaR}_\alpha(X)\right) = 0$. Dann impliziert Lemma 2.4

$$\mathrm{E}\left(1_{X,\mathrm{VaR}_\alpha(X),\alpha}\right) = \mathrm{E}\left(1_{\{X > \mathrm{VaR}_\alpha(X)\}}\right)$$
$$= \mathbf{P}\left(\{X > \mathrm{VaR}_\alpha(X)\}\right)$$
$$= 1 - \mathbf{P}\left(\{X \leq \mathrm{VaR}_\alpha(X)\}\right) = 1 - \alpha.$$

Im Fall $\mathbf{P}\left(X = \mathrm{VaR}_\alpha(X)\right) > 0$ erhalten wir

$$\mathrm{E}\left(1_{X,\mathrm{VaR}_\alpha(X),\alpha}\right) = \mathrm{E}\left(1_{\{X > \mathrm{VaR}_\alpha(X)\}} + \frac{\mathbf{P}\left(X \leq \mathrm{VaR}_\alpha(X)\right) - \alpha}{\mathbf{P}\left(X = \mathrm{VaR}_\alpha(X)\right)} 1_{\{X = \mathrm{VaR}_\alpha(X)\}}\right)$$
$$= \mathbf{P}\left(X > \mathrm{VaR}_\alpha(X)\right) + \frac{\mathbf{P}\left(X \leq \mathrm{VaR}_\alpha(X)\right) - \alpha}{\mathbf{P}\left(X = \mathrm{VaR}_\alpha(X)\right)} \mathbf{P}\left(X = \mathrm{VaR}_\alpha(X)\right)$$
$$= \mathbf{P}\left(X > \mathrm{VaR}_\alpha(X)\right) + \mathbf{P}\left(X \leq \mathrm{VaR}_\alpha(X)\right) - \alpha = 1 - \alpha.$$

(iii): Es sei $U$ eine Zufallsvariable mit $\mathbf{P}(U \leq u) = u$ für alle $u \in \,]0,1[$. Da $u \mapsto \mathrm{VaR}_u(X)$ monoton wachsend ist, gilt

$$\{U \geq \alpha\} \subseteq \left\{\mathrm{VaR}_{U(\cdot)}(X) \geq \mathrm{VaR}_\alpha(X)\right\}.$$

Ist $U(\omega) < \alpha$ und $\mathrm{VaR}_{U(\omega)}(X) \geq \mathrm{VaR}_\alpha(X)$, so muss (ebenfalls aufgrund der Monotonie) $\mathrm{VaR}_{U(\omega)} = \mathrm{VaR}_\alpha(X)$ gelten. Also erhalten wir die Beziehung

$$\{U < \alpha\} \cap \left\{\mathrm{VaR}_{U(\cdot)}(X) \geq \mathrm{VaR}_\alpha(X)\right\} \subseteq \left\{\mathrm{VaR}_{U(\cdot)}(X) = \mathrm{VaR}_\alpha(X)\right\}.$$

Insgesamt folgt

$$\left\{\mathrm{VaR}_{U(\cdot)}(X) \geq \mathrm{VaR}_\alpha(X)\right\} = \{U \geq \alpha\} \cup \left(\left\{\mathrm{VaR}_{U(\cdot)}(X) \geq \mathrm{VaR}_\alpha(X)\right\} \cap \{U < \alpha\}\right),$$

wobei $\mathrm{VaR}_{U(\omega)}(X) = \mathrm{VaR}_\alpha(X)$ für alle $\omega \in \left\{\mathrm{VaR}_{U(\cdot)}(X) \geq \mathrm{VaR}_\alpha(X)\right\} \cap \{U < \alpha\}$ gilt. Hiermit und mit Lemma 2.3 folgt

$$
\begin{aligned}
\int_\alpha^1 \mathrm{VaR}_u(X)\,\mathrm{d}u &= \mathrm{E}\left(\mathrm{VaR}_{U(\cdot)}(X)\mathbf{1}_{\{U \geq \alpha\}}\right)\\[2mm]
&= \mathrm{E}\Bigg(\mathrm{VaR}_{U(\cdot)}(X)\bigg(\mathbf{1}_{\left\{\mathrm{VaR}_{U(\cdot)}(X) \geq \mathrm{VaR}_\alpha(X)\right\}}\\[2mm]
&\qquad\qquad\qquad - \mathbf{1}_{\left\{\mathrm{VaR}_{U(\cdot)}(X) \geq \mathrm{VaR}_\alpha(X)\right\} \cap \{U < \alpha\}}\bigg)\Bigg)\\[2mm]
&= \mathrm{E}\left(\mathrm{VaR}_{U(\cdot)}(X)\mathbf{1}_{\left\{\mathrm{VaR}_{U(\cdot)}(X) \geq \mathrm{VaR}_\alpha(X)\right\}}\right)\\[2mm]
&\quad - \mathrm{VaR}_\alpha(X)\mathrm{E}\left(\mathbf{1}_{\left\{\mathrm{VaR}_{U(\cdot)}(X) \geq \mathrm{VaR}_\alpha(X)\right\} \cap \{U < \alpha\}}\right)\\[2mm]
&= \mathrm{E}\left(X\mathbf{1}_{\{X \geq \mathrm{VaR}_\alpha(X)\}}\right) - \mathrm{VaR}_\alpha(X)\mathrm{E}\left(\mathbf{1}_{\left\{\mathrm{VaR}_{U(\cdot)}(X) \geq \mathrm{VaR}_\alpha(X)\right\} \setminus \{U \geq \alpha\}}\right)\\[2mm]
&= \mathrm{E}\left(X\mathbf{1}_{\{X > \mathrm{VaR}_\alpha(X)\}}\right) + \mathrm{E}\left(X\mathbf{1}_{\{X = \mathrm{VaR}_\alpha(X)\}}\right)\\[2mm]
&\quad - \mathrm{VaR}_\alpha(X)\mathrm{E}\left(\mathbf{1}_{\left\{\mathrm{VaR}_{U(\cdot)}(X) \geq \mathrm{VaR}_\alpha(X)\right\}}\right) + \mathrm{VaR}_\alpha(X)\mathrm{E}\left(\mathbf{1}_{\{U \geq \alpha\}}\right)\\[2mm]
&= \mathrm{E}\left(X\mathbf{1}_{\{X > \mathrm{VaR}_\alpha(X)\}}\right)\\[2mm]
&\quad + \mathrm{VaR}_\alpha(X)\left(\mathbf{P}\left(X = \mathrm{VaR}_\alpha(X)\right) - \mathbf{P}\left(X \geq \mathrm{VaR}_\alpha(X)\right) + 1 - \alpha\right)\\[2mm]
&= \mathrm{E}\left(X\mathbf{1}_{\{X > \mathrm{VaR}_\alpha(X)\}}\right) + \mathrm{VaR}_\alpha(X)\left(\mathbf{P}\left(X \leq \mathrm{VaR}_\alpha(X)\right) - \alpha\right)\\[2mm]
&= \mathrm{E}\left(X\mathbf{1}_{X,\mathrm{VaR}_\alpha(X),\alpha}\right),
\end{aligned}
$$

wobei wir im letzten Schritt ausgenutzt haben, dass Lemma 2.4 im Spezialfall

$$\mathbf{P}\left(X = \text{VaR}_\alpha(X)\right) = 0$$

die Gleichung $\mathbf{P}\left(X \leq \text{VaR}_\alpha(X)\right) - \alpha = 0$ impliziert. ☐

**Proposition 2.2.** *Es sei* $\alpha \in [0, 1[$. *Mit*

$$\lambda_\alpha = \frac{1 - \mathbf{P}\left(X \leq \text{VaR}_\alpha(X)\right)}{1 - \alpha}$$

*gilt* $\lambda_\alpha \in [0, 1]$ *und*

$$\text{ES}_\alpha(X) = \lambda_\alpha \text{TailVaR}_\alpha(X) + (1 - \lambda_\alpha)\,\text{VaR}_\alpha(X).$$

*Insbesondere stimmen Tail Value at Risk und Expected Shortfall für stetige Verteilungen überein.*

*Beweis.* $\lambda_\alpha \in [0, 1]$ folgt direkt aus Lemma 2.4. Wir berechnen

$$
\begin{aligned}
(1 - \alpha)\text{ES}_\alpha(X) &= \text{E}\left(X 1_{X, \text{VaR}_\alpha(X), \alpha}\right) \\
&= \text{E}\left(X 1_{\{X > \text{VaR}_\alpha(X)\}}\right) + \text{VaR}_\alpha(X)\left(\mathbf{P}\left(X \leq \text{VaR}_\alpha(X)\right) - \alpha\right) \\
&= \mathbf{P}\left(X > \text{VaR}_\alpha(X)\right)\text{TailVaR}_\alpha(X) \\
&\quad + \text{VaR}_\alpha(X)\left(1 - \alpha - \left(1 - \mathbf{P}\left(X \leq \text{VaR}_\alpha(X)\right)\right)\right) \\
&= (1 - \alpha)\lambda_\alpha \text{TailVaR}_\alpha(X) - (1 - \alpha)\text{VaR}_\alpha(X)\left(1 - \lambda_\alpha\right).
\end{aligned}
$$

Ist $X$ stetig, so gilt aufgrund von Lemma 2.4 $\lambda_\alpha = 1$, so dass $\text{ES}_\alpha(X) = \text{TailVaR}_\alpha(X)$ folgt. ☐

Im allgemeinen hat der Expected Shortfall bessere mathematische Eigenschaften als der Tail Value at Risk (siehe Abschn. 2.3). Die folgende Darstellung des Expected Shortfall dient als Motivation in Abschn. 2.4.4. Sie ermöglicht außerdem einen einfachen Beweis des in Proposition 2.4 gegebenen wichtigen Approximationsresultats.

**Proposition 2.3.** *Es sei* $\mathscr{M}(\Omega, \mathbb{R}) \subseteq L^1(\Omega, \mathbb{R})$ *und*

$$\mathscr{W}_\alpha = \left\{\mathbf{Q} \colon \mathbf{Q} \text{ ist ein Wahrscheinlichkeitsmaß mit } \mathbf{Q} \ll \mathbf{P} \text{ und } \frac{d\mathbf{Q}}{d\mathbf{P}} \leq \frac{1}{1 - \alpha}\right\}.$$

*Dann gilt für* $X \in \mathscr{M}(\Omega, \mathbb{R})$

$$\mathrm{ES}_\alpha(X) = \sup_{\mathbf{Q} \in \mathscr{W}_\alpha} \{\mathrm{E}_{\mathbf{Q}}(X)\}.$$

*Beweis.* Da $X$ bezüglich $\mathbf{P}$ integrierbar ist und $\mathbf{Q} \ll \mathbf{P}$ gilt sowie $\frac{d\mathbf{Q}}{d\mathbf{P}}$ beschränkt ist, ist $X$ auch bezüglich $\mathbf{Q}$ integrierbar. Die durch

$$\frac{d\mathbf{Q}}{d\mathbf{P}} = \frac{1}{1-\alpha} 1_{X, \mathrm{VaR}_\alpha(X), \alpha}$$

definierte spezielle Wahl von $\mathbf{Q}$ (siehe Lemma 2.5) erfüllt die beiden Bedingungen $\mathbf{Q} \ll \mathbf{P}$ und $\frac{d\mathbf{Q}}{d\mathbf{P}} \le (1-\alpha)^{-1}$. Da

$$\mathrm{ES}_\alpha(X) = \frac{1}{1-\alpha} \mathrm{E}\left(X 1_{X, \mathrm{VaR}_\alpha(X), \alpha}\right) = \mathrm{E}_{\mathbf{Q}}(X)$$

gilt (Lemma 2.5 (iii)), folgt

$$\mathrm{ES}_\alpha(X) \le \sup_{\mathbf{R} \in \mathscr{W}_\alpha} \{\mathrm{E}_{\mathbf{R}}(X)\}$$

Es sei nun $\mathbf{R}$ ein weiteres Wahrscheinlichkeitsmaß, das die beiden Bedingungen $\mathbf{R} \ll \mathbf{P}$ und $\frac{d\mathbf{R}}{d\mathbf{P}} \le (1-\alpha)^{-1}$ erfüllt. Wir müssen $\mathrm{E}_{\mathbf{R}}(X) \le \mathrm{E}_{\mathbf{Q}}(X)$ zeigen. Die Menge $A = \{\omega : 1_{X, \mathrm{VaR}_\alpha(X), \alpha}(\omega) > 0\}$ erfüllt $\mathrm{E}_{\mathbf{Q}}(1_A) = 1$. Nach Konstruktion von $1_{X, \mathrm{VaR}_\alpha(X), \alpha}$ gilt außerdem $X(\omega) \le \inf_{\tilde{\omega} \in A} X(\tilde{\omega})$ für alle $\omega \in \Omega \setminus A$. Damit folgt die Ungleichung

$$\mathrm{E}_{\mathbf{R}}(X) = \mathrm{E}_{\mathbf{P}}\left(\frac{d\mathbf{R}}{d\mathbf{P}} X 1_A\right) + \mathrm{E}_{\mathbf{P}}\left(\frac{d\mathbf{R}}{d\mathbf{P}} X 1_{\Omega \setminus A}\right)$$

$$\le \mathrm{E}_{\mathbf{P}}\left(\frac{d\mathbf{R}}{d\mathbf{P}} X 1_A\right) + \inf_{\tilde{\omega} \in A} X(\tilde{\omega}) \, \mathbf{R}(\Omega \setminus A).$$

Aus

$$\mathrm{E}_{\mathbf{P}}\left(\frac{d\mathbf{Q}}{d\mathbf{P}} 1_A\right) = \mathrm{E}_{\mathbf{P}}\left(\frac{d\mathbf{Q}}{d\mathbf{P}}\right) = \mathrm{E}_{\mathbf{Q}}(1) = 1$$

folgt

$$\mathrm{E}_{\mathbf{P}}\left(\left(\frac{d\mathbf{Q}}{d\mathbf{P}} - \frac{d\mathbf{R}}{d\mathbf{P}}\right) 1_A\right) = 1 - \mathbf{R}(A) = \mathbf{R}(\Omega \setminus A).$$

Da für alle $\omega \in \left\{ X > \inf_{\tilde{\omega} \in A} X(\tilde{\omega}) \right\} \subseteq A$

$$\frac{d\mathbf{Q}}{d\mathbf{P}} = \frac{1}{1 - \alpha} \geq \frac{d\mathbf{R}}{d\mathbf{P}}$$

gilt, haben wir auf dieser Menge die Ungleichung

$$X \left( \frac{d\mathbf{Q}}{d\mathbf{P}} - \frac{d\mathbf{R}}{d\mathbf{P}} \right) \geq \inf_{\tilde{\omega} \in A} X(\tilde{\omega}) \left( \frac{d\mathbf{Q}}{d\mathbf{P}} - \frac{d\mathbf{R}}{d\mathbf{P}} \right).$$

Diese Ungleichung ist trivialerweise auch auf $\left\{ X = \inf_{\tilde{\omega} \in A} X(\tilde{\omega}) \right\}$ erfüllt, so dass sie wegen $A \subseteq \left\{ X \geq \inf_{\tilde{\omega} \in A} X(\tilde{\omega}) \right\}$ auf $A$ gilt. Wir erhalten also

$$
\begin{aligned}
\mathrm{E}_{\mathbf{R}}(X) &\leq \mathrm{E}_{\mathbf{P}} \left( X \frac{d\mathbf{R}}{d\mathbf{P}} \mathbb{1}_A \right) + \inf_{\tilde{\omega} \in A} X(\tilde{\omega}) \, \mathrm{E}_{\mathbf{P}} \left( \left( \frac{d\mathbf{Q}}{d\mathbf{P}} - \frac{d\mathbf{R}}{d\mathbf{P}} \right) \mathbb{1}_A \right) \\
&\leq \mathrm{E}_{\mathbf{P}} \left( X \frac{d\mathbf{R}}{d\mathbf{P}} \mathbb{1}_A \right) + \mathrm{E}_{\mathbf{P}} \left( X \left( \frac{d\mathbf{Q}}{d\mathbf{P}} - \frac{d\mathbf{R}}{d\mathbf{P}} \right) \mathbb{1}_A \right) \\
&= \mathrm{E}_{\mathbf{P}} \left( X \frac{d\mathbf{Q}}{d\mathbf{P}} \mathbb{1}_A \right) = \mathrm{E}_{\mathbf{Q}}(X).
\end{aligned}
$$

$\square$

**Proposition 2.4.** *Es seien $Y$ eine integrierbare, positive Funktion und $\{X_k\}_{k \in \mathbb{N}}$ eine Folge von Zufallsvariablen mit $|X_k| \leq Y$ fast sicher, die fast sicher punktweise gegen die Zufallsvariable $X$ konvergiert. Dann gilt $\mathrm{ES}_\alpha(X_n) \to \mathrm{ES}_\alpha(X)$.*

*Beweis.* Es sei $\varepsilon > 0$ und $\mathbf{Q} \in \mathscr{W}_\alpha$ mit $\mathrm{E}_{\mathbf{Q}}(X) \geq \mathrm{ES}_\alpha(X) - \varepsilon$. Da für jedes $\mathbf{R} \in \mathscr{W}_\alpha$ die Ungleichung $0 \leq \frac{d\mathbf{R}}{d\mathbf{P}} \leq \frac{1}{1-\alpha}$ gilt, ist die Folge $\left\{ \frac{d\mathbf{Q}}{d\mathbf{P}} X_k \right\}_{k \in \mathbb{N}}$ durch die integrierbare Zufallsvariable $\frac{1}{1-\alpha} Y$ dominiert. Ferner konvergiert $\frac{d\mathbf{Q}}{d\mathbf{P}} X_k$ fast überall gegen $\frac{d\mathbf{Q}}{d\mathbf{P}} X$. Der Satz von Lebesgue impliziert also $\mathrm{E}_{\mathbf{Q}}(X_k) \to \mathrm{E}_{\mathbf{Q}}(X)$. Da $\varepsilon > 0$ beliebig war, impliziert dies nach Proposition 2.3 $\liminf_{k \to \infty} \mathrm{ES}_\alpha(X_k) \geq \mathrm{ES}_\alpha(X)$.

Es existiert eine Teilfolge $\{X_{k_j}\}_{j \in \mathbb{N}}$ mit

$$\lim_{j \to \infty} \mathrm{ES}_\alpha \left( X_{k_j} \right) = \limsup_{k \to \infty} \mathrm{ES}_\alpha(X_k).$$

Es sei $\mathbf{Q}_{k_j} \in \mathscr{W}_\alpha$ mit

$$\left| \mathrm{ES}_\alpha(X_{k_j}) - \mathrm{E}_{\mathbf{Q}_{k_j}}(X_{k_j}) \right| \leq \frac{1}{j}.$$

Da für jedes $j$ die Radon-Nikodym-Ableitung $\frac{dQ_{k_j}}{dP}$ messbar ist und $0 \leq \frac{dQ_{k_j}}{dP} \leq \frac{1}{1-\alpha}$ erfüllt, ist $f = \limsup_{j\to\infty} \frac{dQ_{k_j}}{dP}$ eine messbare Funktion mit $0 \leq f \leq \frac{1}{1-\alpha}$. Das durch $\frac{d\tilde{Q}}{dP} = f$ definierte Maß ist offenbar in $\mathscr{W}_\alpha$, weshalb $ES_\alpha(X) \geq E_{\tilde{Q}}(X)$ gilt. Da die $X_{n_k}$ fast überall gegen $X$ konvergieren, gilt $\limsup_{j\to\infty} \frac{dQ_{k_j}}{dP} X_{k_j} = fX$. Wegen $\left| \frac{dQ_{n_k}}{dP} X_{n_k} \right| \leq \frac{1}{1-\alpha} Y$ können wir das Lemma von Fatou anwenden und erhalten

$$
\begin{aligned}
E_{\tilde{Q}}(X) &= E_P(fX) \\
&= E_P\left( \limsup_{j\to\infty} \frac{dQ_{k_j}}{dP} X_{k_j} \right) \\
&\geq \limsup_{j\to\infty} \left( E_P\left( \frac{dQ_{k_j}}{dP} X_{k_j} \right) \right) \\
&\geq \limsup_{j\to\infty} \left( ES_\alpha(X_{k_j}) - \frac{1}{j} \right) \\
&= \limsup_{k\to\infty} (ES_\alpha(X_k)).
\end{aligned}
$$

Also gilt auch $ES_\alpha(X) \geq \limsup_{k\to\infty} ES_\alpha(X_k)$.                                                          $\square$

Proposition 2.4 legt nahe, den Expected Shortfall dem Tail Value at Risk vorzuziehen. Denn für hinreichend großes $n$ ist es unmöglich, durch eine Messung zwischen $X_n$ und $X$ zu unterscheiden. Daher sollte auch der Wert der korrespondierenden Risikomaße praktisch ununterscheidbar sein. Dies ist nicht für den Tail Value at Risk erfüllt, aber Proposition 2.4 zeigt, dass der Expected Shortfall diese für die Interpretation notwendige Eigenschaft hat.

**Lemma 2.6.** *Es sei* $X: \Omega \to \mathbb{R}$ *eine normalverteilte Zufallsvariable mit Erwartungswert* $m$ *und Standardabweichung* $s$. $f: X(\Omega) \to \mathbb{R}$ *sei eine streng monotone, stetige Abbildung. Wenn* $\Phi_{0,1}$ *die Verteilungsfunktion und* $\varphi_{0,1} = \frac{d}{dx}\Phi_{0,1}$ *die Dichte der Standardnormalverteilung bezeichnen, gilt*

$$
ES_\alpha(f \circ X) = \int_{\Phi_{0,1}^{-1}(\alpha)}^{\infty} f(m+sx)\, \varphi_{0,1}(x)\, dx = TailVaR_\alpha(f \circ X).
$$

*Beweis.* Aus Proposition 2.1 folgt

$$
ES_\alpha(f \circ X) = \frac{1}{1-\alpha} \int_\alpha^1 VaR_p(f \circ X)\, dp = \frac{1}{1-\alpha} \int_\alpha^1 f\left(m + s\Phi_{0,1}^{-1}(p)\right)\, dp.
$$

Mittels der Substitution $p = \Phi_{0,1}(x)$ erhalten wir $\mathrm{d}p = \varphi_{0,1}(x)\,\mathrm{d}x$ und daher

$$\mathrm{ES}_\alpha(f \circ X) = \frac{1}{1-\alpha} \int_{\Phi_{0,1}^{-1}(\alpha)}^{\infty} f(m+sx)\, \varphi_{0,1}(x)\,\mathrm{d}x.$$

Aufgrund der Stetigkeit der Verteilungsfunktion gilt $\mathrm{ES}_\alpha(f \circ X) = \mathrm{TailVaR}_\alpha(f \circ X)$. $\qquad\square$

In den zwei wichtigen Spezialfällen normalverteilter Zufallsvariablen und lognormalverteilter Zufallsvariablen lässt sich das Integral explizit berechnen.

**Proposition 2.5.** *Es sei $X\colon \Omega \to \mathbb{R}$ eine normalverteilte Zufallsvariable mit Erwartungswert $\mu$ und Standardabweichung $\sigma$. Wenn $\Phi_{0,1}$ die Verteilungsfunktion und $\varphi_{0,1} = \frac{\mathrm{d}}{\mathrm{d}x}\Phi_{0,1}$ die Dichte der Standardnormalverteilung bezeichnen, gilt*

$$\mathrm{ES}_\alpha(X) = \mu + \sigma \frac{\varphi_{0,1}\left(\Phi_{0,1}^{-1}(\alpha)\right)}{1-\alpha} = \mathrm{TailVaR}_\alpha(X).$$

*Beweis.* In diesem Fall haben wir in Lemma 2.6 $f(x) = x$, so dass sich das Integral zu

$$\mathrm{ES}_\alpha(X) = \mu + \frac{\sigma}{1-\alpha} \int_{\Phi_{0,1}^{-1}(\alpha)}^{\infty} x\varphi_{0,1}(x)\,\mathrm{d}x$$

vereinfacht. Mit der Beziehung $\varphi_{0,1}'(x) = -x\varphi_{0,1}(x)$ erhalten wir

$$\mathrm{ES}_\alpha(X) = \mu - \frac{\sigma}{1-\alpha}\left[\varphi_{0,1}(p)\right]_{\Phi_{0,1}^{-1}(\alpha)}^{\infty} = \mu + \frac{\sigma}{1-\alpha}\varphi_{0,1}\left(\Phi_{0,1}^{-1}(\alpha)\right).$$

$\qquad\square$

**Proposition 2.6.** *Es sei $X\colon \Omega \to \mathbb{R}$ eine lognormalverteilte Zufallsvariable, d. h. $\ln X \sim N\left(m, s^2\right)$. Wenn $\Phi_{0,1}$ die Verteilungsfunktion und $\varphi_{0,1} = \frac{\mathrm{d}}{\mathrm{d}x}\Phi_{0,1}$ die Dichte der Standardnormalverteilung bezeichnen, gilt*

$$\mathrm{ES}_\alpha(X) = \frac{\exp\left(m + \frac{s^2}{2}\right)}{1-\alpha}\, \Phi_{0,1}\left(s - \Phi_{0,1}^{-1}(\alpha)\right).$$

*Beweis.* In diesem Fall haben wir in Lemma 2.6 $f(x) = \exp(x)$. Das Integral vereinfacht sich also zu

$$\mathrm{ES}_\alpha(X) = \frac{1}{1-\alpha}\frac{1}{\sqrt{2\pi}} \int_{\Phi_{0,1}^{-1}(\alpha)}^{\infty} \exp(m+sx)\exp\left(-\frac{1}{2}x^2\right)\mathrm{d}x$$

$$= \frac{1}{1-\alpha}\frac{1}{\sqrt{2\pi}} \int_{\Phi_{0,1}^{-1}(\alpha)}^{\infty} \exp\left(m + \frac{s^2}{2} - \frac{1}{2}(x-s)^2\right)\mathrm{d}x$$

$$= \frac{\exp\left(m + \frac{s^2}{2}\right)}{1 - \alpha} \frac{1}{\sqrt{2\pi}} \int_{\Phi_{0,1}^{-1}(\alpha) - s}^{\infty} \exp\left(-\frac{1}{2}y^2\right) dy$$

$$= \frac{\exp\left(m + \frac{s^2}{2}\right)}{1 - \alpha} \left(1 - \Phi_{0,1}\left(\Phi_{0,1}^{-1}(\alpha) - s\right)\right)$$

$$= \frac{\exp\left(m + \frac{s^2}{2}\right)}{1 - \alpha} \Phi_{0,1}\left(s - \Phi_{0,1}^{-1}(\alpha)\right).$$

Dabei haben wir in der letzten Gleichung von der Symmetrie der Standardnormalverteilung Gebrauch gemacht.                                                                      □

### 2.2.4 Spektralmaße

Der Expected Shortfall lässt sich direkt verallgemeinern, um die individuelle Risikoaversion zu berücksichtigen. Statt über alle $\mathrm{VaR}_z(X)$ mit $z \geq \alpha$ mit gleichem Gewicht zu mitteln, kann man eine allgemeinere Gewichtungsfunktion $\phi$ verwenden.

**Definition 2.5.** Es sei $(A, \mathscr{A}, \mu)$ ein Wahrscheinlichkeitsraum mit $\sigma$-Algebra $\mathscr{A}$ und Wahrscheinlichkeitsmaß $\mu$. Dann heißt eine integrierbare Abbildung $\phi \colon A \to \mathbb{R}$ *Gewichtungsfunktion*, falls $\phi$ die folgenden Eigenschaften erfüllt:

(i) $\phi(\alpha) \geq 0$ für fast alle $\alpha \in A$,
(ii) $\int_A \phi(\alpha)\, d\mu(\alpha) = 1$.

**Definition 2.6.** Es sei $\phi \in L^1([0,1])$ eine Gewichtungsfunktion. Dann heißt das Risikomaß

$$M_\phi(X) = \int_0^1 \mathrm{VaR}_p(X)\phi(p)\, dp$$

das *Spektralmaß* zu $\phi$.

Mit einem Spektralmaß wird das Risiko auch in Abhängigkeit von der Seltenheit, mit der ein Verlust eintreten kann, gewichtet. Das Konzept des Spektralmaßes ermöglicht somit die Abbildung eines individuellen Profils der Risikoaversion. Offenbar ist $\mathrm{ES}_\alpha$ ein Beispiel für ein Spektralmaß. Das Maß VaR kann als Grenzfall von Spektralmaßen verstanden werden, da $\mathrm{VaR}_\alpha(X) = \int_0^1 \mathrm{VaR}_p(X)\delta_\alpha(p)\, dp$ gilt, wobei $\delta_\alpha$ die Dirac-Distribution bezeichnet.

## 2.3   Wahl eines guten Risikomaßes

### 2.3.1   Risikomaße und Risikointuition

Eine wichtige Forderung für ein gutes Risikomaß ist eine möglichst gute Beschreibung der Risikointuition des Benutzers. Ein Risikomaß, das ein Benutzer auf Anhieb gut zu verstehen glaubt, muss diese Forderung nicht erfüllen. Wir wollen diesen Punkt etwas genauer illustrieren. Die folgende Axiomatik von Artzner et.al. [1] beschreibt Eigenschaften, die unserem intuitiven Risikobegriff entsprechen.

**Definition 2.7.** Ein Risikomaß $\rho$ heißt *kohärent*, falls es die folgenden Eigenschaften erfüllt:

*Translationsinvarianz:* $\rho(X+\alpha) = \rho(X)+\alpha$ für alle $X \in \mathscr{M}(\Omega, \mathbb{R})$ und alle Konstanten $\alpha$.
*Positive Homogenität:* $\rho(\alpha X) = \alpha\rho(X)$ für alle $X \in \mathscr{M}(\Omega, \mathbb{R})$ und alle positiven Konstanten $\alpha$.
*Monotonie:* $X_1 \geq X_2$ fast überall $\Rightarrow \rho(X_1) \geq \rho(X_2)$ für alle $X_1, X_2 \in \mathscr{M}(\Omega, \mathbb{R})$.[1]
*Subadditivität:* $\rho(X_1 + X_2) \leq \rho(X_1) + \rho(X_2)$ für alle $X_1, X_2 \in \mathscr{M}(\Omega, \mathbb{R})$.

Um zu sehen, inwieweit diese Axiome wirklich unsere Intuition für Risiko beschreiben, müssen wir betrachten, was jede dieser vier Bedingungen aussagt.
*Translationsinvarianz* besagt, dass sichere Verluste vollkommen mit Kapital hinterlegt werden müssen, aber nicht das Restrisiko beeinflussen: Ein sicherer Verlust ist kein Risiko, weil er vollkommen absehbar ist. Aus der Translationsinvarianz folgt außerdem $\rho(X - \rho(X)) = 0$. Das Risikokapital $\rho(X)$ ist also genau der Geldbetrag, der gehalten werden muss, um bezüglich des Risikomaßes das Risiko vollkommen abzufedern. In diesem Sinne sind Risikomaße, die die Translationsinvarianz erfüllen, *akzeptabel* [1].
*Positive Homogenität* ist eine Skalierungsinvarianz: Es ist unwesentlich, ob man das Risiko in Cent oder Euro misst. Gälte die positive Homogenität nicht, hätte die willkürlich gewählte Geldeinheit einen Einfluss auf das Kapital, was natürlich nicht sein sollte. Man könnte versucht sein, die Homogenität auch in dem Sinne real interpretieren, dass eine Vervielfachung der Versicherungssummen eines Portfolios eine entsprechende Vervielfachung des Risikos nach sich zieht. Dies ist bei kleinen Beständen plausibel. Bei größeren Beständen werden die Liquiditätsrisiken jedoch zunehmend größer, da im Falle eines Versicherungsfalls größere Zahlungen geleistet werden müssen. Allerdings ist dies kein Gegenbeispiel zur positiven Homogenität sondern zeigt nur, dass die Verlustfunktion $X$ nicht notwendig mit der Versicherungsumme skaliert.

---

[1]Im Originalartikel von Artzner et.al. [1] wird vom Ergebnis $Y = -X$ ausgegangen, daher wird Monotonie dort anders definiert.

*Monotonie* bedeutet, dass ein Portfolio, das in jeder möglichen Situation höhere Verluste als ein anderes Portfolio aufweist, auch zu einem höheren Risikokapital führen muss. Denkbar wären zum Beispiel zwei identische Portfolios, wobei eines der Portfolios allerdings für die Prämien einen schadenabhängigen nachträglich gewährten Rabatt aufweist.

*Subadditivität* besagt, dass es bei der Kombination von risikobehafteten Portfolios Diversifizierungseffekte gibt. Subadditivität ist für einen Versicherer besonders intuitiv, weil auf dem Diversifizierungseffekt das Geschäftsmodell der Versicherung beruht.[2] Auch hier könnte man versucht sein zu argumentieren, dass Subadditivität nicht immer gelten muss. Wenn zum Beispiel zwei Unternehmen verschmelzen, kann es durch interne Machtkämpfe zu einer insgesamt schlechteren Risikolage kommen, so dass dem verschmolzenen Unternehmen in der Gesamtbetrachtung ein Risikokapital zuzuordnen wäre, das größer als die Summe der Einzelkapitale ist. Ähnlich wie im Beispiel zur positiven Homogenität liegt dies jedoch nicht an einer Verletzung der Eigenschaft, sondern daran, dass die Verlustfunktion $X$ des verschmolzenen Unternehmens die internen Machtkämpfe berücksichtigen muss und deshalb nicht einfach die Summe der Verlustfunktionen beider Unternehmen ist.

*Anmerkung 2.3.* In der Literatur werden auch Risikomaße vorgeschlagen, die Diversifikation etwas schwächer über eine Konvexitätsbedingung abbilden: *Konvexe Risikomaße* sind monotone, translationsinvariante Risikomaße, so dass für jedes $\alpha \in [0, 1]$ und für je zwei Verlustverteilungen $X_1, X_2 \in \mathcal{M}(\Omega, \mathbb{R})$ die Ungleichung

$$\rho\left(\alpha X_1 + (1 - \alpha) X_2\right) \leq \alpha \rho\left(X_1\right) + (1 - \alpha) \rho\left(X_2\right)$$

gilt. Es ist klar, dass Konvexität eine schwächere Bedingung ist und aus Subadditivität und positiver Homogenität folgt.

Kohärente Risikomaße erfüllen intuitive Erwartungen in vielen Situationen. Obwohl wir keine realistischen Beispiele dafür haben, ist es denkbar, dass es Bereiche gibt, wo die Erwartung an ein Risikomaß im Widerspruch zur Kohärenz steht. Dies ist im Einzelfall abzuwägen. Erfüllt umgekehrt ein Risikomaß nicht die Kohärenz-Anforderungen, so sollte abgewogen werden, inwieweit dies durch die beschriebene Situation bedingt ist und ob diese Eigenschaft erwünscht oder vernachlässigbar ist.

---

[2]Es gibt eine subtile Unterscheidung zwischen Pooling und Diversifikation, wobei argumentiert wird, dass das Versicherungsgeschäft in erster Linie auf Pooling beruht. Die Unterscheidung beruht darauf, dass der Poolingeffekt nur unter Kosten hergestellt werden kann (Vermittler müssen Versicherungsnehmer finden), während Diversifikation im Prinzip umsonst ist (Ein diversifiziertes Aktienportfolio kostet genauso viel wie ein undiversifiziertes zum gleichen Kurs). In unserem Zusammenhang, in dem wir nur auf die Risikoeffekte abstellen, ist diese Unterscheidung jedoch sekundär.

Das folgende technische Theorem ermöglicht die Konstruktion neuer kohärenter Risikomaße auf der Grundlage von existierenden kohärenten Risikomaßen. Wir werden es später für den Beweis von Theorem 2.4 verwenden, in dem eine anschaulichere Konstruktion von kohärenten Maßen angegeben wird.

**Theorem 2.1.** *Es sei* $(A, \mathscr{A}, \mu)$ *ein Wahrscheinlichkeitsraum mit* $\sigma$-*Algebra* $\mathscr{A}$ *und Wahrscheinlichkeitsmaß* $\mu$. *Es sei* $\{\rho_\alpha\}_{\alpha \in A}$ *eine Familie von Risikomaßen und* $\mathscr{M}$ *ein Vektorraum von reellwertigen Zufallsvariablen* $X$, *für die* $\rho_\alpha(X)$ $\mu$-*fast überall definiert und* $\mu$-*integrierbar ist. Sind alle* $\rho_\alpha$ *translationsinvariant, positiv homogen, monoton bzw. subadditiv, so hat auch das Risikomaß* $\rho : \mathscr{M} \to \mathbb{R}, X \mapsto \rho(X) = \int_A \rho_\alpha(X) \, d\mu(\alpha)$ *die entsprechende Eigenschaft.*

*Beweis.* Es seien $c \in \mathbb{R}$ und $X, Y$ beliebige Zufallsvariablen.

*Translationsinvarianz*:

$$\rho(X + c) = \int_A \rho_\alpha(X + c) \, d\mu(\alpha) = \int_A (\rho_\alpha(X) + c) \, d\mu(\alpha)$$

$$= \int_A \rho_\alpha(X) \, d\mu(\alpha) + c \int_A d\mu(\alpha) = \rho(X) + c,$$

da $\mu$ ein Wahrscheinlichkeitsmaß ist.

*Positive Homogenität*: Für $c \geq 0$ gilt

$$\rho(cX) = \int_A \rho_\alpha(cX) \, d\mu(\alpha) = \int_A c\rho_\alpha(X) \, d\mu(\alpha) = c\rho(X).$$

*Monotonie*: Es gelte $X \geq Y$ fast überall. Dann folgt aus $\rho_\alpha(X) \geq \rho_\alpha(Y)$

$$\rho(X) = \int_A \rho_\alpha(X) \, d\mu(\alpha) \geq \int_A \rho_\alpha(Y) \, d\mu(\alpha) = \rho(Y).$$

*Subadditivität*:

$$\rho(X + Y) = \int_A \rho_\alpha(X + Y) \, d\mu(\alpha) \leq \int_A (\rho_\alpha(X) + \rho_\alpha(Y)) \, d\mu(\alpha) = \rho(X) + \rho(Y)$$

$\square$

Im allgemeinen erfüllt das Risikomaß $\text{VaR}_\alpha$, das auf den ersten Blick vielleicht am eingängigsten erscheint, nicht das wichtige Axiom der Subadditivität. Der Value at Risk ist damit nicht kohärent und beschreibt daher unsere Risikointuition nicht in dem Maße, in dem es wünschenswert wäre.

*Beispiel 2.2.* Die diskrete Verteilung $X$ sei durch

$$\begin{cases} \mathbf{P}(X = -1) & = 0.96 \\ \mathbf{P}(X = 10) & = 0.04 \end{cases}$$

gegeben. Wir können $-X$ als eine Gewinnverteilung für einen Versicherungsvertrag interpretieren. Die Prämie beträgt 1. Mit einer Wahrscheinlichkeit von 4 % tritt ein Schaden ein, und die Leistung ist im Schadenfall immer gleich 11. In diesem einfachen Beispiel werden Kosten und Kapitalerträge ignoriert. Das Geschäft ist profitabel, da $E(-X) = 0.56$ gilt. Wir sind am Risikomaß $\text{VaR}_{95\%}$ interessiert. Da der Schaden nur mit einer Wahrscheinlichkeit von 4 % < 1 − 95 % eintritt, gilt

$$\text{VaR}_{95\%}(X) = -1.$$

Für unser geringes Konfidenzniveau gibt es also kein positives Risiko.

Wir betrachten nun eine zweite Verteilung $Y \sim X$, die von $X$ unabhängig ist. Die Gesamtverteilung $X + Y$ ist dann vollständig durch

$$\begin{cases} \mathbf{P}(X + Y = -2) & = 0.96^2 = 0.9216 \\ \mathbf{P}(X + Y = 9) & = 2 \times 0.96 \times 0.04 = 0.0768 \\ \mathbf{P}(X + Y = 20) & = 0.04^2 = 0.0016 \end{cases}$$

beschrieben. Offenbar gilt

$$\text{VaR}_{95\%}(X + Y) = 9 > 2(-1) = \text{VaR}_{95\%}(X) + \text{VaR}_{95\%}(Y).$$

Wenn man den Value at Risk als Risikomaß verwendete, würde man also folgern, dass die Diversifizierung das Risiko erhöht statt zu vermindern.

Es gibt jedoch Spezialfälle, für die das Risikomaß Value at Risk kohärent ist (siehe Theorem 2.2). Zunächst benötigen wir jedoch ein wenig Vorbereitung.

*Anmerkung 2.4.* Wir wollen hier einige Eigenschaften euklidischer Räume wiederholen, die wir für die Formulierung und den Beweis des folgenden Lemmas 2.7 benötigen werden. Wir betrachten den $\mathbb{R}^n$ mit einem Skalarprodukt $\langle , \rangle \colon \mathbb{R}^n \times \mathbb{R}^n \to \mathbb{R}$. Das Paar $(\mathbb{R}^n, \langle , \rangle)$ heißt *euklidischer Raum* und bildet die Grundlage der elementaren Geometrie. Eine lineare Abbildung $O \colon \mathbb{R}^n \to \mathbb{R}^n$, $u \mapsto Ou$ heißt *orthogonal* (oder *Isometrie*), wenn $\langle Ox, Oy \rangle = \langle x, y \rangle$ für alle $x, y \in \mathbb{R}^n$ gilt. Insbesondere ist $O$ invertierbar. Die *transponierte Abbildung* $O^\top$ ist durch die Eigenschaft $\langle Ox, y \rangle = \langle x, O^\top y \rangle$ für alle $x, y \in \mathbb{R}^n$ definiert. Es gilt $O^\top O = \text{id}_{\mathbb{R}^n}$, was aus

$$\langle O^\top Ox, y \rangle = \langle Ox, Oy \rangle = \langle x, y \rangle \quad \forall x, y \in \mathbb{R}^n$$

folgt. $O^\top$ ist selbst wieder eine orthogonale Abbildung, da

$$\langle O^\top Ox, O^\top Oy\rangle = \langle x, y\rangle = \langle Ox, Oy\rangle$$

für alle $x, y \in \mathbb{R}^n$ gilt und $O$ invertierbar ist.

**Lemma 2.7.** *$X\colon \Omega \to \mathbb{R}^n$ sei eine Zufallsvariable und $\phi_X\colon \mathbb{R}^n \to \mathbb{R}$, $u \mapsto E\left(e^{i\langle u,X\rangle}\right)$ ihre charakteristische Funktion. Dann sind die folgenden Aussagen äquivalent:*

*(i) Für jede orthogonale lineare Abbildung $O\colon \mathbb{R}^n \to \mathbb{R}^n$ gilt $OX \sim X$.*
*(ii) Es gibt eine Funktion $\psi_X\colon \mathbb{R}^+ \to \mathbb{R}$ mit $\phi_X(u) = \psi_X(\|u\|^2)$.*
*(iii) Für jedes $a \in \mathbb{R}^n$ gilt $\langle a, X\rangle \sim \|a\|X_1$, wobei $X_1$ die erste Vektorkomponente von $X$ ist.*

*Beweis.* „(i)⇒(ii)": Für jede orthogonale lineare Abbildung $O$ und jedes $u \in \mathbb{R}^n$ gilt

$$\phi_X(u) = \phi_{OX}(u) = E\left(e^{i\langle u, OX\rangle}\right) = E\left(e^{i\langle O^\top u, X\rangle}\right) = \phi_X\left(O^\top u\right)$$

Die charakteristische Funktion $\phi_X(\cdot)$ ist also unter orthogonalen Transformationen invariant und Eigenschaft (ii) folgt.

„(ii)⇒(iii)": Es sei $a \in \mathbb{R}^n$. Dann erhalten wir für jedes $t \in \mathbb{R}$

$$\phi_{\langle a,X\rangle}(t) = E\left(e^{it\langle a,X\rangle}\right) = E\left(e^{i\langle ta,X\rangle}\right) = \phi_X(ta) = \psi_X\left(t^2 \|a\|^2\right).$$

Andererseits gilt

$$\phi_{\|a\|X_1}(t) = E\left(e^{it\|a\|X_1}\right) = E\left(e^{i\langle t\|a\|\mathbf{e}_1, X\rangle}\right) = \phi_X\left(t\|a\|\,\mathbf{e}_1\right) = \psi_X\left(t^2 \|a\|^2\right),$$

und Eigenschaft (iii) folgt aus der Eindeutigkeit der charakteristischen Funktion.

„(iii)⇒(i)": Wegen der Eindeutigkeit der charakteristischen Funktion genügt es zu zeigen, dass die charakteristische Funktion von $X$ unter orthogonalen Transformationen $O$ invariant ist. Es gilt

$$\phi_{OX}(u) = E\left(e^{i\langle u, OX\rangle}\right) = E\left(e^{i\langle O^\top u, X\rangle}\right) = \phi_{\langle O^\top u, X\rangle}(1) = \phi_{\|O^\top u\|X_1}(1) = \phi_{\|u\|X_1}(1)$$

$$= \phi_{\langle u, X\rangle}(1) = E\left(e^{i\langle u, X\rangle}\right) = \phi_X(u).$$

$\square$

**Lemma 2.8.** *Das Risikomaß $\mathrm{VaR}_\alpha$ ist translationsinvariant, positiv homogen und monoton.*

*Beweis.* Es seien $a \in \mathbb{R}$ und $X, Y$ beliebige Zufallsvariablen.

*Translationsinvarianz*: Offenbar gilt $F_{X+a}(x) = \mathbf{P}(X + a \leq x) = \mathbf{P}(X \leq x - a) = F_X(x - a)$. Es folgt

$$
\begin{aligned}
\text{VaR}_\alpha(X + a) &= \inf\{x : F_{X+a}(x) \geq \alpha\} = \inf\{x : F_X(x - a) \geq \alpha\} \\
&= \inf\{x + a : F_X(x) \geq \alpha\} = a + \inf\{x : F_X(x) \geq \alpha\} \\
&= \text{VaR}_\alpha(X) + a.
\end{aligned}
$$

*Positive Homogenität*: Für $a = 0$ gilt die Homogenitätseigenschaft trivialer Weise. Ist $a > 0$, so gilt $F_{aX}(x) = \mathbf{P}(aX \leq x) = \mathbf{P}(X \leq \frac{x}{a}) = F_X\left(\frac{x}{a}\right)$. Somit folgt

$$
\begin{aligned}
\text{VaR}_\alpha(aX) &= \inf\{x : F_{aX}(x) \geq \alpha\} = \inf\left\{x : F_X\left(\frac{x}{a}\right) \geq \alpha\right\} \\
&= \inf\{ax : F_X(x) \geq \alpha\} = a\inf\{x : F_X(x) \geq \alpha\} \\
&= a\text{VaR}_\alpha(X).
\end{aligned}
$$

*Monotonie*: Es gelte $X \geq Y$ fast überall. Dann gilt $F_X(x) = \mathbf{P}(X \leq x) \leq \mathbf{P}(Y \leq x) = F_Y(x)$ und daher $\{x : F_X(x) \geq \alpha\} \subseteq \{x : F_Y(x) \geq \alpha\}$. Es folgt

$$
\text{VaR}_\alpha(X) = \inf\{x : F_X(x) \geq \alpha\} \geq \inf\{x : F_Y(x) \geq \alpha\} = \text{VaR}_\alpha(Y).
$$

$\square$

**Theorem 2.2.** *Eingeschränkt auf einen Vektorraum von normalverteilten Zufallsvariablen ist für jedes $\alpha \in \left]\frac{1}{2}, 1\right[$ das Risikomaß $\text{VaR}_\alpha$ kohärent.*

*Beweis.* Wegen Lemma 2.8 müssen wir nur die Subadditivität zeigen. Es seien $X, Y: \Omega \to \mathbb{R}$ beliebige normalverteilte Zufallsvariablen aus dem Vektorraum. Aufgrund der Vektorraumeigenschaft sind alle Linearkombinationen von $X$ und $Y$ normalverteilt, so dass der Vektor $(X, Y)$ multivariat normalverteilt ist. Folglich existieren ein zweidimensionaler standardnormalverteilter Zufallsvektor $Z = (Z_1, Z_2)$, eine lineare Abbildung $A: \mathbb{R}^2 \to \mathbb{R}^2$ sowie ein Vektor $b = (b_1, b_2) \in \mathbb{R}^2$, so dass $(X, Y)^\top = AZ + b$ gilt. Wegen $\phi_Z(u) = e^{-\|u\|^2/2}$ gilt nach Lemma 2.7 für jeden Vektor $a \in \mathbb{R}^2$ die Relation $\langle a, Z\rangle \sim \|a\|Z_1$. Wir haben

$$
\begin{aligned}
X - b_1 &= \langle A^\top \mathbf{e}_1, Z\rangle \sim \|A^\top \mathbf{e}_1\| Z_1, \\
Y - b_2 &= \langle A^\top \mathbf{e}_2, Z\rangle \sim \|A^\top \mathbf{e}_2\| Z_1, \\
X + Y - b_1 - b_2 &= \langle A^\top \mathbf{e}_1 + A^\top \mathbf{e}_2, Z\rangle \sim \|A^\top \mathbf{e}_1 + A^\top \mathbf{e}_2\| Z_1.
\end{aligned}
$$

Somit gilt aufgrund der Translationsinvarianz und der positiven Homogenität von $\text{VaR}_\alpha$

$$\text{VaR}_\alpha(X) = \left\| A^\top \mathbf{e}_1 \right\| \text{VaR}_\alpha(Z_1) + b_1,$$

$$\text{VaR}_\alpha(Y) = \left\| A^\top \mathbf{e}_2 \right\| \text{VaR}_\alpha(Z_1) + b_2,$$

$$\text{VaR}_\alpha(X + Y) = \left\| A^\top \mathbf{e}_1 + A^\top \mathbf{e}_2 \right\| \text{VaR}_\alpha(Z_1) + b_1 + b_2.$$

Die Subadditivität folgt nun aus

$$\left\| A^\top \mathbf{e}_1 + A^\top \mathbf{e}_2 \right\| \le \left\| A^\top \mathbf{e}_1 \right\| + \left\| A^\top \mathbf{e}_2 \right\|$$

und $\text{VaR}_\alpha(Z_1) \ge 0$ für $\alpha \ge \frac{1}{2}$, da $Z_1$ standardnormalverteilt ist. $\qquad\square$

*Anmerkung 2.5.* Eine Zufallsvariable, die eine der äquivalenten Bedingungen in Lemma 2.7 erfüllt, heißt *sphärisch*. Die affine Transformation einer sphärischen Zufallsvariable heißt *elliptisch*. Im Beweis von Theorem 2.2 haben wir von der Normalverteilungseigenschaft lediglich benutzt, dass Multinormalverteilungen elliptisch sind. Das Theorem lässt sich also auf Verteilungen, die als Linearkombination von Komponenten elliptischer Verteilungen geschrieben werden können, verallgemeinern. Für eine genaue Formulierung dieser Verallgemeinerung siehe [6, Theorem 6.8].

**Theorem 2.3.** *Der Expected Shortfall* $\text{ES}_\alpha$ *ist kohärent.*

*Beweis.* Es sei $dp$ das Lebesgue Maß. Dann folgen Translationsinvarianz, positive Homogenität und Monotonie direkt aus Theorem 2.1 und Lemma 2.8 mit $\rho_p = \text{VaR}_p$ und $(A, \mathscr{A}, \mu) = \left([\alpha, 1], \mathscr{B}, \frac{1}{1-\alpha} dp\right)$.

Es bleibt die Subadditivität zu zeigen. Für beliebige Zufallsvariablen $X, Y$ erhalten wir mit Lemma 2.5 (iii)

$$(1 - \alpha)\left(\text{ES}_\alpha(X) + \text{ES}_\alpha(Y) - \text{ES}_\alpha(X + Y)\right)$$

$$= \text{E}\left(X 1_{X, \text{VaR}_\alpha(X), \alpha} + Y 1_{Y, \text{VaR}_\alpha(Y), \alpha} - (X + Y) 1_{(X+Y), \text{VaR}_\alpha(X+Y), \alpha}\right)$$

$$= \text{E}\left(X \left(1_{X, \text{VaR}_\alpha(X), \alpha} - 1_{(X+Y), \text{VaR}_\alpha(X+Y), \alpha}\right)\right)$$

$$+ \text{E}\left(Y \left(1_{Y, \text{VaR}_\alpha(Y), \alpha} - 1_{(X+Y), \text{VaR}_\alpha(X+Y), \alpha}\right)\right).$$

Wir betrachten nun den Ausdruck $\text{E}\left(X \left(1_{X, \text{VaR}_\alpha(X), \alpha} - 1_{(X+Y), \text{VaR}_\alpha(X+Y), \alpha}\right)\right)$. Nach Konstruktion von $1_{X, x, \alpha}$ gilt für $X(\omega) < x$ die Gleichung $1_{X, x, \alpha}(\omega) = 0$ und für $X(\omega) > x$ die Gleichung $1_{X, x, \alpha}(\omega) = 1$. Da aufgrund von Lemma 2.5 (i) die Ungleichung

$$0 \le 1_{X+Y, \text{VaR}_\alpha(X+Y), \alpha} \le 1$$

gilt, erhalten wir

$$1_{X,\text{VaR}_\alpha(X),\alpha} - 1_{(X+Y),\text{VaR}_\alpha(X+Y),\alpha} \begin{cases} \leq 0 & \text{, falls } X(\omega) < \text{VaR}_\alpha(X) \\ \geq 0 & \text{, falls } X(\omega) > \text{VaR}_\alpha(X). \end{cases}$$

Damit gilt in beiden Fällen (und trivialer Weise auch für $X = \text{VaR}_\alpha(X)$) die Ungleichung

$$X \left( 1_{X,\text{VaR}_\alpha(X),\alpha} - 1_{(X+Y),\text{VaR}_\alpha(X+Y),\alpha} \right)$$
$$\geq \text{VaR}_\alpha(X) \left( 1_{X,\text{VaR}_\alpha(X),\alpha} - 1_{(X+Y),\text{VaR}_\alpha(X+Y),\alpha} \right).$$

Lemma 2.5 (ii) impliziert nun

$$\text{E} \left( X \left( 1_{X,\text{VaR}_\alpha(X),\alpha} - 1_{(X+Y),\text{VaR}_\alpha(X+Y),\alpha} \right) \right)$$
$$\geq \text{VaR}_\alpha(X)\text{E} \left( \left( 1_{X,\text{VaR}_\alpha(X),\alpha} - 1_{(X+Y),\text{VaR}_\alpha(X+Y),\alpha} \right) \right)$$
$$= \text{VaR}_\alpha(X) \left( (1 - \alpha) - (1 - \alpha) \right) = 0.$$

Das gleiche Argument impliziert auch $\text{E} \left( Y \left( 1_{Y,\text{VaR}_\alpha(Y),\alpha} - 1_{(X+Y),\text{VaR}_\alpha(X+Y),\alpha} \right) \right) \geq 0$. Insgesamt erhalten wir also

$$(1 - \alpha) \left( \text{ES}_\alpha(X) + \text{ES}_\alpha(Y) - \text{ES}_\alpha(X + Y) \right) \geq 0 + 0 = 0.$$

$$\square$$

**Theorem 2.4.** *Ein Spektralmaß $M_\phi$ ist kohärent, wenn die Gewichtungsfunktion $\phi \in L^1([0, 1])$ (fast überall) monoton wachsend ist.*

*Beweis.* Da $\phi$ monoton wachsend ist, können wir durch $\phi(p) =: v([0, p])$ ein Maß auf $([0, 1], \mathscr{B})$ definieren. Aus dem Theorem von Fubini folgt

$$M_\phi(X) = \int_0^1 \text{VaR}_p(X)\phi(p) \, dp = \int_0^1 \text{VaR}_p(X) \left( \int_0^p dv(\alpha) \right) dp$$

$$= \int_0^1 \left( \int_0^1 1_{[0,p]}(\alpha)\text{VaR}_p(X) \, dv(\alpha) \right) dp$$

$$= \int_0^1 \left( \int_0^1 1_{[\alpha,1]}(p)\text{VaR}_p(X) \, dv(\alpha) \right) dp$$

$$= \int_0^1 \left( \int_0^1 1_{[\alpha,1]}(p)\text{VaR}_p(X) \, dp \right) dv(\alpha) = \int_0^1 \left( \int_\alpha^1 \text{VaR}_p(X) \, dp \right) dv(\alpha)$$

$$= \int_0^1 (1 - \alpha) \, \text{ES}_\alpha(X) \, dv(\alpha),$$

wobei wir von der Identität $1_{[0,p]}(\alpha) = 1_{[\alpha,1]}(p)$ für $\alpha, p \in [0,1]$ Gebrauch gemacht haben.
Die Behauptung folgt nun aus Theorem 2.1 mit $\mathrm{d}\mu(\alpha) = (1-\alpha)\mathrm{d}\nu(\alpha)$, da

$$\int_0^1 \mathrm{d}\mu(\alpha) = \int_0^1 (1-\alpha)\mathrm{d}\nu(\alpha) = \int_0^1 \left( \int_\alpha^1 \mathrm{d}p \right) \mathrm{d}\nu(\alpha)$$

$$= \int_0^1 \left( \int_0^1 1_{[\alpha,1]}(p)\,\mathrm{d}p \right) \mathrm{d}\nu(\alpha) = \int_0^1 \left( \int_0^1 1_{[\alpha,1]}(p)\,\mathrm{d}\nu(\alpha) \right) \mathrm{d}p$$

$$= \int_0^1 \left( \int_0^1 1_{[0,p]}(\alpha)\,\mathrm{d}\nu(\alpha) \right) \mathrm{d}p = \int_0^1 \nu\left([0,p]\right) \mathrm{d}p = \int_0^1 \phi(p)\,\mathrm{d}p$$

$$= 1$$

gilt.                                                                                                     $\square$

Ein Spektralmaß ist also genau dann kohärent, wenn die individuelle Risikoaversion höheren Verlusten auch höhere Gewichte zuordnet.

### 2.3.2 Praktische Erwägungen

Einige Risikomaße wie $\mathrm{VaR}_\alpha$ oder $\mathrm{TailVaR}_\alpha$ werden unter Angabe eines Konfidenzniveaus $\alpha$ definiert. Dieses Konfidenzniveau ermöglicht einen ersten intuitiven Eindruck über das angestrebte Sicherheitsniveau. Es ist jedoch eine gewisse Vorsicht geboten, da das Sicherheitsniveau sowohl vom Risikomaß als auch vom betrachteten Zeithorizont abhängt. So haben wir oben gesehen, dass ein Tail Value at Risk zum Konfidenzniveau $\alpha$ immer ein höheres Sicherheitsniveau bietet als ein Value at Risk zum gleichen Konfidenzniveau $\alpha$. Ferner ist klar, dass je länger die Periode ist, auf die sich das Konfidenzniveau bezieht, desto höher das Sicherheitsniveau ist, das erreicht wird.

Eine weitere wichtige Forderung ist die der Praktikabilität des Risikomaßes.

- Ist die Klasse der Verteilung bekannt, so reduziert sich das Problem der Bestimmung des Risikos auf die Schätzung der Parameter der vorliegenden Verteilung. Aber selbst wenn die Verteilungen der einzelnen Teilrisiken bekannt sind, wirft die Aggregation zur Gesamtverteilung bereits im einfachsten Fall der Unabhängigkeit erhebliche numerische Probleme auf. Daher berechnet man in der Praxis die Gesamtverteilung meist mittels Monte-Carlo-Simulation.
- Varianzreduktionstechniken können zur Verringerung der Anzahl der benötigten Szenarien herangezogen werden. Ferner kann eine approximative Portfoliobewertung den numerischen Aufwand reduzieren.
- Wenn wir davon ausgehen, dass die Risikoverteilung numerisch über eine Monte Carlo Simulation ermittelt wird, so sind $\mathrm{VaR}_\alpha$ und Spektralmaße mit ähnlichem Aufwand

zu berechnen. Wenn das Risiko genauer untersucht werden soll, haben Spektralmaße Vorteile, da sie über eine Integration und somit stabiler definiert sind. Auf diese Eigenschaft werden wir im Abschn. 5.2 am Beispiel einer Definition für ein besonders intuitives Allokationsschema für das Risikokapital genauer eingehen.

Das Ergebnis des Risikomaßes $\rho\colon \mathscr{M}(\Omega, \mathbb{R}) \to \mathbb{R}$ ist selbst keine Zufallsvariable, sondern wie der Erwartungswert eine deterministische Größe. Bei der Monte-Carlo-Simulation wird diese deterministische Größe durch einen Schätzer, d. h. eine Zufallsvariable $R_k^{\rho,X}$ auf der Basis von $k$ unabhängigen Realisierungen von $X$ approximiert. Dabei bedeutet das „ungefähr"-Zeichen „$\approx$", dass für eine vorgegebene kleine Schranke $\varepsilon > 0$ und ein vorgegebenes „Meta-Konfidenzniveau"$\tilde{\alpha}$ die Ungleichung

$$\mathbf{P}\left(\left|\rho(X) - R_k^{\rho,X}\right| > \varepsilon\right) < 1 - \tilde{\alpha} \tag{2.3}$$

gilt. Den theoretischen Hintergrund liefert das schwache Gesetz der großen Zahl.

*Beispiel 2.3.* Es sei $\rho = \mathrm{VaR}_\alpha$. Um $\mathrm{VaR}_\alpha(X)$ numerisch stabil schätzen zu können, müssen wir eine so hohe Anzahl $k$ von Szenarien wählen, dass hinreichend viele Szenarien einen Verlust höher als $\mathrm{VaR}_\alpha(X)$ liefern. Um zum Beispiel mehr als 100 Szenarien mit einem höheren Verlust zu erhalten, wählen wir $k \in \mathbb{N}$ so groß, dass $(1 - \alpha)k > 100$ gilt. Wir bezeichnen mit

$$\mathrm{MAX}_m\left(\{a_1, \ldots, a_k\}\right)$$

den $m$-höchsten Wert der Menge $\{a_1, \ldots, a_k\}$. Nun können wir

$$R_k^{\mathrm{VaR}_\alpha, X}(X_1, \ldots, X_k) = \mathrm{MAX}_{[(1-\alpha)k+1]}\left(\{X_1, \ldots, X_k\}\right)$$

setzen, wobei $[a]$ den ganzzahligen Anteil der reellen Zahl $a$ bezeichne. Für gegebene $\varepsilon, \tilde{\alpha}$ wird nun $k$ so groß gewählt, dass Ungleichung (2.3) erfüllt ist. Dass eine solche Wahl möglich ist, folgt intuitiv aus der Definition des Value at Risk und dem Gesetz der großen Zahlen. In der Praxis wird man keinen Beweis führen, sondern $k$ einfach so groß wählen, dass sich der Wert von $R_k^{\rho,X}$ aufeinander folgender Evaluationen kaum unterscheidet.

Die Anzahl der Simulationen wird häufig pragmatisch durch die Rechnerkapazität und die praktisch vertretbare Laufzeit bestimmt. Das kann dazu führen, dass die Ergebnisse nicht stabil sind. Insbesondere wenn $X$ eine heavy-tailed-Verteilung (z. B. Paretoverteilung) ist, können leicht mehr als 100'000 Simulationen notwendig sein, um stabile Ergebnisse für $\mathrm{VaR}_{99.5\%}(X)$ zu erhalten.

Man sieht leicht, dass der Schätzwert $R_k^{\mathrm{VaR}_\alpha, X}(X_1, \ldots, X_k)$ mit dem Value at Risk der empirischen Verteilungsfunktion $F_k$ der Stichprobenwerte übereinstimmt; denn es gilt

$$F_k \left( R_k^{\text{VaR}_\alpha, X} \right) = 1 - \frac{[(1-\alpha)k]}{k} \in [\alpha, \alpha + 1/k[.$$

Nach dem Satz von Glivenko-Cantelli konvergieren die empirischen Verteilungsfunktionen $F_k$ gleichmäßig gegen die Verteilungsfunktion $F$ von $X$, so dass hier der Value at Risk der empirischen Verteilungsfunktion als Approximation des Value at Risk der theoretischen Verteilungsfunktion verwendet wird.

*Beispiel 2.4.* Es sei $\rho = \text{ES}_\alpha$. Wir setzen nun

$$R_k^{\text{ES}_\alpha, X}(X_1, \ldots, X_k) = \frac{\sum_{m=1}^{[(1-\alpha)k]} \text{MAX}_m(\{X_1, \ldots, X_k\})}{[(1-\alpha)k]}$$

und verfahren ansonsten analog zu Beispiel (2.3).

Den theoretischen Hintergrund liefert das folgende Gesetz der großen Zahl [9].

**Theorem 2.5.** *Für eine Folge $(X_k)_{k \in \mathbb{N}}$ von integrierbaren i.i.d. Zufallsgrößen auf dem Wahrscheinlichkeitsraum $(\Omega, \mathbf{P})$ gilt*

$$\lim_{k \to \infty} \frac{\sum_{m=1}^{[(1-\alpha)k]} \text{MAX}_m(X_1, \ldots, X_k)}{[(1-\alpha)k]} = \text{ES}_\alpha(X_1) \quad \textit{fast sicher,}$$

*wobei [ ] den ganzzahligen Anteil bezeichnet.*

*Beweis.* Sei $F$ die Verteilungsfunktion von $X_1$. Dann ist

$$y \mapsto \text{VaR}_y(X_1) = \inf\{x : F(x) \geq y\}$$

integrierbar, da wegen Lemma 2.1

$$\int_0^1 \left| \text{VaR}_y(X_1) \right| \, dy = \int_0^1 |\text{VaR}_y(X_1)| \, dF(\text{VaR}_y(X_1)) = \int_{-\infty}^\infty |x| \, dF(x) < \infty$$

gilt. Wir setzen $U_i := F(X_i)$, $i = 1, \ldots, k$. Da $\mathbf{P}(\text{VaR}_{U_i}(X_i) = X_i) = 1$ nach Lemma 2.2 gilt, die $X_i$ identisch verteilt und $t \mapsto \text{VaR}_t(X)$ monoton wachsend ist, gilt

$$\begin{aligned}
\text{MAX}_m(X_1, \ldots, X_k) &= \text{MAX}_m \left( \text{VaR}_{F_{X_1}}(X_1), \ldots, \text{VaR}_{F_{X_k}}(X_k) \right) \\
&= \text{MAX}_m \left( \text{VaR}_{F_{X_1}}(X_1), \ldots, \text{VaR}_{F_{X_k}}(X_1) \right) \\
&= \text{VaR}_{\text{MAX}_m(F(X_1), \ldots, F(X_k))}(X_1) \\
&= \text{VaR}_{\text{MAX}_m(U_1, \ldots, U_k)}(X_1) \quad \text{f.s.}
\end{aligned}$$

Daher genügt es,

$$\lim_{k\to\infty} \frac{\sum_{m=1}^{[(1-\alpha)k]} \mathrm{VaR}_{\mathrm{MAX}_m(U_1,\ldots,U_k)}(X_1)}{[(1-\alpha)k]} = \frac{1}{1-\alpha} \int_\alpha^1 \mathrm{VaR}_y(X_1)\,\mathrm{d}y \quad \text{f.s.}$$

zu zeigen. Wir werden etwas allgemeiner zeigen, dass für jede integrierbare Funktion $g: ]0,1[ \to \mathbb{R}$ die Beziehung

$$\lim_{k\to\infty} \frac{\sum_{m=1}^{[(1-\alpha)k]} g\left(\mathrm{MAX}_m(U_1,\ldots,U_k)\right)}{[(1-\alpha)k]} = \frac{1}{1-\alpha} \int_\alpha^1 g(x)\,\mathrm{d}x \quad \text{f.s.}$$

gilt. Dazu definieren wir die bezüglich $t$ stückweise konstanten Abbildungen

$$g_k: ]0,1[ \times \Omega \to \mathbb{R},$$

$k \in \mathbb{N}$, durch

$$g_k(t) := g\left(\mathrm{MAX}_{[(1-t)k]+1}(U_1,\ldots,U_k)\right).$$

Es folgt

$$\int_{([\alpha k]+1)/k}^1 g_k(t)\mathrm{d}t = \sum_{m=1}^{[(1-\alpha)k]} g\left(\mathrm{MAX}_m(U_1,\ldots,U_k)\right).$$

Mit der Notation

$$J_k(t) = \begin{cases} 0 & \text{für } 0 \le t \le \frac{[\alpha k]+1}{k}, \\ \frac{k}{[(1-\alpha)k]} & \text{für } \frac{[\alpha k]+1}{k} < t \le 1. \end{cases}$$

genügt es also,

$$\lim_{k\to\infty} \int_0^1 g_k(t)J_k(t)\,\mathrm{d}t = \frac{1}{1-\alpha} \int_\alpha^1 g(t)\,\mathrm{d}t \quad \text{f.s.} \tag{2.4}$$

zu zeigen.

Es sei $\lambda$ das Lebesgue-Maß auf $]0,1[$. Wir zeigen zunächst, dass mit Wahrscheinlichkeit 1 bezüglich $(\Omega, \mathbf{P})$

$$\lim_{k\to\infty} \lambda(\{t : |g_k(t) - g(t)| \ge \delta\}) = 0 \quad \forall \delta > 0 \tag{2.5}$$

gilt. Zu $\varepsilon > 0$ finden wir nach dem Theorem von Lusin eine Borelmenge $B \subseteq ]0, 1[$ und eine stetige Funktion $\tilde{g} : ]0, 1[ \to \mathbb{R}$, so dass $g = \tilde{g}$ auf $]0, 1[\setminus B$ und $\lambda(B) \leq \varepsilon$ gilt. Wir setzen nun

$$\tilde{g}_k(t) := \tilde{g}\left(\mathrm{MAX}_{[(1-t)k]+1}(U_1, \ldots, U_k)\right),$$

$$B_k := \{t : \mathrm{MAX}_{[(1-t)k]+1}(U_1, \ldots, U_k) \in B\}.$$

$\tilde{g}_k$ ist ebenfalls stückweise konstant, und es gilt $\{t : \tilde{g}_k(t) \neq g_k(t)\} \subseteq B_k$. Da die $U_i$ identisch verteilt und unabhängig sind, konvergiert

$$\lambda(B_k) = \frac{1}{k} \sum_{i=1}^{k} 1_B(U_i)$$

nach dem starken Gesetz der großen Zahl f.s. gegen

$$\mathrm{E}\left(1_B(U_1)\right) = \mathbf{P}(U_1 \in B) = \lambda(B) \leq \varepsilon,$$

so dass insbesondere $\limsup_k \lambda(B_k) \leq \varepsilon$ f.s. gilt. Da $\mathrm{MAX}_{[(1-t)k]+1}(U_1, \ldots, U_k)$ als $\frac{[tk]+1}{k}$-Quantil der empirischen Verteilungsfunktion der Stichprobe $(U_1, \ldots, U_k)$ gegen das $t$-Quantil der Gleichverteilung konvergiert und $\tilde{g}$ stetig ist, gilt ferner

$$\lim_{k \to \infty} \tilde{g}_k(t) = \tilde{g} \quad \text{f.s.}$$

Insgesamt schließen wir

$$\begin{aligned}
\limsup_k \lambda\left(\{t : |g_k(t) - g(t)| \geq \delta\}\right) &\leq \limsup_k \lambda\left(\{t : |\tilde{g}(t) - g(t)| \geq \delta\}\right) \\
&\quad + \limsup_k \lambda\left(\{t : |g_k(t) - \tilde{g}_k(t)| \geq \delta\}\right) \\
&\quad + \limsup_k \lambda\left(\{t : |\tilde{g}_k(t) - \tilde{g}(t)| \geq \delta\}\right) \\
&\leq \lambda(B) + \limsup_k \lambda(B_k) \\
&\quad + \limsup_k \lambda\left(\{t : |\tilde{g}_k(t) - \tilde{g}(t)| \geq \delta\}\right) \\
&\leq 2\varepsilon.
\end{aligned}$$

Damit ist die Beziehung (2.5) gezeigt.

Da zudem

$$\lim_{k \to \infty} \int_0^1 |g_k| \, \mathrm{d}\lambda = \lim_{k \to \infty} \frac{1}{k} \sum_{i=1}^{k} |g(U_i)| = \int_0^1 |g| \, \mathrm{d}\lambda$$

gilt, können wir für fast jedes $\omega \in \Omega$ das Theorem von Vitali bzgl. $(]0, 1[, \lambda)$ anwenden, um

$$\lim_{k \to \infty} \int_0^1 |g_k - g| \, \mathrm{d}\lambda = 0 \quad \text{f.s.}$$

zu erhalten. Da die Folge $J_k$, $k \in \mathbb{N}$, beschränkt ist und gegen $\frac{1}{1-\alpha} \mathbf{1}_{(\alpha,1)}$ konvergiert, erhalten wir schließlich die gesuchte Konvergenz (2.4).                                              $\square$

## 2.4    Dynamische Risikomaße

Die Risikomaße, die wir bisher untersucht haben, werden in der Regel auf einen Beobachtungshorizont von einem Jahr bezogen. Andererseits stehen Versicherungsverträge und die damit verbundenen Verpflichtungen häufig für viele Jahre unter Risiko. Diese zeitliche Asymmetrie wirft die folgenden Fragen auf:

- Wie sollte das Risikomaß die neue Information, die im Laufe der Zeit zugänglich wird, widerspiegeln?
- Wie sollte das Risikomaß auf Änderungen des Risikoprofils während des mehrjährigen Beobachtungshorizonts reagieren?
- Wie sollte man zeitlichen Abhängigkeiten Rechnung tragen?

Zeitliche Abhängigkeiten können durch externe, für den Schadenverlauf relevante Trends induziert werden. Ein Beispiel in der Lebensversicherung ist die Verbesserung der Lebenserwartung aufgrund des medizinischen Fortschritts. Die Natur des versicherten Schadens kann sich ebenfalls mit der Zeit verändern. Zum Beispiel haben ältere Menschen eine höhere Sterblichkeitswahrscheinlichkeit als jüngere Menschen, und die zugehörige Volatilität ist ebenfalls größer. Daher haben Lebensversicherungen ein Risikoprofil, das sich mit der Zeit ändert. Dies kann Auswirkungen auf das notwendige Risikokapital haben.

*Beispiel 2.5.* Ein Unternehmen übernimmt zum Zeitpunkt $t = 0$ die Verpflichtungen eines Konkurrenten gegen einen Verkaufspreis $V_0$. Der Bestand läuft in $T$ Jahren aus. Das Unternehmen erwartet, im Jahr $t$ die (zum Zeitpunkt 0 deterministisch berechneten) Reserven $V_t$ (mit $V_T = 0$) stellen zu müssen. Ferner folge die Versicherungsleistung im Jahr $t$ einer Normalverteilung $L_t$ mit Erwartungswert $\mu_t$ und Standardabweichung $\sigma_t$.

Der Cashflow zur Zeit $t$ ist dann durch

$$Cf_t = (1 + s_t) V_{t-1} - V_t - L_t$$

gegeben, wobei wir den (deterministisch angenommenen) risikofreien Zins mit $s_t$ bezeichnet haben. Mit der Bezeichnung

$$v_t = \prod_{\tau=1}^{t} (1 + s_\tau)^{-1}$$

für den Diskontierungsfaktor ist der Barwert des Cashflows durch

$$W_1 = \sum_{t=1}^{T} v_t Cf_t = V_0 - \sum_{t=1}^{T} v_t L_t$$

gegeben. Offenbar ist $W_1$ ebenfalls normalverteilt, und es gilt

$$E(W_1) = V_0 - \sum_{t=1}^{T} v_t \mu_t.$$

Dabei bezieht sich der Index $_1$ auf den Anfang der ersten Zeitperiode, siehe auch Abb. 2.4. Der Zufallsvektor $(L_1, \ldots, L_T)^\top$ hat die Kovarianzmatrix

$$\mathrm{cov}\left((L_1, \ldots, L_T)^\top\right)_{ij} = \mathrm{corr}_{ij} \sigma_i \sigma_j,$$

wobei wir $\mathrm{corr}(L_s, L_t) = \mathrm{corr}_{st}$ gesetzt haben. Wegen

$$\mathrm{cov}\left(\sum_{t=1}^{T} v_t L_t\right) = (v_1, \ldots, v_T) \, \mathrm{cov}\left((L_1, \ldots, L_T)^\top\right) (v_1, \ldots, v_T)^\top$$

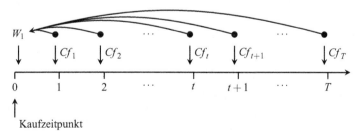

**Abb. 2.4** Der Wert $W_1$ des erworbenen Portfolios

erhalten wir

$$\sigma\left(W_1\right) = \sqrt{\sum_{i,j=1}^{T} \mathrm{corr}_{ij} v_i \sigma_i v_j \sigma_j}$$

und mit Proposition 2.5

$$\mathrm{ES}_\alpha\left(W_1\right) = -V_0 + \sum_{t=1}^{T} v_t \mu_t + \frac{\varphi_{0,1}\left(\Phi_{0,1}^{-1}(\alpha)\right)}{1-\alpha} \sqrt{\sum_{i,j=1}^{T} \mathrm{corr}_{ij} v_i \sigma_i v_j \sigma_j},$$

wobei der Zeithorizont $n$ Perioden beträgt. Die zeitliche Abhängigkeit der Versicherungsleistungen $L_t$ vergrößert das Risiko und somit das notwendige Risikokapital, da für $\mathrm{corr}_{ij} > 0$ die Ungleichung

$$\sum_{i,j=1}^{T} \mathrm{corr}_{ij} v_i \sigma_i v_j \sigma_j - \sum_{i,j=1}^{T} \left(v_i \sigma_i\right)^2 = 2 \sum_{i<j}^{T} \mathrm{corr}_{ij} v_i \sigma_i v_j \sigma_j > 0$$

gilt.

Dieses Beispiel zeigt, dass es nicht möglich ist, das Risiko über mehrere Perioden durch das einjährige Risiko zu beschreiben. Wenn wir mehrjährige Risiken korrekt erfassen wollen, müssen wir somit mehrperiodische Risikomaße betrachten. Für das Risikomanagement ist dann von Interesse, die Änderung des Risikos im Zeitverlauf zu beschreiben. Wir sind also nicht nur an $\mathrm{ES}_\alpha(W_1)$ sondern auch an $\mathrm{ES}_\alpha(W_t)$ interessiert, wobei $\mathrm{ES}_\alpha(W_t)$ für den Zeithorizont $T - t$ bestimmt wird. Zur Zeit $t = 0$ ist $\mathrm{ES}_\alpha(W_t)$ eine Zufallsvariable, da der Schadenverlauf der ersten $t$ Perioden noch unbekannt ist.

In Abschn. 2.4.2 werden wir einen Rahmen zur Beschreibung dieser dynamischen Aspekte bereitstellen. Als Vorbereitung benötigen wir einige grundlegende Tatsachen über Filtrationen.

### 2.4.1 Filtrationen

In diesem Abschnitt führen wir Terminologie ein, die es ermöglicht, das Wechselspiel von Zeit und bekannter Information zu beschreiben.

**Definition 2.8.** Es sei $\mathbb{T} = \{0, \ldots, T\}$ und $\mathscr{F}_0 = \{\emptyset, \Omega\}$. Eine *Filtration* $(\mathscr{F}_t)_{t \in \mathbb{T}}$ ist eine Menge von $\sigma$-Algebren auf $\Omega$ mit

$$\mathscr{F}_0 \subseteq \mathscr{F}_1 \subseteq \cdots \subseteq \mathscr{F}_T.$$

*Anmerkung 2.6.* Die Bedingung, dass $\mathscr{F}_0$ die triviale $\sigma$-Algebra ist, wird häufig nicht gefordert. Wir fordern sie hier, um auszudrücken, dass die Anfangswerte als bekannt vorausgesetzt werden. Häufig wird aus technischen Gründen zusätzlich gefordert, dass (bezüglich eines vorgegebenen Maßes) $\mathscr{F}_0$ die von den Nullmengen erzeugte $\sigma$-Algebra ist. Diese zusätzliche Eigenschaft ist durch Vervollständigung der $\sigma$-Algebren immer zu erreichen, wird von uns jedoch nicht benötigt.

*Anmerkung 2.7.* Definition 2.8 lässt sich auf unendliche Indexmengen $\mathbb{T} \subseteq \mathbb{N}$ und kontinuierliche Indexmengen $\mathbb{T} \subseteq \mathbb{R}$ verallgemeinern. Für unsere Zwecke sind jedoch endlich viele diskrete Zeitschritte ausreichend.

**Definition 2.9.** Es sei $(\mathscr{F}_t)_{t\in\mathbb{T}}$ eine Filtration auf der Menge $\Omega$. Ein *adaptierter stochastischer Prozess mit Werten in* $\mathbb{R}^k$ ist eine Abbildung

$$X\colon \Omega \times \mathbb{T} \to \mathbb{R}^k, \quad (\omega, t) \mapsto X_t(\omega),$$

wobei für jedes $t \in \mathbb{T}$ die Abbildung $X_t\colon \Omega \to \mathbb{R}^k$ bezüglich $\mathscr{F}_t$ messbar ist.

Diese Definition lässt sich wie folgt interpretieren: Jedes $\omega \in \Omega$ beschreibt eine mögliche Historie des betrachteten Prozesses. Zum Zeitpunkt $t$ ist der Teil der Historie, der der Vergangenheit $\{0, \ldots, t\}$ entspricht, bekannt. Die Adaptiertheitsbedingung bedeutet, dass der Wert $X_t(\omega)$ zum Zeitpunkt $t$ mit Sicherheit bekannt ist. Diese Interpretation wird besonders augenfällig für Produktfiltrationen (Abschn. 2.4.3), siehe Korollar 2.2.

*Beispiel 2.6 (Endlich generierte Filtration).* In der praktischen Modellierung auftretende $\sigma$-Algebren sind aufgrund der Benutzung von Computern meistens endlich generiert. Es sei $\mathscr{P}_1 = \{A_1, \ldots, A_{m_1}\}$ eine endliche *Partition* von $\Omega$. Mit anderen Worten, es gelte $A_j \subset \Omega$, $A_i \cap A_j = \emptyset$ für $i \neq j$ und $\bigcup_{i=1}^{m_1} A_i = \Omega$. $\mathscr{F}_1$ sei die von dem Mengensystem $\mathscr{P}_1$ generierte $\sigma$-Algebra. Wir können nun induktiv eine Filtration als sukzessive Verfeinerung von $\mathscr{P}_1$ konstruieren. Für jedes $A \in \mathscr{P}_t$ wählen wir eine Partition $\mathscr{P}(A) = \{B_1(A), \ldots, B_{k(A)}(A)\}$ und setzen $\mathscr{P}_{t+1} = \bigcup_{A\in\mathscr{P}_t} \mathscr{P}(A)$. Diese Familie von Teilmengen von $\Omega$ ist dann wieder eine Partition von $\Omega$ und definiert somit eine $\sigma$-Algebra $\mathscr{F}_{t+1}$. Ein konkretes Beispiel ist durch

$$\begin{bmatrix} \mathscr{P}_0 = \{\{1,2,3,4,5\}\} \\ \mathscr{P}_1 = \{\{1,2\},\{3,4,5\}\} \\ \mathscr{P}_2 = \{\{1,2\},\{3\},\{4,5\}\} \end{bmatrix} \to \begin{bmatrix} \mathscr{F}_0 = \{\emptyset, \{1,2,3,4,5\}\} \\ \mathscr{F}_1 = \{\emptyset, \{1,2\}, \{3,4,5\}, \{1,2,3,4,5\}\} \\ \mathscr{F}_2 = \{\emptyset, \{3\}, \{1,2\}, \{4,5\}, \{1,2,3\}, \\ \{3,4,5\}, \{1,2,4,5\}, \{1,2,3,4,5\}\} \end{bmatrix}$$

gegeben. Mit

$$X_t(\omega) = \begin{cases} t & \text{für } \omega = 1 \\ t & \text{für } \omega = 2 \\ 3t + 4t(t-1) & \text{für } \omega = 3 \\ 3t & \text{für } \omega = 4 \\ 3t & \text{für } \omega = 5 \end{cases} \quad \text{und} \quad Y(\omega) = \begin{cases} t & \text{für } \omega = 1 \\ t & \text{für } \omega = 2 \\ 3t + 4t^2 & \text{für } \omega = 3 \\ 3t & \text{für } \omega = 4 \\ 3t & \text{für } \omega = 5 \end{cases}$$

ist $X_t$ ein adaptierter stochastischer Prozess, nicht aber $Y_t$: Offenbar sind $Y_0$ und $X_0$ konstant und somit $\mathscr{F}_0$-messbar. Es gilt $X_1(\omega) = 1 \Leftrightarrow \omega \in \{1,2\} \in \mathscr{F}_1$ und $X_1(\omega) = 3 \Leftrightarrow \omega \in \{3,4,5\} \in \mathscr{F}_1$. Damit ist $X_1$ $\mathscr{F}_1$-messbar. Andererseits gilt $Y_1(\omega) = 7 \Leftrightarrow \omega \in \{3\} \notin \mathscr{F}_1$, so dass $Y_1$ nicht $\mathscr{F}_1$-messbar ist. Schließlich gilt $X_2(\omega) = 2 \Leftrightarrow \omega \in \{1,2\} \in \mathscr{F}_2$, $X_2(\omega) = 14 \Leftrightarrow \omega \in \{3\} \in \mathscr{F}_2$ und $X_2(\omega) = 6 \Leftrightarrow \omega \in \{4,5\} \in \mathscr{F}_2$, so dass $X_2$ auch $\mathscr{F}_2$-messbar ist.

Es sei $X$ das Endresultat einer langfristigen Investition. Zum Zeitpunkt der Investition erwartet das Unternehmen das Ergebnis $\mathrm{E}(X)$. Im Laufe der Zeit wird sich diese Einschätzung jedoch aufgrund von ökonomischen Unsicherheiten ändern. Dieser Aktualisierungsprozess kann durch bedingte Erwartungswerte auf einer Filtration beschrieben werden.

**Definition 2.10.** Es sei $(\Omega, \mathscr{A}, \mathbf{P})$ ein Wahrscheinlichkeitsraum, $\tilde{\mathscr{A}}$ eine Unter-$\sigma$-Algebra von $\mathscr{A}$ und $X$ eine $\mathscr{A}$-messbaren Zufallsvariable. Der *bedingte Erwartungswert* von $X$ bezüglich $\tilde{\mathscr{A}}$ ist die (f.s. eindeutig bestimmte) $\tilde{\mathscr{A}}$-messbare Zufallsvariable $\mathrm{E}\left(X \mid \tilde{\mathscr{A}}\right)$ mit der Eigenschaft, dass

$$\mathrm{E}(XZ) = \mathrm{E}\left(\mathrm{E}\left(X \mid \tilde{\mathscr{A}}\right)Z\right)$$

für alle beschränkten $\tilde{\mathscr{A}}$-messbaren Zufallsvariablen $Z$ gilt.

Für die Wohldefiniertheit verweisen wir auf Theorem 23.4 in [5].

**Lemma 2.9.** *Es sei $(\mathscr{F}_t)_{t \in \mathbb{T}}$ eine Filtration auf $\Omega$ und $X$ eine $\mathscr{F}_T$-messbare Zufallsvariable. Dann ist*

$$(t, \omega) \mapsto X_t(\omega) := \mathrm{E}(X \mid \mathscr{F}_t)_{|\omega}$$

*ein adaptierter stochastischer Prozess.*
*Ferner erfüllt $X_t$ die Martingaleigenschaft*

$$\mathrm{E}(X_{t+1} \mid \mathscr{F}_t) = X_t$$

*für alle $t \in \{0, \ldots, T-1\}$.*

*Beweis.* Die erste Aussage folgt direkt aus der $\mathscr{F}_t$-Messbarkeit von $\mathrm{E}(X \mid \mathscr{F}_t)$.

Für die zweite Aussage sei $Z$ eine $\mathscr{F}_t$-messbare Funktion. Dann ist $Z$ auch $\mathscr{F}_{t+1}$-messbar, und es gilt

$$\mathrm{E}(X_{t+1}Z) = \mathrm{E}\left(\mathrm{E}(X \mid \mathscr{F}_{t+1})\, Z\right) = \mathrm{E}(XZ) = \mathrm{E}\left(\mathrm{E}(X \mid \mathscr{F}_t)\, Z\right) = \mathrm{E}(X_t Z).$$

Die Behauptung folgt aus der $\mathscr{F}_t$-Messbarkeit von $X_t$ und der Eindeutigkeit des bedingen Erwartungswerts. □

Aufgrund der Martingaleigenschaft kann man $\mathrm{E}(X \mid \mathscr{F}_t)$ als den Best Estimate für das Endergebnis $X$ zum Zeitpunkt $t$ interpretieren. $\mathrm{E}(X \mid \mathscr{F}_t)$ ist selbst eine Zufallsvariable, die die Unsicherheit zwischen den Zeitpunkten $0$ und $t$ widerspiegelt.

### 2.4.1.1 Produktfiltrationen

Für konkrete Anwendungen auf Cashflows werden Filtrationen in der Regel über sukzessiven Informationsgewinn konstruiert. Um diese konkreten Konstruktionen zu beschreiben, benötigen wir die folgende Notation:

**Definition 2.11.** $\mathscr{A}_1, \ldots, \mathscr{A}_k$ seien $\sigma$-Algebren auf den Mengen $\Omega_1, \ldots, \Omega_k$. Die *Produkt-$\sigma$-Algebra* auf der Produktmenge $\Omega_1 \times \Omega_2 \times \cdots \times \Omega_k$ ist dann durch

$$\bigotimes_{t=1}^{k} \mathscr{A}_t = \mathscr{A}_1 \otimes \cdots \otimes \mathscr{A}_k = \sigma\left(A_1 \times \cdots \times A_k \mid A_t \in \mathscr{A}_t \text{ für } t \in \{1, \ldots, k\}\right)$$

gegeben, wobei wir die Konvention

$$A_1 \times \cdots \times A_{t-1} \times \emptyset \times A_{t+1} \times \cdots \times A_k = \emptyset$$

benutzen.

Im allgemeinen gilt $\mathscr{A}_1 \otimes \mathscr{A}_2 \neq \{A_1 \times A_2 \mid A_1 \in \mathscr{A}_1, A_2 \in \mathscr{A}_2\}$. Die Gleichheit gilt jedoch, wenn $\mathscr{A}_2$ die triviale $\sigma$-Algebra ist.

**Lemma 2.10.** *$\Omega_1, \Omega_2$ seien Mengen und $\mathscr{A}_1$ sei eine $\sigma$-Algebra auf $\Omega_1$. Dann gilt*

$$A \in \mathscr{A}_1 \otimes \{\emptyset, \Omega_2\} \Leftrightarrow A = A_1 \times \Omega_2,$$

*mit $A_1 \in \mathscr{A}_1$.*

*Beweis.*  Dies folgt unmittelbar aus der Tatsache, dass die Mengen der Form

$$\{A_1 \times \Omega_2 : A_1 \in \mathscr{A}_1\}$$

eine $\sigma$-Algebra bilden.                                                  □

**Lemma 2.11 (Assoziativitätsgesetz).**  *Es seien $\mathscr{A}_1, \ldots, \mathscr{A}_{j+k}$ $\sigma$-Algebren. Dann gilt*

$$\left( \bigotimes_{t=1}^{j} \mathscr{A}_t \right) \otimes \left( \bigotimes_{t=j+1}^{j+k} \mathscr{A}_t \right) = \bigotimes_{t=1}^{j+k} \mathscr{A}_t.$$

*Beweis.*  Siehe [3, Seite 161f].                                            □

Eine $\sigma$-Algebra modelliert, welche Ereignisse prinzipiell möglich sind. Für die Beschreibung einer ökonomischen Dynamik unterstellen wir, dass in jeder Zeitperiode prinzipiell die gleichen Ereignisse möglich sind. Zum Beispiel ist in jeder Periode $t$ das Ereignis $E_t$ möglich, dass der Aktienkurs eines Unternehmens um mehr als 10 % steigt. Dagegen hängt die Wahrscheinlichkeit der Ereignisse von der Dynamik ab und ist daher im allgemeinen für jede Zeitperiode unterschiedlich: Bringt das Unternehmen am Ende der Periode $t-1$ ein neues, vielversprechendes Produkt auf den Markt, so wird die Wahrscheinlichkeit des Ereignisses $E_t$ höher sein als die Wahrscheinlichkeit des Ereignisses $E_{t-1}$. Mit diesem Ansatz ordnen wir also jeder (in Isolation betrachteten) Zeitperiode die gleiche $\sigma$-Algebra $\mathscr{A}$ zu, aber nicht notwendiger Weise das gleiche Wahrscheinlichkeitsmaß. Das folgende Beispiel illustriert diese Idee:

*Beispiel 2.7 (AR(1)-Prozess).*  Wir betrachten einen Aktienindex $S_t$, dessen Dynamik durch

$$S_t = \alpha S_{t-1} + s\omega_t, \quad t \in \{1, \ldots, T\},$$

beschrieben wird, wobei $\alpha, s > 0$ konstant sind und $\omega_1, \omega_2, \ldots$ unabhängig aus einer Standardnormalverteilung gezogen werden. Für jede feste Periode $t$ ist unsere $\sigma$-Algebra gerade die Borelalgebra $\mathscr{B}(\mathbb{R})$ auf $\mathbb{R}$. Zur Beschreibung der gesamten Dynamik benötigen wir $T$ Ziehungen, und offenbar ist die zugehörige $\sigma$-Algebra gerade die Borelalgebra

$$\mathscr{B}\left(\mathbb{R}^T\right) = \bigotimes_{t=1}^{T} \mathscr{B}(\mathbb{R})$$

auf der Menge $\Omega = \mathbb{R}^T$. Um die Dynamik bis zur Periode $t$ zu beschreiben, böte sich an, als $\sigma$-Algebra die Borelalgebra $\mathscr{B}(\mathbb{R}^t)$ zu wählen. Dies hätte jedoch den Nachteil, dass sich die Menge, auf der die $\sigma$-Algebra definiert ist, bei jedem Zeitschritt ändert. Wenn wir $\mathscr{B}(\mathbb{R}^t)$ mit $T - t$ Kopien der trivialen $\sigma$-Algebra $\mathscr{A}_0 = \{\emptyset, \mathbb{R}\}$ multiplizieren, ist die resultierende $\sigma$-Algebra auf dem gesamten Raum $\Omega = \mathbb{R}^T$ definiert. Sie hat außerdem die gleiche Messbarkeitsstruktur wie die $\sigma$-Algebra $\mathscr{B}(\mathbb{R}^t)$. Denn da die bezüglich der $\sigma$-Algebra $\mathscr{B}(\mathbb{R}^t) \times \bigotimes_{s=t+1}^{T} \mathscr{A}_0$ messbaren Abbildungen $f(\omega_1, \ldots, \omega_T)$ nicht von $(\omega_{t+1}, \ldots, \omega_T)$ abhängen, ist durch

$$\Psi(g)(\omega_1, \ldots, \omega_T) = g(\omega_1, \ldots, \omega_t)$$

eine Bijektion vom Raum der $\mathscr{B}(\mathbb{R}^t)$-messbaren Abbildungen auf den Raum der $\mathscr{B}(\mathbb{R}^t) \times \bigotimes_{s=t+1}^{T} \mathscr{A}_0$-messbaren Abbildungen definiert. Damit ist

$$\mathscr{F}_t = \bigotimes_{s=1}^{t} \mathscr{B}(\mathbb{R}) \otimes \bigotimes_{s=t+1}^{T} \mathscr{A}_0$$

die für unseren Prozess natürliche Filtration. Die Dynamik

$$S \colon \mathbb{R}^T \times \{1, \ldots, T\} \to \mathbb{R},$$

$$(\omega_1, \ldots, \omega_T, t) \mapsto S_t(\omega_1, \ldots, \omega_T)$$

ist für diese Filtration ein adaptierter, stochastischer Prozess. Man beachte, dass $S_t$ nicht von $\omega_{t+1}, \ldots, \omega_T$ abhängt. Dies drückt aus, dass die Zukunft unbekannt ist.

Man beachte außerdem, dass für $\alpha \notin \{0, 1\}$ weder die $S_t$ für $t \in \{1, \ldots, T\}$ noch die Zuwächse $S_{t+1} - S_t$ für $t \in \{1, \ldots, T-1\}$ unabhängig verteilt sind. Die Verteilung des Prozesses $S$ weist daher eine nicht-triviale Abhängigkeitsstruktur auf.

Die in Beispiel 2.7 beschriebene Konstruktion lässt sich folgendermaßen verallgemeinern:

**Definition 2.12.** Es sei $\mathbb{T} = \{0, \ldots, T\}$ und für $t \in \mathbb{T} \setminus \{0\}$ $\mathscr{A}_t$ eine $\sigma$-Algebra auf der Menge $\Omega_t$. Die *Produktfiltration* auf dem kartesischen Produkt $\Omega = \prod_{t=1}^{T} \Omega_t$ ist durch

$$\mathscr{F}_t = \begin{cases} \{\emptyset, \Omega\} & \text{falls } t = 0, \\ \bigotimes_{s=1}^{t} \mathscr{A}_s \otimes \bigotimes_{s=t+1}^{T} \{\emptyset, \Omega_s\} & \text{sonst} \end{cases} \tag{2.6}$$

gegeben.

Die $\sigma$-Algebra $\mathscr{F}_t$ kann als Einschränkung der gesamten $\sigma$-Algebra $\mathscr{F}_T$ auf die Zeitspanne von 0 bis $t$ verstanden werden (siehe Abb. 2.5). In der praktischen Anwendung werden die $\mathscr{A}_s$ fast immer gleich sein. Die etwas größere Allgemeinheit von Definition 2.12 bereitet jedoch zu keine zusätzlichen Schwierigkeiten.

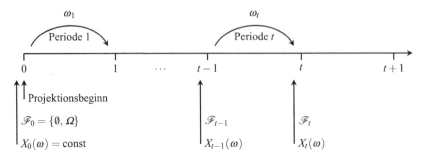

**Abb. 2.5** Illustration zu Definition 2.12. Die während der Periode $t$ auftretenden zufälligen Ereignisse werden durch die Ziehung $\omega_t \in \Omega_t$ beschrieben. Ist $X_t$ ein adaptierter stochastischer Prozess, so sind zum Zeitpunkt $t$ die Werte $X_0(\omega), \ldots, X_t(\omega)$ bekannt, da sie nur von $(\omega_1, \ldots, \omega_t)$ abhängen (siehe Korollar 2.2 weiter unten)

**Abb. 2.6** Illustration der Produktstruktur in Definition 2.13 an einem zweidimensionalen Beispiel

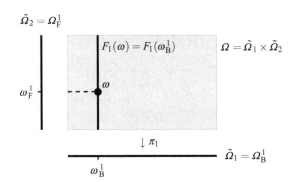

**Definition 2.13.** Es sei $\Omega = \prod_{t=1}^{T} \Omega_t$ und

$$\pi_t \colon \Omega \to \prod_{s=1}^{t} \Omega_s \quad \omega \mapsto \pi_t(\omega) = (\omega_1, \ldots, \omega_t)$$

die Projektion auf die ersten $t$ Faktoren. Für $\omega \in \Omega$ und $t \in \{1, \ldots, T\}$ ist die *t-Faser durch $\omega$* durch

$$F_t(\omega) = \pi_t^{-1}(\pi_t(\omega))$$

gegeben, und wir setzen $F_0(\omega) = \Omega$. Für $w \in \pi_t(\Omega)$ ist die *t-Faser über $w$* die Menge $F_t(w) = \pi_t^{-1}(w)$.

Wir schreiben $\Omega_{\mathbf{B}}^{t} = \prod_{s=1}^{t} \Omega_s$ und $\Omega_{\mathbf{F}}^{t} = \prod_{s=t+1}^{T} \Omega_s$.[3] Außerdem benutzen wir die Schreibweise $\pi_t(\omega) = \omega_{\mathbf{B}}^{t} \in \Omega_{\mathbf{B}}^{t}$ und definieren $\omega_{\mathbf{F}}^{t} \in \Omega_{\mathbf{F}}^{t}$ durch $\omega = (\omega_{\mathbf{B}}^{t}, \omega_{\mathbf{F}}^{t})$.

Definition 2.13 wird in Abbildungen 2.6 und 2.7 illustriert.

---

[3]Der Index $_{\mathbf{B}}$ steht für „Basis" und der Index $_{\mathbf{F}}$ für „Faser".

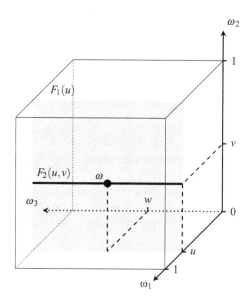

**Abb. 2.7** Illustration zu Definition 2.13. Wir betrachten den Raum $\Omega = ]0,1[^3$, wobei **P** das Lebesgue-Maß ist. $\omega = (u,v,w)$ ist der sich realisierende Zufallswert. Zum Zeitpunkt $t = 1$ zu Beginn der Periode $t + 1$ ist $\omega_1 = u$ bekannt. Die Faser $F_1(u)$ beschreibt den Wahrscheinlichkeitsraum für die verbleibende Unsicherheit. Zum Zeitpunkt $t = 2$ ist $(u,v)$ bekannt und die Faser $F_2(u,v) \subseteq F_1(u)$ beschreibt die verbleibende Unsicherheit. Zum Zeitpunkt $t = 3$ ist $\omega$ bekannt. Da keine weitere Unsicherheit mehr besteht, reduziert sich die Faser $F_3(\omega)$ auf den Punkt $\omega$

**Korollar 2.1.** *Es sei $\Omega = \prod_{t=1}^{n} \Omega_t$. Für jedes $\omega \in \Omega$ gilt dann $\{\omega\} = F_n(\omega) \subseteq F_{n-1}(\omega) \subseteq \cdots \subseteq F_1(\omega) \subseteq F_0(\omega) = \Omega$.*

Die Bezeichnungen in Definition 2.13 sind in dem Sinne konsistent, dass für alle $\omega \in \Omega$ die Gleichung $F_t(\omega) = F_t(\pi_t(\omega))$ gilt.

Das folgende Lemma bzw. das nachfolgende Korollar zeigt, dass ein auf einer Produktfiltration definierter adaptierter, stochastischer Prozess zum Zeitpunkt $t$ nur von der Unsicherheit bis zum Zeitpunkt $t$ abhängt, nicht jedoch von zukünftigen Unwägbarkeiten. Dies entspricht der Erfahrung, dass die Gegenwart von Ereignissen in der Vergangenheit, nicht aber von Ereignissen in der Zukunft beeinflusst wird.

**Lemma 2.12.** *Eine Abbildung $g \colon \Omega \to \mathbb{R}$ ist genau dann $\mathscr{F}_t$-messbar, wenn sie $\mathscr{F}_T$-messbar und auf den Fasern $F_t(\omega)$ konstant ist.*

*Beweis.* "$\Rightarrow$": $g$ sei $\mathscr{F}_t$-messbar. Wegen $\mathscr{F}_t \subseteq \mathscr{F}_T$ ist $g$ auch $\mathscr{F}_T$-messbar. Aus Lemma 2.10 folgt, dass $\mathscr{F}_t$ aus den $\mathscr{F}_T$-messbaren Teilmengen der Form $A = \tilde{A} \times \Omega_{\mathbf{F}}^t$ besteht. Wir nehmen nun an, dass $g$ auf den Fasern nicht konstant ist. Da $F_t(\omega) = \{\omega_{\mathbf{B}}^t\} \times \Omega_{\mathbf{F}}^t$ gilt, existieren $x, y \in \Omega_{\mathbf{F}}^t$ mit $g(\omega_{\mathbf{B}}^t, x) \neq g(\omega_{\mathbf{B}}^t, y)$. Dann existieren offene Intervalle $B_x, B_y$ mit

$g(\omega_{\mathbf{B}}^t, x) \in B_x$, $g(\omega_{\mathbf{B}}^t, y) \in B_y$ und $B_x \cap B_Y = \emptyset$. Es folgt $g^{-1}(B_x) \cap g^{-1}(B_y) = \emptyset$. Da $(\omega_{\mathbf{B}}^t, x) \in g^{-1}(B_x) \setminus g^{-1}(B_y)$ gilt, folgt $g^{-1}(B_y) \cap F_t(\omega) \neq F_t(\omega)$. Damit ergibt sich ein Widerspruch zu $g^{-1}(B_y) \in \mathscr{F}_t$.

"$\Leftarrow$": Da $g$ auf den Fasern $F_t(\omega)$ konstant ist, existiert für jede Borelmenge $B \subset \mathbb{R}$ eine Menge $A \subset \Omega_{\mathbf{B}}^t$ mit $g^{-1}(B) = A \times \Omega_{\mathbf{F}}^t$. Da $g^{-1}(B)$ bezüglich $\mathscr{F}_T$ messbar ist, ist $g^{-1}(B)$ wegen Lemma 2.10 auch $\mathscr{F}_t$-messbar. $\qquad\square$

**Korollar 2.2.** *Es sei $(\mathscr{F}_t)_{t \in \mathbb{T}}$ eine Produktfiltration auf $\Omega = \prod_{t=1}^T \Omega_t$ und $(\omega, t) \mapsto X_t(\omega)$ ein adaptierter stochastischer Prozess. Dann hängt $X_t(\omega)$ nur von den ersten $t$ Komponenten $\omega_1, \ldots, \omega_t$ ab.*

*Beweis.* Dies folgt aus der Tatsache, dass $X_t(\omega)$ auf $F_t(\omega) = \{\omega_{\mathbf{B}}^t\} \times \prod_{s=t+1}^T \Omega_s$ konstant ist. $\qquad\square$

Da $\mathscr{F}_t$-messbare Funktionen $g$ von $\omega$ lediglich über $\omega_{\mathbf{B}}^t$ abhängen, werden wir an einigen Stellen die Schreibweise $g(\omega_{\mathbf{B}}^t)$ anstelle von $g(\omega)$ benutzen.

**Definition 2.14.** Für $t \in \{1, \ldots, T\}$ sei $(\Omega_t, \mu_t)$ ein Maßraum und $(\mathscr{F}_t)_{t \in \mathbb{T}}$ die Produktfiltration auf $\Omega = \prod_{t=1}^T \Omega_t$. Das Wahrscheinlichkeitsmaß $\mathbf{P}$ auf $(\Omega, \mathscr{F}_T)$ sei bzgl. des Produktmaßes $\mu = \bigotimes_{t=1}^T \mu_t$ absolut stetig. Dann ist $(\Omega, (\mathscr{F}_t)_{t \in \mathbb{T}}, \mathbf{P})$ eine *filtrierte Produktökonomie*.

Wir schreiben $\mu_{\mathbf{B}}^t = \bigotimes_{s=1}^t \mu_s$ und $\mu_{\mathbf{F}}^t = \bigotimes_{s=t+1}^T \mu_s$.

*Anmerkung 2.8.* Da es für jedes $A \subseteq F_t(\omega)$ eine eindeutig bestimmte Menge $\tilde{A} \subseteq \prod_{s=t+1}^T \Omega_s$ mit $A = (\omega_1, \ldots, \omega_t) \times \tilde{A}$ gibt, induziert $\mu_{\mathbf{F}}^t$ durch

$$\mu_{\mathbf{F}}^{t, F_t(\omega)}(A) = \mu_{\mathbf{F}}^t(\tilde{A})$$

auf kanonische Weise ein Maß auf $F_t(\omega)$. Um die Notation zu erleichtern, benutzen wir die Schreibweise $\mu_{\mathbf{F}}^t$ auch für dieses Maß auf der Faser.

In einer filtrierten Produktökonomie werden $n$ diskrete Zeitperioden modelliert, wobei in jeder Periode $t$ die durch $\omega_t \in \Omega_t$ beschriebene zusätzliche ökonomische Unsicherheit entsteht. $\omega = (\omega_1, \ldots, \omega_T)$ beschreibt dann die kumulative Unsicherheit aller Perioden. Zu Beginn der Periode $t + 1$ ist $\omega_{\mathbf{B}}^t$ ein bekannter Wert, während $F_t(\omega_{\mathbf{B}}^t)$ das verbleibende Risiko beschreibt. Eine ökonomische Produktökonomie bestimmt nicht die Preisbildung, sondern beschreibt nur die zufälligen Ereignisse, die die Preisbildung beeinflussen können. Die Preisdynamik von Gütern wird durch adaptierte stochastische Prozesse auf der ökonomischen Produktökonomie beschrieben (siehe Beispiel 2.7).

*Anmerkung 2.9.* Die Maße $\mu_t$ auf $(\Omega_t, \mathscr{A}_t)$ modellieren die Zufallsquellen der einzelnen Zeitperioden $t$. Durch die Wahl des Produktmaßes $\mu = \bigotimes_{t=1}^{T} \mu_t$ auf $\Omega = \prod_{t=1}^{T} \Omega_t$ unterstellen wir die Unabhängigkeit dieser Zufallsquellen. Jede Periode trägt also unabhängig von allen anderen Perioden einen Zufallseinfluss $\omega_t$ zur kumulierten Unsicherheit $\omega = (\omega_1, \ldots, \omega_T)$ bei. Dies ist jedoch lediglich ein mathematischer Trick, um die Modellierung zu vereinfachen, und das Produktmaß $\mu$ hat in der Regel keine direkte ökonomische Interpretation. Insbesondere bedeutet die Unabhängigkeit dieser Zufallsquellen nicht, dass eine ökonomische Preisdynamik auf $(\Omega, (\mathscr{F}_t)_{t \in \mathbb{T}}, \mu)$ unabhängige Zuwächse aufweist, wie Beispiel 2.7 lehrt.

Dadurch, dass wir das Wahrscheinlichkeitsmaß $\mathbf{P}$ als absolut stetig bezüglich $\mu$ wählen, erreichen wir eine für die Praxis hinreichend allgemeine Modellierungsstruktur. Hängt nämlich das Zufallsgeschehen einer Periode von den zufälligen Ergebnissen der Vorperioden ab, so ermöglicht in vielen Fällen die Dichte $p$ von $\mathbf{P}$ bezüglich $\mu$ die Abbildung dieser Abhängigkeit. Beispielsweise könnte der Konjunktureinfluss dazu führen, dass der Parameter einer exponentialverteilten Schadengröße vom Ergebnis der Vorperiode abhängt. In unserer Modellierung könnte z. B. ein Schadenprozess über zwei Perioden $(X_1, X_2)$ auf $\left(\mathbb{R}^2, \mathscr{B}\left(\mathbb{R}^2\right), \mathbf{P}\right)$ abgebildet werden, wobei $\mathbf{P}$ die Dichte

$$p(x_1, x_2) = \exp(-x_1) \frac{10}{11 x_1} \exp(-10 x_2 / (11 x_1)) 1_{(0,\infty) \times (0,\infty)}(x_1, x_2)$$

bezüglich des zweidimensionalen Lebesgue-Maßes hat. Diesem Modell liegt die Abhängigkeitsannahme zugrunde, dass der Erwartungswert des Schadens in der zweiten Periode den beobachteten Schaden der ersten Periode um 10 % übersteigt. In jedem Simulationsschritt würde man also zunächst eine Zufallszahl $\omega_1$ aus der Exponentialverteilung mit Parameter 1 ziehen und danach eine Zufallszahl $\omega_2$ aus einer Exponentialverteilung mit Parameter $1.1\omega_1$.

Vom Standpunkt der praktischen Modellierung ist also die Verwendung eines bezüglich $\mu$ absolut stetigen Wahrscheinlichkeitsmaßes $\mathbf{P}$ hinreichend allgemein und führt zu signifikanten technischen Vereinfachungen (siehe z. B. Lemma 2.13 und Proposition 2.7).

**Lemma 2.13.** *Es sei $(\Omega, (\mathscr{F}_t)_{t \in \mathbb{T}}, \mathbf{P})$ eine filtrierte Produktökonomie. Auf der Faser $F_t(\omega)$ ist bezüglich der von $\mathscr{F}_n$ induzierten $\sigma$-Algebra durch*

$$\mathbf{P}_{\omega_{\mathbf{B}}^t}(A) = \frac{\int 1_A \, p(\omega_{\mathbf{B}}^t, \omega_{\mathbf{F}}^t) \, d\mu_{\mathbf{F}}^t}{\int p(\omega_{\mathbf{B}}^t, \omega_{\mathbf{F}}^t) \, d\mu_{\mathbf{F}}^t}$$

*ein Wahrscheinlichkeitsmaß gegeben, wobei $p$ die Dichte von $\mathbf{P}$ bzgl. $\mu$ ist.*

*Beweis.* Offensichtlich ist $\mathbf{P}_{\omega_{\mathbf{B}}^t}$ ein Maß auf $F_t(\omega) = \{\omega_1\} \times \cdots \times \{\omega_t\} \times \Omega_{t+1} \times \cdots \times \Omega_T$. Die Behauptung folgt daher aus

$$\mathbf{P}_{\omega_{\mathbf{B}}^t}(F_t(\omega)) = \frac{\int 1_{F_t(\omega)}\, p(\omega_{\mathbf{B}}^t, \omega_{\mathbf{F}}^t)\, \mathrm{d}\mu_{\mathbf{F}}^t}{\int p(\omega_{\mathbf{B}}^t, \omega_{\mathbf{F}}^t)\, \mathrm{d}\mu_{\mathbf{F}}^t} = \frac{\int p(\omega_{\mathbf{B}}^t, \omega_{\mathbf{F}}^t)\, \mathrm{d}\mu_{\mathbf{F}}^t}{\int p(\omega_{\mathbf{B}}^t, \omega_{\mathbf{F}}^t)\, \mathrm{d}\mu_{\mathbf{F}}^t} = 1.$$

□

Wir haben bereits gesehen, dass ein Beobachter zum Zeitpunkt $t$ den Anteil $\omega_{\mathbf{B}}^t$ seiner Historie $\omega$ kennt und dass die verbleibende Unsicherheit durch $F_t(\omega_{\mathbf{B}}^t)$ beschrieben wird. Das Wahrscheinlichkeitsmaß $\mathbf{P}_{\omega_{\mathbf{B}}^t}$ dient dem Beobachter zur Bestimmung der Wahrscheinlichkeiten zukünftiger Ereignisse.

**Proposition 2.7.** *Es sei $(\Omega, (\mathscr{F}_t)_{t \in \mathbb{T}}, \mathbf{P})$ eine filtrierte Produktökonomie und $\mathbf{P} = p\,\mu$. Dann gilt $\mathbf{P}$-fast überall*

$$\mathrm{E}\,(g \mid \mathscr{F}_t)_{|\omega_{\mathbf{B}}^t} = \frac{\int_{\Omega_{\mathbf{F}}^t} g(\omega)\, p(\omega)\, \mathrm{d}\mu_{\mathbf{F}}^t}{\int_{\Omega_{\mathbf{F}}^t} p(\omega)\, \mathrm{d}\mu_{\mathbf{F}}^t}.$$

*Beweis.* Wegen Definition 2.10 erfüllt der bedingte Erwartungswert

$$\int_{\Omega} g(\omega)\, Z(\omega_{\mathbf{B}}^t)\, p(\omega)\, \mathrm{d}\mu = \int_{\Omega} \mathrm{E}\,(g \mid \mathscr{F}_t)\,(\omega_{\mathbf{B}}^t)\, Z(\omega_{\mathbf{B}}^t)\, p(\omega)\, \mathrm{d}\mu$$

für alle integrierbaren $\mathscr{F}_t$-messbaren Funktionen $\omega_{\mathbf{B}}^t \mapsto Z(\omega_{\mathbf{B}}^t)$ und ist durch diese Bedingung eindeutig bestimmt. Die Funktionen

$$\tilde{g}(\omega_{\mathbf{B}}^t) = \int_{\Omega_{\mathbf{F}}^t} g(\omega)\, p(\omega)\, \mathrm{d}\mu_{\mathbf{F}}^t$$

$$\tilde{p}(\omega_{\mathbf{B}}^t) = \int_{\Omega_{\mathbf{F}}^t} p(\omega)\, \mathrm{d}\mu_{\mathbf{F}}^t$$

sind offenbar $\mathscr{F}_t$-messbar. Also ist auch ihr Quotient $\mathscr{F}_t$-messbar. Wir berechnen

$$\int_{\Omega} g(\omega) Z(\omega_{\mathbf{B}}^t)\, p(\omega)\, \mathrm{d}\mu = \int_{\Omega_{\mathbf{B}}^t} \tilde{g}(\omega_{\mathbf{B}}^t)\, Z(\omega_{\mathbf{B}}^t)\, \mathrm{d}\mu_{\mathbf{B}}^t$$

$$= \int_{\Omega_{\mathbf{B}}^t} \frac{\tilde{g}(\omega_{\mathbf{B}}^t)}{\tilde{p}(\omega_{\mathbf{B}}^t)}\, \tilde{p}(\omega_{\mathbf{B}}^t)\, Z(\omega_{\mathbf{B}}^t)\, \mathrm{d}\mu_{\mathbf{B}}^t$$

$$= \int_{\Omega} \frac{\tilde{g}(\omega_{\mathbf{B}}^t)}{\tilde{p}(\omega_{\mathbf{B}}^t)}\, Z(\omega_{\mathbf{B}}^t)\, p(\omega)\, \mathrm{d}\mu.$$

Die Behauptung folgt somit unmittelbar aus der Definition des bedingten Erwartungswerts.

□

## 2.4.2 Allgemeine dynamische Risikomaße

**Definition 2.15.** Es sei $(\Omega, \mathbf{P})$ ein Wahrscheinlichkeitsraum und $(\mathscr{F}_t)_{t \in \{0,\dots,T\}}$ eine Filtration auf $\Omega$. Für jedes $t$ sei $\mathscr{M}_t(\Omega, \mathbb{R})$ ein Vektorraum $\mathscr{F}_t$-messbarer Funktionen. Ein *dynamisches Risikomaß* ist eine Familie $(\rho_t)_{t \in \{0,\dots,T\}}$ von Abbildungen

$$\rho_t : \mathscr{M}_T(\Omega, \mathbb{R}) \to \mathscr{M}_t(\Omega, \mathbb{R}),$$

so dass gilt:

(i) $X_1 \geq X_2$ f.s. $\Rightarrow \rho_t(X_1) \geq \rho_t(X_2)$ f.s.   (Monotonie);
(ii) Für $K \in \mathscr{M}_t(\Omega, \mathbb{R})$ gilt $\rho_t(X + K) = \rho_t(X) + K$ f.s.   (Translationsinvarianz).

**Definition 2.16.** Ein dynamisches Risikomaß $(\rho_t)_{t \in \{0,\dots,n\}}$ heißt *kohärent*, falls gilt:

(i) $\rho_t(KX) = K\rho_t(X)$ f.s. für alle $K \in \mathscr{M}_t(\Omega, \mathbb{R})$ mit $K \geq 0$ f.s. und $KX \in \mathscr{M}_n(\Omega, \mathbb{R})$
   (Homogenität);
(ii) $\rho_t(X_1 + X_2) \leq \rho_t(X_1) + \rho_t(X_2)$ f.s.   (Subadditivität).

Diese Definitionen sind analog zu Definition 2.7. Die Abbildung $\rho_t$ ist das zum Zeitpunkt $t$ berechnete Risikomaß, bezogen auf den Zeithorizont $]t, T[$. Da $\rho_t$ auf der Information über den Risikoverlauf bis zum Zeitpunkt $t$ basiert, ist $\rho_t$ keine reellwertige, sondern eine $\mathscr{M}_t(\Omega, \mathbb{R})$-wertige Abbildung. Aus dem gleichen Grund wird $K$ als Element von $\mathscr{M}_t(\Omega, \mathbb{R})$ vorausgesetzt.

*Anmerkung 2.10.* In der Literatur wird häufig $\mathscr{M}_t(\Omega, \mathbb{R}) = L^{\infty}(\Omega, \mathscr{F}_t)$ vorausgesetzt (siehe z. B. [8]).

In Abschn. 2.4.3 werden wir dynamische Risikomaße auf filtrierten Produktökonomien untersuchen und dabei die Produktstruktur explizit ausnutzen. Dies wird uns zu dynamischen Risikomaßen mit praxisrelevanten Eigenschaften führen. In Abschn. 2.4.4 beschreiben wir einen alternativen Zugang für allgemeine Filtrationen, der in der mathematischen Literatur favorisiert wird. Wir werden allerdings sehen, dass dieser alternative Zugang aus praktischer Sicht problematisch ist. Abschn. 2.4.4 kann daher von Lesern, die primär an Anwendungen interessiert sind, übersprungen werden.

## 2.4.3 Dynamische Risikomaße auf filtrierten Produktökonomien.

Es sei $(\Omega, (\mathscr{F}_t)_{t \in \mathbb{T}}, \mathbf{P})$ eine filtrierte Produktökonomie und $\rho : \mathscr{M}(\Omega, \mathbb{R}) \to \mathbb{R}$ ein Risikomaß. Ist $\rho$ „hinreichend generisch", so kann es auf natürliche Weise „punktweise" auf die Fasern $F_t(\omega) \subseteq \Omega$ übertragen werden, wobei das Wahrscheinlichkeitsmaß $\mathbf{P}_{\omega_{\mathbf{B}}^t}$ anstelle von $\mathbf{P}$ benutzt wird. Dies liefert für jede Faser $F_t(\omega)$ ein Risikomaß $\rho_t(\omega) \colon \mathscr{M}\left(F_t(\omega), \mathbb{R}\right) \to \mathbb{R}$. Da die $t$-Faser durch $\tilde{\omega} \in F_t(\omega)$ gerade $F_t(\tilde{\omega}) = F_t(\omega)$ ist, würde man ferner erwarten, dass $\rho_t(\omega) = \rho_t(\tilde{\omega})$ gilt. Es liegt also nahe zu vermuten, dass $(\omega, X) \mapsto \rho_t(\omega)(X(\omega_{\mathbf{B}}^t, \cdot)$ ein dynamisches Risikomaß definiert. In Theorem 2.6 wird diese allgemeine Konstruktionsidee für den Value at Risk und in Theorem 2.7 für den Expected Shortfall durchgeführt.

**Definition 2.17.** Es sei $(\Omega, (\mathscr{F}_t)_{t \in \mathbb{T}}, \mathbf{P})$ eine filtrierte Produktökonomie, $\alpha \in \, ]0, 1[$ und $\mathscr{M}_t(\Omega, \mathbb{R})$ der Raum der $\mathscr{F}_t$-messbaren Funktionen. Die durch $t \in \mathbb{T}$ parametrisierte Familie von Abbildungen

$$\mathrm{VaR}_{\alpha,t} \colon \mathscr{M}_T(\Omega, \mathbb{R}) \to \mathscr{M}_t(\Omega, \mathbb{R}), \quad X \mapsto \mathrm{VaR}_{\alpha,t}(X)$$

mit

$$\mathrm{VaR}_{\alpha,t}(X)_{|\omega_{\mathbf{B}}^t} = \inf \left\{ x \in \mathbb{R} \colon \mathbf{P}_{\omega_{\mathbf{B}}^t}\left( X\left(\omega_{\mathbf{B}}^t, \cdot\right) \le x\right) \ge \alpha \right\}$$

heißt *dynamischer Value at Risk.*

**Theorem 2.6.** *Der dynamische Value at Risk ist ein dynamisches Risikomaß.*

*Beweis.* Für jedes $\omega \in \Omega$ ist $\mathrm{VaR}_{\alpha,t}$ gerade der gewöhnliche Value at Risk für den Wahrscheinlichkeitsraum $\left(F_t(\omega), \mathbf{P}_{\omega_{\mathbf{B}}^t}\right)$. Weil sich die Ungleichung $X > Y$ trivialer Weise auf die Einschränkung auf Teilmengen überträgt, überträgt sich die Monotonie des Value at Risk punktweise für jedes $\omega_{\mathbf{B}}^t \in \Omega_{\mathbf{B}}^t$ auf $\mathrm{VaR}_{\alpha,t}$.

Da $\mathscr{F}_t$-messbare Funktionen auf den Mengen

$$\left\{\omega_{\mathbf{B}}^t\right\} \times \Omega_{\mathbf{F}}^t \subseteq \Omega$$

konstant sind, liefert das gleiche punktweise Argument auch die Translationsinvarianz.

Es verbleibt, die $\mathscr{F}_t$-Messbarkeit von $\mathrm{VaR}_{\alpha,t}(X)$ nachzuweisen. Wir nehmen zunächst an, dass $X$ nach unten beschränkt ist. Dann gibt es eine steigende Folge $\{X_k\}_{k \in \mathbb{N}}$ einfacher Funktion mit $\limsup_{k \to \infty} X_k = \lim_{k \to \infty} X_k = X$. Da $X_k$ messbar ist und nur endlich viele Werte annimmt, ist die Abbildung $\omega_{\mathbf{B}}^t \mapsto \mathrm{VaR}_{\alpha,t}(X_k)_{|\omega_{\mathbf{B}}^t}$ ebenfalls messbar. Aufgrund der Monotonie von $\mathrm{VaR}_{\alpha,t}$ ist $\{\mathrm{VaR}_{\alpha,t}(X_k)\}_{k \in \mathbb{N}}$ eine steigende Folge messbarer, einfacher Funktionen, weshalb auch

$$\lim_{k \to \infty} \mathrm{VaR}_{\alpha,t}(X_k)$$

messbar ist. Wegen $X_k \le X$ und der Monotonie gilt

$$\lim_{k \to \infty} \mathrm{VaR}_{\alpha,t}(X_k) \le \mathrm{VaR}_{\alpha,t}(X).$$

Angenommen, es gäbe ein $\varepsilon > 0$ mit $\lim_{k\to\infty} \mathrm{VaR}_{\alpha,t}(X_k) < \mathrm{VaR}_{\alpha,t}(X) - \varepsilon$. Weil $X_k$ eine steigende Folge ist, gilt dann $\mathrm{VaR}_{\alpha,t}(X_k) < \mathrm{VaR}_{\alpha,t}(X) - \varepsilon$ für alle $k$. Dies impliziert

$$\mathbf{P}_{\omega_{\mathbf{B}}^t}\left(X_k\left(\omega_{\mathbf{B}}^t, \cdot\right) \leq \mathrm{VaR}_{\alpha,t}(X) - \varepsilon/2\right) \geq \alpha$$

für alle $k$. Da $X_k$ gegen $X$ konvergiert, folgt $\mathbf{P}_{\omega_{\mathbf{B}}^t}\left(X\left(\omega_{\mathbf{B}}^t, \cdot\right) \leq \mathrm{VaR}_{\alpha,t}(X) - \varepsilon/2\right) \geq \alpha$ im Widerspruch zur Definition von $\mathrm{VaR}_{\alpha,t}$.

Ist $X$ nicht nach unten beschränkt, so sei $\tilde{X}_k = \max(X, -k)$. $\left\{\hat{X}_k\right\}_{k\in\mathbb{N}}$ ist eine fallende Folge von nach unten beschränkten, messbaren Funktionen, die punktweise gegen $X$ konvergiert. Daher ist $\lim_{k\to\infty} \mathrm{VaR}_{\alpha,t}(\tilde{X}_k)$ messbar und es gilt

$$\lim_{k\to\infty} \mathrm{VaR}_{\alpha,t}(\tilde{X}_k) \geq \mathrm{VaR}_{\alpha,t}(X).$$

Gäbe es ein $\varepsilon > 0$ mit $\liminf_{k\to\infty} \mathrm{VaR}_{\alpha,t}(\tilde{X}_k) > \mathrm{VaR}_{\alpha,t}(X) + \varepsilon$, so gälte

$$\mathbf{P}_{\omega_{\mathbf{B}}^t}\left(\tilde{X}_k\left(\omega_{\mathbf{B}}^t, \cdot\right) \leq \mathrm{VaR}_{\alpha,t}(X)_{|\omega_{\mathbf{B}}^t} + \varepsilon/2\right) < \alpha$$

für alle $k$ und wegen der Konvergenz von $\tilde{X}_k$

$$\mathbf{P}_{\omega_{\mathbf{B}}^t}\left(X\left(\omega_{\mathbf{B}}^t, \cdot\right) \leq \mathrm{VaR}_{\alpha,t}(X)_{|\omega_{\mathbf{B}}^t} + \varepsilon/2\right) < \alpha$$

im Widerspruch zur Definition von $\mathrm{VaR}_{\alpha,t}$. $\qquad\square$

**Definition 2.18.** Es sei $(\Omega, (\mathscr{F}_t)_{t\in\mathbb{T}}, \mathbf{P})$ eine filtrierte Produktökonomie, $\alpha \in {]0, 1[}$ und $\mathscr{M}_t(\Omega, \mathbb{R})$ der Raum der integrierbaren, $\mathscr{F}_t$-messbaren Funktionen. Die durch $t \in \mathbb{T}$ parametrisierte Familie von Abbildungen

$$\mathrm{ES}_{\alpha,t}: \mathscr{M}_T(\Omega, \mathbb{R}) \to \mathscr{M}_t(F_t, \mathbb{R}), \quad X \mapsto \mathrm{ES}_{\alpha,t}(X)$$

mit

$$\mathrm{ES}_{\alpha,t}(X)_{|\omega_{\mathbf{B}}^t} = \frac{1}{1-\alpha} \mathrm{E}_{\mathbf{P}_{\omega_{\mathbf{B}}^t}}\left(X\left(\omega_{\mathbf{B}}^t, \cdot\right) 1_{X(\omega_{\mathbf{B}}^t, \cdot), \mathrm{VaR}_{\alpha,t}(X)_{|\omega_{\mathbf{B}}^t}, \alpha}\right)$$

heißt *dynamischer Expected Shortfall*, wobei $1_{X,x,\alpha}$ definiert ist wie in Lemma 2.5.

**Theorem 2.7.** *Der dynamische Expected Shortfall ist ein kohärentes, dynamisches Risikomaß.*

*Beweis.* Für jedes $\omega \in \Omega$ ist $\mathrm{ES}_{\alpha,t}$ der gewöhnliche Expected Shortfall auf dem Wahrscheinlichkeitsraum $\left(F_t(\omega), \mathbf{P}_{\omega_{\mathbf{B}}^t}\right)$. Daher übertragen sich Monotonie und Subadditivität direkt auf $\mathrm{ES}_{\alpha,t}(X)$. Da $\mathscr{F}_t$-messbare Funktionen auf den Mengen

$$\{\omega_{\mathbf{B}}^t\} \times \Omega_{\mathbf{F}}^t \subseteq \Omega$$

konstant sind, liefert das gleiche punktweise Argument auch die Translationsinvarianz und die Homogenität.

Um die $\mathscr{F}_t$-Messbarkeit von $\mathrm{ES}_{\alpha,t}(X)$ nachzuweisen, nehmen wir zunächst an, dass $X$ nach unten beschränkt ist. Dann gibt es eine steigende Folge $\{X_k\}_{k\in\mathbb{N}}$ einfacher Funktionen mit $\lim_{k\to\infty} X_k = X$ fast überall. Da $X_k$ und $\mathrm{VaR}_{\alpha,t}(X_k)$ messbar sind und nur endlich viele Werte annehmen, ist für jedes $w \in \pi_t(\omega)$ die Abbildung

$$\omega_{\mathbf{B}}^t \mapsto \mathbf{1}_{X_k(\omega_{\mathbf{B}}^t, w), \mathrm{VaR}_{\alpha,t}(X_k), \alpha}$$

und daher auch

$$\omega_{\mathbf{B}}^t \mapsto \mathrm{ES}_{\alpha,t}(X_k)_{|\omega_{\mathbf{B}}^t}$$

$\mathscr{F}_t$-messbar. Aufgrund der Monotonie von $\mathrm{ES}_{\alpha,t}$ ist $\{\mathrm{ES}_{\alpha,t}(X_k)\}_{k\in\mathbb{N}}$ eine steigende Folge messbarer, einfacher Funktionen, weshalb auch

$$\limsup_{k\to\infty} \mathrm{ES}_{\alpha,t}(X_k) = \limsup_{k\to\infty} \frac{\int_{F_t(\omega_{\mathbf{B}}^t)} \mathbf{1}_{X_k(\omega_{\mathbf{B}}^t, \cdot), \mathrm{VaR}_{\alpha,t}(X_k), \alpha}\, p\left(\omega_{\mathbf{B}}^t, \cdot\right)\, \mathrm{d}\mu_{\mathbf{F}}^t}{(1-\alpha)\int_{F_t(\omega_{\mathbf{B}}^t)} p\left(\omega_{\mathbf{B}}^t, \cdot\right)\, \mathrm{d}\mu_{\mathbf{F}}^t} = \mathrm{ES}_{\alpha,t}(X)$$

messbar ist.

Ist $X$ nicht nach unten unbeschränkt, so können wir die Folge

$$\tilde{X}_k = \{\max(X, -k)\}_{k\in\mathbb{N}}$$

betrachten. Wir haben gerade gesehen, dass $\mathrm{ES}_{\alpha,t}(\tilde{X}_k)$ für jedes $k$ messbar ist. Also ist auch

$$\liminf_{k\to\infty} \mathrm{ES}_{\alpha,t}(\tilde{X}_k) = \liminf_{k\to\infty} \frac{\int_{F_t(\omega_{\mathbf{B}}^t)} \mathbf{1}_{X_k(\omega_{\mathbf{B}}^t, \cdot), \mathrm{VaR}_{\alpha,t}(\max(X, -k)), \alpha}\, p\left(\omega_{\mathbf{B}}^t, \cdot\right)\, \mathrm{d}\mu_{\mathbf{F}}^t}{(1-\alpha)\int_{F_t(\omega_{\mathbf{B}}^t)} p\left(\omega_{\mathbf{B}}^t, \cdot\right)\, \mathrm{d}\mu_{\mathbf{F}}^t}$$

$$= \mathrm{ES}_{\alpha,t}(X)$$

messbar.  □

Es ist denkbar, dass ein schlecht gewähltes dynamisches Risikomaß im Zeitverlauf zu widersprüchlichen Risikoeinschätzungen führen könnte. In der folgenden Definition formalisieren wir daher eine Minimalforderung an dynamische Risikomaße, die für in der Praxis benutzte Risikomaße nicht verletzt werden sollte.

**Definition 2.19.** Es sei $(\Omega, \mu)$ ein Maßraum, $B \subset \Omega$ und $f: \Omega \to \bar{\mathbb{R}}$ eine Abbildung. Das *Essential Supremum* von $f$ über $B$ ist durch

$$\operatorname{ess\,sup}_B(f) = \inf\{a \in \mathbb{R}: \mu(\{x: f(x) > a\} \cap B) = 0\} \in \bar{\mathbb{R}}$$

und das *Essential Infimum* von $f$ über $B$ durch

$$\operatorname{ess\,inf}_B(f) = \sup\{a \in \mathbb{R}: \mu(\{x: f(x) < a\} \cap B) = 0\} \in \bar{\mathbb{R}}$$

definiert.

**Definition 2.20.** Es sei $(\mathscr{F}_t)_{t \in \mathbb{T}}$ eine Produktfiltration auf $\Omega = \prod_{s=1}^{T} \Omega_s$. Ein dynamisches Risikomaß $(\rho_t)_{t \in \mathbb{T}}$ ist *zeitkonsistent*, falls es für jede Zufallsvariable $X$, fast jedes $\omega \in \Omega$ und jede $\mathscr{F}_{t+1}$-messbare Teilmenge $B \subseteq F_t(\omega)$ mit $\mathbf{P}_{\omega_B^t}(B) > 0$ und

$$\operatorname{ess\,inf}_B(\rho_{t+1}(X)) > \rho_t(X)_{|\omega}$$

eine $\mathscr{F}_{t+1}$-messbare Teilmenge $C \subseteq F_t(\omega)$ mit $\mathbf{P}_{\omega_B^t}(C) > 0$ und

$$\operatorname{ess\,sup}_C(\rho_{t+1}(X)) < \rho_t(X)_{|\omega}$$

gibt.

Definition 2.20 wird in Abb. 2.8 illustriert.

$\rho_t$ sei ein zeitkonsistentes, dynamisches Risikomaß und $\rho_t(X)_{|\omega} = K$. Wenn zum Zeitpunkt $t$ die Wahrscheinlichkeit größer als 0 ist, dass $\rho_{t+1}(X)_{|\omega} > K$ gilt, also Kapital nachgeschossen werden muss, so ist die Wahrscheinlichkeit, dass $\rho_{t+1}(X)_{|\omega} < K$ gilt, also Kapital frei wird, auch größer als 0.

**Definition 2.21.** Es sei $(\mathscr{F}_t)_{t \in \mathbb{T}}$ eine Produktfiltration auf $\Omega = \prod_{s=1}^{T} \Omega_s$. Ein dynamisches Risikomaß $\rho_t$ ist *schwach zeitkonsistent*, falls für fast jedes $\omega$ und jedes Paar $(X, t)$

$$\operatorname{ess\,inf}_{F_t(\omega)}(\rho_{t+1}(X)) \le \rho_t(X)_{|\omega}$$

gilt.

*Anmerkung 2.11.* Empirisch kann zwischen Zeitkonsistenz und schwacher Zeitkonsistenz nicht unterschieden werden. Denn falls $\rho_t$ schwach zeitkonsistent und $X$ eine gegebene Zufallsvariable ist, genügt eine beliebig kleine Änderung von $X$, um die Zeitkonsistenzbedingung für $X$ zu erfüllen.

**Korollar 2.3.** *Zeitkonsistenz impliziert schwache Zeitkonsistenz.*

**Abb. 2.8** Illustration zu Definition 2.20. Wir betrachten den Raum $\Omega = ]0,1[^3$, wobei **P** das Lebesque-Maß ist und schreiben $\omega = (u,v,w)$. Der Wert $\rho_1(u)$ ist auf $F_1(u)$ konstant und liegt zwischen den Werten des Risikomaßes $\rho_2$ auf $B$ und bzw. $C$

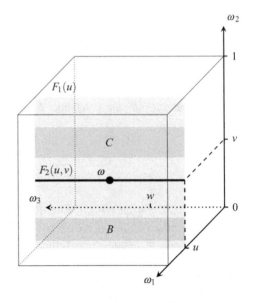

Angenommen, ein Unternehmen benutzt zur Kapitalbestimmung ein dynamisches Risikomaß $\rho_t$, das zum Zeitpunkt $\tau$ die schwache Zeitkonsistenz verletzt. Das Unternehmen stellt dann zum Zeitpunkt $\tau$ das ausreichende Kapital $\rho_\tau(X)$. Mit der Wahrscheinlichkeit 1 muss es aber eine Periode später Kapital nachschießen, obwohl in der Zwischenzeit keine Cashflows geflossen sind. Schlechteres Risikomanagement ist kaum vorstellbar. Aus diesem Grund wird man von jedem in der Praxis benutzten dynamischen Risikomaß fordern wollen, dass es zeitkonsistent ist.

*Anmerkung 2.12.* In der Literatur wird der Begriff „zeitkonsistent" oft benutzt, um eine andere Bedingung, in der zwei Zufallsvariablen miteinander verglichen werden, auszudrücken (siehe Definition 2.23). Wir werden jedoch in Abschn. 2.4.4 sehen, dass die Bedingung in Definition 2.23 für das praktische Risikomanagement weniger geeignet ist, als Zeitkonsistenz in unserem Sinne zu fordern.

*Anmerkung 2.13.* Man beachte, dass Definitionen 2.20 und 2.21 nicht zeitsymmetrisch sind. Dies hat gute Gründe, denn das Risiko sollte sich verringern, wenn sich der Zeithorizont verkleinert, da in einem kürzeren Zeitraum weniger Schäden auftreten können.

*Beispiel 2.8.* Es sei $\Omega = ]0,1[\times]0,1[$, **P** das Lebesgue-Maß auf $\Omega$ und $\alpha \in ]0,1[$. Die Zufallsvariable $X$ sei durch

$$X(\omega) = \begin{cases} 2 & \text{falls } \omega_1 < (1-\alpha)/2, \\ 1 & \text{sonst} \end{cases}$$

definiert. Dann gilt $\mathrm{VaR}_{\alpha,0}(X)_{|\omega} = 1$ für alle $\omega \in \Omega$ aber

$$\mathrm{VaR}_{\alpha,1}(X)_{|\tilde{\omega}} = \begin{cases} 2 & \text{falls } \tilde{\omega}_1 < (1-\alpha)/2, \\ 1 & \text{sonst.} \end{cases}$$

Dies zeigt, dass der dynamische Value at Risk nicht zeitkonsistent ist.

**Theorem 2.8.** *Es sei* $(\Omega, (\mathscr{F}_t)_{t \in \mathbb{T}}, \mathbf{P})$ *eine filtrierte Produktökonomie. Dann ist der auf* $(\Omega, (\mathscr{F}_t)_{t \in \mathbb{T}}, \mathbf{P})$ *definierte dynamische Value at Risk schwach zeitkonsistent.*

*Beweis.* Es sei $\omega \in \Omega$. Für $t \in \{0, \dots, T-1\}$ setzen wir

$$G = \left\{ \tilde{\omega} \in F_t(\omega) : X(\tilde{\omega}) \geq \mathrm{VaR}_{\alpha,t+1}(X)_{|\tilde{\omega}_{\mathbf{B}}^{t+1}} \right\}.$$

Es sei $\tilde{\omega} \in F_t(\omega)$. Lemma 2.1 impliziert

$$\mathbf{P}_{\tilde{\omega}_{\mathbf{B}}^{t+1}} \left( X(\tilde{\omega}_{\mathbf{B}}^{t+1}, \cdot) \leq \mathrm{VaR}_{\alpha,t+1}(X)_{|\tilde{\omega}_{\mathbf{B}}^{t+1}} \right) = \alpha,$$

da $\mathrm{VaR}_{\alpha,t+1}(X)_{|\tilde{\omega}_{\mathbf{B}}^{t+1}}$ gerade der gewöhnliche Value at Risk für die Zufallsvariable $X(\tilde{\omega}_{\mathbf{B}}^{t+1}, \cdot)$ auf dem Wahrscheinlichkeitsraum $\left( F_{t+1}(\tilde{\omega}), \mathbf{P}_{\tilde{\omega}_{\mathbf{B}}^{t+1}} \right)$ ist. Es folgt

$$1 - \alpha \leq \mathbf{P}_{\tilde{\omega}_{\mathbf{B}}^{t+1}} \left( X(\tilde{\omega}_{\mathbf{B}}^{t+1}, \cdot) \geq \mathrm{VaR}_{\alpha,t+1}(X) \right)$$

$$= \frac{\int_{\Omega_{\mathbf{F}}^{t+1}} 1_G \, p(\tilde{\omega}_{\mathbf{B}}^{t+1}, \cdot) \mathrm{d}\mu_{\mathbf{F}}^{t+1}}{\int_{\Omega_{\mathbf{F}}^{t+1}} p(\tilde{\omega}_{\mathbf{B}}^{t+1}, \cdot) \mathrm{d}\mu_{\mathbf{F}}^{t+1}}$$

für jedes $\tilde{\omega} \in F_t(\omega)$. Damit erhalten wir

$$\mathbf{P}_{\omega_{\mathbf{B}}^t}(G) \int_{F_t(\omega)} p\left( \omega_{\mathbf{B}}^t, \cdot \right) \mathrm{d}\mu_{\mathbf{F}}^t = \int_{F_t(\omega)} 1_G \, p\left( \omega_{\mathbf{B}}^t, \cdot \right) \mathrm{d}\mu_{\mathbf{F}}^t$$

$$= \int_{\Omega_{t+1}} \int_{\Omega_{\mathbf{F}}^{t+1}} 1_G \, p\left( \omega_{\mathbf{B}}^t, \cdot \right) \mathrm{d}\mu_{\mathbf{F}}^{t+1} \mathrm{d}\mu_{t+1}$$

$$\geq \int_{\Omega_{t+1}} (1-\alpha) \int_{\Omega_{\mathbf{F}}^{t+1}} p\left( \omega_{\mathbf{B}}^t, \cdot \right) \mathrm{d}\mu_{\mathbf{F}}^{t+1} \mathrm{d}\mu_{t+1}$$

$$= (1-\alpha) \int_{F_t(\omega)} p\left( \omega_{\mathbf{B}}^t, \cdot \right) \mathrm{d}\mu_{\mathbf{F}}^t.$$

Also gilt $\mathbf{P}_{\omega_{\mathbf{B}}^t}(G) \geq 1 - \alpha$ und $X(\tilde{\omega}) \geq \mathrm{ess\,inf}_{F_{t+1}(\tilde{\omega})} (\mathrm{VaR}_{\alpha,t+1}(X))$ für fast alle $\tilde{\omega} \in G$. Dies impliziert $\mathrm{VaR}_{\alpha,t}(X)_{|\omega} \geq \mathrm{ess\,inf}_{F_t(\omega)} (\mathrm{VaR}_{\alpha,t+1}(X))$. $\qquad\square$

**Theorem 2.9.** *Es sei* $(\Omega, (\mathscr{F}_t)_{t\in\mathbb{T}}, \mathbf{P})$ *eine filtrierte Produktökonomie. Dann ist der auf* $(\Omega, (\mathscr{F}_t)_{t\in\mathbb{T}}, \mathbf{P})$ *definierte dynamische Expected Shortfall zeitkonsistent.*

*Beweis.* Es sei $\omega \in \Omega$ und $u = \pi_t(\omega)$. Wir nehmen an, dass es eine Zufallsvariable $X$ und eine $\mathscr{F}_{t+1}$-messbare Teilmenge $B \subseteq F_t(\omega)$ mit $\mathbf{P}_u(B) > 0$ und

$$\operatorname{ess\,inf}_B \left( \mathrm{ES}_{\alpha,t+1}(X) \right) > \mathrm{ES}_{\alpha,t}(X)_{|\omega}$$

gibt. Wenn es keine $\mathscr{F}_{t+1}$-messbare Menge $C \subseteq F_t(\omega)$ mit $\mathbf{P}_u(C) > 0$ und

$$\operatorname{ess\,sup}_C \left( \mathrm{ES}_{\alpha,t+1}(X) \right) < \mathrm{ES}_{\alpha,t}(X)_{|\omega}$$

gibt, dann gilt für fast alle $v \in \Omega_{t+1}$

$$\mathrm{ES}_{\alpha,t+1}(X)_{|(u,v)} \geq \mathrm{ES}_{\alpha,t}(X)_{|u}. \tag{2.7}$$

Es genügt also, Ungleichung (2.7) zu einem Widerspruch zu führen.

Wir nehmen an, dass (2.7) gilt und setzen

$$G = \left\{ \tilde{\omega} \in F_t(\omega) : X(\tilde{\omega}) > \mathrm{VaR}_{\alpha,t+1}(X)_{|\pi_{t+1}(\tilde{\omega})} \right\},$$

$$H = \left\{ \tilde{\omega} \in F_t(\omega) : X(\tilde{\omega}) = \mathrm{VaR}_{\alpha,t+1}(X)_{|\pi_{t+1}(\tilde{\omega})} \right\}$$

sowie

$$\beta \colon \Omega_{t+1} \to [0,1],$$

$$v \mapsto \beta(v) = \begin{cases} \dfrac{1-\alpha-\mathbf{P}_{(u,v)}\left(G\cap F_{t+1}(\omega)\right)}{\mathbf{P}_{(u,v)}\left(H\cap F_{t+1}(\omega)\right)} & \text{if } \mathbf{P}_{(u,v)}\left(H\cap F_{t+1}(\omega)\right) > 0, \\ 0 & \text{sonst.} \end{cases}$$

Man beachte, dass aufgrund der $(t+1)$-faserweisen Definition von $G$ und $H$ im allgemeinen $G \neq \{X > \mathrm{VaR}_{\alpha,t}(X)\}$ und $H \neq \{X = \mathrm{VaR}_{\alpha,t}(X)\}$ gilt.

Wegen Lemma 2.5 gilt für $v \in \Omega_{t+1}$

$$(1-\alpha)\,\mathrm{ES}_{\alpha,t+1}(X)_{|(u,v)} = \int_{F_{t+1}(u,v)} X\,(1_G + \beta(v)\,1_H)\,\mathrm{d}\mathbf{P}_{(u,v)}$$

$$= \frac{\int_{F_{t+1}(u,v)} X\,1_G\,p\,\mathrm{d}\mu_{\mathbf{F}}^{t+1}}{\int_{F_{t+1}(u,v)} p\,\mathrm{d}\mu_{\mathbf{F}}^{t+1}} + \frac{\int_{F_{t+1}(u,v)} X\,\beta(v)\,1_H\,p\,\mathrm{d}\mu_{\mathbf{F}}^{t+1}}{\int_{F_{t+1}(u,v)} p\,\mathrm{d}\mu_{\mathbf{F}}^{t+1}}.$$

Da wir Ungleichung (2.7) annehmen, auf der Menge $B \subset F_t(\omega)$ sogar die strikte Ungleichung gilt, und $B$ keine $\mathbf{P}_u$-Nullmenge ist, erhalten wir durch Integration über $v$ die Ungleichung

$$(1-\alpha)\,\mathrm{ES}_{\alpha,t}(X)_{|u} \int_{F_t(u)} p\,\mathrm{d}\mu_{\mathbf{F}}^t < \int_{F_t(u)} X\,1_G\,p\,\mathrm{d}\mu_{\mathbf{F}}^t$$

$$+ \int_{\Omega_{t+1}} \beta \int_{F_{t+1}(u,\cdot)} X\,1_H\,p\,\mathrm{d}\mu_{\mathbf{F}}^{t+1}\mathrm{d}\mu_{t+1}$$

$$= \left(\int_G X\,\mathrm{d}\mathbf{P}_u + \int_H \beta X\,\mathrm{d}\mathbf{P}_u\right) \int_{F_t(u)} p\,\mathrm{d}\mu_{\mathbf{F}}^t. \tag{2.8}$$

Aus

$$\beta(v) \int_{F_{t+1}(u,v)} 1_H\,p\,\mathrm{d}\mu_{\mathbf{F}}^{t+1} = (1-\alpha) \int_{F_{t+1}(u,v)} p\,\mathrm{d}\mu_{\mathbf{F}}^{t+1} - \int_{F_{t+1}(u,v)} 1_G\,p\,\mathrm{d}\mu_{\mathbf{F}}^{t+1}$$

folgt

$$\int_{\Omega_{t+1}} \beta \int_{F_{t+1}(u,\cdot)} 1_H\,p\,\mathrm{d}\mu_{\mathbf{F}}^{t+1}\mathrm{d}\mu_{t+1} = (1-\alpha) \int_{\Omega_{t+1}} \int_{F_{t+1}(u,\cdot)} p\,\mathrm{d}\mu_{\mathbf{F}}^{t+1}\mathrm{d}\mu_{t+1}$$

$$- \int_{\Omega_{t+1}} \int_{F_{t+1}(u,\cdot)} 1_G\,p\,\mathrm{d}\mu_{\mathbf{F}}^{t+1}\mathrm{d}\mu_{t+1}$$

$$= (1-\alpha) \int_{F_t(u)} p\,\mathrm{d}\mu_{\mathbf{F}}^t - \int_{F_t(u)} 1_G\,p\,\mathrm{d}\mu_{\mathbf{F}}^t$$

und somit $\int_G \mathrm{d}\mathbf{P}_u + \int_H \beta\,\mathrm{d}\mathbf{P}_u = 1-\alpha$. Es sei

$$V = \left\{\tilde{\omega} \in F_t(\omega) : X(\tilde{\omega}) > \mathrm{VaR}_{\alpha,t}(X)_{|u}\right\},$$

$$c = \begin{cases} 1 - \dfrac{\int_{H\cap V}(1-\beta)\,\mathrm{d}\mathbf{P}_u}{\int_{H\setminus V} \beta\,\mathrm{d}\mathbf{P}_u} & \text{falls } \int_{H\setminus V} \beta\,\mathrm{d}\mathbf{P}_u > 0 \\ 0 & \text{sonst.} \end{cases}$$

Dann gilt

$$1-\alpha = \int_G \mathrm{d}\mathbf{P}_u + \int_H \beta\,\mathrm{d}\mathbf{P}_u$$

$$= \int_G \mathrm{d}\mathbf{P}_u + c \int_{H\setminus V} \beta\,\mathrm{d}\mathbf{P}_u + \int_{H\cap V} \mathrm{d}\mathbf{P}_u$$

$$= \int_{(G\cup H)\cap V} \mathrm{d}\mathbf{P}_u + \int_{G\setminus V} \mathrm{d}\mathbf{P}_u + c \int_{H\setminus V} \beta\,\mathrm{d}\mathbf{P}_u. \tag{2.9}$$

Wir zeigen jetzt, dass außerdem

$$\int_H \beta\, X\, \mathrm{d}\mathbf{P}_u \le c \int_{H\setminus V} \beta X\, \mathrm{d}\mathbf{P}_u + \int_{H\cap V} X\, \mathrm{d}\mathbf{P}_u \qquad (2.10)$$

gilt. Aus $\inf_{\tilde\omega\in H\cap V} X(\tilde\omega) \ge \sup_{\tilde\omega\in H\setminus V} X(\tilde\omega)$ und $0 \le \beta \le 1$ folgt

$$
\begin{aligned}
\int_{H\cap V} X\, \mathrm{d}\mathbf{P}_u &\ge \int_{H\cap V} \left( \inf_{\tilde\omega\in H\cap V} X(\tilde\omega)\,(1-\beta) + \beta X \right) \mathrm{d}\mathbf{P}_u \\
&\ge \sup_{\tilde\omega\in H\setminus V} X(\tilde\omega) \left( \int_{H\cap V} (1-\beta)\, \mathrm{d}\mathbf{P}_u \right) + \int_{H\cap V} \beta\, X\, \mathrm{d}\mathbf{P}_u
\end{aligned}
$$

und somit

$$
\begin{aligned}
\int_{H\cap V} \beta X\, \mathrm{d}\mathbf{P}_u \int_{H\setminus V} \beta\, \mathrm{d}\mathbf{P}_u &\le \int_{H\cap V} X\, \mathrm{d}\mathbf{P}_u \int_{H\setminus V} \beta\, \mathrm{d}\mathbf{P}_u \\
&\quad - \sup_{\tilde\omega\in H\setminus V} X(\tilde\omega) \left( \int_{H\cap V} (1-\beta)\, \mathrm{d}\mathbf{P}_u \right) \int_{H\setminus V} \beta\, \mathrm{d}\mathbf{P}_u \\
&\le \int_{H\cap V} X\, \mathrm{d}\mathbf{P}_u \int_{H\setminus V} \beta\, \mathrm{d}\mathbf{P}_u \\
&\quad - \int_{H\setminus V} \beta X\, \mathrm{d}\mathbf{P}_u \int_{H\cap V} (1-\beta)\, \mathrm{d}\mathbf{P}_u .
\end{aligned}
$$

Damit folgt

$$
\begin{aligned}
\int_H \beta X\, \mathrm{d}\mathbf{P}_u \int_{H\setminus V} \beta\, \mathrm{d}\mathbf{P}_u &= \int_{H\setminus V} \beta X \mathrm{d}\mathbf{P}_u \int_{H\setminus V} \beta\, \mathrm{d}\mathbf{P}_u + \int_{H\cap V} \beta X\, \mathrm{d}\mathbf{P}_u \int_{H\setminus V} \beta\, \mathrm{d}\mathbf{P}_u \\
&\le \int_{H\setminus V} \beta X\, \mathrm{d}\mathbf{P}_u \left( \int_{H\setminus V} \beta\, \mathrm{d}\mathbf{P}_u - \left( \int_{H\cap V} (1-\beta)\, \mathrm{d}\mathbf{P}_u \right) \right) \\
&\quad + \int_{H\cap V} X \mathrm{d}\mathbf{P}_u \int_{H\setminus V} \beta\, \mathrm{d}\mathbf{P}_u \\
&= \int_{H\setminus V} \beta\, \mathrm{d}\mathbf{P}_u \left( c \int_{H\setminus V} \beta X\, \mathrm{d}\mathbf{P}_u + \int_{H\cap V} X \mathrm{d}\mathbf{P}_u \right),
\end{aligned}
$$

was Ungleichung (2.10) impliziert.

Da $H$ und $G$ disjunkt sind, folgt aus den Ungleichungen (2.8) und (2.10)

$$(1-\alpha)\,\mathrm{ES}_{\alpha,t}(X)_{|u} < \int_{G\cup(H\cap V)} X\,\mathrm{d}\mathbf{P}_u + c\int_{H\setminus V} \beta\,X\,\mathrm{d}\mathbf{P}_u$$

$$= \int_{(G\cup H)\cap V} X\,\mathrm{d}\mathbf{P}_u + \int_{G\setminus V} X\,\mathrm{d}\mathbf{P}_u + c\int_{H\setminus V} \beta\,X\,\mathrm{d}\mathbf{P}_u$$

$$\leq \int_{(G\cup H)\cap V} X\,\mathrm{d}\mathbf{P}_u + \inf_{\tilde{\omega}\in V} X(\tilde{\omega})\left(\int_{G\setminus V}\mathrm{d}\mathbf{P}_u + c\int_{H\setminus V}\beta\,\mathrm{d}\mathbf{P}_u\right)$$

$$\stackrel{(*)}{=} \int_{(G\cup H)\cap V} X\,\mathrm{d}\mathbf{P}_u + \inf_{\tilde{\omega}\in V} X(\tilde{\omega})\left(1-\alpha - \int_{(G\cup H)\cap V}\mathrm{d}\mathbf{P}_u\right)$$

$$\stackrel{(**)}{\leq} \int_{V} X\,\mathrm{d}\mathbf{P}_u + \mathrm{VaR}_{\alpha,t}(X)_{|u}\left(1-\alpha - \int_{V}\mathrm{d}\mathbf{P}_u\right)$$

$$\stackrel{(**)}{=} (1-\alpha)\,\mathrm{ES}_{\alpha,t}(X)_{|u},$$

wobei wir außerdem in $(*)$ Gl. (2.9) und in $(**)$ die Definition der Menge $V$ benutzt haben. Dies ist ein Widerspruch, so dass unsere Annahme

$$\mathrm{ES}_{\alpha,t+1}(X)_{|(u,v)} \geq \mathrm{ES}_{\alpha,t}(X)_{|u} \quad \text{für fast alle } v \in \Omega_{t+1}$$

falsch sein muss.                                                                                                    □

Damit sind sowohl der dynamische Value at Risk als auch der dynamische Expected Shortfall gute Kandidaten für das mehrperiodische Risikomanagement.

### 2.4.4   Eine Klasse dynamischer Risikomaße auf allgemeinen Filtrationen

In der einschlägigen Literatur wird eine andere Klasse dynamischer Risikomaße studiert, die auf allgemeinen Filtrationen auf elegante Weise definierbar ist. Proposition 2.9 liefert das Konstruktionsverfahren für diese Klasse. Beispiel 2.9 liefert aus unserer Sicht einen Grund, warum diese Konstruktion trotz ihrer Eleganz für das praktische Risikomanagement kaum geeignet ist.

Für Proposition 2.9 benötigen wir eine Modifikation des (punktweisen) Supremums über eine Menge von Funktionen für Wahrscheinlichkeitsräume.

**Definition 2.22.** Es sei $(\Omega, \mathscr{A}, \mu)$ ein Maßraum und $\mathscr{S} \subset \mathscr{B}(\Omega, \mathbb{R})$ eine Teilmenge messbarer Funktionen. Dann ist das *Essential Supremum*

$$\mathrm{ess\,sup}\,(\mathscr{S}) \in \mathscr{B}(\Omega, \bar{\mathbb{R}})$$

durch die folgenden Eigenschaften bestimmt:

(i) Es gilt ess sup($\mathscr{S}$) $\geq f$ f.s. für jedes $f \in \mathscr{S}$.
(ii) Erfüllt $g \in \mathscr{B}(\Omega, \mathbb{R})$ die Ungleichung $g \geq f$ f.s für jedes $f \in \mathscr{S}$, so folgt $g \geq$ ess sup($\mathscr{S}$) f.s.

Man beachte, dass ess sup($\mathscr{S}$) auf einer Menge mit echt positivem Maß den Wert $\infty$ annehmen kann.

*Anmerkung 2.14.* Es gilt ess sup$\{f\}$ $= f$. Daher reduziert sich diese Definition für einelementige Mengen von Funktionen nicht auf Definition 2.19.

**Lemma 2.14.** *Es sei* $(\Omega, \mathscr{A}, \mathbf{P})$ *ein Wahrscheinlichkeitsraum und* $\mathscr{S} \subset \mathscr{B}(\Omega, \mathbb{R}), \mathscr{S} \neq \emptyset$. *Dann existiert* ess sup($\mathscr{S}$) $\in \mathscr{B}(\Omega, \bar{\mathbb{R}})$.

*Beweis.* Es sei

$$\tilde{\mathscr{S}} = \left\{ \omega \mapsto \max_{g \in S} \{g(\omega)\} : S \subseteq \mathscr{S} \text{ ist eine endliche Menge} \right\}$$

die Menge der punktweisen Maxima aller endlichen Teilmengen von $\mathscr{S}$ und

$$\theta(x) = \begin{cases} -\frac{\pi}{2} & \text{falls } x = -\infty, \\ \arctan(x) & \text{falls } -\infty < x < \infty, \\ \frac{\pi}{2} & \text{falls } x = \infty. \end{cases}$$

Da $\mathbf{P}$ ein Wahrscheinlichkeitsmaß ist und für jede messbare Funktion $g$ die Komposition $\theta \circ g$ beschränkt und messbar ist, existiert $\int_\Omega |\theta \circ g| \, d\mathbf{P}$. Damit ist $\theta \circ g$ integrierbar und

$$\alpha = \sup \left\{ \int_\Omega \theta \circ g \, d\mathbf{P} : g \in \tilde{\mathscr{S}} \right\} \in \bar{\mathbb{R}}$$

ist wohldefiniert. Es sei $\{g_k\}_{k \in \mathbb{N}} \subseteq \tilde{\mathscr{S}}$ eine Folge mit

$$\lim_{k \to \infty} \int_\Omega \theta \circ g_k \, d\mathbf{P} = \alpha.$$

Da wir für jedes $k$ die Funktion $g_k$ durch max$\{g_1, \ldots, g_k\}$ ersetzen können, können wir o.B.d.A. annehmen, dass $g_{k+1} \geq g_k$ für jedes $k \in \mathbb{N}$ gilt. Da somit die Folge $\{g_k\}_{k \in \mathbb{N}}$ wachsend ist, gilt für $f(\omega) = \sup_{k \in \mathbb{N}} g_k(\omega)$ und jedes $\omega \in \Omega$

$$f(\omega) = \lim_{k \in \mathbb{N}} g_k(\omega) \in \bar{\mathbb{R}}.$$

$f$ ist als Supremum messbarer Funktionen ebenfalls messbar, weshalb $\int_\Omega \theta \circ f \, d\mathbf{P}$ wohldefiniert ist. Da $\theta$ beschränkt ist, folgt aus dem Theorem der majorisierten Konvergenz und der Stetigkeit von $\theta$

$$\alpha = \lim_{k\to\infty} \int_\Omega \theta \circ g_k \, d\mathbf{P} = \int_\Omega \lim_{k\to\infty} \theta \circ g_k \, d\mathbf{P} = \int_\Omega \theta \circ \lim_{k\to\infty} g_k \, d\mathbf{P} = \int_\Omega \theta \circ f \, d\mathbf{P}.$$

Es sei $g \in \mathscr{S}$. Da $\max(g_k, g) \in \tilde{\mathscr{S}}$ für jedes $k \in \mathbb{N}$ und

$$\max\{f, g\} = \max\{\lim_{k\to\infty} g_k, g\} = \lim_{k\to\infty} \max\{g_k, g\}$$

gilt, folgt

$$\int_\Omega \theta \circ \max\{f, g\} \, d\mathbf{P} = \int_\Omega \lim_{k\to\infty} \theta \circ \max\{g_k, g\} \, d\mathbf{P} = \lim_{k\to\infty} \int_\Omega \theta \circ \max\{g_k, g\} \, d\mathbf{P} \le \alpha.$$

Also ist das Integral über $\theta \circ f - \theta \circ \max\{f, g\}$ nicht-negativ. Aufgrund der Monotonie von $\theta$ ist andererseits $\theta \circ \max\{f, g\} - \theta \circ f$ nicht-negativ. Dies ist nur möglich, wenn $\theta \circ \max\{f, g\} = \theta \circ f$ f.s. gilt. Es folgt $f \ge g$ f.s.

Es sei nun $g \in \mathscr{B}(\Omega, \mathbb{R})$ eine messbare Funktion, die die Ungleichung $g \ge h$ f.s für jedes $h \in \mathscr{S}$ erfüllt. Für jedes $k \in \mathbb{N}$ gilt dann offenbar $g \ge g_k$. Es folgt $g \ge \sup_{k \in \mathbb{N}} g_k = f$ und damit $f = \text{ess sup}(\mathscr{S})$. $\qquad\square$

Der Expected Shortfall einer Zufallsvariable $X$ lässt sich als Supremum der Erwartungswerte von $X$ bzgl. einer Klasse von Wahrscheinlichkeitsmaßen darstellen (Proposition 2.3). Die folgende Proposition zeigt, dass diese Art der Darstellung in natürlicher Weise zu kohärenten Risikomaßen führt.

**Proposition 2.8.** *Es sei $\mathscr{W}$ eine Teilmenge von Wahrscheinlichkeitsmaßen auf dem Wahrscheinlichkeitsraum $(\Omega, \mathscr{A}, \mathbf{P})$ mit folgenden Eigenschaften:*

*(i) Für jedes $X \in \mathscr{M}(\Omega, \mathbb{R})$ und jedes $Q \in \mathscr{W}$ existiert $\mathrm{E}_Q(X)$.*
*(ii) $\mathbf{Q} \ll \mathbf{P}$ für alle $\mathbf{Q} \in \mathscr{W}$.*

*Dann ist durch*

$$\rho^{\mathscr{W}}(X) = \sup_{\mathbf{Q} \in \mathscr{W}} \{\mathrm{E}_\mathbf{Q}(X)\}$$

*ein kohärentes Risikomaß definiert.*

Wir werden Proposition 2.8 in Anschluss an Proposition 2.9 als eine elementare Folgerung beweisen.

Wenn man als $\mathcal{M}_n(\Omega, \mathbb{R})$ den Raum der fast überall beschränkten messbaren Funktionen wählt, kann man zeigen, dass eine große Klasse von kohärenten Risikomaßen über Proposition 2.8 dargestellt werden kann [4, Theorem 3.2]. Dies motiviert, kohärente dynamische Risikomaße ebenfalls über diese Darstellung zu konstruieren.

**Proposition 2.9.** *Es sei* $\mathbb{T} = \{0, \ldots, T\}$. $(\Omega, \mathcal{A}, \mathbf{P})$ *sei ein Wahrscheinlichkeitsraum und* $(\mathcal{F}_t)_{t \in \mathbb{T}}$ *sei eine Filtration mit* $\mathcal{F}_n = \mathcal{A}$. *Für* $t \in \mathbb{T}$ *sei* $\mathcal{M}_t(\Omega, \mathbb{R})$ *der Vektorraum der f.s. beschränkten,* $\mathcal{F}_t$-*messbaren Funktionen.* $\mathcal{W}$ *sei eine Menge von Wahrscheinlichkeitsmaßen auf* $\Omega$.

*Dann ist die Familie von Abbildungen*

$$\rho_t^{\mathcal{W}} : \mathcal{M}_n(\Omega, \mathbb{R}) \to \mathcal{M}_t(\Omega, \mathbb{R}), \quad X \mapsto \rho_t^{\mathcal{W}}(X) = \operatorname{ess\,sup}_{\mathbf{Q} \in \mathcal{W}} \mathrm{E}_{\mathbf{Q}}(X \mid \mathcal{F}_t)$$

*ein kohärentes, dynamisches Risikomaß.*

*Beweis.* Wir zeigen zunächst, dass $\rho_t^{\mathcal{W}}$ ein dynamisches Risikomaß ist.

Aufgrund von Lemma 2.14 existiert die Abbildung $\rho_t^{\mathcal{W}}(X)$ und ist $\mathcal{F}_t$-messbar. Da $X$ fast überall beschränkt ist, gilt $\rho_t^{\mathcal{W}}(X)_{|\omega} \in \mathbb{R}$ f.s.

*Monotonie*: Es gelte $X_1 \geq X_2$ f.s. Dann gilt für jedes $\mathbf{Q} \in \mathcal{W}$ die Ungleichung $\mathrm{E}_{\mathbf{Q}}(X_1) \geq \mathrm{E}_{\mathbf{Q}}(X_2)$. Da die Beziehung „$\geq$" beim Übergang zum Supremum erhalten bleibt, folgt die Monotonie von $\rho_t^{\mathcal{W}}$.

*Translationsinvarianz*: Seien $K \in \mathcal{M}_t(\Omega, \mathbb{R})$ und $\mathbf{Q} \in \mathcal{W}$. Da $K$ $\mathcal{F}_t$-messbar ist, gilt

$$\mathrm{E}_{\mathbf{Q}}(X + K \mid \mathcal{F}_t) = \mathrm{E}_{\mathbf{Q}}(X \mid \mathcal{F}_t) + K.$$

Der Übergang zum Supremum führt daher zu $\rho_t^{\mathcal{W}}(X + K) = \rho_t^{\mathcal{W}}(X) + K$.

*Homogenität*: Es sei $K \in \mathcal{M}_t(\Omega, \mathbb{R})$ mit $K \geq 0$ f.s. und $KX \in \mathcal{M}_n(\Omega, \mathbb{R})$. Für $\mathbf{Q} \in \mathcal{W}$ gilt dann

$$\mathrm{E}_{\mathbf{Q}}(KX \mid \mathcal{F}_t) = K\mathrm{E}_{\mathbf{Q}}(X \mid \mathcal{F}_t)$$

und daher

$$\rho_t^{\mathcal{W}}(KX) = \sup_{\mathbf{Q} \in \mathcal{W}} \{K\mathrm{E}_{\mathbf{Q}}(X) \mid \mathcal{F}_t\} = K \sup_{\mathbf{Q} \in \mathcal{W}} \{\mathrm{E}_{\mathbf{Q}}(X \mid \mathcal{F}_t)\} = K\rho_t^{\mathcal{W}}(X),$$

wobei wir beim zweiten Gleichheitszeichen $K \geq 0$ benutzt haben.

*Subadditivität*: Für $X_1, X_2 \in \mathcal{M}_n(\Omega, \mathbb{R})$ gilt

$$\sup_{\mathbf{Q} \in \mathcal{W}} \{\mathrm{E}_{\mathbf{Q}}(X_1 + X_2 \mid \mathcal{F}_t)\} = \sup_{\mathbf{Q} \in \mathcal{W}} \{\mathrm{E}_{\mathbf{Q}}(X_1 \mid \mathcal{F}_t) + \mathrm{E}_{\mathbf{Q}}(X_2 \mid \mathcal{F}_t)\}$$

$$\leq \sup_{\mathbf{Q} \in \mathcal{W}} \{\mathrm{E}_{\mathbf{Q}}(X_1 \mid \mathcal{F}_t)\} + \sup_{\mathbf{Q} \in \mathcal{W}} \{\mathrm{E}_{\mathbf{Q}}(X_2 \mid \mathcal{F}_t)\}.$$

$\square$

*Beweis von Proposition 2.8.* Wir wenden Proposition 2.9 für $T = 1$, $\mathscr{F}_1 = \mathscr{A}$, $\mathscr{F}_0 = \{\emptyset, \Omega\}$ an. Dann gilt $\rho_0^{\mathscr{W}}(X) = \text{ess sup}_{Q \in \mathscr{W}} E_Q(X \mid \mathscr{F}_0) = \sup_{Q \in \mathscr{W}} E_Q(X) = \rho^{\mathscr{W}}(X)$ und aus der Definition eines kohärenten dynamischen Risikomaßes folgt unmittelbar, dass $\rho_0$ ein kohärentes Risikomaß ist. $\qquad\square$

Es wäre mathematisch sehr naheliegend, den Expected Shortfall mittels Proposition 2.9 für eine gegebene Filtration zu einem dynamischen Risikomaß auszudehnen. In der Tat wird dieser Weg in der Literatur beschritten (siehe z. B. [8, Example 25]). Leider ist diese Erweiterung für praktische Anwendungen wenig geeignet, da das erweiterte Risikomaß den Charakter des Expected Shortfall verliert (siehe Beispiel 2.9).

*Beispiel 2.9.* Wir betrachten den Wahrscheinlichkeitsraum

$$(\Omega, \mathbf{P}) = (]0, 1[\times]0, 1[, d\omega),$$

wobei $\Omega$ mit der Borel-Algebra $\mathscr{B}(]0, 1[\times]0, 1[)$ ausgestattet und $\mathbf{P} = d\omega = d\omega_1 \otimes d\omega_2$ das Lebesgue Maß auf dem $\mathbb{R}^2$ sei. Wir wählen die Produktfiltration

$$\mathscr{F}_0 = \{\emptyset, \Omega\}, \quad \mathscr{F}_1 = \{A \times ]0, 1[: A \in \mathscr{B}(]0, 1[)\}, \quad \mathscr{F}_2 = \mathscr{B}(]0, 1[\times]0, 1[)$$

Für $\alpha \in ]0, 1[$ sei

$$\mathscr{W}_\alpha = \left\{ \mathbf{Q}: \mathbf{Q} \text{ ist ein Wahrscheinlichkeitsmaß mit } \mathbf{Q} \ll \mathbf{P} \text{ und } \frac{d\mathbf{Q}}{d\mathbf{P}} \leq \frac{1}{1-\alpha} \right\}.$$

Dann gilt nach Propostion 2.3 $\rho_0^{\mathscr{W}_\alpha} = ES_\alpha$ und $\rho_t^{\mathscr{W}_\alpha}$ ist das durch Proposition 2.9 aus dem Expected Shortfall gewonnene kohärente dynamische Risikomaß.

Für $\mu \in ]0, 1[$ seien

$$A_\mu = \left\{ \omega: 0 < \omega_1 < \frac{1}{4},\ 0 < \omega_2 < 2(1-\mu)(1-\alpha) \right\},$$

$$B_\mu = \left\{ \omega: \frac{3}{4} \leq \omega_1 < 1,\ 0 < \omega_2 < 2(1-\mu)(1-\alpha) \right\},$$

$$C_\mu = \{\omega: 1 - \mu + \mu\alpha \leq \omega_2 < 1\}$$

(siehe Abb. 2.9). Nach Konstruktion gilt $A_\mu \cap B_\mu = B_\mu \cap C_\mu = C_\mu \cap A_\mu = \emptyset$ sowie

$$\mathbf{P}(A_\mu) = \mathbf{P}(B_\mu) = \frac{1}{2}(1-\mu)(1-\alpha), \quad \mathbf{P}(C_\mu) = \mu(1-\alpha),$$

so dass $\mathbf{P}\left(A_\mu \cup B_\mu \cup C_\mu\right) = 1 - \alpha$ gilt. Damit ist das durch die Dichte

$$\frac{\mathrm{d}\mathbf{Q}_\mu}{\mathrm{d}\mathbf{P}} = \frac{1_{A_\mu} + 1_{B_\mu} + 1_{C_\mu}}{1 - \alpha}$$

definierte Maß $\mathbf{Q}_\mu$ ein Wahrscheinlichkeitsmaß und erfüllt die Ungleichung

$$\frac{\mathrm{d}\mathbf{Q}_\mu}{\mathrm{d}\mathbf{P}} \leq \frac{1}{1 - \alpha}.$$

Es gilt $\mathbf{Q}_\mu \in \mathscr{W}_\alpha$ und daher für alle beschränkten Zufallsvariablen $X$ die Ungleichung

$$\mathrm{E}_{\mathbf{Q}_\mu}(X \mid \mathscr{F}_t) \leq \rho_t^{\mathscr{W}_\alpha}(X).$$

Wir betrachten nun eine Zufallsvariable

$$X \colon \Omega \to \mathbb{R}, \; (\omega_1, \omega_2) \mapsto \xi(\omega_2),$$

wobei $\xi$ nur von $\omega_2$ abhängt und monoton wachsend ist. Für $\omega_1 \in \left]\frac{1}{4}, \frac{3}{4}\right[$ gilt dann wegen Proposition 2.7

$$\begin{aligned}
\mathrm{E}_{\mathbf{Q}_\mu}(X \mid \mathscr{F}_1)_{|\omega_1} &= \frac{\int_0^1 \xi(\omega_2) \frac{\mathrm{d}\mathbf{Q}_\mu}{\mathrm{d}\mathbf{P}}(\omega_1, \omega_2)\, \mathrm{d}\omega_2}{\int_0^1 \frac{\mathrm{d}\mathbf{Q}_\mu}{\mathrm{d}\mathbf{P}}(\omega_1, \omega_2)\, \mathrm{d}\omega_2} \\
&= \frac{\frac{1}{1-\alpha} \int_{1-\mu(1-\alpha)}^1 \xi(\omega_2)\, \mathrm{d}\omega_2}{\frac{1}{1-\alpha} \int_{1-\mu(1-\alpha)}^1 \mathrm{d}\omega_2} \\
&= \frac{1}{\mu(1-\alpha)} \int_0^{\mu(1-\alpha)} \xi(1 - x)\, \mathrm{d}x
\end{aligned}$$

und somit

$$\lim_{\mu \to 0} \mathrm{E}_{\mathbf{Q}_\mu}(X \mid \mathscr{F}_1)_{|\omega_1} = \lim_{x \to 0} \xi(1 - x) = \sup_{\omega_2 \in ]0,1[} \xi(\omega_2) = \sup_{\omega \in \Omega} X(\omega).$$

Es sei nun $\omega_1 \in \left]0, \frac{1}{4}\right[ \cup \left]\frac{3}{4}, 1\right[$ und

$$\tilde{A}_\mu = \frac{1}{4} + A_\mu, \; \tilde{B}_\mu = -\frac{1}{4} + B_\mu.$$

Wir können die gleiche Analyse mit dem durch

$$\frac{\mathrm{d}\tilde{\mathbf{Q}}_\mu}{\mathrm{d}\mathbf{P}} = \frac{1_{\tilde{A}_\mu} + 1_{\tilde{B}_\mu} + 1_{C_\mu}}{1 - \alpha}$$

**Abb. 2.9** Die Konstruktion
des Maßes $\mathbf{Q}_\mu$ in Beispiel 2.9

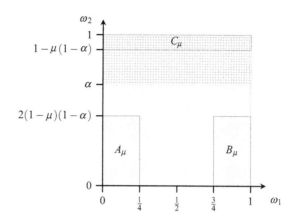

gegebenen Risikomaß $\tilde{\mathbf{Q}}_\mu$ wiederholen und erhalten

$$\lim_{\mu \to 0} \mathrm{E}_{\tilde{\mathbf{Q}}_\mu}(X \mid \mathscr{F}_1)_{|\omega_1} = \sup_{\omega \in \Omega} X(\omega)$$

für alle $\omega_1 \in ]0, \frac{1}{4}[ \cup ]\frac{3}{4}, 1[$. Wegen $\rho_1^{\mathscr{W}_\alpha}(X) \leq \sup_{\omega \in \Omega} X(\omega)$ folgt also $\rho_1^{\mathscr{W}_\alpha}(X) = \sup_{\omega \in \Omega} X(\omega)$ fast sicher. Damit hat das dynamische Risikomaß zum Zeitpunkt 1 den Charakter des Expected Shortfalls vollständig verloren. Dieses Risikomaß ist natürlich für das Risikomanagement zur Zeit $t = 1$ vollkommen ungeeignet. Ist $\xi$ nicht fast sicher konstant, so folgt außerdem die Existenz eines $c > 0$, so dass

$$\rho_0^{\mathscr{W}_\alpha}(X) + c < \rho_1^{\mathscr{W}_\alpha}(X) \text{ f.s.}$$

gilt. Das Risikomaß $\rho_t^{\mathscr{W}_\alpha}$ ist nicht schwach zeitkonsistent und somit auch nicht zeitkonsistent.

Man beachte, dass dieses Beispiel zwar einfach, aber völlig unpathologisch ist: Der springende Punkt unseres Beispiels liegt darin, dass wir für jedes $\omega \in \Omega$ ein Wahrscheinlichkeitsmaß $\mathbf{Q} \in \mathscr{W}_\alpha$ finden können, das auf $F_t(\omega)$ nur in einer kleinen Umgebung des Supremums von $X$ nicht verschwindet. Da $F_t(\omega)$ bezüglich $\mathbf{P}$ eine Nullmenge ist, haben wir auf $\Omega \setminus F_t(\omega)$ genügend Platz, um das Maß $\mathbf{Q}$ so fortzusetzen, dass $\mathbf{Q} \in \mathscr{W}_\alpha$ gilt. Es folgt $\rho_t^{\mathscr{W}_\alpha}(X) = \sup_{\hat{\omega} \in F_t(\omega)}\{X(\hat{\omega})\}$. Diese Konstruktion lässt sich für nahezu jedes praktische Beispiel durchführen.

In der Literatur wird häufig der Schluss gezogen, dass man bei Verwendung des Expected Shortfalls in einem dynamischen Kontext sehr vorsichtig sein muss bzw. dass der Expected Shortfall in einem dynamischen Kontext nicht geeignet ist (siehe zum Beispiel [2, Section 5.3], [8, Example 25]). Die Autoren beschränken sich auf eine Unterklasse dynamischer Risikomaße, die zusätzliche axiomatisch eingeführte Bedingungen zur zeitlichen Konsistenz erfüllen. Ein typisches Beispiel einer solchen Bedingung ist die folgende Bedingung (siehe [7,8]).

**Definition 2.23.** Ein dynamisches Risikomaß $\rho_t$ heißt *vergleichskonsistent,* falls für alle Zufallsvariablen $X, Y \in \mathcal{M}(\Omega, \mathbb{R})$

$$\rho_{t+1}(X) \geq \rho_{t+1}(Y) \text{ f.s.} \ \Rightarrow \ \rho_t(X) \geq \rho_t(Y) \text{ f.s.}$$

gilt.

*Anmerkung 2.15.* In [7,8] wird von „zeitkonsistent" anstelle von „vergleichskonsistent" gesprochen. Wir sind jedoch der Ansicht, dass die Konsistenzbedingung in Definition 2.23 nicht plausibel ist. Da das Risikomaß zu Beginn der Periode $t$ keine vollständige Beschreibung der zukünftigen Cashflows darstellt, ist es möglich dass aufgrund neuer Information zu Beginn der Periode $t + 1$ das Risiko einer Zufallsgröße $X$ größer als das mit $Y$ verbundene Risiko sein kann, selbst wenn die Relation in der vorigen Periode umgekehrt war. Beispiel 2.10 zeigt, wie dieser Informationsgewinn zu einer Verletzung der Vergleichskonsistenz führen kann.

Daher möchten wir den Begriff „zeitkonsistent" für die in Definition 2.20 gegebene Variante reservieren.

Der Expected Shortfall hat Eigenschaften, die sich im Risikomanagement im einperiodischen Fall bewährt haben. Dass der mit Hilfe von Proposition 2.9 ausgedehnte Expected Shortfall seinen Charakter grundlegend ändert, wenn man die Periode in mehrere Teilperioden aufteilt, ist nicht dem Expected Shortfall, sondern der speziellen Konstruktion zur Erweiterung anzulasten. In der Tat ist die in Definition 2.18 gegebene Verallgemeinerung des Expected Shortfall zeitkonsistent und behält ihren Charakter mit fortschreitender Zeit.

Bei einem dynamischen Risikomaß der Form $\rho_t^{\mathcal{W}}(X) = \text{ess sup}_{Q \in \mathcal{W}} E_{\mathbf{Q}}(X \mid \mathcal{F}_t)$ hängt die definierende Menge $\mathcal{W}$ nicht von der Zeit $t$ ab. Es ist daher schwierig, über diese Konstruktion den mit fortschreitender Zeit entstehenden Informationsgewinn über die Risikolage zu beschreiben. Dies scheint das Hauptproblem dieser Konstruktion zu sein und ist unabhängig von der Wahl des speziellen Risikomaßes „Expected Shortfall".

Das folgende Beispiel zeigt, dass der dynamische Expected Shortfall zwar zeitkonsistent, aber nicht vergleichskonsistent ist.

*Beispiel 2.10.* Abb. 2.10 zeigt ein Beispiel, in dem die Vergleichskonsistenz für den dynamischen Expected Shortfall $ES_{80\%,t}$ verletzt ist. Man beachte, dass dieses diskrete Beispiel über eine auf einer Borelalgebra basierenden filtrierten Produktökonomie konstruiert werden kann (siehe Abb. 2.11). Mit Lemma 2.5 erhalten wir zum Zeitpunkt $t = 1$ die folgenden Werte:

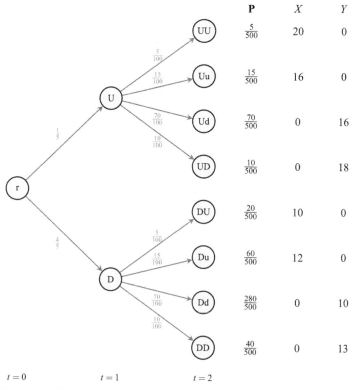

**Abb. 2.10**   Verletzung der Vergleichskonsistenz durch den Expected Shortfall

$$\mathrm{ES}_{80\%,1}(X)_{|(U)} = \frac{20 \times 5 + 16 \times 15}{20} = \frac{340}{20} = 17,$$

$$\mathrm{ES}_{80\%,1}(X)_{|(D)} = \frac{12 \times 15 + 10 \times 5}{20} = \frac{230}{20} = 11.5,$$

$$\mathrm{ES}_{80\%,1}(Y)_{|(U)} = \frac{18 \times 10 + 16 \times 10}{20} = \frac{340}{20} = 17,$$

$$\mathrm{ES}_{80\%,1}(Y)_{|(D)} = \frac{13 \times 10 + 10 \times 10}{20} = \frac{230}{20} = 11.5,$$

so dass die Werte des Risikomaßes zum Zeitpunkt 1 für $X$ und $Y$ übereinstimmen. Die Vergleichskonsistenz würde daher implizieren, dass dann auch

$$\mathrm{ES}_{80\%,0}(X)_{|(r)} = \mathrm{ES}_{80\%,0}(Y)_{|(r)}$$

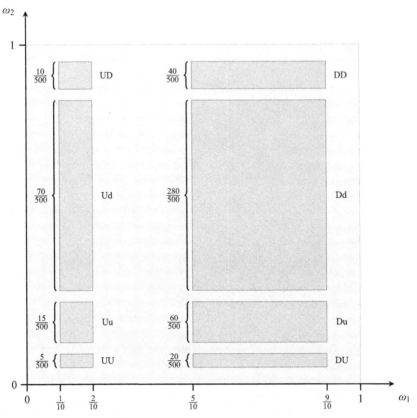

**Abb. 2.11** Konstruktion des diskreten Beispiels 2.10 über eine Produktfiltration mit $\Omega = ]0,1[\times]0,1[$ und $\mathbf{P} = \frac{5}{2} \times 1_{\text{UUUUuUUdUUDUDUUDdUDD}}$. Die Filtration ist durch $\mathscr{F}_0 = \{\emptyset, \Omega\}$, $\mathscr{F}_1 = \{A\times]0,1[: A \subseteq [0,1[$ ist Borel-messbar$\}$ und $\mathscr{F}_2 = \mathscr{B}(]0,1[\times]0,1[)$ gegeben

gilt. Die direkte Berechnung liefert jedoch für den Zeitpunkt $t = 0$

$$\mathrm{ES}_{80\%,0}(X)_{|(r)} = \frac{20 \times 5 + 16 \times 15 + 12 \times 60 + 10 \times 20}{100} = \frac{1260}{100} = 12.6$$

$$\mathrm{ES}_{80\%,0}(Y)_{|(r)} = \frac{18 \times 10 + 16 \times 70 + 13 \times 20}{100} = \frac{1560}{100} = 15.6$$

Indem wir $\tilde{Y} = Y - c$ für $c \in ]0,3[$ setzen, erhalten wir die scheinbar stärkere Aussage

$$\mathrm{ES}_{80\%,0}(\tilde{Y}) > \mathrm{ES}_{80\%,0}(X), \text{ aber } \mathrm{ES}_{80\%,1}(\tilde{Y}) < \mathrm{ES}_{80\%,1}(X) \text{ f.s.}$$

Wir interpretieren dieses Ergebnis dahingehend, dass das Portfolio $\tilde{Y}$ gegenüber dem Portfolio $X$ zur Zeit $t = 1$ an Kapitaleffizienz gewinnt. Die Vergleichskonsistenz ist einfach deshalb verletzt, weil wir bei der Ermittlung von $\mathrm{ES}_{80\%,0}$ beide Zweige, U und

D, zu den 20 % höchsten Verlusten beitragen, während zum Zeitpunkt 1 die Wahl der 20 % höchsten Verluste auf jeweils einen der Zweige U bzw. D eingeschränkt ist. Der relevante Informationsgewinn im Knoten U besteht somit darin, dass die verlustbringenden Ereignisse in D nicht mehr eintreten können. Analog erhält man im Knoten D die Information, dass die verlustbringenden Ereignisse in U nicht mehr eintreffen können. Eine Konsistenzverletzung im umgangssprachlichen Sinn sehen wir darin nicht.

## Literatur

1. Artzner P, Delbaen F, Eber J-M, Heath D (1999) Coherent measures of risk. Math Financ 9(3):203–228
2. Artzner P, Delbaen F, Eber J-M, Heath D, Ku H (2007) Coherent multiperiod risk adjusted values and Bellman's principle. Ann Oper Res 152(1):5–22
3. Bauer H (1992) Maß- und Integrationstheorie. De Gruyter Lehrbuch. W. de Gruyter
4. Delbaen F (2002) Coherent risk measures on general probability spaces. In: Advances in finance and stochastics, essays in honour of Dieter Sondermann. Springer, New York, S 1–37
5. Jacod J, Protter PE (2003) Probability essentials. Universitext, 2 Aufl. Springer, Berlin
6. McNeil A, Frey R, Embrechts P (2005) Quantitative risk management. Concepts, techniques, tools. Princeton series in finance. Princeton University Press, Princeton
7. Riedel F (2004) Dynamic coherent risk measures. Stoch Process Appl 112:185–200
8. Riedel F (2007) Dynamic risk measures. Lecture notes of a mini–course at Paris IX, Dauphine, Dec 2007
9. van Zwet WR (1980) A strong law for linear functions of order statistics. Ann Probab 8(5):986–990

# 3    Abhängigkeiten

## 3.1    Diversifikation

Es heißt, „ein Unglück kommt selten allein". Glücklicherweise stimmt dies nicht ganz, denn der Umstand, dass „Unglücke" nicht immer gehäuft auftreten, macht das Geschäftsmodell „Versicherung" erst möglich. Andernfalls müsste ein Versicherungsunternehmen, das ein Kollektiv versichert, das volle Risikokapital für jedes Einzelrisiko vorhalten, was natürlich nicht „bezahlbar" wäre. In diesem Zusammenhang wird der Effekt „Ausgleich im Kollektiv" genannt. Wir betrachten diesen *Diversifikationseffekt* etwas allgemeiner für eine beliebige (also insbesondere auch kleine) Anzahl von Risiken, die Verlustverteilungen unterschiedlicher Natur aufweisen können.

**Definition 3.1.** Es sei $\rho\colon \mathscr{M}(\Omega, \mathbb{R}) \to \mathbb{R}$, $X \mapsto \rho(X)$ ein Risikomaß. Wir betrachten ein Gesamtsystem mit mehreren Teilrisiken, die durch Verlustvariablen $X_i \in \mathscr{M}(\Omega, \mathbb{R})$ ($i \in \{1, \ldots, m\}$) beschrieben werden. Dann ist der *Diversifikationseffekt des Gesamtsystems* $\{X_1, \ldots, X_m\}$ *bezüglich* $\rho$ durch

$$\sum_{i=1}^{m} \rho(X_i) - \rho\left(\sum_{i=1}^{m} X_i\right)$$

gegeben. Wir sagen, dass es einen Diversifikationseffekt gibt, wenn diese Zahl echt positiv ist.

**Proposition 3.1.** *Für kohärente Risikomaße ist der Diversifikationseffekt nie negativ.*

*Beweis.* Dies folgt direkt aus der Subadditivität $\rho\left(\sum_{i=1}^{m} X_i\right) \le \sum_{i=1}^{m} \rho(X_i)$. □

© Springer-Verlag Berlin Heidelberg 2016
M. Kriele und J. Wolf, *Wertorientiertes Risikomanagement von Versicherungsunternehmen*, Springer-Lehrbuch Masterclass,
DOI 10.1007/978-3-662-50257-0_3

*Anmerkung 3.1.* Im allgemeinen hängt es sowohl vom System der Zufallsvariablen als auch vom Risikomaß ab, ob der Diversifikationseffekt positiv ist. Beim Value at Risk kann es zum Beispiel einen negativen Diversifikationseffekt geben, weshalb dieses Risikomaß häufig in der Kritik steht (siehe z. B. Beispiel 2.2 und [1]).

Ist das Risikomaß $\rho$ vorgegeben, so hängt der Diversifikationseffekt von der Abhängigkeitsstruktur der Teilrisiken $X_i$ ab.

*Beispiel 3.1.* Man kann sich zum Beispiel ein Versicherungsunternehmen vorstellen, das zwei Sparten hat, Hagelversicherung mit dem Risiko „Hagel" und Kaskoversicherung mit dem Risiko „Autoschaden". $X_1$ sei nun der Jahresschaden aus Hagelversicherung und $X_2$ der Jahresschaden aus Kaskoversicherung. Dabei hängen sowohl $X_1$ als auch $X_2$ a priori von beiden Risiken ab. Sicherlich wird es aber nicht immer, wenn es hagelt, bei jedem Versicherungsnehmer zu einem Autoschaden kommen, und umgekehrt ist klar, dass Autounfälle keine Hagelschauer verursachen können. Wenn wir den Gesamtschaden aus Versicherungsverträgen für das Unternehmen mit $X = X_1 + X_2$ bezeichnen, so stellt sich die Frage, wie dieser Schaden zu berechnen ist, also welche Verteilung $X$ hat.

Da Autoschäden auch von großen Hagelkörnern herrühren können und in einem Hagelschauer die Straßenverhältnisse besonders schlecht sind, so dass mit mehr Unfällen gerechnet werden muss, sind $X_1$ und $X_2$ nicht unabhängig. Um die Verteilung von $X$ korrekt zu schätzen, müsste man also beide Risiken gleichzeitig betrachten. Dies würde erhebliche Datenanforderungen stellen.

Es wäre viel praktischer, wenn man beide Risiken zunächst für sich alleine schätzen könnte und sich in einem zweiten Schritt Gedanken über ihre Abhängigkeit machen dürfte. Dies ist in der Tat möglich: $F_X, F_{X_1}, F_{X_2}$ seien die Verteilungsfunktionen von $X, X_1, X_2$. Dann existiert eine Funktion $C: [0, 1] \times [0, 1] \to [0, 1]$, so dass

$$F_X(x_1, x_2) = C(F_{X_1}(x_1), F_{X_2}(x_2))$$

gilt. Man kann also zunächst getrennt die Verteilungsfunktion für Hagel sowie Autoschäden suchen und dann in einem zweiten Schritt versuchen, die Funktion $C$ zu finden. Hat man dies geschafft, kennt man auch die Gesamtverteilung.

Die Abhängigkeit von Hagel- und Autoschäden bestimmt bei diesem Verfahren die Form von $C$. Die Funktion $C$ heißt *Copula* (für eine formale Beschreibung siehe Definition 3.3). Wir werden in den Abschn. 3.2.1.1 und 3.2.3 sehen, dass das Arbeiten mit Copulas nicht schwieriger ist als das Arbeiten mit normalen Verteilungsfunktionen, die jeder Schadenaktuar gut kennt.

Trotzdem ist die Nutzung von Copulas in den Unternehmen noch nicht sehr weit verbreitet, sondern andere Abhängigkeitsstrukturen (Stichwort „Korrelationsmatrix") werden häufig genutzt. Wir werden in Abschn. 3.3 auf Korrelationen eingehen. Hier sei schon gesagt, dass sie für interne Modelle nicht wirklich besser handhabbar sind und außerdem sehr viel weniger Information liefern als (einfache) Copulas. Dies wird klar werden, wenn man zunächst das Copula Konzept studiert und sich im Anschluss überlegt, was Korrelationen wirklich bedeuten.

## 3.2 Copulas

In diesem Abschnitt folgen wir der Darstellung in [2]. Dadurch, dass die in Abschn. 3.1 eingeführte Funktion $C(F_{X_1}(x_1), F_{X_2}(x_2))$ eine zweidimensionale Verteilungsfunktion darstellt, muss $C$ selbst einige Eigenschaften erfüllen. Ist ein Ereignis für den $i$-ten Risikofaktor „nicht möglich", so ist es auch nicht für das Gesamtrisiko. Daraus folgt die Eigenschaft

$$C(u_1, 0) = C(0, u_2) = 0 \text{ für alle } u_1, u_2.$$

Für die Verteilungsfunktion $(x_1, x_2) \mapsto F_X(x_1, x_2)$ gilt $F_{X_1}(x_1) = \lim_{y \to \infty} F_X(x_1, y)$ und $F_{X_2}(x_2) = \lim_{y \to \infty} F_X(y, x_2)$. Dies wird in der Eigenschaft

$$C(1, u_2) = u_2, \ C(u_1, 1) = u_1 \text{ für alle } u_1, u_2$$

ausgedrückt. Für eine allgemeine bivariate Verteilungsfunktion $F_X$ gilt

$$0 \leq \mathbf{P}(x_{11} < X_1 \leq x_{12}, x_{21} < X_2 \leq x_{22})$$
$$= F(x_{12}, x_{22}) - F(x_{11}, x_{22}) - F(x_{12}, x_{21}) + F(x_{11}, x_{21}),$$

was mit $u_{ij} = F_{X_i}(x_{ij})$ die Ungleichung

$$C(u_{12}, u_{22}) - C(u_{11}, u_{22}) - C(u_{12}, u_{21}) + C(u_{11}, u_{21}) \geq 0$$

impliziert.

Um diese notwendigen Bedingungen für $C$ auf $m$ Dimensionen zu verallgemeinern, benötigen wir ein wenig zusätzliche Terminologie. Wir bezeichnen mit $\bar{\mathbb{R}} = \{-\infty\} \cup \mathbb{R} \cup \{\infty\}$ die 2-Punkt-Kompaktifizierung von $\mathbb{R}$ mit der kanonisch induzierten Ordnung ($-\infty \leq a, a \leq \infty$ für alle $a \in \bar{\mathbb{R}}$) und schreiben

$$\bar{\mathbb{R}}^m = \overbrace{\bar{\mathbb{R}} \times \cdots \times \bar{\mathbb{R}}}^{m \text{ Faktoren}}.$$

Für $a, b \in \bar{\mathbb{R}}^m$ mit $a_i \leq b_i$ für alle $i$ sei $[a, b] = [a_1, b_1] \times \cdots \times [a_m, b_m]$.

**Definition 3.2.** Es seien $S_1, \ldots, S_m$ Teilmengen von $\bar{\mathbb{R}}$, $a_i = \inf S_i$ und $b_i = \sup S_i$. Eine *Präverteilungsfunktion*[1] ist eine Abbildung

$$F: S_1 \times \cdots \times S_m \to [0, 1], \quad x \mapsto F(x_1, \ldots, x_m)$$

mit

(i) $F(x_1, \ldots, x_{i-1}, a_i, x_{i+1}, \ldots, x_m) = 0 \quad \forall x \in S_1 \times \cdots \times S_m, \; \forall i \in \{1, \ldots, m\}$,

(ii) $V_F(]x_1, x_2]) := \sum_{i_1=1}^{2} \cdots \sum_{i_m=1}^{2} (-1)^{i_1 + \cdots + i_m} F((x_{i_1})_1, \ldots, (x_{i_m})_m) \geq 0$ für alle Intervalle $[x_1, x_2] \subset S_1 \times \cdots \times S_m$.

Gilt $b_k \in S_k$ für alle $k$, so ist die $i$-te *Marginalverteilung* durch die Abbildung

$$F_{(i)}: S_i \to [0, 1], \quad x \mapsto F(b_1, \ldots, b_{i-1}, x, b_i, \ldots, b_m)$$

gegeben.

Offenbar ist jede Verteilungsfunktion $F_X$ eine Präverteilungsfunktion, wobei

$$\mathbf{P}((x_1)_1 < X_1 \leq (x_2)_1, \ldots, (x_1)_m < X_m \leq (x_2)_m) = V_{F_X}(]x_1, x_2])$$

gilt. Gelten umgekehrt $S_i = \bar{\mathbb{R}}$ für alle $i$ und $F(\infty, \ldots, \infty) = 1$, so ist über

$$\mathbf{P}(x \in ]x_1, x_2]) = V_F(]x_1, x_2])$$

eine Verteilungsfunktion definiert.

Ist $F$ eine Verteilung mit Marginalverteilungen $F_{(i)}$, und ist $C: [0, 1]^m \to [0, 1]$ eine Abbildung mit

$$F(x_1, \ldots, x_m) = C\left(F_{(1)}(X_1), \ldots, F_{(m)}(X_m)\right),$$

so ist $C$ offenbar eine Copula im Sinne der folgenden Definition:

**Definition 3.3.** Eine Präverteilungsfunktion $C: [0, 1]^m \to [0, 1]$ mit Marginalverteilungen

$$u_i \mapsto C_{(i)}(u_i) = u_i$$

für alle $i \in \{1, \ldots, m\}$ heißt *Copula*.

---

[1] Diese Terminologie ist keine Standardterminologie, aber in unserem Zusammenhang praktisch.

**Proposition 3.2.** *Es sei* $C: [0, 1]^m \rightarrow [0, 1]$ *eine Copula und* $F_1, \ldots, F_m: \bar{\mathbb{R}} \rightarrow [0, 1]$ *1-dimensionale Verteilungsfunktionen. Dann ist*

$$x \mapsto F((x_1, \ldots, x_m) := C(F_1(x_1), \ldots, F_m(x_m))$$

*eine m-dimensionale Verteilungsfunktion mit Marginalverteilungen* $F_1, \ldots, F_m$.

*Beweis.* Die Eigenschaft $C_{(i)}(u_i) = u_i$ impliziert

$$F(\infty, \ldots, \infty, x_i, \infty, \ldots, \infty) = C(1, \ldots, 1, F_i(x_i), 1, \ldots, 1) = F_i(x_i)$$

und somit insbesondere $F(\infty, \ldots, \infty) = C(1, \ldots, 1) = 1$.

Für $i \in \{1, \ldots, m\}$ gilt

$$\begin{aligned} F(x_1, \ldots, x_{i-1}, -\infty, x_{i+1}, \ldots, x_m) = C\big(F_1(x_1), \ldots, F_{i-1}(x_{i-1}), \\ 0, F(x_{i+1}), \ldots, F_m(x_m)\big) \\ = 0. \end{aligned}$$

Der Beweis ist durch die Verifikation von

$$\begin{aligned} V_F(]x_1, x_2]) &= \sum_{i_1=1}^{2} \cdots \sum_{i_m=1}^{2} (-1)^{i_1 + \cdots + i_m} F\big((x_{i_1})_1, \ldots, (x_{i_m})_m\big) \\ &= \sum_{i_1=1}^{2} \cdots \sum_{i_m=1}^{2} (-1)^{i_1 + \cdots + i_m} C\big(F_1((x_{i_1})_1), \ldots, F_m((x_{i_m})_m)\big) \\ &= V_C\left(\left] \begin{pmatrix} F_1((x_1)_1) \\ \vdots \\ F_m((x_1)_m) \end{pmatrix}, \begin{pmatrix} F_1((x_2)_1) \\ \vdots \\ F_m((x_2)_m) \end{pmatrix} \right]\right) \geq 0 \end{aligned}$$

beendet. □

Man kann eine Copula alternativ als multivariate Verteilungsfunktion auffassen, deren Randverteilungen gerade jeweils die uniforme Verteilung auf $[0, 1]$ ist.

**Lemma 3.1.** *Es sei* $F: S_1 \times \cdots \times S_m \rightarrow [0, 1]$ *eine Präverteilungsfunktion und*

$$x_1, x_2 \in S_1 \times \cdots \times S_m.$$

*Dann gilt*

$$|F(x_2) - F(x_1)| \leq \sum_{i=1}^{m} \left| F_{(i)}\left((x_2)_i\right) - F_{(i)}\left((x_1)_i\right) \right|.$$

*Beweis.*  Aus der Dreiecksungleichung erhalten wir

$$
\begin{aligned}
\left| F(x_2) - F(x_1) \right| &= \left| F\left((x_2)_1, \ldots, (x_2)_m\right) - F\left((x_1)_1, \ldots, (x_1)_m\right) \right| \\
&\leq \left| F\left((x_2)_1, \ldots, (x_2)_m\right) - F\left((x_1)_1, (x_2)_2, \ldots, (x_2)_m\right) \right| \\
&\quad + \left| F\left((x_1)_1, (x_2)_2, \ldots, (x_2)_m\right) \right. \\
&\qquad\quad \left. - F\left((x_1)_1, (x_1)_2, (x_2)_3, \ldots, (x_2)_m\right) \right| \\
&\quad + \ldots \\
&\quad + \left| F\left((x_1)_1, \ldots, (x_1)_{m-1}, (x_2)_m\right) - F\left((x_1)_1, \ldots, (x_1)_m\right) \right|.
\end{aligned}
$$

Wir müssen also zeigen, dass für jedes $i$ die Abbildung

$$
\begin{aligned}
(t_1, \ldots, t_{i-1}, t_{i+1}, \ldots, t_m) \mapsto \big| & F(t_1, \ldots, t_{i-1}, s_2, t_{i+1}, \ldots, t_m) \\
& - F(t_1, \ldots, t_{i-1}, s_1, t_{i+1}, \ldots, t_m) \big| \\
& =: g_{s_1, s_2}(t_1, \ldots, t_{i-1}, t_{i+1}, \ldots, t_m)
\end{aligned}
$$

in Bezug auf jedes $t_j$ ($j \in \{1, \ldots, i-1, i+1, \ldots, m\}$) monoton wachsend ist. Denn dann folgt mit $b_i = \sup S_i$

$$
\begin{aligned}
\big| F\big((x_1)_1&, \ldots, (x_1)_{i-1}, (x_2)_i, (x_2)_{i+1}, \ldots, (x_2)_m\big) \\
&- F\big((x_1)_1, \ldots, (x_1)_{i-1}, (x_1)_i, (x_2)_{i+1}, \ldots, (x_2)_m\big) \big| \\
&\leq |F(b_1, \ldots, b_{i-1}, (x_2)_i, b_{i+1}, \ldots, b_m) - F(b_1, \ldots, b_{i-1}, (x_1)_i, b_{i+1}, \ldots, b_m)| \\
&= \left| F_{(i)}\left((x_2)_i\right) - F_{(i)}\left((x_1)_i\right) \right|.
\end{aligned}
$$

Um die Monotonie zu zeigen, können wir o.B.d.A. annehmen, dass $s_2 > s_1$ gilt. In diesem Fall ist die Differenz positiv, und wir können auf den Absolutbetrag verzichten. Es sei ferner $r_2 > r_1$, $r_1, r_2 \in S_j$, $j \in \{1, \ldots, i-1, i+1, \ldots, m\}$. Wir wenden nun Eigenschaft (ii) von Definition 3.2 auf die Menge

$$
\left] \sum_{k \in \{1, \ldots, m\} \setminus \{i, j\}} t_k \mathbf{e}_k + r_1 \mathbf{e}_j + s_1 \mathbf{e_i}, \quad \sum_{k \in \{1, \ldots, m\} \setminus \{i, j\}} t_k \mathbf{e}_k + r_2 \mathbf{e}_j + s_2 \mathbf{e_i} \right],
$$

an, wobei $\mathbf{e}_k$ den $k$-ten Einheitsvektor in $\mathbb{R}^m$ bezeichnet. Dies liefert

$$
\begin{aligned}
0 \leq \; & F\left(\sum_{k\in\{1,\ldots,m\}\setminus\{i,j\}} t_k\mathbf{e}_k + r_2\mathbf{e}_j + s_2\mathbf{e_i}\right) \\
& - F\left(\sum_{k\in\{1,\ldots,m\}\setminus\{i,j\}} t_k\mathbf{e}_k + r_1\mathbf{e}_j + s_2\mathbf{e_i}\right) \\
& - F\left(\sum_{k\in\{1,\ldots,m\}\setminus\{i,j\}} t_k\mathbf{e}_k + r_2\mathbf{e}_j + s_1\mathbf{e_i}\right) \\
& + F\left(\sum_{k\in\{1,\ldots,m\}\setminus\{i,j\}} t_k\mathbf{e}_k + r_1\mathbf{e}_j + s_1\mathbf{e_i}\right) \\
= \; & g_{s_1,s_2}\left(t_1,\ldots,t_{j-1},r_2,t_{j+1},\ldots,t_{i-1},t_{i+1},\ldots,t_m\right) \\
& - g_{s_1,s_2}\left(t_1,\ldots,t_{j-1},r_1,t_{j+1},\ldots,t_{i-1},t_{i+1},\ldots,t_m\right),
\end{aligned}
$$

da die anderen Terme in der Summe paarweise wegfallen. □

**Korollar 3.1.** *Copulas sind Lipschitz-stetig:* $|C(u_2) - C(u_1)| \leq \sum_{i=1}^{m} |(u_2)_i - (u_1)_i|$ *für alle* $u_1, u_2 \in [0,1]^m$.

Die Praktikabilität von Copulas erweist sich in dem folgenden Theorem, das in der Einführung bereits für 2 Risikofaktoren angedeutet wurde:

**Theorem 3.1 (Sklar).** *Es sei $F_X$ eine multivariate Verteilungsfunktionen mit Marginalverteilungen $F_{X_1}, \ldots, F_{X_m}$. Dann gibt es eine Copula $C$ mit*

$$
F_X(x_1, \ldots, x_m) = C\left(F_{X_1}(x_1), \ldots, F_{X_m}(x_m)\right)
$$

*Die Copula $C$ ist eindeutig, wenn die Marginalverteilungen $F_{X_1}, \ldots, F_{X_m}$ stetig sind.*

*Beweis.* Wir werden das Theorem im Spezialfall zeigen, dass alle Marginalverteilungen stetig sind. Für die (vergleichsweise aufwendige) Verallgemeinerung auf beliebige Marginalverteilungen werden wir uns darauf beschränken, die Beweisidee zu skizzieren.

Es seien $F_{X_1}, \ldots, F_{X_m}$ beliebige Marginalverteilungen und $x_1, x_2 \in \bar{\mathbb{R}}^m$. Gilt

$$
F_{X_i}((x_1)_i) = F_{X_i}((x_2)_i)
$$

für alle $i \in \{1, \ldots, m\}$, so folgt aus Lemma 3.1 $F_X(x_1) = F_X(x_2)$. Damit haben wir eine eindeutige Abbildung

$$\tilde{C} \colon F_{X_1}(\bar{\mathbb{R}}) \times \cdots \times F_{X_m}(\bar{\mathbb{R}}) \to [0, 1]$$

$$(u_1, \ldots, u_m) \mapsto \tilde{C}(u_1, \ldots, u_m)$$

definiert, die $F_X(x) = \tilde{C}(F_X(x_1), \ldots, F_X(x_m))$ für alle $x \in \bar{\mathbb{R}}^m$ erfüllt.

Wir zeigen nun, dass $\tilde{C}$ eine Präverteilungsfunktion ist, die $\tilde{C}_{(i)}(u_i) = u_i$ für alle $u_i \in F_{X_i}(\bar{\mathbb{R}})$ erfüllt.

(i) $\tilde{C}(u_1, \ldots, u_{i-1}, 0, u_i, \ldots, u_m) = 0$: Da $F_{X_i}$ eine Verteilungsfunktion ist, gilt

$$\lim_{x_i \to -\infty} F_{X_i}(x_i) = 0.$$

Daher folgt $0 = F_{X_i}(-\infty) \in F_{X_i}(\bar{\mathbb{R}})$. Die Behauptung folgt nun aus

$$F_X(x_1, \ldots, x_{i-1}, -\infty, x_{i+1}, \ldots, x_m) = 0.$$

(ii) $\tilde{C}_{(i)}(u_i) = u_i$ für alle $u_i \in F_{X_i}(\bar{\mathbb{R}})$: Da $F_{X_j}$ eine Verteilungsfunktion ist, gilt

$$\lim_{x_j \to \infty} F_{X_j}(x_j) = 1,$$

so dass $1 \in F_{X_j}(\bar{\mathbb{R}})$ gilt und die Marginalverteilungen von $\tilde{C}$ existieren. Es sei $x_i \in \bar{\mathbb{R}}$ so gewählt, dass $F_{X_i}(x_i) = u_i$ gilt. Die Behauptung ergibt sich nun aus

$$u_i = F_{X_i}(x_i) = F_X(\infty, \ldots, \infty, x_i, \infty, \ldots, \infty)$$

$$= \tilde{C}\left(F_{X_1}(\infty), \ldots, F_{X_{i-1}}(\infty), F_{X_i}(x_i), F_{X_{i+1}}(\infty), \ldots, F_{X_m}(\infty)\right)$$

$$= \tilde{C}(1, \ldots, 1, u_i, 1, \ldots, 1) = \tilde{C}_{(i)}(u_i).$$

(iii) $V_{\tilde{C}}(]u_1, u_2]) \geq 0$ für alle $u_1, u_2 \in F_{X_1}(\bar{\mathbb{R}}) \times \cdots \times F_{X_m}(\bar{\mathbb{R}})$ mit $(u_1)_i \leq (u_2)_i$ für alle $i \in \{1, \ldots, m\}$: Da alle $F_{X_i}$ monoton wachsend sind, existieren $x_1, x_2 \in \bar{\mathbb{R}}^m$ mit $F_{X_i}((x_1)_i) = (u_1)_i$, $F_{X_i}((x_2)_i) = (u_2)_i$ und $(x_1)_i \leq (x_2)_i$. Daher gilt

$$0 \leq V_{F_X}(]x_1, x_2]) = \sum_{i_1=1}^{2} \cdots \sum_{i_m=1}^{2} (-1)^{i_1 + \cdots + i_m} F_X\left((x_{i_1})_1, \ldots, (x_{i_m})_m\right)$$

$$= \sum_{i_1=1}^{2} \cdots \sum_{i_m=1}^{2} (-1)^{i_1 + \cdots + i_m} \tilde{C}\left(F_{X_1}((x_{i_1})_1), \ldots, F_{X_m}((x_{i_m})_m)\right)$$

$$= \sum_{i_1=1}^{2} \cdots \sum_{i_m=1}^{2} (-1)^{i_1 + \cdots + i_m} \tilde{C}\left((u_{i_1})_1, \ldots, (u_{i_m})_m\right) = V_{\tilde{C}}(]u_1, u_2]).$$

Wenn die Marginalverteilungen stetig sind, gilt $F_{X_i}\left(\bar{\mathbb{R}}\right) = [0,1]$, so dass $\tilde{C}$ auf ganz $[0,1]^m$ definiert und somit eine Copula ist.

Im allgemeinen Fall ist $F_{X_i}\left(\bar{\mathbb{R}}\right)$ eine echte Teilmenge von $[0,1]$. In diesem Fall muss gezeigt werden, dass $\tilde{C}$ zu einer Copula, die auf ganz $[0,1]^m$ definiert ist, erweitert werden kann. Dies ist in der Tat möglich, jedoch nicht eindeutig. Wir werden dies hier nicht beweisen, aber skizzieren, wie die Präverteilungsfunktion $\tilde{C}$ zu einer Copula $C$ erweitert werden kann. Die einfachste Copula ist die Produktcopula $\hat{C}\left(u_1,\ldots,u_m\right) = u_1 u_2 \cdots u_m$. Dass dies wirklich eine Copula ist, folgt aus dem bereits bewiesenen Teil des Theorems und der Tatsache, dass (insbesondere für stetige) 1-dimensionale Verteilungsfunktionen $F_1,\ldots,F_m$ das Produkt

$$F\left(x_1,\ldots,x_{\cdot}\right) = F_1\left(x_1\right) \cdots F_m\left(x_m\right)$$

eine $m$-dimensionale Verteilungsfunktion ist, die die Marginalverteilungen $F_1,\ldots,F_m$ hat. Diese Konstruktion motiviert, $C$ als multilineare Interpolation von $\tilde{C}$ zu definieren: Zunächst beobachten wir, dass wir der Lipschitzstetigkeit von $\tilde{C}$ wegen (im Beweis von Lemma 3.1 hatten wir die Eigenschaft, dass $C$ auf ganz $[0,1]$ definiert ist, nicht benutzt) $\tilde{C}$ zunächst eindeutig stetig auf den Abschluss $\overline{F_{X_1}\left(\bar{\mathbb{R}}\right)} \times \cdots \times \overline{F_{X_m}\left(\bar{\mathbb{R}}\right)}$ von $F_{X_1}\left(\bar{\mathbb{R}}\right) \times \cdots \times F_{X_m}\left(\bar{\mathbb{R}}\right)$ ausdehnen können. Für $u \in [0,1]^m$ seien $u^{[1]}$ und $u^{[2]}$ durch

$$u_i^{[1]} = \max\left\{v_i \in \overline{F_{X_i}\left(\bar{\mathbb{R}}\right)} : v_i \le u_i\right\}, \quad u_i^{[2]} = \min\left\{v_i \in \overline{F_{X_i}\left(\bar{\mathbb{R}}\right)} : v_i \ge u_i\right\}$$

definiert. Mit

$$\xi_i\left(u_i\right) = \begin{cases} \frac{u_i - u_i^{[1]}}{u_i^{[2]} - u_i^{[1]}} & \text{für } u_i^{[1]} < u_i^{[2]} \\ 1 & \text{für } u_i^{[1]} = u_i^{[2]} \end{cases}$$

sei

$$C\left(u\right) = \sum_{i_1=1}^{2} \cdots \sum_{i_m=1}^{2} \prod_{k=1}^{m} \left(1 - \xi_k\left(u_k\right)\right)^{2-i_k} \prod_{k=1}^{m} \left(\xi_k\left(u_k\right)\right)^{i_k-1} \tilde{C}\left(u_1^{[i_1]},\ldots,u_m^{[i_m]}\right).$$

Es ist nach Definition klar, dass $C$ auf $F_{X_1}\left(\bar{\mathbb{R}}\right) \times \cdots \times F_{X_m}\left(\bar{\mathbb{R}}\right)$ mit $\tilde{C}$ übereinstimmt. Es bliebe zu zeigen, dass auch $C$ eine Copula ist. Dies ist jedoch aufwendig, so dass wir hier darauf verzichten. □

Die Copula eines $m$-dimensionalend Zufallsvektors ist invariant unter Transformationen, die in jedem Argument streng monoton wachsend sind. Das folgende Theorem verallgemeinert diese Aussage dahingehend, dass der transformierte Zufallsvektor nur davon abhängt, welche Komponenten streng monoton wachsend und welche Komponenten streng monoton fallend transformiert werden.

**Theorem 3.2.** *Es sei X ein m-dimensionaler Zufallsvektor mit stetigen Marginalvertei-lungen $F_{X_i}$ und Copula C. $T_i: \mathbb{R} \to \mathbb{R}$, $i \in \{1, \ldots m\}$, seien jeweils stetige, monotone Funktionen.*

*Mit*

$$I_i = \begin{cases} \{1\} & \text{falls } T_i \text{ streng monoton wachsend ist,} \\ \{-1, 0\} & \text{falls } T_i \text{ streng monoton fallend ist,} \end{cases}$$

*hat die Copula $C_T$ des transformierten Zufallsvektors*

$$X^T = (T_1 \circ X_1, \ldots, T_m \circ X_m)$$

*die Darstellung*

$$C_T(u_1, \ldots, u_m) = \sum_{\beta \in I_1 \times \cdots \times I_m} (-1)^{N(\beta)} C(v(\beta_1, u_1), \ldots, v(\beta_m, u_m)),$$

*wobei wir $N(\beta) = \sum_{i=1}^{m} 1_{\{\beta_i = -1\}}$ und*

$$v(\beta_i, u_i) = \begin{cases} u_i & \beta_i = 1, \\ 1 & \beta_i = 0, \\ 1 - u_i & \beta_i = -1. \end{cases}$$

*gesetzt haben.*

*Sind insbesondere alle $T_i$ streng monoton wachsend, so gilt $C_T = C$.*

*Beweis.* Wir werden das Theorem zunächst für den Spezialfall beweisen, dass die ersten $n$ Transformationen monoton fallend und die übrigen Transformationen monoton wachsend sind. In diesem Fall gilt

$$I_i = \begin{cases} \{-1, 0\} & i \le n, \\ \{1\} & i \ge n+1 \end{cases}$$

und

$$I_1 \times \cdots \times I_m = \{-1, 0\}^n \times \{1\}^{m-n} =: I_{n,m}.$$

Dann erhalten wir unter Berücksichtigung der Stetigkeit der Randverteilungen

$$F_{X^T}(y_1, \ldots, y_m)$$

$$= \mathbf{P}\left(T_1 \circ X_1 \le y_1, \ldots, T_m \circ X_m \le y_m\right)$$

$$= \mathbf{P}\big(X_1 > T_1^{-1}(y_1), \ldots, X_n > T_n^{-1}(y_n),$$

$$X_{n+1} \le T_{n+1}^{-1}(y_{n+1}), \ldots, X_m \le T_m^{-1}(y_m)\big)$$

$$= \mathbf{P}\big(\Omega \setminus \{X_1 \le T^{-1}(y_1)\} \cap \cdots \cap \Omega \setminus \{X_n \le T^{-1}(y_n)\},$$

$$\cap \{X_{n+1} \le T^{-1}(y_{n+1})\} \cap \cdots \cap \{X_m \le T^{-1}(y_m)\}\big).$$

Für $\beta \in \{-1, 0, 1\}^m$ und beliebige Teilmengen $A_1, \ldots, A_m \subseteq \Omega$ setzen wir

$$A(\beta)_i = \begin{cases} \Omega & \text{falls } \beta_i = 0, \\ A_i & \text{falls } \beta_i \in \{-1, 1\}. \end{cases}$$

Es gilt

$$\mathbf{P}\left(\Omega \setminus A_1 \cap \cdots \cap \Omega \setminus A_n \cap A_{n+1} \cap \cdots \cap A_m\right)$$

$$= \sum_{\beta \in I_{n,m}} (-1)^{N(\beta)} \mathbf{P}\left(A(\beta)_1 \cap \cdots \cap A(\beta)_n \cap A_{n+1} \cap \cdots \cap A_m\right)$$

$$= \sum_{\beta \in I_{n,m}} (-1)^{N(\beta)} \mathbf{P}\left(A(\beta)_1 \cap \cdots \cap A(\beta)_m\right). \tag{3.1}$$

Das zweite Gleichheitszeichen in Gl. (3.1) ist klar. Wir beweisen die erste Gleichheit durch Induktion über $n$. Die Behauptung ist klar für $n = 0$. Wir nehmen nun an, dass die Gleichung für $n$ bereits bewiesen ist. Dann erhalten wir

$$\mathbf{P}\left(\Omega \setminus A_1 \cap \cdots \cap \Omega \setminus A_n \cap \Omega \setminus A_{n+1} \cap A_{n+2} \cap \cdots \cap A_m\right)$$

$$= \sum_{\beta \in I_{n,m}} (-1)^{N(\beta)} \mathbf{P}\left(A(\beta)_1 \cap \cdots \cap A(\beta)_n \cap \Omega \setminus A_{n+1} \cap A_{n+2} \cap \cdots \cap A_m\right)$$

$$= \sum_{\beta \in I_{n,m}} (-1)^{N(\beta)} \mathbf{P}\left(A(\beta)_1 \cap \cdots \cap A(\beta)_n \cap \Omega \cap A_{n+2} \cap \cdots \cap A_m\right)$$

$$- \sum_{\beta \in I_{n,m}} (-1)^{N(\beta)} \mathbf{P}\left(A(\beta)_1 \cap \cdots \cap A(\beta)_n \cap A_{n+1} \cap A_{n+2} \cap \cdots \cap A_m\right)$$

$$= \sum_{\beta \in I_{n+1,m}} (-1)^{N(\beta)} \mathbf{P}\left(A(\beta)_1 \cap \cdots \cap A(\beta)_{n+1} \cap A_{n+2} \cap \cdots \cap A_m\right).$$

Somit haben wir Gl. (3.1) für alle $n \in \{0, \ldots, m\}$ gezeigt.

Mit

$$A_i = \left\{ X_i \le T_i^{-1}(y_i) \right\} \qquad \text{und} \qquad a(z, \beta_i) = \begin{cases} \infty & \text{falls } \beta_i = 0, \\ z & \text{falls } \beta_i \in \{-1, 1\}, \end{cases}$$

erhalten wir

$$A(\beta)_i = \begin{cases} \Omega & \text{falls } \beta_i = 0, \\ \left\{ X_i \le T_i^{-1}(y_i) \right\} & \text{falls } \beta_i \in \{-1, 1\}. \end{cases} = \left\{ X_i \le a \left( T_i^{-1}(y_i), \beta_i \right) \right\}$$

und somit

$$F_{X^T}(y_1, \ldots, y_m) = \mathbf{P} \left( \Omega \setminus A_1 \cap \cdots \cap \Omega \setminus A_n \cap A_{n+1} \cap \ldots A_m \right)$$

$$= \sum_{\beta \in I_{n,m}} (-1)^{N(\beta)} \, \mathbf{P} \left( A(\beta)_1 \cap \cdots \cap A(\beta)_m \right)$$

$$= \sum_{\beta \in I_{n,m}} (-1)^{N(\beta)} \, \mathbf{P} \left( X_1 \le a \left( T_1^{-1}(y_1), \beta_1 \right), \ldots \right.$$

$$\left. \ldots, X_m \le a \left( T_m^{-1}(y_m), \beta_m \right) \right)$$

$$= \sum_{\beta \in I_{n,m}} (-1)^{N(\beta)} \, C \Big( F_{X_1} \left( a \left( T_1^{-1}(y_1), \beta_1 \right) \right), \ldots$$

$$\ldots, F_{X_m} \left( a \left( T_m^{-1}(y_m), \beta_m \right) \right) \Big).$$

Unter Berücksichtigung von

$$F_{X_i} \left( T_i^{-1}(y_i) \right) = \mathbf{P} \left( X_i \le T_i^{-1}(y_i) \right) = \mathbf{P} \left( T_i \circ X_i \ge y_i \right) = 1 - F_{T_i \circ X_i}(y_i)$$

für $i \le n$ und $F_{X_i} \left( T_i^{-1}(y_i) \right) = F_{T_i \circ X_i}(y_i)$ für $i > n$ erhalten wir nun

$$F_{X^T}(y_1, \ldots, y_m)$$

$$= \sum_{\beta \in I_{n,m}} (-1)^{N(\beta)} \, C \Big( v(F_{T_1 \circ X_1}(y_1), \beta_1), \ldots, v(F_{T_m \circ X_m}(y_m), \beta_m) \Big).$$

Aus dem Eindeutigkeitsteil von Sklar's Theorem 3.1 folgt

$$C_T(u_1, \ldots, u_m) = \sum_{\beta \in I_{n,m}} (-1)^{N(\beta)} \, C \left( v(u_1, \beta_1), \ldots, v(u_m, \beta_m) \right),$$

so dass wir das Theorem im Spezialfall bewiesen haben.

Der allgemeine Fall folgt aus dem Umstand, dass es eine Permutation $\sigma$ von $(1, \ldots, m)$ gibt, so dass die $n$ Transformationen $T_{\sigma_1}, \ldots, T_{\sigma_n}$ alle monoton fallend und die übrigen Transformationen alle monoton wachsend sind. Denn wir können die Formel für $C_T$ im Spezialfall auf die permutierten Argumente anwenden. Danach permutieren wir zurück, indem wir die Inverse zu $\sigma$ benutzen. Da in dieser Prozedur lediglich die Argumente von $C$ und $T$ vertauscht werden, ergibt ergibt sich die zu beweisende Formel für den allgemeinen Fall.
$\square$

Die lineare Korrelation

$$\text{corr}\,(X_1, X_2) = \frac{\text{cov}\,(X_1, X_2)}{\sigma\,(X_1)\,\sigma\,(X_2)}$$

ist keine Invariante der Copula des 2-dimensionalen Verteilungsvektors $X$. Es gibt aber andere Abängigkeitsgrößen, die nur von der Copula abhängen.

**Definition 3.4.** $X$ sei ein 2-dimensionaler Zufallsvektor mit stetigen Marginalverteilungen $F_{X_1}, F_{X_2}$. Dann ist *Spearman's rho* durch $\rho_{\text{Spearman}} = \text{corr}\,(F_{X_1} \circ X_1, F_{X_2} \circ X_2)$ definiert.

**Proposition 3.3.** *$X$ sei ein 2-dimensionaler Zufallsvektor mit stetigen Marginalverteilungen $F_{X_1}, F_{X_2}$ und Copula $C$. Dann gilt*

$$\rho_{\text{Spearman}}\,(X_1, X_2) = 12 \int_0^1 \int_0^1 C\,(u_1, u_2)\,du_1\,du_2 - 3.$$

*Insbesondere hängt $\rho_{\text{Spearman}}\,(X_1, X_2)$ von $X$ nur über die Copula $C$ ab.*

*Beweis.* Da $F_{X_i} \circ X_i$ uniform verteilt ist, gilt

$$\text{var}\,(F_{X_i} \circ X_i) = \text{var}\,(U_i) = \text{E}\,(U_i^2) - \text{E}\,(U_i)^2 = \int_0^1 u^2 du - \left(\int_0^1 u\,du\right)^2$$

$$= \frac{1}{3} - \frac{1}{4} = \frac{1}{12}.$$

Damit erhalten wir $\rho_{\text{Spearman}}\,(X_1, X_2) = 12\text{cov}\,(F_{X_1} \circ X_1, F_{X_2} \circ X_2)$. Nun gilt allgemein für einen Zufallsvektor $Y$ die Gleichung

$$\text{cov}\,(Y_1, Y_2) = \int \int (F_Y\,(y_1, y_2) - F_{Y_1}\,(y_1)\,F_{Y_2}\,(y_2))\,dy_1\,dy_2$$

(siehe das folgende Lemma 3.2), so dass aus der Definition der Copula und dem Fakt, dass $F_{X_i} \circ X_i$ uniform verteilt ist,

$$\rho_{\text{Spearman}}(X_1, X_2) = 12 \int_0^1 \int_0^1 (C(u_1, u_2) - u_1 u_2)\, du_1\, du_2$$

folgt. Die Integration $12 \int_0^1 \int_0^1 u_1 u_2 du_1 du_2 = 3$ liefert nun die Behauptung. $\qquad\square$

Im Beweis von Proposition 3.3 haben wir vom folgenden Lemma von Höffding Gebrauch gemacht.

**Lemma 3.2.** *X sei ein 2-dimensionaler Zufallsvektor mit stetigen Marginalverteilungen $F_{X_1}$, $F_{X_2}$. Ist die Kovarianz von X endlich, so gilt*

$$\text{cov}(X_1, X_2) = \int \int (F_X(x_1, x_2) - F_{X_1}(x_1) F_{X_2}(x_2))\, dx_1\, dx_2.$$

*Beweis.* Es sei $\tilde{X}$ ein von $X$ unabhängiger Zufallsvektor mit der gleichen Verteilung. Dann gilt

$$\text{E}\left((X_1 - \tilde{X}_1)(X_2 - \tilde{X}_2)\right) = \text{E}\left(X_1 X_2 - X_1 \tilde{X}_2 - \tilde{X}_1 X_2 + \tilde{X}_1 \tilde{X}_2\right)$$
$$= 2\text{E}(X_1 X_2) - 2\text{E}(X_1)\,\text{E}(X_2) = 2\text{cov}(X_1, X_2).$$

Für jedes $a, b \in \mathbb{R}$ gilt offenbar $(a - b) = \int_{-\infty}^{\infty} \left(I_{\{b \le x\}} - I_{\{a \le x\}}\right) dx$, so dass wir schreiben können:

$$2\text{cov}(X_1, X_2) = \text{E}\left((X_1 - \tilde{X}_1)(X_2 - \tilde{X}_2)\right)$$
$$= \text{E}\left(\int_{-\infty}^{\infty}\int_{-\infty}^{\infty} \left(I_{\{\tilde{X}_1 \le x_1\}} - I_{\{X_1 \le x_1\}}\right)\left(I_{\{\tilde{X}_2 \le x_2\}} - I_{\{X_2 \le x_2\}}\right) dx_1\, dx_2\right)$$
$$= \int_{-\infty}^{\infty}\int_{-\infty}^{\infty} \text{E}\left(\left(I_{\{\tilde{X}_1 \le x_1\}} - I_{\{X_1 \le x_1\}}\right)\left(I_{\{\tilde{X}_2 \le x_2\}} - I_{\{X_2 \le x_2\}}\right)\right) dx_1\, dx_2$$
$$= 2\int_{-\infty}^{\infty}\int_{-\infty}^{\infty} \left(\text{E}\left(I_{\{X_1 \le x_1\}} I_{\{X_2 \le x_2\}}\right)\right.$$
$$\left. - \text{E}\left(I_{\{X_1 \le x_1\}}\right)\text{E}\left(I_{\{X_2 \le x_2\}}\right)\right) dx_1\, dx_2$$
$$= 2\int_{-\infty}^{\infty}\int_{-\infty}^{\infty} \left(\text{P}(X_1 \le x_1, X_2 \le x_2) - \text{P}(X_1 \le x_1)\,\text{P}(X_2 \le x_2)\right) dx_1\, dx_2$$
$$= 2\int_{-\infty}^{\infty}\int_{-\infty}^{\infty} \left(F_X(x_1, x_2) - F_{X_1}(x_1) F_{X_2}(x_2)\right) dx_1\, dx_2.$$

$$\square$$

Ein weiteres Abhängigkeitsmaß, das nur von der Copula abhängt, stellt Kendall's tau dar.

**Definition 3.5.** $X = (X_1, X_2)$ sei ein 2-dimensionaler Zufallsvektor mit Copula $C$ und $\tilde{X} = (\tilde{X}_1, \tilde{X}_2)$ sei ein weiterer Zufallsvektor, so dass $X$ und $\tilde{X}$ i.i.d. sind. Dann ist *Kendall's* $\tau$ für $X$ durch

$$\tau_{\mathrm{Kendall}}(X_1, X_2) = 2\mathbf{P}((X_1 - \tilde{X}_1)(X_2 - \tilde{X}_2) > 0) - 1$$

definiert.

Kendall's tau kann als Maß für die Gleichläufigkeit der beiden Komponenten aufgefasst werden.

**Lemma 3.3.** *$X$ sei ein 2-dimensionaler Zufallsvektor mit stetigen Marginalverteilungen $F_{X_1}$, $F_{X_2}$. Dann gilt*

$$\tau_{\mathrm{Kendall}}(X_1, X_2) = 4 \int_{[0,1]^2} C(u_1, u_2) \, dC(u_1, u_2) - 1.$$

*Insbesondere hängt Kendall's $\tau$ nur über die Copula $C$ von $X$ ab.*

*Beweis.* Es sei $F$ die Verteilungsfunktion von $X$. Dann gilt

$$\begin{aligned}
\tau_{\mathrm{Kendall}}(X_1, X_2) &= 2\mathbf{P}\left((X_1 - \tilde{X}_1)(X_2 - \tilde{X}_2) > 0\right) - 1 \\
&= 4\mathbf{P}\left(X_1 < \tilde{X}_1, X_2 < \tilde{X}_2\right) - 1 \\
&= 4 \int_{\mathbb{R}^2} \mathbf{P}(X_1 < y_1, X_2 < y_2) \, dF(y_1, y_2) - 1 \\
&= 4 \int_{\mathbb{R}^2} C(F_1(y_1), F_2(y_2)) \, dC(F_1(y_1), F_2(y_2)) - 1.
\end{aligned}$$

Die Behauptung folgt nun mit $u_1 = F_1(y_1)$ und $u_2 = F_2(u_2)$. $\qquad\square$

Wenn man in der Praxis eine Verteilung schätzt, bedient man sich oft parametrischer Methoden. Man betrachtet eine oder mehrere geeignete Klassen von Verteilungen mit wenigen Parametern, die dann anhand der Daten gefittet werden. Welche Klassen man wählt, hängt natürlich von der empirischen Verteilung ab, aber letztendlich gibt es nur eine Handvoll möglicher Kandidaten. Bei Copulas geht man ähnlich vor. Es gibt einen ganzen Zoo von Copula-Klassen mit jeweils sehr charakteristischen Eigenschaften. Ähnlich wie bei der Bestimmung von Verteilungen muss man wieder nur einige Parameter schätzen, wenn man sich für eine Klasse entschieden hat. Dass die Definition der Copula (und insbesondere Bedingung (ii) in Definition 3.2) etwas komplex ist, ist daher in der Versicherungspraxis nicht weiter störend.

Selbst wenn die Datenbasis zur Kalibrierung einer Copula nicht ausreichend ist, kann der Vergleich verschiedener Copulas wertvolle Sensitivitätsaussagen liefern (siehe Beispiel 3.2 im nächsten Abschnitt).

### 3.2.1  Beispiele

#### 3.2.1.1 Gauß-Copula

**Definition 3.6.** Es sei $\Phi_{0,1}$ die Verteilungsfunktion der Standardnormalverteilung und $\Phi_{0,\mathrm{corr}}$ die Verteilungsfunktion der $m$-dimensionalen Multinormalverteilung $X \sim N(0, \mathrm{corr})$, wobei corr eine Korrelationsmatrix ist. Dann heißt die durch

$$C_{\mathrm{corr}}^{\mathrm{Gauß}}(u_1, \ldots, u_m) = \Phi_{0,\mathrm{corr}}\left(\Phi_{0,1}^{-1}(u_1), \ldots, \Phi_{0,1}^{-1}(u_m)\right)$$

definierte Copula *Gauß-Copula*.

Die Gauß-Copula $C_{\mathrm{corr}}^{\mathrm{Gauß}}$ ist offenbar die Copula des multinormalverteilten Zufallsvektors $X$. Aus Theorem 3.2 und der Transformation

$$x_i = \frac{y_i - \mu_i}{\sigma_i}$$

folgt, dass sie ebenfalls die Copula des Zufallsvektors $Y \sim N(\mu, \Sigma)$ ist, falls $\Sigma$ die Korrelationsmatrix corr hat.

In zwei Dimensionen erhalten wir mit

$$\mathrm{corr} = \begin{pmatrix} 1 & \mathrm{corr}_{12} \\ \mathrm{corr}_{12} & 1 \end{pmatrix}$$

explizit

$$C_{\mathrm{corr}}^{\mathrm{Gauß}}(u_1, u_2) = \Phi_{0,\mathrm{corr}}\left(\Phi_{0,1}^{-1}(u_1), \Phi_{0,1}^{-1}(u_2)\right)$$

$$= \frac{1}{2\pi\sqrt{1 - (\mathrm{corr}_{12})^2}} \int_{-\infty}^{\Phi_{0,1}^{-1}(u_1)} \int_{-\infty}^{\Phi_{0,1}^{-1}(u_2)} \exp\left(-\frac{x^2 - 2\mathrm{corr}_{12}xy + y^2}{2\left(1 - (\mathrm{corr}_{12})^2\right)}\right) \mathrm{d}x\,\mathrm{d}y.$$

**Proposition 3.4.** *Es sei $X$ ein 2-dimensionaler Verteilungsvektor mit Gauß-Copula $C_{\mathrm{corr}}^{Gauß}$. Dann gilt*

$$\rho_{\text{Spearman}} (X_1, X_2) = \frac{6}{\pi} \arcsin \left( \frac{\text{corr}_{12}}{2} \right),$$

$$\tau_{\text{Kendall}} (X_1, X_2) = \frac{2}{\pi} \arcsin (\text{corr}_{12}).$$

*Beweis.* Wir zeigen zunächst, dass für normalverteilte 1-dimensionale Zufallsvariablen $Y_1, Y_2$ mit $\text{corr}(Y_1, Y_2) = \tilde{\rho}$ die Gleichung

$$\mathbf{P} (Y_1 - \mathrm{E}(Y_1) \geq 0, Y_2 - \mathrm{E}(Y_2) \geq 0) = \frac{1}{4} + \frac{1}{2\pi} \arcsin \tilde{\rho} \tag{3.2}$$

gilt.

Da für alle echt positiven reellen Zahlen $a_1, a_2$ die Gleichung

$$\mathbf{P} (Y_1 - \mathrm{E}(Y_1) \geq 0, Y_2 - \mathrm{E}(Y_2) \geq 0) = \mathbf{P} (a_1 (Y_1 - \mathrm{E}(Y_1)) \geq 0, a_2 (Y_2 - \mathrm{E}(Y_2)) \geq 0)$$

gilt, können wir ohne Einschränkung annehmen, dass $Y_1$ und $Y_2$ jeweils standardnormalverteilt sind. $Y := (Y_1, Y_2)$ hat dann dieselbe Verteilung wie

$$\left( \tilde{Z}_1, \tilde{\rho}\tilde{Z}_1 + \sqrt{1 - \tilde{\rho}^2}\tilde{Z}_2 \right),$$

wobei $\tilde{Z}_1, \tilde{Z}_2$ standardnormalverteilte unabhängige Zufallsvariablen sind. Mit $\phi := \arcsin \tilde{\rho}$ erhalten wir

$$(Y_1, Y_2) \sim \left( \tilde{Z}_1, \sin \phi \tilde{Z}_1 + \cos \phi \tilde{Z}_2 \right).$$

Es sei $O$ eine Drehung im $\mathbb{R}^2$ und $\tilde{Z} = (\tilde{Z}_1, \tilde{Z}_2)$. Da für $t \in \mathbb{R}^2$

$$\mathrm{E} \left( \mathrm{i}\, t \cdot O\tilde{Z} \right) = \mathrm{E} \left( \mathrm{i}\, O^\top t \cdot \tilde{Z} \right) = \exp \left( -\frac{1}{2} \left\| O^\top t \right\|^2 \right) = \exp \left( -\frac{1}{2} \left\| t \right\|^2 \right) = \mathrm{E} \left( \mathrm{i}\, t \cdot \tilde{Z} \right)$$

gilt, haben $O\tilde{Z}$ und $\tilde{Z}$ die gleiche Verteilung. Aus Symmetriegründen können wir daher

$$\left( \tilde{Z}_1, \tilde{Z}_2 \right) = R (\cos \Theta, \sin \Theta)$$

schreiben, wobei $R$ eine positive Zufallsvariable und $\Theta$ eine gleichverteilte Zufallsvariable auf $[-\pi, \pi)$ ist. Es folgt

$$\mathbf{P} (Y_1 \geq 0, Y_2 \geq 0) = \mathbf{P} (\cos \Theta \geq 0, \sin \phi \cos \Theta + \cos \phi \sin \Theta \geq 0)$$

$$= \mathbf{P} (\cos \Theta \geq 0, \sin (\phi + \Theta) \geq 0)$$

$$= \mathbf{P} \left( \Theta \in \left[ -\frac{\pi}{2}, \frac{\pi}{2} \right], \phi + \Theta \in [0, \pi] \right)$$

$$= \mathbf{P}\left(\Theta \in \left[-\frac{\pi}{2}, \frac{\pi}{2}\right] \cap [-\phi, \pi - \phi]\right)$$

$$= \frac{1}{2\pi}\left(\frac{\pi}{2} + \phi\right),$$

womit Gl. (3.2) bewiesen ist.

Wir zeigen nun die Behauptung für Spearman's $\rho$. Die Dichte der Standardnormalverteilung sei mit $\phi_{0,1}$ bezeichnet. Aus Proposition 3.3 folgt zunächst, dass $\rho_{\text{Spearman}}(X_1, X_2)$ nur von der Gauß-Copula und nicht von den Randverteilungen $X_1, X_2$ abhängt, so dass wir o.B.d.A. annehmen können, dass $X_1, X_2$ standardnormalverteilt sind. Weiter folgt aus Proposition 3.3

$$\rho_{\text{Spearman}}(X_1, X_2) = 12 \int_0^1 \int_0^1 \Phi_{0,\text{corr}}\left(\Phi_{0,1}^{-1}(u_1), \Phi_{0,1}^{-1}(u_2)\right) \mathrm{d}u_1 \, \mathrm{d}u_2 - 3$$

$$\overset{\Phi_{0,1}(x_i) = u_i}{=} 12 \int_{-\infty}^{\infty} \int_{-\infty}^{\infty} \Phi_{0,\text{corr}}(x_1, x_2) \phi_{0,1}(x_1) \phi_{0,1}(x_2) \, \mathrm{d}x_1 \, \mathrm{d}x_2 - 3$$

$$= 12 \int_{-\infty}^{\infty} \int_{-\infty}^{\infty} \mathbf{P}(X_1 \leq x_1, X_2 \leq x_2) \phi_{0,1}(x_1) \phi_{0,1}(x_2) \, \mathrm{d}x_1 \, \mathrm{d}x_2 - 3$$

$$= 12\mathrm{E}\left(\mathbf{P}(X_1 \leq Z_1, X_2 \leq Z_2 \,|\, Z_1, Z_2)\right) - 3,$$

wobei $Z$ ein von $X$ unabhängiger Zufallsvektor mit unabhängigen, standardnormalverteilten Komponenten $Z_1, Z_2$ ist. Mit $Y = Z - X$ erhalten wir

$$\rho_{\text{Spearman}}(X_1, X_2) = 12\mathbf{P}(Y_1 \geq 0, Y_2 \geq 0) - 3.$$

Die Zufallsvariable $Y$ ist als Linearkombination normalverteilter Zufallsvariablen wieder normalverteilt und hat Erwartungswert 0 sowie Kovarianzmatrix

$$\tilde{\Sigma} = \begin{pmatrix} 2 & \text{corr}_{12} \\ \text{corr}_{12} & 2 \end{pmatrix}.$$

Es folgt, dass die Korrelation von $Y_1$ und $Y_2$ gerade $\tilde{\rho} = \text{corr}_{12}/2$ beträgt. Wir erhalten also mit Gl. (3.2)

$$\rho_{\text{Spearman}}(X_1, X_2) = 12\left(\frac{1}{4} + \frac{1}{2\pi} \arcsin \tilde{\rho}\right) - 3 = 3 + \frac{6}{\pi}\phi - 3.$$

Um die Behauptung für Kendall's $\tau$ zu zeigen, benutzen wir die im Beweis von Lemma 3.3 en passant erhaltene Formel

$$\tau_{\text{Kendall}}(X_1, X_2) = 4\mathbf{P}(X_1 < \tilde{X}_1, X_2 < \tilde{X}_2) - 1.$$

Da die Normalverteilung stetig ist, kann diese Formel mit $Y_i = \tilde{X}_i - X_i$ in

$$\tau_{\text{Kendall}}(X_1, X_2) = 4\mathbf{P}(Y_1 \geq 0, Y_2 \geq 0) - 1.$$

umgeschrieben werden. Aus

$$
\begin{aligned}
\text{corr}(Y_1, Y_2) &= \frac{\text{cov}(\tilde{X}_1 - X_1, \tilde{X}_2 - X_2)}{\sigma(\tilde{X}_1 - X_1)\sigma(\tilde{X}_2 - X_2)} \\
&= \frac{\text{cov}(\tilde{X}_1, \tilde{X}_2) + \text{cov}(X_1, X_2)}{\sqrt{(\text{var}(\tilde{X}_1) + \text{var}(X_1))}\sqrt{(\text{var}(\tilde{X}_2) + \text{var}(X_2))}} \\
&= \frac{2\text{cov}(X_1, X_2)}{2\sigma(X_1)\sigma(X_2)} = \text{corr}(X_1, X_2)
\end{aligned}
$$

und Gl. (3.2) erhalten wir mit $\tilde{\rho} = \text{corr}_{12}$

$$\tau_{\text{Kendall}}(X_1, X_2) = 4\left(\frac{1}{4} + \frac{1}{2\pi}\arcsin\text{corr}_{12}\right) - 1,$$

womit die Behauptung gezeigt ist.  □

Die Gauß-Copula kann für beliebige Marginalverteilungen genutzt werden, um eine multivariate Verteilung zu erzeugen. Ihre Stärken liegen darin, dass sie

- einfach handhabbar ist und
- im Spezialfall von Multinormalverteilungen auf die gewöhnlichen Korrelationsmatrizen führt.

Sie wird daher oft genutzt, wenn man keine genauere Information über die Abhängigkeitsstruktur hat.

### 3.2.1.2 Gumbel-Copula

Die *Gumbel-Copula* hat eine besonders einfache explizite Darstellung,

$$C_\theta^{\text{Gumbel}}(u_1, \ldots, u_m) = e^{-\left(\sum_{i=1}^m (-\ln u_i)^\theta\right)^{1/\theta}}.$$

Die Wichtigkeit der Gumbel-Copula rührt daher, dass sie höhere Abhängigkeit in den Tails der Verteilungen, die für das Risikomanagement besonders interessant sind, modelliert. Mit ihr eröffnet sich also ein erster Modellierungsansatz für unser Hagel-Kasko-Beispiel, wo eine signifikante Abhängigkeit erst bei großen Schäden entsteht. Diese Eigenschaft der Gumbel-Copula sieht man in Abb. 3.2 an der Häufung der Punkte in der oberen rechten Ecke. Man beachte, dass in der unteren linken Ecke der Abbildung keine besondere Häufung auftritt.

**Proposition 3.5.** *Für die Gumbel Copula $C_\theta^{\text{Gumbel}}$ gilt*

$$\tau_{\text{Kendall}}(X_1, X_2) = 1 - \frac{1}{\theta}.$$

*Beweis.* Kendall's $\tau$ errechnet sich aus

$$\tau_{\text{Kendall}} = 4 \int_{[0,1]^2} C_\theta^{\text{Gumbel}}(u, v) \, \mathrm{d}C_\theta^{\text{Gumbel}}(u, v) - 1$$

$$= 4 \int_{[0,1]^2} C_\theta^{\text{Gumbel}}(u, v) \frac{\partial^2 C_\theta^{\text{Gumbel}}}{\partial u \partial v} \mathrm{d}u \mathrm{d}v - 1.$$

Mit $f(u) = (-\ln(u))^\theta$ erhalten wir

$$\frac{\partial^2}{\partial u \partial v} C_\theta^{\text{Gumbel}}(u, v) = \frac{\partial^2}{\partial u \partial v} \exp\left(-[f(u) + f(v)]^{\frac{1}{\theta}}\right)$$

$$= \frac{\partial}{\partial u} \left(-\frac{1}{\theta} C_\theta^{\text{Gumbel}}(u, v)[f(u) + f(v)]^{\frac{1}{\theta} - 1} \frac{\mathrm{d}f}{\mathrm{d}v}\right)$$

$$= \frac{1}{\theta^2} C_\theta^{\text{Gumbel}}(u, v)[f(u) + f(v)]^{\frac{2}{\theta} - 2} \frac{\mathrm{d}f}{\mathrm{d}u} \frac{\mathrm{d}f}{\mathrm{d}v}$$

$$- \frac{1}{\theta}\left(\frac{1}{\theta} - 1\right) C_\theta^{\text{Gumbel}}(u, v)[f(u) + f(v)]^{\frac{1}{\theta} - 2} \frac{\mathrm{d}f}{\mathrm{d}u} \frac{\mathrm{d}f}{\mathrm{d}v}$$

$$= \frac{1}{\theta^2} C_\theta^{\text{Gumbel}}(u, v)[f(u) + f(v)]^{\frac{1}{\theta} - 2} \frac{\mathrm{d}f}{\mathrm{d}u} \frac{\mathrm{d}f}{\mathrm{d}v}$$

$$\times \left([f(u) + f(v)]^{\frac{1}{\theta}} + \theta - 1\right).$$

Mit $x = f(u)$ und $y = f(v)$ vereinfacht sich das Integral zu

$$\tau_{\text{Kendall}} = \frac{4}{\theta^2} \int_0^\infty \int_0^\infty \exp\left(-2[x + y]^{\frac{1}{\theta}}\right) [x + y]^{\frac{1}{\theta} - 2} \left([x + y]^{1/\theta} + \theta - 1\right) \mathrm{d}x \mathrm{d}y - 1.$$

Wir betrachten nun die Transformation $\begin{pmatrix} x \\ y \end{pmatrix} \mapsto \begin{pmatrix} a \\ b \end{pmatrix} = \begin{pmatrix} x + y \\ x - y \end{pmatrix}$. Die Umkehrfunktion lautet

$$\varphi(a, b) = \frac{1}{2} \begin{pmatrix} a + b \\ a - b \end{pmatrix}$$

und es gilt

$$\varphi^{-1}\left(]0,\infty[^2\right) = \left\{ \begin{pmatrix} a \\ b \end{pmatrix} : \frac{1}{2}(a+b) > 0, \frac{1}{2}(a-b) > 0 \right\}$$

$$= \left\{ \begin{pmatrix} a \\ b \end{pmatrix} : a > 0, b \in ]-a, a[ \right\}$$

sowie

$$|\det(D\varphi)| = \left| \det \begin{pmatrix} \frac{1}{2} & \frac{1}{2} \\ \frac{1}{2} & -\frac{1}{2} \end{pmatrix} \right| = \frac{1}{2}.$$

Daher folgt

$$\begin{aligned}
\tau_{\text{Kendall}} &= \frac{4}{\theta^2} \int_0^\infty \int_{-a}^a \exp\left\{-2a^{1/\theta}\right\} a^{\frac{1}{\theta}-2} \left(a^{1/\theta} + \theta - 1\right) \times \frac{1}{2} \mathrm{d}b\mathrm{d}a - 1 \\
&= \frac{4}{\theta^2} \int_0^\infty \exp\left\{-2a^{1/\theta}\right\} a^{\frac{1}{\theta}-1} \left(a^{\frac{1}{\theta}} + (\theta-1)\right) \mathrm{d}a - 1 \\
&= \frac{4}{\theta} \int_0^\infty \exp\left(-2z\right)(z + \theta - 1)\mathrm{d}z - 1 \\
&= \frac{4}{\theta}\left( -\frac{z}{2}\exp(-2z)\Big|_0^\infty - \left(-\frac{1}{2}\int_0^\infty \exp(-2z)\mathrm{d}z\right) \right. \\
&\qquad\qquad \left. + (\theta-1)\int_0^\infty \exp(-2z)\mathrm{d}z \right) - 1 \\
&= \frac{4}{\theta}\left(\frac{1}{4} + (\theta-1) \times \frac{1}{2}\right) - 1 = -\frac{1}{\theta} + 1,
\end{aligned}$$

wobei wir $z = a^{1/\theta}$ substituiert und anschließend partiell integriert haben. $\quad\square$

*Beispiel 3.2.* Wir betrachten zwei Verlustgrößen $X_1$ und $X_2$, die beide exponentialverteilt mit Parameter 1 sind, und untersuchen den möglichen Einfluss der Auswahl einer Copula auf den Value at Risk von $X := X_1 + X_2$ zum Niveau 99 %. Wir vergleichen die Gauß-Copula $C_{0.8}^{\text{Gauß}}$ mit der Gumbel-Copula $C_\theta^{\text{Gumbel}}$ mit

$$\theta = \left(1 - \frac{2}{\pi}\arcsin(0.8)\right)^{-1} = 2.441.$$

Zur besseren Vergleichbarkeit sind die Parameter so gewählt, dass Kendall's tau für beide Copulas gleich ist.

Der Value at Risk ergibt sich aus der Bestimmungsgleichung

$$0.99 = \int_0^{\mathrm{VaR}_{0.99}(X)} \int_0^z f_{(X_1,X_2)}(z-x,x)\,\mathrm{d}x\,\mathrm{d}z$$

$$= \int_0^{\mathrm{VaR}_{0.99}(X)} \int_0^z c(F_{X_1}(z-x), F_{X_2}(x))f_{X_1}(z-x)f_{X_2}(x)\,\mathrm{d}x\,\mathrm{d}z$$

$$= \int_0^{\mathrm{VaR}_{0.99}(X)} \exp(-z) \int_0^z c(1-\exp(x-z), 1-\exp(-x))\,\mathrm{d}x\,\mathrm{d}z,$$

wobei im Fall der Gauß-Copula die Dichte $c = \partial^2 C_{0.8}^{\mathrm{Gauß}}/\partial u \partial v$ durch

$$c(u,v) = \frac{1}{\sqrt{1-0.8^2}} \exp\left( \frac{(\Phi_{0,1}^{-1}(u))^2 + (\Phi_{0,1}^{-1}(v))^2}{2} \right.$$
$$\left. + \frac{2 \times 0.8 \times \Phi_{0,1}^{-1}(u)\Phi_{0,1}^{-1}(v) - (\Phi_{0,1}^{-1}(u))^2 - (\Phi_{0,1}^{-1}(v))^2}{2(1-0.8^2)} \right)$$

und im Fall der Gumbel-Copula die Dichte $c = \partial^2 C_{\theta}^{\mathrm{Gumbel}}/\partial u \partial v$ durch

$$c(u,v) = \exp\left\{ -[(-\ln(u))^\theta + (-\ln(v))^\theta]^{1/\theta} \right\} \frac{1}{uv} [(-\ln(u))^\theta + (-\ln(v))^\theta]^{\frac{1-2\theta}{\theta}}$$
$$\times (-\ln(u))^{\theta-1}(-\ln(v))^{\theta-1} \left( [(-\ln(u))^\theta + (-\ln(v))^\theta]^{1/\theta} + \theta - 1 \right)$$

gegeben ist. Wir erhalten im Fall der Gauß-Copula $\mathrm{VaR}_{0.99}(X) = 8.68$, im Fall der Gumbel-Copula $\mathrm{VaR}_{0.99}(X) = 9.02$. Da die Abweichung in der geringen Größenordnung von 3 % liegt, zeigt die Sensitivitätsanalyse, dass in diesem Fall die Verwendung der Gauß-Copula im Risikomanagement unproblematisch ist.

### 3.2.1.3 Unabhängigkeitscopula

Aus dem Theorem von Sklar 3.1 folgt, dass die *Unabhängigkeitscopula* durch

$$C^{\mathrm{unabh}}(F_{X_1}(x_1),\ldots,F_{X_m}(x_m)) = F_X^{\mathrm{unabh}}(x_1,\ldots,x_m) = F_{X_1}(x_1)\cdots F_{X_m}(x_m)$$

gegeben ist, also $C^{\mathrm{unabh}}(u_1,\ldots,u_m) = u_1 \cdots u_m$.

**Proposition 3.6.** *Für die Unabhängigkeitscopula gilt*

$$\rho_{\mathrm{Spearman}}(X_1, X_2) = 0,$$

$$\tau_{\mathrm{Kendall}}(X_1, X_2) = 0.$$

*Beweis.* Wir berechnen

$$\rho_{\text{Spearman}}(X_1, X_2) = 12 \int_0^1 \int_0^1 C^{\text{unabh}}(u, v) \mathrm{d}u \mathrm{d}v - 3 = 12 \int_0^1 \int_0^1 uv \mathrm{d}u \mathrm{d}v - 3 = 0,$$

$$\tau_{\text{Kendall}}(X_1, X_2) = 4 \int_0^1 \int_0^1 C^{\text{unabh}}(u, v) \mathrm{d}C^{\text{unabh}}(u, v) - 1 = 4 \int_0^1 \int_0^1 uv \mathrm{d}u \mathrm{d}v - 1 = 0.$$

$\square$

Die Unabhängigkeitscopula wird in Abb. 3.3 illustriert.

### 3.2.2 Tailabhängigkeit

In unserem Hagel-Kasko Beispiel besteht die Abhängigkeit der beiden Verteilungen für Hagel und Kasko nur im Tail. Eine einfache Möglichkeit, Tailabhängigkeiten quantitativ zu beschreiben, ist es, Quantile zu vergleichen. Da wir an einer einfachen Kennzahl interessiert sind, ersetzen wir den Vergleich aller Quantile durch einen Limes und erhalten die folgende Definition:

**Definition 3.7.** Es sei $X = (X_1, X_2)$ eine bivariate Zufallsvariable. Dann ist ihre *obere Tailabhängigkeit (obere Randabhängigkeit)* durch

$$\lambda_u(X) = \lim_{q \to 1} \mathbf{P}\left(X_2 > \text{VaR}_q(X_2) \,\big|\, X_1 > \text{VaR}_q(X_1)\right)$$

gegeben.

Der Index $u$ in $\lambda_u$ steht für das Wort „upper". Die obere Tailabhängigkeit existiert nicht notwendig für alle Verteilungen.

**Proposition 3.7.** *Es sei $F_X$ eine bivariate Verteilung mit stetigen Randverteilungen $F_{X_1}$ und $F_{X_2}$ sowie Copula $C$. Falls die obere Tailabhängigkeit $\lambda_u$ existiert, gilt*

$$\lambda_u(X_1, X_2) = 2 + \lim_{q \to 1} \frac{C(q, q) - 1}{1 - q}.$$

*Beweis.* Offenbar gilt

$$\mathbf{P}\left(X_2 > \text{VaR}_q(X_2) \,\big|\, X_1 > \text{VaR}_q(X_1)\right) = \frac{\mathbf{P}\left(X_2 > \text{VaR}_q(X_2), X_1 > \text{VaR}_q(X_1)\right)}{\mathbf{P}\left(X > \text{VaR}_q(X_1)\right)}$$

$$= \frac{\mathbf{P}\left(X_1 > \text{VaR}_q(X_1), X_2 > \text{VaR}_q(X_2)\right)}{1 - q}$$

$$= \frac{1 - \mathbf{P}\left(X_1 \leq \mathrm{VaR}_q\left(X_1\right), X_2 \leq \mathrm{VaR}_q\left(X_2\right)\right)}{1 - q}$$

$$- \frac{\mathbf{P}\left(X_1 \leq \mathrm{VaR}_q\left(X_1\right), X_2 > \mathrm{VaR}_q\left(X_2\right)\right)}{1 - q}$$

$$- \frac{\mathbf{P}\left(X_1 > \mathrm{VaR}_q\left(X_1\right), X_2 \leq \mathrm{VaR}_q\left(X_2\right)\right)}{1 - q}.$$

Aus

$$\mathbf{P}\left(X_1 \leq \mathrm{VaR}_q\left(X_1\right), X_2 > \mathrm{VaR}_q\left(X_2\right)\right) = \mathbf{P}\left(X_1 \leq \mathrm{VaR}_q\left(X_1\right)\right)$$

$$- \mathbf{P}\left(X_1 \leq \mathrm{VaR}_q\left(X_1\right), X_2 \leq \mathrm{VaR}_q\left(X_2\right)\right)$$

und

$$\mathbf{P}\left(X_1 \leq \mathrm{VaR}_q\left(X_1\right), X_2 \leq \mathrm{VaR}_q\left(X_2\right)\right) = C(q, q)$$

folgt

$$\mathbf{P}\left(X_2 > \mathrm{VaR}_q\left(X_2\right) \middle| X_1 > \mathrm{VaR}_q\left(X_1\right)\right) = \frac{1 - C(q, q) - q + C(q, q) - q + C(q, q)}{1 - q}$$

$$= \frac{1 - 2q + C(q, q)}{1 - q} = 2 + \frac{C(q, q) - 1}{1 - q}.$$

$\square$

**Korollar 3.2.** *Die obere Tailabhängigkeit für stetige Randverteilungen hängt lediglich von der Copula, nicht aber von den Randverteilungen ab.*

Wir können also im Folgenden $\lambda_u(C)$ statt $\lambda_u(X)$ schreiben.

**Proposition 3.8.** *Für die bivariate Gauß-Copula mit* $\mathrm{corr}_{12} < 1$ *gilt* $\lambda_u\left(C_{\mathrm{corr}}^{Gauß}\right) = 0$.

*Beweis.* Aufgrund von Korollar 3.2 können wir oBdA annehmen, dass wir eine Gesamtverteilung haben, deren Randverteilungen 1-dimensionale Standardnormalverteilungen sind. Die Gesamtverteilung ist dann eine Normalverteilung mit Erwartungswert $(0, 0)$ und Korrelationskoeffizienten $\mathrm{corr}_{12}$. Eine direkte Rechnung ergibt

$$\lambda_u(X) = \lim_{q \to 1} \mathbf{P}\left(X_2 > \mathrm{VaR}_q(X_2) \middle| X_1 > \mathrm{VaR}_q(X_1)\right)$$

$$= \lim_{q \to 1} \frac{\mathbf{P}\left(X_2 > \mathrm{VaR}_q(X_2), X_1 > \mathrm{VaR}_q(X_1)\right)}{\mathbf{P}\left(X_1 > \mathrm{VaR}_q(X_1)\right)}$$

$$= \lim_{z \to \infty} \frac{\mathbf{P}(X_2 > z, X_1 > z)}{\mathbf{P}(X_1 > z)}$$

$$= \frac{\sqrt{2\pi}}{2\pi\sqrt{1 - \mathrm{corr}_{12}{}^2}} \lim_{z \to \infty} \frac{\int_z^\infty \int_z^\infty \exp\left(-\frac{x^2 - 2\mathrm{corr}_{12}xy + y^2}{2\left(1 - \mathrm{corr}_{12}{}^2\right)}\right) dx\, dy}{\int_z^\infty \exp\left(-\frac{x^2}{2}\right) dx}.$$

Mit der Regel von de l'Hôspital erhalten wir

$$\lambda_u(X) = \frac{1}{\sqrt{2\pi(1 - \mathrm{corr}_{12}^2)}} \lim_{z \to \infty} \frac{\int_z^\infty \int_z^\infty \exp(-\frac{x^2 - 2\mathrm{corr}_{12}xy + y^2}{2(1 - \mathrm{corr}_{12}^2)})\, dx\, dy}{\int_z^\infty \exp(-\frac{x^2}{2})\, dx}$$

$$= \frac{1}{\sqrt{2\pi(1 - \mathrm{corr}_{12}^2)}} \lim_{z \to \infty} \left( \frac{-\int_z^\infty \exp(-\frac{x^2 - 2\mathrm{corr}_{12}xz + z^2}{2(1 - \mathrm{corr}_{12}^2)})\, dx}{-\exp(-\frac{z^2}{2})} \right.$$

$$\left. - \frac{\int_z^\infty \exp(-\frac{z^2 - 2\mathrm{corr}_{12}zy + y^2}{2(1 - \mathrm{corr}_{12}^2)})\, dy}{-\exp(-\frac{z^2}{2})} \right)$$

$$= \frac{\sqrt{2}}{\sqrt{\pi(1 - \mathrm{corr}_{12}^2)}} \lim_{z \to \infty} \frac{\int_z^\infty \exp(-\frac{x^2 - 2\mathrm{corr}_{12}xz + z^2}{2(1 - \mathrm{corr}_{12}^2)})\, dx}{\exp(-\frac{z^2}{2})}$$

$$= \frac{\sqrt{2}}{\sqrt{\pi(1 - \mathrm{corr}_{12}^2)}} \lim_{z \to \infty} \int_z^\infty \exp\left(-\frac{x^2 - 2\mathrm{corr}_{12}xz + z^2 - (1 - \mathrm{corr}_{12}^2)z^2}{2(1 - \mathrm{corr}_{12}^2)}\right) dx$$

$$= \frac{\sqrt{2}}{\sqrt{\pi(1 - \mathrm{corr}_{12}^2)}} \lim_{z \to \infty} \int_z^\infty \exp\left(-\frac{1}{2(1 - \mathrm{corr}_{12}^2)}(x - \mathrm{corr}_{12}z)^2\right) dx$$

$$= \frac{\sqrt{2}}{\sqrt{\pi(1 - \mathrm{corr}_{12}^2)}} \lim_{z \to \infty} \int_{(1 - \mathrm{corr}_{12})z}^\infty \exp\left(-\frac{1}{2(1 - \mathrm{corr}_{12}^2)}x^2\right) dx$$

$$= 0,$$

da $\mathrm{corr}_{12} < 1$ nach Voraussetzung gilt. $\qquad \square$

**Korollar 3.3.** *Insbesondere gilt* $\lambda_u\left(C^{\mathrm{unabh}}\right) = 0$.

**Proposition 3.9.** *Die obere Tailabhängigkeit der bivariaten Gumbel-Copula beträgt* $\lambda_u\left(C_\theta^{\mathrm{Gumbel}}\right) = 2 - 2^{1/\theta}$.

*Beweis.* Aus $C_\theta^{\mathrm{Gumbel}}(q,q) = e^{-\left((-\ln q)^\theta + (-\ln q)^\theta\right)^{1/\theta}} = e^{-2^{1/\theta}(-\ln q)} = q^{2^{1/\theta}}$ folgt mit der Regel von l'Hospital

$$\lambda_u\left(C_\theta^{\mathrm{Gumbel}}\right) = 2 + \lim_{q \to 1} \frac{q^{2^{1/\theta}} - 1}{1 - q}$$
$$= 2 + \lim_{q \to 1} \frac{2^{1/\theta} q^{2^{1/\theta}-1}}{-1} = 2 - 2^{1/\theta}.$$

$\square$

Damit bestätigt die Kennzahl „obere Tailabhängigkeit" die aus den Abb. 3.1, 3.2 gewonnene Intuition, dass die Abhängigkeit im Tail bei der Gumbel-Copula in der Tat größer ist als bei der Gauß-Copula. Proposition 3.8 zeigt sogar, dass sich bei der Gauß-Copula die Abhängigkeit der Verteilungen im Limes des Tails verloren geht. Die

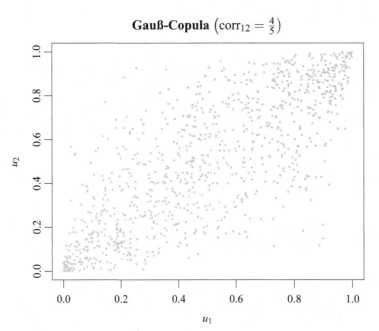

**Gauß-Copula** $\left(\mathrm{corr}_{12} = \frac{4}{5}\right)$

**Abb. 3.1** Gauß-Copula mit $\mathrm{corr}_{12} = \frac{4}{5}$. Es wurden 1000 Zufallspunkte generiert

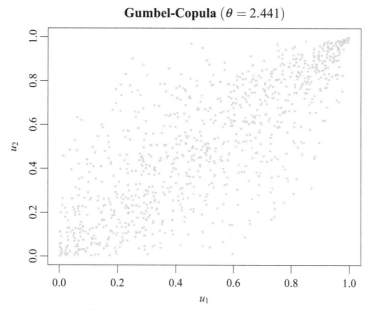

**Abb. 3.2** Gumbel-Copula $C_\theta^{\text{Gumbel}}(u_1, u_2)$ mit $\theta = 2.441$. Der Parameter $\theta$ wurde so gewählt, dass Kendall's $\tau$ den gleichen Wert hat wie Kendall's $\tau$ für die in Abb. 3.1 dargestellte Copula. Es wurden 1000 Zufallspunkte generiert

Abhängigkeitsstruktur in unserem Hagel-Kasko-Beispiel wird also durch die Gauß-Copula qualitativ schlecht beschrieben. Die Gumbel-Copula erweist sich in diesem Fall als geeigneter.

### 3.2.3 Modellierung mit Copulas

In der Praxis werden Copulas in Monte Carlo Simulationen eingesetzt. Es sei $U$ ein $m$-dimensionaler Zufallsvektor, dessen Verteilungsfunktion die Copula $C$ ist. Sind $F_1, \ldots, F_m$ vorgegebene Verteilungsfunktionen mit Pseudoinversen $F_i^\leftarrow(\alpha) := \inf\{x : F_i(x) \geq \alpha\}$, so ist

$$X = \begin{pmatrix} F_1^\leftarrow(U_1) \\ \vdots \\ F_m^\leftarrow(U_m) \end{pmatrix}$$

ein Zufallsvektor mit Randverteilungen $F_1, \ldots, F_m$ und Copula $C$. Man beachte, dass die Pseudoinversen numerisch relativ einfach als Quantil bestimmt werden können. Der Aufwand für die Bestimmung des Zufallsvektors $U$ hängt von der gewählten Copula ab.

**Unabhängigkeitscopula**

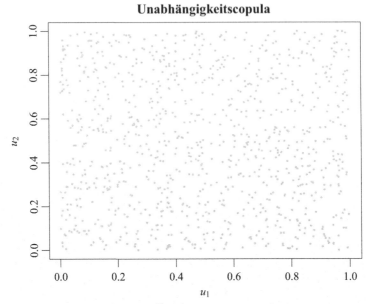

**Abb. 3.3** Die Unabhängigkeitscopula $C^{\text{unabh}}(u_1, u_2)$. Es wurden 1000 Zufallspunkte generiert

*Beispiel 3.3.* Es sei $Z \sim N(0, \text{corr})$ ein $m$-dimensionaler normalverteilter Zufallsvektor mit Korrelationsmatrix corr und $\Phi_{0,1}$ die Verteilungsfunktion der eindimensionalen Standardnormalverteilung. Dann ist

$$U = \begin{pmatrix} \Phi_{0,1}(Z_1) \\ \vdots \\ \Phi_{0,1}(Z_m) \end{pmatrix}$$

ein Zufallsvektor, dessen Verteilungsfunktion gerade die Gauß-Copula $C_{\text{corr}}^{\text{Gauß}}$ ist.

Die Wahl der Copulaklasse kann einen erheblichen Einfluss auf das errechnete Risikokapital haben. So betont die Gumbel-Copula die Abhängigkeit von Tail Risiken sehr viel stärker als die Gauß Copula (siehe Abb. 3.1 und 3.2).

Häufig wird deshalb als eine wesentliche Anwendung von Copulas die Möglichkeit gesehen, die praktisch beobachtete stärkere Abhängigkeit von Tail Risiken zu beschreiben. In der Praxis ist es aber kaum zu schaffen, die für die beobachtete Tailabhängigkeit optimale Copula zu finden. Ähnlich wie bei den Verteilungen steht uns nur eine Handvoll gut beschreibbarer Copulas zur Verfügung. Das Problem der Copulaschätzung entsteht aber dadurch, dass man für die Schätzung von Abhängigkeiten verschiedener Risiken in der Regel sehr viel mehr Daten benötigt als bei der Schätzung der einzelnen Randverteilungen. Die Theorie der Copulas löst das Abhängigkeitsproblem nicht, sondern strukturiert es nur.

Nichtsdestotrotz ist es natürlich besser, eine in den Daten zu beobachtende Tailabhängigkeit im Ansatz durch die Wahl einer Copula mit Tailabhängigkeit zu beschreiben, als das Problem einfach zu ignorieren.

## 3.3  Korrelationen

Abhängigkeiten von Zufallsvariablen kann man auch ohne Copulas messen. Am einfachsten erscheint auf den ersten Blick die *lineare Korrelation*. Für Zufallsvariablen $X_1, X_2$ ist diese durch

$$\mathrm{corr}(X_1, X_2) = \frac{\mathrm{E}\left((X_1 - \mathrm{E}(X_1))(X_2 - \mathrm{E}(X_2))\right)}{\sigma(X_1)\,\sigma(X_2)} = \frac{\mathrm{E}(X_1 X_2) - \mathrm{E}(X_1)\,\mathrm{E}(X_2)}{\sigma(X_1)\,\sigma(X_2)}$$

gegeben. Dies gibt eine Kennzahl, sagt aber nicht, wie man aus $X_1$ und $X_2$ die Gesamtverteilung konstruieren kann.

Wenn wir nun $m$ Verlustfunktionen $X_1, \ldots, X_m$ betrachten, können wir die Korrelationsmatrix corr durch

$$\mathrm{corr}_{ij} = \mathrm{corr}\left(X_i, X_j\right), \; i,j = 1, \ldots, m$$

definieren.

**Proposition 3.10.** *Der Zufallsvektor* $(X_1, \ldots, X_m)$ *sei multinormalverteilt und* $X = X_1 + \cdots + X_m$. *Dann gilt*

$$\mathrm{VaR}_\alpha(X) = \mathrm{E}(X) + \sqrt{\sum_{i,j=1}^{m} \mathrm{corr}_{ij}\left(\mathrm{VaR}_\alpha(X_i) - \mathrm{E}(X_i)\right)\left(\mathrm{VaR}_\alpha(X_j) - \mathrm{E}(X_j)\right)}$$

*und*

$$\mathrm{ES}_\alpha(X) = \mathrm{E}(X) + \sqrt{\sum_{i,j=1}^{m} \mathrm{corr}_{ij}\left(\mathrm{ES}_\alpha(X_i) - \mathrm{E}(X_i)\right)\left(\mathrm{ES}_\alpha(X_j) - \mathrm{E}(X_j)\right)}.$$

*Beweis.* Da der Zufallsvektor $(X_1, \ldots, X_m)$ multinormalverteilt ist, ist die Linearkombination $X$ seiner Komponenten normalverteilt. Weiterhin gilt

$$\mathrm{E}(X) = \sum_{i=1}^{m} \mathrm{E}(X_i), \quad \mathrm{var}(X) = \sum_{i,j=1}^{m} \mathrm{corr}_{ij}\sqrt{\mathrm{var}(X_i)\,\mathrm{var}(X_j)}.$$

Propositions 2.1 und 2.5 implizieren, dass es für $\rho_\alpha = \mathrm{VaR}_\alpha$ und für $\rho_\alpha = \mathrm{ES}_\alpha$ jeweils eine Funktion $f(\alpha)$ gibt, so dass $\rho_\alpha(Y) = \mathrm{E}(Y) + \sqrt{\mathrm{var}(Y)}f(\alpha)$ für jede normalverteilte Zufallsvariable $Y$ gilt. Damit erhalten wir

$$\rho_\alpha(X) = \mathrm{E}(X) + \sqrt{\mathrm{var}(X)}f(\alpha)$$

$$= \mathrm{E}(X) + \sqrt{\sum_{i,j=1}^{m} \mathrm{corr}_{ij}\sqrt{\mathrm{var}(X_i)\,\mathrm{var}(X_j)}f(\alpha)}$$

$$= \mathrm{E}(X) + \sqrt{\sum_{i,j=1}^{m} \mathrm{corr}_{ij}\left(\sqrt{\mathrm{var}(X_i)}f(\alpha)\right)\left(\sqrt{\mathrm{var}(X_j)}f(\alpha)\right)}$$

$$= \mathrm{E}(X) + \sqrt{\sum_{i,j=1}^{m} \mathrm{corr}_{ij}\left(\rho_\alpha(X_i) - \mathrm{E}(X_i)\right)\left(\rho_\alpha(X_j) - \mathrm{E}(X_j)\right)}.$$

$\square$

Unter den Voraussetzung von Proposition 3.10 kann man also das Risikokapital der (unbekannten) Gesamtverteilung aus den Risikokapitalien der einzelnen Verlustverteilungen bestimmen. Obwohl die individuellen Verteilungen in der Regel nicht normalverteilt sind, wird in der Praxis oft das "Wurzelverfahren" benutzt, um das Risikokapital $\rho$ durch

$$\rho(x) \approx \mathrm{E}(X) + \sqrt{\sum_{i,j=1}^{m} \mathrm{corr}_{ij}\left(\rho(X_i) - \mathrm{E}(X_i)\right)\left(\rho(X_j) - \mathrm{E}(X_j)\right)}.$$

zu approximieren. Dieses Verfahren hat jedoch erhebliche Schwächen:

- Ein Risikokapital für die Gesamtverteilung ist nur ein einzelner Wert. Für das Risikomanagement ist die Form der Verteilung mindestens genauso wichtig. Darüber kann das Verfahren jedoch keinen Aufschluss geben.
- In vielen Anwendungen kann man nicht von einer Normalverteilungsannahme oder Annahme einer approximativen Normalverteilung ausgehen.
  - Da bei der Normalverteilung gerade die großen Risiken eher unterschätzt werden, ist diese Annahme für das Risikomanagement besonders zu hinterfragen.
  - Im allgemeinen ist die Formel nur eine Approximation. Sie sollte nur dann genutzt werden, wenn die Größenordnung des Fehlers zum wirklichen Wert bekannt ist. Je nach Risikomaß und Verteilung kann der Fehler beliebig groß sein und das wirkliche Risiko somit beliebig stark unterschätzt (oder überschätzt) werden.

Für interne Modelle ist die Berechnung von Korrelationen nicht wirklich einfacher handhabbar als die Berechnung einer einfachen Copula (wie zum Beispiel die Gauß Copula). Die Copula liefert jedoch die Gesamtverteilung und daher sehr viel mehr Information.

## 3.4 Funktionale Abhängigkeiten

Es ist nicht immer so, dass jede unsichere Größe durch eine eigenständige Zufallsvariable getrieben wird. In unserem Hagel-Beispiel sei zusätzlich angenommen, dass das versicherte Gebiet sehr klein ist, und dass, wenn es hagelt, jeder Versicherte gleichermaßen betroffen ist. Ferner wollen wir annehmen, dass der Schaden proportional zur (normierten) Intensität $I$ des Hagelschauers und zu seiner Dauer $D$ eintrifft. Die Anzahl der Hagelschauer sei durch die weitere Zufallsvariable $N$ modelliert. Wir können dann den Schaden zum Versicherungsvertrag $i$ durch

$$S_i = \sum_{k=1}^{N} \gamma I_k D_k W_i$$

modellieren, wobei $\gamma$ ein Proportionalitätsfaktor sei, $I_k \sim I$, $D_k \sim D$ gelte und $W_i$ der Wert des versicherten Objekts sei. Die Schäden für zwei Versicherungsverträge $i = 1, 2$ sind offenbar funktional voneinander abhängig, denn es gilt $S_1 = S_2 W_1 / W_2$. Allerdings ist diese Abhängigkeit in dem Sinn trivial, dass beide Verträge perfekt miteinander korreliert sind. Ein nicht-triviales Beispiel erhalten wir, wenn wir einen neuen Vertrag $i = 3$ einführen, für den insgesamt maximal die Summe $C_3$ ausgezahlt wird:

$$S_3 = \min\left(\sum_{k=1}^{N} \gamma I_k D_k W_3, C_3\right)$$

Es folgt $S_3 = \min(S_2 W_3 / W_2, C_3)$. Offenbar ist der Vertrag $i = 3$ funktional von dem Vertrag $i = 2$ abhängig. Da diese Abhängigkeit jedoch nicht linear ist, ist die Korrelation der beiden Verträge nicht perfekt.

Das Hagelbeispiel diente lediglich der Illustration eines Konzepts. In der Regel würde man die Möglichkeit zulassen, dass nicht alle Verträge gleichermaßen von jedem Hagelschauer betroffen sind und die Abhängigkeit zwischen den Verträgen klassisch über Korrelationen oder Copulas beschreiben. Funktionale Abhängigkeiten werden jedoch bei der Beschreibung des Kapitalmarkts und in der Lebensversicherung viel genutzt. Ein weiteres natürliches Anwendungsgebiet ist die Beschreibung von Bonus-Malus Systemen.

## Literatur

1. Acerbi C, Tasche D (2002) Expected shortfall: a natural coherent alternative to value at risk. Econ Notes 31(2):379–388
2. McNeil A, Frey R, Embrechts P (2005) Quantitative risk management. Concepts, techniques, tools. Princeton series in finance. Princeton University Press, Princeton

# Risikokapital

**4**

## 4.1 Risikokapital und Kapitalkosten

### 4.1.1 Risikokapital als Vergleichsmaßstab für unterschiedliche Risiken

Wir haben in Kap. 2 Risikomaße, deren Wert als Risikokapital interpretiert werden kann, kennengelernt. Ist erst einmal ein solches Risikomaß $\rho$ gewählt, kann man Risiken verschiedener Natur miteinander vergleichen. Das Maß reflektiert die Risikoaversion des Unternehmens.

Man kann dieses Risikokapital zwar einfach als eine Rechengröße zum Vergleich von Risiken sehen, allerdings wird es in der Regel wirklich von einem oder mehreren Kapitalgebern gestellt und daher operativ interpretiert. Das Risikokapital ist dann ein Kapitalpuffer, der im Notfall, wenn sich das Risiko tatsächlich realisiert, aufgebraucht wird. Es wird jedoch (im umgangssprachlichen Sinn) erwartet, dass das Risikokapital im Normalfall „unangetastet" bleibt.

Um seiner Funktion gerecht zu werden, muss Risikokapital im Notfall nutzbar sein. In der Regel heißt dies, dass das Risikokapital hinreichend fungibel sein muss. Der Wert des Verwaltungsgebäudes des Versicherungsunternehmens ist zum Beispiel nicht fungibel – oder nur in extremen Szenarien, in denen die eigenständige Existenz des Unternehmens in Frage gestellt wird. Völlige Fungibilität muss jedoch nicht gefordert werden, denn die Realisierung eines Risikos ist nicht immer mit einem Mittelabfluss verbunden. Ein Beispiel wäre ein Aktieneinbruch, der für einen Lebensversicherer zur Folge hätte, dass (ohne Eigenkapital) die Rückstellungen nicht mehr bedeckt werden. Hier genügt es, das Eigenkapital zu erniedrigen, um die Bedeckung wieder herzustellen, ohne dass wirkliche Kapitalmittel fließen. Der Teil der Kapitalanlage, der nun nicht mehr zur Bedeckung des Eigenkapitals, sondern zur Bedeckung der Rückstellungen genutzt wird, muss auch

© Springer-Verlag Berlin Heidelberg 2016
M. Kriele und J. Wolf, *Wertorientiertes Risikomanagement von Versicherungsunternehmen*, Springer-Lehrbuch Masterclass,
DOI 10.1007/978-3-662-50257-0_4

nicht fungibel sein, sondern nur die regulatorischen Richtlinien für Kapitalmittel, die Rückstellungen bedecken, erfüllen.

Im allgemeinen haben wir die folgende Kapitalschichtung:

- Kapital, das die Verpflichtungen bedeckt und daher nicht als Risikokapital herangezogen werden kann,
- Risikokapital, das zur Abwehr von Schwankungsrisiken dient,
- Exzesskapital, das keine betriebswirtschaftliche Funktion hat.

Risikokapital wird häufig, aber nicht immer und nicht ausschließlich, vom Aktionär gestellt. In einem Verein auf Gegenseitigkeit stellen die Versicherungsnehmer selbst das Risikokapital. In der Lebensversicherung stellen Versicherungsnehmer auch bei Aktiengesellschaften einen Teil des Risikokapitals, nämlich die freie RfB und den Schlussanteilsfonds, die beide zur Risikoabwehr herangezogen werden können. Eine weitere weitverbreitete Form des Risikokapitals sind nachrangige Bankendarlehen.

### 4.1.2   Kapitalkostenkonzepte

Wenn Risikokapital gestellt wird, entstehen Opportunitätskosten, die als Zins $s_t + k_t$ auf das Risikokapital (bzw. das notwendige Kapital) $C_t$ interpretiert werden, wobei $s_t$ der risikofreie Zins ist und der *Überzins* (oder *Spread*) $k_t$ das Risiko widerspiegelt, dass das Risikokapital (teilweise) verloren werden könnte. Je höher das Risiko ist, desto höher ist der Zinssatz. Diese Opportunitätskosten werden *Kapitalkosten* genannt.

Hier handelt es sich um das gleiche Konzept wie bei einem Zero-Bond: Wenn ein Anleger im Jahr $t$ einen 1-Jahres-Zerobond eines Unternehmens zum Nennwert $N$ kauft, erwartet er, dass er am Ende des Jahres vom Unternehmen einen etwas höheren Wert $(1 + s_t + k_t)N$ zurück erhält. Der Zins $s_t + k_t$ ist um den Spread $k_t$ größer als der risikofreie Zins $s_t$, da das Unternehmen in der Zwischenzeit insolvent werden könnte und der Anleger dann nichts (oder nur einen Bruchteil aus der Konkursmasse) wiederbekommen würde. Der Spread $k_t$ entschädigt den Anleger für dieses Risiko.

In der Praxis besteht eine der größten Schwierigkeiten darin, den Spread $k_t$ zu bestimmen. Hierfür gibt es verschiedene Möglichkeiten. Wir nehmen zunächst vereinfachend an, dass wir einen Risikozins $s_t + k_t$ für das Unternehmen als Ganzes bestimmen wollen.

1. Wenn es nur einen einzigen Eigner des Unternehmens gibt, besteht eine Möglichkeit darin, dass der Eigner dem Management einfach kraft seiner Macht als Geldgeber einen Risikozins $s_t + k_t$ festsetzt. Der Eigner wird in der Regel sichergestellt haben, dass er sein Geld bei vergleichbarem Risiko anderweitig nicht so anlegen könnte, dass der Ertrag $s_t + k_t$ übersteigt.

2. Wenn das Unternehmen aktiv an der Börse gehandelt wird, kann man sein sogenanntes $\beta$ bestimmen und mit Hilfe des Capital Asset Pricing Modells (CAPM, siehe

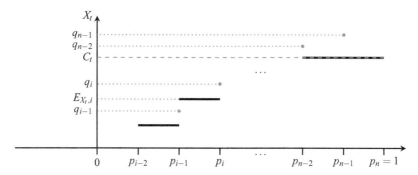

**Abb. 4.1** Konstruktion des Spreads $k_t$ mit der Risikoprofilmethode. Hier gilt $q_{n-2} > C_t$ und daher $E_{X_t,n-2} = E_{X_t,n-1} = C_t$

Anhang A) einen angemessenen relativen Ertrag $s_t + k_t$ errechnen. Wird das Unternehmen nicht aktiv gehandelt, kann man ähnliche Unternehmen als Vergleichsmaßstab heranziehen. Dieses Verfahren macht jedoch starke Annahmen über die Kopplung von realen Risiken und Aktienkursen. Aktienkurse werden allerdings auch durch die öffentliche Einschätzung zukünftiger Erträge beeinflusst. Neben der psychologischen Komponente führt zudem der Umstand zu Verzerrungen, dass Ertrag und Risiko nicht direkt gekoppelt sind.

3. Man kann $k_t$ auf Basis einer direkten Modellierung der Risiken bestimmen. Es sei $X_t$ die Verlustvariable des Unternehmens und $0 = p_0 < \cdots < p_n = 1$ eine endliche ansteigende Folge von Wahrscheinlichkeiten. Wir bezeichnen mit $q_i = \text{VaR}_{p_i}(X_t)$ das $p_i$-Quantil der Verlustvariable $X_t$. Der Anleger ordnet jedem der Intervalle $]q_{i-1}, q_i]$ einen erwarteten Verlust $E_{X_t,i} = \text{E}\left(\min\left(C_t, X_t\right) | X_t \in ]q_{i-1}, q_i]\right)$ zu (siehe Abb. 4.1), wobei $C_t$ das Risikokapital bezeichnet. Die Minimierung mit dem Verlustkapital erfolgt, da das Unternehmen nach Ausschöpfung seines Risikokapitals zahlungsunfähig ist. Falls das Unternehmen Teil einer Gruppe ist und auf Gruppenmittel, die nicht zum Risikokapital gehören, zugreifen kann, muss der Ansatz entsprechend abgeändert werden. Dem Ereignis, mit der mittleren Wahrscheinlichkeit $1 - (p_i + p_{i-1})/2$ den Verlust $E_{X_t,i}$ zu erleiden, lassen sich Spreads $k_t^i$ zuordnen. Dies kann zum Beispiel dadurch geschehen, dass man für $k_t^i$ den Spread eines Zerobonds, dessen Ausfallwahrscheinlichkeit gerade $1 - (p_i + p_{i-1})/2$ beträgt, wählt. Um die Risikoaversion des Anlegers zu berücksichtigen, könnte man in einem zweiten Schritt $k_t^i$ in Abhängigkeit von $E_{X_t,i}$ modifizieren. (Die lineare Beziehung zwischen Kapitaleinsatz und Ertrag, die durch die multiplikative Formel $\left(s_t + k_t^i\right) E_{X_t,i}$ suggeriert wird, muss nicht immer angemessen sein). Um den Spread $k_t$ für das Gesamtrisiko zu errechnen, müssen wir nur noch über unsere Wahrscheinlichkeitsintervalle aggregieren

$$\left(s_t + k_t\right) C_t = \left(s_t + k_t^0\right) E_{X_t,0} + \sum_{i=1}^{n} \left(s_t + k_t^i\right) \left(E_{X_t,i} - E_{X_t,i-1}\right). \tag{4.1}$$

Man beachte, dass wegen Gl. (4.1) für Unternehmen, die das gleiche Gesamtrisikokapital $C_t$ stellen, je nach Form der Verlustverteilung unterschiedliche Kapitalkosten entstehen. Zur Zeit[1] wird die Abhängigkeit von der Form der Verteilung in praktischen Anwendungen üblicherweise ignoriert. Damit wird allerdings auch ignoriert, dass in der Realität fast nie ein Gesamtverlust eintritt, sondern fast immer partielle Verluste, die allerdings mit einer höheren Wahrscheinlichkeit eintreten, als durch das angestrebte Sicherheitsniveau suggeriert wird.

### 4.1.2.1 Reale Kapitalkosten des Unternehmens

In der Praxis werden Kapitalkosten nicht vollständig vom Aktionär getragen, sondern es ist möglich, gewisse Reserven oder Hybridkapital zur (teilweisen) Deckung des Risikokapitals heranzuziehen. (Siehe Abschn. 8.2.3.3 im Kontext von Solvency 1).

Die freie RfB und der Schlussanteilsfonds in der Lebensversicherung sind Beispiele dafür. Diese Rückstellung für Beitragsrückgewähr speist zukünftige Überschüsse, die dem Versicherungsnehmerkollektiv zustehen. Allerdings können diese Mittel im Notfall auch zur Deckung von Verlusten herangezogen werden und haben deshalb Eigenkapitalcharakter. Für dieses Kapital entstehen dem Versicherungsunternehmen keine Kapitalkosten, aber es gibt Beschränkungen, unter welchen Bedingungen dieses Kapital eingesetzt werden kann. Außerdem entstehen schwer quantifizierbare Opportunitätskosten, da eine hohe freie RfB zu einer für den Versicherungsnehmer unattraktiven späten Zahlung von Überschüssen führen kann.

Ein Beispiel für Hybridkapital, das zur Kapitaldeckung genutzt werden kann, sind nachrangige Bankdarlehen. Für nachrangige Darlehen entstehen ebenfalls Kapitalkosten, da sie in der Regel verzinst werden. Diese Zinsen sind aber vertraglich festgelegt. In der Regel sind die Kapitalkosten für nachrangige Darlehen geringer als die für Eigenkapital, da im Verlustfall zunächst das Eigenkapital aufgezehrt wird, bevor das nachrangige Darlehen zur Verlustabdeckung herangezogen wird, das Eigenkapital also unter einem höheren Verlustrisiko steht.

*Beispiel 4.1.* Wir nehmen an, dass das bedeckende Kapital eines Lebensversicherers aus echtem Eigenkapital des Aktionärs $K_t$, einem nachrangigen Darlehen $D_t$, der freien RfB $\text{RfB}_t^{\text{frei}}$ und dem Schlussanteilsfonds $\text{SÜA}_t$ besteht und dass keine anderen Mittel zur Bedeckung zur Verfügung stehen. Ist das Kapital in dem Sinne optimiert, dass das bedeckende Kapital genau dem für das gewünschte Sicherheitsniveau notwendigen Risikokapital entspricht, gilt

$$C_t = K_t + D_t + \text{RfB}_t^{\text{frei}} + \text{SÜA}_t.$$

---

[1] Mit "zur Zeit" meinen wir das Jahr 2014.

Um die realen Kapitalkosten zu berechnen, müssen wir noch die Beschränkungen für den Einsatz der freien RfB, des Schlussanteilsfonds und der nachrangigen Verbindlichkeiten berücksichtigen. Dazu nehmen wir an, dass im Krisenfall zunächst das Eigenkapital, dann die nachrangigen Verbindlichkeiten und schließlich die freie RfB und der Schlussanteilsfonds zur Deckung von Verlusten herangezogen werden.

Es sei $r_t^K = s_t + k_t^K$ die Verzinsung des Eigenkapitals $K_t$ und $r_t^D = s_t + k_t^D$ der Zinssatz für das nachrangige Darlehen $D_t$. Dann ergeben sich die durchschnittlichen, realen Kapitalkosten $k_t^{\varnothing,\mathrm{real}}$ für das Risikokapital $C_t$ aus

$$\left(s_t + k_t^{\varnothing,\mathrm{real}}\right) C_t = \left(s_t + k_t^K\right) K_t + \left(s_t + k_t^D\right) D_t.$$

Wegen $C_t \geq K_t + D_t$ und $k_t^K \geq k_t^D$ gilt

$$\left(s_t + k_t^{\varnothing,\mathrm{real}}\right) C_t \leq \left(s_t + k_t^K\right) K_t + \left(s_t + k_t^K\right) D_t$$
$$\leq \left(s_t + k_t^K\right) \left(K_t + D_t + \mathrm{RfB}_t^{\mathrm{frei}} + \mathrm{S\ddot{U}A}_t\right)$$
$$= \left(s_t + k_t^K\right) C_t$$

und daher

$$k_t^{\varnothing,\mathrm{real}} \leq k_t^K.$$

## 4.2   Risikotragendes Kapital

Während das Risikokapital den mit einem Risikomaß ermittelten Kapitalbedarf angibt, den ein Unternehmen aufgrund seines Risikoprofils vorhalten muss, bezeichnet das *risikotragende Kapital* (oder auch *verfügbare Kapital*) das tatsächlich zur Verfügung stehende Kapital, das das Unternehmen zum Ausgleich von Abweichungen vom erwarteten Geschäftsablauf heranziehen kann.

Aus ökonomischer Sicht ergibt sich somit das risikotragende Kapital als Differenz zwischen dem Marktwert der Aktiva und dem Marktwert der Verpflichtungen. Es stellt also den Teil des Unternehmensvermögens dar, der aus aktuarieller Sicht unter realistischen Annahmen und Ausnutzung der verfügbaren Marktinformationen nicht zur Erfüllung der Verpflichtungen benötigt wird und somit zu einem eventuellen Verlustausgleich verwendet werden kann.

Damit ein Unternehmen als solvent gilt, muss das risikotragende Kapital das Risikokapital übersteigen. Können Verpflichtungen im Falle adverser Entwicklungen reduziert werden wie etwa die freie RfB oder eine Rückstellung für künftige Überschussbeteiligung, so erfassen Monte Carlo Simulationen diese Pufferwirkung und tragen damit dem Kapitalcharakter solcher Verpflichtungen durch den Ausweis eines entsprechend reduzierten Risikokapitals Rechnung. Die Definition der Solvenz durch den Vergleich von risikotragendem und Risikokapital erweist sich damit als in sich konsistent.

Kapitalmodelle mit faktor- oder szenariobasierten Ansätzen bestimmen ein benötigtes Kapital und ermitteln ein vorhandenes Kapital. Soweit das vorhandene Kapital zur Verlustabdeckung herangezogen werden kann, zählt es als risikotragendes Kapital. Darüber hinaus können Bestandteile der Verpflichtungen mit Kapitalcharakter dem risikotragenden Kapital zugerechnet werden.

## 4.3  Spielformen des Risikokapitals

Es gibt verschiedene Spielformen des Risikokapitals, die jeweils unterschiedlichen Perspektiven zuzuordnen sind. Das ökonomische Risikokapital spiegelt die rein ökonomische Sichtweise wider. Das Ratingkapital ist das für ein gegebenes Rating notwendige Kapital, wobei hier im Gegensatz zur ökonomischen Sichtweise nicht von ökonomischer, sondern von gesetzlicher Insolvenz ausgegangen wird. Das Solvenzkapital drückt schließlich die Sicht der Aufsicht und (weitgehend) der Versicherungsnehmer aus.

### 4.3.1  Ökonomisches Risikokapital

Das ökonomische Risikokapital ist der zentrale Begriff in der wertorientierten Unternehmenssteuerung.

**Definition 4.1.** Das *ökonomische Risikokapital* $C_t^{\mathrm{EC}}$ ist das Kapital, das notwendig ist, um mögliche Verluste bei einer gegebenen Risikotoleranz über einen gegebenen Zeitraum zu bedecken.

Diese Definition ist bewusst nicht ganz scharf gehalten, um ökonomisches Risikokapital für verschiedene Teilaspekte eines Unternehmens, z. B. „nur" für die Kapitalanlagen, ermitteln zu können. Das ökonomisch notwendige Risikokapital ist somit ein Oberbegriff, dessen charakteristische Eigenschaft in der ökonomischen Sichtweise bei der Ermittlung möglicher Verluste besteht.

Mathematisch wird das ökonomische Risikokapital mit Hilfe eines Risikomaßes (Definition 2.1) bestimmt. Das Risikomaß drückt die gegebene Risikotoleranz aus, weshalb darauf zu achten ist, dass seine mathematische Form mit den Vorstellungen des Managements konsistent ist. Die gegebene Risikotoleranz wird ökonomisch durch den Risikoappetit des Unternehmens bestimmt. Es ist klar, dass wegen der Beschränktheit realer Ressourcen immer ein Restrisiko bleibt und ein beliebig kleiner Risikoappetit nicht implementiert werden kann.

Als Zeitraum wird in der Praxis häufig ein Jahr gewählt.

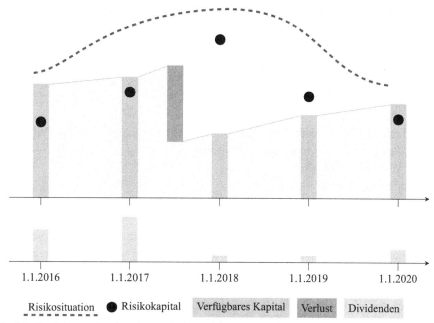

**Abb. 4.2** Funktionsweise des ökonomischen Risikokapitals

Die Funktionsweise des ökonomischen Risikokapitals kann am besten an einem Bei-spiel (siehe Abb. 4.2) beschrieben werden. Das ökonomische Risikokapital wird in der Regel zu Beginn des Geschäftsjahres berechnet und bezieht sich auf das gesamte Jahr. Es wird sowohl durch die individuelle Situation des Unternehmens als auch durch die allgemeine Risikosituation, die für alle vergleichbaren Unternehmen ähnlich ist, beeinflusst. Die *allgemeine Risikosituation* spiegelt externe Einflüsse wie die Volatilität der Kapitalmärkte oder die Wetterlage in Bezug auf Hurrikane wider. Das ökonomische Kapital ist eine berechnete Größe (z. B. der Expected Shortfall zum Konfidenzniveau 99.5 %) und muss durch wirklich verfügbares Kapital bedeckt werden. Ist das verfügbare Kapital (wie am 1.1.2016) höher als das ökonomische Risikokapital, so wird die Differenz als *Exzesskapital* bezeichnet. Das Kapital ist für die Aufrechterhaltung des Betriebs nicht erforderlich und schmälert daher lediglich den risikoadjustierten Ertrag. Es wird ein Managementziel sein, das verfügbare Kapital und die einzugehenden Risiken so zu steuern, dass das Exzesskapital zwar positiv, aber betragsmäßig klein ist. Das Beispiel-unternehmen hat am 1.1.2017 dieses Ziel erreicht, indem es sein Risikoprofil geändert hat. Das verfügbare Kapital ist natürlich nicht nur am 1.1. eines jeden Jahres, sondern auch während des Jahres vorhanden. Dies ist in der Abbildung durch den Hintergrund der Kapitalsäulen angedeutet. In der Mitte des Jahres 2017 erleidet das Unternehmen einen erheblichen Verlust aufgrund eines nicht voraussehbaren Ereignisses. Die Insolvenz des Unternehmens kann verhindert werden, da genügend Kapital vorhanden ist, um den Verlust abzufangen. Dadurch verringert sich das verfügbare Kapital. In unserem Beispiel hat sich weder die individuelle Risikosituation des Unternehmens noch die allgemeine Risikosituation geändert, so dass das Ereignis keine Auswirkung auf das ökonomische Risikokapital hat.[2] In Abb. 4.2 kann aufgrund des Verlustes im Jahr 2017 das Risikokapital für das Jahr 2018 durch das verfügbare Kapital nicht mehr bedeckt werden. Dies heißt, dass das Unternehmen nun einer erhöhten Gefahr ausgesetzt ist, die nicht mehr seiner Risikotoleranz entspricht. Es kann nun

- Kapital auf dem Markt aufnehmen, was mit zusätzlichen Kapitalkosten verbunden ist,
- die Risiken im Portfolio verringern, zum Beispiel durch
  - den Verkauf von Beständen,
  - Absicherung der Kapitalanlagen,
  - verstärkte Rückversicherung,
  - Verbriefung ("Securitization") etc.,
- oder durch eine Verringerung der Dividenden bzw. Gewinnthesaurierung versuchen, das Eigenkapital über einen möglichst kurzen Zeitraum wieder aus eigener Kraft aufzustocken.

In unserem Beispiel wählt das Unternehmen die dritte Möglichkeit. Im Jahr 2020 hat es wieder einen der Risikotoleranz entsprechenden Deckungsgrad mit verfügbarem Kapital erreicht, wobei ihm zugute kam, dass sich im gleichen Zeitraum die allgemeine Risikosituation verbesserte. In der Praxis ist diese Methode häufig nur bei geringen Unterdeckungen erfolgreich, da das Risikokapital sehr viel höher als die Dividenden ist.

### 4.3.1.1 Betrieblich notwendiges Risikokapital und Marktwert der versicherungstechnischen Reserven

Wird das ökonomische Risikokapital für das Ziel ermittelt, mit vorgegebener hoher Wahrscheinlichkeit vor der ökonomischen Insolvenz zu schützen, so spricht man vom betrieblich notwendigen Risikokapital.

**Definition 4.2.** Das *betrieblich notwendige Risikokapital* zu Beginn der Periode $t$ ist das Kapital, das notwendig ist, damit die Differenz der Marktwerte von Vermögen und Verpflichtungen während der betrachteten Periode mit vorgegebener Wahrscheinlichkeit positiv bleibt.

Das betrieblich notwendige Risikokapital ist also eine Spezialform des ökonomisch notwendigen Risikokapitals, wobei das Risikomaß Value at Risk auf den ökonomischen Wertverlust eines Unternehmens, also auf die Veränderung der Differenz aus

---

[2]Im Prinzip können große Katastrophen zu einer neuen Einschätzung der allgemeinen Risikosituation führen, die dann das Risikokapital des Folgejahres beeinflusst. Ein Beispiel ist die Reevaluierung des Hurrikanrisikos nach dem Hurrikan Katrina, der im Jahr 2005 New Orleans verwüstete.

ökonomischem Wert der Vermögensgegenstände (Aktiva, Assets) und ökonomischem Wert der Verpflichtungen (Passiva, Liabilities) angewandt wird.

Selbstverständlich sind auch Variationen des betrieblich notwendigen Risikokapitals denkbar, die auf anderen Risikomaßen, z. B. dem kohärenten Expected Shortfall, basieren, möglich.

Das so definierte Risikokapital kann über Monte Carlo Simulationen des Unternehmens ermittelt werden. Es ist jedoch auf Grund der Komplexität der Risiken und deren Wechselwirkungen in einem Versicherungsunternehmen nicht leicht zu bestimmen. In der Praxis können einfachere Definitionen den ökonomischen Gehalt dieser Definition oft hinreichend gut approximieren.

### 4.3.1.2  Run-off und Going-Concern Problematik

Da die Höhe des betrieblich notwendigen Risikokapitals vom Marktwert der Verpflichtungen am Ende der betrachteten Periode abhängt, ist eine Bestimmung zukünftiger Cashflows zur Berechnung des Marktwertes der Verpflichtungen notwendig.

Dabei gibt es unterschiedliche Interpretationen, was unter „künftigen Verpflichtungen" verstanden werden soll, die auch zu unterschiedlichen Resultaten führen.

**Definition 4.3.**  Der Wert der Verpflichtungen auf *Run-off Basis* ist so bemessen, dass die Verpflichtungen (für das implizierte Sicherheitsniveau) ausreichen, um das Unternehmen aufzulösen und den Bestand vollständig abzuwickeln.

Die Grundidee hinter diesem Ansatz ist, dass der gegenwärtige Bestand isoliert gesehen abgesichert wird. Der Ansatz spiegelt das Szenario wider, dass die Aufsicht das Unternehmen für Neugeschäft schließt und einen Treuhänder einsetzt, um den existierenden Bestand abzuwickeln.

Es wird davon ausgegangen, dass kein Neugeschäft mehr aufgenommen wird. Daher steigt der relative Anteil der Fixkosten im Laufe der Projektion. Die Kosten für den Vertrieb fallen weg, es müssen aber die Kosten, die beim Abbau des Vertriebs (z. B. Abfindungen, Kosten für die Auflösung langfristiger Verträge etc.) anfallen, mit berücksichtigt werden. Ebenso wird bei der Projektion von einem planmäßigen Abbau der Belegschaft ausgegangen. Dabei muss berücksichtigt werden, dass die Anzahl der notwendigen Mitarbeiter nicht proportional zur Größe des Portfolios ist. Analoge Überlegungen gelten für alle anderen Kostenfaktoren wie zum Beispiel den Bestand selbst genutzter Immobilien. Ferner können sich in der Lebensversicherung die Stornoquoten für ein im Run-off befindliches Portfolio von den Stornoquoten eines Neugeschäft betreibenden Unternehmens unterscheiden. In der Lebensversicherung ist auch dafür Sorge zu tragen, dass die RfB während der Run-off Phase gerecht aufgelöst wird.

**Definition 4.4.**  Der Wert der Verpflichtungen auf *Going-Concern Basis* ist so bemessen, dass die Verpflichtungen (für das implizierte Sicherheitsniveau) ausreichen, um den Bestand vollständig abzuwickeln, falls das Unternehmen weiterhin Neugeschäft schreibt.

Dieser Ansatz beruht auf der Grundidee, dass das Unternehmen auch in der Zukunft weiter besteht oder das Portfolio an ein anderes Versicherungsunternehmen verkauft.

Da von unverändertem Neugeschäft ausgegangen wird, bleibt der relative Anteil der Fixkosten im Laufe der Projektion nahezu konstant. In wachsenden oder schrumpfenden Unternehmen kann eine konstante Neugeschäftsannahme allerdings zu Verzerrungen führen. Daher kann es geboten sein, bzgl. der Zeit variables Neugeschäft zu unterstellen, auch wenn derartige Annahmen mit hoher Unsicherheit behaftet sind.

Man kann sich auf den Standpunkt stellen, dass auch bei einem weiterhin existierenden Unternehmen der bestehende Bestand vom Neugeschäft getrennt behandelt werden muss. In diesem Fall hätte das zukünftige Neugeschäft lediglich einen Anteil auf die anteiligen Fixkosten. Für die Lebensversicherung käme noch die Bedingung hinzu, dass die Überschussbeteiligung für Alt- und Neugeschäft gleichwertig sein muss. Häufig wird jedoch die Akquisition des Neugeschäfts mit Gewinnen aus dem Altgeschäft finanziert. In diesem Fall ist eine strenge Trennung von Alt- und Neugeschäft nicht richtig, da man sonst den aus dem Altgeschäft erzielbaren Gewinn überschätzen würde.

*Anmerkung 4.1.* Der Going-Concern Ansatz wird ebenfalls bei der Berechnung von Embedded Values in der Lebens- und Krankenversicherung unterstellt. Auch bei der Ermittlung der Schadenreserven wird implizit ein Going-Concern Prinzip angenommen.

**Definition 4.5.** Der Wert der Verpflichtungen auf *Referenzunternehmensbasis* ist so bemessen, dass er (für das implizierte Sicherheitsniveau) ausreicht, um den Bestand vollständig abzuwickeln, falls das Portfolio auf ein großes, wohl diversifiziertes Versicherungsunternehmen übertragen wird.

Anders als beim Going-Concern Ansatz werden nicht die Unternehmensparameter, sondern die des Referenzunternehmens unterstellt. Insbesondere wird von optimalem Ausgleich im Kollektiv und optimaler Diversifikation ausgegangen.

Dieser Ansatz spiegelt das Szenario wider, dass das Unternehmen nicht mehr ausreichend solvent ist und die Aufsicht den Verkauf des Portfolios an ein großes gesundes Versicherungsunternehmen initiiert, um die Rechte der Versicherten zu wahren. Er kann auch als die Grundlage einer möglichst objektiven Marktwertbestimmung der Verpflichtungen gesehen werden.

Um dem ersten Szenario (mangelnde Solvenz) gerecht zu werden, müsste man auch die Kosten für die Bestandsübertragung auf das Referenzunternehmen berücksichtigen. Diese Kosten sind allerdings (z. B. je nach den benutzten Verwaltungssystemen) verschieden, so dass eine objektive Abschätzung für ein virtuelles Referenzunternehmen kaum möglich ist. Die Problematik kann man umgehen, indem man annimmt, dass das bestehende Verwaltungssystem weiterhin benutzt wird. In diesem Fall nimmt man allerdings zumindest für das Verwaltungssystem Run-off Kosten an, die nicht einfach zu ermitteln sind.

Bei der zweiten Anwendung als Marktwertbestimmung ist zu bedenken, dass hier implizit von einem liquiden Markt von Versicherungsportfolios ausgegangen wird. Ein

solcher Markt existiert in der Realität nicht, so dass der ermittelte Wert nur als Anhaltspunkt zu verstehen ist.

### 4.3.2 Ratingkapital

Ratingkapital $C_t^{\text{Rating}}$ ist das Kapital, das zum vom Unternehmen angestrebten Rating äquivalent ist. Dabei werden zur Kalibrierung von Ratinggesellschaften publizierte empirische
Insolvenzwahrscheinlichkeiten zugrunde gelegt, die den Ratingkategorien der jeweiligen
Ratinggesellschaft entsprechen. Dieses Insolvenzwahrscheinlichkeiten beziehen sich allerdings nicht auf die ökonomische, sondern auf die rechtliche Insolvenz. Da in der Praxis
die Berechnung auf der ökonomischen Insolvenz beruht, ist das Ratingkapital etwas höher
als notwendig. Denn ein Unternehmen, das ökonomisch insolvent ist, wird in der Regel
erst dann Insolvenz anmelden, wenn keine begründete Hoffnung mehr besteht, dass die
Zahlungsunfähigkeit noch abgewendet werden kann. Dies führt zu einer Verschiebung des
Sicherheitsniveaus.

Von den Ratinggesellschaften benutzte Ratingmodelle sind häufig weniger detailliert als interne Risikomodelle, berechnen aber Risikokapital zu einem meist sehr hohen Sicherheitsniveau, z. B. das dem Standard & Poor's AAA-Rating entsprechende
Sicherheitsniveau. Der assoziierte Modellfehler ist so hoch, dass eine direkte Interpretation
des Ratingkapitals als individuelles, ökonomisches Risikokapital nicht möglich ist. Dies
ist aber auch gar nicht Aufgabe des Ratingkapitals. Ratingkapital muss im Kontext von
wohldiversifizierten Portfolios von Unternehmensanleihen, die sich über mehrere Industrien und Tausende von Unternehmen erstrecken, verstanden werden. Das Ratingkapital
ist für umfassende Portfolios kalibriert, und wegen des Gesetzes der großen Zahlen ist ein
auf Ratingkapital basierendes Qualitätsrating für diese Anwendung angemessen.

Natürlich hat ein Rating unternehmensindividuelle Auswirkungen, da es Kreditkosten
und die Reputation des Unternehmens beeinflusst. Vor allem Industrieversicherer und
Rückversicherer sehen sich aus Wettbewerbsgründen häufig gezwungen, genügend Kapital für ein exzellentes Rating bereit zu halten, aber auch für Lebensversicherer spielen
Ratings eine immer größere Rolle, vor allem in der betrieblichen Altersversorgung. Ratingagenturen beginnen, auch individuelle Risikokapitalberechnungen in die Bewertungen
einzubeziehen. So hat Standard & Poor's ein separates Teilrating für das Enterprise
Risk Management (ERM) eingeführt, bei dem auch interne Modelle detailliert betrachtet
werden.

### 4.3.3 Solvenzkapital

Das Solvenzkapital $C_t^{\text{Reg}}$ ist das regulatorisch vorgeschriebene Kapital, das ein Versicherungsunternehmen vorhalten muss, um sein Geschäft betreiben zu dürfen. Aus Sicht
der Aufsicht dient es in erster Linie dem Schutz der Versicherten, die Schaden erleiden

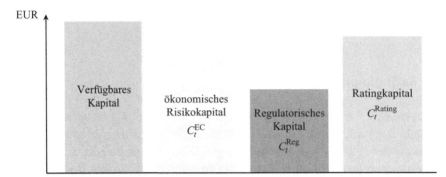

**Abb. 4.3** Vergleich verschiedener Spielformen des Risikokapitals. Die relativen Kapitalhöhen sind illustrativ

würden, wenn das Versicherungsunternehmen insolvent würde. Eine weitere Zielsetzung ist die Stabilisierung der Finanzmärkte.

Ähnlich wie beim Ratingkapital wird das Sicherheitsniveau, auf das sich das Solvenzkapital bezieht, in Bezug auf ein Portfolio definiert. Allerdings erstreckt sich hier das Portfolio nur über nationale Versicherungsgesellschaften und ist um Größenordungen kleiner als das von Ratingagenturen betrachtete Portfolio. Mit Solvency 2 (Abschn. 8.2.4) wird es (wie bereits in der Schweiz mit dem Schweizer Solvenztest) Versicherungsunternehmen möglich sein, Solvenzkapital aufgrund individueller Risikokapitalberechnungen zu ermitteln. Siehe Abbildung 4.3.

## 4.4    Bewertung versicherungstechnischer Verbindlichkeiten

### 4.4.1   Konzept und Definition

Sowohl die ökonomische Bestimmung des risikotragenden Kapitals als auch die Bestimmung des ökonomisch notwendigen Kapitals beruht auf den Marktwerten von Anlagen und Verpflichtungen. Während für den Großteil der Anlageinstrumente Preise auf liquiden Märkten beobachtbar sind, gibt es derzeit keinen liquiden Markt für den Handel von Versicherungsbeständen.

Bewertungen auf der Basis von Marktpreisen zeichnen sich durch hohe Transparenz und geringe Manipulationsgefahr aus und werden daher allgemein akzeptiert.

Grundidee des *Fair Value* der versicherungstechnischen Verpflichtungen ist es, einen Marktwert für versicherungstechnische Verpflichtungen zu definieren. Der Fair Value bezeichnet den Preis, den ein sachverständiger Dritter für die Übernahme der Verpflichtungen zum Bewertungszeitpunkt verlangen würde. Die zentrale Herausforderung besteht darin, diesen Preis approximativ mit einem nachvollziehbaren Verfahren zu ermitteln.

Marktwerte von Finanzinstrumenten bewerten unsichere zukünftige Cashflows und enthalten eine Risikoprämie zur Kompensation dieser Unsicherheit. Der Fair Value als

Substitut eines Marktpreises kann sich daher nicht auf eine reine Erwartungswertsicht beschränken. Genauer können die Kosten für die Verpflichtungen in drei Gruppen aufteilt werden:

1. Erwartungswert der diskontierten, zukünftigen Verpflichtungen
2. Diskontierter Erwartungswert der Kosten für das Risikokapital, das mit den Verpflichtungen in Zukunft assoziiert wird. Damit werden alle Risiken, die durch das Risikokapital abgedeckt werden, in die Bewertung der Verpflichtungen mit einbezogen.
3. Risikomarge für diejenigen Risiken, die nicht durch das Risikokapital abgedeckt werden.

Eine wichtige Motivation für den Begriff des Risikokapitals ist seine Universalität. Im Idealfall würde man sich wünschen, dass alle Risiken durch das Risikokapital adäquat erfasst werden können und dass insbesondere die Risikoprämie für unsichere Cashflows als eine Funktion des Risikokapitals dargestellt werden kann. In dieser Idealisierung wären die beiden Nummern 1 und 2 ausreichend, um den Fair Value zu bestimmen. In vielen Anwendungen wird daher Nummer 3 nicht berücksichtigt.

Allerdings vernachlässigt diese Idealisierung, dass das Risiko von der gesamten Verteilungsfunktion abhängt und nicht in einem durch eine reelle Zahl repräsentierten Risikokapital erfasst werden kann. Zum Beispiel gibt es neben den Kosten und dem Risiko, dass sich die Abwicklung des Bestands weniger erfolgreich gestaltet als durch den Erwartungswert der diskontierten, zukünftigen Verpflichtungen projiziert, auch das „Upside-Risiko", dass der Erwartungswert die zukünftigen Auszahlungen überschätzt. Ein rationaler Investor würde diese Möglichkeit, dass sich die Abwicklung des Portfolios besser als erwartet gestaltet, bei der Wertbestimmung ebenso berücksichtigen wie die negativen Risiken. Ein anderes, konkretes Beispiel wird in der Situation von Beispiel 4.7 beschrieben, wo zwei Portfolios den gleichen Erwartungswert der diskontierten zukünftigen Verpflichtungen und das gleiche Risikokapital aufweisen, das eine aber deutlich risikoreicher als das andere ist.

Nummer 3 trägt diesen Gegebenheiten durch die Möglichkeit Rechnung, zusätzliche Eigenschaften des Portfolios in die Berechnung des Fair Values mit einzubeziehen.

### 4.4.2 Bewertungsansätze für versicherungstechnische Verbindlichkeiten

Versicherungstechnische Verbindlichkeiten beruhen auf ungewissen zukünftigen Cashflows, deren Unsicherheit durch versicherungstechnische Risiken und Finanzmarktrisiken geprägt, aber auch durch das Management des Versicherungsbestandes, z. B. durch Überschussbeteiligung, Kostenstrukturen und Schadenregulierung beeinflusst wird.

Bei der Bewertung versicherungstechnischer Verbindlichkeiten lassen sich folgende Ansätze unterscheiden.

1. *Erwartungswertsicht (Best Estimate).* Eine zentrale Information für die Unternehmenssteuerung stellt die möglichst genaue und realistische Einschätzung der Verbindlichkeiten dar. Der Erwartungswert der künftigen Cashflows auf der Basis realistischer Annahmen über die relevanten Risikofaktoren (Rechnungsgrundlagen) stellt den *Best Estimate* dar. Er enthält keine Sicherheitsmargen und kann daher nicht die Übernahme des Risikos der Verbindlichkeiten kompensieren.

2. *Ökonomische Sicht.* Für die Unternehmenssteuerung genügt die Erwartungswertsicht nicht, da die Risiken der künftigen Cashflows gemanagt werden müssen und die Rückstellung, die die Erfüllung der künftigen Verpflichtungen sicherstellen soll, eine Risikomarge enthalten muss. Diese Risikomarge hängt von der unternehmensindividuellen Risikotoleranz ab und trägt den Risiken in einer langfristigen Sicht Rechnung, während kurzfristige Extremszenarien durch das Risikokapital aufgefangen werden. Neben der Risikotoleranz gibt es weitere unternehmensindividuelle Einflussfaktoren, die den Wert der Verpflichtungen aus ökonomischer Sicht bestimmen:

   a. Das Unternehmen kann die Cashflows und deren Risikoprofil durch Managementregeln (z. B. Überschussbeteiligung) und Kostenstrukturen beeinflussen.

   b. Für die Unternehmenssteuerung sind die Cashflows von Anlagen und Verpflichtungen nicht getrennt, sondern mit ihren wechselseitigen Einflüssen zu bewerten.

   c. In VVaG können Nachschusspflichten der Versicherungsnehmer in Schieflagen zusätzliche Mittel bereitstellen und somit das Risikoprofil beeinflussen.

   d. Sind Teilbestände gesondert zu bewerten, etwa im Falle einer Bestandsübertragung, so wird das Ausmaß der Diversifikationseffekte entscheidend von der Struktur des Gesamtbestandes abhängig sein, so dass der ökonomische Wert des Teilbestandes portfolioabhängig ist.

3. *Bilanzsicht.* Die Bewertung der versicherungstechnischen Verbindlichkeiten in der Bilanz richtet sich nach den gesetzlichen Vorschriften der Rechnungslegung. Die Entwicklung der IFRS verfolgt das Ziel, Rechnungslegungsvorschriften an der Marktwertsicht auszurichten.

4. *Marktwertsicht (Fair Value).* Der Fair Value versucht, einen Marktwert der Verpflichtungen zu approximieren. Das zugrunde gelegte Bewertungsverfahren muss daher marktkonsistent sein, d. h., es darf nicht im Widerspruch zu verfügbarer Marktinformation stehen und sollte soweit wie möglich Marktpreise nutzen. Wie Marktpreise Risikoprämien enthalten, so besteht der Fair Value aus dem Best Estimate der künftigen Cashflows und der *Marktwertmarge (Market Value Margin, MVM)*, die die Markteinschätzung des Risikos der Cashflows reflektiert. Die Marktwertsicht ist eng mit der ökonomischen Sicht verwandt, kann aber nicht die spezifische Situation des Unternehmens berücksichtigen, die bei einem Verkauf der Verbindlichkeiten nicht auf den Käufer übertragen würde.

Das Ziel, Marktpreisinformationen so gut wie möglich zu nutzen, motiviert die Klassifikation in *hedgebare* und *nicht hedgebare Risiken*. Ein Risiko fällt in die erste Kategorie, wenn es handelbare Finanzinstrumente mit einem eindeutig bestimmten Marktpreis gibt, mit denen das Risiko gehedget werden kann. Da der überwiegende Teil der versicherungstechnischen Risiken als nicht hedgebar betrachtet werden muss, bietet sich der Ansatz an, die Cashflows versicherungstechnischer Verbindlichkeiten in ihren Erwartungswert und einen Rest zu zerlegen. Der erwartete Cashflow kann dann durch Replikation mit Finanzinstrumenten bewertet werden. Die Schwierigkeiten der marktkonsistenten Bewertung verlagern sich dann jedoch komplett auf den nicht hedgebaren Rest.

*Beispiel 4.2.* In einem Kollektiv von Risikolebensversicherungen kann der Cashflow der Versicherungsleistungen unter dem Ansatz realistischer Sterblichkeiten projiziert werden. Die einzelnen Zahlungen können durch risikofreie Zerobonds entsprechender Laufzeiten repliziert werden. Der Marktwert dieses replizierenden Portfolios stellt dann den Best Estimate der Verpflichtungen dar.

Zur Bestimmung der Marktwertmarge ist es denkbar, dass das Sterblichkeitsrisiko vollständig von einem Rückversicherer übernommen wird. Der Cashflow der Rückversicherungsprämien lässt sich dann wieder durch ein replizierendes Portfolio von risikofreien Zerobonds bewerten.

Die Unsicherheit des ursprünglichen Cashflows der Versicherungsleistungen überträgt sich in diesem Ansatz nach Abspaltung des Best Estimate auf die Ermittlung der Rückversicherungsprämien. Solange es keinen liquiden Markt für versicherungstechnische Risiken gibt, können jedoch keine impliziten Sterblichkeiten zur Kalkulation von Rückversicherungsprämien aus Marktpreisen abgeleitet werden.

*Beispiel 4.3.* Aus der Information von Schadendreiecken kann der Cashflow der künftigen Zahlungen $(X_1, \ldots, X_n)$ in der Schadenversicherung projiziert werden. Die Bewertung der Schätzwerte $(x_1, \ldots, x_n)$ mit Hilfe eines replizierenden Portfolios von risikofreien Zerobonds liefert den Best Estimate der Verpflichtungen.

Gängige Schadenreservierungsmethoden liefern zudem Schätzer für die Varianzen var $(X_j)$ der künftigen Zahlungen. Verwendet man $\rho(X_j) = \beta \operatorname{var}(X_j)$ mit $\beta > 0$ als Risikomaß und geht man davon aus, dass ein Risikokapitalgeber eine relative Risikoprämie $i$ bezüglich des Risikokapitals erwartet, so kann man die Marktwertmarge mit einem replizierenden Portfolio von risikofreien Zerobonds für den Cashflow $(i\beta \operatorname{var}(X_1), \ldots, i\beta \operatorname{var}(X_n))$ ermitteln (vgl. Abschn. 4.4.3.3).

In diesem Ansatz stellt sich die Frage nach der geeigneten Wahl von $\rho$ und $i$ vor dem Hintergrund, dass kein liquider Markt existiert.

*Beispiel 4.4.* Mitunter werden von Versicherern oder Rückversicherern Katastrophenbonds ausgegeben und auf Kapitalmärkten gehandelt. Diese Katastrophenbonds können in einem begrenzen Rahmen zur Bestimmung des Wertes der Verpflichtungen genutzt werden. R sei ein Rückversicherer, der ein Konzentrationsrisiko bzgl. Erdbeben in Kalifornien habe. R könnte natürlich einige dieser Risiken retrozedieren. Eine andere Möglichkeit wäre, diese Risiken auf den Kapitalmarkt zu bringen. Da nur standardisierte Wertpapiere handelbar sind und die Anleger auf dem Kapitalmarkt keinen tieferen Einblick in das Rückversicherungsgeschäft und die Schadenregulierung des Rückversicherers haben, wäre es schwer möglich, konkrete Rückversicherungsverträge in ein Portfolio zusammenzufassen und dieses Portfolio in kleinen Paketen auf den Kapitalmarkt zu bringen. Es ist daher für R erfolgsversprechender, das Erdbebenrisiko losgelöst von den konkreten Rückversicherungsverträgen auf dem Markt zu platzieren. Diese Idee könnte, wenn sich R mit ungefähr 100 Mio € absichern möchte, folgendermaßen implementiert werden: R emittiert einen einjährigen Zerobond mit Nominalwert $N = 100$ Mio € sowie der Klausel, dass die Anleihe nicht zurückgezahlt wird, falls sich in Kalifornien (oder vor der Küste Kaliforniens in einem Umkreis von 100 km) während dieses Jahres ein Erdbeben der Größe $\geq 7.5$ ereignet. Dabei wird als Größe des Erdbebens der vom *United States Geological Survey's (USGS) Earthquake Hazards Program* publizierte Wert vereinbart. Dieses Finanzinstrument ist für Kapitalmarktanleger aus den folgenden Gründen interessant:

- Es gibt kein moralisches Risiko durch den Emittenten.
- Wann und was gezahlt werden muss, ist eindeutig festgelegt.
- Es ist möglich, das Produkt in gleichartige Teile aufzuteilen, ohne dass erheblicher Verwaltungsaufwand entsteht. Es ist somit handelbar.
- Der Käufer benötigt kein tieferes Verständnis der Versicherungsmathematik, da der Trigger nicht von der tatsächlichen Schadenhöhe abhängt. Externe Experten können hinzugezogen werden, um das Erdbebenrisiko zu ermitteln.
- Das Risiko ist nur schwach mit dem allgemeinen Kapitalmarktrisiko korreliert.

Für den Rückversicherer R besteht ein Nachteil darin, dass er ein erhebliches Basisrisiko hat, da der reale Schaden höher (oder auch geringer) ausfallen kann. Darüber hinaus ist R überhaupt nicht geschützt, falls sich z. B. ein Erdbeben der Größe 7.4 im Stadtzentrum von San Francisco ereignet. Andererseits ist es möglich, dass Anleger aufgrund der geringen Korrelation mit dem Kapitalmarktrisiko bereit sind, einen so hohen Preis für das Produkt zu zahlen, dass dieses Verfahren für R trotz des Basisrisikos preiswerter als Retrozession ist.

Ist $P$ der tatsächlich gezahlte Preis für die komplette Tranche, so wäre

$$\frac{N - P}{N} \times \text{Versicherungssumme.}$$

in erster Näherung der Wert für Erdbebenverpflichtungen in Kalifornien, die auf Erdbeben der Größe $\geq 7.5$ zurückzuführen sind. Dieser Wert müsste noch durch Korrekturen für den risikofreien Zins, das Ausfallrisiko des Rückversicherers und das Basisrisiko modifiziert werden.

Ein weiteres Problem bei der Bewertung versicherungstechnischer Verbindlichkeiten entsteht dadurch, dass ein Hedge für ein Risiko nicht die konkrete Abhängigkeit dieses Risikos von anderen Risiken des Vertrages erfassen kann. Beispielsweise liegt es nahe, in

einem indexgebundenen Lebensversicherungsvertrag finanzielles und biometrisches Risiko getrennt zu bewerten und das finanzielle Risiko durch den Index zu hedgen. Hängt
das Stornoverhalten der Versicherungsnehmer jedoch von der Indexperformance ab, kann
die Indexentwicklung die Zusammensetzung des Kollektivs und damit das biometrische
Risikoprofil beeinflussen. Eine getrennte Betrachtung der Risiken ignoriert zudem Diversifikationseffekte, die Unternehmen in ihrer Kalkulation heranziehen. So z. B. können
Sachversicherer Verträge mit einer geringeren Combined Ratio anbieten, als dies der Fall
wäre, wenn sie nur in risikofreie Papiere investieren müssten.

Die Entwicklung neuer handelbarer Finanzinstrumente wie Versicherungsderivaten bedingt eine Zunahme der verfügbaren Marktpreisinformationen und wirft die Frage nach
einer Vervollständigung von Versicherungsmärkten[3] in dem Sinne auf, dass bislang nicht
hedgebare Risiken hedgebar werden. Selbst in einem liquiden Markt handelbarer Ver-
sicherungsderivate verbleibt das Problem des Basisrisikos, da jedes versicherte Risiko
einzigartig ist und sich durch individuelle Eigenschaften wie Umfang, Ausmaß der Garantien und Abhängigkeitsstrukturen von anderen Risiken unterscheidet.

Da der Fair Value einen Preis approximieren soll, der am Markt für den Transfer der
Verpflichtungen zu entrichten wäre, stellt er eine portfolioindividuelle Größe dar und sollte
daher nicht von unternehmensindividuellen Charakteristika des Käufers wie etwa den
Diversifikationseffekten infolge der Bestandsübernahme abhängen. Diese Anforderung an
den Fair Value wirft die Frage auf, inwieweit die Einflussfaktoren der Cashflows versicherungstechnischer Verbindlichkeiten portfolioindividuell sind und wie mit möglichen
unternehmensabhängigen Faktoren umzugehen ist.

Während biometrische Rechnungsgrundlagen Eigenschaften des Versicherungsbestandes sind, geht man bei Bestandsübertragungen im allgemeinen davon aus, dass sich Stornowahrscheinlichkeiten und Kostensätze nach einer gewissen Übergangszeit auf das Niveau
des übernehmenden Versicherungsunternehmens einpendeln. Ferner werden die Cashflows von Kapitalanlagestrategie und Managementregeln beeinflusst. Ist die Erwartung der
Versicherungsnehmer zum Zeitpunkt der Bestandsübertragung von der Überschussbetei-
ligungsstrategie des übertragenden Versicherungsunternehmens geprägt, so werden mit
fortschreitender Umschichtung der Kapitalanlagen die Verhältnisse des aufnehmenden
Unternehmens mit Blick auf die Überschussbeteiligung relevant.

Um den Fair Value als Marktpreisapproximation zu ermitteln, bietet es sich an, un-
ternehmensabhängige Einflussfaktoren durch standardisierte Annahmen zu ersetzen. Beispielsweise könnten branchendurchschnittliche Stornowahrscheinlichkeiten und Kostensätze herangezogen sowie die vorgeschriebene Mindestüberschussbeteiligung (90/10) und
die schnellstmögliche Umschichtung der Kapitalanlagen in ein optimal replizierendes Portfolio (wie im SST, siehe [4]) angenommen werden.

---

[3]Mathematisch ist zu prüfen, ob sich die bekannten Ergebnisse der Finanzmathematik auch auf
die stochastischen Prozesse für Versicherungsrisiken übertragen lassen. Es existieren Resultate, die
nahelegen, dass dies möglicherweise nicht der Fall ist [12].

### 4.4.3  Implementierungskonzepte

Die Bestimmung des Fair Value erfordert zunächst eine Projektion der zukünftigen Cashflows auf der Basis realistischer Annahmen. Der mit der risikofreien Zinsstrukturkurve diskontierte Barwert dieser Cashflows stellt den Best Estimate der versicherungstechnischen Verpflichtungen dar. Der Fair Value ergibt sich dann durch Addition der Marktwertmarge (MVM), die von der Risikotoleranz des Marktes bzw. dem Marktpreis für Risiko abhängt.

Die Bestimmung der MVM könnte am Marktpreis für andere handelbare Risiken, etwa im Kreditrisikobereich, orientiert werden. Dabei stellt sich jedoch die Frage nach der Vergleichbarkeit der Risiken.

In der Praxis wurden hauptsächlich drei Ansätze zur approximativen Ermittlung des Fair Value diskutiert, der Ansatz über ein Risikomaß, der Kapitalkostenansatz und die Benutzung marktkonsistenter Methoden. In den folgenden Abschnitten werden wir die ersten beiden Ansätze erläutern. Der marktkonsistente Ansatz wird in Abschn. 6.6.4 skizziert werden.

#### 4.4.3.1 Quantilsansatz

Im Quantilsansatz wird der Fair Value als $\alpha$-Quantil der Verteilung des Barwerts der künftigen Cashflows bestimmt. Der Fair Value gibt somit die Höhe der versicherungstechnischen Rückstellungen an, die mit Wahrscheinlichkeit $\alpha$ ausreichen, alle künftigen Verpflichtungen zu erfüllen. Es sei $V_t$ die Zufallsvariable, die den (mit dem risikofreien Zins diskontierten) Barwert der zukünftigen Verpflichtungen beschreibt. Dann ist der Fair Value nach dem Quantilsansatz durch

$$\mathrm{FV}_{\alpha} = \mathrm{VaR}_{\alpha}\left(V_t\right)$$

gegeben. In diesem Sinne verallgemeinert der Fair Value das Konzept des Value-at-Risk auf eine Mehrperiodenbetrachtung. Kritisch anzumerken sind folgende Punkte:

1. Der Quantilsansatz blendet hohe Risiken jenseits des $\alpha$-Quantils aus.
2. Es erweist sich als schwierig, $\alpha$ plausibel festzulegen. So kann z. B. das 75 %-Quantil einer hinreichend schiefen Verteilung kleiner als der Erwartungswert ausfallen und damit das Problem einer negativen Sicherheitsmarge aufwerfen.
3. Es besteht keine direkte Verbindung zwischen dem Marktpreis von risikobehafteten Wertpapieren und der Quantilsfunktion.
4. Stochastische Simulationen zur Bestimmung der Quantile erfordern einen hohen Aufwand.

#### 4.4.3.2 Spektralmaßansatz

Eine Alternative zum Quantilsansatz ist die Verwendung eines Spektralmaßes (Definition 2.6),

$$FV_\phi(X) = \int_0^1 VaR_p(X)\phi(p)\,dp,$$

wobei $\phi$ eine monoton wachsende Gewichtsfunktion (siehe Definition 2.5 und Theorem 2.4) ist.

Im Vergleich zum Quantilsansatz bleiben die Kritikpunkte 3 und 4 unverändert bestehen. Allerdings wäre es aufgrund der hohen Flexibilität des Spektralmaßes einfacher, für den Spektralmaßansatz Konsistenz mit Marktpreisen zu erreichen als für den Quantilsansatz.

Da $\phi$ monoton wachsend ist und nicht identisch verschwindet, werden hohe Risiken im Gegensatz zum Quantilsansatz nicht ausgeblendet (siehe Kritikpunkt 1 des Quantilsansatzes). Die folgende Proposition zeigt, dass der Kritikpunkt 2 des Quantilsansatzes für den Spektralmaßansatz ebenfalls nicht gilt.

**Proposition 4.1.** *Das Spektralmaß* $FV_\phi$ *erfüllt* $FV_\phi(X) \geq E(X)$, *wenn die Gewichtungsfunktion* $\phi \in L^1([0,1])$ *(fast überall) monoton wachsend ist.*

*Beweis.* Da $\Phi$ monoton wachsend und $\int_0^1 (\Phi(p) - 1)\,dp = 0$ ist, gibt es ein $\zeta \in (0,1)$ mit

$$\Phi(p) - 1 = \begin{cases} \leq 0, & p \leq \zeta, \\ \geq 0, & p \geq \zeta. \end{cases}$$

Damit gilt

$$-\int_0^\zeta (\Phi(p) - 1)\,dp = \int_\zeta^1 (\Phi(p) - 1)\,dp.$$

Da $p \mapsto VaR_p(X)$ monoton wachsend ist, folgt daraus

$$-\int_0^\zeta VaR_p(X)\,(\Phi(p) - 1)\,dp \leq \int_\zeta^1 VaR_p(X)\,(\Phi(p) - 1)\,dp,$$

also

$$\int_0^1 VaR_p(X)\,(\Phi(p) - 1)\,dp \geq 0.$$

Mit der Beziehung $E(X) = \int_0^1 VaR_p(X)\,dp$ erhalten wir

$$FV_\phi(X) \geq E(X).$$

$\square$

Das einfachste Beispiel für ein Spektralmaß ist der Expected Shortfall $ES_\alpha$ (Definition 2.4). Der Expected Shortfall zum Konfidenzniveau 70 % wird in den USA bei der Bewertung von Rückstellungen für „Variable Annuities with Guarantees" eingesetzt.

Im folgenden Beispiel wird ein allgemeines Spektralmaß genutzt, um auch das „Upside Risiko" mit zu berücksichtigen.

*Beispiel 4.5.* Es sei $p_{E(X)} = F_X(E(X))$. Dann ist mit der Wahrscheinlichkeit $p_{E(X)}$ der Barwert der zukünftigen Verpflichtungen kleiner gleich dem Best Estimate. Die korrespondierenden Ereignisse repräsentieren somit Abwicklungen des Portfolios, die besser als erwartet verlaufen. Statt wie beim Expected Shortfall diese Ereignisse überhaupt nicht zu gewichten, wollen wir dieses „Upside Risiko" hier mit einem Faktor $a \in (0, 1)$ gewichten. Analog ist der Barwert der Verpflichtungen mit der Wahrscheinlichkeit $1 - p_{E(X)}$ größer als der Best Estimate. Diese Ereignisse entsprechen Abwicklungen des Portfolios, die weniger erfolgreich als erwartet verlaufen, und repräsentieren daher ein „Downside Risiko". Wir wollen dieses Risiko mit einem Faktor $b > 1$ gewichten. Die resultierende Gewichtungsfunktion $\phi_a$ ist somit stückweise konstant, und die Normierung $1 = \int_0^1 \phi_a(p)\mathrm{d}p = a p_{E(X)} + b\left(1 - p_{E(X)}\right)$ erzwingt

$$\phi_a = a \mathbf{1}_{[0,p_{E(X)}[} + \frac{1 - a p_{E(X)}}{1 - p_{E(X)}} \mathbf{1}_{[p_{E(X)},1]}.$$

Offenbar gilt $\lim_{a\to 1} FV_{\phi_a}(X) = E(X)$. Je höher wir das „Upside Risiko" gewichten, desto näher liegt der Fair Value beim Erwartungswert.

*Beispiel 4.6.* In Beispiel 4.5 haben wir der besseren Intuition wegen „Upside Risiko" und „Downside Risiko" in Bezug auf den Erwartungswert definiert. Dies ist jedoch nicht nötig. Es seien $n \geq 1$ und $\mathbf{a} = (a_1, \ldots, a_n) \in \mathbb{R}^n$ ein Vektor mit $a_1 \leq \cdots \leq a_n$ sowie $\mathbf{p} = (p_0, \ldots, p_n) \in \mathbb{R}^{n+1}$ ein Vektor mit $0 = p_0 < \cdots < p_n = 1$. Dann ist

$$\phi_{\mathbf{a},\mathbf{p}} = \frac{\sum_{i=1}^n a_i \mathbf{1}_{[p_{i-1},p_i[}}{\sum_{i=1}^n a_i (p_i - p_{i-1})}$$

eine Gewichtungsfunktion. Offenbar gilt $\phi_a = \phi_{((1-p_{E(X)})a, 1-a p_{E(X)}),(0,p_{E(X)},1)}$, wobei wir davon Gebrauch gemacht haben, dass für jedes $\lambda \in \mathbb{R}^+$ die Identität $\phi_{\mathbf{a},\mathbf{p}} = \phi_{\lambda \mathbf{a},\mathbf{p}}$ gilt. Wir geben nun eine praktische Anwendung dieser Klasse von Gewichtungsfunktion an. Das Versicherungsunternehmen Y-AG unterscheidet „gute", „neutrale" und „schlechte" Abwicklungen, wobei es als Grenzen dieser Klassen die Quantile $VaR_{0.25}(X)$ und $VaR_{0.75}(X)$ definiert. Damit gilt $\mathbf{p} = (0, 0.25, 0.75, 1)$. Neutrale Abwicklungen sollen das Gewicht 1 erhalten. Ist

$$\mathbf{a} = (\alpha, \beta, \gamma),$$

so bedeutet dies $\beta = 0.25\alpha + 0.5\beta + 0.25\gamma$, woraus $\beta = 0.5\alpha + 0.5\gamma$ folgt. Es gilt

$$\mathrm{FV}_{\mathbf{a},\mathbf{p}}(X) = \frac{\alpha\,\mathrm{E}(X) + (\beta - \alpha)\,\mathrm{ES}_{0.25}(X) + (\gamma - \beta)\,\mathrm{ES}_{0.75}(X)}{\beta}.$$

Die relative Gewichtung von „schlechten" und „guten" Abwicklungen folgt aus der Risikostrategie und insbesondere der Risikoaversion des Unternehmens. Je größer das Verhältnis dieser Gewichtungen ist, desto konservativer ist das Unternehmen. Die Unternehmensleitung von Y-AG entscheidet, dass eine Gewichtung $\alpha : \gamma = 1 : 3$ angemessen ist. Damit erhält man $\beta = (0.5 + 1.5)\alpha = 2\alpha$, $\gamma = 3\alpha$ und somit

$$\mathrm{FV}_{\mathbf{a},\mathbf{p}}(X) = \frac{\mathrm{E}(X) + \mathrm{ES}_{0.25}(X) + \mathrm{ES}_{0.75}(X)}{2}.$$

### 4.4.3.3 Kapitalkostenansatz

Dem Kapitalkostenansatz liegt die Überlegung zugrunde, dass die Marktwertmarge als Risikoprämie ausreicht, damit ein Investor in allen künftigen Perioden das für die Reserven benötigte Risikokapital zur Verfügung stellen kann. Dabei ist zunächst zu klären, wie das benötigte Risikokapital zu definieren ist.

Konzeptionell ist das Risikokapital durch Anwendung eines Risikomaßes auf die Verteilung des Barwerts der künftigen Cashflows zum Zeitpunkt $t$ zu ermitteln. Dieser Ansatz würde die intertemporalen Abhängigkeiten einschließlich Trendrisiken wie eine langsame kontinuierliche Verschlechterung des Risikoprofils des Kollektivs (z. B. infolge des Langlebigkeitsrisikos) erfassen, wäre allerdings sehr komplex. In der Praxis wird daher ein Risikokapital mit einjährigem Horizont verwendet.

Das ökonomische Risikokapital $C_t^{\mathrm{EC}}$, das den Risikoappetit des Unternehmens reflektiert, ist allerdings nicht geeignet, da jedes Unternehmen einen anderen Risikoappetit hat und für den Fair Value eine Marktnormierung zu erfolgen hat. Das regulatorisch vorgeschriebene Solvenzkapital $C_t^{\mathrm{Reg}}$ erfüllt die Bedingung einer Marktnormierung, beinhaltet jedoch Kapital, das für die Reserven nicht unbedingt relevant ist. Ein Beispiel wäre regulatorisches Kapital für Marktrisiken, die aufgrund der Kapitalanlagestrategie des Unternehmens eingegangen werden. Da das die Verpflichtungen übernehmende Unternehmen in risikofreie Anlagen investieren könnte, ist dieses Risiko für den Fair Value nicht relevant. Außerdem wird das Marktrisiko bereits bei der Bewertung der Aktiva berücksichtigt. Daher wird ein spezielles Risikokapital $C_t^{\mathrm{FV}}$ für die Fair Value Bestimmung definiert. In der Praxis ist dies häufig das regulatorische Kapital unter Ausblendung derjenigen Risiken, die für den Fair Value der Verpflichtungen nicht relevant sind. Falls das regulatorische Kapital $C_t^{\mathrm{Reg}}$ nicht geeignet ist,[4] bietet sich ein Ratingkapital $C_t^{\mathrm{Rating}}$ zu einem geeigneten Rating, z. B. BBB, an.

---

[4]Zum Beispiel eignete sich das Solvenzkapital nach Solvency 1 nicht, da dieser Kapitalbegriff Risiken zu pauschal erfasst.

Bezeichnen $V_t$ den Barwert der mit der risikofreien Zinsstrukturkurve $s_t$ abdiskontierten zukünftigen Verpflichtungen, $C_t^{\mathrm{FV}}$ das Risikokapital für die Fair Value Berechnung und $k_t$ die relativen Kapitalkosten, so ergibt sich als Fair Value

$$\mathrm{FV}_t = \mathrm{E}\,(V_t) + \mathrm{MVM}_t,$$

wobei die Marktwertmarge $\mathrm{MVM}_t$ als Barwert der zukünftigen Kapitalkosten

$$\mathrm{MVM}_t = \sum_{\tau=t+1}^{\infty} \frac{k_\tau C_\tau^{\mathrm{FV}}}{\prod_{\tilde\tau=t+1}^{\tau}(1+s_{\tilde\tau})},$$

definiert ist.

Der Ansatz des risikofreien Zinses bringt zum Ausdruck, dass das Risikokapital in jedem Fall bis zur vollständigen Abwicklung des Bestandes zu stellen ist, auch wenn das ursprüngliche Versicherungsunternehmen insolvent wird.

Der relative Kapitalkostensatz $k_t$ ist als Spread über dem risikofreien Zins zu bestimmen, der das Ausfallrisiko von $C_t^{\mathrm{FV}}$ infolge adverser Entwicklungen der versicherungstechnischen Cashflows kompensiert. Eine risikoadäquate Bestimmung von $k_t$ setzt die Analyse der Verteilung der Ausfälle von $C_t^{\mathrm{FV}}$ voraus. (Vergleiche die Zerlegung von $C_t$ in Tranchen verschiedenen Risikogehaltes in Abschn. 4.1.2, Aufzählungspunkt 3). Ein pragmatischer Weg, die Schwierigkeiten einer solchen Analyse zu umgehen, besteht darin, für alle $k_t$ einen einheitlichen Prozentsatz zu wählen, der einem branchendurchschnittlichen Risikogehalt entspricht.

Eine weitere Vereinfachung besteht darin, das Risikokapital $C_t^{\mathrm{FV}}$ nur zu Beginn zu ermitteln und zu späteren Zeitpunkten den volumengewichteten Anteil

$$C_\tau^{\mathrm{FV}} = \frac{\mathrm{E}\,(V_\tau)}{\mathrm{E}\,(V_t)}\, C_t^{\mathrm{FV}} \tag{4.2}$$

zu verwenden. Dieses Verfahren kann verfeinert werden, indem für die verschiedenen Risikotreiber in der Berechnung von $C_t^{\mathrm{FV}}$ jeweils geeignete Volumengewichte benutzt werden.

Zum Beispiel wird für Solvency 2, wo mit dem Kapitalkostenansatz eine Risikomarge auf Basis des regulatorischen Kapitals $C_t^{\mathrm{Reg}}$ berechnet wird, eine ganze Hierarchie von möglichen Vereinfachungen vorgeschlagen [9, TP.5.32]:

1. vollständige Projektion ohne Vereinfachung des zukünftigen Risikokapitals für alle Risiken
2. (Teilweise) Approximation der Risiken für die individuellen Risikoklassen und Berechnung des zukünftigen Risikokapitals für diese vereinfachte Risikobeschreibung
3. Approximation des Gesamtkapitals $C_t^{\mathrm{Reg}}$ für jedes zukünftige Jahr $t$, z. B. durch Skalierung

4. Ermittlung einer vereinfachten Formel für das Gesamtkapital $C_t^{\text{Reg}}$, zum Beispiel über einen Durationsansatz

5. Approximation der Market Value Margin als einen festen Prozentsatz des Best Estimate der zukünftigen Verpflichtungen.

Der Kapitalkostenansatz ist im Swiss Solvency Test und in Solvency 2 umgesetzt. In beiden Fällen wird $k_t$ konstant 6 % gesetzt [4, Abschnitt 6.1], [9, TP.5.21], und die Berechnung des Risikokapitals $C_t^{\text{FV}}$ folgt der Berechnung des Solvenzkapitals, wobei allerdings unterstellt wird, dass die Aktiva so schnell wie möglich in ein die Verpflichtungen optimal replizierendes Portfolio umgeschichtet werden.

Im folgenden Beispiel zeigen wir, dass der Kapitalkostenansatz nicht alle Aspekte des Risikos erfassen kann, da er jeweils auf der Information eines speziellen Risikomaßes beruht.

*Beispiel 4.7.* Mit $z > 0$ und $z_t = (1 - 10\,\%\,(t-1))\,z$ betrachten wir die folgenden beiden Portfolios:

1. *Portfolio A.* Im Jahr $t$ ($t \in \{1, \ldots, 10\}$) führt das Portfolio zu den folgenden Zahlungen:

$$
Z_t^A = \begin{cases} Z_t^{(1)} = z_t & \text{mit einer Wahrscheinlichkeit von 99\,\%,} \\ Z_t^{(2)} = (1+5)z_t & \text{mit einer Wahrscheinlichkeit von 1\,\%.} \end{cases}
$$

2. *Portfolio B.* Im Jahr $t$ ($t \in \{1, \ldots, 10\}$) führt das Portfolio zu den folgenden Zahlungen:

$$
Z_t^B = \begin{cases} Z_t^{(1)} = z_t & \text{mit einer Wahrscheinlichkeit von 79\,\%,} \\ Z_t^{(2)} = (1+5)z_t & \text{mit einer Wahrscheinlichkeit von 1\,\%,} \\ Z_t^{(3)} = (1+0.5)z_t & \text{mit einer Wahrscheinlichkeit von 10\,\%,} \\ Z_t^{(3)} = (1-0.5)z_t & \text{mit einer Wahrscheinlichkeit von 10\,\%.} \end{cases}
$$

Wir nehmen an, dass das Risikokapital der 99.5 % Value at Risk ist. Offenbar gilt

$$
\mathrm{E}\left(Z_t^A\right) = \mathrm{E}\left(Z_t^B\right) = 0.99 z_t + 0.01 \times 6 z_t = 1.05 z_t
$$

und

$$
C_t^{\text{FV}}\left(Z_t^A\right) = \mathrm{VaR}_{99.5\,\%}\left(Z_t^A\right) = 6 z_t = \mathrm{VaR}_{99.5\,\%}\left(Z_t^B\right) = C_t^{\text{FV}}\left(Z_t^B\right).
$$

Bei gleicher Wahl von $k_t$ und $s_t$ ergibt sich also der gleiche Fair Value nach dem Kapitalkostenansatz. Trotzdem kann Portfolio B als risikoreicher aufgefasst werden, da es eine höhere Varianz hat, denn es gilt

$$\text{var}\left(Z_t^A\right) = \text{E}\left(\left(Z_t^A\right)^2\right) - \text{E}\left(Z_t^A\right)^2$$

$$= 0.99z_t^2 + 0.01 \times 36z_t^2 - 1.05^2z_t^2$$

$$= 0.2475z_t^2$$

und

$$\text{var}\left(Z_t^B\right) = \text{E}\left(\left(Z_t^B\right)^2\right) - \text{E}\left(Z_t^B\right)^2$$

$$= 0.79z_t^2 + 0.1 \times \frac{9}{4}z_t^2 + 0.1 \times \frac{1}{4}z_t^2 + 0.01 \times 36z_t^2 - 1.05^2z_t^2$$

$$= 0.2975z_t^2.$$

Ein weiterer Kritikpunkt des klassischen Kapitalkostenansatzes besteht darin, dass er lediglich das „Downside Risiko" berücksichtigt.

### 4.4.4   Bewertung versicherungstechnischer Verbindlichkeiten nach IFRS

Mit dem „Exposure Draft Insurance Contracts" vom Juli 2010 wendet sich das IASB von den bisher verfolgten Leitgedanken des Fair Value bei einer fiktiven Markttransaktion ab und legt fest, dass Versicherungsverträge auf Basis der unternehmensspezifischen Situation bei Erfüllung zu bewerten[5] sind. Existieren für Vertragsteile replizierende Finanzinstrumente, so ist für diese Teile der Marktwert anzusetzen. Ansonsten gilt das Grundprinzip der Bewertung versicherungstechnischer Verbindlichkeiten mit dem Erfüllungswert, d. h. der Summe des Zeitwerts der künftigen Cashflows (TVFC, time value of future cash flows) und einer Risikomarge. Unter dem TVFC versteht man den mit der risikofreien Zinsstrukturkurve diskontierten Barwert der erwarteten Zahlungsströme des Versicherungsvertrages. Die Zahlungsströme sind dabei aus Sicht des Unternehmens und unter Zugrundelegung der unternehmensspezifischen Verhältnisse mit Hilfe realistischer Wahrscheinlichkeiten zu ermitteln. Die Ermittlung der Risikomarge kann mit dem Quantilsansatz, durch Ermittlung des Expected Shortfall oder dem Kapitalkostenansatz erfolgen und soll im Kontext eines Versicherungsportefeuilles vorgenommen werden, in dem ähnliche Verträge mit weitgehend ähnlichen Risiken zusammengefasst und eigenständig gesteuert werden. Dadurch wird die unternehmensspezifische Diversifikationsstruktur berücksichtigt. Der ED 2013/07 macht keine explizite Vorgabe, welches Verfahren zur Bestimmung der Risikomarge anzuwenden ist. Entsteht aufgrund der Bewertung mit Erfüllungswert bei Abschluss des Vertrages ein Gewinn, so ist eine zusätzliche Rückstellung in Höhe dieses Gewinns zu bilden, die sogenannte Restmarge. Diese Restmarge

---

[5]Der ED 2013/07 bestätigt dieses Vorgehen.

wird während der Vertragslaufzeit pro rata temporis oder entsprechend dem erwarteten Schaden- oder Leistungsverlauf abgebaut und als Ertrag vereinnahmt.

## 4.5 Ansätze zur Modellierung des Risikokapitals

Das Risikokapital lässt sich auf vielfältige Arten modellieren. Wir werden im folgenden einige populäre Ansätze kurz vorstellen. Ein wirkliches Verständnis für die allgemeinen Zusammenhänge erhält man jedoch erst, wenn man ein gutes, aber nicht zu komplexes Modell eingehend studiert. Hierfür ist der Schweizer Solvenztest [4] besonders gut geeignet, den wir in Abschn. 4.6 vorstellen.

### 4.5.1 Faktorbasierte Modelle

Faktorbasierte Modelle sind sehr pragmatisch. Das Risikokapital soll durch möglichst einfache Formeln berechnet werden. Im einfachsten Fall skaliert man einen normierten Grundschaden mit einem Volumenparameter. Wenn man zum Beispiel das Risiko betrachtet, dass die Aktienkurse fallen, kann man für ein normiertes Aktienpaket $A_{\mathrm{norm}}$ mit Anfangswert $W(A_{\mathrm{norm}}) = 1 €$ den Value at Risk

$$\mathrm{VaR}_{99.5\,\%}(A_{\mathrm{norm}}) =: f$$

dieses Pakets berechnen. Für ein Aktienpaket $A$ mit einem davon abweichenden Wert $W(A)$ setzt man nun einfach $\mathrm{VaR}_{99.5\,\%}(A) = fW(A)$, ohne die Value at Risk-Berechnung explizit durchzuführen. Dieses Verfahren lässt sich nun auf andere Risiken verallgemeinern, so dass man insgesamt zu einem System allgemeiner vordefinierter Faktoren kommt, mit denen unternehmensindividuelle Volumengrößen multipliziert werden, um die Risikokapitalien der betrachteten Risiken zu erhalten. Diese Risikokapitalien werden häufig einfach addiert oder über einen Korrelationsansatz (Abschn. 3.3) aggregiert.

Sind erst einmal die Risikofaktoren bekannt, haben faktorbasierte Modelle den Vorteil, dass das Risikokapital extrem einfach zu berechnen ist. Allerdings ist die durch den Faktor implizierte lineare Beziehung zwischen Risiko und einem Volumenparameter nicht immer eine gute Approximation. Wenn sich die Risiken quantitativ ändern, muss erst das gesamte Faktorsystem neu berechnet werden, um wieder Risikokapital berechnen zu können. Es kann leicht geschehen, dass falsche unternehmerische Anreize geschaffen werden können. Das Risikokapital wurde im Rahmen von Solvency 1 zum Beispiel für Lebensversicherungsunternehmen durch

$$4\,\%\,\text{Deckungsrückstellung} + 0.3\,\%\,\text{riskiertes Kapital}$$

berechnet. Hierbei war einer der Begründungen für den ersten Faktor, dass die Deckungs-rückstellung ein gutes Volumenmaß für das angelegte Kapitalvolumen sei und im Faktor 4 % das (normierte) Kapitalanlagerisiko mit enthalten sei.[6] Ein unbeabsichtigter Nebenef-fekt war, dass ein Unternehmen, das die Deckungsrückstellung vorsichtiger (und somit höher) bemaß, trotz der dadurch erreichten höheren Sicherheit zusätzlich ein höheres Solvenzkapital stellen musste. Zudem ist das so ermittelte Risikokapital unabhängig von der Art der Kapitalanlage, so dass weniger riskant investierte Mittel mit sehr riskanten Kapitalanlagen gleichgestellt sind.

Das Standardmodell von Solvency 2 ist wegen der rechnerischen Einfachheit des faktor-basierten Ansatzes teilweise faktorbasiert (Abschn. 4.7). Es wurde allerdings Mühe darauf verwendet, das Modell so zu konstruieren, dass falsche Anreize minimiert werden.

### 4.5.2   Analytische Modelle

Die Idee analytischer Modelle besteht darin, so weit wie möglich die Versicherungsmathe-matik heranzuziehen, um möglichst einfache Formeln herzuleiten, die einerseits leicht zu füllen und andererseits gut zu interpretieren sind. Ein wichtiger Vorteil dieses Verfahrens liegt darin, dass die notwendigen Vereinfachungen durch die Theorie motiviert werden, so dass es in der Regel möglich ist, den Gültigkeitsbereich des Modells gut abzuschätzen.

*Beispiel 4.8.* Ein sehr einfaches (und für die praktische Anwendung häufig zu sehr ver-einfachendes) Beispiel ist die Modellierung auf Basis einer Normalverteilung $N(\mu, \sigma)$. Wir machen die Annahme, dass der Gesamtschaden normalverteilt ist und wählen als Ri-sikomaß den Value at Risk zum Konfidenzniveau $\alpha$. Aufgrund von Proposition 2.1 gilt dann $\mathrm{VaR}_\alpha(N(\mu, \sigma)) = \mu + \sigma \Phi_{0,1}^{-1}(\alpha)$. Wenn wir zum Beispiel $\alpha = 99.5\%$ wählen, gilt $\Phi_{0,1}^{-1}(\alpha) = 2.58$, so dass wir

$$\mathrm{VaR}_{99.5\%}(N(\mu, \sigma)) = \mu + 2.58\sigma$$

erhalten und für die Berechnung des Risikokapitals lediglich Erwartungswert und Stan-dardabweichung bestimmen müssen. Die Normalverteilungsannahme ist vollkommen trans-parent, so dass die Anwendbarkeit leicht geprüft werden kann. Da die Normalverteilungs-annahme für ein Versicherungsportfolio mit Kumul- und Großschäden in der Regel nicht gerechtfertigt ist, muss dieses spezielle Modell natürlich verworfen werden.

Im Abschn. 4.6 werden wir ein sehr viel komplexeres analytisches Modell kennenler-nen, das auch in der Praxis angewendet werden kann.

---

[6] 3 % der Deckungsrückstellung wurden für Kapitalanlagerisiken veranschlagt und die restlichen 1 % der Deckungsrückstellung für operationale Risiken.

### 4.5.3 Szenariobasierte Modelle und Stresstests

#### 4.5.3.1 Konzeption

Grundlegendes Ziel von Stresstests ist es, Auswirkungen von extremen, aber nicht unplausiblen Schocks auf die finanzielle Lage eines Versicherungsunternehmens zu untersuchen. Die Konzeption beruht auf der Annahme, dass der Wert $V$ eines Versicherungsunternehmens oder eines Portfolios als deterministische Funktion $f$ einer Anzahl von stochastischen Risikofaktoren dargestellt werden kann:

$$V = f(R_1, \dots, R_n)$$

Ein Stresstest beschreibt außergewöhnliche Situationen, die durch eine plötzliche Änderung eines oder mehrerer Risikofaktoren entstehen. Dabei ergeben sich die folgenden Perspektiven:

1. Welche Auswirkungen hat eine extreme Änderung von Risikofaktoren?
2. Bei welcher Änderung welcher Risikofaktoren treten extreme Wertänderungen ein? (Suche nach dem unternehmensindividuellen worst case-Szenario)
3. Inwieweit bleibt die Abbildung $f$ (Modell) unter außergewöhnlichen Rahmenbedingungen adäquat?

Die Aussagekraft von Stresstests für das Risikomanagement hängt entscheidend davon ab, inwieweit die Szenarien für plausibel erachtet und ernst genommen werden. Ideal wäre eine nachvollziehbare Zuordnung von Wahrscheinlichkeiten. In diesem Fall könnten die Stresstestergebnisse wahrscheinlichkeitsgewichtet in bestehende Risikokapitalmodelle integriert werden. Anderenfalls stellen Stresstests eine qualitative Ergänzung der quantitativen Kapitalmodelle dar, die zusätzliche Erkenntnisse über den benötigten Kapitalpuffer in Extremsituationen liefern, die von den Kapitalmodellen möglicherweise nicht erfasst werden (z. B. Ereignisse jenseits des Quantils in VaR-Modellen).

Stressszenarien lassen sich nach verschiedenen Kriterien unterscheiden.

*Historische Szenarien* werden an extremen Ereignissen der Vergangenheit orientiert. Der Vorteil liegt darin, dass die Relevanz bereits beobachteter Änderungen der Risikofaktoren nicht ignoriert werden kann. Allerdings besteht die Gefahr, dass künftige Extremereignisse vergangene Szenarien weit übertreffen. Außerdem müssen sich historische Szenarien für das Versicherungsunternehmen nicht als die Szenarien mit den größten Auswirkungen darstellen.

*Hypothetische Szenarien* adressieren die Einflüsse möglicher künftiger adverser Entwicklungen relevanter Risikofaktoren, z. B. durch Strukturbrüche infolge eines geänderten wirtschaftlichen Umfeldes oder infolge eines veränderten Risikoprofils aufgrund einer neuen Geschäftsstrategie.

Wird die Auswirkung der Änderungen eines einzelnen Risikofaktors untersucht, spricht man von einem *Einzelszenario* im Gegensatz zu einem *multiplen Szenario*, das den Einfluss einer simultanen Änderung mehrerer Risikofaktoren beschreibt. Beim Ansatz multipler Szenarien ist die Abhängigkeitsstruktur der Risikofaktoren zu beachten, um unplausible Szenarien zu vermeiden.

*Standardszenarien* fokussieren auf möglichen extremen Änderungen von Risikofaktoren im Gesamtmarkt und werden meist extern, z. B. von der Aufsicht vorgegeben.

*Unternehmensindividuelle Szenarien* mit extremen Auswirkungen zu identifizieren, stellt eine Aufgabe des Risikomanagements dar. Interessante Fragestellungen betreffen dabei z. B. die Kombination der Änderungen von Risikofaktoren, die zu dem schwersten Verlust zu vorgegebener Wahrscheinlichkeit führt (individuelles worst case-Szenario), oder das Ausmaß eines Schocks, den das Unternehmen gerade noch verkraften könnte (inverser Stresstest).

### 4.5.3.2 Aufsichtsrechtliche Stresstests

Aufsichtsrechtliche Stresstests stellen Standardstresstests dar. Die Aufsicht gibt dabei Szenarien vor, für die die Versicherungsunternehmen überprüfen müssen, ob die Kapitalanlagen die Verpflichtungen und die Solvabilitätsanforderungen bedecken.

Im folgenden wird der BaFin-Stresstest beschrieben. Grundlage bildet die Bilanz des Vorjahres, die zunächst auf den Bilanzstichtag des aktuellen Jahres fortzuschreiben ist.

Bei der Bewertung der Kapitalanlagen gilt der Grundsatz, Marktwerte aus den Angaben des Bilanzanhanges anzusetzen. Ausnahmen bilden festverzinsliche Wertpapiere im Anlagevermögen, da für diese Papiere gemäß § 341 b HGB kein (bilanzielles) Marktänderungsrisiko besteht, und die Berücksichtigung des erhöhten Marktrisikopotentials durch Multiplikation des Marktwertes mit einem Faktor gemäß § 51 Abs. 2 InvG.

Bei der Fortschreibung auf den Bilanzstichtag wird angenommen, dass laufende Erträge der Kapitalanlagen in dieselbe Kategorie investiert werden und keine Dividenden anfallen. Auf der Passivseite wird angenommen, dass sich Neugeschäft und Fälligkeiten vollständig kompensieren. Die Deckungsrückstellung wird mit der Summe aus Rechnungszins und Direktgutschrift verzinst, die gebundene RfB mit dem Rechnungszins für ein halbes Jahr. Bei den Schadenreserven sind Preissteigerungen zu berücksichtigen.

Die fortgeschriebene Bilanz ist dann folgenden Stressszenarien zu unterziehen:

* Kursverlust von Rentenpapieren um 10 %
* Kursrückgang am Aktienmarkt um 35 %
* Kursverluste von 20 % bei Aktien und um 5 % bei Renten
* Kursverluste am Aktienmarkt um 20 % und Marktwertverlust von Immobilien um 10 %

Bei multiplen Szenarien wird eine Stresskorrelation von +1 unterstellt. Dem Kreditrisiko wird durch zusätzliche vorgegebene Abschläge in Abhängigkeit von den Ratingklassen Rechnung getragen. Absicherungsmaßnahmen und passivseitige Puffer (Eigenmittel, freie RfB, Schlussanteilsfonds) werden berücksichtigt.

Der Stresstest gilt in dem jeweiligen Szenario als bestanden, wenn die Kapitalanlagen die Summe der Verpflichtungen und die Solvabilitätsanforderungen übersteigen.

Die Stressszenarien orientieren sich an historischen Erfahrungen. Die Aufsicht verknüpft sie jedoch nicht mit Wahrscheinlichkeiten.

Ein nicht bestandener Stresstest stellt einen Anhaltspunkt für eine unzureichende Risikotragfähigkeit des Versicherungsunternehmens dar. Der Fehlbetrag kann jedoch nicht als konkrete Kapitalanforderung interpretiert werden, da der Stresstest pauschale Annahmen verwendet und die Belastungssituation eventuell überzeichnet. Ein nicht bestandener Stresstest löst einen Dialog mit der Aufsicht aus und gibt Anlass, das Risikomanagementsystem nach genauerer Analyse weiterzuentwickeln.

Mögliche Erweiterungen aufsichtsrechtlicher Stresstests könnten in der Einbeziehung versicherungstechnischer Risiken, der Zuordnung von Wahrscheinlichkeiten zu den Stressszenarien oder in der Aufgabe für das Risikomanagement bestehen, unternehmensindividuelle worst case-Szenarien zu bestimmen (Endogenisierung der Szenarien) und die Robustheit der Modellannahmen zu überprüfen.

### 4.5.4 Monte Carlo Modelle

Monte Carlo Modelle sind eng mit szenariobasierten Modellen verwandt. In Monte Carlo Modellen werden automatisch aufgrund vorgegebener Verteilungen oder stochastischer Prozesse Risikoszenarien erzeugt, deren Auswirkung auf das Unternehmen direkt modelliert wird. Damit erhält man eine diskrete Approximation der Gesamtverteilung des Risikos des Unternehmens, so dass beliebige Risikomaße berechnet werden können. Wir illustrieren dies am Value at Risk für das Konfidenzniveau $\alpha$. Die Monte Carlo Simulation bestehe aus $N$ Szenarien und es sei $\lfloor r \rfloor = \sup_{n \in \mathbb{Z}} \{n \leq r\}$ für $r \in \mathbb{R}$. Um den Value at Risk zu berechnen, sortiert man zunächst die mit der Monte Carlo Simulation ermittelten $N$ Verluste in absteigender Folge, also $\text{Loss}_i \geq \text{Loss}_{i+1}$. Dann wählt man als Value at Risk den $(\lfloor N(1-\alpha) \rfloor + 1)$-ten Verlust in dieser Liste. Falls $N$ hinreichend groß ist, ist der Durchschnitt der ersten $\lfloor N(1-\alpha) \rfloor$ Verluste in dieser Liste eine gute Approximation für den Expected Shortfall (Theorem 2.5).

Aufgrund der Flexibilität dieser Methode kann man mit der Monte Carlo Methode das Risikokapital beliebig komplexer Unternehmen berechnen. Allerdings ist der Aufwand sehr hoch, und da die Gesamtverteilung numerisch gegeben ist, ist die Interpretation schwieriger als bei analytischen Modellen.

Der schematische Aufbau eines Monte Carlo Modells für Versicherungen ist in Abb. 4.4 dargestellt.

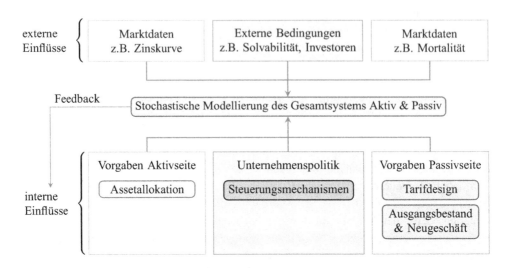

**Abb. 4.4** Schematischer Aufbau der Monte Carlo Modellierung

## 4.5.5   Problematik der Rückversicherungsmodellierung

Einige der hier vorgestellten Verfahren tun sich schwer mit der Berücksichtigung nicht-proportionaler Rückversicherung. Bei der Rückversicherung entstehen zwei gegenläufige Risikokomponenten:

1. Risikoverminderung als primärer Effekt,
2. Einschränkung der Risikoverminderung durch das Ausfallrisiko des Rückversicherers.

Bei einem nicht-proportionalen Rückversicherungsvertrag ist der faktorbasierte Ansatz ungeeignet, da dessen Grundlage die Proportionalität zwischen Schaden und Volumenmaß ist. Analytische Modelle werden durch die Hinzunahme der Rückversicherung schnell so komplex, dass keine leicht zu handhabenden Formeln abgeleitet werden können. Szenariobasierte Modelle und Monte Carlo Modelle können dagegen aufgrund ihrer Flexibilität die Risikoverminderung von nicht-proportionalen Rückversicherungsverträgen prinzipiell gut modellieren.

Die Wirkung des Ausfallrisikos des Rückversicherers ist wegen der Retrozession häufig kaum abzuschätzen. Ratings, die sich nicht auf die Erfüllung der Versicherungsverträge, sondern auf die Solvenz des Rückversicherers beziehen, sind daher kein guter Proxy. Außerdem ist der Ausfall von Rückversicherern stark mit katastrophalen Schäden korreliert, ein Effekt, der bei der Nutzung von Ratings ignoriert wird.

## 4.5.6 Rückkopplung des Investitionsrisikos auf das Kapital

Wenn ein Versicherungsunternehmen Risikokapital aufnimmt, wird es dieses Kapital anlegen. In der Regel wird dies keine risikofreie Kapitalanlage sein, sondern der Anlagestrategie der übrigen Assets entsprechen. Um sowohl Kapitalertrag auf Risikokapital als auch die assoziierten Investitionsrisiken zu berücksichtigen, muss man eine implizite Gleichung lösen. Es seien $V_{t-1}$ die (ökonomischen) Verbindlichkeiten am Ende des Jahres $t-1$, die als Minimalforderung zu Beginn des Jahres $t$ mit Kapital bedeckt sein müssen. Das Anfangskapital $A$ ist ein Parameter für die auf das Jahr bezogene Verlustvariable $X$, weshalb wir $X(A)$ schreiben. Wenn es keine Rückkopplungseffekte gäbe, könnte man einfach $A = V_{t-1}$ setzen und das Risikokapital $\tilde{C}_t$ durch

$$\tilde{C}_t = \frac{\rho\left(X\left(V_{t-1}\right)\right)}{1+s_t} \tag{4.3}$$

bestimmen, wobei wir berücksichtigt haben, dass $\rho(X)$ der (kumulierte) Verlust am Ende des Jahres ist und somit mit dem risikofreien Zins abgezinst werden muss. Wenn das Kapital $\tilde{C}_t$ risikofrei angelegt wird, ist es bezüglich $\omega$ (nicht aber bezüglich der Zeit) konstant und wir erhalten

$$\rho\left(X\left(V_{t-1} + \tilde{C}_t\right)\right) = \rho\left(X\left(V_{t-1}\right)\right) - (1+s_t)\,\tilde{C}_t.$$

Die Bestimmungsgleichung (4.3) für $\tilde{C}_t$ ist also unter dieser Voraussetzung an das Kapital äquivalent zur impliziten Bestimmungsgleichung

$$0 = \rho\left(X\left(V_{t-1} + C_t\right)\right) \tag{4.4}$$

für $C_t$. Allerdings bleibt Gl. (4.4) im Gegensatz zu Gl. (4.3) auch korrekt, wenn es zu den oben beschriebenen Rückkopplungen kommt.

Die implizite Gl. (4.4) lässt sich in der Regel durch ein iteratives Verfahren lösen. Dazu beobachten wir, dass (in realistischen Situationen) für festes $\omega$ die Abbildung $A \mapsto X(A)$ monoton fallend ist.[7] Damit ist im allgemeinen auch $C_t \mapsto \rho\left(X\left(V_{t-1} + C_t\right)\right)$ monoton fallend, und wir können ein einfaches Newtonverfahren zur Lösung von Gl. (4.4) heranziehen. Nichtsdestotrotz ist dieses Verfahren sehr aufwendig, da $\rho$ selbst stochastisch

---

[7]Ein Beispiel für eine Situation, in der die Abbildung nicht monoton fallend ist, könnte eine Geldanlage sein, bei der Kleinanleger unterproportional für das Risiko aufkommen. Ein solches Produkt entspräche sicher nicht den Regeln der freien Marktwirtschaft. Es könnte aber zum Beispiel bei Privatisierungen wichtiger Versorgungsunternehmen politisch erwünscht sein, um den Besitz einerseits in der Bevölkerung zu streuen, andererseits diese nicht-professionellen Anleger weitgehend vor Marktfluktuationen zu schützen.

bestimmt wird. Wenn zum Beispiel die Monte Carlo Methodik angewendet wird, müsste man nicht nur einmal, sondern mehrmals hunderttausende von Szenarien berechnen, um $C_t$ zu bestimmen. In der Praxis wird daher zur Zeit (2014) häufig Gl. (4.3) benutzt.

## 4.6    Der Schweizer Solvenztest (SST)

Der SST[8] ist unseres Wissens nach das erste vollständig ökonomisch basierte aufsichts-rechtliche Risikokapitalmodell. Es wurde Anfang des Jahrtausends in Zusammenarbeit der Eidgenössischen Finanzmarktaufsicht (FINMA) mit führenden Versicherungsunter-nehmen und akademischen Aktuaren entwickelt und ist seit 2008 im regulären Einsatz. Seit 2011 sind die Ergebnisse der SST-Berechnung für die Bestimmung des Solvenz-kapitals bindend. Der SST kann entweder über ein von der Aufsicht entwickeltes *Stan-dardmodell* oder über ein internes Modell, das vom Versicherer entwickelt und von der Aufsicht zertifiziert wurde, berechnet werden. Ein prägnantes und wegweisendes Merkmal des SST stellt die Einbeziehung konkreter Extremszenarien (siehe Abschn. 4.6.3) dar. Eine weitere wegweisende Eigenschaft des SST besteht darin, dass Ergebnisse des SST stets Verteilungen sind und damit der Weg zu einem (partiellen) internen Modell konzeptionell vorgezeichnet wird.

Im folgenden geben wir eine vereinfachte Beschreibung des SST-Modells für die Scha-denversicherung und die Lebensversicherung an. Insbesondere ignorieren wir hier die Rückversicherung, die im SST adressiert wird. Bei jedem Modell müssen Vereinfachun-gen gemacht werden, und der relativ pragmatische SST ist hierbei keine Ausnahme. Wir werden in diesem Abschnitt ein besonderes Augenmerk auf die von den Vereinfachungen herrührenden Fehler richten. Dadurch ist die Beschreibung an einigen Stellen komplexer als in der Standardquelle [4].

Das Ziel des SST ist es, erstens über die Höhe der Risiken eines Versicherungsunterneh-mens und zweitens über dessen finanzielle Fähigkeit, diese Risiken zu tragen, eine Aussage zu treffen. Die Höhe des eingegangenen Risikos wird mit dem Zielkapital (Definition 4.7) gemessen. Demgegenüber wird die Fähigkeit, Risiken zu tragen, mit dem risikotragenden Kapital (Definition 4.6) quantifiziert.

---

[8]Dieser Abschnitt enthält eine vereinfachte Beschreibung des Schweizer Solvenztests als Beispiel für ein Risikokapitalmodell in der Praxis. Es besteht kein Anspruch, die Ansichten oder Verord-nungen der Eidgenössischen Finanzmarktaufsicht (FINMA) korrekt widerzuspiegeln. Leser, die an der praktischen Implementation und offiziellen Interpretation interessiert sind, seien auf die Website der FINMA verwiesen. Es sei auch darauf hingewiesen, dass der Schweizer Solvenztest stetig fortentwickelt wird und sich dementsprechend das hier beschriebene Vorgehen auch in naher Zukunft ändern kann.

In diesem und folgenden Kapiteln bezeichnet ein von einem Semikolon gefolgter Zeitindex, $_{t;}$, dass die entsprechende Größe auf Information, die zur Zeit $t$ bekannt ist, basiert. Die risikofreie *Terminzinskurve* zum Zeitpunkt $t$ (zu Beginn der Periode $t + 1$) sei mit $\tau \mapsto fw_{t;\tau}$ ($\tau \geq t$) bezeichnet, wobei $fw_{t;\tau}$ gerade der (zum Zeitpunkt $t$ prognostizierte) 1-jährige risikofreie Terminzins für die Periode $\tau$ ist. Wir bezeichnen mit $s_t = fw_{t-1;t}$ den zu Beginn der Periode $t$ ermittelten risikofreien Zins für die Periode $t$. Analog bezeichnen wir die auf den Zeitpunkt $t$ bezogene risikofreie *Kassazinskurve* (oder kurz *Zinskurve* mit $\tau \mapsto sp_{t;\tau}$ ($\tau \geq t$). Der Kassazins zum Zeitpunkt $t$ für $\tau$-jährige Anleihen ist also gerade $sp_{t;\tau}$. Offenbar gilt $sp_{t-1;1} = fw_{t-1;t} = s_t$.

*Anmerkung 4.2.* Häufig werden die Begriffe *Forwardzins* und *Spotzins* für Terminzins und Kassazins gebraucht, und wir werden diese Sprechweise ebenfalls verwenden.

*Anmerkung 4.3.* Man beachte, dass die risikofreie Zinskurven $fw_{t;}$ und $sp_{t;}$ stochastisch sind, falls der Prognosezeitpunkt $t$ in der Zukunft liegt, und ansonsten derterministisch sind.

Das risikotragende Kapital kann man sich grob als Differenz zwischen dem Marktwert der Vermögenswerte und dem marktnahen Wert der Verpflichtungen vorstellen. Das Risikokapital wird dann aus der Verteilung der Veränderung des risikotragenden Kapitals für das entsprechende Jahr berechnet. Um diese Idee etwas präziser darzustellen, benötigen wir zunächst eine Aufteilung des marktnahen Werts der Verbindlichkeiten in 3 Bestandteile,

- dem Best Estimate des Barwerts der Verpflichtungen,
- dem Preis für die Übernahme der hedgebaren Risiken der Verpflichtungen,
- dem Preis für die Übernahme der nicht-hedgebaren Risiken der Verpflichtungen.

Die Summe aus dem Best Estimate des Barwerts der Verpflichtungen und dem Preis für die Übernahme der hedgebaren Risiken wird oft direkt über eine risikoneutrale Monte Carlo Simulation bestimmt. Der Preis für die Übernahme der nicht-hedgebaren Risiken wird dann in einem separaten Schritt über den Cost of Capital Ansatz (siehe Abschn. 4.4.3.3) errechnet. Da man das Risikokapital für nicht-hedgebare Risiken für den Cost of Capital Ansatz benötigt, und umgekehrt das Risikokapital vom risikotragenden Kapital abhängt, würden wir eine hochkomplizierte implizite Gleichung für die Bestimmung des Risikokapitals erhalten. Um diese Komplikation zu vermeiden, definiert der SST das risikotragende Kapital ohne den Preis für die Übernahme der nicht-hedgebaren Risiken und korrigiert diese Auslassung in einem weiteren Schritt nach der Berechnung des Risikokapitals.

**Definition 4.6.** Es sei $A_t^{\text{Beginn}}$ der marktkonsistente Wert[9] der Vermögenswerte (Assets) zu Beginn der Periode $t$ und $V_t^{\text{Beginn}}$ die Summe aus

- dem Erwartungswert des Barwerts der mit der risikolosen Zinskurve diskontierten Verpflichtungen (Liabilities) zu Beginn der Periode $t$,
- dem Preis für die Übernahme der hedgebaren Risiken der Verpflichtungen.

Das *risikotragende Kapital* ist durch $\text{RTK}_t^{\text{Beginn}} = A_t^{\text{Beginn}} - V_t^{\text{Beginn}}$ gegeben. Wir bezeichnen die analogen Werte am Ende der Periode mit $A_t^{\text{Ende}}$, $V_t^{\text{Ende}}$ und $\text{RTK}_t^{\text{Ende}}$.

**Definition 4.7.** Die *Verlustfunktion* ist gegeben durch die negative Änderung (Verlust) des risikotragenden Kapitals für das einjährige Risiko,

$$-\Delta\text{RTK}_t = -\left( \frac{\text{RTK}_t^{\text{Ende}}}{1 + f w_{t-1;t}} - \text{RTK}_t^{\text{Beginn}} \right).$$

Das *Risikokapital* zu Beginn der Periode $t$ ist definiert als der Expected Shortfall der Verlustfunktion zum 99 %-Niveau,

$$C_t^{\text{Reg}} = \text{ES}_{99\%}\left( -\Delta\text{RTK}_t \right).$$

Das *Zielkapital* zum Zeitpunkt 0 ist die Summe aus dem Risikokapital und der *Market Value Margin* MVM:

$$\text{ZK}_t = C_t^{\text{Reg}} + \frac{\text{MVM}_t}{1 + f w_{t-1;t}}.$$

*Anmerkung 4.4.* Die Market Value Margin approximiert den Preis für die Übernahme der nicht-hedgebaren Risiken und wird durch einen Cost of Capital Ansatz berechnet (siehe Abschn. 4.4.3.3). Der marktnahe Wert der Verpflichtungen wird durch

$$V_t^{\text{Beginn}} + \frac{\text{MVM}_t}{1 + f w_{t-1;t}}$$

---

[9]Damit meinen wir die Summe aus dem Erwartungswerts des Barwerts zukünftiger, von diesen Vermögenswerten herrührender Zahlungsstöme sowie den Preis für die Übernahme der hedgebaren Risiken. Versicherungsunternehmen investieren aber auch in Finanzinstrumente, die nicht liquide und somit nicht hedgebar sind. Der Preis für die Übernahme der nicht-hedgebaren Risiken der Vermögenswerte kann nicht vom Markt abgelesen werden und wird daher, ebenso wie der Preis für die Übernahme der nicht-hedgebaren Risiken der Verpflichtungen, in einem späteren Schritt über den Cost of Capital Ansatz berücksichtigt.

approximiert, und daher wird die Market Value Margin in der Regel als Teil der Verpflichtungen aufgefasst.[10] Wegen der Verschiebung der Market Value Margin haben weder das risikotragende Kapital RTK noch das Zielkapital ZK eine direkte ökonomische Interpretation.

Wir werden im folgenden eine vereinfachte Form des SST Standardmodells benutzen, um die Verteilung von $-\Delta \text{RTK}_t$ zu bestimmen. das Risikokapital $C_t^{\text{Reg}}$ ist dann der Expected Shortfall dieser Verteilung. Die Änderung des risikotragenden Kapitals berücksichtigt die folgenden Risiken:

- Marktrisiko,
- Versicherungsrisiko,
- Kreditrisiko,
- den Effekt extremer Szenarien.

Operationale Risiken werden im SST nicht quantitativ berücksichtigt.

## 4.6.1   Kreditrisiko

Für das Kreditrisiko wird ein einfacher, faktorbasierter Ansatz gewählt, der Basel II folgt. Das Resultat $K$ wird in der Verteilung von $-\Delta \text{RTK}_t$ durch eine Verschiebung des Arguments um $K$ berücksichtigt. Alternativ könnte man einfach das Kreditrisiko $K$ zum Expected Shortfall hinzu addieren.

## 4.6.2   Das quadratische Modell für Marktrisiko und Lebensversicherungsrisiko

Marktrisiko für Lebensversicherung und Nichtlebensversicherung sowie das Versicherungsrisiko in der Lebensversicherung werden mithilfe des sogenannten $\delta$-$\Gamma$-Modells berechnet. Das risikotragende Kapital RTK wird dabei als eine Funktion der Zeit und von zufälligen Risikofaktoren $X_t$ angesehen,

$$\text{RTK}_t^{\text{Beginn}} = \text{RTK}_{t-1}^{\text{Ende}} = \text{RTK}_{t-1}(X_{t-1}),$$

$$\text{RTK}_t^{\text{Ende}} = \text{RTK}_t(X_t).$$

---

[10]Um genau zu sein, enthält $\text{MVM}_t$ auch den Preis für die Übernahme der nicht-hedgebaren Risiken der Vermögenswerte. Wir ignorieren dies hier, um die Beschreibung nicht weiter zu komplizieren.

Da $X_{t-1}$ zum Zeitpunkt $t-1$ bekannt ist, kann $\Delta \mathrm{RTK}_t$ als Funktion von $X_t$ angesehen werden,[11]

$$\Delta \mathrm{RTK}_t(X_t) = \frac{\mathrm{RTK}_t^{\mathrm{Ende}}(X_t)}{1 + fw_{t-1;t}} - \mathrm{RTK}_t^{\mathrm{Beginn}}. \tag{4.5}$$

Die Idee des $\delta$-$\Gamma$-Modells besteht darin, die Abbildung $X \mapsto \mathrm{RTK}_t^{\mathrm{Ende}}(X)$ durch eine quadratische Funktion von $X$ zu approximieren und dann die Verteilung dieser quadratischen Approximation zu bestimmen.[12] Wir nehmen an, dass der Vektor $X$ aus $n$ Risikofaktoren $X^i$ besteht, die das Marktrisiko und gegebenenfalls das Lebensversicherungsrisiko repräsentieren. FINMA veröffentlicht Sensitivitäten $h_i$ für alle Risikofaktoren $X_i$. Unter der Annahme, dass $X \mapsto \mathrm{RTK}_t^{\mathrm{Ende}}(X)$ zweimal stetig differenzierbar ist, liefert die Taylor-Approximation

$$\mathrm{RTK}_t^{\mathrm{Ende}}(X_{t-1} + h) = \mathrm{RTK}_t^{\mathrm{Ende}}(X_{t-1}) + \sum_{i=1}^{n} \left( \frac{\partial \mathrm{RTK}_t^{\mathrm{Ende}}}{\partial X^i} \right)_{|X_{t-1}} h_i$$

$$+ \frac{1}{2} \sum_{i,j=1}^{n} \left( \frac{\partial^2 \mathrm{RTK}_t^{\mathrm{Ende}}}{\partial X^i \partial X^j} \right)_{|X_{t-1}} h_i h_j + o_2(h), \tag{4.6}$$

wobei $x \mapsto o_2(x)$ eine stetige Funktion mit $\lim_{x \to 0} o_2(x)/|x|^2 = 0$ ist.

Es sei $e_i = (0, \dots, 0, 1, 0, \dots, 0)^{\top} \in \mathbb{R}^n$ der $i$-te Standardeinheitsvektor im $\mathbb{R}^n$ und $\delta$, $\Gamma$ die durch die Sensitivitäten $h \in \mathbb{R}^n$ bestimmten Approximationen der ersten und zweiten Ableitungen von $\Delta \mathrm{RTK}_t$,

$$\delta_i = \frac{\mathrm{RTK}_t^{\mathrm{Ende}}(X_{t-1} + h_i e_i) - \mathrm{RTK}_t^{\mathrm{Ende}}(X_{t-1} - h_i e_i)}{2h_i},$$

$$\Gamma_{ii} = \frac{\mathrm{RTK}_t^{\mathrm{Ende}}(X_{t-1} + h_i e_i) - \mathrm{RTK}_t^{\mathrm{Ende}}(X_{t-1})}{h_i^2}$$

$$+ \frac{\mathrm{RTK}_t^{\mathrm{Ende}}(X_{t-1} - h_i e_i) - \mathrm{RTK}_t^{\mathrm{Ende}}(X_{t-1})}{h_i^2},$$

$$\Gamma_{ij} = \frac{\mathrm{RTK}_t^{\mathrm{Ende}}(X_{t-1} + h_i e_i + h_j e_j) - \mathrm{RTK}_t^{\mathrm{Ende}}(X_{t-1} + h_i e_i - h_j e_j)}{4h_i h_j}$$

---

[11] Gl. (4.5) weicht aufgrund der Diskontierung etwas von den Formeln ab, die in der "Wegleitung zum SST Marktrisiko-Standardmodell" [8] und in dem das $\delta$-$\Gamma$-Modell erklärende Dokument [6] aufgeführt werden, ist aber mit der im "Technischen Dokument" [4] gegebenen Formel konsistent.

[12] In der Originalliteratur [4] wird lediglich eine lineare Approximation beschrieben. Die Erweiterung zu einem quadratischen Modell ist relativ neu [7].

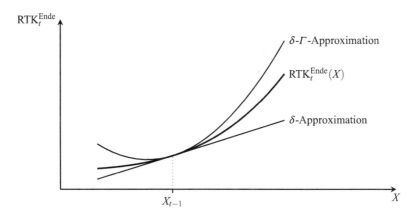

**Abb. 4.5** The $\delta$-$\Gamma$-approximation

$$+ \frac{\text{RTK}_t^{\text{Ende}}(X_{t-1} - h_i e_i - h_j e_j) - \text{RTK}_t^{\text{Ende}}(X_{t-1} - h_i e_i + h_j e_j)}{4 h_i h_j} \quad \text{(für } i \neq j\text{)}.$$

Indem wir $\Delta X = X - X_{t-1}$ und $\Delta \text{RTK}_t^{\text{Ende}}(X) = \text{RTK}_t^{\text{Ende}}(X) - \text{RTK}_t^{\text{Ende}}(X_{t-1})$ schreiben, erhalten die Approximation

$$\Delta \text{RTK}_t^{\text{Ende}}(X) \approx \delta \cdot \Delta X + \frac{1}{2} \Delta X^\top \Gamma \Delta X \tag{4.7}$$

(siehe Abb. 4.5), und somit

$$-\Delta \text{RTK}_t(X) = - \left( \frac{\text{RTK}_t^{\text{Ende}}(X)}{1 + f w_{t-1;t}} - \text{RTK}_t^{\text{Beginn}} \right)$$

$$= -\frac{\Delta \text{RTK}_t^{\text{Ende}}(X)}{1 + f w_{t-1;t}} - \left( \frac{\text{RTK}_t^{\text{Ende}}(X_{t-1})}{1 + f w_{t-1;t}} - \text{RTK}_t^{\text{Beginn}} \right)$$

$$\approx -\frac{\delta \cdot \Delta X + \frac{1}{2} \Delta X^\top \Gamma \Delta X}{1 + f w_{t-1;t}} - \frac{\text{RTK}_t^{\text{Ende}}(X_{t-1})}{1 + f w_{t-1;t}} + \text{RTK}_t^{\text{Beginn}}. \tag{4.8}$$

Der erste Summand ist die Zufallsvariable, die das Risiko beschreibt, während die anderen beiden Summanden einfach den diskontierten erwarteten Verlust[13] repräsentierem. Es wird angenommen, dass die Risikofaktoren normalverteilt sind, so dass $\Delta X$ ebenfalls

---

[13]Es ist ein Verlust wegen des Minuszeichens vor der Klammer. Ein negativer Verlust wäre natürlich als Gewinn aufzufassen.

normalverteilt ist. FINMA veröffentlicht die Standardabweichung $\sigma(\Delta X)$ und die Korrelationsmatrix von $\Delta X$, corr. Dann gilt

$$\Delta X \sim N\left(0, \text{corr} \odot \left(\sigma(\Delta X)\sigma(\Delta X)^{\top}\right)\right),$$

wobei die Multiplikation $\odot$ komponentenweise aufzufassen ist. Obwohl $\Delta \text{RTK}_t$ des quadratischen Terms wegen nicht normalverteilt ist, ist es einfach, die Verteilung von $-\Delta \text{RTK}_t(X)$ über die bekannte Verteilung von $\Delta X$ numerisch zu bestimmen.

Um das Modell vollständig zu spezifizieren, müssen die Risikofaktoren und die Abbildung $X \mapsto \text{RTK}_t^{\text{Ende}}$ näher beschrieben werden. Wir machen hier die folgenden Annahmen:

- $X_{t-1} = E(X_t)$
- Die Risikofaktoren $X_t$ nehmen ihre Werte unmittelbar nach dem Zeitpunkt $t-1$ an.

*Beispiel 4.9.* Betrachte die risikofreien Spotzinsen $sp_{t-1;1}, sp_{t-1;1+\tau}$ mit $\tau > 0$. Dann ist der Best Estimate des Diskontierungsfaktors von $t + \tau$ nach $t$ durch

$$\bar{d}_{t,t+\tau} = (1 + sp_{t-1;1})(1 + sp_{t-1;1+\tau})^{-\tau-1}$$

gegeben. In der Realität ergibt sich das Zinsänderungsrisiko für den Zeitraum $]t-1,t]$ während des gesamten Zeitraums. Um die Modellierung zu vereinfachen, nehmen wir aber an, dass es sich schlagartig unmittelbar nach dem Zeitpunkt $t-1$ manifestiert. Ferner modellieren wir die zu unseren beiden Spotzinsen gehörigen Risikofaktoren als additive Faktoren mit dem Erwartungswert 0. Damit sind die Spotzinsen zum Zeitpunkt $t-1+\varepsilon$ ($0 < \varepsilon \ll 1$) durch

$$sp_{t-1+\varepsilon;1} = sp_{t-1;t} + X_1 \text{ und } sp_{t-1+\varepsilon;1+\tau} = sp_{t-1;1+\tau} + X_{1+\tau}$$

gegeben. Der stochastische Diskontierungsfaktor für den Zeitpunkt $t$ ist demnach

$$d_{t,t+\tau} = (1 + sp_{t-1;1} + X_1)(1 + sp_{t-1;1+\tau} + X_{1+\tau})^{-\tau-1}.$$

*Anmerkung 4.5.* Das $\delta$-$\Gamma$-Modell hat den Vorteil, dass es konzeptionell einfach und auch leicht zu implementieren ist, solange nur wenige Risikofaktoren betrachtet werden. Andererseits ist zu beachten dass, auch wenn die Approximation (4.8) gut für $|\Delta X| \ll 1$ ist, sie für $|\Delta X| \gg 1$ ungeeignet sein kann. Bei der Anwendung auf den SST gilt normalerweise $|\Delta X| \gg 1$, da der SST Risiken jenseits des 99 %-Quantils betrachtet. Der SST behandelt also große Abweichungen vom Erwartungswert, so dass das $\delta$-$\Gamma$-Modell ein erhebliches Modellrisiko birgt. Dieses Modellrisiko könnte verringert werden, in dem man RTK nicht um $X_{t-1} = E(X_t)$ sondern um einen Punkt $y$ im für die Berechnung des Expected Shortfalls interessierenden Bereich

$$\mathscr{R}[\mathrm{RTK}_t^{\mathrm{Ende}}] = \{x\colon -\Delta\mathrm{RTK}_t^{\mathrm{Ende}}(x) \geq \mathrm{VaR}_{99\%}(-\Delta\mathrm{RTK}_t^{\mathrm{Ende}})\}$$

approximiert. Dies liefert die Approximation

$$\mathrm{RTK}_t^{\mathrm{Ende}}(y+h) = \mathrm{RTK}_t^{\mathrm{Ende}}(y) + \sum_{i=1}^{n}\left(\frac{\partial\mathrm{RTK}_t^{\mathrm{Ende}}}{\partial X^i}\right)_{|y} h_i$$

$$+ \frac{1}{2}\sum_{i,j=1}^{n}\left(\frac{\partial^2\mathrm{RTK}_t^{\mathrm{Ende}}}{\partial X^i\partial X^j}\right)_{|y} h_i h_j + o_2(h)$$

anstelle von (4.6). Es sei

$$\tilde{\delta}_i = \left(\frac{\partial\mathrm{RTK}_t^{\mathrm{Ende}}}{\partial X^i}\right)_{|y}, \quad \tilde{\Gamma}_{ij} = \left(\frac{\partial^2\mathrm{RTK}_t^{\mathrm{Ende}}}{\partial X^i\partial X^j}\right)_{|y}.$$

Mit $X = X_{t-1} + \Delta X = y + \Delta Y$ erhalten wir anstelle von (4.7) die Approximation

$$\Delta\mathrm{RTK}_t^{\mathrm{Ende}}(X) \approx \mathrm{RTK}_t^{\mathrm{Ende}}(y) - \mathrm{RTK}_t^{\mathrm{Ende}}(X_{t-1}) + \tilde{\delta}\cdot\Delta Y + \frac{1}{2}\Delta Y^\top\tilde{\Gamma}\Delta Y,$$

wobei

$$\Delta Y \sim N\left((X_t - y, \mathrm{corr}\odot(\sigma(\Delta X)\sigma(\Delta X)^\top))\right)$$

gilt und $\sigma(\Delta X)$ den gleichen Wert wie in Abschn. 4.6.2 hat. Analog zu (4.8) erhält man nun

$$-\Delta\mathrm{RTK}_t(X) \approx -\frac{\tilde{\delta}\cdot\Delta Y + \frac{1}{2}\Delta Y^\top\tilde{\Gamma}\Delta Y}{1+fw_{t-1;t}} - \frac{\mathrm{RTK}_t^{\mathrm{Ende}}(y)}{1+fw_{t-1;t}} + \mathrm{RTK}_t^{\mathrm{Beginn}}.$$

Den Wert $y$ kann man durch einen geeigneten Stress für jeden Risikofaktor festlegen. Zum Beispiel könnte man jeden Risikofaktor $x_i$ einem Stress $y_i$ unterziehen, so dass

$$\mathbf{P}\big(-\Delta\mathrm{RTK}_t^{\mathrm{Ende}}(X_{t-1}^1,\dots,X_{t-1}^{i-1},X_t^i,X_{t-1}^{i+1},\dots,X_{t-1}^n) \geq$$

$$-\Delta\mathrm{RTK}_t^{\mathrm{Ende}}(X_{t-1}^1,\dots,X_{t-1}^{i-1},y_i,X_{t-1}^{i+1},\dots,X_{t-1}^n)\big) = 0.5\%$$

gilt. Dann gälte, da in der Konstruktion von $y$ Diversifikationseffekte vernachlässigt werden, in jeder realistischen[14] Situation

---

[14]Selbstverständlich lassen sich z. B. bei zwei Risikofaktoren einfach Funktionen $f$ finden, so $f(y_1, X_{t-1}^2) \gg 1, f(X_{t-1}^1, y_2) \gg 1$, aber $f(y_1, y_2) \ll -1$ gilt. In diesem Fall würde in der Regel nicht

$$\text{VaR}_{99\%}(-\Delta\text{RTK}_t^{\text{Ende}}) < \text{VaR}_{99.5\%}(-\Delta\text{RTK}_t^{\text{Ende}}) < -\Delta\text{RTK}_t^{\text{Ende}}(y)$$

und somit $y \in \mathscr{R}[\text{RTK}_t^{\text{Ende}}]$.

Die Kalibrierung von $y$ ist allerdings mit hohen Unsicherheiten verbunden. Man müsste also das Parameterrisiko erhöhen, um das Modellrisiko zu verringern.

*Beispiel 4.10 (Lebensversicherungsrisiko (Einzelversicherung) für den SST 2016).* Das Modell adressiert sowohl das Fluktuationsrisiko als auch das Parameterrisiko. FINMA definiert 7 Risikofaktoren für jedes der beiden Risiken:

1:  Mortalitätsrisiko,
2:  Langlebigkeitsrisiko,
3:  Invaliditätsrisiko,
4:  Reaktivierungsrisiko,
5:  Kostenrisiko,
6:  Stornorisiko,
7:  Ausübung von Optionen durch den Versicherungsnehmer.

Wir bezeichnen mit $P = (P_1, \dots, P_7)^\top$ die Risikofaktoren für das Parameterrisiko, wobei für jedes $i$ der Risikofaktor $P_i$ mit dem Risikotyp $i$ korrespondiert. FINMA gibt ein $\delta$-$\Gamma$-Modell mit den Parametern

$$h = (10\%, 10\%, 10\%, 10\%, 10\%, 10\%, 10\%)^\top,$$

$$\sigma(\Delta P) = (5\%, 10\%, 10\%, 10\%, 10\%, 25\%, 10\%)^\top,$$

$$\text{corr}(\Delta P) = \begin{pmatrix} 1 & 0 & 0 & 0 & 0 & 0 & 0 \\ 0 & 1 & 0 & 0 & 0 & 0 & 0 \\ 0 & 0 & 1 & 0 & 0 & 0 & 0 \\ 0 & 0 & 0 & 1 & 0 & 0 & 0 \\ 0 & 0 & 0 & 0 & 1 & 0 & 0 \\ 0 & 0 & 0 & 0 & 0 & 1 & 0.75 \\ 0 & 0 & 0 & 0 & 0 & 0.75 & 1 \end{pmatrix}.$$

vor.

Während die meisten Risikofaktoren $P_i$ selbsterklärend sind, muss die Interpretation des Risikofaktors $P_2$ für das Langlebigkeitsrisikos etwas näher erklärt werden. Dieser Risikofaktor betrifft Renten während der Rentenbezugsphase. Für die Sterbewahrscheinlichkeiten der entsprechenden Rentner wird der Ansatz

---

$y \in \mathscr{R}[f]$ gelten. Solche Funktionen wären aber als Approximation für $-\Delta\text{RTK}$ in einer realistischen Situation vollkommen ungeeignet.

$$q_x(t) = e^{-\lambda_x t} q_x(0),$$

gemacht, wobei $x$ das Alter des Versicherten und $t$ die Zeit bezeichnet. Der Parameter $\lambda_x$ bestimmt den erwarteten Anstieg in der Lebenserwartung mit der Zeit, und $P_2$ bezieht sich auf diesen Parameter.

FINMA gibt ebenfalls Parameter für das Fluktuationsrisiko $F = (F_1, \ldots, F_7)^\top$ für dieselben Risikotypen wie beim Parameterrisiko vor. Dabei wird angenommen, dass die Zufallsvariable $\mathrm{RTK}_t^{\mathrm{Ende}}(F)$ normalverteilt ist und die Korrelationsmatrix

$$\mathrm{corr}\left(\mathrm{RTK}_t^{\mathrm{Ende}}(F)\right) = \begin{pmatrix} 1 & 0 & 0 & 0 & 0 & 0 & 0 \\ 0 & 1 & 0 & 0 & 0 & 0 & 0 \\ 0 & 0 & 1 & 0 & 0 & 0 & 0 \\ 0 & 0 & 0 & 1 & 0 & 0 & 0 \\ 0 & 0 & 0 & 0 & 1 & 0 & 0 \\ 0 & 0 & 0 & 0 & 0 & 1 & 0.75 \\ 0 & 0 & 0 & 0 & 0 & 0.75 & 1 \end{pmatrix}$$

aufweist. Die Standardabweichungen $\sigma\left(\mathrm{RTK}_t^{\mathrm{Ende}}(F)\right)$ für das Fluktuationsrisiko werden direkt vom Versicherer geschätzt. Das Fluktuationsrisiko ist normalerweise klein und in den meisten Portfolios gibt es einige wenige Fluktuationsrisikofaktoren (z. B. $F_3$), die die anderen Fluktuationsrisikofaktoren stark dominieren. Wir betrachten als Beispiel das Fluktuationsrisiko für Mortalität, $F_1$. Dazu nehmen wir an, dass es im Portfolio $n$ Versicherungspolicen mit möglichen Todesfallleistungen während des betrachteten Jahres gibt. $S_i$ sei die versicherte Todesfallleistung der Versicherungspolice $i \in \{1, \ldots, n\}$, und $V_i$ seien die entsprechenden technischen Rückstellungen. Falls der Versicherte stirbt, werden diese Rückstellungen frei und das Unternehmen macht einen Verlust von $S_i - V_i$. Wir nehmen ferner an, dass jeder Versicherungsnehmer lediglich eine Versicherungspolice besitzt und die Sterbewahrscheinlichkeiten der Versicherungsnehmer unabhängig sind. Dann erhalten wir für die Standardabweichung des Fluktuationsrisikos

$$\sigma\left(\mathrm{RTK}_t^{\mathrm{Ende}}(F_1)\right) = \sqrt{\sum_{i=1}^{n} q_{x_i}(1 - q_{x_i})(S_i - V_i)^2},$$

wobei $q_{x_i}$ die Sterbewahrscheinlichkeit des Versicherten mit der Versicherungspolice $i$ ist. Mit $\sigma\left(\mathrm{RTK}_t^{\mathrm{Ende}}(F)\right)$ ist es nun leicht, numerisch

$$\mathrm{RTK}_t^{\mathrm{Ende}}(F) - \mathrm{RTK}_t^{\mathrm{Ende}}(\mathrm{E}(F)) \sim N\left(0, \mathrm{cov}\left(\mathrm{RTK}_t^{\mathrm{Ende}}(F)\right)\right).$$

zu bestimmen.

Es wird angenommen, dass das Parameterrisiko und das Fluktuationsrisiko unkorreliert sind. Damit erhalten wir

$$
\begin{aligned}
\mathrm{RTK}_t^{\mathrm{Ende}}(F, P) &- \mathrm{RTK}_t^{\mathrm{Ende}}(\mathrm{E}\,(F), \mathrm{E}\,(P)) \\
&= \mathrm{RTK}_t^{\mathrm{Ende}}(F, P) - \mathrm{RTK}_t^{\mathrm{Ende}}(\mathrm{E}\,(F), P) \\
&\quad + \mathrm{RTK}_t^{\mathrm{Ende}}(\mathrm{E}\,(F), P) - \mathrm{RTK}_t^{\mathrm{Ende}}(\mathrm{E}\,(F), \mathrm{E}\,(P)) \\
&\approx \overbrace{\mathrm{RTK}_t^{\mathrm{Ende}}(F) - \mathrm{RTK}_t^{\mathrm{Ende}}(\mathrm{E}\,(F))}^{\sim N\left(0, \mathrm{cov}\left(\mathrm{RTK}_t^{\mathrm{Ende}}(F)\right)\right)} \\
&\quad + \delta \cdot \Delta P + \frac{1}{2} \Delta P^{\mathsf{T}} \Gamma \Delta P,
\end{aligned}
$$

wobei $\Delta P \sim N\,(0, \mathrm{cov}\,(\Delta P))$ gilt.

*Beispiel 4.11 (Marktrisiko für den SST 2016).* FINMA definiert $n = 82$ Risikofaktoren für das Marktrisiko, die in Tab. 4.1 aufgeführt sind.

**Tab. 4.1** Risikofaktoren für Marktrisiken

| Index | Risikofaktor |
|---|---|
| $i \in \{1, \dots, 13\}$: | Risikofaktoren, die die risikofreie Zinskurve für CHF beschreiben, $\left(sp_{t-1;1}, \dots, sp_{t-1;t-1+10}, sp_{t-1;t-1+15}, sp_{t-1;t-1+20}, sp_{t-1;t-1+30}\right)$ |
| $i \in \{14, \dots, 26\}$: | Risikofaktoren, die die risikofreie Zinskurve für EUR beschreiben |
| $i \in \{27, \dots, 39\}$: | Risikofaktoren, die die risikofreie Zinskurve für USD beschreiben |
| $i \in \{40, \dots, 52\}$: | Risikofaktoren, die die risikofreie Zinskurve für GBP beschreiben |
| $i \in \{53\}$: | Risikofaktor für implizite Zinsvolatilität |
| $i \in \{54, \dots, 57\}$: | Risikofaktoren für US Kredit-Spreads: AAA, AA, A, BBB |
| $i \in \{58\}$: | Risikofaktor für Kredit-Spread: BB |
| $i \in \{59, \dots, 62\}$: | Risikofaktoren für europäische Kredit-Spreads: AAA, AA, A, BBB |
| $i \in \{63\}$: | Risikofaktor für Swap-Government Spread |
| $i \in \{64, \dots, 67\}$: | Risikofaktoren für Währungsrisiken (FX-Risiko), CHF-EUR, CHF-USD, CHF-GBP, CHF-JPY |
| $i \in \{68\}$: | Risikofaktor für die implizite FX-Volatilität |
| $i \in \{69, \dots, 75\}$: | Risikofaktoren für Aktienindizes: Schweiz, EMU, USA, Großbritannien, Japan, Pacific ohne Japan, Small cap EMU |
| $i \in \{76\}$: | Risikofaktor für implizite Aktienvolatilität |
| $i \in \{77\}$: | Risikofaktor für Hedge Fonds |
| $i \in \{78\}$: | Risikofaktor für Private Equity |
| $i \in \{79, \dots, 81\}$: | Risikofaktoren für (Schweizer) Immobilienindizes |
| $i \in \{82\}$: | Risikofaktor für Beteiligungen |

FINMA gibt auch die Standardabweichung $\sigma(\Delta X)$ und die Korrelationsmatrix corr für $\Delta X$ vor.[15] Die Sensitivitäten $h_i$ betragen 100bp für $i \in \{1, \ldots, 52, 54, \ldots, 63\}$ und $10\% \Delta X_i$ für $i \in \{53, 64, \ldots, 82\}$.

### 4.6.3   Berücksichtigung von Extremszenarien

Das SST Standardmodell basiert auf einer analytisch hergeleiteten Verteilungsfunktion für die Änderung

$$\Delta \mathrm{RTK}_t = \frac{\mathrm{RTK}_t^{\mathrm{Ende}}}{1 + fw_{t-1;t}} - \mathrm{RTK}_t^{\mathrm{Beginn}}$$

des risikofrei diskontierten risikotragenden Kapitals. Ein Ziel bei der Entwicklung des SST Standardmodells war seine vergleichsweise Einfachheit. Aufgrund dieser Einfachheit unterschätzt man mit den analytischen Verteilungen für Marktrisiko und Versicherungsrisiko das Tail-Risiko, das das Zielkapital dominiert. Hinzu kommt, dass für den Tail-Bereich der Verteilung kaum Daten existieren und daher die Konstruktion und Parametrisierung eines akkuraten Modells für das Tail-Risiko in jedem Fall mit erheblichen Schwierigkeiten verbunden wäre. Letzteres ist auch für die Verwender von internen Kapitalmarktmodellen ein Problem.

Die im SST gegebene Lösung dieses Problems besteht darin, den Effekt von mehreren repräsentativen Extremszenarien auf das RTK abzuschätzen. Diese Extremszenarien modellieren Ereignisse, die lediglich mit einer sehr geringen Wahrscheinlichkeit eintreten, typischer Weise einmal in hundert oder einmal in tausend Jahren. Beispiele von Szenarien werden in Abschn. 4.6.3.2 und 4.6.3.3 gegeben

#### 4.6.3.1  Berechnung der Verteilung von $\Delta\mathrm{RTK}_t$ durch die Aggregation der Verteilung des Risikokapitals mit dem Kreditrisiko und den Extremszenarien

Die Szenarien werden formal als Ereignisse $S_1, \ldots, S_m$ definiert. Das Ereignis, dass kein Szenario eintritt, bezeichnen wir mit $S_0$. Dieses Ereignis entspricht der Hypothese „Normaljahr", unter welcher eine Verteilungsfunktion $\tilde{F}_0$ von $-\Delta\mathrm{RTK}_t \mid S_0$ hergeleitet wird. Für ein einfaches Lebensversicherungsbeispiel wird eine analytische Bestimmung dieser Verteilung in Abschn. 4.6.4 und für die Nichtlebensversicherung wird eine solche Bestimmung in Abschn. 4.6.5 vorgestellt. Formal können wir

$$\tilde{F}_0(x) = \mathbf{P}(-\Delta\mathrm{RTK}_t \leq x \mid S_0)$$

---

[15]Wir verweisen auf die FINMA-Webseite für die konkreten Werte.

schreiben. Beim Standardmodell (und einfacheren internen Modellen) berücksichtigt dieser Wahrscheinlichkeitsraum nicht das Kreditrisiko, für das ein deterministisch berechnetes Kapital $K$ separat (siehe Abschn. 4.6.1) bestimmt wird. Dieses Kapital wird additiv, d. h. durch eine Verschiebung der Verteilungsfunktion in unsere Beschreibung integriert:

$$F_0(x) = \tilde{F}_0(x - K).$$

Bei internen Modellen mit integriertem Kreditrisikomodell setzen wir $F_0 = \tilde{F}_0$.

Die Eintrittswahrscheinlichkeiten der Szenarien sind klein $p_j = \mathbf{P}(S_j) \ll 1$ (im SST Standardmodell variiert $p_j$ zwischen $0.1\,\%$ und $1\,\%$). Es wird daher angenommen, dass nur ein Szenario pro Jahr eintreten kann ($\mathbf{P}(S_i \cap S_j) = 0$ für $i \neq j$ und $i,j \geq 1$) und somit die Ereignisse $S_0, \ldots, S_m$ eine Zerlegung des Wahrscheinlichkeitsraumes bilden. Es folgt $p_0 = \mathbf{P}(S_0) = 1 - \sum_{j=1}^{m} \mathbf{P}(S_j)$.

Für jedes Szenario wird von den zuständigen Aktuaren der zusätzlich verursachte Jahresverlust $c_j \geq 0$ an risikotragendem Kapital bestimmt. Es wird postuliert, dass die Verteilungsfunktion $F_j$ von $-\Delta\mathrm{RTK}_t$, bedingt auf das Szenario $S_j$, durch eine Verschiebung von $F_0$ um $c_j$ hervorgeht:

$$F_j(x) = \mathbf{P}(-\Delta\mathrm{RTK}_t \leq x \mid S_j) = F_0(x - c_j).$$

Dieser Ansatz ist natürlich eine starke Vereinfachung. In der Realität hat der Eintritt eines Szenarios auch Auswirkungen auf die weiteren Risiko-Charakteristiken, z. B. Varianzen der Zinskurve, die wiederum die Verteilung von $\Delta\mathrm{RTK}_t$ beeinflussen würden.

Die unbedingte Verteilung $F$ von $-\Delta\mathrm{RTK}_t$ ergibt sich schlussendlich einfach durch Mischung

$$F(x) = \mathbf{P}(-\Delta\mathrm{RTK}_t \leq x) = \sum_{j=0}^{m} p_j F_j(x).$$

Nun können wir das Risikokapital

$$C_t^{\mathrm{Reg}} = \mathrm{ES}_{99\,\%}\left(-\Delta\mathrm{RTK}_t\right)$$

und somit das Zielkapital berechnen.

### 4.6.3.2 Klassische Szenarien

Die klassischen Szenarien beschreiben eine anschauliche Situation wie eine Pandemie oder ein Finanzmarktcrash. Ein solches Szenario kann sich gleichzeitig negativ auf die versicherte Schadenhöhe als auch auf die Assetseite auswirken (z. B. hat eine schwere

Pandemie starke Auswirkungen auf die globalen Finanzmärkte). Eine Liste von vorgegebenen Szenarien für das SST Standardmodell befindet sich in Abschnitt 5.2.1 in [4]. Diese Liste wird jedoch ständig aktualisiert.

*Beispiel 4.12.* Eine Explosion in einer Chemiefabrik. Die Eintrittswahrscheinlichkeit wird mit 0.5 % angesetzt. Ein reales Ereignis, das als Vorlage dienen kann, ist der Unfall in Seveso. In diesem Szenario wird ein toxisches Gas freigesetzt. Die Einwohner einer benachbarten Stadt (20.000 Einwohner) sind zu 10 % betroffen. Von der betroffenen Bevölkerung sterben 1 %, 10 % werden dauerhaft invalide, und die restlichen 89 % müssen stationär im Krankenhaus behandelt werden (z. B. Rauchvergiftung) und haben eine anschließende Rekonvaleszensphase. Die Belegschaft (500 Mitarbeiter) selbst ist zu 20 % betroffen. Da die Mitarbeiter näher am Geschehen waren, werden sie von dem Unfall stärker in Mitleidenschaft gezogen. Von den betroffenen Mitarbeitern sterben 10 %, 30 % werden dauerhaft invalide, und die restlichen 60 % müssen stationär im Krankenhaus behandelt werden und haben eine anschließende Gesundungsphase. Hinzu kommt ein Totalschaden der Fabrik, Sachschaden an der Umgebung (z. B. Gewässerverunreinigung), Schäden an benachbarten Gebäuden und Autos sowie Schmerzensgeldforderungen. Weitere Schäden sind Lohnausfall und Betriebsunterbrechung.

Zusätzlich zu beschreibenden Szenarien werden auch Szenarien betrachtet, bei denen Risikofaktoren explizit ausgelenkt werden. Dies ist zum Beispiel für Kapitalmarktszenarien der Fall.

Im Swiss Solvency Test dienen einige Szenarien lediglich der Information und müssen nicht mit der in Abschn. 4.6.3.1 erläuterten Methode aggregiert werden.

### 4.6.3.3 Quadrantenszenarien

Neben den klassischen Szenarien gibt es „Quadrantenszenarien", die direkt Schwächen im vom Versicherer benutzten Kapitalmarktmodell adressieren sollen.[16] Das 2016 zu benutzende Standardmodell für Marktrisiken hat 82 Risikofaktoren, die den Vektorraum $\mathbb{R}^{82}$ aufspannen. Ein *Quadrant Q* ist der Schnitt von endlich vielen affinen Halbräumen,

$$Q = \bigcap_{i=1}^{k} \{x : \lambda_i(x) \geq a_i\},$$

wobei $a_i \in \mathbb{R}$ und $\lambda_i$ Linearformen auf dem $\mathbb{R}^{82}$ sind. Die Quadranten sind so gewählt, dass sie jeweils eine Menge adverser Risikofaktoren beschreiben. Ein *Quadrantenszenario* ist dann ein Paar $(Q, p)$ wobei $p \in [0, 1]$ die (vorgegebene) Wahrscheinlichkeit ist,

---

[16]Die theoretische Basis für Quadrantenszenarien findet sich in [11]. Hier beschreiben wir lediglich die praktische Implementation.

dass sich die Risikofaktoren im Quadranten $Q$ realisieren. Im Jahr 2016 wird für jedes Quadrantenszenario die Wahrscheinlichkeit $p = 0.5\%$ vorgegeben. FINMA benutzt ein stochastisches Monte Carlo Benchmark-Marktmodell, um $m$ adverse Quadrantenszenarien zu kalibrieren.[17] Es sei $N$ die Anzahl der vom Benchmark-Marktmodell generierten Monte Carlo Szenarien und

$$x\colon \{1,\dots,N\} \to \mathbb{R}^{82}, \quad \omega \mapsto x(\omega)$$

der von diesen Szenarien erzeugte diskrete Zufallsvektor von Risikofaktoren. Dann werden die den Quadranten $Q$ definierenden affinen Halbräume so gewählt, dass gerade $pN$ dieser Zufallsvektoren in $Q$ liegen. FINMA ordnet jedem der Quadrantenszenarien $(Q_j, p_j)$, $j \in \{1,\dots,m\}$, einen repräsentativen Punkt $x^{Q_j} \in Q_j$ als gewichteten Mittelwert der in $Q_j$ liegenden Risikofaktoren zu,

$$x^{Q_j} = \sum_{\omega \in \Omega_{Q_j}} w_\omega^{Q_j} x(\omega),$$

wobei $\Omega_{Q_j} = \{\omega \in \{1,\dots,N\}\colon x(\omega) \in Q_j\}$ sei und die von FINMA vorgegebenen Werte $w_\omega^{Q_j}$ die Bedingung $\sum_{\omega \in \Omega_{Q_j}} w_\omega^{Q_j} = 1$ erfüllen. Da die Punkte $x^{Q_j}$ explizit Auslenkungen der Risikofaktoren definieren, ist es einfach, die Auswirkungen auf das RTK zu berechnen.

Nutzer des Standardmodells integrieren die Quadrantenszenarien $(Q_j, p_j)$ in die Berechnung des SST anhand der gleichen Methode wie in Abschn. 4.6.3.1.

Für Nutzer von internen Modellen würde es jedoch zu Doppelzählungen kommen, wenn ihre internen Modelle die Quadranten $Q_j$ bereits teilweise abdecken. Daher werden für diese Nutzer die Wahrscheinlichkeiten $p_j$ für das Eintreten der Ereignisse $\{x \in Q_j\}$ von FINMA individuell adjustiert. Jedes Unternehmen hat FINMA im Rahmen der letztjährigen[18] SST-Berichterstattung bereits die (hinreichend normierte[19]) Monte Carlo Simulation der Verteilung der Risikofaktoren geliefert. FINMA ordnet jedem Quadranten $Q_j$ einen an den letztjährigen Marktdaten mit dem Benchmark-Marktmodell rekalibrierten Quadranten $\tilde{Q}_j$ zu. Nun kann FINMA für jedes Unternehmen die Wahrscheinlichkeit $q_j$ auszurechnen, mit der unter Annahme des vom Unternehmen benutzten Kapitalmarktmodells die Risikofaktoren in $\tilde{Q}_j$ liegen. Gilt $p_j > q_j$, so ordnet das vom Unternehmen benutzte Modell dem Quadranten $Q_j$ eine (im Rahmen der gemachten Approximationen) geringere Eintrittswahrscheinlichkeit als das Benchmark-Marktmodell zu. Da die Quadranten adverse

---

[17]Im Jahr 2016 beträgt $m = 10$.

[18]Die Verwendung der letztjährigen SST-Berechnung stellt eine pragmatische Approximation dar.

[19]Basiert das vom Unternehmen genutzte Kapitalmarktmodell auf anderen Risikofaktoren als das Standardmodell, so sind diese Risikofaktoren vom Unternehmen zuvor geeignet auf die 82 vorgegebenen Risikofaktoren abzubilden. Unter Umständen muss das Modell des Versicherers entsprechend erweitert werden.

Situationen beschreiben, bedeutet dies, dass das vom Unternehmen benutzte Kapitalmarkt-modell für diesen Quadranten weniger vorsichtig ist als das Benchmark-Marktmodell. Das durch den repräsentativen Punkt $x^{Q_j}$ definierte Szenario wird daher mit der Wahrschein-lichkeit

$$\tilde{p}_j = \max\left(0, p_j - q_j\right)$$

aggregiert. Dadurch wird erreicht, dass unter Berücksichtigung der aggregierten Szenarien das vom Unternehmen benutzte Kapitalmarktmodell dem Quadranten $Q_j$ ungefähr die gleiche Wahrscheinlichkeit zuordnet wie das Benchmark-Marktmodell.

### 4.6.4 Ein stark vereinfachtes numerisches Lebensversicherungsbeispiel

Wir betrachten einen Lebensversicherer mit einem Portfolio von 10 Versicherungspolicen für $n = 10$ verschiedene Versicherungsnehmer. Dabei nehmen wir an, dass zum Zeitpunkt $t = 0$ alle 10 Versicherungsnehmer exakt das gleiche Risikoprofil haben und dass jeder Versicherungsnehmer $S = 100.0$ erhält, wenn er die nächsten $T = 3$ Jahre überlebt, eine Todesfallleistung dagegen nicht vorgesehen ist. Als Sterbewahrscheinlichkeit nehmen wir $q_t = 2\%$ für alle $t$ an. Da diese Versicherungsverträge keine finanziellen Optionen ent-halten, können wir sie durch einfaches Diskontieren des Cashflows der Verbindlichkeiten mit dem risikofreien Zins bewerten. Hierbei nehmen wir an, dass Staatsanleihen risikofrei sind und dass die Spotzinskurve durch

| Year $t$: | 1 | 2 | 3 |
|---|---|---|---|
| Spotzins $sp_{0;t}$: | 0.155 % | 0.013 % | −0.011 |

gegeben[20] ist. Wir erhalten

$$V_1^{\text{Beginn}} = \left(1 + sp_{0;T}\right)^{-T} \left(\prod_{t=1}^{T} (1 - q_t)\right) \cdot n \cdot S$$

$$= 0.99989^{-3} \cdot 0.98^3 \cdot 10 \cdot 100.0 = 941.5.$$

Die Vermögenswerte unseres Beispielunternehmens zur Zeit $t = 0$ bestehen aus den folgenden Kapitalanlagen:

---

[20]Diese Werte sind Teil der risikofreien CHF Spot-Zinskurve, die von FINMA für den SST 2011 vorgegeben wurde. Das ungewöhnliche Muster, das negative Zinsen für das dritte Jahr impliziert, spiegelt die Situation der Finanzmärkte zum damaligen Zeitpunkt wider.

| Schweizer Staatsanleihen | Fälligkeit: | keine | 1 | 2 | 3 |
|---|---|---|---|---|---|
| (Zero-Bonds) | Nominalwert $B_t$: | – | 0.0 | 300.0 | 500.0 |
| Schweizer Aktienindex | Marktwert $V_{stock}$: | 300.0 | – | – | – |

Der erwartete jährliche Anstieg des Aktienindexes betrage $y_{stock} = 5\%$.

Der Marktwert der risikofreien Schweizer Zero-Bonds ist einfach durch Diskontieren mit dem Schweizer risikofreien Zins gegeben. Daher errechnet sich der Wert des Anlagevermögens zu

$$A_1^{\text{Beginn}} = V_{stock} + \sum_{t=1}^{T} \left(1 + sp_{0;t}\right)^{-t} B_t$$

$$= 300.0 + (1 + 0.013\,\%)^{-2} \cdot 300.0 + (1 - 0.011\%)^{-3} \cdot 500.0 = 1100.1$$

und wir erhalten

$$\text{RTK}_1^{\text{Beginn}} = A_1^{\text{Beginn}} - V_1^{\text{Beginn}} = 158.6.$$

In diesem Beispiel vernachlässigen wir das Fluktuationsrisiko. Das Risikotragende Kapital am Ende des Jahres, $\text{RTK}_1^{\text{Ende}}(x)$ ist eine Zufallsvariable, wobei $\xi \mapsto \text{RTK}_1^{\text{Ende}}(\xi)$ eine deterministische Funktion ist und $x = (x_1, \ldots, x_5)$ Risikofaktoren sind:

- $(x_1, \ldots, x_3)$ sind additive Risikofaktoren für die Spotzinskurve,
- $x_4$ ist ein multiplikativer Risikofaktor für den Aktienindex,
- $x_5$ ist ein multiplikativer Risikofaktor für Sterbewahrscheinlichkeiten.

*Anmerkung 4.6.* Im folgenden betrachten wir alle fünf Risikofaktoren gemeinsam und leiten insbesondere eine $5 \times 5$-$\Gamma$-Matrix her. Dies scheint nicht den Vorgaben der FINMA zu entsprechen, wie sie in der von der FINMA bereitgestellten Excel-Vorlage zum Ausdruck kommen. Dort wird eine Gamma-Matrix für das Marktrisiko eingegeben, nicht jedoch eine Gesamt-Gamma Matrix. Dies legt die Vermutung[21] nahe, dass die biometrische Risiken und Kapitalmarktrisiken getrennt betrachtet werden und somit statt dieser $\Gamma$-Matrix lediglich eine $4 \times 4$-$\Gamma$-Matrix für die Kapitalmarktfaktoren und eine $1 \times 1$-$\Gamma$-Matrix für den biometrischen Risikofaktor konstruiert werden. In diesem Fall würde man die gemischten quadratischen Terme vernachlässigen.

---

[21]Zur Zeit (dieser Text wurde im Jahr 2015 geschrieben) benutzen fast alle Schweizer Lebensversicherer (zumindest partielle) interne Modelle, weshalb diese Frage heute weitgehend akademisch ist.

In unserer Notation gilt $sp_{\varepsilon;t}(x) = sp_{0;t} + x_t$ (vgl. Beispiel 4.9) für $t \in \{1, 2, 3\}$ und der Wert des Anlageportfolios zum Zeitpunkt $t = 1$ ist

$$A_1^{\text{Ende}}(x) = V_{\text{stock}} \cdot (1 + y_{\text{stock}}) \cdot x_4 + (1 + sp_{0;1} + x_1) \sum_{t=1}^{T} (1 + sp_{0;t} + x_t)^{-t} B_t.$$

Der Wert der Verpflichtungen ist analog

$$V_1^{\text{Ende}}(x) = \left(1 + sp_{0;1} + x_1\right) \left(1 + sp_{0;3} + x_3\right)^{-3} \left(\prod_{t=1}^{T} (1 - q_t \cdot x_5)\right) n \cdot S.$$

Damit folgt

$$\begin{aligned}
\Delta\text{RTK}_1(x) &= \frac{A_1^{\text{Ende}}(x) - V_1^{\text{Ende}}(x)}{1 + sp_{0;1}} - \text{RTK}_1^{\text{Beginn}} \\
&= \frac{1}{1.00155} \Big( 300.0 \cdot 1.05 \cdot x_4 \\
&\qquad + (1.00155 + x_1) \left( \frac{300.0}{(1.00013 + x_2)^2} + \frac{500.0}{(0.99989 + x_3)^3} \right) \\
&\qquad - \frac{1.00155 + x_1}{(0.99989 + x_3)^3} (1 - 2\% \cdot x_5)^3 \cdot 10 \cdot 100.0 \Big) \\
&\quad - 158.6.
\end{aligned}$$

Die Zufallsvariable $x$ wird als multi-normalverteilt angenommen. Der Erwartungswert ist

$$\text{E}(x) = (0, 0, 0, 1, 1)^\top$$

und FINMA[22] gibt die Standardabweichung

$$\sigma(x) = (0.00603, 0.00606, 0.00633, 0.15052, 0.05000)^\top$$

sowie die Korrelationsmatrix

$$\text{corr}(x) = \begin{pmatrix}
1.00000 & 0.72156 & 0.54556 & 0.40224 & 0.00000 \\
0.72156 & 1.00000 & 0.95319 & 0.43339 & 0.00000 \\
0.54556 & 0.95319 & 1.00000 & 0.41304 & 0.00000 \\
0.40224 & 0.43339 & 0.41304 & 1.00000 & 0.00000 \\
0.00000 & 0.00000 & 0.00000 & 0.00000 & 1.00000
\end{pmatrix}.$$

vor.

---

[22]Die Werte werden jedes Jahr aktualisiert. Wir geben hier die Werte für das Jahr 2011 an.

Das risikotragende Kapital zum Ende des Jahres ist durch

$$\mathrm{RTK}_1^{\mathrm{Ende}}(x) = V_{\mathrm{stock}} \cdot 1.05 \cdot x_4 + \left(1 + sp_{0;1} + x_1\right) \sum_{t=1}^{3} \left(1 + sp_{0;t} + x_t\right)^{-t} B_t$$

$$- \left(1 + sp_{0;1} + x_1\right)\left(1 + sp_{0;3} + x_3\right)\left(\prod_{t=1}^{3}(1 - q_t \cdot x_5)\right) n \cdot S$$

gegeben.

Den Best Estimate von $\mathrm{RTK}_1^{\mathrm{Ende}}(x)$ approximieren wir durch

$$\mathrm{RTK}_1^{\mathrm{Ende}}(\mathrm{E}(x)) = A_1^{\mathrm{Ende}}(\mathrm{E}(x)) - V_1^{\mathrm{Ende}}(\mathrm{E}(x))$$

$$= V_{\mathrm{stock}} \cdot (1 + 5\%) + \left(1 + fw_{0;1}\right) \sum_{t=1}^{T} \left(1 + fw_{0;t}\right)^{-t} B_t$$

$$- \left(1 + fw_{0;1}\right)\left(1 + fw_{0;T}\right)^{-T} \left(\prod_{t=1}^{T}(1 - q_t)\right) n \cdot S$$

$$= 300.0 \cdot 1.05 + 1.00155 \left(\frac{300.0}{1.00013^2} + \frac{500.0}{0.99989^3}\right)$$

$$- \frac{1.00155}{0.99989^3} \cdot 0.98^3 \cdot 10 \cdot 100.0$$

$$= 173.4,$$

wobei alle angegebenen Werte nach der Rechnung gerundet wurden.

Mit

$$\Delta x = (1\%, 1\%, 1\%, 10\%, 10\%)^{\top}$$

erhalten wir

$$\left(\mathrm{RTK}_1^{\mathrm{Ende}}(\mathrm{E}(x) + \Delta x_i)\right)_{i=1,\dots,5} = (171.95, 167.45, 186.37, 204.87, 179.13)^{\top},$$

$$\left(\mathrm{RTK}_1^{\mathrm{Ende}}(\mathrm{E}(x) - \Delta x_i)\right)_{i=1,\dots,5} = (174.78, 179.46, 159.83, 141.87, 167.58)^{\top}.$$

Daher ist die approximative Ableitung von $\mathrm{RTK}_1^{\mathrm{Ende}}$,

$$\delta_i = \frac{\mathrm{RTK}_1^{\mathrm{Ende}}(\mathrm{E}(x) + \Delta x_i) - \mathrm{RTK}_1^{\mathrm{Ende}}(\mathrm{E}(x) - \Delta x_i)}{2\Delta x_i},$$

durch

$$\delta = (-141.42, -600.82, 1326.65, 315.00, 57.73)^\top$$

gegeben. Die $\Gamma$-Matrix,

$$\Gamma_{ij} = \frac{\mathrm{RTK}_1^{\mathrm{Ende}}\left(\mathrm{E}(x) + \Delta x_i + \Delta x_j\right) - \mathrm{RTK}_1^{\mathrm{Ende}}\left(\mathrm{E}(x) + \Delta x_i - \Delta x_j\right)}{4\Delta x_i \Delta x_j}$$

$$+ \frac{\mathrm{RTK}_1^{\mathrm{Ende}}\left(\mathrm{E}(x) - \Delta x_i - \Delta x_j\right) - \mathrm{RTK}_1^{\mathrm{Ende}}\left(\mathrm{E}(x) + \Delta x_i + \Delta x_j\right)}{4\Delta x_i \Delta x_j} \quad \text{für } i \neq j,$$

$$\Gamma_{ii} = \frac{\mathrm{RTK}_1^{\mathrm{Ende}}(\mathrm{E}(x) + \Delta x_i) + \mathrm{RTK}_1^{\mathrm{Ende}}(\mathrm{E}(x) - \Delta x_i) - 2 + \mathrm{RTK}_1^{\mathrm{Ende}}(\mathrm{E}(x))}{(\Delta x_i)^2}$$

wird analog berechnet und beträgt

$$\Gamma = \begin{pmatrix} -0.00 & -599.89 & 1324.60 & 0.00 & 57.64 \\ -599.89 & 1802.15 & 0.00 & 0.00 & 0.00 \\ 1324.60 & 0.00 & -5306.75 & 0.00 & -173.27 \\ 0.00 & 0.00 & 0.00 & 0.00 & 0.00 \\ 57.64 & 0.00 & -173.27 & 0.00 & -2.36 \end{pmatrix}$$

Wir schreiben $\Delta\mathrm{RTK}_1^{\mathrm{Ende}} = \mathrm{RTK}_1^{\mathrm{Ende}}(x) - \mathrm{RTK}_1^{\mathrm{Ende}}(\mathrm{E}(x))$ und erhalten die Approximation

$$\Delta\mathrm{RTK}_1^{\mathrm{Ende}} \approx \delta^\top \Delta x + \frac{1}{2}(\Delta x)^\top \Gamma \Delta x \tag{4.9}$$

für jede zufällige Ziehung des Risikofaktors $x(\omega) = \mathrm{E}(x) + \Delta x(\omega)$. Die Zufallsvariable $\mathrm{RTK}_1^{\mathrm{Ende}}$ ist nun vollständig bekannt.[23] Damit können wir auch $-\Delta\mathrm{RTK}_0$ und seine Verteilungsfunktion $\tilde{F}_0$ berechnen.

Schließlich wollen wir den Einfluss der folgenden Extremszenarien berücksichtigen[24]:

SZ01:   Fall der Aktienkurse um 60 %
SZ03:   Aktienmarktcrash (1987)
SZ04:   Nikkei Crash (1989/1990)
SZ05:   Europäische Währungskrise (1992)

---

[23]Obwohl die Zufallsvariable $x$ als normalverteilt angenommen wird, ist $\mathrm{RTK}_1^{\mathrm{Ende}}$ aufgrund des quadratischen Terms nicht normalverteilt.

[24]Die folgenden Szenarien sind stärker formalisiert als Beispiel 4.12. Im SST werden beide Arten von Extremszenarien benutzt. Wir beschränken uns hier allerdings auf die einfacheren formalisierten Szenarien.

**Tab. 4.2** Änderung $\Delta y$ des Risikofaktors $x$ aufgrund der Stressszenarien sowie die zugehörigen Eintrittswahrscheinlichkeiten (Stand: 2011). Die letzte Spalte gibt die Auswirkung auf das RTK an, wobei die quadratische $\delta$-$\Gamma$ Approximation benutzt haben

| Szenario | $\Delta y_1$ | $\Delta y_2$ | $\Delta y_3$ | $\Delta y_4$ | $\Delta y_5$ | Wahrscheinlichkeit | $\Delta \mathrm{RTK}^{\mathrm{stress}}$ |
|---|---|---|---|---|---|---|---|
| SZ01: | 0.000 % | 0.000 % | 0.000 % | −60.000 % | 0.000 % | 0.10 % | −189.0 |
| SZ03: | −0.155 % | −0.013 % | 0.000 % | −23.230 % | 0.000 % | 0.10 % | −72.9 |
| SZ04: | 1.563 % | 1.098 % | 1.177 % | −26.430 % | 0.000 % | 0.10 % | −76.6 |
| SZ05: | −0.155 % | −0.013 % | 0.000 % | −5.800 % | 0.000 % | 0.10 % | −18.0 |
| SZ06: | 1.109 % | 1.406 % | 1.509 % | −18.520 % | 0.000 % | 0.10 % | −48.6 |
| SZ07: | −0.155 % | −0.013 % | 0.000 % | −28.410 % | 0.000 % | 0.10 % | −89.2 |
| SZ08: | −0.155 % | −0.013 % | 0.000 % | −35.670 % | 0.000 % | 0.10 % | −112.1 |
| SZ11: | −0.155 % | −0.013 % | 0.000 % | −38.810 % | 0.000 % | 0.10 % | −122.0 |

SZ06:    US Zinskrise (1994)
SZ07:    Russische Krise/LTCM (1998)
SZ08:    Aktienmarktcrash (2000/2001)
SZ11:    Finanzkrise (2008)

Für jedes Scenario wird von FINMA ein $\Delta y = (\Delta y_1, \ldots, \Delta y_5)^\top$ sowie eine Eintrittswahrscheinlichkeit vorgegeben. Diese Daten werden jährlich aktualisiert. Indem wir die quadratische Approximation $\delta^\top \Delta y + \frac{1}{2}(\Delta y)^\top \Gamma \Delta y$ benutzen, können wir den Effekt von jedem Extremszenario berechnen (siehe Tab. 4.2).

*Anmerkung 4.7.* Hätte man in Tab. 4.2 die wirklichen historischen Zinsschocks auf die Szenarien SZ03, SZ05, SZ07, SZ08, SZ11 angewendet, so hätte man negative Zinsen für die ersten beiden Jahre erhalten, und die Zinsen für das Jahr 3 wären noch weiter ins Negative gerutscht. Daher wurden die Zinsschocks so beschränkt, dass die geschockte Spot-Rate Kurve die Bedingungen $sp_{0;1,\,\mathrm{shocked}} = sp_{0;2,\,\mathrm{shocked}} = 0$ und $sp_{0;3,\,\mathrm{shocked}} = sp_{0;3} < 0$ erfüllt.

Wir könnten diese Szenarien mit den Methoden, die auf S. 157 beschrieben sind, berücksichtigen. Da wir aber ohnehin eine Monte Carlo Simulation benötigen, um die Zufallsvariable $\delta^\top \Delta x + \frac{1}{2}(\Delta x)^\top \Gamma \Delta x$ zu berechnen, können wir eine konzeptionell etwas einfachere Methode benutzen. Wir bezeichnen die $N$ Resultate der Monte Carlo Simulation mit $\Delta \mathrm{RTK}^{\mathrm{Ende}}_{1,1}, \ldots, \Delta \mathrm{RTK}^{\mathrm{Ende}}_{1,N}$. Es sei $p_k$ die Eintrittswahrscheinlichkeit des Stressszenarios $k$ und $n_k$ der ganzzahlige Teil von $p_k N$. Falls $N$ hinreichend groß ist, addieren wir zu den ersten $\sum_{k=1}^{8} n_k$ stochastisch generierten Werten die Stress-Auswirkungen $\Delta \mathrm{RTK}^{\mathrm{stress}}_k$ auf das RTK,

$$m \in \{1, \dots, n_1\}: \quad \Delta\mathrm{RTK}_{1,m}^{\mathrm{Ende}} \to \Delta\mathrm{RTK}_{1,m}^{\mathrm{Ende}} + \Delta\mathrm{RTK}_1^{\mathrm{stress}}$$

$$m \in \{n_1 + 1, \dots, n_1 + n_2\}: \quad \Delta\mathrm{RTK}_{1,m}^{\mathrm{Ende}} \to \Delta\mathrm{RTK}_{1,m}^{\mathrm{Ende}} + \Delta\mathrm{RTK}_2^{\mathrm{stress}}$$

$$\vdots$$

$$m \in \left\{ \sum_{k=1}^{8-1} n_k + 1, \dots, \sum_{k=1}^{8} n_k \right\}: \quad \Delta\mathrm{RTK}_{1,m}^{\mathrm{Ende}} \to \Delta\mathrm{RTK}_{1,m}^{\mathrm{Ende}} + \Delta\mathrm{RTK}_8^{\mathrm{stress}}$$

Man beachte, dass diese Methode die gleiche Approximation wie die auf S. 157 beschriebene Methode benutzt, nämlich dass keine zwei Extremszenarien im gleichen Jahr auftreten können. Wir bezeichnen die resultierende Zufallsvariable mit $\Delta\mathrm{RTK}_{\mathrm{ins,mkt,stress}}^{\mathrm{Ende}}$.

Die Risikofaktoren $x_1, \dots, x_4$ beschreiben das Marktrisiko. Wenn wir bei der Berechnung von $\Delta\mathrm{RTK}_1^{\mathrm{Ende}}$ lediglich diese Komponenten von $x$ als Zufallsvariablen auffassen und $x_5$ durch den Erwartungswert ersetzen, schreiben wir $\Delta\mathrm{RTK}_{\mathrm{mkt}}^{\mathrm{Ende}}$. Analog bezeichnen wir mit $\Delta\mathrm{RTK}_{\mathrm{ins}}^{\mathrm{Ende}}$ die Zufallsvariable, für die $x_1, \dots, x_4$ durch ihre Erwartungswerte ersetzt werden. Aus Konsistenzgründen setzen wir noch $\Delta\mathrm{RTK}_1^{\mathrm{Ende}} = \Delta\mathrm{RTK}_{\mathrm{ins,mkt}}^{\mathrm{Ende}}$. Mit diesen Bezeichnungen gilt unter Berücksichtigung der quadratischen Approximation (4.9) Versicherungsrisiko:

$$\mathrm{ES}_{99\%}(-\Delta\mathrm{RTK}_{\mathrm{ins}}^{\mathrm{Ende}})) = 7.7$$

Marktrisiko:

$$\mathrm{ES}_{99\%}(-\Delta\mathrm{RTK}_{\mathrm{mkt}}^{\mathrm{Ende}}) = 131.4$$

Markt- und Versicherungsrisiko:

$$\mathrm{ES}_{99\%}(-\Delta\mathrm{RTK}_{\mathrm{ins,mkt}}^{\mathrm{Ende}})) = 131.3$$

Markt- und Versicherungsrisiko sowie Einfluss der Extremszenarien:

$$\mathrm{ES}_{99\%}(-\Delta\mathrm{RTK}_{\mathrm{ins,mkt,stress}}^{\mathrm{Ende}}) = 144.3$$

Um die Market Value Margin MVM zu berechnen, beachten wir, dass in unserem Beispiel die einzigen nicht-hedgebaren Risiken das biometrische Risiko und das Extremszenarien-Risiko sind. Mit der Approximation

$$\Delta\mathrm{RTK}_{\mathrm{ins,stress}}^{\mathrm{Ende}} \approx \Delta\mathrm{RTK}_{\mathrm{ins,mkt,stress}}^{\mathrm{Ende}} - \Delta\mathrm{RTK}_{\mathrm{ins,mkt}}^{\mathrm{Ende}} + \Delta\mathrm{RTK}_{\mathrm{ins}}^{\mathrm{Ende}}$$

und unter der Annahme, dass die Risikokapitale für diese Risiken zu späteren Zeitpunkten gut durch die entsprechenden, mit dem Wert der Verbindlichkeiten skalierten Risikokapitale zu Beginn der Projektion approximiert werden, erhalten wir

$$\text{MVM} \approx 6\,\% \cdot \left( \Delta \text{RTK}^{\text{Ende}}_{\text{ins,mkt,stress}} - \Delta \text{RTK}^{\text{Ende}}_{\text{ins,mkt}} + \Delta \text{RTK}^{\text{Ende}}_{\text{ins}} \right))$$

$$\cdot \left( \frac{V_1^{\text{Ende}}}{V_0^{\text{Ende}}} + \frac{1 + sp_{0;1}}{(1 + sp_{0;2})^2} \frac{V_2^{\text{Ende}}}{V_0^{\text{Ende}}} + \frac{1 + sp_{0;1}}{(1 + sp_{0;3})^3} \frac{V_3^{\text{Ende}}}{V_0^{\text{Ende}}} \right)$$

$$= 6\,\% \cdot (144.3 - 131.3 + 7.7)$$

$$\cdot \left( \frac{943.0}{941.5} + \frac{1.00155}{1.00013^2} \frac{941.7}{941.5} + \frac{1.00155}{0.99989^3} \frac{941.2}{941.5} \right)$$

$$= 3.7.$$

Daher beträgt das Zielkapital

$$\text{ZK}_1 = \frac{\text{ES}_{99\,\%}(\Delta \text{RTK}^{\text{Ende}}_{\text{ins,mkt,stress}})}{1 + sp_{0;1}}$$

$$+ \frac{-sp_{0;1} \cdot \text{RTK}_1^{\text{Beginn}} + \text{MVM}}{1 + sp_{0;1}}$$

$$= \frac{144.3 + 0.155\,\% \cdot 158.6 + 3.7}{1.00155} = 147.6$$

und der SST-Quotient ist durch

$$-\frac{\text{RTK}_1^{\text{Beginn}}}{\text{ZK}_1} = \frac{158.6}{147.6} = 107.4\,\%,$$

gegeben. Unser Beispielunternehmen erfüllt also die regulatorische Mindestbedingung von 100 %.

### 4.6.5 Analytische Herleitung der Verteilungsfunktion $\tilde{F}_0$ für die Schadenversicherung

Eine Beschreibung des vollen Modells findet man in Abschn. 4.4 des technischen Dokuments [4].[25]

LJ $= [t - 1, t[$ sei das Kalenderjahr $t$, in dem der SST durchgeführt wird (LJ: Current Year). Schäden, deren Schadendatum im LJ liegt, bezeichnen wir als LJ-Schäden oder Neuschäden. VJ $=] - \infty, t - 1[$ seien alle vergangenen Jahre vor dem LJ (VJ: Previous

---

[25]Wir haben einige Bezeichnungen aus [4] geändert und den Konventionen dieses Buches angepasst. Zum Beispiel bezieht sich hier $\beta$ auf das Ende und nicht auf den Beginn des Jahres.

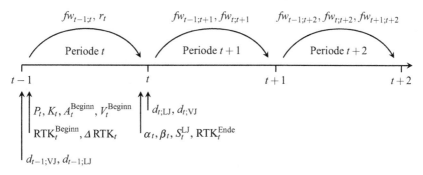

**Abb. 4.6** Das Zeitmodell für die Beschreibung des Schweizer Solvenztests

Years). Schäden, deren Schadendatum in den VJ liegt, bezeichnen wir als VJ-Schäden. Das SST Nicht-Leben Modell basiert somit auf dem Schadenjahrprinzip (oder Anfalljahrprinzip), wo zwischen LJ- und VJ-Schäden unterschieden wird.

Das Zeitmodell für die Beschreibung des Schweizer Solvenztests ist in Abb. 4.6 dargestellt.

Das betrachtete Gesamtrisiko setzt sich zusammen aus den Unsicherheiten

- in den Assets (Wertveränderungen und Ausfall, modelliert durch eine Zufallsvariable $r_t$ für das (relative) Kapitalanlageergebnis),
- in der zukünftigen Forwardzinskurve ($fw_{t;\tau}$, $\tau \geq t$) mit gleichzeitigen Auswirkungen auf Assets $A_\tau^{\text{Beginn}}$ und Verpflichtungen $V_\tau^{\text{Beginn}}$,
- im Schadenaufwand der LJ-Schäden und
- im Abwicklungsergebnis der VJ-Schäden.

Die Herleitung von $\tilde{F}_0$ erfolgt in den folgenden Schritten:

1. Zerlegung von der Änderung des risikotragenden Kapitals in

$$\Delta \text{RTK}_t = \left( T_{\text{ris Kap}} + T_{\text{erw Kap}} + T_{\text{ris Vers}} + T_{\text{erw Vers}} + T_{\text{Fehler}} \right),$$

wobei

- $T_{\text{erw Kap}}$ das erwartete Kapitalanlageergebnis,
- $T_{\text{ris Kap}}$ das Risikoergebnis für Kapitalanlage,
- $T_{\text{erw Vers}}$ das erwartete versicherungstechnische Ergebnis,
- $T_{\text{ris Vers}}$ das versicherungstechnische Risikoergebnis,
- $T_{\text{Fehler}}$ einen Fehlerterm

bezeichnen (Proposition 4.2 auf S. 179). Der Fehlerterm wird im SST vernachlässigt.

2. Bestimmung von $T_{\text{erw Kap}} + T_{\text{ris Kap}}$ wie in Beispiel 4.11 auf S. 156.
3. Bestimmung von $T_{\text{erw Vers}} + T_{\text{ris Vers}}$. Dies erfolgt in mehreren Schritten:
    a. Modellierung der LJ-Schäden.
        i. Zunächst werden die Normalschäden $S_t^{\text{LJ,NS}}$ bestimmt. Die Normalschäden werden lognormalverteilt angenommen und in Korollar 4.2 auf S. 188 angegeben. Lemma 4.3 auf S. 185 berechnet die Variationskoeffizienten für die Normalschäden der einzelnen Sparten und geht in Korollar 4.2 ein.
        ii. Dann wird die Verteilung der Großschäden bestimmt. Auf S. 188 wird die allgemeine Form der Großschadenverteilung angegeben. Die Bestimmung dieser Verteilung wird anhand eines Hagelbeispiels (Beispiel 4.13 auf S. 189) erklärt.
    (b) Modellierung des VJ-Abwicklungsergebnisses. Die Verteilung wird in Proposition 4.3 angegeben.
4. Aggregation der Verteilungen. Die Bestimmung von

$$T_{\text{erw Kap}} + T_{\text{ris Kap}} + T_{\text{erw Vers}} + T_{\text{ris Vers}}$$

wird auf S. 194 zusammengefasst.

Bevor wir Proposition 4.2 formulieren können, benötigen wir einige Vorbereitungen. $R_{\text{VJ}}^{[t-1]}$ sei der deterministische Best Estimate der nicht-diskontierten Schadenrückstellungen zu Beginn der Periode $t$ für VJ-Schäden. Dies beinhaltet die IBNR („incurred but not (yet) reported") und Rückstellungen für zukünftige Schadenbearbeitungskosten, die aus allozierbaren Schadenbearbeitungskosten („allocated loss adjustment expenses" ALAE) und nicht allozierbaren Schadenbearbeitungskosten („unallocated loss adjustment expenses" ULAE) zusammengesetzt sind (siehe Abschnitt 4.4.2 in [4]). Das zu Beginn der Periode $t$ ermittelte deterministische Zahlungsmuster für die VJ-Schäden sei mit $(\beta_\tau)_{\tau \geq t}$ bezeichnet. Es erfüllt die Normierungsbedingung $\sum_{\tau=t}^{\infty} \beta_\tau = 1$.

Der Diskontierungsfaktor zum Diskontieren eines Cashflows am Ende der Periode $\tau$ auf den Zeitpunkt $t$ (zu Beginn der Periode $t + 1$) ist durch

$$v_{t;\tau} = \prod_{i=t+1}^{\tau} \left(1 + fw_{t;i}\right)^{-1}$$

gegeben (siehe Abb. 4.7). Mit

$$d_{t-1;\text{VJ}} = \sum_{\tau=t}^{\infty} \beta_\tau v_{t-1;\tau}$$

ist dann der erwartete, auf den Beginn der Periode $t$ bezogene Barwert der Schadenrückstellungen durch $d_{t-1;\text{VJ}} R_{\text{VJ}}^{[t-1]}$ gegeben.

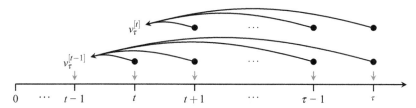

**Abb. 4.7** Definition des Diskontierungsfaktors

$P_t$ sei der deterministische Schätzwert zu Beginn der Periode für die während der Periode $t$ verdiente Prämie. Dieser Schätzwert setzt sich zusammen aus Eingangsprämienübertrag vom vorhergehenden Jahr („Unearned Premium Reserve") $\mathrm{upr}_{t-1}$, welcher schon in den Assets $A_t^{\text{Beginn}}$ enthalten ist, und dem Anteil $P_t - \mathrm{upr}_{t-1}$, welcher gleich nach Beginn der Periode $t$ eingenommen wird (siehe Abschnitt 4.4.4.1 in [4]). Es wird jedoch kein Neugeschäft nach Ablauf der Periode berücksichtigt. Somit entfällt ein Ausgangsprämienübertrag.

Der Barwert der Verpflichtungen zu Beginn der Periode $t$ ergibt sich nun als

$$V_t^{\text{Beginn}} = \mathrm{upr}_{t-1} + d_{t-1;\mathrm{VJ}} R_{\mathrm{VJ}}^{[t-1]}. \tag{4.10}$$

$A_t^{\text{Beginn}}$ kann direkt aus der ökonomischen Bilanz abgelesen werden und umfasst nicht die zu Beginn der Periode $t$ fließenden Prämien oder Kostenabflüsse. Prämien und Kosten, die der Periode $t$ zuzuordnen sind, werden am Ende der Periode in $A_t^{\text{Ende}}$ erfasst.

Zum Zeitpunkt $t - 1$ zu Beginn der Periode $t$ sind sowohl die Assets $A_t^{\text{Ende}}$ als auch der Barwert der Verpflichtungen $V_t^{\text{Ende}}$ Zufallsvariablen, die wir nun bestimmen wollen. $K_t$ sei der deterministische Schätzwert für die während der Periode $t$ anfallenden Verwaltungs- und Betriebskosten. Wir nehmen an, dass $K_t$ gleich zu Beginn der Periode $t$ anfällt. $S_t^{\mathrm{LJ}}$ sei der stochastische undiskontierte Schadenaufwand für die während der Periode verkauften Versicherungsverträge. Wir nehmen an, dass das Zahlungsmuster $(\alpha_\tau)_{\tau \geq t}$, also die zeitliche Verteilung der Schadenzahlungen, eine deterministische zum Zeitpunkt $t - 1$ ermittelte Größe ist. Wir können ohne Einschränkung annehmen, dass das Zahlungsmuster die Normierungsbedingung $\sum_{\tau=t}^{\infty} \alpha_\tau = 1$ erfüllt. Per Konvention wird angenommen, dass Schadenzahlungen jeweils am Ende der Perioden erfolgen. Die undiskontierten Cashflows für LJ-Schäden zu den Jahresendzeitpunkten $\tau$ sind somit gleich $\alpha_\tau S_t^{\mathrm{LJ}}$. Analog zur Schadenrückstellung müssen wir wieder zu den diskontierten Werten übergehen. Mit

$$d_{t;\mathrm{LJ}} = \sum_{\tau=t+1}^{\infty} \alpha_\tau v_{t;\tau}$$

ergibt sich für den Barwert der Schadenzahlungen, bezogen auf den Zeitpunkt $t$, der stochastische Wert

$$(\alpha_t + d_{t;\text{LJ}})\, S_t^{\text{LJ}}.$$

Davon fällt der erste Summand $\alpha_t S_t^{\text{LJ}}$ sofort am Ende der Periode $t$ an, während sich der Rest $d_{t;\text{LJ}} S_t^{\text{LJ}}$ in den Verbindlichkeiten $V_t^{\text{Ende}}$ niederschlägt. Die Schadenrückstellungen für VJ müssen zum Zeitpunkt $t$ in Anbetracht der Erfahrung aus Periode $t$ neu bewertet werden. Wir modellieren diese Neubewertung durch einen stochastischen Faktor. Das undiskontierte Abwicklungsergebnis ist folglich gleich $\left(1 - c_t^{\text{VJ}}\right) R_{\text{VJ}}^{[t-1]}$. Der stochastische Korrekturfaktor $c_t^{\text{VJ}}$ hat offenbar den Erwartungswert $\mathrm{E}\left(c_t^{\text{VJ}}\right) = 1$, da $R_{\text{VJ}}^{[t-1]}$ als Best Estimate definiert wurde. Das heißt, dass im Erwartungswert weder ein Abwicklungsgewinn noch ein Abwicklungsverlust resultiert. Aus unserer Diskussion folgt dann

$$A_t^{\text{Ende}} = (1 + r_t)\left(A_t + P_t - \text{upr}_{t-1} - K_t\right) - \alpha_t S_t^{\text{LJ}} - \beta_t c_t^{\text{VJ}} R_{\text{VJ}}^{[t-1]}, \tag{4.11}$$

$$V_t^{\text{Ende}} = d_{t;\text{LJ}} S_t^{\text{LJ}} + d_{t;\text{VJ}} c_t^{\text{VJ}} R_{\text{VJ}}^{[t-1]}. \tag{4.12}$$

In Proposition (4.2) werden wir eine eine Approximation für die Verlustfunktion $-\Delta\text{RTK}_t$ angeben. Dabei werden wir versuchen, den Approximationsfehler möglichst explizit anzugeben. Alle Erwartungswerte und Varianzen werden zum Zeitpunkt $t-1$ gebildet. Daher sind alle Größen mit dem Index $_{t-1}$; in Bezug auf diese statistischen Größen als konstant anzusehen.

Die Abschätzung im folgenden Lemma wird im Beweis von Proposition (4.2) gebraucht werden.

**Lemma 4.1.** *Es gelte* $fw_{t-1;t} \le s_{\max}$ *sowie für alle* $\tau \ge t$

$$0 \le fw_{t-1;\tau}, \quad \left| fw_{t;\tau} - fw_{t-1;\tau} \right| \le \delta < 1.$$

*Dann gibt es Konstanten* $\tilde\psi_\tau$ *mit* $\left|\tilde\psi_\tau\right| \le 1$ *und*

$$\mathrm{E}\left(d_{t;\text{LJ}}\right) = \left(1 + fw_{t-1;t}\right) d_{t-1;\text{LJ}} - \alpha_t + \sum_{\tau=t+1}^{\infty} \alpha_\tau \tilde\psi_\tau \sum_{k=t+1}^{\tau} a_{k,\tau}(\delta)\,\mathrm{var}\left(fw_{t;k}\right),$$

$$\mathrm{E}\left(d_{t;\text{VJ}}\right) = \left(1 + fw_{t-1;t}\right) d_{t-1;\text{VJ}} - \beta_t + \sum_{\tau=t+1}^{\infty} \beta_\tau \tilde\psi_\tau \sum_{k=t+1}^{\tau} a_{k,\tau}(\delta)\,\mathrm{var}\left(fw_{t;k}\right),$$

*wobei wir*

$$a_{i,\tau}(\delta) = \frac{1 + s_{\max}}{2\delta} \left( \frac{\delta\left(\delta_i^{t+1} + i - t\right) + (1 - \delta)\left(1 - (1 - \delta)^{\tau-i}\right)}{(1 - \delta)^{\tau-i+1}} \right)$$

*gesetzt haben und* $\delta_i^{t+1}$ *das Kronecker Delta bezeichnet.*

*Anmerkung 4.8.* Die Terme

$$\tilde{\psi}_\tau \sum_{k=t+1}^{\tau} a_{k,\tau}(\delta)\mathrm{var}\left(fw_{t;k}\right), \ \tilde{\psi}_\tau \sum_{k=t+1}^{\tau} a_{k,\tau}(\delta)\mathrm{var}\left(fw_{t;k}\right)$$

beschreiben den Fehler, wenn der Erwartungswert des Abzinsungsfaktors

$$\mathrm{E}\left(\prod_{k=t+1}^{\tau}\left(1+fw_{t;k}\right)^{-1}\right)$$

durch den entsprechenden Wert für den erwarteten Zins,

$$\prod_{k=t+1}^{\tau}\left(1+\mathrm{E}\left(fw_{t;k}\right)\right)^{-1} = \prod_{k=t+1}^{\tau}\left(1+fw_{t-1;k}\right)^{-1}$$

ersetzt wird. Es ist also nicht verwunderlich, dass dieser Fehlerterm betragsmäßig um so kleiner ist, je geringer das Zinsrisiko $\mathrm{var}\left(fw_{t;k}\right)$ ist.

Zum Beweis von Lemma 4.1 benötigen wir das folgende technische Lemma:

**Lemma 4.2.** *Für $a, b, x_k \geq 0$ erfülle $g_n$ die Ungleichung*

$$g_n \leq a\left(g_{n-1} + \sum_{k=1}^{n-1} x_k + nx_n\right).$$

*Ferner gelte $g_0 = b$. Dann gilt*

$$g_n \leq a^n b + \sum_{k=1}^{n}\left(ka^{n-k+1} + \frac{a}{a-1}\left(a^{n-k}-1\right)\right)x_k.$$

*Beweis.* Wir beweisen zunächst durch Induktion

$$g_n \leq h_n := a^n b + \sum_{k=1}^{n} kx_k a^{n-k+1} + \sum_{k=1}^{n-1} x_k \sum_{i=1}^{n-k} a^i.$$

Offenbar gilt $h_0 = b = g_0$ und

$$g_1 \leq ag_0 + ax_1 = ab + ax_1 = h_1,$$

wobei wir von der Konvention Gebrauch gemacht haben, dass die Summe über die leere Indexmenge den Wert 0 ergibt. Es gelte für $n \geq 2$ die Ungleichung $g_{n-1} \leq h_{n-1}$. Dann folgt

$$g_n \leq a \left( h_{n-1} + \sum_{k=1}^{n-1} x_k + n x_n \right)$$

$$= a \left( a^{n-1} b + \sum_{k=1}^{n-1} k x_k a^{n-1-k+1} + \sum_{k=1}^{n-2} x_k \sum_{i=1}^{n-1-k} a^i + \sum_{k=1}^{n-1} x_k + n x_n \right)$$

$$= a^n b + \sum_{k=1}^{n-1} k x_k a^{n-k+1} + \sum_{k=1}^{n-2} x_k \sum_{i=1}^{n-1-k} a^{i+1} + a \sum_{k=1}^{n-1} x_k + a n x_n$$

$$= a^n b + \sum_{k=1}^{n} k x_k a^{n-k+1} + \sum_{k=1}^{n-2} x_k \sum_{i=2}^{n-k} a^i + a \sum_{k=1}^{n-1} x_k$$

$$= a^n b + \sum_{k=1}^{n} k x_k a^{n-k+1} + \sum_{k=1}^{n-2} x_k \sum_{i=1}^{n-k} a^i + a x_{n-1}$$

$$\leq a^n b + \sum_{k=1}^{n} k x_k a^{n-k+1} + \sum_{k=1}^{n-1} x_k \sum_{i=1}^{n-k} a^i$$

$$= h_n.$$

Die Behauptung folgt nun aus

$$\sum_{i=1}^{n-k} a^i = \frac{a^{n-k+1} - a}{a-1} = \frac{a}{a-1} \left( a^{n-k} - 1 \right).$$

□

*Beweis von Lemma 4.1.* Mit $\Delta_\tau = fw_{t;\tau} - fw_{t-1;\tau}$ und

$$v_{t;\tau} = \prod_{i=t+1}^{\tau} \left( 1 + fw_{t;i} \right)^{-1}$$

erhalten wir wegen

$$\frac{\partial}{\partial x_j} \prod_{i=t+1}^{\tau} (1 + x_i)^{-1} = -\frac{1}{1+x_j} \prod_{i=t+1}^{\tau} (1 + x_i)^{-1}$$

die Abschätzung

$$v_{t;\tau} = \prod_{i=t+1}^{\tau} \left(1 + fw_{t;i}\right)^{-1}$$

$$= \prod_{i=t+1}^{\tau} \left(1 + fw_{t-1;i}\right)^{-1}$$

$$- \sum_{j=t+1}^{\tau} \frac{\Delta_j}{1+fw_{t-1;j}} \prod_{i=t+1}^{\tau} \left(1 + fw_{t-1;i}\right)^{-1} + \psi_\tau\left(\Delta_{t+1}, \ldots, \Delta_\tau\right)$$

$$= \prod_{i=t+1}^{\tau} \left(1 + fw_{t-1;i}\right)^{-1} \left(1 - \sum_{j=t+1}^{\tau} \frac{\Delta_j}{1+fw_{t-1;j}}\right) + \psi_\tau\left(\Delta_{t+1}, \ldots, \Delta_\tau\right)$$

$$= v_{t-1;\tau} \left(1 + fw_{t-1;t}\right) \left(1 - \sum_{j=t+1}^{\tau} \frac{\Delta_j}{1+fw_{t-1;j}}\right) + \psi_\tau\left(\Delta_{t+1}, \ldots, \Delta_\tau\right) \qquad (4.13)$$

$$= v_{t-1;\tau-1} \frac{1 + fw_{t-1;t}}{1 + fw_{t-1;\tau}} \left(1 - \sum_{j=t+1}^{\tau} \frac{\Delta_j}{1+fw_{t-1;j}}\right) + \psi_\tau\left(\Delta_{t+1}, \ldots, \Delta_\tau\right),$$

$$(4.14)$$

wobei die Funktionen $\psi_\tau$ die Bedingung $\lim_{\|x\|\to 0} \psi_\tau(x)/\|x\| = 0$ erfüllen. Wir benutzen Gl. (4.13) für $\tau - 1$ anstatt $\tau$,

$$v_{t;\tau} = \frac{v_{t;\tau-1}}{1 + fw_{t;\tau}} = v_{t-1;\tau-1} \frac{1 + fw_{t-1;t}}{1 + fw_{t;\tau}} \left(1 - \sum_{j=t+1}^{\tau-1} \frac{\Delta_j}{1+fw_{t-1;j}}\right) + \frac{\psi_{\tau-1}}{1 + fw_{t;\tau}},$$

um eine Rekursionsformel für den Fehlerterm $\psi_\tau$ zu erhalten. Indem wir

$$0 = \left(v_{t-1;\tau-1} \frac{1 + fw_{t-1;t}}{1 + fw_{t-1;\tau}} \left(1 - \sum_{j=t+1}^{\tau} \frac{\Delta_j}{1+fw_{t-1;j}}\right) + \psi_\tau\right)$$

$$- \left(v_{t-1;\tau-1} \frac{1 + fw_{t-1;t}}{1 + fw_{t;\tau}} \left(1 - \sum_{j=t+1}^{\tau-1} \frac{\Delta_j}{1+fw_{t-1;j}}\right) + \frac{\psi_{\tau-1}}{1 + fw_{t;\tau}}\right)$$

mit

$$\frac{\left(1 + fw_{t-1;\tau}\right)\left(1 + fw_{t;\tau}\right)}{1 + fw_{t-1;t}}$$

multiplizieren, erhalten wir

$$0 = v_{t-1;\tau-1} \left(1 + fw_{t;\tau}\right) \left(1 - \sum_{j=t+1}^{\tau} \frac{\Delta_j}{1 + fw_{t-1;j}}\right) + \frac{\left(1 + fw_{t-1;\tau}\right)\left(1 + fw_{t;\tau}\right)}{1 + fw_{t-1;t}} \psi_\tau$$

$$- v_{t-1;\tau-1} \left(1 + fw_{t-1;\tau}\right) \left(1 - \sum_{j=t+1}^{\tau-1} \frac{\Delta_j}{1 + fw_{t-1;j}}\right) - \frac{\left(1 + fw_{t-1;\tau}\right)}{1 + fw_{t-1;t}} \psi_{\tau-1}$$

$$= v_{t-1;\tau-1} \Bigg( \left(1 + fw_{t-1;\tau} + \Delta_\tau\right) \left(1 - \sum_{j=t+1}^{\tau-1} \frac{\Delta_j}{1 + fw_{t-1;j}} - \frac{\Delta_\tau}{1 + fw_{t-1;\tau}}\right)$$

$$- \left(1 + fw_{t-1;\tau}\right) \left(1 - \sum_{j=t+1}^{\tau-1} \frac{\Delta_j}{1 + fw_{t-1;j}}\right) \Bigg)$$

$$+ \frac{\left(1 + fw_{t-1;\tau}\right)}{1 + fw_{t-1;t}} \left(\left(1 + fw_{t;\tau}\right) \psi_\tau - \psi_{\tau-1}\right)$$

$$= v_{t-1;\tau-1} \Delta_\tau \left(1 - \sum_{j=t+1}^{\tau-1} \frac{\Delta_j}{1 + fw_{t-1;j}} - \frac{1 + fw_{t-1;\tau} + \Delta_\tau}{1 + fw_{t-1;\tau}}\right)$$

$$+ \frac{\left(1 + fw_{t-1;\tau}\right)}{1 + fw_{t-1;t}} \left(\left(1 + fw_{t;\tau}\right) \psi_\tau - \psi_{\tau-1}\right)$$

$$= v_{t-1;\tau-1} \Delta_\tau \sum_{j=t+1}^{\tau} \frac{\Delta_j}{1 + fw_{t-1;j}} + \frac{\left(1 + fw_{t-1;\tau}\right)}{1 + fw_{t-1;t}} \left(\left(1 + fw_{t-1;\tau} + \Delta_\tau\right) \psi_\tau - \psi_{\tau-1}\right)$$

Es folgt

$$\psi_\tau = \frac{1}{1 + fw_{t-1;\tau} + \Delta_\tau} \left(\psi_{\tau-1} - \frac{1 + fw_{t-1;t}}{1 + fw_{t-1;\tau}} v_{t-1;\tau-1} \Delta_\tau \sum_{j=t+1}^{\tau} \frac{\Delta_j}{1 + fw_{t-1;j}}\right).$$

Mit den Voraussetzungen $0 \le fw_{t-1;\tilde{t}} \le s_{\max}$, $\left|\Delta_j\right| \le \delta$ für alle $\tilde{t}$ und $j$ erhalten wir

$$\psi_\tau \le \frac{1}{1 - \delta} \left(\psi_{\tau-1} + (1 + s_{\max}) \left|\Delta_\tau\right| \sum_{j=t+1}^{\tau} \frac{\left|\Delta_j\right|}{1 + fw_{t-1;j}}\right)$$

$$\le \frac{1}{1 - \delta} \left(\psi_{\tau-1} + \frac{1 + s_{\max}}{2} \sum_{j=t+1}^{\tau} \frac{\Delta_\tau^2 + \Delta_j^2}{1 + fw_{t-1;j}}\right)$$

$$\leq \frac{1}{1-\delta} \left( \psi_{\tau-1} + \frac{1+s_{\max}}{2}(\tau - t)\Delta_\tau^2 + \frac{1+s_{\max}}{2} \sum_{j=t+1}^{\tau-1} \Delta_j^2 \right).$$

Mit

$$n = \tau - t, \quad a = \frac{1}{1-\delta}, \quad x_k = \Delta_{t+k}^2, \quad g_k = \frac{2}{1+s_{\max}}\psi_{t+k} \ (k \geq 1)$$

erhalten wir mit Gl. (4.13) und $|\Delta_\tau| \leq \delta$ die Abschätzungen

$$g_1 = \frac{2}{1+s_{\max}}\psi_{t+1}$$

$$= \frac{2}{1+s_{\max}} \left( v_{t;t+1} - v_{t-1;t+1}\left(1+fw_{t-1;t}\right)\left(1 - \frac{\Delta_{t+1}}{1+fw_{t-1;t+1}}\right) \right)$$

$$= \frac{2}{1+s_{\max}} \left( \frac{1}{1+fw_{t-1;t+1}+\Delta_{t+1}} - \frac{1}{1+fw_{t-1;t+1}}\frac{1+fw_{t-1;t+1}-\Delta_{t+1}}{1+fw_{t-1;t+1}} \right)$$

$$= \frac{2}{1+s_{\max}} \frac{\left(1+fw_{t-1;t+1}\right)^2 - \left(1+fw_{t-1;t+1}+\Delta_{t+1}\right)\left(1+fw_{t-1;t+1}-\Delta_{t+1}\right)}{\left(1+fw_{t-1;t+1}+\Delta_{t+1}\right)\left(1+fw_{t-1;t+1}\right)^2}$$

$$= \frac{2}{1+s_{\max}} \frac{\Delta_{t+1}^2}{\left(1+fw_{t-1;t+1}+\Delta_{t+1}\right)\left(1+fw_{t-1;t+1}\right)^2}$$

$$\leq \frac{\Delta_{t+1}^2 + \Delta_{t+1}^2}{1+\Delta_{t+1}} \leq \frac{\Delta_{t+1}^2 + x_1}{1-\delta} = a(\Delta_{t+1}^2 + x_1)$$

und

$$g_n = \frac{2}{1+s_{\max}}\psi_{t+n}$$

$$\leq \frac{2}{1+s_{\max}}\frac{1}{1-\delta}\left( f_{t+n-1} + \frac{1+s_{\max}}{2}n\Delta_{t+n}^2 + \frac{1+s_{\max}}{2}\sum_{j=t+1}^{t+n-1}\Delta_j^2 \right)$$

$$= \frac{1}{1-\delta}\left( g_{n-1} + nx_n + \sum_{k=1}^{n-1} x_k \right).$$

Diese Ungleichung ist auch für $n = 1$ erfüllt, wenn wir $g_0 = \Delta_{t+1}^2$ setzen. Aus Lemma 4.2 erhalten wir die Abschätzung

$$\psi_\tau \le \frac{1 + s_{\max}}{2} \left( \frac{\Delta_{t+1}^2}{(1-\delta)^{\tau-t}} + \sum_{i=t+1}^{\tau} \left( \frac{i-t}{(1-\delta)^{\tau-i+1}} + \frac{1}{\delta} \left( \frac{1}{(1-\delta)^{\tau-i}} - 1 \right) \right) \Delta_i^2 \right)$$

$$= \frac{1 + s_{\max}}{2\delta} \sum_{i=t+1}^{\tau} \frac{\delta(\delta_i^{t+1} + i - t) + (1-\delta)\left(1 - (1-\delta)^{\tau-i}\right)}{(1-\delta)^{\tau-i+1}} \Delta_i^2$$

$$= \sum_{i=t+1}^{\tau} a_{i,\tau}(\delta) \Delta_i^2.$$

Erwartungswertbildung von Gl. (4.13) liefert dann

$$\mathrm{E}(v_{t;\tau}) - \left(1 + fw_{t-1;t}\right) v_{t-1;\tau} = -v_{t-1;\tau} \left(1 + fw_{t-1;t}\right) \sum_{j=t+1}^{\tau} \frac{\overbrace{\mathrm{E}(\Delta_j)}^{=0}}{1 + fw_{t-1;j}} + \mathrm{E}(\psi_\tau)$$

$$= \mathrm{E}(\psi_\tau) \le \sum_{i=t+1}^{\tau} a_{i,\tau}(\delta) \mathrm{E}\left(\Delta_i^2\right)$$

$$= \sum_{i=t+1}^{\tau} a_{i,\tau}(\delta) \mathrm{var}\left(\Delta_i\right) = \sum_{i=t+1}^{\tau} a_{i,\tau}(\delta) \mathrm{var}\left(fw_{t;i}\right).$$

Es gibt also eine eine Konstante $\tilde{\psi}_\tau$ mit $\left|\tilde{\psi}_\tau\right| \le 1$ und

$$\mathrm{E}(v_{t;\tau}) = \left(1 + fw_{t-1;t}\right) v_{t-1;\tau} + \tilde{\psi}_\tau \sum_{i=t+1}^{\tau} a_{i,\tau}(\delta) \mathrm{var}\left(fw_{t;i}\right).$$

Damit ergibt sich

$$\mathrm{E}(d_{t;\mathrm{LJ}}) = \sum_{\tau=t+1}^{\infty} \alpha_\tau \mathrm{E}(v_{t;\tau})$$

$$= \sum_{\tau=t+1}^{\infty} \alpha_\tau \left(1 + fw_{t-1;t}\right) v_{t-1;\tau} + \sum_{\tau=t+1}^{\infty} \alpha_\tau \tilde{\psi}_\tau \sum_{i=t+1}^{\tau} a_{i,\tau}(\delta) \mathrm{var}\left(fw_{t;i}\right)$$

$$= \sum_{\tau=t}^{\infty} \alpha_\tau \left(1 + fw_{t-1;t}\right) v_{t-1;\tau} - \alpha_t \left(1 + fw_{t-1;t}\right) v_{t-1;t}$$

$$+ \sum_{\tau=t+1}^{\infty} \alpha_\tau \tilde{\psi}_\tau \sum_{i=t+1}^{\tau} a_{i,\tau}(\delta) \mathrm{var}\left(fw_{t;i}\right)$$

$$= \left(1 + fw_{t-1;t}\right) d_{t-1;\mathrm{LJ}} - \alpha_t + \sum_{\tau=t+1}^{\infty} \alpha_\tau \tilde{\psi}_\tau \sum_{i=t+1}^{\tau} a_{i,\tau}(\delta) \mathrm{var}\left(fw_{t;i}\right)$$

und analog

$$\mathrm{E}\left(d_{t;\mathrm{VJ}}\right) = \left(1 + fw_{t-1;t}\right) d_{t-1;\mathrm{VJ}} - \beta_t + \sum_{\tau=t+1}^{\infty} \beta_\tau \tilde{\psi}_\tau \sum_{i=t+1}^{\tau} a_{i,\tau}(\delta) \mathrm{var}\left(fw_{t;i}\right).$$

$\square$

Wir können nun eine Abschätzung für die Verlustfunktion angeben:

**Proposition 4.2.** *Es gelte* $fw_{t-1;t} \leq s_{\max}$ *sowie für alle* $\tau \geq t$

$$0 \leq fw_{t-1;\tau}, \quad \left|fw_{t;\tau} - fw_{t-1;\tau}\right| \leq \delta < 1.$$

*Dann ist die Verlustfunktion durch*

$$-\Delta \mathrm{RTK}_t = -\left(T_{ris\,Kap} + T_{erw\,Kap} + T_{ris\,Vers} + T_{erw\,Ver} + T_{Fehler}\right),$$

*gegeben, wobei*

$$T_{ris\,Kap} = \frac{r_t - \mathrm{E}\left(r_t\right)}{1 + fw_{t-1;t}} \left(A_t^{\mathrm{Beginn}} + P_t - \mathrm{upr}_{t-1} - K_t\right)$$

$$- \left(\frac{\alpha_t + d_{t;\mathrm{LJ}}}{1 + fw_{t-1;t}} - d_{t-1;\mathrm{LJ}}\right) \mathrm{E}\left(S_t^{\mathrm{LJ}}\right) - \left(\frac{\beta_t + d_{t;\mathrm{VJ}}}{1 + fw_{t-1;t}} - d_{t-1;\mathrm{VJ}}\right) R_{\mathrm{VJ}}^{[t-1]},$$

$$T_{erw\,Kap} = \frac{\mathrm{E}\left(r_t\right) - fw_{t-1;t}}{1 + fw_{t-1;t}} \left(A_t^{\mathrm{Beginn}} + P_t - \mathrm{upr}_{t-1} - K_t\right),$$

$$T_{ris\,Vers} = -d_{t-1;\mathrm{LJ}} \left(S_t^{\mathrm{LJ}} - \mathrm{E}\left(S_t^{\mathrm{LJ}}\right)\right) - d_{t-1;\mathrm{VJ}} \left(c_t^{\mathrm{VJ}} - 1\right) R_{\mathrm{VJ}}^{[t-1]},$$

$$T_{erw\,Vers} = P_t - K_t - d_{t-1;\mathrm{LJ}} \mathrm{E}\left(S_t^{\mathrm{LJ}}\right),$$

$$T_{Fehler} = -\left(\frac{d_{t;\mathrm{LJ}} - \mathrm{E}\left(d_{t;\mathrm{LJ}}\right)}{1 + fw_{t-1;t}} + \frac{\sum_{\tau=t+1}^{\infty} \alpha_\tau \tilde{\psi}_\tau \sum_{k=t+1}^{\tau} a_{k,\tau}(\delta) \mathrm{var}\left(fw_{t;k}\right)}{1 + fw_{t-1;t}}\right)$$

$$\times \left(S_t^{\mathrm{LJ}} - \mathrm{E}\left(S_t^{\mathrm{LJ}}\right)\right)$$

$$- \left(\frac{d_{t;\mathrm{VJ}} - \mathrm{E}\left(d_{t;\mathrm{VJ}}\right)}{1 + fw_{t-1;t}} + \frac{\sum_{\tau=t+1}^{\infty} \beta_\tau \tilde{\psi}_\tau \sum_{k=t+1}^{\tau} a_{k,\tau}(\delta) \mathrm{var}\left(fw_{t;k}\right)}{1 + fw_{t-1;t}}\right)$$

$$\times \left(c_t^{\mathrm{VJ}} - 1\right) R_{\mathrm{VJ}}^{[t-1]}$$

*sind und $a_{k,\tau}(\delta)$ in Lemma 4.1 definiert wurde.*

*Beweis.* Die Gl. (4.10), (4.11), (4.12) implizieren ein risikotragendes Kapital von

$$\text{RTK}_t^{\text{Beginn}} = A_t^{\text{Beginn}} - \text{upr}_{t-1} - d_{t-1;\text{VJ}} R_{\text{VJ}}^{[t-1]},$$

$$\text{RTK}_t^{\text{Ende}} = (1 + r_t) \left( A_t^{\text{Beginn}} + P_t - \text{upr}_{t-1} - K_t \right)$$

$$- (\alpha_t + d_{t;\text{LJ}}) S_t^{\text{LJ}} - (\beta_t + d_{t;\text{VJ}}) c_t^{\text{VJ}} R_{\text{VJ}}^{[t-1]}.$$

Damit erhalten wir die Verlustverteilung

$$\Delta\text{RTK}_t = \frac{\text{RTK}_t^{\text{Ende}}}{1 + fw_{t-1;t}} - \text{RTK}_t^{\text{Beginn}}$$

$$= \frac{1 + r_t}{1 + fw_{t-1;t}} \left( A_t^{\text{Beginn}} + P_t - \text{upr}_{t-1} - K_t \right)$$

$$- \frac{(\alpha_t + d_{t;\text{LJ}}) S_t^{\text{LJ}} + (\beta_t + d_{t;\text{VJ}}) c_t^{\text{VJ}} R_{\text{VJ}}^{[t-1]}}{1 + fw_{t-1;t}}$$

$$\overbrace{- \frac{1 + fw_{t-1;t}}{1 + fw_{t-1;t}} \left( A_t^{\text{Beginn}} + P_t - \text{upr}_{t-1} - K_t \right) + P_t - K_t + d_{t-1;\text{VJ}} R_{\text{VJ}}^{[t-1]}}^{= -\text{RTK}_t^{\text{Beginn}}}$$

$$= \frac{r_t - fw_{t-1;t}}{1 + fw_{t-1;t}} \left( A_t^{\text{Beginn}} + P_t - \text{upr}_{t-1} - K_t \right) + P_t - K_t + d_{t-1;\text{VJ}} R_{\text{VJ}}^{[t-1]}$$

$$- \frac{(\alpha_t + d_{t;\text{LJ}}) S_t^{\text{LJ}} + (\beta_t + d_{t;\text{VJ}}) c_t^{\text{VJ}} R_{\text{VJ}}^{[t-1]}}{1 + fw_{t-1;t}}.$$

Wir können die rechte Seite in Beiträge aus dem erwarteten Kapitalanlageergebnis, $I_{\text{erw Kap}}$, aus dem Kapitalanlagerisiko, $I_{\text{ris Kap}}$, aus dem erwarteten versicherungstechnischen Ergebnis, $I_{\text{erw Vers}}$, und drei Resttermen, $I_{\text{R},1}$, $I_{\text{R},2}$, $I_{\text{R},3}$, zerlegen:

$$\Delta\text{RTK}_t = \overbrace{\frac{\text{E}(r_t) - fw_{t-1;t}}{1 + fw_{t-1;t}} \left( A_t^{\text{Beginn}} + P_t - \text{upr}_{t-1} - K_t \right)}^{= I_{\text{erw Kap}}}$$

$$+ \overbrace{\frac{r_t - \text{E}(r_t)}{1 + fw_{t-1;t}} \left( A_t^{\text{Beginn}} + P_t - \text{upr}_{t-1} - K_t \right)}^{= I_{\text{ris Kap}}} + \overbrace{P_t - K_t}^{= I_{\text{erw Vers}}}$$

$$+ \overbrace{d_{t-1;\text{VJ}}R_{\text{VJ}}^{[t-1]}}^{=I_{\text{R},1}} - \overbrace{\frac{(\alpha_t + d_{t;\text{LJ}})\,S_t^{\text{LJ}}}{1+fw_{t-1;t}}}^{=I_{\text{R},2}} - \overbrace{\frac{(\beta_t + d_{t;\text{VJ}})\,c_t^{\text{VJ}}R_{\text{VJ}}^{[t-1]}}{1+fw_{t-1;t}}}^{=I_{\text{R},3}} \qquad (4.15)$$

Wir benutzen nun Lemma 4.1, um $I_{\text{R},2}$ zu vereinfachen. Mit $\Delta S_t^{\text{LJ}} = S_t^{\text{LJ}} - \text{E}\left(\Delta S_t^{\text{LJ}}\right)$ erhalten wir

$$I_{\text{R},2} = \frac{\alpha_t + d_{t;\text{LJ}}}{1+fw_{t-1;t}}\,S_t^{\text{LJ}}$$

$$= \frac{\alpha_t + \text{E}\,(d_{t;\text{LJ}})}{1+fw_{t-1;t}}\,\text{E}\left(S_t^{\text{LJ}}\right) + \frac{\alpha_t + \text{E}\,(d_{t;\text{LJ}})}{1+fw_{t-1;t}}\,\Delta S_t^{\text{LJ}}$$

$$+ \frac{d_{t;\text{LJ}} - \text{E}\,(d_{t;\text{LJ}})}{1+fw_{t-1;t}}\,\text{E}\left(S_t^{\text{LJ}}\right) + \frac{d_{t;\text{LJ}} - \text{E}\,(d_{t;\text{LJ}})}{1+fw_{t-1;t}}\,\Delta S_t^{\text{LJ}}$$

$$= \frac{\alpha_t + d_{t;\text{LJ}}}{1+fw_{t-1;t}}\,\text{E}\left(S_t^{\text{LJ}}\right) + \frac{d_{t;\text{LJ}} - \text{E}\,(d_{t;\text{LJ}})}{1+fw_{t-1;t}}\,\Delta S_t^{\text{LJ}}$$

$$+ \frac{\left(1+fw_{t-1;t}\right)d_{t-1;\text{LJ}} + \sum_{\tau=t+1}^{\infty}\alpha_\tau\tilde{\psi}_\tau\sum_{k=t+1}^{\tau}a_{k,\tau}(\delta)\text{var}\left(fw_{t;k}\right)}{1+fw_{t-1;t}}\,\Delta S_t^{\text{LJ}}$$

$$= \overbrace{d_{t-1;\text{LJ}}\text{E}\left(S_t^{\text{LJ}}\right)}^{=I_{\text{LJ,erw Vers}}} + \overbrace{\left(\frac{\alpha_t + d_{t;\text{LJ}}}{1+fw_{t-1;t}} - d_{t-1;\text{LJ}}\right)\text{E}\left(S_t^{\text{LJ}}\right)}^{=I_{\text{LJ,ris Kap}}} + \overbrace{d_{t-1;\text{LJ}}\Delta S_t^{\text{LJ}}}^{=I_{\text{LJ,ris Vers}}}$$

$$+ \overbrace{\frac{d_{t;\text{LJ}} - \text{E}\,(d_{t;\text{LJ}}) + \sum_{\tau=t+1}^{\infty}\alpha_\tau\tilde{\psi}_\tau\sum_{k=t+1}^{\tau}a_{k,\tau}(\delta)\text{var}\left(fw_{t;k}\right)}{1+fw_{t-1;t}}\,\Delta S_t^{\text{LJ}}}^{=I_{\text{LJ,Fehler}}}.$$

Analog erhalten wir

$$I_{\text{R},3} = \frac{\beta_t + d_{t;\text{VJ}}}{1+fw_{t-1;t}}\,c_t^{\text{VJ}}R_{\text{VJ}}^{[t-1]}$$

$$= \overbrace{d_{t-1;\text{VJ}}R_{\text{VJ}}^{[t-1]}}^{=I_{\text{R},1}} + \overbrace{\left(\frac{\beta_t + d_{t;\text{VJ}}}{1+fw_{t-1;t}} - d_{t-1;\text{VJ}}\right)R_{\text{VJ}}^{[t-1]}}^{=I_{\text{VJ,ris Kap}}} + \overbrace{d_{t-1;\text{VJ}}\left(c_t^{\text{VJ}}-1\right)R_{\text{VJ}}^{[t-1]}}^{=I_{\text{VJ,ris Vers}}}$$

$$+ \overbrace{\frac{d_{t;\text{VJ}} - \text{E}\,(d_{t;\text{VJ}}) + \sum_{\tau=t+1}^{\infty}\beta_\tau\tilde{\psi}_\tau\sum_{k=t+1}^{\tau}a_{k,\tau}(\delta)\text{var}\left(fw_{t;k}\right)}{1+fw_{t-1;t}}\left(c_t^{\text{VJ}}-1\right)R_{\text{VJ}}^{[t-1]}}^{=I_{\text{VJ,Fehler}}}.$$

Die Behauptung folgt mit

$$T_{\text{erw Kap}} = I_{\text{erw Kap}}, \quad T_{\text{ris Kap}} = I_{\text{risk Kap}} - I_{\text{LJ,risk Kap}} - I_{\text{VJ,risk Kap}},$$

$$T_{\text{ris Vers}} = -I_{\text{LJ,ris Vers}} - I_{\text{VJ,ris Vers}}, \quad T_{\text{erw Ver}} = I_{\text{erw Vers}} - I_{\text{LJ,erw Vers}},$$

$$T_{\text{Fehler}} = -I_{\text{LJ,Fehler}} - I_{\text{VJ,Fehler}}.$$

$\square$

**Korollar 4.1.** *$S_t^{\text{LJ}}$ und $c_t^{\text{VJ}}$ seien unabhängig von $fw_{t;\tau}$ für alle $\tau \geq t + 1$. Dann gilt*

$$\mathrm{E}\left(\Delta \mathrm{RTK}_t\right) = \frac{\mathrm{E}\left(r_t\right) - fw_{t-1;t}}{1 + fw_{t-1;t}} \left(A_t^{\text{Beginn}} + P_t - \text{upr}_{t-1} - K_t\right)$$

$$+ P_t - K_t - d_{t-1;\text{LJ}}\mathrm{E}\left(S_t^{\text{LJ}}\right).$$

$$+ c \sum_{\tau = t+1}^{\infty} \frac{\alpha_\tau \mathrm{E}\left(S_t^{\text{LJ}}\right) + \beta_\tau R_{\text{VJ}}^{[t-1]}}{1 + fw_{t-1;t}} \sum_{k = t+1}^{\tau} a_{k,\tau}(\delta)\text{var}\left(fw_{t;k}\right),$$

*wobei $|c| \leq 1$.*

Der Term $(\mathrm{E}\left(r_t\right) - fw_{t-1;t})(1 + fw_{t-1;t})^{-1} \left(A_t^{\text{Beginn}} + P_t - \text{upr}_{t-1} - K_t\right)$ repräsentiert das erwartete Kapitalanlageergebnis, der Term $P_t - K_t - d_{t-1;\text{LJ}}\mathrm{E}\left(S_t^{\text{LJ}}\right)$ das erwartete versicherungstechnische Ergebnis, und schließlich

$$c \sum_{\tau = t+1}^{\infty} \frac{\alpha_\tau \mathrm{E}\left(S_t^{\text{LJ}}\right) + \beta_\tau R_{\text{VJ}}^{[t-1]}}{1 + fw_{t-1;t}} \sum_{k = t+1}^{\tau} a_{k,\tau}(\delta)\text{var}\left(fw_{t;k}\right)$$

die Unsicherheit über die Prognose der Forwardzinskurve zum Zeitpunkt $t$.

*Beweis von Korollar 4.1.* Da für unabhängige Zufallsvariablen $a, b$ die Identität

$$\mathrm{E}\left(ab\right) = \mathrm{E}\left(a\right)\mathrm{E}\left(b\right)$$

gilt, verschwindet der Erwartungswert von $T_{\text{Fehler}}$. Daher erhalten wir mit Lemma 4.1

$$\mathrm{E}\left(\Delta \mathrm{RTK}_t\right) = \frac{\mathrm{E}\left(r_t\right) - fw_{t-1;t}}{1 + fw_{t-1;t}} \left(A_t^{\text{Beginn}} + P_t - \text{upr}_{t-1} - K_t\right) + P_t - K_t$$

$$- d_{t-1;\text{LJ}}\mathrm{E}\left(S_t^{\text{LJ}}\right) - \mathrm{E}\left(\frac{\alpha_t + d_{t;\text{LJ}}}{1 + fw_{t-1;t}} - d_{t-1;\text{LJ}}\right)\mathrm{E}\left(S_t^{\text{LJ}}\right)$$

$$- \mathrm{E}\left(\frac{\beta_t + d_{t;\text{VJ}}}{1 + fw_{t-1;t}} - d_{t-1;\text{VJ}}\right)R_{\text{VJ}}^{[t-1]}$$

$$= \frac{\mathrm{E}\left(r_t\right) - fw_{t-1;t}}{1 + fw_{t-1;t}} \left(A_t^{\mathrm{Beginn}} + P_t - \mathrm{upr}_{t-1} - K_t\right) + P_t - K_t$$

$$- d_{t-1;\mathrm{LJ}} \mathrm{E}\left(S_t^{\mathrm{LJ}}\right)$$

$$- \sum_{\tau=t+1}^{\infty} \frac{\alpha_\tau \mathrm{E}\left(S_t^{\mathrm{LJ}}\right) + \beta_\tau R_{\mathrm{VJ}}^{[t-1]}}{1 + fw_{t-1;t}} \tilde{\psi}_\tau \times \sum_{k=t+1}^{\tau} a_{k,\tau}(\delta) \mathrm{var}\left(fw_{t;k}\right).$$

Die Behauptung folgt, da

$$\frac{\alpha_\tau \mathrm{E}\left(S_t^{\mathrm{LJ}}\right) + \beta_\tau R_{\mathrm{VJ}}^{[t-1]}}{1 + fw_{t-1;t}} \sum_{k=t+1}^{\tau} a_{k,\tau}(\delta) \mathrm{var}\left(fw_{t;k}\right) \geq 0$$

für alle $\tau$ und $\left|\tilde{\psi}_\tau\right| \leq 1$ gilt. $\qquad\qquad\square$

*Anmerkung 4.9.* Der Fehlerterm $T_{\mathrm{Fehler}}$ kann in einen durch die Varianz des risikofreien Zinses dominierten Term,

$$T_{\mathrm{Error},1} = -\sum_{\tau=t+1}^{\infty} \left(\alpha_\tau \left(S_t^{\mathrm{LJ}} - \mathrm{E}\left(S_t^{\mathrm{LJ}}\right)\right) + \beta_\tau \left(c_t^{\mathrm{VJ}} - 1\right) R_{\mathrm{VJ}}^{[t-1]}\right)$$

$$\times \frac{\tilde{\psi}_\tau \sum_{k=t+1}^{\tau} a_{k,\tau}(\delta) \mathrm{var}\left(fw_{t;k}\right)}{1 + fw_{t-1;t}}$$

und in einen durch quadratische Abweichungen von Erwartungswerten dominierten Term,

$$T_{\mathrm{Error},2} = -\frac{d_{t;\mathrm{LJ}} - \mathrm{E}\left(d_{t;\mathrm{LJ}}\right)}{1 + fw_{t-1;t}} \left(S_t^{\mathrm{LJ}} - \mathrm{E}\left(S_t^{\mathrm{LJ}}\right)\right) - \frac{d_{t;\mathrm{VJ}} - \mathrm{E}\left(d_{t;\mathrm{VJ}}\right)}{1 + fw_{t-1;t}} \left(c_t^{\mathrm{VJ}} - 1\right) R_{\mathrm{VJ}}^{[t-1]}$$

aufgespalten werden.

Der Term $T_{\mathrm{Error},1}$ ist nicht explizit gegeben, da von der Konstanten $\tilde{\psi}_\tau$ nur $\left|\tilde{\psi}_\tau\right| \leq 1$ bekannt ist. Da $\left(\alpha_\tau \left(S_t^{\mathrm{LJ}} - \mathrm{E}\left(S_t^{\mathrm{LJ}}\right)\right) + \beta_\tau \left(c_t^{\mathrm{VJ}} - 1\right) R_{\mathrm{VJ}}^{[t-1]}\right)$ im Verhältnis zu den anderen Termen im allgemeinen nicht klein ist, kann dieser Term nur vernachlässigt werden, wenn $\mathrm{var}\left(fw_{t;\tau}\right) \ll 1$ für alle $\tau \geq t$ gilt. Davon kann allerdings im allgemeinen nicht ausgegangen werden.

Der Term $T_{\mathrm{Error},2}$ ist dann klein relativ zu den anderen Termen, wenn Abweichungen vom Erwartungswert klein sind. Auch hiervon kann im allgemeinen nicht ausgegangen werden.

Im Schweizer Solvenztest wird der Fehlerterm $T_{\mathrm{Fehler}}$ aus Gründen der Vereinfachung weggelassen.

*Anmerkung 4.10.* Für die stochastischen Prozesse, die gängiger Weise zur Beschreibung der Zinskurve benutzt werden, gibt es *keine* Konstanten $s_{max}$ und $\delta < 1$ mit $0 \leq fw_{t-1;\tau} \leq s_{max}$ und $\left| fw_{t;\tau} - fw_{t-1;\tau} \right| \leq \delta$. Um Proposition 4.2 anwenden zu können, muss man daher in einem weiteren Schritt sicherstellen, dass die Ungleichungen für geeignete $s_{max}, \delta < 1$ nur auf einer „kleinen" Menge verletzt sind und diese Verletzung für den zu berechnenden Wert vernachlässigt werden kann. Ist dies nicht möglich, ist möglicherweise die Wahl des Zinsprozesses problematisch, da argumentiert werden kann, dass diese Menge Extremszenarien darstellt, für die das Zinsmodell ohnehin die Grenze seiner Aussagekraft erreicht hat.

### 4.6.5.1 Berechnung von $T_{\text{erw Ver}} + T_{\text{ris Ver}}$ (Teil 1): Modellierung der $CY$-Schäden

Der undiskontierte Jahresschadenaufwand kann im Prinzip als stochastische Summe

$$S_t^{\text{LJ}} = \sum_{j=1}^{N} Y_j$$

von Einzelschäden $Y_j$ dargestellt werden, wobei $N$ die zufällige Anzahl der Schäden in Periode $t$ angibt. Die Verteilung von $S_t^{\text{LJ}}$ könnte somit grundsätzlich durch Normalapproximation (zentraler Grenzwertsatz) oder mit Hilfe des Panjer Algorithmus bestimmt werden. In der Praxis stellt sich jedoch heraus, dass beide Ansätze versagen. Einer brauchbaren Normalapproximation steht entgegen, dass die Verteilungen von $Y_j$ sehr fat-tailed sind. Der Panjer Algorithmus versagt wegen der oftmals sehr großen Schadenanzahl (typischerweise von der Größenordnung $10^6$).

Der Jahresschadenaufwand wird daher aufgeteilt in eine Summe von Kleinschäden (Normalschäden) und Großschäden

$$S_t^{\text{LJ}} = S_t^{\text{LJ,NS}} + S_t^{\text{LJ,GS}}.$$

Im Rahmen des SST stehen als Grenze zwischen Klein- und Großschäden CHF 1M und CHF 5M zur Auswahl. Die Anzahl der Großschäden ist klein, so dass die Verteilung von $S_t^{\text{LJ,GS}}$ mit Hilfe des Panjer Algorithmus bestimmt werden kann. Die Anzahl der Normalschäden ist zwar weiterhin sehr groß, jedoch sind diese thin-tailed, so dass der zentrale Grenzwertsatz anwendbar wird.

Im Rahmen des SST wird angenommen, dass die Großschäden unabhängig von den Normalschäden sind. Die Aggregation der beiden Schadentypen zu $S_t^{\text{LJ}}$ ergibt sich somit mittels Faltung der beiden Verteilungen von $S_t^{\text{LJ,NS}}$ und $S_t^{\text{LJ,GS}}$.

### Verteilung der Normalschäden

Wir betrachten zunächst die Normalschadenverteilung für eine feste Versicherungssparte $k$. Die Normalschadenverteilung hängt sowohl vom unternehmensindividuellen

Zufallsrisiko als auch von äußeren Umständen ab, die für alle Versicherer nahezu gleich sind. Letzteres wollen wir durch die diskrete Zufallsvariable $\Theta\colon \Omega \to \mathbb{N}$ beschreiben. Ist $a\colon \Omega \to \mathbb{R}$ eine Zufallsvariable, so schreiben wir

$$[a \mid \Theta = \vartheta]\colon \Theta^{-1}(\vartheta) \to \mathbb{R}$$

für die auf $\{\Theta = \vartheta\}$ bedingte Zufallsvariable.

Im Beweis des nachfolgenden Lemmas benötigen wir das Gesetz der totalen Varianz, das wir zunächst beweisen wollen.

**Lemma 4.3.** *Es seien $a, b$ Zufallsvariablen. Dann gilt das Gesetz der totalen Varianz*

$$\mathrm{var}\,(a) = \mathrm{var}\,(\mathrm{E}\,(a \mid b)) + \mathrm{E}\,(\mathrm{var}\,(a \mid b)),$$

*wobei die bedingte Varianz durch $\mathrm{var}(a \mid b) = \mathrm{E}\left(a^2 \mid b\right) - \mathrm{E}(a \mid b)^2$ definiert ist.*

*Beweis.* Wir berechnen

$$\begin{aligned}
\mathrm{var}(a) &= \mathrm{E}\left(a^2\right) - \mathrm{E}\left(a\right)^2 = \mathrm{E}\left(\mathrm{E}\left(a^2 \mid b\right)\right) - \mathrm{E}\left(\mathrm{E}(a \mid b)\right)^2 \\
&= \mathrm{E}\left(\mathrm{var}(a \mid b) + \mathrm{E}(a \mid b)^2\right) - \mathrm{E}\left(\mathrm{E}(a \mid b)\right)^2 \\
&= \mathrm{E}(\mathrm{var}(a \mid b)) + \mathrm{var}(\mathrm{E}(a \mid b)).
\end{aligned}$$

$\square$

**Lemma 4.4.** *Für die Sparte $k$ seien die externen Eigenschaften durch eine diskrete Zufallsvariable $\Theta^k$ und der Schaden durch eine Zufallsvariable der Form*

$$S_t^{\mathrm{LJ,NS,k}} = \sum_{j=1}^{N_k} Y_j^{\mathrm{NS,k}}$$

*gegeben. Es gelten folgende Eigenschaften:*

*(i)* *Für jedes $\vartheta$ sind $\left[Y_j^{\mathrm{NS,k}} \mid \Theta^k = \vartheta\right] \sim \left[Y_1^{\mathrm{NS,k}} \mid \Theta^k = \vartheta\right]$ $(j \in \mathbb{N})$ unabhängig und identisch verteilt;*

*(ii)* *es existiert eine messbare Abbildung $\lambda_k^{\mathrm{NS}}\colon \Theta^k(\Omega) \to \mathbb{R}$, so dass*

$$\left[N_k \mid \Theta^k = \vartheta\right] \sim \mathrm{Poisson}\left(\lambda_k^{\mathrm{NS}}(\vartheta)\right)$$

*für alle $\vartheta \in \Theta^k(\Omega)$ gilt;*

*(iii)* *für jedes $i \in \mathbb{N}$ und jedes $\vartheta \in \Theta^k(\Omega)$ sind*

$$\left[ N_k \mid \Theta^k = \vartheta \right] \text{ und } \left[ Y_i^{\text{NS,k}} \mid \Theta^k = \vartheta \right]$$

*unabhängig;*

*(iv) die Zufallsvariablen $\lambda_k^{\text{NS}} \circ \Theta^k$ und $\text{E}\left( Y_1^{\text{NS,k}} \mid \Theta^k \right)$ sind unabhängig;*

*(v) die Zufallsvariablen $\lambda_k^{\text{NS}} \circ \Theta^k$ und $\text{E}\left( \left( Y_1^{\text{NS,k}} \right)^2 \mid \Theta^k \right)$ sind unabhängig.*

*Dann ist der Variationskoeffizient* vk *der Schadenverteilung durch*

$$\text{vk}^2\left( S_t^{\text{LJ,NS,k}} \right) = \frac{\text{var}\left( \text{E}\left( S_t^{\text{LJ,NS,k}} \mid \Theta^k \right) \right)}{\text{E}^2\left( S_t^{\text{LJ,NS,k}} \right)} + \frac{\text{vk}^2\left( Y_1^{\text{NS,k}} \right) - 1}{\text{E}\left( N_k \right)} \tag{4.16}$$

*gegeben.*

**Anmerkung 4.11.** Die Unabhängigkeit von $\lambda_k^{\text{NS}} \circ \Theta^k$ und $\text{E}\left( \left( Y_1^{\text{NS,k}} \right)^2 \mid \Theta^k \right)$ ist gewährleistet, falls $\Theta^k = (\Theta_N^k, \Theta_Y^k)$ in zwei unabhängige Teile $\Theta_N^k, \Theta_Y^k$ mit $\lambda_k^{\text{NS}} \circ \Theta^k = \lambda_k^{\text{NS}} \circ \Theta_N^k$ und $\text{E}\left( \left( Y_1^{\text{NS,k}} \right)^2 \mid \Theta^k \right) = \text{E}\left( \left( Y_1^{\text{NS,k}} \right)^2 \mid \Theta_Y^k \right)$ zerfällt.

*Beweis von Lemma 4.4.* Das Gesetz der totalen Varianz (Lemma 4.3) impliziert

$$\text{vk}^2\left( S_t^{\text{LJ,NS,k}} \right) = \frac{\text{var}\left( S_t^{\text{LJ,NS,k}} \right)}{\text{E}\left( S_t^{\text{LJ,NS,k}} \right)^2}$$

$$= \frac{\text{var}\left( \text{E}\left( S_t^{\text{LJ,NS,k}} \mid \Theta^k \right) \right)}{\text{E}\left( S_t^{\text{LJ,NS,k}} \right)^2} + \frac{\text{E}\left( \text{var}\left( S_t^{\text{LJ,NS,k}} \mid \Theta^k \right) \right)}{\text{E}\left( S_t^{\text{LJ,NS,k}} \right)^2}.$$

Für jede Zufallsvariable $a$ gilt $\text{E}(a \mid \Theta^k)_{\mid\{\Theta^k=\vartheta\}} = \text{E}([a \mid \Theta^k = \vartheta])$. Daher gilt

$$\text{E}\left( N_k \mid \Theta^k \right) = \text{var}\left( N_k \mid \Theta^k \right) = \lambda_k^{\text{NS}}(\vartheta),$$

und wir erhalten

$$\text{var}\left( S_t^{\text{LJ,NS,k}} \mid \Theta^k \right)_{\mid\{\Theta^k=\vartheta\}} = \text{var}\left( \left[ S_t^{\text{LJ,NS,k}} \mid \Theta^k = \vartheta \right] \right)$$

$$= \text{E}\left( \left[ N_k \mid \Theta^k = \vartheta \right] \right) \text{var}\left( \left[ Y_1^{\text{NS,k}} \mid \Theta^k = \vartheta \right] \right)$$

$$+ \text{var}\left( \left[ N_k \mid \Theta^k = \vartheta \right] \right) \text{E}\left( \left[ Y_1^{\text{NS,k}} \mid \Theta^k = \vartheta \right] \right)^2$$

$$= \lambda_k^{NS}(\vartheta) E\left(\left[Y_1^{NS,k} \mid \Theta^k = \vartheta\right]^2\right).$$

Für den Erwartungswert folgt

$$E\left(\mathrm{var}\left(S_t^{LJ,NS,k} \mid \Theta^k\right)\right) = E\left(N_k\right) E\left(\left(Y_1^{NS,k}\right)^2\right),$$

wobei wir von Annahme (v) Gebrauch gemacht haben. Annahme (iv) impliziert

$$E\left(S_t^{LJ,NS,k}\right) = E\left(E\left(S_t^{LJ,NS,k} \mid \Theta^k\right)\right) = E\left(\lambda_k^{NS} \circ \Theta^k E\left(Y_1^{NS,k}\right)\right)$$

$$= E\left(N_k\right) E\left(Y_1^{NS,k}\right),$$

so dass wir insgesamt

$$\mathrm{vk}^2\left(S_t^{LJ,NS,k}\right) = \frac{\mathrm{var}\left(E\left(S_t^{LJ,NS,k} \mid \Theta^k\right)\right)}{E\left(S_t^{LJ,NS,k}\right)^2} + \frac{E\left(N_k\right) E\left(\left(Y_1^{NS,k}\right)^2\right)}{E\left(N_k\right)^2 E\left(Y_1^{NS,k}\right)^2}$$

$$= \mathrm{vk}^2\left(E\left(S_t^{LJ,NS,k} \mid \Theta^k\right)\right)$$

$$+ \frac{E\left(\left(Y_1^{NS,k}\right)^2\right) - E\left(Y_1^{NS,k}\right)^2 + E\left(Y_1^{NS,k}\right)^2}{E\left(N_k\right) E\left(Y_1^{NS,k}\right)^2}$$

$$= \mathrm{vk}^2\left(E\left(S_t^{LJ,NS,k} \mid \Theta^k\right)\right) + \frac{\mathrm{vk}^2\left(Y_1^{NS,k}\right) - 1}{E\left(N_k\right)}$$

erhalten. □

*Anmerkung 4.12.* Der erste Summand in Gl. (4.16) beschreibt das Parameterrisiko, also die Variabilität der Modellparameter, verursacht durch äußere Umstände, die durch die Zufallsvariable $\Theta$ beschrieben werden. Dieses Risiko betrifft zwar nicht vollständig, aber im Wesentlichen alle Gesellschaften gleich. Daher kann dieser Term nicht wegdiversifiziert werden.

Der zweite Summand in Gl. (4.16) beschreibt das Zufallsrisiko, also die statistischen Schwankungen von Schadenanzahl und -höhe um ihren Erwartungswert. Der Term setzt sich aus einer spartenabhängigen Größe $\mathrm{vk}^2\left(Y_1^{NS,k}\right)$ für die Einzelschadenhöhe und der erwarteten Anzahl von Schäden, $E\left(N_k\right)$, zusammen.

FINMA ermittelt auf Basis von Gemeinschaftsstatistiken der Versicherer Standardwerte für die Variationskoeffizienten vk $\left( E \left( S_t^{\text{LJ,NS,k}} \mid \Theta \right) \right)$ des Parameterrisikos pro Sparte $k$ und stellt sie für die SST Anwendung zur Verfügung (Anhang 8.4.3 in [4]). Ebenso werden von FINMA im Rahmen des Nicht-Leben SST Standardwerte pro Sparte für die Variationskoeffizienten vk $\left( Y_1^{\text{NS,k}} \right)$ der Einzelschadenverteilungen vorgegeben (Anhang 8.4.4 in [4]). Schließlich gibt FINMA die Korrelationskoeffizienten $\text{corr}_{k,l}$ der Sparten (Anhang 8.4.2 in [4]) vor.

**Korollar 4.2.** *Die Summe $S_t^{\text{LJ,NS}}$ der Normalschäden über alle Sparten sei lognormalverteilt. Die Verteilung ist eindeutig durch*

$$E \left( S_t^{\text{LJ,NS}} \right) = \sum_k E \left( S_t^{\text{LJ,NS,k}} \right) = \sum_k E \left( N_k \right) E \left( Y_1^{\text{NS,k}} \right)$$

*und*

$$\text{var} \left( S_t^{\text{LJ,NS}} \right) = \sum_{k,l} \text{corr}_{kl} \text{vk} \left( S_t^{\text{LJ,NS,k}} \right) \text{vk} \left( S_t^{\text{LJ,NS,l}} \right) E \left( S_t^{\text{LJ,NS,k}} \right) E \left( S_t^{\text{LJ,NS,l}} \right).$$

*bestimmt.*

Neben den von FINMA vorgegebenen Größen müssen die Versicherer lediglich den erwarteten Durchschnittsschaden $E \left( Y_1^{\text{NS,k}} \right)$ sowie die erwarteten Schadenzahlen $E \left( N_k \right)$ unternehmensindividuell ermitteln, um die Schadenverteilung zu bestimmen.

### Verteilung der Großschäden

Die Großschäden umfassen sowohl Einzelgroßschäden (pro Sparte) als auch Kumulschäden, verursacht z. B. von Naturereignissen wie Hagel oder Überschwemmung. Kumulschäden können branchenübergreifend sein (beispielsweise betrifft ein Hagelsturm die Sachversicherung, vor allem aber auch die Motorfahrzeugkaskoversicherung).

Die Einzelgroßschadensumme wird durch eine zusammengesetzte Poissonverteilung mit paretoverteilten Einzelschäden (mit Abschneidepunkt) modelliert. Die Großschadensumme für die Sparte $k$ ist dann

$$S_t^{\text{LJ,GS,k}} = \sum_{j=1}^{N^{\text{GS,k}}} Y_j^{\text{GS,k}},$$

wobei die Zufallsvariablen $Y_j^{\text{GS,k}}$ unabhängig, unabhängig von $N^{\text{GS,k}}$ und identisch verteilt sind. Die zugehörige Verteilungsfunktionen sind von der Form

$$F_{Y_1^{\text{GS},k}}(x) = \begin{cases} 0 & x < \beta_k \\ 1 - \left(\frac{\beta_k}{x}\right)^{\alpha_k} & \beta_k \le x < \gamma_k \\ 1 & \gamma_k \le x \end{cases}.$$

Dabei ist $\gamma_k$ der Abschneidepunkt der Verteilung. Er ist dadurch motiviert, dass es in der Praxis vertraglich vereinbarte maximale Schadenhöhen gibt. Der Abschneidepunkt $\gamma_k$ kann vom Versicherer unternehmensindividuell bestimmt werden, allerdings schlägt FINMA für jede Sparte Werte für $\gamma_k$ vor. $\beta_k \in \left\{10^6 \text{CHF}, 5 \cdot 10^6 \text{CHF}\right\}$ ist die gewählte Grenze zwischen Klein- und Großschäden. $\alpha_k > 0$ beschreibt das Abfallverhalten der Verteilung, und Werte für $\alpha_k$ werden von FINMA in Abhängigkeit von $\beta_k$ vorgegeben. Die Großschadenanzahl pro Sparte, $N^{\text{GS},k} \sim \text{Poisson}\left(\lambda_k^{\text{GS}}\right)$, wird als poissonverteilt angenommen und unternehmensindividuell bestimmt.

Die Modellierung der Kumulschäden aufgrund von Hagelereignissen und die Modellierung der Kumulschäden in der der Unfallversicherung werden ausführlich in den Abschnitten 4.4.8.1 und 4.4.8.2 in [4] beschrieben. Die Verteilungsannahmen sind analog denen für die Einzelgroßschadenverteilungen, allerdings werden die Parameter anders bestimmt, da zunächst eine Schadenverteilung für die Gesamtindustrie vorgegeben wird, die für die einzelnen Versicherungsunternehmen skaliert werden muss.

*Beispiel 4.13.* Wir nehmen an, dass der Index $k = H$ Kumulschäden für Hagel beschreibt. Die zu einem Kumulschaden zusammengefassten Einzelschäden sind in der Regel von der gleichen Größenordnung wie Normalschäden, rühren jedoch von einem gemeinsamen Hagel her. Für diesen Fall wird von FINMA $\alpha_H = 1.85$ und $\gamma_H = 1.5 \times 10^9 \text{CHF}$ vorgegeben. Der Kumulschaden für die Gesamtindustrie wird durch eine Verteilung mit $\lambda_H^{\text{GS, Markt}} = 0.9$ und $\beta_H^{\text{Markt}} = 45 \times 10^6$ CHF beschrieben. Dabei ist $\beta_K^{\text{Markt}}$ eine reine Normierung, die es FINMA erlaubt, nur einen Satz von Parametern $\alpha_H, \lambda_H, \gamma_H$ vorgegeben zu müssen. Die Großschadengrenze beeinflusst jedoch die Anzahl der zu betrachtenden Einzelschäden und somit den Poissonparameter signifikant.

Ein Unternehmen habe die individuelle Großschadengrenze $\beta_H$ und den Marktanteil $m_H \le 1$ am Hagelgeschäft. Da Hagelkumulschäden aus vielen kleinen Einzelschäden bestehen, erweist sich ein Hagelkumulschaden für dieses Unternehmen als Großschaden, wenn der Gesamtmarktschaden größer als

$$\beta_H^{\text{adj. Markt}} = \frac{\beta_H}{m_H}.$$

ist. Daher ersetzen wir für dieses Unternehmen die Marktgroßschadengrenze $\beta_H^{\text{Markt}}$ durch die adjustierte Marktgroßschadengrenze $\beta_H^{\text{adj. Markt}}$. Damit erhalten wir für den adjustierten Marktgroßschaden die Einzelverteilungsfunktion

$$F_{Y_j^{\text{GS,H,adj. Markt}}}(x) = \begin{cases} 0 & x < \beta_H^{\text{adj. Markt}} \\ 1 - \left(\dfrac{\beta_H^{\text{adj. Markt}}}{x}\right)^{\alpha_H} & \beta_H^{\text{adj. Markt}} \leq x < \gamma_H \\ 1 & \gamma_H \leq x \end{cases}.$$

Diese Verteilung ist natürlich für $x > \beta_H^{\text{Markt}}$ nicht mit der von FINMA normierten Verteilung identisch, sondern ist als Approximation zu verstehen.

Die Adjustierung der Einzelverteilung für den Marktgroßschaden macht eine Adjustierung des Poissonparameters $\lambda_H^{\text{GS, Markt}}$ notwendig. Um diesen adjustierten Parameter $\lambda_H^{\text{GS, adj. Markt}}$ zu bestimmen, wird angenommen, dass der Erwartungswert für Schäden oberhalb der ursprünglichen Marktgroßschadengrenze nicht durch die adjustierte Marktgroßschadengrenze geändert werden soll. Es seien

$$Y_{j,\text{unten abgeschnitten}}^{\text{GS,H,adj. Markt}} = 1_{\left\{Y_j^{\text{GS,H,adj. Markt}} \geq \beta_K^{\text{Markt}}\right\}} Y_j^{\text{GS,H,adj. Markt}}$$

und

$$N^{\text{GS,H,Markt}} \sim \text{Poisson}\left(\lambda_H^{\text{GS, Markt}}\right), \quad N^{\text{GS,H}} \sim \text{Poisson}\left(\lambda_H^{\text{GS, adj. Markt}}\right)$$

sowie

$$S_t^{\text{LJ,GS,H,Markt}} = \sum_{j=1}^{N^{\text{GS,H,Markt}}} Y_j^{\text{GS,H,Markt}}, \quad S_{t,\text{unten abgeschnitten}}^{\text{LJ,GS,H,adj. Markt}} = \sum_{j=1}^{N^{\text{GS,H}}} Y_{j,\text{unten abgeschnitten}}^{\text{GS,H,adj. Markt}}.$$

Dann fordern wir

$$\text{E}\left(S_t^{\text{LJ,GS,H,Markt}}\right) \overset{!}{=} \text{E}\left(S_{t,\text{unten abgeschnitten}}^{\text{LJ,GS,H,adj. Markt}}\right).$$

Dies ist äquivalent zu

$$0 = \text{E}\left(S_t^{\text{LJ,GS,H,Markt}}\right) - \text{E}\left(S_{t,\text{unten abgeschnitten}}^{\text{LJ,GS,H,adj. Markt}}\right)$$

$$= \lambda_H^{\text{GS, Markt}} \text{E}\left(Y_1^{\text{GS,H,gesamt}}\right) - \lambda_H^{\text{GS, adj. Markt}} \text{E}\left(Y_{1,\text{unten abgeschnitten}}^{\text{GS,H,adj. Markt}}\right)$$

$$= \lambda_H^{\text{GS, Markt}} \int_{\beta_H^{\text{Markt}}}^{\gamma_H} x\alpha_H \frac{\left(\beta_H^{\text{Markt}}\right)^{\alpha_H}}{x^{\alpha_H+1}} dx$$

$$- \lambda_H^{\text{GS, adj. Markt}} \int_{\beta_H^{\text{Markt}}}^{\gamma_H} x\alpha_H \frac{\left(\beta_H^{\text{adj. Markt}}\right)^{\alpha_H}}{x^{\alpha_H+1}} dx$$

$$= \lambda_H^{\text{GS, Markt}} \frac{\alpha_H}{\alpha_H - 1} \left(\beta_H^{\text{Markt}}\right)^{\alpha_H} \left(\left(\beta_H^{\text{Markt}}\right)^{-\alpha_H + 1} - \gamma_H^{-\alpha_H + 1}\right)$$

$$- \lambda_H^{\text{GS, adj. Markt}} \frac{\alpha_H}{\alpha_H - 1} \left(\beta_H^{\text{adj. Markt}}\right)^{\alpha_H} \left(\left(\beta_H^{\text{Markt}}\right)^{-\alpha_H + 1} - \gamma_H^{-\alpha_H + 1}\right),$$

und somit erhalten wir

$$\lambda_H^{\text{GS, adj. Markt}} = \lambda_H^{\text{GS, Markt}} \left(\frac{\beta_H^{\text{Markt}}}{\beta_H^{\text{adj. Markt}}}\right)^{\alpha_H}.$$

Unter Berücksichtigung des Marktanteils $m_H$ des Unternehmens erhalten wir für den Hagelkumulschaden die zusammengesetzen Poissonverteilung

$$S_t^{\text{LJ,GS,H}} = \sum_{j=1}^{N^{\text{GS,H}}} m_H Y_j^{\text{GS,H,adj. Markt}} \quad \text{mit } N^{\text{GS,H}} \sim \text{Poisson}\left(\lambda_H^{\text{GS, adj. Markt}}\right).$$

Haben die unabhängigen Zufallsvariablen $S_1, S_2$ zusammengesetzte Poissonverteilungen $F_1, F_2$ mit unabhängigen Einzelschadenverteilungen $G_1, G_2$ und Poissonparametern $\lambda_1, \lambda_2$, so hat $S_1 + S_2$ ebenfalls eine zusammengesetzte Poissonverteilung mit Einzelschadenverteilung $G = (\lambda_1 G_1 + \lambda_2 G_2) / (\lambda_1 + \lambda_2)$ und Poissonparameter $\lambda_1 + \lambda_2$ (siehe z. B. [15, Proposition 10.9]). Damit gilt für die Gesamtverteilung der Großschäden

$$N^{\text{GS}} \sim \text{Poisson}\left(\sum_k \lambda_k^{\text{GS}}\right), \quad F_{Y_1^{\text{GS}}} = \frac{1}{\sum_k \lambda_k^{\text{GS}}} \sum_k \lambda_k^{\text{GS}} F_{Y_1^{\text{GS,k}}}.$$

Die Gesamteinzelschadenverteilung $F_{Y_1^{\text{GS}}}$ kann mithilfe des Panjer Algorithmus approximativ bestimmt werden (siehe z. B. [15, Theorem 10.15]).

### 4.6.5.2 Berechnung von $T_{\text{erw Ver}} + T_{\text{ris Ver}}$ (Teil 2): Modellierung des VJ-Abwicklungsergebnisses

Im SST Standardmodell wird das VJ-Abwicklungsergebnis mit einer lognormalverteilten Zufallsvariablen $c_t^{\text{VJ}}$ mit $\text{E}\left(c_t^{\text{VJ}}\right) = 1$ modelliert, wobei sich die Varianz wie im Falle der LJ-Schäden aus Parameter- und Zufallsrisikobeitrag zusammensetzt.

Grundsätzlich kann für die Modellierung des VJ-Abwicklungsergebnisses die Chain-Ladder Methode von Mack [13] angewandt werden. Allerdings ist zu beachten, dass das Verfahren von Mack die Volatilität für den Endschaden schätzt und somit Risiken in allen zukünftigen Abwicklungsjahren und nicht nur im betrachteten Jahr einbezieht. Wir sind dagegen nur an der Volatilität des Abwicklungsergebnisses des gegenwärtigen Jahres interessiert. Daher würde eine direkte Anwendung des Verfahrens von Mack die Volatilität von $c_t^{\text{VJ}}$ überschätzen. Die Anwendung des Verfahrens für den SST ist jedoch erlaubt.

Als Alternative bietet FINMA eine direkte Abschätzung von Parameter und Zufallsrisiko an.

Das Parameterrisiko hat sowohl einen unternehmensübergreifenden Aspekt, der Änderungen im Konsens bezüglich des Risikos betrifft (ein historisches Beispiel wären Änderungen in der Einschätzung des Asbest-Risikos), als auch einen unternehmensindividuellen Aspekt, der Unsicherheiten in den unternehmenseigenen Daten widerspiegelt (ein Beispiel wäre ein unbekannter Bias in den unternehmenseigenen Daten). Das Parameterrisiko ist also nur schwer quantitativ zu erfassen. FINMA stellt daher für das Parameterrisiko normierte Variationskoeffizienten $\mathrm{vk}_k^P$ für jede Sparte bereit:

$$\mathrm{var}_P\left(\sum_{\tau \le t-1} Z^{k,\tau}\right) = \left(\mathrm{vk}_k^P \sum_{\tau \le t-1} r_{t-1;\tau}^{\mathrm{VJ},k}\right)^2,$$

wobei wir die folgenden Bezeichnungen benutzen:

- $\mathrm{var}_P$ ist die Varianz bezüglich des Parameterrisikos,
- $Z^{k,\tau}$ sind die nach dem Zeitpunkt $t-1$ zu tätigen nicht-diskontierten Zahlungen für Einzelschäden der Sparte $k$ des Anfalljahres $\tau \le t-1$,
- $r_{t-1;\tau}^{\mathrm{VJ},k}$ ist der zum Zeitpunkt $t-1$ ermittelte Erwartungswert von $Z^{k,\tau}$.

Der Variationskoeffizient $\mathrm{vk}_k^Z$ des Zufallsrisikos kann direkt über unternehmensinterne Zeitreihen bestimmt werden, wenn genügend Daten bereit stehen. FINMA gibt auch eine relativ grobe obere Schranke an, die vom Erwartungswert der zukünftigen Schadenzahlungen abhängt und angewendet werden kann, wenn der Maximalschaden beschränkt ist [5]:

**Lemma 4.5.** *Es sei $\tau \in \mathrm{VJ}$ ein früheres Anfalljahr, und alle Einzelschäden der Sparte $k$ aus diesem Anfalljahr seien durch $M^{k,\tau}$ beschränkt. Alle auf das Anfalljahr $\tau \le t-1$ zurückgehenden Schäden der Sparte $k$ seien unabhängig, und die zukünftigen auf dieses Anfalljahr zurückgehenden Schäden seien zusammengesetzt poissonverteilt.*

*Dann gilt für die zukünftigen nicht-diskontierten Schadenzahlungen $Z^{k,\tau}$*

$$\mathrm{var}_Z\left(Z^{k,\tau}\right) \le M^{k,\tau} r_{t-1;\tau}^{\mathrm{VJ},k},$$

*wobei $\mathrm{var}_Z$ die Varianz bezüglich des Zufallsrisikos bezeichnet und $r_{t-1;\tau}^{\mathrm{VJ},k}$ der Erwartungswert der zukünftigen Schadenzahlungen für dieses Anfalljahr ist.*

*Beweis.* Zum Zeitpunkt $t-1$ seien $J$ Einzelschäden für die Sparte $k$ und das Anfalljahr $\tau$ bekannt. Wir bezeichnen mit $X_j^{k,\tau}$ die (nicht-diskontierte) Schadenhöhe des $j$ten Einzelschadens nach endgültiger Abwicklung ($j \in \{1,\dots,J\}$). Für jeden dieser Einzelschäden sei $b_j^{k,\tau} \le X_j^{k,\tau}$ die Summe aller zum Zeitpunkt $t-1$ bereits geleisteten (nicht-diskontierten)

Zahlungen. Die zur Zeit noch unbekannten auf das Anfalljahr $\tau$ zurückgehenden, nicht-diskontierten Schäden der Sparte $k$ nach endgültiger Abwicklung seien mit $\left(Y_i^{k,\tau}\right)_{i\in\{1,\dots,N\}}$ bezeichnet. Dann sind die zukünftigen, nicht-diskontierten Schadenzahlungen der Sparte $k$ für das Anfalljahr $\tau \le t-1$ durch

$$Z^{k,\tau} = \sum_{j=1}^{J}\left(X_j^{k,\tau} - b_j^{k,\tau}\right) + \sum_{i=1}^{N} Y_i^{k,\tau}$$

gegeben. Nach Voraussetzung sind die $Y_i^{k,\tau}$ identisch verteilt und $N$ poissonverteilt. Ebenfalls nach Voraussetzung sind $\left(X_j^{k,\tau}\right)_{j\in\{1,\dots,J\}}$, $\left(Y_i^{k,\tau}\right)_{i\in\{1,\dots,N\}}$, $N$ unabhängig. Es folgt

$$\operatorname{var}\left(Z^{k,\tau}\right) = \sum_{j=1}^{J}\operatorname{var}\left(X_j^{k,\tau} - b_j^{k,\tau}\right) + \operatorname{var}\left(\sum_{i=1}^{N} Y_i^{k,\tau}\right)$$

$$= \sum_{j=1}^{J}\operatorname{E}\left(\left(X_j^{k,\tau} - b_j^{k,\tau}\right)^2\right) - \overbrace{\sum_{j=1}^{J}\operatorname{E}\left(X_j^{k,\tau} - b_j^{k,\tau}\right)^2}^{\le 0}$$

$$+ \operatorname{E}\left(Y_1^{k,\tau}\right)^2 \overbrace{\operatorname{var}\left(N\right)}^{=\operatorname{E}(N)} + \operatorname{var}\left(Y_1^{k,\tau}\right)\operatorname{E}\left(N\right)$$

$$\le \sum_{j=1}^{J}\operatorname{E}\left(\overbrace{\left(M^{k,\tau} - b_j^{k,\tau}\right)}^{\le M^{k,\tau}}\left(X_j^{k,\tau} - b_j^{k,\tau}\right)\right) + \operatorname{E}\left(\overbrace{\left(Y_1^{k,\tau}\right)^2}^{\le M^{k,\tau}Y_1^{k,\tau}}\right)\operatorname{E}(N)$$

$$\le M^{k,\tau}\sum_{j=1}^{J}\operatorname{E}\left(X_j^{k,\tau} - b_j^{k,\tau}\right) + M^{k,\tau}\operatorname{E}\left(Y_1^{k,\tau}\right)\operatorname{E}(N) = M^{k,\tau}r_t^{\mathrm{VJ},k,\tau},$$

wobei wir in der letzten Gleichung benutzt haben, dass der zum Zeitpunkt $t-1$ ermittelte Erwartungswert von $Z^{k,\tau}$ durch

$$r_{t-1;\tau}^{\mathrm{VJ},k} = \operatorname{E}\left(Z^{k,\tau}\right) = \sum_{j=1}^{J}\operatorname{E}\left(X_j^{k,\tau}\right) - \sum_{j=1}^{J} b_j^{k,\tau} + \operatorname{E}(N)\operatorname{E}\left(Y_1^{k,\tau}\right)$$

gegeben ist.                                                                                       □

Es ist erlaubt, die Abschätzung in Lemma 4.5 als Approximation

$$\operatorname{var}_Z \left( Z^{k,\tau} \right) \approx M^{k,\tau} r^{\mathrm{VJ},k}_{t-1;\tau} \tag{4.17}$$

zu verwenden.

**Proposition 4.3.** *Sind sowohl Zufalls- und Parameterrisiko als auch die Schäden aus allen früheren Anfalljahren und Sparten unabhängig, so beträgt das VJ-Abwicklungsergebnis unter Verwendung der Approximation* (4.17)

$$\sum_k \sum_{\tau \leq t-1} Z^{k,\tau} = c^{\mathrm{VJ}}_t R^{[t-1]}_{\mathrm{VJ}},$$

*wobei*

- $R^{[t-1]}_{\mathrm{VJ}}$ *die nicht-diskontierten Schadenrückstellungen zum Zeitpunkt* $t-1$ *ist,*
- $c^{\mathrm{VJ}}_t$ *eine lognormalverteilte Zufallsvariable mit* $\mathrm{E}\left( c^{\mathrm{VJ}}_t \right) = 1$ *und*

$$\operatorname{var}\left( c^{\mathrm{VJ}}_t \right) = \frac{\sum_k \left( \mathrm{vk}^P_k \sum_{\tau \leq t-1} r^{\mathrm{VJ},k}_{t-1;\tau} \right)^2 + \sum_k \sum_{\tau \leq t-1} M^{k,\tau} r^{\mathrm{VJ},k,\tau}_t}{\left( \sum_k \sum_{\tau \leq t-1} r^{\mathrm{VJ},k,\tau}_t \right)^2}$$

*ist.*

*Beweis.* Offenbar gilt $\mathrm{E}\left( \sum_k \sum_{\tau \leq t-1} Z^{k,\tau} \right) = R^{[t-1]}_{\mathrm{VJ}}$, woraus $\mathrm{E}\left( c^{\mathrm{VJ}}_t \right) = 1$ folgt. Für die Varianz erhalten wir

$$\operatorname{var}\left( c^{\mathrm{VJ}}_t R^{[t-1]}_{\mathrm{VJ}} \right) = \sum_k \sum_{\tau \leq t-1} \operatorname{var}\left( Z^{k,\tau} \right)$$

$$= \sum_k \sum_{\tau \leq t-1} \operatorname{var}_P \left( Z^{k,\tau} \right) + \sum_k \sum_{\tau \leq t-1} \operatorname{var}_Z \left( Z^{k,\tau} \right)$$

$$= \sum_k \left( \mathrm{vk}^P_k \sum_{\tau \leq t-1} r^{\mathrm{VJ},k}_{t-1;\tau} \right)^2 + \sum_k \sum_{\tau \leq t-1} M^{k,t} r^{\mathrm{VJ},k,\tau}_t.$$

Die Behauptung folgt nun aus $R^{[t-1]}_{\mathrm{VJ}} = \sum_k \sum_{\tau \leq t-1} r^{\mathrm{VJ},k,\tau}_t$.                                 $\square$

### 4.6.5.3 Berechnung von $T_{\mathrm{erw\,Ver}} + T_{\mathrm{ris\,Ver}}$ (Teil 3): Aggregation der Risiken

Das versicherungstechnische Risiko

$$T_{\mathrm{erw\,Ver}} + T_{\mathrm{ris\,Ver}} = P_t - K_t - d_{t-1;\mathrm{LJ}} \mathrm{E}\left( S^{\mathrm{LJ}}_t \right)$$

$$- d_{t-1;\mathrm{LJ}} \left( S^{\mathrm{LJ}}_t - \mathrm{E}\left( S^{\mathrm{LJ}}_t \right) \right) - d_{t-1;\mathrm{VJ}} \left( c^{\mathrm{VJ}}_t - 1 \right) R^{[t-1]}_{\mathrm{VJ}}$$

$$= P_t - K_t - d_{t-1;\text{LJ}}\text{E}\left(S_t^{\text{LJ}}\right) - d_{t-1;\text{LJ}}\left(S_t^{\text{LJ,NS}} - \text{E}\left(S_t^{\text{LJ,NS}}\right)\right)$$

$$- d_{t-1;\text{LJ}}\left(S_t^{\text{LJ,GS}} - \text{E}\left(S_t^{\text{LJ,GS}}\right)\right) - d_{t-1;\text{VJ}}\left(c_t^{\text{VJ}} - 1\right) R_{\text{VJ}}^{[t-1]}$$

ist bis auf deterministische Terme und ein Vorzeichen die Summe dreier Zufallsvariablen, die wir in den vorigen Abschnitten bestimmt haben,

- Verteilung der LJ Normalschäden: $d_{t-1;\text{LJ}}S_t^{\text{LJ,NS}}$ (lognormal),
- Verteilung der LJ Großschäden: $d_{t-1;\text{LJ}}S_t^{\text{LJ,GS}}$ (zusammengesetzt Poisson),
- Verteilung der *PY* Abwicklung: $d_{t-1;\text{VJ}}c_t^{\text{VJ}}$ (lognormal).

Es wird angenommen, dass diese drei Verteilungen unabhängig sind, so dass die Verteilung ihrer Summe durch Faltung bestimmt werden kann.

*Anmerkung 4.13.* In Abschnitt 4.4.11 in [4] wird außerdem alternativ vorgeschlagen, die beiden Lognormalverteilungen zunächst approximativ zu einer Lognormalverteilung zusammenzufassen, um eine Faltung zu sparen.

### 4.6.5.4 Berechnung von $T_{\text{erw Kap}} + T_{\text{ris Kap}}$: Marktrisiko und ALM-Risiko

Die Summe $T_{\text{erw Kap}} + T_{\text{ris Kap}}$: wird gleich dem Ergebnis aus Beispiel 4.11 gesetzt.

### 4.6.5.5 Kombination von Marktrisiko/ALM-Risiko und Versicherungsrisiko

Um die Gesamtverteilung $\tilde{F}_0$ zu erhalten, muss das Ergebnis noch mit der Verteilungsfunktion für

$$T_{\text{erw Kap}} + T_{\text{ris Kap}}$$

gefaltet werden. Dabei nehmen wir an, dass Kapitalmarktrisiken und versicherungstechnische Risiken unabhängig sind. Weiterhin vernachlässigen wir die Fehlerterme $T_{\text{Fehler}}$.

## 4.7 Die Standardformel in Solvency 2

In diesem Abschnitt[26] stützen wir uns auf die im April 2014 veröffentlichten technischen Spezifikationen [9] von EIOPA zur Berechnung der Kapitalanforderung für Solvency 2

---

[26]Dieser Abschnitt enthält eine vereinfachte Beschreibung von Solvency 2 als Beispiel für ein Risikokapitalmodell in der Praxis. Wir erheben keinen Anspruch, die Ansichten oder Verordnungen der European Insurance and Occupational Pensions Authority (EIOPA) vollständig korrekt widerzuspiegeln. Leser, die an der praktischen Implementation und offiziellen Interpretation interessiert sind, seien auf die Website der EIOPA verwiesen.

(S2). Spätere Modifikationen oder später angepasste Parameter werden hier nicht berücksichtigt. Aus unserer Sicht gibt das Dokument an einigen Stellen Interpretationsspielraum

### 4.7.1   Grundsätzliches zur Berechnung der S2-Kapitalanforderung

Das Risikokapital $C^{\text{Reg}} = SCR$ (Solvency Capital Requirement) geht von einer ökonomischen Sicht auf die Bilanz eines Versicherungsunternehmens aus, bei der die Vermögenswerte (Assets) zu Marktpreisen angesetzt und die versicherungstechnischen Rückstellungen (Liabilities) mit einem "besten Schätzwert" (best estimate) zuzüglich einer Risikomarge bewertet werden. Die Summe wird als marktnaher Wert der Versicherungsverpflichtungen verstanden [9, TP.1.1]. In dieser vereinfachenden Bilanzsicht ergibt sich das ökonomische Eigenkapital aus der Differenz von Assets und Liabilities, im Englischen als „net asset value" (NAV) bezeichnet. Gewinne bzw. Verluste spiegeln sich in der Veränderung der Höhe des ökonomischen Eigenkapitals wider. Das $SCR$ soll so bemessen sein, dass ein Versicherungsunternehmen, das über Eigenmittel in Höhe des $SCR$ verfügt, dadurch mit hoher Wahrscheinlichkeit in die Lage versetzt wird, alle Verluste auszugleichen, die innerhalb des dem Betrachtungszeitpunkt folgenden Jahres auftreten. Dabei sollen grundsätzlich alle quantifizierbaren Risiken (z. B. Schwankungen des Kapitalmarktes, versicherungstechnische Verluste), denen das Unternehmen ausgesetzt ist, berücksichtigt werden. Für Solvency 2 wurde hierbei einheitlich ein Sicherheits- bzw. Konfidenzniveau von 99.5 % bzgl. des Risikomaßes „Value at Risk" (VaR) zugrunde gelegt.

Die Risikomarge wird in der Regel als Cost of Capital-Ansatz, also als risikofrei diskontierter Barwert derjenigen Kosten ermittelt, die die Bereitstellung des erforderlichen Risikokapitals für die Übernahme und Abwicklung des Bestandes durch einen Investor erfordert. Dabei beträgt der Kapitalkostensatz 6 % [9, TP.5.21]. Da die Risikomarge eine Funktion des $SCR$ ist und das $SCR$ auf Basis der Veränderungen der technischen Rückstellungen berechnet wird, erhält man ein kompliziertes System impliziter Gleichungen. Daher wird bei der Berechnung des $SCR$ über die S2 Standardformel die Risikomarge der technischen Rückstellungen vernachlässigt, das heisst die technischen Rückstellungen mit dem Best Estimate des Barwerts der versicherungstechnischen Verpflichtungen identifiziert [9, SCR.1.3]. Wir werden dieser Konvention folgen, aber, um Verwirrungen auszuschließen, vom *marktnahen Wert der Verpflichtungen* sprechen, wenn wir die technischen Rückstellungen inklusive Risikomarge meinen.[27]

In den folgenden Unterabschnitten gehen wir davon aus, dass die S2-Kapitalanforderung zum Zeitpunkt 0 (am Ende des Jahres 0) berechnet wird

---

[27]Der marktnahe Wert der Verpflichtungen ist im SST etwas anders definiert, da dort hedgebare Risiken nicht über den Kapitalkostenansatz bewertet werden. Es sei jedoch bemerkt, dass beide Solvenzsysteme gewisse Freiheiten bieten und es daher eventuell möglich ist, den gleichen Wert für beide Systeme zu nutzen.

#### 4.7.1.1 Notation für Best Estimates

Bei der Berechnung des Best Estimates hängt das Ergebnis von der zum Berechnungszeitpunkt verfügbaren Information ab. Wir kennzeichnen daher Best-Estimate Größen durch einen zusätzlichen Index "0;", der den Zeitpunkt der Schätzung angibt.[28] Bei sich realisierenden Werten wird diese Index natürlich weggelassen.[29] Zum Beispiel ist $s_{0;t}^C$ die Schätzung der Stornowahrscheinlichkeit für den Versicherungsvertrag **C** während des Jahres $t$, basierend auf der zum Zeitpunkt 0 gegebenen Information. Die sich für das Jahr $t$ wirklich einstellende Stornowahrscheinlichkeit bezeichnen wir dann mit $s_t^C$. Außerdem vernachlässigen wir häufig Nicht-Linearitäten bei der Best-Estimate Schätzung. Ist zum Beispiel $x_{0;t}$ der Best Estimate für die Größe $x_t$, so nehmen wir als Best Estimate für die Größe $x_t^2$ einfach $x_{0;t}^2$. Dies ist zwar nicht wirklich korrekt, aber eine in der Praxis übliche Approximation.

### 4.7.2 Struktur des SCR

Die Berechnung des *SCR* folgt einem modularen Aufbau wie in Abb. 4.8 gezeigt.

Das *SCR* für das operationale Risiko ($SCR_{Op}$) wird nach Aggregation der übrigen Risiken auf das Aggregationsergebnis *BSCR* (Basic *SCR*) ebenso wie eine Adjustierung *Adj* für die risikomindernde Wirkung latenter Steuern und der Überschussbeteiligung aufgeschlagen:

$$SCR = BSCR + SCR_{Op} + Adj. \tag{4.18}$$

Das *BSCR* ist in sechs Module (Risikoklassen)

$$SCR_{Leben}, SCR_{NL}, SCR_{Kranken}, SCR_{Mkt}, SCR_{Kredit}, SCR_{Intang}$$

aufgeteilt, welche sich wiederum aus mehreren Untermodulen (Risikotypen) zusammen setzen können:

1. *versicherungstechnisches Risiko Leben ($SCR_{Leben}$)*.
   a. Stornorisiko ($SCR_{Leben}^{Storno}$)
   b. Kostenrisiko ($SCR_{Leben}^{Kosten}$)
   c. Invaliditätsrisiko ($SCR_{Leben}^{Invalid}$)
   d. Sterblichkeitsrisiko ($SCR_{Leben}^{Mort}$)
   e. Langlebigkeitsrisiko ($SCR_{Leben}^{Langleb.}$)

---

[28]Beim risikofreien Zins schreiben wir allerdings nach wie vor $fw_{0;t}$ anstatt von $s_{0;t}$.

[29]Der sich realisierende risikofreie Zins wird weiterhin mit $s_t$ bezeichnet.

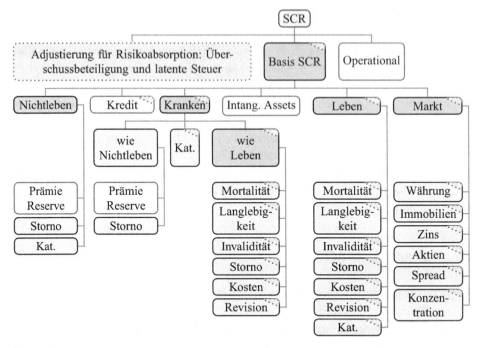

Adjustierung für risikomitigierende Effekte der Überschussbeteiligung
Aggregation mittels Korrelationskoeffizienten
Berechnung mithilfe von Szenarien
Berechnung mithilfe einer vorgegebenen Formel

**Abb. 4.8** Modularer Aufbau des Standardmodells zur Berechnung des SCR (Quelle: [9, SCR.1.1])

    f. Revisionsrisiko ($SCR_{\text{Leben}}^{\text{Rev}}$)

    g. Katastrophenrisiko ($SCR_{\text{Leben}}^{\text{Kat}}$)

2. *versicherungstechnisches Risiko Nichtleben ($SCR_{\text{NL}}$)*

    a. Prämien- und Reserverisiko ($SCR_{\text{NL}}^{\text{Prem,Res}}$)

    b. Stornorisiko ($SCR_{\text{NL}}^{\text{Storno}}$)

    c. Katastrophenrisiko ($SCR_{\text{NL}}^{\text{Kat}}$)

3. *versicherungstechnisches Risiko Kranken ($SCR_{\text{Kranken}}$).* Bei diesem Risiko gibt es zwei Hierarchiestufen von Untermodulen. Die erste Schicht enthält $SCR_{\text{Kranken}}^{\text{SLT}}$ für Krankenversicherung, die ähnlich wie die Lebensversicherung betrieben wird (z. B. in Deutschland und Österreich), $SCR_{\text{Kranken}}^{\text{NSLT}}$ für Krankenversicherung, die ähnlich wie die Nichtlebensversicherung betrieben wird, und schließlich ein eigenes Katastrophenmodul $SCR_{\text{Kranken}}^{\text{Kat}}$ für beide Formen der Krankenversicherung.

Das Modul $SCR_{\text{Kranken}}^{\text{SLT}}$ ist weiter unterteilt in 6 Untermodule, die analog zu den Untermodulen von $SCR_{\text{Leben}}$ sind.

a. Stornorisiko ($SCR_{\text{Kranken}}^{\text{Storno}}$)

b. Kostenrisiko ($SCR_{\text{Kranken}}^{\text{Kosten}}$)

c. Invaliditätsrisiko ($SCR_{\text{Kranken}}^{\text{Invalid}}$)

d. Sterblichkeitsrisiko ($SCR_{\text{Kranken}}^{\text{Mort}}$)

e. Langlebigkeitsrisiko ($SCR_{\text{Kranken}}^{\text{Langleb.}}$)

f. Revisionsrisiko ($SCR_{\text{Kranken}}^{\text{Rev}}$)

Das Modul $SCR_{\text{Kranken}}^{\text{SLT}}$ hat zwei Untermodule, die analog zu den Untermodulen von $SCR_{\text{NL}}$ sind.

a. Prämien- und Reserverisiko ($SCR_{\text{Kranken}}^{\text{Prem,Res}}$)

b. Stornorisiko ($SCR_{\text{Kranken}}^{\text{Storno}}$)

4. *Ausfallrisiko ($SCR_{\text{Kredit}}$).* Das Kreditrisiko ist in zwei Module aufgespalten. Das Modul $SCR_{\text{Kredit}}$ bemisst das reine Ausfallrisiko (bspw. von Unternehmensanleihen oder Risikominderungsinstrumenten wie Rückversicherungen oder Derivate). Das Untermodul Spreadrisiko ($SCR_{\text{Mkt}}^{\text{Spread}}$) des Marktrisikomoduls $SCR_{\text{Mkt}}$ deckt das Risiko eines Wertverlustes von Vermögensanlagen durch die Änderung des Kreditspreads über dem risikolosen Zins ab.

5. *Marktrisiko ($SCR_{\text{Mkt}}$).* Das Marktrisiko umfasst alle Kursrisiken auf den Kapitalmärkten sowie das Konzentrationsrisiko im Kapitalanlageportfolio des Versicherers.

a. Fremdwährungsrisiko ($SCR_{\text{Mkt}}^{\text{Fx}}$)

b. Immobilienrisiko ($SCR_{\text{Mkt}}^{\text{Immobilien}}$)

c. Zinsänderungsrisiko ($SCR_{\text{Mkt}}^{\text{Zins}}$)

d. Aktienrisiko ($SCR_{\text{Mkt}}^{\text{Aktien}}$)

e. Spreadrisiko ($SCR_{\text{Mkt}}^{\text{Spread}}$): siehe auch Modul Ausfallrisiko ($SCR_{\text{Kredit}}$)

f. Konzentrationsrisiko ($SCR_{\text{Mkt}}^{\text{Konz}}$)

6. *Risiko für immaterielle Vermögenswerte ($SCR_{\text{Intang}}$).* Einige immaterielle Vermögenswerte können als Kapital zur Bedeckung des $SCR$ herangezogen werden. Das Kapital $SCR_{\text{Intang}}$ entspricht dem Risiko, dass diese immateriellen Vermögenswerte in Notzeiten nicht in materielle Vermögenswerte überführt werden können.

Die Aggregation der einzelnen Kapitalanforderungen erfolgt mit einem zweistufigen Varianz/Kovarianz-Ansatz, wobei die entsprechenden Korrelationsmatrizen vorgegeben werden. In einem ersten Schritt werden die Kapitalanforderungen pro Risikotyp innerhalb eines Moduls $i$ mit einer vorgegebenen Korrelationsmatrix corr$_i$ mithilfe der Wurzelformel aggregiert,

$$SCR_i = \sqrt{\mathrm{corr}_i^{jk} SCR_{i,j} SCR_{i,k}},$$

wobei $SCR_{i,j}$ die Kapitalanforderung für das Untermodul $j$ des Moduls $i$ bezeichnet. Anschließend werden die Kapitalanforderungen pro Modul mit einer Korrelationsmatrix zum Basic $SCR$ aggregiert. Für diese Aggregation wird die Korrelationsmatrix

$$\mathrm{corr}_{BSCR} = \begin{pmatrix} 1.00 & 0.25 & 0.25 & 0.25 & 0.25 \\ 0.25 & 1.00 & 0.25 & 0.25 & 0.50 \\ 0.25 & 0.25 & 1.00 & 0.25 & 0.00 \\ 0.25 & 0.25 & 0.25 & 1.00 & 0.00 \\ 0.25 & 0.50 & 0.00 & 0.00 & 1.00 \end{pmatrix}, \tag{4.19}$$

genutzt,

$$BSCR = \sqrt{\sum_{i,j \in \{\mathrm{Mkt,Kredit,Leben,Kranken,NL}\}} \mathrm{corr}_{BSCR}^{ij} SCR_i SCR_j} + SCR_{\mathrm{Intang}}.$$

*Anmerkung 4.14.* Diese mehrstufige Aggregation kann zu einer Unterschätzung des $BSCR$ führen:

Es seien $X^A, X^B$ Zufallsvariablen für Risiken, die jeweils aus der Summe von Einzelrisiken bestehen, $X^A = \sum_{i=1}^{a} X_i^A$, $X^B = \sum_{k=1}^{b} X_k^B$. $SCR_A^i$ (bzw. $SCR_B^k$) sei das $SCR$ für die Einzelrisiken $X_i^A$ (bzw. $X_k^B$) und $\mathrm{corr}^A$, $\mathrm{corr}^B$ die entsprechenden Korrelationsmatrizen. Dann liefert die Wurzelformel als Kapitalanforderung der Risiken $X^A$, $X^B$ die Werte

$$SCR_A = \sqrt{\sum_{i,j=1}^{a} \mathrm{corr}_{ij}^A SCR_A^i SCR_A^j}, \quad SCR_B = \sqrt{\sum_{k,l=1}^{a} \mathrm{corr}_{kl}^B SCR_B^k SCR_B^l}$$

Um die Kapitalanforderung $SCR_{A+B}$ des kombinierten Risikos $X^A + X^B$ zu berechnen, wird ein Korrelationskoeffizient $\mathrm{corr}_{AB}$ für $X^A$ und $X^B$ vorgegeben. Dies führt zur doppelten Wurzelformel

$$SCR_{A+B} = \sqrt{(SCR_A)^2 + 2\mathrm{corr}_{AB} SCR_A SCR_B + (SCR_B)^2}$$

$$= \sqrt{\begin{array}{l} \sum_{i,j=1}^{a} \mathrm{corr}_{ij}^A SCR_A^i SCR_A^j + \sum_{k,l=1}^{a} \mathrm{corr}_{kl}^B SCR_B^k SCR_B^l \\ +2\mathrm{corr}_{AB} \sqrt{\sum_{i,j=1}^{a} \mathrm{corr}_{ij}^A SCR_A^i SCR_A^j} \sqrt{\sum_{k,l=1}^{a} \mathrm{corr}_{kl}^B SCR_B^k SCR_B^l} \end{array}}.$$

Man könnte alternativ die Aggregation in einem Schritt durchführen, indem man eine Korrelationsmatrix $\mathrm{corr}$ benutzt, die in Blockschreibweise mit

$$\mathrm{corr}_{ik}^{AB} = \mathrm{corr}\left(X_i^A, X_k^B\right)$$

durch

$$\text{corr} = \begin{pmatrix} \text{corr}^A & \text{corr}^{AB} \\ \left(\text{corr}^{AB}\right)^\top & \text{corr}^B \end{pmatrix}$$

gegeben ist. Die Kapitalanforderung beträgt dann

$$\widehat{SCR}_{A+B} =$$

$$\sqrt{\sum_{i,j=1}^{a} \text{corr}_{ij}^A SCR_A^i SCR_A^j + \sum_{k,l=1}^{a} \text{corr}_{kl}^B SCR_B^k SCR_B^l + 2\sum_{i=1}^{a}\sum_{k=1}^{b} \text{corr}_{ik}^{AB} SCR_A^j SCR_B^k}.$$

Die Matrix $\text{corr}^{AB}$ liefert natürlich mehr Information als der zuvor benutzte Korrelationskoeffizient $\text{corr}_{AB}$. Der Koeffizient $\text{corr}_{AB}$ kann als eine Art Durchschnittskorrelation der Risiken $X_i^A$, $X_k^B$ aufgefasst werden. Wenn man allerdings $\text{corr}_{ik}^{AB} = \text{corr}_{AB}$ für alle $i, k$ setzt, folgt

$$SCR_{A+B} \leq \widehat{SCR}_{A+B},$$

solange alle $SCR_A^i$, $SCR_B^k$ positiv sind und $\text{corr}_{AB} > 0$ gilt.

Die Aussage folgt aus

$$\frac{\left(\widehat{SCR}_{A+B}\right)^2 - (SCR_{A+B})^2}{2\text{corr}_{AB}} =$$

$$= \sum_{i=1}^{a}\sum_{k=1}^{b} SCR_A^j SCR_B^k - \sqrt{\sum_{i,j=1}^{a} \text{corr}_{ij}^A SCR_A^i SCR_A^j}\sqrt{\sum_{k,l=1}^{a} \text{corr}_{kl}^B SCR_B^k SCR_B^l}$$

$$\geq \sum_{i=1}^{a}\sum_{k=1}^{b} SCR_A^j SCR_B^k - \sqrt{\sum_{i,j=1}^{a} SCR_A^i SCR_A^j}\sqrt{\sum_{k,l=1}^{a} SCR_B^k SCR_B^l}$$

$$= \sum_{i=1}^{a} SCR_A^j \sum_{k=1}^{b} SCR_B^k - \sqrt{\left(\sum_{i=1}^{a} SCR_A^i\right)^2}\sqrt{\left(\sum_{k=1}^{a} SCR_B^k\right)^2}$$

$$= 0,$$

wobei wir benutzt haben, dass die Korrelationskoeffizienten $\text{corr}_{ij}^A$, $\text{corr}_{kl}^B$ durch 1 nach oben beschränkt sind.

Der Summand

$$\mathrm{Adj} = \mathrm{Adj}_{\mathrm{TP}} + \mathrm{Adj}_{\mathrm{DT}} \tag{4.20}$$

in Gl. (4.18) berücksichtigt die risikomindernde Wirkung der zukünftigen Überschuss-beteiligung ($FDB_0$) und latenter Steuern (DT).[30] Der Index "TP" zeigt an, dass die hier gemeinten FDB bereits in den technischen Rückstellungen (technical provisions) berücksichtigt werden. Dies ist zum Beispiel der Fall, wenn die technischen Rückstellungen mit einer Zinsrate diskontiert werden, die signifikant unterhalb des erwarteten Kapitalertrags liegt. Falls Verluste aufgrund adverser Ereignisse eintreten, kann das Unternehmen diese FDB kürzen, um einen Teil dieser Verluste auszugleichen. Die entsprechende Änderung der $FDB_0$ müssen somit in die Berechnung der $SCR$ einbezogen werden. Die Risikominderung der FDB wird in der SCR-Berechnung durch eine Parallelberechnung erfasst.

Die Berechnung der $FDB_0$ wird separat von der Berechnung der gesamten technischen Rückstellungen vollzogen und muss auf objektiven Einschätzungen zukünftiger Management-Entscheidungen beruhen [9, TP.2.111, TP.2.114]. Für $t \geq 0$ sei $Bonus(t)$ der erwartete zukünftige Bonus, der am Ende des Jahres $t$ gezahlt wird, wobei wir annehmen, dass in diesem Jahr keine anderen Überschüsse gezahlt werden. $fw_{0;t}$ bezeichne den risikofreien Forwardzins für das Jahr $t$ und die relativen Kapitalanlagekosten für die risikofreie Kapitalanlage seien durch $\lambda_{t,\mathrm{Cash}}^{\mathrm{Kosten,rel}}$ gegeben. Dann gilt

$$FDB_{0;t} = (1 + fw_{0;t+1})^{-1} \left( FDB_{0;t+1} + Bonus(t+1) + \lambda_{t+1,\mathrm{Cash}}^{\mathrm{Kosten,rel}} \right) \tag{4.21}$$

und $FDB_0 = FDB_{0;0}$. Das folgende Lemma zeigt (in einem etwas allgemeineren Kontext), dass es möglich ist, die relativen Kosten in dem Zins zu absorbieren:

**Lemma 4.6.** *Es seien* $\mathbb{T} = \{0, \dots, T\}$, $\left(c_t^{\mathrm{BdJ}}\right)_{t \in \mathbb{T} \backslash \{0\}}$ *bzw.* $\left(c_t^{\mathrm{EdJ}}\right)_{t \in \mathbb{T} \backslash \{0\}}$ *Versicherungscashflows zu Beginn bzw. Ende eines jeden Jahres und* $V_t$ *die (mit dem risikofreien Zins* $\left(fw_{0;\tau}\right)_{\tau \in \mathbb{T}}$ *berechneten) technischen Rückstellungen am Ende des Jahres t. Die Wahrscheinlichkeit zu Beginn des Jahres t, dass die Rückstellung* $V_t$ *am Ende des Jahres tatsächlich gestellt werden muss, sei* $p_t$. *Ferner fallen am Ende des Jahres t die Kapitalanlagekosten* $\lambda_t \cdot (V_{t-1} + c_t^{\mathrm{BdJ}})$ *an.*[31]

*Dann gilt die Rekursionsformel*

$$V_T = 0, \qquad V_t = -c_{t+1}^{\mathrm{BdJ}} + \left(1 + \widetilde{fw}_{0;t+1}\right)^{-1} \left(p_{t+1} V_{t+1} - c_{t+1}^{\mathrm{EdJ}}\right),$$

*wobei wir den kostenadjustieren risikofreien Zins* $\widetilde{fw}_\tau$ *durch*

---

[30]FDB steht für "future discretionary benefits" und DT steht für "deferred Taxes".

[31]Wir benutzen hier die Konvention, dass sowohl dem Unternehmen zufließende Cashflows als auch die Rückstellungen positiv sind.

$$\widetilde{fw}_{0;\tau} = fw_{0;\tau} - \lambda_\tau$$

*definiert haben.*

*Beweis.* Die Behauptung folgt unmittelbar aus der Tatsache, dass relative Kosten auf die Kapitalanlage wie negative Zinsen wirken.

Wir wollen auch einen formaleren Beweis geben: Der Gesamtcashflow am Ende des Jahres $t+1$ beträgt $c_{t+1}^{\mathrm{EdJ}} - \lambda_{t+1}\left(V_t + c_{t+1}^{\mathrm{BdJ}}\right)$, weshalb

$$V_t = -c_{t+1}^{\mathrm{BdJ}} + (1 + fw_{0;t+1})^{-1}\left(p_{t+1}V_{t+1} - c_{t+1}^{\mathrm{EdJ}} + \lambda_{t+1}\left(V_t + c_{t+1}^{\mathrm{BdJ}}\right)\right)$$

und somit

$$\left(V_t + c_{t+1}^{\mathrm{BdJ}}\right)\left(1 - \frac{\lambda_{t+1}}{1 + fw_{0;t+1}}\right) = (1 + fw_{0;t+1})^{-1}\left(p_{t+1}V_{t+1} - c_{t+1}^{\mathrm{EdJ}}\right)$$

gilt. Diese Gleichung vereinfacht sich zu

$$V_t = -c_{t+1}^{\mathrm{BdJ}} + \frac{(1 + fw_{0;t+1})^{-1}}{1 - \lambda_{t+1}/\left(1 + fw_{0;t+1}\right)^{-1}}\left(p_{t+1}V_{t+1} - c_{t+1}^{\mathrm{EdJ}}\right)$$

$$= -c_{t+1}^{\mathrm{BdJ}} + (1 + fw_{0;t+1} - \lambda_{t+1})^{-1}\left(p_{t+1}V_{t+1} - c_{t+1}^{\mathrm{EdJ}}\right).$$

$\square$

Damit vereinfacht sich (4.21) zu

$$FDB_{0;t} = (1 + \widetilde{fw}_{0;t+1})^{-1}\left(FDB_{0;t+1} + Bonus(t+1)\right). \qquad (4.22)$$

Es sei $Bonus_{0;i,k}(t)$ der erwartete Bonus am Ende des Jahres $t$, falls zum Zeitpunkt 0 das Stress-Szenario $Szen_{i,k}$ eingetreten ist, wobei $i$ das Modul (z. B. Mkt) und $k$ ein allfälliges Untermodul (z. B. $k = $ Fx) bezeichnet. Um $Bonus_{0;i,k}(t)$ zu berechnen, müssen objektive Managementregeln zugrundegelegt weden. Man beachte, dass $Szen_{i,k}$ auch den risikofreien Zins beeinflussen kann, den wir dann mit $fw_{0+\varepsilon;t,i,k}$ bezeichnen, wobei $0 < \varepsilon \ll 1$ gelte. In diesem Fall ist der "Future Discretionary Bonus" durch

$$FDB_{0;t,i,k} = \left(1 + \widetilde{fw}_{0+\varepsilon;t+1,i,k}\right)^{-1}\left(FDB_{0;t+1,i,k} + Bonus_{0;i,k}(t+1)\right).$$

gegeben, wobei $FDB_{0;t,i,k}$ der zur Zeit 0 erwartete Wert der zum Zeitpunkt $t$ zukünftigen Überschussbeteiligung unter Annahme von $Szen_{i,k}$ ist. Um das Risikokapital $SCR_{i,k}$ für das Untermodul $k$ des Moduls $i$ zu berechnen, wird zunächst ein "Netto-SCR" $SCR_{i,k}^{\mathrm{netto}}$ unter der Annahme, dass zukünftige Boni aufgrund des Szenarios gesenkt werden können. Das "(Brutto)-SCR" $SCR_{i,k}$ ist dann durch

$$SCR_{i,k} = SCR_{i,k}^{\text{netto}} + FDB_0 - FDB_{0;0,i,k} \tag{4.23}$$

gegeben [9, SCR.2.14].

*Anmerkung 4.15.* Um Gl. (4.23) zu verstehen, greifen wir auf die szenario-basierte Bestimmung des Netto-*SCR* voraus (4.26):

$$SCR_{i,k}^{\text{netto}} = (\tilde{A}_0^{\text{netto}} - \tilde{L}_0^{\text{netto}} - (\tilde{A}_{0,i,k}^{\text{netto}} - \tilde{L}_{0,i,k}^{\text{netto}})),$$

wobei $\tilde{A}_0^{\text{netto}}$ die Netto-Vermögenswerte und $\tilde{L}_0^{\text{netto}}$ die Netto-Verpflichtungen bezeichnen.[32] Bei der Berechnung von $\tilde{A}_{0,i,k}^{\text{netto}}$ und $\tilde{L}_{0,i,k}^{\text{netto}}$ wird angenommen, dass aufgrund des Risikos $i$ ein Verlust, der dem 99.5 %-VaR entspricht, eingetreten ist. Wir können die Verbindlichkeiten als Summe der technischen Rückstellungen $V_0^{\text{BE}}$ und der übrigen Verbindlichkeiten $\tilde{L}_0^{\text{übrige}}$ auffassen. Der Best Estimate der technischen Rückstellung $V_0^{\text{BE}}$ ist die Summe des Best Estimates der technischen Rückstellungen für garantierte Leistungen $V_{0,\text{gar}}^{\text{BE}}$ und des Barwerts zukünftiger Boni $FDB_0$. Da der Marktwert der Vermögensgegenstände von zukünftigen risikomitigierenden Maßnahmen unabhängig ist, gilt $\tilde{A}_0^{\text{netto}} = \tilde{A}_0$ und $\tilde{A}_{0,i,k}^{\text{netto}} = \tilde{A}_{0,i,k}$. Offenbar gilt ebenfalls $\tilde{L}_0^{\text{netto}} = \tilde{L}_0$, da keine besonderen Maßnahmen getroffen werden, wenn kein Verlust eintritt. Falls der Diskontierungszins durch das Stress-Szenario nicht betroffen ist, folgt somit

$$\begin{aligned}
SCR_{i,k} - SCR_{i,k}^{\text{netto}} &= \tilde{L}_0 - \tilde{L}_{0,i,k}^{\text{netto}} \\
&= \tilde{L}_0^{\text{übrige}} + V_{0,\text{gar}}^{\text{BE}} + FDB_0 - \tilde{L}_0^{\text{übrige}} - V_{0,\text{gar}}^{\text{BE}} - FDB_{0,i,k} \\
&= FDB_0 - FDB_{0;0,i,k}.
\end{aligned}$$

Falls das verlustbringende Ereignis Auswirkungen auf den Diskontierungszins hat, ändern sich jedoch auch die Rückstellungen für garantierte Leistungen und die übrigen Verbindlichkeiten. In diesem Fall ist die das Brutto-*SCR* definierende Gl. (4.23) schwierig zu interpretieren. Hinzu kommt, dass auch dann auch unterschiedliche Annahmen für den risikofreien Zins in der Bestimmung von $FDB_{0;0,i,k}$ und $SCR_{i,k}^{\text{netto}}$ getroffen werden [9, SCR.2.4].

Es ist nicht schwierig, eine alternative Definition von $SCR_{i,k}$ zu finden, die besser interpretiert werden kann. Allerdings hat die in [9] gewählte Gl. (4.23) den Vorteil, dass die praktische Berechnung relativ einfach ist.

---

[32]Die Tilde gibt jeweils an, dass die Netto-Vermögenswerte und die Netto-Verpflichtungen für die S2-Berechnung etwas modifiziert wurden.

Um $SCR_i^{\text{netto}}$ aus $(SCR_{i,k}^{\text{netto}})_k$ zu bestimmen, wird das gleiche Verfahren und die gleiche Korrelationsmatrix wie bei der Bestimmung von $SCR_i$ aus $(SCR_{i,k})_k$ benutzt, und es wird analog

$$BSCR^{\text{netto}} = -\sqrt{\sum_{i,j \in \{\text{Mkt,Kredit,Leben,Kranken,NL}\}} \text{corr}_{BSCR}^{ij} SCR_i^{\text{netto}} SCR_j^{\text{netto}}} + SCR_{\text{Intang}}.$$

gesetzt $(SCR_{\text{Intang}}^{\text{netto}} = SCR_{\text{Intang}})$

Wir können nun die Adjustierung für den risikomitigierenden Effekt der Bonusdeklaration berechnen [9, SCR.2.13],

$$Adj_{\text{TP}} = -\max\left(\min\left(BSCR - BSCR^{\text{netto}}, FDB_0\right), 0\right).$$

*Anmerkung 4.16.* Indem wir (4.18) und (4.20) ausschreiben, erhalten wir

$$SCR = BSCR - \max\left(\min\left(BSCR - BSCR^{\text{netto}}, FDB_0\right), 0\right) + Adj_{\text{DT}} + SCR_{\text{Op}},$$

wobei $BSCR$ als eine Funktion von $(SCR_{i,k}^{\text{netto}})_{i,k}$, $(FDB_{0;0,i,k})_{i,k}$ und $FDB_0$ aufgefasst werden kann. Man mag sich fragen, warum nicht die eingängigere Formel

$$\widetilde{SCR} = BSCR^{\text{netto}} + Adj_{\text{DT}} + SCR_{\text{Op}} \tag{4.24}$$

verwendet wurde. Dies liegt daran, dass dann die Möglichkeit bestände, dass risikomitigierende Effekte doppelt gezählt werden könnten, da es möglich ist, dass die Aggregation von $(FDB_{0;0,i,k})_{i,k}$ größer als $FDB_0$ ist.

Aufgeschobene Steuern können Steuerguthaben oder Steuerschulden sein. Es sei $DT_0$ der derzeitige Wert der aufgeschobenen Steuern und $DT_0^{\text{schock}}$ der Wert nach einem unmittelbaren Verlust in der Höhe von

$$BSCR + SCR_{\text{Op}} + Adj_{\text{TP}}.$$

Dann gilt

$$Adj_{\text{DT}} = \min\left(DT_0^{\text{schock}} - DT_0, 0\right) \tag{4.25}$$

(siehe [9, SCR.2.15-SCR.2.18]).

*Beispiel 4.14.* Wir nehmen an, dass es (abgesehen von operationalen Risiken und Risiken bzgl. immaterieller Vermögenswerte) lediglich ein Modul Szen$_1$ mit zwei Untermodulen

$Szen_{1,1}$, $Szen_{1,2}$ gibt und dass die Korrelationsmatrix $corr_1$ durch $corr_1^{12} = 0.75$ vorgegeben ist. Ferner nehmen wir

$$SCR_{Op} = 150, \quad SCR_{Intang} = 50, \quad SCR_{1,1}^{netto} = 130, \quad SCR_{1,2}^{netto} = 140,$$

$$FDB_0 = 100, \quad FDB_{0;0,1,1} = 8, \quad FDB_{0;0,1,2} = 7$$

an und gehen davon aus, dass es keine latenten Steuern gibt, $Adj_{DT} = 0$. In diesem Beispiel nutzt jedes der beiden Szenarien über 90 % des $FDB_0$. Es gilt

$$SCR_{1,1} = 130 + 100 - 8 = 222,$$

$$SCR_{1,2} = 140 + 100 - 7 = 233$$

und wir erhalten

$$BSCR = -\sqrt{\begin{pmatrix} 222 & 233 \end{pmatrix} \begin{pmatrix} 1.00 & 0.75 \\ 0.75 & 1.00 \end{pmatrix} \begin{pmatrix} 222 \\ 233 \end{pmatrix}} + 50 = 475.6$$

sowie

$$BSCR^{netto} = -\sqrt{\begin{pmatrix} 130 & 140 \end{pmatrix} \begin{pmatrix} 1.00 & 0.75 \\ 0.75 & 1.00 \end{pmatrix} \begin{pmatrix} 130 \\ 140 \end{pmatrix}} + 50 = 302.6.$$

Damit gilt

$$Adj_{TP} = -\max(\min(475.6 - 302.6, 100), 0) = -100.0$$

und somit

$$SCR = 475.6 - 100.0 + 0 + 150 = 525.6.$$

In diesem Fall werden also die anrechenbaren zukünftigen Boni gekappt, um $FDB_0$ nicht zu übersteigen. Hätte man die eingängigere Formel (4.24) benutzt, so hätte sich mit

$$\widetilde{SCR} = 302.6 + 0 + 150 = 452.6$$

eine zu geringe Kapitalanforderung ergeben.

### 4.7.3    Szenariobasierte Module

Die meisten versicherungstechnischen Risiken der Nichtlebenversicherung und das Ausfallrisiko werden faktorbasiert bewertet. Für die meisten Marktrisiken und versicherungstechnischen Risiken in der Lebensversicherung wird ein szenariobasierter Berechnungs-
ansatz verwendet.

Im Rahmen eines solchen Ansatzes wird das Risikokapital in Höhe des Verlustes in
der S2-Bilanz, einer (angenähert) ökonomischen Bilanz des Versicherers, bemessen, der
in Folge eines vorgegebenen Schockereignisses eintritt. Dieser Verlust ergibt sich aus der
Veränderung der "Basic Own Funds" ($BOF_0$), das heißt der Veränderung des Differenzbe-
trags aus (modifizierten) Vermögenswerten $\tilde{A}_0$ und versicherungstechnischen (modifizierten) Verpflichtungen $\tilde{L}_0$,

$$BOF_0 = \tilde{A}_0 - \tilde{L}_0.$$

Bei der Bestimmung von $\tilde{A}_0$ und $\tilde{L}_0$ werden die unterliegenden Cashflows realistisch[33]
gemessen, aber Anpassungen für die S2-Bilanz vorgenommen:

- Für die modifizierten Verpflichtungen $\tilde{L}_0$ werden die nachrangigen Darlehen abgezogen
  und die Steuerverpflichtungen undiskontiert abgezogen [9, SCR.1.6], [3, 3.137],
- Bei den modifizierten Vermögenswerte $\tilde{A}_0$ werden Steuerguthaben angerechnet aber
  nicht diskontiert [3, 3.137]. Ausserdem werden die Aktiva aus nachrangigen Darlehen
  berücksichtigt [1, Artikel 88].

Nachrangige Darlehen werden von den Verpflichtungen abgezogen, da sie benutzt werden
können, um eine Insolvenz abzuwehren. Diese Behandlung ist eine Vereinfachung, da
in der Realität der Bonus gekürzt würde, bevor nachrangige Verpflichtungen nicht mehr
bedient werden. Obwohl diese Modellierung nicht ganz der Realität entspricht, ist diese
Vereinfachung für die Kapitalbestimmung ausreichend.
$\tilde{A}_0^{\text{netto}}$ (bzw. $\tilde{L}_0^{\text{netto}}$) bezeichne die Netto-Vermögenswerte (bzw. Netto-Verpflichtungen)
unter Berücksichtigung verlustmitigierender Maßnahmen wie einer allfälligen Kürzung
des Bonus. Die Netto-Kapitalanforderung für das Untermodul $k$ des Moduls $i$ ist

$$SCR_{i,k}^{\text{netto}} = \tilde{A}_0^{\text{netto}} - \tilde{L}_0^{\text{netto}} - \left( \tilde{A}_{0,i,k}^{\text{netto}} - \tilde{L}_{0,i,k}^{\text{netto}} \right), \tag{4.26}$$

---

[33]Die Beschreibung in [9, TP.1.4, TP.2.1–TP.2.6] scheint darauf hinzuweisen, dass bei der Bestimmung der (modifizierten) Verpflichtungen $\tilde{L}_0$ ein realistischer Erwartungswert des mit der
risikofreien Zinskurve diskontierten Cashflows gemeint ist. Dies würde den Preis für die Übernahme
der hedgebaren und nicht-hedgebaren Risiken nicht einbeziehen. Es gibt aber auch andere Interpretationen. Der Best Estimate der technischen Rückstellungen wird zum Beispiel mitunter auch
als Summe des realistischen Erwartungswertes und des Preises für die Übernahme der hedgebaren
Risiken interpretiert. Dies wäre dann analog zur Bestimmung des RTK im Swiss Solvency Test.

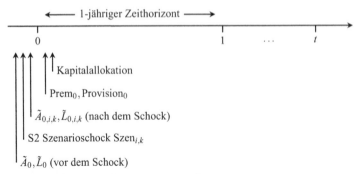

**Abb. 4.9** Zeitmodell für die Berechnung von $SCR_{i,k}^{\text{netto}}$

wobei $\tilde{A}_{0,i,k}^{\text{netto}}$ (bzw. $\tilde{L}_{0,i,k}^{\text{netto}}$) die Netto-Vermögenswerte (bzw. Netto-Verpflichtungen) sind, falls das Szenario Szen$_{i,k}$ unmittelbar eintrifft. Abb. 4.9 zeigt das unterliegende Zeitmodell.

### 4.7.4   Solvency 2 Standardformel für eine Lebensversicherung

#### 4.7.4.1 Operationales Risiko

Es sei $Prem_t^{\text{earnd,L}\backslash\text{UL}}$ die während des Jahres $t$ verdiente Prämie für Lebensversicherungen, die weder fondsgebunden noch indexgebunden sind. Wir bezeichnen die technischen Rückstellungen am Ende des Jahres $t$ für diejenigen Lebensversicherungsverträge, die weder fondsgebunden noch indexgebunden sind, mit $V_t^{\text{L}\backslash\text{UL}}$. Die während des Jahres $t$ anfallenden Kosten für fondsgebundene und indexgebundene Versicherungen seien mit $Kosten_t^{\text{UL}}$ bezeichnet. Dann ist die Kapitalanforderung für operationale Risiken durch

$$SCR_{\text{Op}} = \min\left(0.3\,BSCR, \max\left(Op_{\text{Prem}}, Op_{\text{TP}}\right)\right) + 0.25\,Kosten_0^{\text{UL}}$$

gegeben, wobei

$$Op_{\text{Prem}} = 0.04\left(Prem_0^{\text{earnd,L}\backslash\text{UL}} + \max\left(0, Prem_0^{\text{earnd,L}\backslash\text{UL}} - 1.2 Prem_{0-1}^{\text{earnd,L}\backslash\text{UL}}\right)\right),$$

$$Op_{\text{TP}} = 0.0045\min\left(0, V_0^{\text{L}\backslash\text{UL}}\right)$$

gesetzt wurde [9, SCR.3.6].[34]

---

[34]Für die Nicht-Lebenversicherung gelten etwas andere Formeln.

*Anmerkung 4.17.* Die Formel für operationale Risiken versucht nicht, das Risiko direkt zu modellieren, da dies aufgrund der Datenlage und des starken Einflusses der jeweiligen Unternehmenskultur ausserordentlich schwierig ist. Weil das Risiko nicht wirklich modelliert wird, hat die Formel eine sehr große Fehlermarge.

### 4.7.4.2 Immaterielle Vermögensgegenstände

Es sei $IV_t$ der Wert der immateriellen Vermögensgegenstände zum Zeitpunkt $t$. Dann gilt

$$SCR_{\text{Intang}} = 0.8\,IV_0$$

(siehe [9, SCR.4.4]).

### 4.7.4.3 Marktrisiko

Das Marktrisiko besteht aus 6 Untermodulen mit korrespondierenden Szenarien für das Zinsrisiko, Aktienrisiko, Immobilienrisiko, Spreadrisiko, Währungsrisiko und Konzentrationsrisiko:

$$\text{Szen}_{\text{Mkt,Zins}},\ \text{Szen}_{\text{Mkt,Aktien}},\ \text{Szen}_{\text{Mkt,Immobilien}},$$

$$\text{Szen}_{\text{Mkt,Spread}},\ \text{Szen}_{\text{Mkt,Fx}},\ \text{Szen}_{\text{Mkt,Konz}}.$$

Die Kapitalanforderungen $SCR_{\text{Mkt},k}^{\text{netto}}$ und $SCR_{\text{Mkt},k}$ für diese Untermodule werden mit der Korrelationsmatrix

$$\text{corr}_{\text{Mkt}} = \begin{pmatrix} 1.0 & a & a & a & 0.25 & 0.0 \\ a & 1.0 & 0.75 & 0.75 & 0.25 & 0.0 \\ a & 0.75 & 1.0 & 0.5 & 0.25 & 0.0 \\ a & 0.75 & 0.5 & 1.0 & 0.25 & 0.0 \\ 0.25 & 0.25 & 0.25 & 0.25 & 1.0 & 0.0 \\ 0.0 & 0.0 & 0.0 & 0.0 & 0.0 & 1.0 \end{pmatrix}$$

aggregiert, wobei $a = 0$, falls in $\text{Szen}_{\text{Mkt,Zins}}$ ein positiver Zinsschock ausgewählt wurde, und $a = 0.5$, falls in $\text{Szen}_{\text{Mkt,Zins}}$ negativer Zinsschock ausgewählt wurde.

$$SCR_{\text{Mkt}}^{\text{netto}} = \sqrt{\sum_{j,k} \text{corr}_{\text{Mkt}}^{jk} SCR_{\text{Mkt},j}^{\text{netto}} SCR_{\text{Mkt},k}^{\text{netto}}},$$

$$SCR_{\text{Mkt}} = \sqrt{\sum_{j,k} \text{corr}_{\text{Mkt}}^{jk} SCR_{\text{Mkt},j} SCR_{\text{Mkt},k}}.$$

**Tab. 4.3** Relative Verschiebung der Spotzinsen in den Zinsszenarien für die ersten 9 Jahre

| $t$ | 1 | 2 | 3 | 4 | 5 | 6 | 7 | 8 | 9 |
|---|---|---|---|---|---|---|---|---|---|
| $\delta_t^{\mathsf{d}}$ | $-75\,\%$ | $-65\,\%$ | $-56\,\%$ | $-50\,\%$ | $-46\,\%$ | $-42\,\%$ | $-39\,\%$ | $-36\,\%$ | $-33\,\%$ |
| $\delta_t^{\mathsf{u}}$ | $70\,\%$ | $70\,\%$ | $64\,\%$ | $59\,\%$ | $55\,\%$ | $52\,\%$ | $49\,\%$ | $47\,\%$ | $44\,\%$ |

**Zinsrisiko**

Im Zinsszenario wird sowohl ein positiver als auch ein negativer Schock der zukünftigen Zinssätze ($t > 0$) betrachtet,

$$sp_{0;t}^{\mathsf{d}} = sp_{0;t} + \delta_0^{\mathsf{d}} \left| sp_{0;t} \right|,$$

$$sp_{0;t}^{\mathsf{u}} = sp_{0;t} + \max\left( \left| sp_{0;t} \right| \delta_t^{\mathsf{u}}, 1\% \right)$$

wobei $\delta_t^{\mathsf{d}}, \delta_t^{\mathsf{u}}$ vorgegeben sind (siehe Tab. 4.3) und wir mit

$$sp_{0;t} = \left( \prod_{\tau=1}^{t} (1 + fw_{0;\tau}) \right)^{1/t} - 1$$

den Spotzins für die Duration $t$, der den Forwardzinsen $fw_{0;1}, \ldots, fw_{0;t}$ entspricht, bezeichnet haben. Es sei $\tilde{A}_{0,\mathrm{Mkt,Zins}}^{\mathrm{netto,d}}$ (bzw. $\tilde{A}_{0,\mathrm{Mkt,Zins}}^{\mathrm{netto,u}}$) der Wert der modifizierten Assets in dem Szenario, in dem sich die Spotzinsen $sp_{0;t}$ unmittelbar vor dem Zeitpunkt 0 zu den Spotzinsen $sp_{0;t}^{\mathsf{d}}$ (bzw. $sp_{0;t}^{\mathsf{u}}$) verschoben haben. Die geschockten Verpflichtungen $\tilde{L}_{0,\mathrm{Mkt,Zins}}^{\mathrm{netto,d}}$ und $\tilde{L}_{0,\mathrm{Mkt,Zins}}^{\mathrm{netto,u}}$ seien analog definiert. Für $x \in \{\mathsf{d}, \mathsf{u}\}$ sei $FDB_{0;0,\mathrm{Mkt,Zins}}^{x}$ der Wert der zukünftigen Boni, wobei als Bewertungszins die Spotzinsen $sp_{0;t}^{x}$ herangezogen wurden. Dann gilt

$$SCR_{\mathrm{Mkt,Zins}}^{\mathrm{netto},x} = \tilde{A}_0 - \tilde{L}_0 - (\tilde{A}_{0,\mathrm{Mkt,Zins}}^{\mathrm{netto},x} - \tilde{L}_{0,\mathrm{Mkt,Zins}}^{\mathrm{netto},x}),$$

$$SCR_{\mathrm{Mkt,Zins}}^{x} = SCR_{\mathrm{Mkt,Zins}}^{\mathrm{netto},x} + FDB_0 - FDB_{0;0,\mathrm{Mkt,Zins}}^{x}.$$

Die Kapitalanforderungen $SCR_{\mathrm{Mkt,Zins}}^{\mathrm{netto},x}$ und $SCR_{\mathrm{Mkt,Zins}}^{x}$ sind durch

$$SCR_{\mathrm{Mkt,Zins}}^{\mathrm{netto}} = \max\left( 0, SCR_{\mathrm{Mkt,Zins}}^{\mathrm{netto,d}}, SCR_{\mathrm{Mkt,Zins}}^{\mathrm{netto,u}} \right),$$

$$SCR_{\mathrm{Mkt,Zins}} = \begin{cases} \max\left( 0, SCR_{\mathrm{Mkt,Zins}}^{\mathsf{d}} \right) & \text{falls } SCR_{\mathrm{Mkt,Zins}}^{\mathrm{netto,d}} \geq SCR_{\mathrm{Mkt,Zins}}^{\mathrm{netto,u}}, \\ \max\left( 0, SCR_{\mathrm{Mkt,Zins}}^{\mathsf{u}} \right) & \text{sonst} \end{cases}$$

definiert

*Anmerkung 4.18.* Man beachte, dass die Netto-Rechnung die primäre Rechnung ist. Bei der Berechnung von $Adj_{\mathrm{TP}}$ vergleichen wir die aggregierte Netto-Kapitalanforderung mit der aggregierten Brutto-Kapitalanforderung. Damit dies Sinn macht, müssen die bei der Berechnung dieser Anforderungen benutzten Zinskurven übereinstimmen. Dies erklärt, warum die Berechnung von $SCR_{\text{Mkt,Zins}}$ dasjenige Zinsszenario herauspickt, das zum Wert $SCR_{\text{Mkt,Zins}}^{\text{netto}}$ führt.

### Risiko für Aktien und ähnliche Anlagen

Die Kapitalanforderung $SCR_{\text{Mkt,Aktien}}^{\text{netto}}$ ergibt sich aus einem Grundschock, der vom Typ der Anlage abhängt. Dieser Grundschock wird aufgrund der jüngeren Marktentwicklung noch adjustiert was dann den eigentlichen Schock ergibt.

Es werden zwei Anlagetypen unterschieden:

Typ 1 Aktien:    Hauptsächlich Aktien,[35] die in regulierten Märkten in Ländern, die Mitglieder der EEA oder der OECD sind, gehandelt werden. Zusätzlich werden gewisse alternative Investmentfondss dem Typ 1 zugerechnet. Für den Typ 1 wird ein Grundschock von   39 % angesetzt.

Typ 2 Aktien:    Aktien, die an Börsen in Ländern, die nicht Mitglieder von EEA oder OECD sind. Zu diesem Typ gehören auch Hedge-Funds, Rohstoffe und die meisten alternativen Investments. Der Grundschock beträgt $-49\,\%$.

Der Grundschock wird einer "symmetrischen Adjustierung" [1, Article 106] unterzogen. Um diese Adjustierung zu berechnen, konstruiert EIOPA einen Aktienindex $I$ und berechnet

$$Adj_{\text{sym}} = \min\left(10\,\%, \max\left(-10\,\%, \frac{1}{2}\left(\frac{I_0 - \text{mean}_{[0-3,0[}(I)}{\text{mean}_{[0-3,0[}(I)} - 8\,\%\right)\right)\right),$$

wobei $I_0$ den aktuellen Wert des Index und $\text{mean}_{[0-3,0[}(I)$ den (gleichmäßig gewichteten) täglichen Durchschnitt des Index über die letzten 3 Jahre bezeichnet.[36] Für $0 = 31.12.2013$ hat EIOPA

$$Adj_{\text{sym}} = -7.5\%,$$

berechnet, was die Aktienschocks

$$\text{Typ 1: Schock}_1 = -46.5\,\%$$

$$\text{Typ 2: Schock}_2 = -56.5\,\%$$

---

[35]Der Einfachheit halber werden wir in diesem Abschnitt von Aktien sprechen, auch wenn die Anlageklasse größer ist und unter anderem Investitionsfonds beinhaltet.

[36]Die Minimierung und Maximierung mit 10 % (bzw. $-10\,\%$) wird nicht in [9, SCR.5.43] aufgeführt, folgt aber aus der Solvency-Directive [1, Article 106].

ergibt. Diese Werte werden in Zukunft laufend angepasst werden. Für beide Typen wird der entsprechende Schock separat angewendet, was zu den Kapitalanforderungen

$$SCR_{\text{Mkt,Aktien}}^{\text{netto},i} = \tilde{A}_0 - \tilde{L}_0 - (\tilde{A}_{0,\text{Mkt,Aktien}}^{\text{netto},i} - \tilde{L}_{0,\text{Mkt,Aktien}}^{\text{netto},i}),$$

$$SCR_{\text{Mkt,Aktien}}^{i} = SCR_{\text{Mkt,Aktien}}^{\text{netto},i} + FDB_0 - FDB_{0;0,\text{Mkt,Aktien}}^{i}.$$

führt. Dabei erhält man $\tilde{A}_{0,\text{Mkt,Aktien}}^{\text{netto}}$ und $\tilde{L}_{0,\text{Mkt,Aktien}}^{\text{netto}}$, indem man für jede aktienähnliche Anlage $e$ vom Typ $i$ den Wert $A_e$ durch $(1 + \text{Schock}_i)A_e$ ersetzt. Bei dieser Berechnung sollten Hedging- und Risikotransfermechansimen berücksichtigt werden. Die Kapitalanforderungen werden mit einer Wurzelformel unter der Annahme einer Korrelation von 75 % aggregiert:

$$SCR_{\text{Mkt,Aktien}}^{\text{netto}} = \sqrt{\left( SCR_{\text{Mkt,Aktien}}^{\text{netto},1} \ SCR_{\text{Mkt,Aktien}}^{\text{netto},2} \right) \begin{pmatrix} 1.00 & 0.75 \\ 0.75 & 1.00 \end{pmatrix} \begin{pmatrix} SCR_{\text{Mkt,Aktien}}^{\text{netto},1} \\ SCR_{\text{Mkt,Aktien}}^{\text{netto},2} \end{pmatrix}},$$

$$SCR_{\text{Mkt,Aktien}} = \sqrt{\left( SCR_{\text{Mkt,Aktien}}^{1} \ SCR_{\text{Mkt,Aktien}}^{2} \right) \begin{pmatrix} 1.00 & 0.75 \\ 0.75 & 1.00 \end{pmatrix} \begin{pmatrix} SCR_{\text{Mkt,Aktien}}^{1} \\ SCR_{\text{Mkt,Aktien}}^{2} \end{pmatrix}}.$$

### Immobilienrisiko

Das Immobilienmodul wird für Kapitalanlagen in Grundeigentum, Gebäude, unbewegliches Eigentum sowie für Immobilien, die vom Versicherer selbst genutzt werden, angewandt. Alle anderen immobilienähnlichen Kapitalanlagen werden als aktienähnliche Kapitalanlagen behandelt.

Die Kapitalanforderung ist durch

$$SCR_{\text{Mkt,Immobilien}}^{\text{netto}} = \tilde{A}_0 + \tilde{L}_0 - (\tilde{A}_{0,\text{Mkt,Immobilien}}^{\text{netto}} - \tilde{L}_{0,\text{Mkt,Immobilien}}^{\text{netto}}),$$

$$SCR_{\text{Mkt,Immobilien}} = SCR_{\text{Mkt,Immobilien}}^{\text{netto}} + FDB_0 - FDB_{0;0,\text{Mkt,Immobilien}}$$

gegeben, wobei $\tilde{A}_{0,\text{Mkt,Immobilien}}^{\text{netto}}$ und $\tilde{L}_{0,\text{Mkt,Immobilien}}^{\text{netto}}$ dadurch berechnet werden, dass für jedes dem Immobilienrisiko unterliegende Eigentum $p$ der Wert der Wert $A_p$ durch $(1 - 25\%)A_p$ ersetzt wird.

### Währungsrisiko

Von an Börsen notierten Kapitalanlagen wird angenommen, dass sie in der Währung der Hauptbörsennotierung vorliegen. Aktienähnliche Anlagen, die nicht an einer Börse notiert sind, wird die Währung des Landes, in dem der Emittent seine Hauptaktivitäten hat, zugeordnet. Immobilien wird die Währung des Landes, in dem sie sich befinden, zugeordnet.

Es werden separat je ein Schock von 25 % und $-25$ % berechnet[37] Damit erhält man

$$SCR_{Mkt,Fx}^{netto,x} = \tilde{A}_0 - \tilde{L}_0 - (\tilde{A}_{0,Mkt,Fx}^{netto,x} - \tilde{L}_{0,Mkt,Fx}^{netto,x}),$$

$$SCR_{Mkt,Fx}^{x} = SCR_{Mkt,Fx}^{netto,x} + FDB_0 - FDB_{0;0,Mkt,Fx}^{x},$$

wobei $x \in \{d, u\}$ den negativen bzw. positiven Schock identifiziert. Die Kapitalanforderungen für Währungsrisiko sind dann durch

$$SCR_{Mkt,Fx}^{netto} = \max\left(0, SCR_{Mkt,Fx}^{netto,d}, SCR_{Mkt,Fx}^{netto,u}\right),$$

$$SCR_{Mkt,FX} = \begin{cases} \max\left(0, SCR_{Mkt,Fx}^{d}\right) & \text{falls } SCR_{Mkt,Fx}^{netto,d} \geq SCR_{Mkt,Fx}^{netto,u}, \\ \max\left(0, SCR_{Mkt,Fx}^{u}\right) & \text{sonst} \end{cases}$$

gegeben.

### Spreadrisiko

Die Kapitalanforderung für das Spreadrisiko besteht aus drei Komponenten:

1. Spreadrisiken für festverzinsliche Wertpapiere, $Szen_{Mkt,Spread}^{netto,bonds}$ und $Szen_{Mkt,Spread}^{bonds}$,
2. Spreadrisiken für handelbare Wertpapiere oder andere Wertpapiere, die auf Verbriefungen ("securitizations") basieren, $Szen_{Mkt,Spread}^{netto,secur}$ und $Szen_{Mkt,Spread}^{secur}$,
3. Spreadrisiken für Kreditderivate, $Szen_{Mkt,Spread}^{netto,cds}$ und $Szen_{Mkt,Spread}^{cds}$.

Es sei CRI $= \{cri_1, \ldots, cri_N\}$ die Menge aller Aktiva, die dem Kreditrisiko unterworfen sind. Wir bezeichnen mit $MW(cri_i)$ den Wert und mit $d(cri_i)$ die modifizierte Duration von $cri_i$. CQS $(cri_i)$ sei die $cri_i$ zugeordnete (Solvency 2) Kreditqualität. Tab. 4.4 zeigt die Beziehung zwischen Solvency 2 Kreditqualität und externen Ratings an. Etwaiges Hedging

**Tab. 4.4** Solvency 2 Kreditqualität (Credit quality steps CQS) und äquivalente externe Ratings

| CQS | Standard & Poor's, Fitch | Moody's |
|-----|--------------------------|---------|
| 0 | AAA | Aaa |
| 1 | AA | Aa |
| 2 | A | A |
| 3 | BBB | Baa |
| 4 | BB | Ba |
| 5–6 | geringer als BB bzw. kein Rating | geringer als Ba bzw. kein Rating |

---

[37]Währungen, die an den Euro gebunden sind, werden weniger stark geschockt, wobei der Schock von der jeweiligen Währung abhängt.

und etwaige Risikomitigation sollten bei der Berechnung des Spreadrisikos berücksichtigt werden.

Die Kapitalanforderungen $SCR_{\text{Mkt,Spread}}^{\text{netto,bonds}}$, $SCR_{\text{Mkt,Spread}}^{\text{bonds}}$ sind durch

$$SCR_{\text{Mkt,Spread}}^{\text{netto,bonds}} = \tilde{A}_0 - \tilde{L}_0 - (\tilde{A}_{0,\text{Mkt,Spread}}^{\text{netto,bonds}} - \tilde{L}_{0,\text{Mkt,Spread}}^{\text{netto,bonds}}),$$

$$SCR_{\text{Mkt,Spread}}^{\text{bonds}} = SCR_{\text{Mkt,Spread}}^{\text{netto,bonds}} + FDB_0 - FDB_{0;0,\text{Mkt,Spread}}^{\text{bonds}},$$

bestimmt, wobei ein unmittelbarer Verlust von

$$\text{Schock}_{\text{bonds}} = \sum_{cri_j \in \text{bonds}} \text{MW}(cri_j) F^{\text{bonds}}\big(d(cri_j), \text{CQS}(cri_j)\big)$$

angenommen wird und die Schock-Funktion $F^{\text{bonds}}$ in Tab. 4.5 gegeben ist. Von dieser Regel gibt es mehrere Ausnahmen, von denen wir einige (aber nicht alle) auflisten wollen:

**Tab. 4.5** Die Schock-Funktion $F^{\text{bonds}}(d, \text{CQS}) = \min(1, a + b(d - c))$, wobei CQS $\in \{0, \ldots, 6, \text{kein Rating}\}$. Diese Funktion wurde von EIOPA so kalibriert, dass der resultierende Schock mit dem $99.5\%$ VaR konsistent ist. Es ist zu erwarten, dass diese Werte regelmässig neu kalibriert werden

Parameter $a$:

| Duration $d$ | 0 | 1 | 2 | 3 | 4 | 5 | 6 | kein Rating |
|---|---|---|---|---|---|---|---|---|
| $d \leq 5$ | 0.0 % | 0.0 % | 0.0 % | 0.0 % | 0.0 % | 0.0 % | 0.0 % | 0.0 % |
| $5 < d \leq 10$ | 4.5 % | 5.5 % | 7.0 % | 12.5 % | 22.5 % | 37.5 % | 37.5 % | 15.0 % |
| $10 < d \leq 15$ | 7.2 % | 8.4 % | 10.5 % | 20.0 % | 35.0 % | 58.5 % | 58.5 % | 23.5 % |
| $15 < d \leq 20$ | 9.7 % | 10.9 % | 13.0 % | 25.0 % | 44.0 % | 61.0 % | 61.0 % | 23.5 % |
| $20 < d \leq \infty$ | 12.2 % | 13.4 % | 15.5 % | 30.0 % | 46.6 % | 63.5 % | 63.5 % | 35.5 % |

Parameter $b$:

| Duration $d$ | 0 | 1 | 2 | 3 | 4 | 5 | 6 | kein Rating |
|---|---|---|---|---|---|---|---|---|
| $d \leq 5$ | 0.9 % | 1.1 % | 1.4 % | 2.5 % | 4.5 % | 7.5 % | 7.5 % | 3.0 % |
| $5 < d \leq 10$ | 0.5 % | 0.6 % | 0.7 % | 1.5 % | 2.5 % | 4.2 % | 4.2 % | 1.7 % |
| $10 < d \leq 15$ | 0.5 % | 0.5 % | 0.5 % | 1.0 % | 1.8 % | 0.5 % | 0.5 % | 1.2 % |
| $15 < d \leq 20$ | 0.5 % | 0.5 % | 0.5 % | 1.0 % | 0.5 % | 0.5 % | 0.5 % | 1.2 % |
| $20 < d \leq \infty$ | 0.5 % | 0.5 % | 0.5 % | 0.5 % | 0.5 % | 0.5 % | 0.5 % | 0.5 % |

Parameter $c$:

| Duration $d$ | 0 | 1 | 2 | 3 | 4 | 5 | 6 | kein Rating |
|---|---|---|---|---|---|---|---|---|
| $d \leq 5$ | 0 | 0 | 0 | 0 | 0 | 0 | 0 | 0 |
| $5 < d \leq 10$ | 5 | 5 | 5 | 5 | 5 | 5 | 5 | 5 |
| $10 < d \leq 15$ | 10 | 10 | 10 | 10 | 10 | 10 | 10 | 10 |
| $15 < d \leq 20$ | 15 | 15 | 15 | 15 | 15 | 15 | 15 | 15 |
| $20 < d \leq \infty$ | 20 | 20 | 20 | 20 | 20 | 20 | 20 | 20 |

1. "Collateralized Bonds" und Darlehen, für die es kein Rating gibt, die jedoch die S2-Kriterien für Risikomitigation erfüllen [9, Section SCR.11]. Siehe [9, SCR.5.96].
2. "Covered Bonds" der Kreditqualität 0 oder 1, die die Bedingungen in Article 22(4) der UCITS directive 85/611/EEC erfüllen. In diesem Fall ist die Schock-Funktion durch

$$
F^{\text{bonds,covered}}(d, \text{CQS})
$$

$$
= \begin{cases} \min\left(1, ((1 - \text{CQS})\,0.7\,\% + \text{CQS}\,0.9\,\%)\,d\right) & \text{falls } d \leq 5 \\ \min\left(1, (1 - \text{CQS})\,3.5\,\% + \text{CQS}\,4.5\,\% + 0.5\,\%(d - 5)\right) & \text{sonst} \end{cases}
$$

gegeben.

3. Die Kreditqualität für (Rück-)Versicherungsunternehmen, die nicht die MCR bedecken, ist 6, selbst wenn das externe Rating besser ist.
4. Die Schock-Funktion hat den Wert 0 für jedes in der Landeswährung notierte Aktivum, dessen Kreditrisiko gegenüber einer EU-Regierung oder der Zentralbank eines EU-Staats besteht.
5. Für Aktiva in der entsprechenden Landeswährung, die mit einem Kreditrisiko gegenüber Regierungen von Nicht-EU-Staaten oder ihren Zentralbanken behaftet sind, ist die Schock-Funktion durch

$$
F^{\text{bonds,gov}}(d, \text{CQS}) = \begin{cases} 0 & \text{if } \text{CQS} \in \{0, 1\} \\ F^{\text{bonds}}(d, \text{CQS} - 1) & \text{falls } \text{CQS} \in \{2, 3, 4, 5\} \\ F^{\text{bonds}}(d, 4) & \text{falls } \text{CQS} = 6 \end{cases}
$$

gegeben.

Verbriefungen werden in Typ-1-Verbriefungen, Typ-2-Verbriefungen und Wiederverbriefungen aufgeteilt. Es gibt eine recht lange Liste von Bedingungen, die eine Typ-1-Verbriefung erfüllen muss [9, SCR.5.107]. Notwendig, aber nicht hinreichend, ist es, dass sie in einem EEA oder OECD-Land notiert wird und eine Kreditqualität von 3 oder besser hat. Typ-2-Verbriefungen sind alle Verbriefungen, die weder Typ-1-Verbriefungen noch Wiederverbriefungen sind.

Die Kapitalanforderungen $SCR^{\text{netto,secur}}_{\text{Mkt,Spread}}$, $SCR^{\text{secur}}_{\text{Mkt,Spread}}$ sind dann durch

$$
SCR^{\text{netto,secur}}_{\text{Mkt,Spread}} = A_0 + \tilde{L}_0 - (A^{\text{netto,bonds}}_{0,\text{Mkt,Spread}} + -\tilde{L}^{\text{netto,secur}}_{0,\text{Mkt,Spread}}),
$$

$$
SCR^{\text{secur}}_{\text{Mkt,Spread}} = SCR^{\text{netto,secur}}_{\text{Mkt,Spread}} + FDB_0 - FDB^{\text{secur}}_{0;0,\text{Mkt,Spread}}
$$

gegeben, wobei ein unmittelbar eintretender Verlust von

**Tab. 4.6** Der Parameter $b$ für die Schock-Funktion $F^{\text{secur}}(d, \text{CQS}, type) = \min(1, bd)$. $b$ wurde von EIOPA so kalibriert, dass die Schock-Funktion mit dem 99.5 % VaR konsistent ist. Es ist zu erwarten, dass $b$ regelmäßig neu kalibriert wird

| Typ | 0 | 1 | 2 | 3 | 4 | 5 | 6 | kein Rating |
|---|---|---|---|---|---|---|---|---|
| Typ 1 | 2.1 % | 4.2 % | 7.4 % | 8.5 % | N/A | N/A | N/A | N/A |
| Typ 2 | 12.5 % | 13.4 % | 16.6 % | 19.7 % | 82.0 % | 100.0 % | 100.0 % | 100.0 % |
| Weiterverbriefung | 33.0 % | 40.0 % | 51.0 % | 91.0 % | 100.0 % | 100.0 % | 100.0 % | 100.0 % |

**Tab. 4.7** Schocks für die Berechnung von $SCR^{\text{netto,cds,d}}_{\text{Mkt,Spread}}$ und $SCR^{\text{netto,cds,u}}_{\text{Mkt,Spread}}$. Für den positiven Schock u wird eine absolute Vergrößerung des Spreads vorgegeben, während für den negativen Schock eine relative Verringerung es Spreads d vorgegeben wird

| Schock | 0 | 1 | 2 | 3 | 4 | 5 | 6 | kein Rating |
|---|---|---|---|---|---|---|---|---|
| Positiv: u | 1.3 % | 1.5 % | 2.6 % | 4.5 % | 8.4 % | 16.2 % | 16.2 % | 5.0 % |
| Negativ: d | −75 % | −75 % | −75 % | −75 % | −75 % | −75 % | −75 % | −75 % |

$$\text{Schock}_{\text{secur}} = \sum_{cri_j \in \text{secur}} \text{MW}(cri_j) F^{\text{secur}}\left(d(cri_j), \text{CQS}(cri_j), type(cri_j)\right)$$

angenommen wird und die Schock-Funktion $F^{\text{bonds}}$ in Tab. 4.6 gegeben ist.

Solvency 2 bestimmt für den Spread von Kreditderivaten einen positiven Schock u und einen negativen Schock d (siehe Tab. 4.7). Die Kapitalanforderungen für die Schocks $x \in \{\text{d}, \text{u}\}$ sind durch

$$SCR^{\text{netto,cds},x}_{\text{Mkt,Spread}} = \tilde{A}_0 - \tilde{L}_0 - (\tilde{A}^{\text{netto,cds},x}_{0,\text{Mkt,Spread}} - \tilde{L}^{\text{netto,cds},x}_{0,\text{Mkt,Spread}}),$$

$$SCR^{\text{cds},x}_{\text{Mkt,Spread}} = SCR^{\text{netto,cds},x}_{\text{Mkt,Spread}} + FDB_0 - FDB^{\text{cds},x}_{0;0,\text{Mkt,Spread}}$$

gegeben. Die Kapitalanforderung für das Spreadrisiko von Kreditderivaten ergibt sich dann aus

$$SCR^{\text{netto,cds}}_{\text{Mkt,Spread}} = \min\left(0, SCR^{\text{netto,cds,d}}_{\text{Mkt,FX}}, SCR^{\text{netto,cdscds,u}}_{\text{Mkt,FX}}\right),$$

$$SCR^{\text{cds}}_{\text{Mkt,Spread}} = \begin{cases} \max\left(0, SCR^{\text{cds,d}}_{\text{Mkt,Spread}}\right) & \text{für } SCR^{\text{netto,cds,d}}_{\text{Mkt,Spread}} \geq SCR^{\text{netto,cds,u}}_{\text{Mkt,Spread}}, \\ \max\left(0, SCR^{\text{cds,u}}_{\text{Mkt,Spread}}\right) & \text{sonst.} \end{cases}$$

Die Gesamtkapitalanforderung für das Spreadrisiko ist die Summe der Kapitalanforderung für die drei Spreadrisikokomponenten:

$$SCR^{\text{netto}}_{\text{Mkt,Spread}} = SCR^{\text{netto,bonds}}_{\text{Mkt,Spread}} + SCR^{\text{netto,secur}}_{\text{Mkt,Spread}} + SCR^{\text{netto,cds}}_{\text{Mkt,Spread}},$$

$$SCR_{\text{Mkt,Spread}} = SCR^{\text{bonds}}_{\text{Mkt,Spread}} + SCR^{\text{secur}}_{\text{Mkt,Spread}} + SCR^{\text{cds}}_{\text{Mkt,Spread}}$$

## Konzentrationsrisiko

Dieses Modul bezieht sich auf alle Kapitalanlagen, die nicht im Kreditrisikomodul behandelt werden.

Die dem Konzentrationsrisiko unterworfenen Aktiva werden nach Gegenparteien $i \in \{1, \dots, n_{cp}\}$ sortiert. Es sei $E_i$ der Verlust, der einträte, wenn die Gegenpartei $i$ zahlungsunfähig würde. Wir bezeichnen mit $A_{xl}$ die Summe aller Aktiva, die in keine der folgenden Gruppen fallen:

1. Aktiva, die für einen Lebensversicherungsvertrag gehalten werden, bei dem das Kapitalanlagerisiko voll vom Versicherungsnehmer getragen wird
2. Aktiva mit Konzentrationsrisiko gegenüber Versicherungs- oder Rückversicherungsunternehmen, die zur gleichen Gruppe wie der Versicherer gehören
3. Beteiligungen nach [1, Article 92(2)]
4. Aktiva, die im Kreditrisikomodul behandelt werden
5. Latente Steuerguthaben
6. Nichtmaterielle Vermögensgegenstände

Der Konzentrationsschock $\text{Schock}_i^{\text{Konz}}$ ist durch

$$\text{Schock}_i^{\text{Konz}} = g_i \max\left(0, \frac{E_i}{A_{xl}} - CT_i\right),$$

gegeben, wobei $CQS_i$ die Kreditqualität der Gegenpartei $i$ ist und $CT_i$, $g_i$ in Tab. 4.8 vorgegeben sind. Für Gegenparteien ohne Rating, die unter Solvency 2 fallende (Rück-)Versicherer sind, stellt EIOPA Risikofaktoren $g_i$ bereit, die von der Solvenzquote des (Rück-)Versicherers abhängen [9, SCR.5.133].

Die Kapitalanforderung für Aktiva mit der Gegenpartei $i$ ist [38]

$$SCR_{\text{Mkt,Konz}}^i = \tilde{A}_0 - \tilde{L}_0 - (\tilde{A}_{0,\text{Mkt,Konz}}^i - \tilde{L}_{0,\text{Mkt,Konz}}^i),$$

**Tab. 4.8** Grenze $CT_i$ und Risikofaktor $g_i$ als Funktion der Kreditqualität

| Parameter | 0 | 1 | 2 | 3 | 4 | 5 | 6 | kein Rating |
|---|---|---|---|---|---|---|---|---|
| Grenze $CT_i$ | 3.0 % | 3.0 % | 3.0 % | 1.5 % | 1.5 % | 1.5 % | 1.5 % | 1.5 % |
| Risikofaktor $g_i$ | 12 % | 12 % | 21 % | 27 % | 73 % | 73 % | 73 % | 73 % |

---

[38] In [9, Abschnitt SCR.5.9] wird die Nettorechnung nicht erwähnt. Dies widerspricht zwar der Abbildung in [9, Abschnitt SCR.1.1] (siehe Abb. 4.8), in der eine Adjustierung der Bruttokapitalanlage angezeigt wird, aber wir glauben, dass diese Auslassung intendiert (und somit die Abbildung nicht ganz korrekt) ist, da die Anzahl der Gegenparteien sehr gross sein kann und somit eine Nettobetrachtung für jede einzelne Gegenpartei schwer handhabbar sein könnte.

wobei ein unmittelbarer Verlust von $\text{Schock}_i^{\text{Konz}}$ angenommen wird. Diese Kapitalanforderungen werde mit der Wurzelformel unter der Annahme aggregiert, dass diese Verluste unkorreliert sind,

$$SCR_{\text{Mkt,Konz}} = -\sqrt{\sum_i \left(SCR^i_{\text{Mkt,Konz}}\right)^2}.$$

Es gibt keine separate Netto-Kapitalanforderung.

### 4.7.4.4 Kreditrisiko

**Kreditrisikotypen**

Wir teilen das Kreditrisiko in zwei Typen auf:

Typ 1:   Kreditrisiken von Gegenparteien, für die im allgemeinen davon ausgegangen werden kann, dass sie geratet sind. Diese Kreditrisiken sind nicht notwendig gut diversifiziert. Beispiele:

- Verträge zur Risikomitigation, insbesondere Rückversicherung, Verbriefungen und Derivate
- Guthaben auf Bankkonten
- Hinterlegung (z. B. von Rückstellungen) bei Zedenten (wenigstens bis zu 15 Gegenparteien)
- Kreditgarantien

Typ 2:   Kreditrisiko von anderen Gegenparteien. Beispiele:

- Noch nicht eingegangene Zahlungen von Maklern
- Policendarlehen und andere Schulden von Versicherungsnehmern
- Private Hypothekarkredite
- Hinterlegung (z. B. von Rückstellungen) bei Zedenten (bei mehr als 15 Gegenparteien im Fall, dass es sich nicht um Typ 1 handelt)

Nicht im Modul behandelt:   Die folgenden Kreditrisiken werden im Kreditrisikomodul nicht behandelt:

- Kreditrisiken, die mit Kreditderivaten übertragen werden
- Kreditrisiko bei der Emmission von Schuldverschreibungen durch Special Purpose Vehicles
- Versicherungsrisiko bei Kredit- und Kautionsversicherungen
- Kreditrisiko bei gewissen Hypothekendarlehen

Für Kreditrisiken vom Typ 1 wird eine portfoliobasierte Methode benutzt, während bei Typ 2 das Kreditrisiko durch Szenarien modelliert wird. Sicherheiten ("Collateral") und Risikomitigation werden bei der Berechnung berücksichtigt.

## Kreditrisiko vom Typ 1

Das Kreditrisikomodell
EIOPA hat ein Mixture-Modell gewählt. Wir bezeichnen mit $D_a \in \{0, 1\}$ den Ausfallindikator für den Schuldner $a \in \{1, \ldots, N\}$, wobei $D_a = 1$ genau dann gilt, wenn $a$ ausgefallen ist. Die Wahrscheinlichkeit eines Ausfalls hängt von einem stochastischen Parameter $X$ ab, der die wirtschaftlichen Rahmenbedingungen beschreibt und für jeden Schuldner gleich ist. Die bzgl. $X$ bedingten Ausfallwahrscheinlichkeiten unterschiedlicher Schuldner werden als unabhängig voneinander angenommen.

Der Schock $X$ in den Rahmenbedingungen wird durch eine Zufallsvariable mit Verteilungsfunktion

$$F_X(x) = x^\alpha,$$

modelliert, wobei $\alpha > 0$ konstant ist und $x \in [0, 1]$ gilt. Wir nehmen außerdem

$$\mathbf{P}(D_a \mid X) = \beta_a + (1 - \beta_a) X^{\tau/\beta_a},$$

an, wobei $\beta_a, \tau$ positiv seien und $\tau$ nicht vom Schuldner $a$ abhänge. Die Ungleichung $\mathbf{P}(D_a \mid X) \geq \beta_a$ erlaubt die Interpretation des Parameters $\beta_a$ als "Basisausfallwahrscheinlichkeit". Wegen $X < 1$ fast sicher und der Form des Exponenten $\tau/\beta_a$ werden Schuldner mit einer sehr geringen Basisausfallwahrscheinlichkeit weniger stark durch einen gegebenen Schock in den Rahmenbedingungen beeinflusst als Schuldner mit einer etwas höheren Basisausfallwahrscheinlichkeit.

$$\begin{aligned}
\mathrm{E}(D_a) &= \int_0^1 \mathbf{P}(D_a \mid X) \, \mathrm{d}F_x \\
&= \beta_a + \int_0^1 (1 - \beta_a) \alpha x^{\tau/\beta_a + \alpha - 1} \mathrm{d}x \\
&= \frac{\tau + \alpha}{\tau + \alpha \beta_a} \beta_a.
\end{aligned}$$

Es sei $a \neq b$. Da $D_a$ bedingt $X$ und $D_b$ bedingt $X$ unabhängig sind, gilt für die Kovarianz-matrix[39]

$$\operatorname{cov}(D_a, D_a) = \frac{\tau + \alpha}{\tau + \alpha\beta_a}\beta_a\left(1 - \frac{\tau + \alpha}{\tau + \alpha\beta_a}\beta_a\right),$$

$$\operatorname{cov}(D_a, D_b) = \operatorname{E}\left(\operatorname{E}(D_a D_b \mid X)\right) - \operatorname{E}(D_a)\operatorname{E}(D_b)$$

$$= \operatorname{E}\left(\operatorname{E}(D_a \mid X)\operatorname{E}(D_b \mid X)\right) - \operatorname{E}(D_a)\operatorname{E}(D_b)$$

$$= \int_0^1 \left(\beta_a + (1-\beta_a)X^{\tau/\beta_a}\right)\left(\beta_b + (1-\beta_b)X^{\tau/\beta_b}\right)\alpha x^{\alpha-1}\mathrm{d}x$$

$$- \frac{\tau + \alpha}{\tau + \alpha\beta_a}\beta_a\frac{\tau + \alpha}{\tau + \alpha\beta_b}\beta_b$$

$$= \frac{\alpha\left(\beta_a - 1\right)\beta_a\left(\beta_b - 1\right)\beta_b\tau^2}{(\tau + \alpha\beta_a)(\tau + \alpha\beta_b)\left((\beta_a + \beta_b)\tau + \alpha\beta_1\beta_2\right)}.$$

Die Ausfallwahrscheinlichkeit $P_a = \mathbf{P}(D_a) = \operatorname{E}(D_a)$ ist eine Observable für homogene Gruppen von Schuldnern. In unserem Kontext können Gruppen von Schuldnern mit der gleichen Kreditqualität als homogen angesehen werden. Es sei $U_1, \ldots, U_n$ eine Partition der Schuldner $\{1, \ldots, N\}$ in $n$ Gruppen verschiedener Kreditqualität. Für $a \in \{1, \ldots, N\}$ sei $i_a \in \{1, \ldots, n\}$ der (eindeutige) Index mit $a \in U_{i_a}$. Man kann für jede Kreditqualität $i$ die korrespondierende Ausfallwahrscheinlichkeit $p_i$ messen, und wir können dann $P_a = p_{i_a}$ setzen. Nun erlaubt uns die Gleichung

$$P_a = \frac{\tau + \alpha}{\tau + \alpha\beta_a}\beta_a,$$

die Unbekannte $\beta_a$ zu eliminieren,

$$\beta_a = \frac{P_a \tau}{\alpha\left(1 - P_a\right) + \tau}.$$

Die Kovarianzmatrix ist dann durch

$$\operatorname{cov}(D_a, D_a) = P_a\left(1 - P_a\right)$$

$$\operatorname{cov}(D_a, D_b) = \frac{\alpha\left(1 - P_a\right)p_a\left(1 - P_b\right)P_b}{(\alpha + \tau)\left(P_a + P_b\right) - \alpha P_a P_b} \quad \text{für } a \neq b$$

---

[39]Die untenstehende Rechnung ist ziemlich langwierig. Wir haben das (frei erhältliche) Computer Algebra System Maxima [14] benutzt.

gegeben.

Für $i, j \in \{1, \ldots, n\}$ sei

$$u_{ij} = \frac{\alpha \left(1 - p_i\right) p_i \left(1 - p_j\right) p_j}{\left(\alpha + \tau\right) \left(p_i + p_j\right) - \alpha p_i p_j}$$

und

$$v_i = p_i(1 - p_i) - u_{ii} = \frac{(\alpha + 2\tau) \left(1 - p_i\right) p_i}{2(\alpha + \tau) - \alpha p_i}.$$

Dann lässt sich die Kovarianz für eine Linearkombination der $D_a$ durch

$$\mathrm{cov}\left(\sum_a V_a D_a \sum_b W_b D_b\right) = \sum_a \sum_b V_a W_b \mathrm{cov}_{ab}$$

$$= \sum_{a \neq b} V_a W_b \mathrm{cov}_{ab} + \sum_a V_a W_a \mathrm{cov}_{aa}$$

$$= \sum_{a \neq b} V_a W_b u_{i_a i_b} + \sum_a V_a W_a u_{i_a i_b} + \sum_a V_a W_a v_{i_a}$$

$$= \sum_{i,j} \sum_{a \in U_i} V_a \sum_{b \in U_j} W_b u_{ij} + \sum_i \sum_{a \in U_i} V_a W_a v_i$$

ausdrücken.

Es sei $LGD_a$ der Verlust bei Ausfall (loss given default) des Schuldners $a$. Dann lautet die Verlustverteilung

$$L = \sum_a LGD_a D_a.$$

Wir schreiben $TLGD_i = \sum_{a \in U_i} LGD_a$ für den totalen Verlust bei Ausfall aller Schuldner mit Kreditqualität $i$ und $SLGD_i = \sum_{a \in U_i} LGD_a^2$ für die Summe der quadrierten Verluste. Dann gilt

$$\mathrm{var}(L) = \sum_{i,j} TLGD_i TLGD_j u_{ij} + \sum_i SLGD_i v_i.$$

Es gibt noch zwei Parameter, die wir noch nicht bestimmt haben, $\alpha$ und $\tau$. EIOPA nimmt an, dass der Schock der Rahmenbedingung einer Gleichverteilung unterliegt, was zur Annahme $\alpha = 1$ äquivalent ist. Der Parameter $\tau$ wird von EIOPA als $\tau = 1/4$ vorgegeben. Damit vereinfachen sich $u_{ij}$ und $v_i$ zu

$$u_{ij} = \frac{(1 - p_i)\, p_i\, (1 - p_j)\, p_j}{1.25\, (p_i + p_j) - p_i p_j}, \quad v_i = \frac{1.5(1 - p_i) p_i}{2.5 - p_i}. \tag{4.27}$$

**Kapitalanforderung**

$L$ sei die Verlustverteilung für das Kreditrisiko vom Typ 1. Wenn $L$ normalverteilt wäre, würde

$$\text{VaR}_{99.5\%}(L) = \text{E}(L) + \phi_{0,1}^{-1}(99.5\,\%)\,\sqrt{\text{var}(L)},$$

folgen, wobei die Varianz mithilfe von (4.27) berechnet wird und $\text{E}(L) = \sum_i TLGD_i p_i$ sowie $\phi_{0,1}^{-1}(99.5\,\%) \approx 2.58$ gilt. Damit würde sich eine Kapitalanforderung von

$$2.58\,\sqrt{\text{var}(L)}$$

ergeben. EIOPA beobachtet jedoch, dass die Verteilungsenden weniger dünn als bei der Normalverteilung sind. Daher wird die Kapitalanforderung für das Kreditrisiko vom Typ 1 in Abhängigkeit von der mit dem Maximalverlust normierten Standardabweichung

$$\sigma_{\text{norm}}(L) = \frac{\sqrt{\text{var}(L)}}{\sum_i TLGD_i}$$

vorgegeben,

$$SCR_{\text{Kredit,Type 1}} = \begin{cases} 3\,\sqrt{\text{var}(L)} & \text{falls } \sigma_{\text{norm}}(L) \leq 7\% \\ 5\,\sqrt{\text{var}(L)} & \text{falls } 7\% < \sigma_{\text{norm}}(L) \leq 20\% \;, \\ \sum_i TLGD_i & \text{falls } 20\% < \sigma_{\text{norm}}(L) \end{cases}$$

$$SCR_{\text{Kredit,Type 1}}^{\text{netto}} = SCR_{\text{Kredit,Type 1}}.$$

Die Ausfallwahrscheinlichkeiten $p_i$ werden ebenfalls von EIOPA vorgegeben (Tab. 4.9).

Falls mehrere Gegenparteien zur gleichen Unternehmensgruppe gehören, wird ein gewichteter Mittelwert der Ausfallwahrscheinlichkeiten gewählt. Für das Kreditrisiko gegenüber Banken oder (Rück-) Versicherungsunternehmen ohne Rating, Pooling-Verträge, risikomitigierende Verträge (incl. Derivate) und Hypothekendarlehen wird von EIOPA eine etwas andere Berechnung der Ausfallwahrscheinlichkeiten, des Verlusts bei Ausfall, oder der Kapitalanforderung vorgegeben.

**Tab. 4.9** Ausfallwahrscheinlichkeiten $p_i$ für Kreditrisiko vom Typ 1

|       | 0       | 1       | 2       | 3       | 4       | 5       | 6       | kein Rating |
|-------|---------|---------|---------|---------|---------|---------|---------|-------------|
| $p_i$ | 0.002 % | 0.010 % | 0.050 % | 0.240 % | 1.200 % | 4.200 % | 4.200 % | 4.200 %     |

**Kreditrisiko vom Typ 2**

$LGD_{\{\text{receivables}>3\text{Monate}\}}$ sei der Gesamtverlust bei Aufall derjenigen Forderungen, die vor mehr als 3 Monaten hätten beglichen werden sollen. Für die Berechnung der Kapitalanforderung wird in einem Szenario $\text{Szen}_{\text{Mkt,Typ2}}$ angenommen, dass lediglich 10 % dieser Forderungen und 85 % aller anderen Forderungen beglichen werden. Damit ist die Kapitalanforderung für das Kreditrisiko vom Typ 2 durch

$$SCR^{\text{netto}}_{\text{Kredit,Type 2}} = \tilde{A}_0 - \tilde{L}_0 - (\tilde{A}^{\text{netto}}_{0,\text{Kredit,Type 2}} - \tilde{L}^{\text{netto}}_{0,\text{Kredit,Type 2}}),$$

$$SCR_{\text{Kredit,Type 2}} = SCR^{\text{netto}}_{\text{Kredit,Type 2}} + FDB_0 - FDB_{0;0,\text{Kredit,Type 2}}$$

gegeben, wobei bei der Berechnung von $\tilde{A}^{\text{netto}}_{0,\text{Kredit,Type 2}}, \tilde{L}^{\text{netto}}_{0,\text{Kredit,Type 2}}$ ein unmittelbarer Verlust von

$$90\% LGD_{\{\text{receivables}>3\text{months}\}} + 15\% \sum_{a:\text{Type 2}} LGD_a$$

angenommen wurde.

**Kombination der Kapitalanforderungen für Kreditrisiko vom Typ 1 und vom Typ 2**

Die Kapitalanforderungen für Kreditrisiko vom Typ 1 und vom Typ 2 werden mit der Wurzelformel aggregiert, wobei eine Korrelation von 75% angenommen wird:

$$SCR^{\text{netto}}_{\text{Kredit}} = \sqrt{\left(SCR^{\text{netto}}_{\text{Kredit,Type 1}} \ SCR^{\text{netto}}_{\text{Kredit,Type 2}}\right) \begin{pmatrix} 1 & 0.75 \\ 0.75 & 1 \end{pmatrix} \begin{pmatrix} SCR^{\text{netto}}_{\text{Kredit,Type 1}} \\ SCR^{\text{netto}}_{\text{Kredit,Type 2}} \end{pmatrix}},$$

$$SCR_{\text{Kredit}} = \sqrt{\left(SCR_{\text{Kredit,Type 1}} \ SCR_{\text{Kredit,Type 2}}\right) \begin{pmatrix} 1 & 0.75 \\ 0.75 & 1 \end{pmatrix} \begin{pmatrix} SCR_{\text{Kredit,Type 1}} \\ SCR_{\text{Kredit,Type 2}} \end{pmatrix}}.$$

### 4.7.4.5 Versicherungsrisiko Leben

Das Lebenmodul enthält sechs Untermodule, die in Tab. 4.10 aufgeführt sind. Die entsprechenden Kapitalanforderungen $(SCR^{\text{netto}}_{\text{Leben},k})_{k\in\{1,\dots,7\}}$, $(SCR_{\text{Leben},k})_k$ werden mit der Wurzelformel aggregiert,

$$SCR^{\text{netto}}_{\text{Leben}} = \sqrt{\sum_{i,j} \text{corr}^{ij}_{\text{Leben}} SCR^{\text{netto}}_{\text{Leben},i} SCR^{\text{netto}}_{\text{Leben},i}},$$

$$SCR_{\text{Leben}} = \sqrt{\sum_{i,j} \text{corr}^{\text{Leben}}_{ij} SCR_{\text{Leben},i} SCR_{\text{Leben},i}},$$

**Tab. 4.10** Die Untermodule
des Lebenmoduls

| Index | Risiko | Untermodul |
|---|---|---|
| 1 | Mortalität | $Scen_{\text{Leben,Mort}}$ |
| 2 | Langlebigkeit | $Scen_{\text{Leben,Langleb.}}$ |
| 3 | Invalidität | $Scen_{\text{Leben,Invalid}}$ |
| 4 | Storno | $Scen_{\text{Leben,Storno}}$ |
| 5 | Kosten | $Scen_{\text{Leben,Kosten}}$ |
| 6 | Revision | $Scen_{\text{Leben,Rev}}$ |
| 7 | Katastrophe | $Scen_{\text{Leben,Kat}}$ |

wobei die Korrelationsmatrix

$$\text{corr}_{\text{Leben}} = \begin{pmatrix} 1.00 & -0.25 & 0.25 & 0.00 & 0.25 & 0.00 & 0.25 \\ -0.25 & 1.00 & 0.00 & 0.25 & 0.25 & 0.25 & 0.00 \\ 0.25 & 0.00 & 1.00 & 0.00 & 0.50 & 0.00 & 0.25 \\ 0.00 & 0.25 & 0.00 & 1.00 & 0.50 & 0.00 & 0.25 \\ 0.25 & 0.25 & 0.50 & 0.50 & 1.00 & 0.50 & 0.25 \\ 0.00 & 0.25 & 0.00 & 0.00 & 0.50 & 1.00 & 0.00 \\ 0.25 & 0.00 & 0.25 & 0.25 & 0.25 & 0.00 & 1.00 \end{pmatrix} \tag{4.28}$$

vorgegeben wird.

Wir bezeichnen den Best Estimate zum Zeitpunkt $t$ der dem Vertrag $\mathbf{C}$ zugeordneten Sterbewahrscheinlichkeit für das Jahr $\tau$ mit $q_{t;\tau}^{\mathbf{C}}$.

**Mortalitätsrisiko**

Für Verträge, für die ein Anstieg der Sterbewahrscheinlichkeit zu einem Anstieg der technischen Rückstellungen führt, wird als Schock-Szenario $Szen_{\text{Leben,Mort}}$ ein unmittelbarer Anstieg der Wahrscheinlichkeiten um 15 % vorgegeben,

$$q_{0;t}^{\mathbf{C}} \mapsto \min\left(1, (1 + 15\,\%)q_{0;t}^{\mathbf{C}}\right).$$

Die Kapitalanforderung berechnet sich als

$$SCR_{\text{Leben,Mort}}^{\text{netto}} = \tilde{A}_0 - \tilde{L}_0 - (\tilde{A}_{0,\text{Leben,Mort}}^{\text{netto}} - \tilde{L}_{0,\text{Leben,Mort}}^{\text{netto}}),$$

$$SCR_{\text{Leben,Mort}} = SCR_{\text{Leben,Mort}}^{\text{netto}} + FDB_0 - FDB_{0;0,\text{Leben,Mort}},$$

wobei für $\tilde{A}_{0,\text{Leben,Mort}}^{\text{netto}}$, $\tilde{L}_{0,\text{Leben,Mort}}^{\text{netto}}$ die geschockten Wahrscheinlichkeiten zugrundegelegt werden.

## Langlebigkeitsrisiko

Für diejenigen Verträge, für die ein Anstieg der Sterbewahrscheinlichkeit zu einer Verringerung der technischen Rückstellungen führt, wird als Schock-Szenario $Szen_{Leben,Langleb.}$ eine unmittelbare Änderung der Wahrscheinlichkeiten um $-20\,\%$ vorgegeben, $q_{0;t}^{C} \mapsto (1 - 20\,\%)\,q_{0;t}^{C}$. Damit lauten die Kapitalanforderungen

$$SCR_{Leben,Langleb.}^{netto} = \tilde{A}_0 - \tilde{L}_0 - (\tilde{A}_{0,Leben,Langleb.}^{netto} - \tilde{L}_{0,Leben,Langleb.}^{netto}),$$

$$SCR_{Leben,Langleb.} = SCR_{Leben,Langleb.}^{netto} + FDB_0 - FDB_{0;0,Leben,Langleb.}.$$

## Invaliditätsrisiko

Das Invaliditätsrisiko wird normalerweise im Krankenmodul behandelt. Das Untermodul des Lebensmodul betrifft lediglich Lebensversicherungsverträge, die eine Invaliditätskomponente haben, und für die es nicht angemessen wäre, die Invaliditätskomponente vom Restvertrag abzutrennen und separat zu behandeln.

Für die Berechnung der Kapitalanforderung wird eine Kombination von drei unmittelbaren Schocks angewandt:

1. Ein Anstieg um 35 % der Invaliditätswahrscheinlichkeit für das folgende Jahr 1,
2. ein Anstieg um 25 % der Invaliditätswahrscheinlichkeiten für alle Jahre ab dem übernächsten Jahr ($\{2, 3, \dots\}$),
3. eine Änderung um $-20\,\%$ der Reaktivierungswahrscheinlichkeit.

Die Invaliditätswahrscheinlichkeiten werden jeweils mit 1 minimiert. Die Kapitalanforderung ist nun durch

$$SCR_{Leben,Invalid}^{netto} = \tilde{A}_0 - \tilde{L}_0 - (\tilde{A}_{0,Leben,Invalid}^{netto} - \tilde{L}_{0,Leben,Invalid}^{netto}),$$

$$SCR_{Leben,Invalid} = SCR_{Leben,Invalid}^{netto} + FDB_0 - FDB_{0;0,Leben,Invalid},$$

gegeben, wobei $\tilde{A}_{0,Leben,Invalid}^{netto}$ und $\tilde{L}_{0,Leben,Invalid}^{netto}$ Schätzwerte für den Wert der modifizierten Vermögensgegenstände und modifizierten Verbindlichkeiten unter Berücksichtigung obiger Schocks darstellen.

## Stornorisiko

$s_{t;\tau}^{C}$ sei zum Zeitpunkt $t$ der Best Estimate der Stornowahrscheinlichkeit für das Jahr $\tau$ und den Versicherungsvertrag $C$. Es werden drei separate Schocks ausgeführt:

1. Eine permanente Verringerung der Stornowahrscheinlichkeiten,

$$s_{0;\tau}^{C} \mapsto \max\left(50\,\%\,s_{0;\tau}^{C},\, s_{0;\tau}^{C} - 20\,\%\right),$$

für diejenigen Versichrungsverträge, für die eine Verringerung zu einer Erhöhung der technischen Rückstellungen führt. Wir bezeichnen die resultierende Kapitalanforderungen mit $SCR_{\text{Leben,Storno}}^{\text{netto,d}}$ und

$$SCR_{\text{Leben,Storno}}^{\text{d}} = SCR_{\text{Leben,Storno}}^{\text{netto,d}} + FDB_0 - FDB_{0;0,\text{Leben,Storno}}^{\text{d}}.$$

2. Eine permanente Erhöhung der Stornowahrscheinlichkeiten,

$$s_{0;\tau}^{\text{C}} \mapsto \min\left(150\,\% s_{0;\tau}^{\text{C}}, 1\right)$$

für diejenigen Verträge, für die eine Erhöhung zu einer Erhöhung der technischen Rückstellungen führt. Wir bezeichnen die resultierenden Kapitalanforderungen mit $SCR_{\text{Leben,Storno}}^{\text{netto,u}}$ und

$$SCR_{\text{Leben,Storno}}^{\text{u}} = SCR_{\text{Leben,Storno}}^{\text{netto,u}} + FDB_0 - FDB_{0;0,\text{Leben,Storno}}^{\text{u}}.$$

3. ein Massenstorno von

   a. $-70\,\%$ derjenigen Verträge, die im Rahmen eines Gruppenvertrags für die betrieblichen Altersversorgung abgeschlossen wurden[40] und für die der Schock zu einer Erhöhung der technischen Rückstellungen führen würde,

   b. $-40\,\%$ derjenigen übrigen Verträge, für die der Schock und für die der Schock zu einer Erhöhung der technischen Rückstellungen führen würde.

Wir bezeichnen die Kapitalanforderungen für Massenstorno mit $SCR_{\text{Leben,Storno}}^{\text{netto,mass}}$ und
$SCR_{\text{Leben,Storno}}^{\text{mass}} = SCR_{\text{Leben,Storno}}^{\text{netto,mass}} + FDB_0 - FDB_{0;0,\text{Leben,Storno}}^{\text{mass}}.$

Die Kapitalanforderung für das Stornorisiko ist dann durch

$$SCR_{\text{Leben,Storno}}^{\text{netto}} = \min\left(SCR_{\text{Leben,Storno}}^{\text{netto,d}}, SCR_{\text{Leben,Storno}}^{\text{netto,u}}, SCR_{\text{Leben,Storno}}^{\text{netto,mass}}\right)$$

$$SCR_{\text{Leben,Storno}}^{mass} = \begin{cases} SCR_{\text{Leben,Storno}}^{\text{d}} & \text{falls } SCR_{\text{Leben,Storno}}^{\text{netto}} = SCR_{\text{Leben,Storno}}^{\text{netto,d}}, \\ SCR_{\text{Leben,Storno}}^{\text{u}} & \text{falls } SCR_{\text{Leben,Storno}}^{\text{netto}} = SCR_{\text{Leben,Storno}}^{\text{netto,u}}, \\ SCR_{\text{Leben,Storno}}^{\text{mass}} & \text{sonst.} \end{cases}$$

gegeben. Annmerkung 4.18 gilt im Wesentlichen auch hier.

**Kostenrisiko**

Das Kostenszenario $Szen_{\text{Leben,Kosten}}$ besteht aus einer Kombination aus zwei Faktoren. Es wird angenommen, dass alle Kosten um $10\,\%$ ansteigen. Zusätzlich wird angenommen,

---

[40]Es gibt einige Ausnahmen, siehe [9, SCR.7.51].

dass die jährliche Kosteninflation 1 % höher als der Best Estimate ist. Diesem Szenario werden natürlich nur Kosten, die zum Zeitpunkt der Berechnung noch nicht feststehen, unterworfen. Zum Beispiel sind laufende Provisionen, die bereits bei Vertragsabschluss festgelegt wurden, nicht betroffen. Die Kapitalanforderungen lauten

$$SCR_{\text{Leben,Kosten}}^{\text{netto}} = \tilde{A}_0 - \tilde{L}_0 - (\tilde{A}_{0,\text{Leben,Kosten}}^{\text{netto}} - \tilde{L}_{0,\text{Leben,Kosten}}^{\text{netto}}),$$

$$SCR_{\text{Leben,Kosten}} = SCR_{\text{Leben,Kosten}}^{\text{netto}} + FDB_0 - FDB_{0;0,\text{Leben,Kosten}}.$$

### Revisionsrisiko

Das Revisionsrisiko bezieht sich auf Rentenversicherungen, bei denen die Höhe der zu zahlenden Rente aufgrund von Änderungen der juristischen Rahmenbedingungen oder des Gesundheitszustands der versicherten Person revidiert werden muss. Insbesondere betroffen sind Renten im Rahmen, die aufgrund einer Nichtlebenversicherung gezahlt werden. Verträge, die dem Revisionsrisiko unterworfen sind, haben selten eine Bonuskomponente. Die Kapitalanforderung für das Revisionsrisiko lautet

$$SCR_{\text{Leben,Rev}}^{\text{netto}} = \tilde{A}_0 - \tilde{L}_0 - (\tilde{A}_{0,\text{Leben,Rev}} - \tilde{L}_{0,\text{Leben,Rev}}),$$

$$SCR_{\text{Leben,Rev}} = SCR_{\text{Leben,Rev}}^{\text{netto}},$$

wobei $\tilde{A}_{\text{Leben,Rev},0}$, $\tilde{L}_{\text{Leben,Rev},0}$ Best Estimates für die Werte der modifizierten Vermögensgegenstände und modifizierten Verbindlichkeiten unter der Annahme, dass aufgrund einer Revision ein Anstieg um 3 % aller dieser zukünftigen Rentenzahlungen aufgetreten ist.

### Katastrophenrisiko

Das Katastrophenrisiko repräsentiert seltene aber sehr schwerwiegende einmalige Mortalitätsrisiken. Beispiele wären eine Pandemie oder die Explosion eines Kernkraftwerks. Für derartige Katastrophen wird, anders als beim gewöhnlichen Mortalitätsrisiko, ein absoluter Anstieg der Sterbewahrscheinlichkeiten um 15 %, der nur für das folgende Jahr gilt, für diejenigen Verträge, bei denen dieser Schock zu einer Erhöhung der technischen Rückstellungen führt, vorgegeben:

$$q_{0;1}^{\text{C}} \mapsto q_{0;1}^{\text{C}} + 15 \%.$$

Die Kapitalanforderung für das Katastrophenrisiko ist dann durch

$$SCR_{\text{Leben,Kat}}^{\text{netto}} = \tilde{A}_0 + \tilde{L}_0 - (\tilde{A}_{0,\text{Leben,Kat}}^{\text{netto}} + \tilde{L}_{0,\text{Leben,Kat}}^{\text{netto}}),$$

$$SCR_{\text{Leben,Kat}} = SCR_{\text{Leben,Kat}}^{\text{netto}} + FDB_0 - FDB_{0;0,\text{Leben,Kat}}$$

gegeben.

### 4.7.5   Beispiel für die Berechnung der Kapitalanforderung für einen Lebensversicherer

In diesem Abschnitt berechnen wir die Kapitalanforderung für ein stark vereinfachtes Lebensversicherungsunternehmen zum Zeitpunkt 0. Es wurde der Versuch gemacht, dass Beispiel so einfach zu gestalten, dass alles in einem Tabellenprogramm nachrechenbar ist,[41] aber es gleichzeitig komplex genug zu belassen, um auch einige Fragestellungen zur Modellierung beleuchten zu können.

#### 4.7.5.1 Das Beispielunternehmen

X-AG ist ein Lebensversicherungsunternehmen mit Sitz in einem EU-Land. Das gegenwärtige Versicherungsportfolio der X-AG läuft in $T = 5$ Jahren aus. Es sei $\mathbb{T} = \{0, \ldots, T\}$. Das Unternehmen investiert in zwei Kapitalanlagen,

1. Einen breiten Aktienfonds $S_\tau$, der von X-AG selbst gemanaget wird. Sämtliche Aktien in Fonds werden in Euro an der lokalen Börse gehandelt.
2. Geld, das auf zwei Bankkonten verteilt ist,

   - 80% bei "Bank 1", die ein Rating von  BBB und einen Verlust bei Ausfall von 80% aufweist,
   - 20% bei "Bank 2", die ein Rating von  A und einen Verlust bei Ausfall von 50% aufweist.

Zum Zeitpunkt 0 beträgt der Wert des Aktienfonds 1500 und das gesamte Bankguthaben 1000, so dass die gesamten Kapitalanlagen

$$KA_0 = 2500$$

betragen. Wir nehmen an, dass der Aktienfonds keine Dividenden zahlt und jedes Jahr eine Rendite von $S_t/S_{t-1} - 1 = 7\%$ abwirft. Die Bankkonten liefern als Rendite den risikofreien 1-Jahres Forwardzins, der durch

$$\left(fw_{0;t}\right)_{t\in\mathbb{T}\setminus\{0\}} = (1.0\%, 1.5\%, 1.8\%, 2.0\%, 2.1\%)$$

gegeben ist. Diese Renditen beinhalten noch nicht die Kapitalanlagekosten der X-AG. Ferner nehmen wir an, dass die Aktienfondsrendite und die risikofreie Rendite für das Vorjahr $S_0/S_{-1} - 1 = 5.0\%$ und $s_0 = 2.0\%$ betrug.

---

[41] Sämtliche Werte wurden mit einem Julia-Skript berechnet, das frei verfügbar ist. Im Anhang B wird die Wahl dieser Programmiersprache erläutert und in Anhang C wird beschrieben, wo das Skript heruntergeladen werden kann und wie man es installieren kann.

**Tab. 4.11** Das Portfolio der
X-AG zum Zeitpunkt 0

| Restlaufzeit $d$: | 1 | 2 | 3 | 4 | 5 |
|---|---|---|---|---|---|
| # Verträge $N_d$: | 60 | 70 | 80 | 90 | 100 |

Die Verpflichtungen der X-AG bestehen aus den

- technischen Rückstellungen,
- einem nachrangigen Darlehen mit Nominalwert 100.0, Coupon 7.5 und einer Laufzeit
  bis 5.

X-AG zeichnet jedes Jahr ausschließlich 5-jährige gemischte Versicherungsverträge **C**
mit Versicherungssumme $VS^C = 10$ nach einem Unisextarif für 40-jährige Versicherungsnehmer gegen laufende Prämie. Sämtliche Verträge werden Anfang des Jahres gezeichnet.
Der Zeitpunkt, an dem der Vertrag **C** ausläuft, wird mit $T_C$ bezeichnet. Tab. 4.11 zeigt das
Portfolio unmittelbar nach dem Zeitpunkt 0. Man beachte, dass $T \leq T_C$ gilt, was wir im
folgenden stillschweigend benutzen werden.

Für die Preisbestimmung werden die folgenden Annahmen gemacht. Die Sterbewahrscheinlichkeiten 1. Ordnung betragen

$$(q_t^{C,\text{Preis}})_{t \in \mathbb{T} \setminus \{0\}} = (0.0010, 0.0011, 0.0012, 0.0013, 0.0014).$$

Für jedes Jahr wird eine Stornowahrscheinlichkeit von $s_t^{C,\text{Preis}} = 10\,\%$ angenommen und
der Diskontzins beträgt $s_t^{\text{Preis}} = 0.5\,\%$. Als Kostenannahmen werden $\lambda_1^{\text{Preis,BdJ}} = 5\,\%$
der Versicherungssumme zu Beginn des ersten Jahres und $\lambda_t^{\text{Preis,EdJ}} = 6\,\%$ der Versicherungssumme am Ende jedes Jahres angenommen. Dabei wird davon ausgegangen,
dass die Kosten unabhängig davon anfallen, ob der Versicherte das Jahr überlebt oder
nicht. Außerdem wird eine Kosteninflation von $\lambda_t^{\text{Preis,infl}} = 1\,\%$ pro Jahr eingerechnet. Bei
Storno werden 90 % der bis dahin eingezahlten Prämien (ohne Verzinsung) ausgezahlt.
Alle Leistungen werden am Ende des betreffenden Jahres ausgezahlt.

Die jährliche Prämie wird nach dem Äquivalenzprinzip mit Rechnungsgrundlagen 1. Ordnung bestimmt. Wir schreiben

$$v_t^{\text{EdJ}} = \prod_{\tau=1}^{t} (1 + s_\tau^{\text{Preis}})^{-1} \text{ und } v_t^{\text{BdJ}} = v_t^{\text{EdJ}} \cdot (1 + s_t^{\text{Preis}})$$

sowie

$$\textit{infl}_t^{\text{Preis,EdJ}} = \prod_{\tau=1}^{t} (1 + \lambda_\tau^{\text{Preis,infl}}) \text{ und } \textit{infl}_t^{\text{Preis,BdJ}} = \textit{infl}_t^{\text{Preis,EdJ}} / (1 + \lambda_t^{\text{Preis,infl}}).$$

Dann gilt

$$Prem^C \sum_{t=1}^{T} l_t^{C,\text{Preis,BdJ}} v_t^{\text{BdJ}}$$

$$= VS^C \sum_{t=1}^{T} l_t^{C,\text{Preis,BdJ}} v_t^{\text{BdJ}} \lambda_t^{\text{Preis,BdJ}} infl_t^{\text{Preis,BdJ}}$$

$$+ VS^C \sum_{t=1}^{T} l_t^{C,\text{Preis,BdJ}} v_t^{\text{EdJ}} \left( \lambda_t^{\text{Preis,EdJ}} infl_t^{\text{Preis,EdJ}} + q_t^{C,\text{Preis}} \right.$$

$$\left. + 0.9 s_t^{C,\text{Preis}} \sum_{\tau=1}^{t} \frac{Prem^C}{VS} + p_t^{C,\text{Preis}} \delta_5^t \right).$$

Die Prämie errechnet sich dann aus

$$\frac{Prem^C}{VS^C} = \frac{\sum_{t=1}^{T} l_t^{C,\text{Preis,BdJ}} v_t^{\text{BdJ}} \lambda_t^{\text{Preis,BdJ}} infl_t^{\text{Preis,BdJ}}}{\sum_{t=1}^{5} l_t^{C,\text{Preis,BdJ}} (v_t^{\text{BdJ}} - 0.9 s_t^{C,\text{Preis}} t \cdot v_t^{\text{EdJ}})}$$

$$+ \frac{\sum_{t=1}^{T} l_t^{C,\text{Preis,BdJ}} v_t^{\text{EdJ}} \left( \lambda_t^{\text{Preis,EdJ}} infl_t^{\text{Preis,EdJ}} + q_t^{C,\text{Preis}} + p_t^{C,\text{Preis}} \delta_5^t \right)}{\sum_{t=1}^{5} l_t^{C,\text{Preis,BdJ}} (v_t^{\text{BdJ}} - 0.9 s_t^{C,\text{Preis}} \cdot v_t^{\text{EdJ}} t)}$$

$$= 0.2877,$$

wobei wir

$$\left( l_t^{C,\text{Preis,BdJ}} \right)_{t \in \mathbb{T} \setminus \{0\}} = \left( \prod_{\tau=1}^{t-1} (1 - q_\tau^{C,\text{Preis}} - s_\tau^{C,\text{Preis}}) \right)_{t \in \{1,\ldots,5\}}$$

$$= \left( \prod_{\tau=1}^{t-1} \left( 1 - \frac{10+t-1}{10000} - 10\% \right) \right)_{t \in \{1,\ldots,5\}}$$

$$= (1.0000, 0.8990, 0.8081, 0.7263, 0.6528)$$

benutzt haben. X-AG zahlt den Versicherten einen jährlichen Bonus, dessen Höhe vom Geschäftserfolg abhängig ist (siehe Abschn. 4.7.5.2). Dieser Bonus wird als Prozentsatz der technischen Rückstellungen 1. Ordnung deklariert. Diese Rückstellungen werden rekursiv durch

$$V_T^{C,\text{Preis}} = 0,$$

$$V_t^{C,\text{Preis}} = -Prem^C + \lambda_{t+1}^{\text{Preis,BdJ}} infl_{t+1}^{\text{Preis,BdJ}}$$

$$+ \frac{1}{1 + s_{t+1}^{\text{Preis}}} \left( \lambda_{t+1}^{\text{Preis,EdJ}} \, \mathit{infl}_{t+1}^{\text{Preis,EdJ}} + q_{t+1}^{\text{C,Preis}} + 0.9 s_{t+1}^{\text{C,Preis}} \cdot (t+1) \cdot \mathit{Prem}^{\text{C}} + \right.$$

$$\left. p_{t+1}^{\text{C,Preis}} (\delta_{T_C}^{t+1} + V_{t+1}^{\text{C,Preis}}) \right) \quad \text{für } t < T$$

berechnet. Für die von X-AG gezeichneten Versicherungsverträge folgt

$$V^{\text{C,Preis}} = (1.684, 3.831, 5.936, 7.994, 0.000).$$

Für Best-Estimate-Rechnungen machen wir die folgenden Anpassungen:

- Die Annahmen 1. Ordnung werden durch Best-Estimate-Annahmen ersetzt
  - Der Best-Estimate für den risikofreien Forwardzins ist

$$\left( \mathit{fw}_{0;t} \right)_{t \in \mathbb{T} \setminus \{0\}} = (1.0\%, 1.5\%, 1.8\%, 2.0\%, 2.1\%).$$

  - Stornowahrscheinlichkeiten werden dynamisch in Abhängigkeit vom Finanzmarkt modelliert (siehe Abschn. 4.7.5.2).
  - Sterbewahrscheinlichkeiten sind um (absolut) 0.01 % geringer als die Sterbewahrscheinlichkeiten 1. Ordnung,

$$(q_{0;t}^{\text{C}})_{t \in \mathbb{T} \setminus \{0\}} = (0.09\%, 0.10\%, 0.11\%, 0.12\%, 0.13\%).$$

- Das Kostenmodell wird besser an die Realität angepasst. Dazu werden neben den mit der Versicherungssumme geschlüsselten Kostenfaktoren für jede Kapitalanlagegruppe gesondert vom Marktwert abhängige relative Kosten sowie absolute Kosten angesetzt.
  - Die Kosteninflation beträgt $\lambda_{0;t}^{\text{infl}} = 2\%$ pro Jahr. Der Inflationsvektor bezieht sich auf den Anfangszeitpunkt 0 und wir setzen $\lambda_{0;0}^{\text{infl}} = 0$. Relative Kosten für die Kapitalanlage sind von der Kosteninflation nicht betroffen.
  - Zu Versicherungsbeginn fallen einmalige Kosten von $\lambda_{0;1}^{\text{BdJ}} = 5\%$ relativ zur Versicherungssumme an.
  - Die laufenden Kosten relativ zur Versicherungssumme betragen $\lambda_{0;t}^{\text{EdJ}} = 2\%$.
  - Als absolute Kosten für Bankeinlagen werden $\lambda_{0;t}^{\text{KA,Bank,abs}} = 0.5$ und als relative Kosten $\lambda_{0;t}^{\text{KA,Bank,rel}} = 0.5$ angesetzt.
  - Als absolute Kosten für Anlagen in den Aktienfonds werden $\lambda_{0;t}^{\text{KA,Aktien,abs}} = 2$ und als relative Kosten $\lambda_{0;t}^{\text{KA,Aktien,rel}} = 2$ angesetzt.
- Es wird ein Verhaltensmodell aufgestellt, das Entscheidungen von Versicherungsnehmern und dem Management von X-AG dynamisch in Abhängigkeit vom ökonomischen Umfeld und dem Zustand des Unternehmens modelliert (siehe Abschn. 4.7.5.2).

### 4.7.5.2 Verhaltensmodell der X-AG und ihrer Versicherungsnehmer

#### Allokation der Kapitalanlagen

Wir definieren den *Zustand* des Kapitalmarkts am Ende des Jahres $t$ durch die (relative) Differenz aus der Rendite des Aktienindexes und dem risikofreien Zins,

$$Zustand_t^{\text{ökon}} = \frac{S_t/S_{t-1} - 1 - s_t}{s_t}.$$

Für den Projektionszeitraum erhält X-AG

$$(Zustand_{0;t}^{\text{ökon}})_{t \in \mathbb{T} \setminus \{0\}} = (6.00, 3.67, 2.89, 2.50, 2.33)$$

Zu Beginn des Jahres $t$ definiert X-AG

$$Zustand_t^{\text{ökon},\varnothing} = \frac{1}{2} \left( Zustand_{t-1}^{\text{ökon}} + \mathrm{E}\left( Zustand_t^{\text{ökon}} \mid \mathscr{F}_{t-1} \right) \right),$$

wobei $\mathscr{F}$ die den stochastischen Prozessen unterliegende Filtration ist. In unserem Beispiel ist der Aktienfonds deterministisch und es gilt $S_{0;t}/S_{0;t-1} - 1 = 7\,\%$. Damit haben wir

$$(Zustand_{0;t}^{\text{ökon},\varnothing})_{t \in \mathbb{T} \setminus \{0\}} = \frac{1}{2} \left( \frac{7\,\% - fw_{0;t}}{fw_{0;t}} + \frac{7\,\% - fw_{0;t-1}}{fw_{0;t-1}} \right)_{t \in \mathbb{T} \setminus \{0\}}$$

$$= (3.75, 4.83, 3.28, 2.69, 2.42)$$

Es sei $alloc_t^{\text{Aktien}}$ der Anteil der Kapitalanlagen, der zu Beginn des Jahres $t$ in den Aktienindex investiert ist. Der Wert

$$alloc_1^{\text{Aktien}} = \frac{1500}{1500 + 1000} = 60\,\%$$

ist zu Projektionsbeginn bekannt. X-AG möchte bei das gesamte Guthaben risikofrei anlegen, wenn die Aktienrendite geringer als der risikofreie Zins ist. Auf jeden Fall soll aber höchstens 50 % des Guthabens in Aktien angelegt werden. Um dies annähernd zu erreichen, wählt X-AG für $t > 1$

$$alloc_t^{\text{Aktien}} = 50\,\% \left( 1 - e^{-\max\left(0, Zustand_t^{\text{ökon},\varnothing}\right)} \right).$$

Damit erhält X-AG als Best Estimate der Allokation

$$(alloc_{0;t}^{\text{Aktien}})_{t \in \mathbb{T} \setminus \{0\}} = (60.0\%, 49.6\%, 48.1\%, 46.6\%, 45.5\%),$$

und $alloc_{0;t}^{\text{Bank}} = 1 - alloc_{0;t}^{\text{Aktien}}$.

## Bonusdeklaration

Aufgrund des Pricings garantiert X-AG implizit, dass die technischen Rückstellungen 1. Ordnung $V_{t-1}^{\text{C,Preis}}$ mit 0.5 % verzinst werden. Zusätzlich zahlt das Unternehmen am Ende eines jeden Jahres $t$ den Betrag $b_t^{\text{C}} V_{t-1}^{\text{C,Preis}}$ an den Versicherten mit dem Versicherungsvertrag **C** aus, wobei die Bonusdeklaration $b_t^{\text{C}}$ vom Geschäftserfolg und dem ökonomischen Umfeld abhängig ist.

Die erwirtschaftete Kapitalanlagerendite $y_t^{\text{KA}}$ ist durch

$$y^{\text{KA}} = \left( alloc_t^{\text{Aktien}} \left( \frac{S_t}{S_{t-1}} - 1 \right) + alloc_t^{\text{Bank}} s_t \right)_{t \in \mathbb{T} \setminus \{0\}}$$

gegeben, wobei Kapitalanlagekosten noch nicht abgezogen worden sind. Der Best Estimate zum Zeitpunkt 0 ist dann

$$(y_{0;t}^{\text{KA}})_{t \in \mathbb{T} \setminus \{0\}} = (4.60\%, 4.23\%, 4.30\%, 4.33\%, 4.33\%).$$

X-AG schüttet maximal 90 % des auf $V_{t-1}^{\text{C,Preis}}$ erwirtschafteten Kapitalertrags aus. Der Bonus ist außerdem durch die zur Verfügung stehenden Mittel $\tilde{KA}_t^{\text{EdJ}} - V_t^{\text{gar}} - L_t^{\text{übrige}}$ begrenzt, wobei $\tilde{KA}_t^{\text{EdJ}}$ der Marktwert der Kapitalanlagen am Ende des Jahres vor Steuern, Bonus und Dividendenzahlungen sei. Mit

$$\tilde{b}_t^{\text{C}} = 90\,\% \max(y_t^{\text{KA}} - s_t^{\text{Preis}}, 0)$$

gilt dann

$$b_t^{\text{C}} = \min\left( \max\left( 0, \frac{\tilde{KA}_t^{\text{EdJ}} - V_t^{\text{gar}} - L_t^{\text{übrige}}}{V_{t-1}^{\text{C,Preis}}} \right), \tilde{b}_t^{\text{C}} \right)$$

und

$$Bonus_t^{\text{C}} = b_t^{\text{C}} V_{t-1}^{\text{C,Preis}}.$$

Man beachte, dass der Zins 1. Ordnung, $s_t^{\text{Preis}}$, gewöhnlich vom Produkt und somit vom Vertrag **C** abhängt. Für die X-AG haben wir jedoch angenommen, dass dieser Zins für alle Verträge im Portfolio gleich ist. Damit haben bei der X-AG bei gegebenen $t$ auch alle Verträge den gleichen Bonusfaktor $(b_t)_{t \in \mathbb{T} \setminus \{0\}} = (b_t^{\text{C}})_{t \in \mathbb{T} \setminus \{0\}}$.

Der Best Estimate von $(\tilde{b}_t)_{t \in \mathbb{T} \setminus \{0\}} = (\tilde{b}_t^{\text{C}})_{t \in \mathbb{T} \setminus \{0\}}$ ist

$$(\tilde{b}_{0;t})_{t \in \mathbb{T} \setminus \{0\}} = (3.69\%, 3.36\%, 3.42\%, 3.45\%, 3.45\%). \tag{4.29}$$

## Steuer und Dividenden

Es sei $Cf_t^{\mathrm{Profit}}$ der Gewinn vor Steuern und Dividenden. Wir nehmen an, dass in dem Land, in dem X-AG operiert, Steuerguthaben $St_t^{\mathrm{Kred}}$ vorgesehen sind und dass der Steuer-Cashflow durch

$$Cf_t^{\mathrm{St}} = -\max\left(0, r_{\mathrm{St}} Cf_t^{\mathrm{Profit}} - St_{t-1}^{\mathrm{Kred}}\right),$$

$$St_t^{\mathrm{Kred}} = St_{t-1}^{\mathrm{Kred}} - r_{\mathrm{St}} Cf_t^{\mathrm{Profit}} - Cf_t^{\mathrm{St}}$$

gegeben ist, wobei $r_{\mathrm{St}}$ den Steuersatz bezeichnet.

Es seien $KA_{t-1}^{\mathrm{EdJ}}$ der Marktwert der Kapitalanlagen und $Cf_t^{\mathrm{Divid}}$ der Cashflow für Dividendenzahlungen. Mit der Bezeichnung

$$KA_t^- = KA_{t-1}^{\mathrm{EdJ}} + Cf_t^{\mathrm{Profit}} + Cf_t^{\mathrm{St}}$$

gilt

$$KA_t^{\mathrm{EdJ}} = KA_t^- + Cf_t^{\mathrm{Divid}}.$$

X-AG definiert einen *Eigenkapitalindikator*

$$ind_t^{\mathrm{EK}} = \frac{KA_t^{\mathrm{EdJ}}}{V_t^{\mathrm{gar}} + L_t^{\mathrm{übrige}}} - 1,$$

der das Verhältnis der Kapitalanlagen, die nicht zur Deckung der Verpflichtungen gebraucht werden, zu den Verpflichtungen angibt, wobei allerdings Rückstellungen für nicht garantierte Leistungen, gewisse Kostenrückstellungen sowie einige Positionen auf der Aktivseite (z. B. immaterielle Vermögensgegenstände) vernachlässigt werden. Die Dividendenpolitik wird so gesteuert, dass der Eigenkapitalindikator $ind_t^{\mathrm{EK}}$ möglichst nahe bei einem vorgegebenen Wert $\gamma$ bleibt. Im idealen Fall würde dann

$$KA_t^- + Cf_t^{\mathrm{Divid}} = (1 + \gamma)(V_t^{\mathrm{gar}} + L_t^{\mathrm{übrige}})$$

gelten. Die Höhe von $KA_t^-$ könnte jedoch nicht dafür ausreichen, dass diese Gleichung mit positiven Dividenden darstellbar ist. Im allgemeinen wird also

$$Cf_t^{\mathrm{Divid}} = \min(0, (1 + \gamma)(V_t^{\mathrm{gar}} + L_t^{\mathrm{übrige}}) - KA_t^-)$$

gesetzt, wobei berücksichtigt wird, dass positive Dividenden einem negativen Dividenden-Cashflow entsprechen.

**Stornoverhalten**

Das Stornoverhalten ist schwer zu schätzen, da es von persönlichen Faktoren der Versicherten, der Konkurrenz, volkswirtschaftlichen Faktoren und dem Bonus, der den Versicherten tatsächlich gezahlt wird, abhängt. X-AG kann weder persönliche Faktoren noch die Konkurrenz modellieren. Zur Vereinfachung modelliert X-AG das Stornoverhalten als eine Funktion des Zustands des Kapitalmarkts, $Zustand_t^{\text{ökon}}$, und der Bonusdeklaration $b_t^C$.

Beim Verkauf der Versicherungsverträge werden den Kunden drei Beispielrechnungen, die einem "ungünstigen Szenario", einem "wahrscheinlichen Szenario" und einem "günstigen Szenario" entsprechen, vorgelegt. Die "hypothetische Bonusdeklaration" $b^{C,\text{hypo}}$ sei die Bonusdeklaration aus dem "wahrscheinlichen Szenario". Zur Vereinfachung nehmen wir hier an, dass $b^{C,\text{hypo}}$ für alle Versicherten und alle Jahre $t$ gleich ist.

Zu Beginn der Projektion schätzt X-AG aufgrund der Vergangenheitserfahrung Stornoraten unter der Annahme, dass jedes Jahr die hypothetische Bonusdeklaration erfolgt, $b_t^C = b^{C,\text{hypo}}$ und dass der Zustand des Kapitalmarkts konstant bleibt, $Zustand_t^{\text{ökon}} = Zustand_0^{\text{ökon}}$. Diese Schätzung wird für die dynamische Modellierung als Basisstorno $s_t^{C,\text{Basis}}$ genutzt. In unserem Beispiel nehmen wir an, dass für jeden Versicherten während der Vertragslaufzeit das Basisstorno linear auf 0 fällt. Für die Verträge $\mathbf{C}_d$ mit Restlaufzeit $d$ zum Zeitpunkt 0 schätzt X-AG die Basisstorni:

$$s_t^{C_1,\text{Basis}} = (0.00\%),$$

$$s_t^{C_2,\text{Basis}} = (2.38\%, 0.00\%),$$

$$s_t^{C_3,\text{Basis}} = (4.70\%, 2.35\%, 0.00\%),$$

$$s_t^{C_4,\text{Basis}} = (7.28\%, 4.85\%, 2.43\%, 0.00\%),$$

$$s_t^{C_5,\text{Basis}} = (10.00\%, 7.50\%, 5.00\%, 2.50\%, 0.00\%).$$

Die Dynamik wird von X-AG folgendermaßen modelliert:

- Für Jahre $t$ mit

$$\frac{Zustand_t^{\text{ökon}}}{Zustand_0^{\text{ökon}}} < 50\,\%$$

wird das Basisstorno um 15 % erhöht.

- Für Jahre $t$ mit

$$\frac{Zustand_t^{\text{ökon}}}{Zustand_0^{\text{ökon}}} > 200\,\%$$

wird das Basisstorno um 15 % verringert.

- Es seien

$$bi_t^{\text{C}} = \frac{S_t/S_{t-1} - 1}{b_{t-1}^{\text{C}} + s_t^{\text{Preis}}}, \quad bi_t^{\text{C,hypo}} = \frac{S_0/S_{-1} - 1}{b^{\text{C,hyo}} + s_0^{\text{Preis}}}.$$

Zufriedenheit mit der tatsächlichen Bonusdeklaration wird durch den Quotienten $bi_t^{\text{C}}/bi_t^{\text{C,hypo}}$ modelliert. X-AG nimmt an, dass ein Anstieg des Quotienten über eine Hemmschwelle von 1.2 das Storno (relativ) um 25 % ansteigen lässt, bis zu einer maximalen Verdopplung des Basisstornos.

Insgesamt ergibt sich somit

$$s_t^{\text{C}} = \min(1, \delta_t^{\text{sx,C}} s_t^{\text{C,Basis}}),$$

wobei der dynamische Faktor $\delta_t^{\text{sx,C}}$ durch

$$\delta_t^{\text{sx,C}} = 1 + 0.15 \times 1_{\{Zustand_t^{\text{ökon}}/Zustand_0^{\text{ökon}} < 0.5\}} - 0.15 \times 1_{\{Zustand_t^{\text{ökon}}/Zustand_0^{\text{ökon}} > 2\}}$$
$$+ 0.25 \times \min\left(4, \max\left(0, \frac{bi_t^{\text{C}}}{bi_t^{\text{C,hypo}}} - 1.2\right)\right) \tag{4.30}$$

gegeben ist, falls der Vertrag vor dem Jahr $t$ im Bestand war. Andernfalls wird der letzte Summand weggelassen.

### 4.7.5.3 Projektion der Best Estimate Bilanz

Die Ausgangsbilanz bezieht sich auf das Jahr 0. Für die Berechnung von $V_0^{\text{gar}}$ und $FDB_0$ müssen zukünftige Bilanzen berechnet werden. Selbst für unsere deterministische Anwendung führt dies im allgemeinen zu komplizierten implizierten Gleichungen:

$V_0^{\text{gar}}$ hängt vom Best Estimate zukünftiger Storni ab, die wiederum vom zukünftigen Zustand des Unternehmens und insbesondere von der Höhe der gegenwärtigen und zukünftigen Rückstellungen abhängt. Wir erhalten also ein implizites System von Gleichungen für $V^{\text{gar}}$, das den gesamten Projektionszeitraum umspannt.

In Anbetracht der Ungenauigkeit von Best Estimates für Stornowahrscheinlichkeiten ist dieser Rechenaufwand, selbst wenn er prinzipiell bewältigt werden kann, schwer zu vertreten, zumal die Implementation notwendigerweise sehr komplex und somit fehleranfällig ist.

Um diese impliziten Gleichungen zu vermeiden, bietet sich die folgende (starke) Vereinfachung an[42]:

---

[42]Wir machen hier keine Aussage, ob diese Vereinfachung von der jeweils zuständigen Versicherungsaufsicht akzeptiert wird. Dies müsste man gegebenenfalls im Einzelnen abklären.

**Vereinfachung 4.1.** Zum Zeitpunkt $t$ wird der Best Estimate der Stornowahrscheinlichkeit für das Jahr $\tau > t$ durch

$$s_{t;\tau}^{C} = \min(1, \delta_t^{\text{sx},C} s_\tau^{C,\text{Basis}})$$

approximiert, so dass der gegenwärtige Faktor $\delta_t^{\text{sx},C}$ den Best Estimate für spätere Zeitpunkte bestimmt.[43]

## Going-Concern

Sowohl die Fixkosten als auch das Eigenkapital müssen aufgrund der going-concern Annahme angepasst werden. Dafür ermitteln wir einen going-concern Faktor $gc_{0;\tau}$, der zu den zum Zeitpunkt 0 für den Beginn des Jahres $\tau$ erwarteten Anzahl von Versicherungsnehmern proportional ist.

Die going-concern Annahme für Fixkosten implementieren wir dadurch, dass wir die Fixkosten für das Jahr $t > 0$ mit der (relativen) Anzahl der zu Beginn des Jahres erwarteten Versicherungsnehmer multiplizieren. Wir erhalten also als going-concern Faktoren

$$\left(gc_{0;t}\right)_{t\in\mathbb{T}\setminus\{0\}} = \frac{1}{\sum_d N_d} \sum_C \left(l_{0;t}^{C,\text{BdJ}}\right)_{t\in\mathbb{T}\setminus\{0\}}$$

$$= \frac{1}{400} \sum_C \left(\prod_{\tau=1}^{t-1}(1 - q_{0;\tau}^C - s_\tau^{C,\text{Basis}})\right)_{t\in\{1,\dots,5\}}$$

$$= (100.0\%, 79.4\%, 59.1\%, 39.0\%, 19.2\%).$$

Die Differenzen der going-concern Faktoren betragen

$$\left(\Delta gc_{0;t}\right)_{t\in\mathbb{T}\setminus\{0\}} = \left(gc_{0;t+1} - gc_{0;t}\right)_{t\in\mathbb{T}\setminus\{0\}}$$

$$= (-0.2058, -0.2028, -0.2013, -0.1982, -0.1919),$$

wobei wir $gc_{0;T+1} = 0$ benutzt haben.

*Anmerkung 4.19.* Für einen Zeitvektor $(x_t)_{t\in\mathbb{T}\setminus\{0\}}$ haben wir den Operator $\Delta$ so definiert, dass $\Delta x_t$ die Änderung für das Jahr $t$ bezeichnet. Beschreibt $x_t$ Werte zum Jahresende, so gilt also $\Delta x_t = x_t - x_{t-1}$, und falls $x_t$ (wie $gc_{0;t}$) Werte zu Beginn des Jahres beschreibt, so gilt $\Delta x_t = x_{t+1} - x_t$.

---

[43]Man beachte, dass dieser Ansatz nicht ganz konsistent ist. In unserem deterministischen Modell würde man nämlich erwarten, dass der Best Estimate der Stornowahrscheinlichkeiten für das Jahr $\tau > t > 0$ davon unabhängig ist, ob er zum Zeitpunkt 0 oder zum Zeitpunkt $t$ geschätzt wird.

Mithilfe der going-concern Faktoren können wir den Best Estimate der skalierten absoluten Kosten für Jahr $t$ berechnen,

$$\left(Kosten_{0;t}^{abs}\right)_{t\in\mathbb{T}\setminus\{0\}} = \left(gc_{0;t}(\lambda_{0;t}^{KA,Bank,abs} + \lambda_{0;t}^{KA,Aktien,abs})\prod_{\tau=1}^{t}(1+\lambda_{0;\tau}^{infl}))\right)_{t\in\mathbb{T}\setminus\{0\}}$$

$$= \left(gc_{0;t}(0.5+2)\cdot 1.02^t\right)_{t\in\mathbb{T}\setminus\{0\}}$$

$$= (2.55, 2.07, 1.57, 1.06, 0.53).$$

Während der Bestand ausläuft, sollten sowohl die nachrangigen Verbindlichkeiten als auch der Kapitalbedarf entsprechend abnehmen. Dies modellieren wir mithilfe der Differenzfaktoren $\Delta gc_{0;t}$.

Zur Bedienung des nachrangigen Darlehens muss X-AG den Cashflow

$$(-7.5, -7.5, -7.5, -7.5, -107.5)$$

bedienen. Allerdings wurde das Darlehen unter der going-concern Annahme, dass der Gesamtbestand annähernd konstant bleibt, aufgenommen. In 5 Jahren bei Ablauf des nachrangigen Darlehens würde dann erneut ein Darlehen mit gleichem Nominalbetrag aufgenommen werden, so dass immer ungefähr 100.0 als nachrangiges Darlehen mit Kapitalcharakter zur Verfügung steht. Daher müssen wir dieses Darlehen für die Projektion ohne Neugeschäft entsprechend anpassen. Wir zerlegen das Darlehen entsprechend der oben ermittelten going-concern Faktoren in 5 Darlehen mit den Restlaufzeiten $d = 1, 2, 3, 4, 5$,

$$Cf_t^{L,übrige,d} = -(7.5 + \delta_d^t 100.0)\cdot \Delta gc_{0;t}$$

für $t \leq d$. Durch diesen Ansatz bleiben die Summe der Nominalbeträge und die relativen Coupons unverändert. Damit muss X-AG in unserer going-concern Projektion die folgenden Cashflows bedienen:

$$Cf^{L,übrige,1} = (-22.12),$$

$$Cf^{L,übrige,2} = (-1.52, -21.80)$$

$$Cf^{L,übrige,3} = (-1.51, -1.51, -21.64),$$

$$Cf^{L,übrige,4} = (-1.49, -1.49, -1.49, -21.31),$$

$$Cf^{L,übrige,5} = (-1.44, -1.44, -1.44, -1.44, -20.63).$$

Insgesamt ergibt dies den totalen Cashflow

$$Cf^{L,übrige} = (-28.08, -26.23, -24.57, -22.74, -20.63).$$

Mit dem risikofreien Zins diskontiert erhalten wir die Bilanzposition für andere Verbindlichkeiten,

$$(L_t^{\text{übrige}})_{t \in \mathbb{T} \setminus \{0\}} = (90.38, 65.50, 42.11, 20.21, 0.00)$$

und

$$L_0^{\text{übrige}} = 117.28.$$

Auch der Kapitalbedarf sollte entsprechend dem Auslauf des Bestandes abnehmen. Da es sich hier nicht um eine run-off Projektion sondern um eine going-concern Projektion handelt, können die dadurch frei werdenden Mittel nicht einfach vereinnahmt werden, denn in der Realität würden sie einen Teil der Kapitalanforderung an das Neugeschäft abdecken. Wir machen daher die folgende Vereinfachung:

**Vereinfachung 4.2.** Die Auswirkung der going-concern Annahme auf das dem Bestand zugeordnete Kapital wird durch den Cashflow

$$Cf_t^{\text{gc}} = \Delta gc_{0;t+1} \left( KA_0^{\text{EdJ}} - V_0^{\text{gar}} - L_0^{\text{übrige}} \right),$$

der nicht durch die Gewinn- und Verlustrechnung geht, jedoch die Kapitalanlagen reduziert, modelliert.

Wegen $KA_0^{\text{EdJ}} - V_0^{\text{gar}} - L_0^{\text{übrige}} = 1780.62$ erhält X-AG

$$(Cf_t^{\text{gc}})_{t \in \mathbb{T} \setminus \{0\}} = (-366.46, -361.03, -358.50, -352.90, -341.73).$$

**Rückstellungen für garantierte Leistungen zum Bilanzzeitpunkt** $t = 0$
Zum Zeitpunkt 0 gilt nach Konstruktion $\delta_0^{\text{sx,C}} = 1$. Wir können also zur Berechnung von $V_{0;t}^{\text{C}}$ das Basisstorno zugrunde legen.
Wir berechnen zunächst die technischen Rückstellungen für garantierte Leistungen, die direkt den Versicherungsnehmern zugeordnet werden können. Es sei $\textit{infl}_{0;t}^{\text{EdJ}} = \prod_{\tau=1}^{t} (1 + \lambda_{0;\tau}^{\text{infl}})$ und $\textit{infl}_{0;t}^{\text{BdJ}} = \textit{infl}_{0;t}^{\text{EdJ}} / (1 + \lambda_{0;t}^{\text{infl}})$. Dann gilt in Analogie zur Berechnung der technischen Rückstellungen 1. Ordnung, $V_t^{\text{C,Preis}}$,

$$V_{0;T}^{\text{C,gar}} = 0,$$

$$V_{0;t}^{\text{C,gar}} = -Prem^{\text{C}} + \lambda_{0;t+1}^{\text{BdJ}} \textit{infl}_{0;t+1}^{\text{BdJ}} VS^{\text{C}}$$

$$+ \frac{1}{1 + fw_{0;t+1}} \left( \lambda_{0;t+1}^{\text{EdJ}} \textit{infl}_{0;t+1}^{\text{EdJ}} VS^{\text{C}} + q_{0;t+1}^{\text{C}} VS^{\text{C}} + 0.9 s_{0;t+1}^{\text{C}} \cdot (t+1) \cdot Prem^{\text{C}} \right.$$

$$\left. + p_{0;t+1}^{\text{C}} (\delta_{TC}^{t+1} VS^{\text{C}} + V_{0,t+1}^{\text{C,gar}}) \right) \quad \text{für } t < T$$

Damit gilt ungefähr[44]

$$(V_{0;t}^{C_1,gar})_{t \in \{0,1\}} = (7.23, 0.00),$$

$$(V_{0;t}^{C_2,gar})_{t \in \{0,1,2\}} = (4.51, 7.18, 0.00),$$

$$(V_{0;t}^{C_3,gar})_{t \in \{0,1,2,3\}} = (1.89, 4.44, 7.15, 0.00),$$

$$(V_{0;t}^{C_4,gar})_{t \in \{0,1,2,3,4\}} = (-0.59, 1.82, 4.41, 7.14, 0.00),$$

$$(V_{0;t}^{C_5,gar})_{t \in \{0,1,2,3,4,5\}} = (-2.45, -0.68, 1.80, 4.40, 7.13, 0.00),$$

wobei der Zeitpunkt 0 nach Abschluss des Vertrags $C_5$, aber vor der ersten Prämienzahlung, zu verstehen ist.

Für das gesamte Portfolio erhalten wir für den Zeitpunkt $t = 0$ den (genäherten) Best Estimate

$$V_0^{gar} = \sum_{d=1}^{5} N_d V_{0;0}^{C_d,gar} = 602.09.$$

*Anmerkung 4.20.* In die Rückstellungen für garantierte Leistungen gehen die Best Estimate Kosten ein, die den Verträgen direkt zugeordnet werden können, nicht aber absolute oder relative Kapitalanlagekosten. Denn die grundlegende Idee bei der Bestimmung des Best Estimates des garantierten Teils der technischen Verbindlichkeiten liegt in der Bewertung des Cash-Flows, den die Verträge garantieren. Wenn man hiervon ausgeht und darüber hinaus den Anspruch hat, einen Wert anzugeben, den ein „Dritter" für die Übernahme des Bestands fordern würde, dann darf der Wert nicht direkt an die vorhandenen Kapitalanlagen gekoppelt sein. Dies ist auch mit der Diskontierung mit dem risikofreien Zins konsistent, wobei jedoch bei der Bestimmung der Rückstellungen der Einfachheit halber davon ausgegangen wird, dass die Anlage in risikofreie Bonds keine Kosten verursacht.

$FDB_0$ können wir noch nicht berechnen, weil wir noch nicht die zukünftigen Best Estimate Cashflows für Bonuszahlungen kennen. Wir werden auch eine Rückstellung $V_0^{Kosten}$ für Fixkosten und relative Kapitalanlagekosten berechnen, die ebenfalls erst berechnet werden kann, wenn die zukünftigen Best Estimate Cashflows für relative Kapitalanlagekosten bekannt sind.

**Cashflows für das Jahr $t = 1$**
Die relative Bonuszuteilung ist in unserem Fall für alle Versicherungsverträge gleich und beträgt mit (4.29) für alle Verträge $C$

---

[44]Die Näherung ergibt sich durch die Anwendung der Vereinfachung 4.1.

$$b_{0;1}^{\mathbf{C}} = 3.69\%.$$

Wir nehmen an, dass der hypothetische Bonus ebenfalls für alle Verträge gleich ist und $b^{\mathbf{C},\mathrm{hypo}} = 2.5\,\%$ beträgt. Damit gilt

$$\frac{bi_{0;1}^{\mathbf{C}}}{bi_{0;1}^{\mathbf{C},\mathrm{hypo}}} = \frac{S_1/S_{-1}}{b_{0;1}^{\mathbf{C}} + fw_{0;1}} \cdot \frac{b^{\mathbf{C},\mathrm{hyo}} + s_0}{S_0/S_{0-1} - 1}$$

$$= \frac{7\,\%}{3.69\% + 1.0\%} \cdot \frac{2.5\,\% + 2.0\,\%}{5.0\,\%} = \frac{1.671}{1.667} = 1.002.$$

Aus (4.30) folgt $\delta_1^{\mathrm{sx},\mathbf{C}} = 0.850$ für jeden Vertrag $\mathbf{C}$ und

$$(s_{0;1}^{\mathbf{C}_d})_{d \in \{1,\dots,5\}} = (0.0000, 0.0202, 0.0400, 0.0618, 0.0850).$$

Da wir auch

$$(q_{0;1}^{\mathbf{C}_d})_{d \in \{1,\dots,5\}} = (0.0013, 0.0012, 0.0011, 0.0010, 0.0009)$$

kennen, können wir die Cashflows für das erste Jahr berechnen. Der von X-AG ermittelte Best Estimate $\lambda_{0;1}^{\mathrm{infl,KA,rel}}$ für die Inflation relativer Anlagekosten ist 0, da die Inflation zwar den absoluten, aber nicht unbedingt den relativen Kostenaufwand ändern sollte.[45] Der Anteil der Überlebenden zum Zeitpunkt 0, $l_{0;0}^{\mathbf{C}}$, ist natürlich immer gleich eins. Wir schreiben ihn jedoch mit, damit die Verallgemeinerung für $t > 1$ offensichtlicher ist. Es gilt

$$Cf_{0;1}^{\mathrm{Prem}} = \sum_{d=1}^{5} l_{0;0}^{\mathbf{C}_d} N_d \mathrm{Prem}^{\mathbf{C}_d} = 1150.98,$$

$$Cf_{0;1}^{\mathrm{Kosten,BdJ}} = -\sum_{d=1}^{5} l_{0;0}^{\mathbf{C}_d} N_d VS^{\mathbf{C}_d} \lambda_{0;1}^{\mathrm{BdJ}} = -50.00,$$

$$Cf_{0;1}^{\mathrm{Kosten,EdJ}} = -\sum_{d=1}^{5} \left( KA_0^{\mathrm{Bank}} \lambda_{0;1}^{\mathrm{KA,Bank,rel}} + KA_0^{\mathrm{Aktien}} \lambda_{0;1}^{\mathrm{KA,Aktien,rel}} \right) \left( 1 + \lambda_{0;1}^{\mathrm{infl,KA,rel}} \right)$$

$$- gc_1 \left( \lambda_{0;1}^{\mathrm{KA,Bank,abs}} + \lambda_{0;1}^{\mathrm{KA,Aktien,abs}} \right) \left( 1 + \lambda_{0;1}^{\mathrm{infl}} \right)$$

$$- \sum_{d=1}^{5} l_{0;0}^{\mathbf{C}_d} N_d VS^{\mathbf{C}_d} \lambda_{0;1}^{\mathrm{EdJ}} = -112.96,$$

---

[45]In den Solvency 2 Szenarien wird dies jedoch nicht immer der Fall sein.

$$Cf_{0;1}^q = -\sum_{d=1}^{5} l_{0;0}^{C_d} q_{0;1}^{C_d} N_d VS^{C_d} = -4.30,$$

$$Cf_{0;1}^s = -\sum_{d=1}^{5} 90\% l_{0;0}^{C_d} s_{0;1}^{C_d} N_d (T-d+1) \text{Prem}^{C_d} = -90.31,$$

$$Cf_{0;1}^p = -l_{0;0}^{C_d} p_{0;1}^{C_1} N_1 VS^{C_1} = -4.30,$$

$$Cf_{0;1}^{KA} = (KA_0 + Cf_{0;1}^{\text{Prem}} + Cf_{0;1}^{\text{Kosten,EdJ}}) y_{0;1}^{KA} = 165.64,$$

$$Cf_{0;1}^{L,\text{übrige}} = -28.08,$$

$$Cf_{0;1}^{\text{Bonus}} = -\sum_{d=1}^{5} l_{0;0}^{C_d} N_d b_{0;1}^{C_d} V_0^{C_d,\text{Preis}} = -49.93.$$

Der (negative) Anstieg der technischen Rückstellungen für garantierte Leistungen,

$$Cf_{0;1}^{\Delta V^{\text{gar}}} = -(V_{0;1}^{\text{gar}} - V_0^{\text{gar}}),$$

ist zwar kein wirklicher Cashflow, wird aber für die Berechnung des Profits $Cf_1^{\text{Profit}}$ für die Gewinn- und Verlustrechnung im Jahr $t = 1$ vor Dividendenzahlungen und vor Steuern benötigt. Auch der Profit ist kein wirklicher Cashflow, die Steuerzahlungen, die vom Profit abhängen, dagegen schon.

Für die Berechnung von $V_{0;1}^{C,\text{gar}}$ können wir jetzt eine bessere Näherung als auf S. 240 benutzen, da wir nun $\delta_1^{\text{sx},C}$ kennen und $\delta_1^{\text{sx},C} \neq 1$ gilt. Die neuen Stornowahrscheinlichkeiten sind

$$s_\tau^C = \delta_1^{\text{sx},C} s_\tau^{C,\text{Basis}}$$

und X-AG erhält

$$(V_{0;1}^{C_d,\text{gar}})_{d \in \{1,\dots,5\}} = (0.00, 7.18, 4.44, 1.82, -0.68).$$

Es folgt

$$V_{0;1}^{\text{gar}} = \sum_{d=1}^{5} N_d l_{0;1}^{C_d} V_{0;1}^{C_d,\text{gar}} = 923.74$$

und somit

$$Cf_{0;1}^{\Delta V^{\text{gar}}} = -(V_{0;1}^{\text{gar}} - V_0^{\text{gar}}) = -321.65.$$

Der Profit aus der Gewinn- und Verlustrechnung vor Dividendenzahlungen und vor Steuern beträgt

$$Cf_{0;1}^{\text{Profit}} = Cf_{0;1}^{\text{Prem}} + Cf_{0;1}^{\text{Kosten,BdJ}} + Cf_{0;1}^{\text{Kosten,EdJ}} + Cf_{0;1}^{q} + Cf_{0;1}^{s} + Cf_{0;1}^{p}$$
$$+ Cf_{0;1}^{\text{KA}} + Cf_{0;1}^{L,\text{übrige}} + Cf_{0;1}^{\text{Bonus}} + Cf_{0;1}^{\Delta V^{\text{gar}}} = 60.18.$$

Der Steuersatz beträgt 30 % und somit betrüge der Steuer-Cashflow

$$-30\% \cdot 60.18 = -18.05,$$

wenn kein Steuerguthaben $St_0^{\text{Kred}}$ zur Verfügung stünde. Es besteht zu Beginn der Projektion jedoch das Steuerguthaben $St_0^{\text{Kred}} = 7.0$, weshalb

$$Cf_{0;1}^{\text{St}} = -11.05$$

folgt und das Steuerguthaben am Ende des Jahres nunmehr $St_1^{\text{Kred}} = 0.00$ beträgt.

Zu Beginn des Jahres hält X-AG Kapitalanlagen im Wert von

$$KA_{0;1}^{\text{BdJ}} = KA_0^{\text{EdJ}} + Cf_{0;1}^{\text{Prem}} + Cf_{0;1}^{\text{Kosten,BdJ}} = 3600.98,$$

so dass die Kapitalanlagen am Ende des Jahres, aber vor der Dividendenzahlung,

$$KA_{0;1}^{-} = KA_{0;1}^{\text{BdJ}} + Cf_{0;1}^{\text{Kosten,EdJ}} + Cf_{0;1}^{\text{Profit}} - Cf_{0;1}^{\Delta V^{\text{gar}}} + Cf_{0;1}^{\text{St}} + Cf_{0;1}^{\text{gc}}$$
$$= 3600.98 - 112.96 + 60.18 - (-321.65) - 11.05 - 366.46$$
$$= 2504.31$$

betragen. Damit ergibt sich als Eigenkapitalindikator and Ende des Jahres vor Zahlung von Dividenden

$$ind_{0;1}^{\text{EK},-} = \frac{KA_{0;1}^{-}}{V_{0;1}^{\text{gar}} + L_{0;1}^{\text{übrige}}} - 1 = 1.47.$$

Dies ist höher als die Zielgrösse $\gamma = 1.36$, so dass Dividenden gezahlt werden, um

$$ind_{0;1}^{\text{EK}} = \frac{KA_{0;1}^{\text{EdJ}}}{V_{0;1}^{\text{gar}} + L_{0;1}^{\text{übrige}}} - 1 = \frac{KA_{0;1}^{\text{EdJ},-} + Cf_{0;1}^{\text{Divid}}}{V_{0;1}^{\text{gar}} + L_{0;1}^{\text{übrige}}} - 1 = \gamma$$

zu erreichen,

$$Cf_{0;1}^{\text{Divid}} = (1 + \gamma)(V_{0;1}^{\text{gar}} + L_{0;1}^{\text{übrige}}) - KA_{0;1}^{-} = -108.00.$$

Für später halten wir fest, dass

$$KA_{0;1}^{\mathrm{EdJ}} = KA_{0;1}^{-} + Cf_{0;1}^{\mathrm{Divid}} = 2396.31 \qquad (4.31)$$

gilt.

**Cashflows für die Jahre $t \geq 1$**

Die Cashflows für die Folgejahre bestimmen sich ganz analog zur Berechnung der Cashflows des Jahres 1. Das Ergebnis ist Tab. 4.12 dargestellt.

**Bilanzen für alle Jahre $t \in \mathbb{T}$**

Die Aktiva unserer Bilanz sind lediglich die Kapitalanlagen $KA_{0;t}^{\mathrm{EdJ}}$.

Um die Passiva der Bilanz zu berechnen, müssen wir die lokalen Vorschriften für die Berechnung der technischen Rückstellungen und Vergabe von Boni in unserem fiktiven EU-Land[46] etwas näher spezifizieren: Die statutarische Bilanz basiert auf Best Estimate Werten.[47] Die Kapitalanlagekosten werden bei der Stellung von Rückstellungen nicht

**Tab. 4.12**   Projizierte Cashflows der X-AG

| Jahr $t$: | 1 | 2 | 3 | 4 | 5 |
|---|---|---|---|---|---|
| $Cf_{0;t}^{\mathrm{Prem.}}$: | 1150.98 | 923.58 | 694.49 | 459.93 | 227.31 |
| $Cf_{0;t}^{\mathrm{Kosten,BdJ}}$: | −50.00 | 0.00 | 0.00 | 0.00 | 0.00 |
| $Cf_{0;t}^{\mathrm{Kosten,EdJ}}$: | −112.96 | −94.22 | −75.06 | −52.93 | −28.75 |
| $Cf_{0;t}^{q}$: | −4.30 | −3.65 | −2.89 | −2.00 | −1.03 |
| $Cf_{0;t}^{s}$: | −90.31 | −73.07 | −53.50 | −21.01 | 0.00 |
| $Cf_{0;t}^{p}$: | −599.22 | −684.14 | −749.94 | −786.17 | −788.94 |
| $Cf_{0;t}^{\mathrm{KA}}$: | 165.64 | 140.37 | 123.03 | 92.26 | 50.84 |
| $Cf_{0;t}^{\mathrm{L.übrige}}$: | −28.08 | −26.23 | −24.57 | −22.74 | −20.63 |
| $Cf_{0;t}^{\mathrm{Bonus}}$: | −49.93 | −49.66 | −48.15 | −38.30 | −21.78 |
| $Cf_{0;t}^{\Delta V^{\mathrm{gar}}}$: | −321.65 | −123.64 | 127.64 | 356.25 | 563.50 |
| $Cf_{0;t}^{\mathrm{profit}}$: | 60.18 | 9.33 | −8.94 | −14.70 | −19.47 |
| $Cf_{0;t}^{\mathrm{St}}$: | −11.05 | −2.80 | 0.00 | 0.00 | 0.00 |
| $Cf_{0;t}^{\mathrm{Divid.}}$: | −108.00 | 0.00 | 0.00 | 0.00 | −21.83 |
| $Cf_{0;t}^{\mathrm{gc}}$: | −366.46 | −361.03 | −358.50 | −352.90 | −341.73 |

---

[46]Unser Land hat Vorschriften, die die Berechnung besonders einfach machen. Die Vorschriften in wirklich existierenden Ländern sind unterschiedlich.

[47]Soweit wir wissen, wird in allen Ländern eine vorsichtigere Basis gewählt.

direkt berücksichtigt, sie fließen lediglich direkt durch die Gewinn- und Verlustrechnung.[48] In die statutarische Bilanz wird der Wert zukünftiger diskretionärer Boni als Teil des Eigenkapitals ausgewiesen. Die einzige Mindestvorgabe für zukünftige Boni ist, dass sie nicht negativ werden können.[49] Jedes Unternehmen ist jedoch verpflichtet, von der Aufsicht zu genehmigende Pläne aufzustellen, wie hoch zukünftige Boni relativ zu Marktindikatoren und vergangenem Unternehmenserfolg ausfallen werden. Diese geplanten Zuteilungen können nur mit ausdrücklicher Genehmigung der Aufsicht unterschritten werden. Mit diesen Vorschriften ist der Wert zukünftiger Boni weitgehend objektiv bestimmt. Damit setzen sich die Passiva aus den garantierten Rückstellungen, $V_{0;t}^{\text{gar}}$, den übrigen Verbindlichkeiten, $L_{0;t}^{\text{übrige}}$ sowie dem Eigenkapital,

$$EK_{0;t}^{\text{EdJ}} = KA_{0;t}^{\text{EdJ}} - V_{0;t}^{\text{gar}} - L_{0;t}^{\text{übrige}}$$

zusammen.

Der Wert der Kapitalanlagen lässt sich für jedes Jahr $t > 1$ genauso wie für das Jahr 1 bestimmen (4.31).

Der Best Estimate der technischen Rückstellungen für den Vertrag $\mathbf{C}$ ist

$$V_{0;t}^{\mathbf{C}} = V_{0;t,}^{\mathbf{C},\text{gar}} + FDB_{0;t}^{\mathbf{C}},$$

wobei $FDB_{0;t}^{\mathbf{C}}$ den zum Zeitpunkt 0 für den Zeitpunkt $t$ erwarteten Barwert der zukünftigen Boni des Vertrags $\mathbf{C}$ bezeichnet. Dann ist der Wert der zukünftigen Überschüsse durch

$$FDB_{0;t} = \sum_{\mathbf{C}} FDB_{0;t}^{\mathbf{C}}$$

gegeben. Praktisch bestimmen wir $FDB_{0;t}$ als den Barwert der zukünftigen Bonuszahlungen für alle Verträge,

$$FDB_{0;T} = 0,$$

$$FDB_{0;t} = \frac{1}{1 + fw_{0;t+1}} (FDB_{0;t+1} - Cf_{0;t+1}^{\text{Bonus}}),$$

wobei $t \in \mathbb{T} \setminus \{0, T\}$ und in den Cashflows $Cf_{0;t+1}^{\text{Bonus}}$ bereits die biometrischen Wahrscheinlichkeiten berücksichtigt wurden. Es gilt weiterhin

$$FDB_0 = FDB_{0;0} = \frac{1}{1 + fw_{0;1}} (FDB_{0;1} - Cf_{0;1}^{\text{Bonus}}).$$

---

[48]Da diese Kosten den Profit schmälern, haben sie einen Einfluss auf die gezahlten Boni und somit (über die dynamische Stornomodellierung) indirekt auch auf die Höhe der Rückstellungen für garantierte Leistungen.

[49]Insbesondere gibt es in diesem Land keine RfB, wie sie in Deutschland üblich ist.

Bei allen Rückstellungen haben wir bisher einfach mit dem risikofreien Zins diskontiert und die Kapitalanlagekosten für die Rückstellungen selbst vernachlässigt. Diese Kapital-anlagekosten sind durch

$$\left(Cf_{0;t}^{\text{Kosten,Rückst}}\right)_{\mathbb{T}\setminus\{0\}} = \left(\lambda_{0;t}^{\text{KA,Bank,rel}}\left(V_{0;t}^{\text{gar}} + FDB_{0;t} + V_{0;t}^{\text{übrige}}\right) + Kosten_{0;t}^{\text{abs}}\right)_{\mathbb{T}\setminus\{0\}}$$

$$= (7.15, 7.66, 7.66, 6.16, 3.55)$$

gegeben.[50] Um die Rückstellungen für diese Kosten zu berechnen, müssen wir auch die Kapitalanlagekosten für diese Rückstellungen selbst berücksichtigen. Mit Lemma 4.6 er-reichen wir dies, indem wir den risikofreien Zins $fw_{0;t}$ durch den kostenadjustierten risi-kofreien Zins

$$\left(\widetilde{fw}_{0;t}\right)_{t\in\mathbb{T}\setminus\{0\}} = \left(fw_{0;t} - \lambda_{0;t}^{\text{KA,Bank,rel}}\right)_{t\in\mathbb{T}\setminus\{0\}} = (0.5\%, 1.0\%, 1.3\%, 1.5\%, 1.6\%)$$

ersetzen. Rückstellungen lauten damit für für $t \in \mathbb{T}$

$$V_{0;T}^{\text{Kosten}} = 0,$$

$$V_{0;t}^{\text{Kosten}} = \frac{1}{1 + \widetilde{fw}_{0;t+1}}(V_{0;t+1}^{\text{Kosten}} - Cf_{0;t+1}^{\text{Kosten,Rückst}}),$$

woraus man

$$V_{0;t}^{\text{Kosten}} = V_{0;t}^{\text{Kosten,abs}} + V_{0;t}^{\text{Kosten,rel}}$$

errechnet.

Die numerischen Werte für die Gesamtbilanz für jedes Jahr ist in Tab. 4.13 dargestellt.

### 4.7.5.4 Berechnung des SCR

Die SCR-Berechnung für X-AG muss die Risiken in Tab. 4.14 adressieren.

### Basic Own Funds

Basic Own Funds wurden in Abschn. 4.7.3 definiert,

$$BOF_0 = \tilde{A}_0 - \tilde{L}_0,$$

---

[50]In der Regel gibt es noch weitere Kosten, die nicht direkt den Rückstellungen zugeordnet werden. Der Einfachheit halber ignorieren wir diese zusätzlichen Kosten in unserem Beispiel. Sie könnten aber durch eine entsprechende Erhöhung der absoluten Kosten berücksichtigt werden.

**Tab. 4.13** Projizierte Bilanzen der X-AG. Der Wert zukünftiger Boni und die Kostenrückstellung werden hier als Teil des Eigenkapitals aufgefasst

| Jahr $t$: | 0 | 1 | 2 | 3 | 4 | 5 |
|---|---|---|---|---|---|---|
| $KA_{0;t}^{\text{EdJ}}$: | 2500.00 | 2396.31 | 2165.45 | 1670.37 | 946.53 | 0.00 |
| $V_{0;t}^{\text{gar}}$: | 602.09 | 923.74 | 1047.38 | 919.75 | 563.50 | 0.00 |
| $L_{0;t}^{\text{übrige}}$: | 117.28 | 90.38 | 65.50 | 42.11 | 20.21 | 0.00 |
| $EK_{0;t}^{\text{EdJ}}$: | 1780.62 | 1382.19 | 1052.57 | 708.52 | 362.82 | 0.00 |
| $FDB_{0;t}$: | 200.04 | 152.10 | 104.72 | 58.46 | 21.33 | 0.00 |
| $V_{0;t}^{\text{Kosten}}$: | 31.59 | 24.60 | 16.95 | 9.51 | 3.50 | 0.00 |
| $EK_{0;t}^{\text{EdJ}} - FDB_{0;t} - V_{0;t}^{\text{Kosten}}$: | 1549.00 | 1205.49 | 930.89 | 640.55 | 337.99 | 0.00 |

**Tab. 4.14** Risikomodule, die für die Berechnung des SCR von X-AG relevant sind

| Modul | Untermodul | Kommentar |
|---|---|---|
| Markt | Zins | Bankkonto |
| | Aktien | Aktienindex |
| Ausfall | – | Typ I: Bankkonto |
| Leben | Mortalität | Für Verträge mit Todesfallcharakter |
| | Langlebigkeit | Für Verträge mit Erlebensfallcharakter |
| | Storno | Für Verträge mit Stornooption |
| | Kosten | |
| | Kat | Für Verträge mit Todesfallcharakter |
| Operationelles Risiko | – | |

wobei $\tilde{A}_0$ die modifizierten Vermögenswerte und $\tilde{L}_0$ die modifizierten Verpflichtungen sind.

Da Solvency 2 auch einen Kostenschock vorsieht und nach Aufbrauchen des Solvenzkapitals genügend Mittel zum Überdecken aller Verpflichtungen vorhanden sein sollten, berücksichtigen wir die Kostenrückstellung $V_{0;t}^{\text{Kosten}}$ in den modifizierten Verpflichtungen,

$$\tilde{L}_0 = V_0^{\text{gar}} + FDB_0 + V_0^{\text{Kosten}} = 833.72.$$

Da in unserer Jurisdiktion Steuern auf Basis von Best-Estimate Werten berechnet werden, gibt es keine von Bewertungsdifferenzen herrührende Steuerverpflichtungen. X-AG hat aber ein Steuerguthaben, das aus vergangenen Verlusten herrührt und das den Vermögenswerten zugerechnet wird:

$$\tilde{A}_0 = KA_0 + St_0^{\text{Kred}} = 2507.00.$$

Die Basic Own Funds betragen also

$$BOF_0 = 1673.28.$$

Für den Best Estimate erhält X-AG die folgende Solvency 2 Bilanz:

| $KA_0$ | $St_0^{\text{Kred}}$ | $\tilde{A}_0$ | $V_0^{\text{gar}}$ | $FDB_0$ | $V_0^{\text{Kosten}}$ | $\tilde{L}_0$ | $BOF_0$ | Scen |
|--------|------|---------|--------|--------|-------|--------|---------|------|
| 2500.00 | 7.00 | 2507.00 | 602.09 | 200.04 | 31.59 | 833.72 | 1673.28 | be |

### Marktrisiken: Zinsrisiko

X-AG erfährt Zinsrisiko durch die Bankkonten bei Bank 1 und Bank 2. Wir berechnen zunächst die Forwardzinsen, die sich aus den Zinsszenarien in Tab. 4.3 ergeben:

| $t$: | 1 | 2 | 3 | 4 | 5 |
|------|------|------|------|------|------|
| $fw_{0;t}$: | 1.00 % | 1.50 % | 1.80 % | 2.00 % | 2.10 % |
| $fw_{0;t}^{\text{u}}$: | 2.00 % | 2.50 % | 2.80 % | 3.00 % | 3.10 % |
| $fw_{0;t}^{\text{d}}$: | 0.25 % | 0.63 % | 1.02 % | 1.26 % | 1.39 % |

Die geschockten Bilanzen

| $KA_0$ | $St_0^{\text{Kred}}$ | $\tilde{A}_0$ | $V_0^{\text{gar}}$ | $FDB_0$ | $V_0^{\text{Kosten}}$ | $\tilde{L}_0$ | $BOF_0$ | Scen |
|--------|------|---------|--------|--------|-------|--------|---------|------|
| 2500.00 | 7.00 | 2507.00 | 602.09 | 200.04 | 31.59 | 833.72 | 1673.28 | be |
| 2500.00 | 7.00 | 2507.00 | 532.91 | 185.82 | 29.19 | 747.91 | 1759.09 | $\text{spot}_{\text{up}}$ |
| 2500.00 | 7.00 | 2507.00 | 658.91 | 188.79 | 32.97 | 880.67 | 1626.33 | $\text{spot}_{\text{down}}$ |

werden dann mit den geschockten Zinssätzen
$\left(fw_{0;t}^{\text{u}}\right)_{t \in \mathbb{T} \setminus \{0\}}$, $\left(fw_{0;t}^{\text{d}}\right)_{t \in \mathbb{T} \setminus \{0\}}$ berechnet. Für das Szenario "Zinsschock nach unten" erhält man den kleinsten $BOF$ und somit

$$SCR_{\text{Mkt,Zins}}^{\text{netto}} = 1673.28 - 1626.33 = 46.95,$$

$$SCR_{\text{Mkt,Zins}} = 46.95 + 200.04 - 188.79 = 58.19.$$

### Marktrisiken: Aktienrisiko

X-AG ist dem Aktienrisiko durch den selbst gemanagten Aktienfonds $S_t$ ausgesetzt. Da die unterliegenden Aktien an der Börse eines EAA Mitgliedsstaats gehandelt werden, sind sie Aktien vom Typ 1. Für die in diesen Aktienfonds investierten Kapitalanlagen wird daher ein Verlust von $-46.5\%$ angesetzt. Wir nehmen an, dass dieser Verlust aufgrund einer Finanzmarktkrise entsteht und nicht auf die individuellen Anlagen des Unternehmens beschränkt ist.

Für die Solvency 2 Bilanz ist die Zeitabfolge der Modellierung wesentlich. Der Verlust entsteht unmittelbar nach dem letzten Jahresabschluss (am Ende des Jahres 0), aber vor dem Erstellen der Solvency 2 Bilanz. Für die Solvency 2 Bilanz ersetzen wir daher den Best Estimate Aktienertrag $S_1/S_0 - 1 = 7\%$ durch

$$S_1/S_0 - 1 = (1 + 7\%)(1 - 46.5\%) - 1.$$

Ausserdem müssen wir noch berücksichtigen, dass der Verlust unmittelbar vor dem Erstellen der Solvency 2 Bilanz entsteht, weshalb wir die Kapitalanlagen entsprechend korrigieren und $KA_0^{\text{EdJ}} = KA_0^{\text{Bank,EdJ}} + KA_0^{\text{Aktien,EdJ}} = 2500$ durch

$$KA_0^{\text{Bank,EdJ}} + (1 - 46.5\%)KA_0^{\text{Aktien,EdJ}} = 1802.50$$

ersetzen. Damit ist die Solvency 2 Bilanz

| $KA_0$ | $St_0^{\text{Kred}}$ | $\tilde{A}_0$ | $V_0^{\text{gar}}$ | $FDB_0$ | $V_0^{\text{Kosten}}$ | $\tilde{L}_0$ | $BOF_0$ | Scen |
|--------|------|---------|--------|--------|-------|--------|---------|------|
| 2500.00 | 7.00 | 2507.00 | 602.09 | 200.04 | 31.59 | 833.72 | 1673.28 | be |
| 1802.50 | 7.00 | 1809.50 | 602.09 | 12.79 | 28.57 | 643.45 | 1166.05 | type$_1$ |

und somit gilt

$$SCR_{\text{Mkt,Aktien}}^{\text{netto}} = 1673.28 - 1166.05 = 507.23,$$

$$SCR_{\text{Mkt,Aktien}} = 507.23 + 200.04 - 12.79 = 694.48.$$

## Aggregation der Marktrisiken

Die einzigen Marktrisiken, die X-AG erfährt, sind das Zinsrisiko und das Aktienrisiko. Der relevante Teil der Korrelationsmatrix ist durch

$$\text{corr}_{\text{Mkt}} = \begin{pmatrix} 1.00 & 0.50 \\ 0.50 & 1.00 \end{pmatrix}$$

gegeben und es folgt

$$SCR_{\text{Mkt}}^{\text{netto}} = \sqrt{\begin{pmatrix} 46.95 & 507.23 \end{pmatrix} \begin{pmatrix} 1.00 & 0.50 \\ 0.50 & 1.00 \end{pmatrix} \begin{pmatrix} 46.95 \\ 507.23 \end{pmatrix}} = 532.26,$$

$$SCR_{\text{Mkt}} = \sqrt{\begin{pmatrix} 58.19 & 694.48 \end{pmatrix} \begin{pmatrix} 1.00 & 0.50 \\ 0.50 & 1.00 \end{pmatrix} \begin{pmatrix} 58.19 \\ 694.48 \end{pmatrix}} = 725.33.$$

## Kreditrisiko

X-AG ist dem Kreditrisiko lediglich durch seine beiden Bankkonten mit den Einlagen $KA_0^{\text{Bank 1}} = 800.0$, $KA_0^{\text{Bank 2}} = 200.0$ unterworfen. Es handelt sich hier um Kreditrisiko vom Typ 1. Die beiden Bankkonten haben die Kreditqualitäten $\text{CQS}^{\text{Bank 1}} = 3$ und $\text{CQS}^{\text{Bank 2}} = 2$.

Der totale Loss given Default *TLGD* und der quadrierte totale Loss given Default *SLGD* pro Rating (in unserem Fall pro Bankkonto) sind dann

$$TLGD = (640.0, 100.0)$$

$$SLGD = (409600.0, 10000.0).$$

Die relevanten Teile der Matrix $u$ und des Vectors $v$ (4.27) sind durch

$$\begin{pmatrix} u_{33} & u_{32} \\ u_{23} & u_{22} \end{pmatrix} = \begin{pmatrix} 0.000956 & 0.000330 \\ 0.000330 & 0.000200 \end{pmatrix},$$

$$\begin{pmatrix} v_3 \\ v_2 \end{pmatrix} = \begin{pmatrix} 0.00144 \\ 0.00030 \end{pmatrix}$$

gegeben.

Daher erhalten wir für die Varianz des durch Ausfall verursachten Verlustes

$$\text{var}(L) = TLGD^\mathsf{T} u\, TLGD + SLGD \cdot v = 435.97 + 591.97 = 1027.94.$$

Da

$$\sigma_{\text{norm}}(L) = -\frac{\sqrt{\text{var}(L)}}{\sum_i TLGD_i} = 4.33\,\% \leq 7.00\,\%$$

gilt, ist das *SCR* für das Kreditrisiko durch

$$SCR_{\text{Kredit}} = SCR_{\text{Kredit,Type 1}} = SCR_{\text{Kredit,Type 1}}^{\text{netto}} = SCR_{\text{Kredit}}^{\text{netto}} = 3\sqrt{\text{var}(L)} = 96.18$$

gegeben.

## Lebensrisiken: Mortalitätsrisiko und Langlebigkeitsrisiko

Vor der Berechnung der gestressten Solvency 2 Bilanz muss man bestimmen, welche Versicherungsverträge Todesfallcharakter haben und somit einem Mortalitätsschock unterzogen werden müssen und welche Erlebensfallcharakter haben und daher einen Langlebigkeitsschock erleiden müssen. Wenn man möglichst exakt vorgehen möchte, wird man jeden Vertrag einzeln einem Schock unterziehen und dann jeweils das gesamte Portfolio projizieren, um zu sehen, ob die technischen Rückstellungen (inkl. Bonus) des Vertrags größer oder kleiner geworden sind. Dadurch würde man erreichen, dass auch mögliche Bonuseffekte und sogar Quereffekte zu anderen Verträgen berücksichtigt werden. Der Nachteil dieser Vorgehensweise liegt daran, dass man für ein Portfolio von $n$ Versicherungsverträgen $n^2$ Projektionen von Versicherungsverträgen durchführen müsste.

In den meisten Fällen sollte der Bonus jedoch nicht darüber entscheiden, ob ein Versicherungsvertrag Todesfallcharakter oder Erlebensfallcharakter hat. Wir werden daher lediglich testen, ob die technischen Rückstellungen für garantierte Leistungen ansteigen oder abnehmen. So können wir jeden Vertrag einzeln betrachten und müssen nur $n$ Projektionen durchführen. Man beachte jedoch, dass der Text in [9, SCR.7.10 und SCR.7.20] offenbar die exakte Methode fordert.

Als Ergebnis des Mortalitätstests haben alle Verträge bis auf diejenigen der ersten Tranche Todesfallcharakter. Die erste Tranche besteht aus Verträgen im letzten Jahr der Vertragsdauer, in dem die Todesfallleistung genau so groß wie die Erlebensfallleistung ist. Da in unserem Beispiel alle Leistungen am Ende des Jahres anfallen, gibt es auch keine Diskontierungseffekte, die zu einem Todesfallcharakter führen würden. Da die Versicherungsnehmer entweder sterben oder überleben, hat der Mortalitätsschock für diese Verträge keinen Effekt.

Es gibt keinen Vertrag, der Erlebensfallcharakter aufweist. Damit erhält man

| $KA_0$ | $St_0^{\mathrm{Kred}}$ | $\tilde{A}_0$ | $V_0^{\mathrm{gar}}$ | $FDB_0$ | $V_0^{\mathrm{Kosten}}$ | $\tilde{L}_0$ | $BOF_0$ | Scen |
|--------|------------|-------|---------|---------|-----------|-------|---------|------|
| 2500.00 | 7.00 | 2507.00 | 602.09 | 200.04 | 31.59 | 833.72 | 1673.28 | be |
| 2500.00 | 7.00 | 2507.00 | 602.82 | 199.98 | 31.59 | 834.39 | 1672.61 | qx |

und somit

$$SCR_{\mathrm{Leben,Mort}}^{\mathrm{netto}} = 1673.28 - 1672.61 = 0.67,$$

$$SCR_{\mathrm{Leben,Mort}} = 0.67 + 200.04 - 199.98 = 0.73.$$

## Lebensrisiken: Stornorisiko

Für das Stornorisiko werden drei separate Schocks durchgeführt, eine relative Erhöhung und eine relative Verringerung der Stornowahrscheinlichkeiten sowie ein absolutes Massenstorno. Das Massenstorno wird als unmittelbar geschehendes Ereignis implementiert. Da X-AG alle Leistungen inklusive Stornoleistungen immer am Ende des Jahres leistet, kann in diesem Fall das Massenstorno einfach durch eine Erhöhung der Stornowahrscheinlichkeiten des ersten Projektionsjahres modelliert werden.[51]

---

[51]Im allgemeinen wäre dies wegen Diskontierungseffekten nicht möglich.

Wie bei den Mortalitäts- und Langlebigkeitsrisiken prüfen wir lediglich, ob der jeweilige Schock zu einem Anstieg oder einer Verringerung der technischen Rückstellungen für garantierte Leistungen führt. Auch hier zeigen die Verträge im letzten Jahr ihrer Laufzeit keinen Effekt. Für die anderen Verträge führt ein relativer Anstieg der Stornowahrscheinlichkeiten und das Massenstorno zu jeweils höheren Rückstellungen. Wir erhalten

| $KA_0$ | $St_0^{\text{Kred}}$ | $\tilde{A}_0$ | $V_0^{\text{gar}}$ | $FDB_0$ | $V_0^{\text{Kosten}}$ | $\tilde{L}_0$ | $BOF_0$ | Scen |
|---|---|---|---|---|---|---|---|---|
| 2500.00 | 7.00 | 2507.00 | 602.09 | 200.04 | 31.59 | 833.72 | 1673.28 | be |
| 2500.00 | 7.00 | 2507.00 | 668.43 | 191.41 | 31.00 | 890.83 | 1616.17 | sx$_{\text{up}}$ |
| 2500.00 | 7.00 | 2507.00 | 1039.83 | 140.71 | 27.69 | 1208.23 | 1298.77 | sx_mass$_{\text{other}}$ |

Das Massenstorno hat offenbar den größten adversen Effekt, weshalb es das $SCR$ bestimmt:

$$SCR_{\text{Leben,Storno}}^{\text{netto}} = 1673.28 - 1298.77 = 374.51,$$

$$SCR_{\text{Leben,Storno}} = 374.51 + 200.04 - 140.71 = 433.83.$$

### Lebensrisiken: Kostenrisiko
Der Kostenschock betrifft alle Versicherungsverträge und wir erhalten

| $KA_0$ | $St_0^{\text{Kred}}$ | $\tilde{A}_0$ | $V_0^{\text{gar}}$ | $FDB_0$ | $V_0^{\text{Kosten}}$ | $\tilde{L}_0$ | $BOF_0$ | Scen |
|---|---|---|---|---|---|---|---|---|
| 2500.00 | 7.00 | 2507.00 | 602.09 | 200.04 | 31.59 | 833.72 | 1673.28 | be |
| 2500.00 | 7.00 | 2507.00 | 634.09 | 200.04 | 36.17 | 870.30 | 1636.70 | cost |

und somit

$$SCR_{\text{Leben,Kosten}}^{\text{netto}} = 1673.28 - 1636.70 = 36.58,$$

$$SCR_{\text{Leben,Kosten}} = 36.58 + 200.04 - 200.04 = 36.58.$$

Brutto- und Netto-$SCR$ sind identisch, weil in unserem Modell weder die Bonusdeklaration noch das Storno vom Kostenergebnis abhängt.

### Lebensrisiken: Katastrophenrisiko
Bis auf Versicherungsverträge in ihrem finalen Jahr führt das Katastrophenrisiko für alle Verträge zu höheren Rückstellungen. Die S2 Bilanz ist durch

| $KA_0$ | $St_0^{\text{Kred}}$ | $\tilde{A}_0$ | $V_0^{\text{gar}}$ | $FDB_0$ | $V_0^{\text{Kosten}}$ | $\tilde{L}_0$ | $BOF_0$ | Scen |
|---|---|---|---|---|---|---|---|---|
| 2500.00 | 7.00 | 2507.00 | 602.09 | 200.04 | 31.59 | 833.72 | 1673.28 | be |
| 2500.00 | 7.00 | 2507.00 | 963.79 | 175.97 | 30.34 | 1170.11 | 1336.89 | cat |

gegeben, woraus

$$SCR_{\text{Leben,Kat}}^{\text{netto}} = 1673.28 - 1336.89 = 336.39,$$

$$SCR_{\text{Leben,Kat}} = 336.39 + 200.04 - 175.97 = 360.45$$

folgt.

**Aggregation der Lebensrisiken**

Mit dem für die Lebensrisiken Mort, Storno, Kosten, Kat relevanten Ausschnitt der in (4.28) gegebenen Korrelationsmatrix erhalten wir

$$SCR_{\text{Leben}}^{\text{netto}} = \sqrt{\begin{pmatrix} 0.67 \\ 374.51 \\ 36.58 \\ 336.39 \end{pmatrix}^{\top} \begin{pmatrix} 1.00 & 0.00 & 0.25 & 0.25 \\ 0.00 & 1.00 & 0.50 & 0.25 \\ 0.25 & 0.50 & 1.00 & 0.25 \\ 0.25 & 0.25 & 0.25 & 1.00 \end{pmatrix} \begin{pmatrix} 0.67 \\ 374.51 \\ 36.58 \\ 336.39 \end{pmatrix}} = 581.14,$$

$$SCR_{\text{Leben}} = \sqrt{\begin{pmatrix} 0.73 \\ 433.83 \\ 36.58 \\ 360.45 \end{pmatrix}^{\top} \begin{pmatrix} 1.00 & 0.00 & 0.25 & 0.25 \\ 0.00 & 1.00 & 0.50 & 0.25 \\ 0.25 & 0.50 & 1.00 & 0.25 \\ 0.25 & 0.25 & 0.25 & 1.00 \end{pmatrix} \begin{pmatrix} 0.73 \\ 433.83 \\ 36.58 \\ 360.45 \end{pmatrix}} = 648.28.$$

**Berechnung von $BSCR$**

Da X-AG keine immateriellen Vermögensgegenstände hat, ist das $BSCR$ durch

$$BSCR^{\text{netto}} = \sqrt{\begin{pmatrix} 532.26 & 96.18 & 581.14 \end{pmatrix} \begin{pmatrix} 1.00 & 0.25 & 0.25 \\ 0.25 & 1.00 & 0.25 \\ 0.25 & 0.25 & 1.00 \end{pmatrix} \begin{pmatrix} 532.26 \\ 96.18 \\ 581.14 \end{pmatrix}} = 915.69,$$

$$BSCR = \sqrt{\begin{pmatrix} 725.33 & 96.18 & 648.28 \end{pmatrix} \begin{pmatrix} 1.00 & 0.25 & 0.25 \\ 0.25 & 1.00 & 0.25 \\ 0.25 & 0.25 & 1.00 \end{pmatrix} \begin{pmatrix} 725.33 \\ 96.18 \\ 648.28 \end{pmatrix}} = 1121.07$$

gegeben, wobei wir die Korrelationsmatrix (4.19) benutzt haben.

**Operationale Risken**

Die verdiente Prämie des vorigen Jahres betrug $Prem_0^{\text{earnd},L\backslash UL} = 1200.00$ und die verdiente Prämie des Jahres zuvor betrug $Prem_{-1}^{\text{earnd},L\backslash UL} = 800.00$.

Da X-AG keine fondsgebundenen oder indexgebundenen Produkte im Portfolio hat, folgt

$$Op_{\text{Prem}} = 0.04\,(1200.00 + \max\,(0.0, 1200.00 - 1.2 \cdot 800.00)) = 57.60,$$

$$Op_{\text{TP}} = 0.0045\,(602.09 + 200.04) = 3.61$$

und

$$SCR_{\text{Op}} = \max\,(0.3 \cdot 1121.07, \max\,(57.60, 3.61)) = 57.60.$$

**Adjustierungen:** $Adj_{\text{TP}}, Adj_{\text{DT}}$

Es gilt

$$Adj_{\text{TP}} = -\max\,\big(\min\,\big(BSCR - BSCR^{\text{netto}}, FDB_0\big), 0\big)$$

$$= -\max\,(\min\,(1121.07 - 915.69, 200.04), 0)$$

$$= -200.04,$$

wobei wir $FDB_0 = FDB_{0;0}$ aus Tab. 4.13 abgelesen haben. Da das Steuerguthaben $St_0^{\text{Kred}} = 7.0$ bereits bei der Projektion herangezogen wurde, müssen wir die Auswirkung eines Schocks in der Höhe von

$$BSCR + SCR_{\text{Op}} + Adj_{\text{TP}} = 1121.07 + 57.60 + -200.04 = 978.63$$

auf das Steuerguthaben berücksichtigen, da sonst das Steuerguthaben doppelt angerechnet würde. In unserem Fall wird das Steuerguthaben durch den Schock vollkommen aufgebraucht. Damit ergibt sich $Adj_{\text{DT}} = 0$.

**SCR**

Wir können nun das $SCR$ berechnen, indem wir das $BSCR$, das $SCR$ für operationales Risiko und die beiden Adjustierungen addieren,

$$SCR = BSCR + SCR_{\text{Op}} + Adj_{\text{TP}} + Adj_{\text{DT}}$$

$$= 1121.07 + 57.60 - 200.04 + 0.00 = 978.63.$$

Um zu sehen, ob die Solvenzanforderung erfüllt ist, müssen wir $SCR$ mit $\tilde{A}_0 - \tilde{L}_0 - RM_0$, wobei $RM_0$ die Risikomarge der technischen Rückstellungen zum Zeitpunkt 0 ist, vergleichen. Wir approximieren dabei zukünftige $SCR_{0;t}$ durch Skalierung von $SCR = SCR_{0;0}$ mit den technischen Rückstellungen (ohne Risikomarge),

$$SCR_{0;t} = SCR\frac{\tilde{L}_{0;t}}{\tilde{L}_0} = SCR\frac{V_{0;t}^{\text{gar}} + FDB_{0;t} + V_{0;t}^{\text{Kosten}}}{V_0^{\text{gar}} + FDB_0 + V_0^{\text{Kosten}}}$$

$$= \frac{978.63}{833.72} \cdot (V_{0;t}^{\text{gar}} + FDB_{0;t} + V_{0;t}^{\text{Kosten}}).$$

Mit den Werten in Tab. 4.13 ergibt sich

$$(SCR_{0;t})_{t\in\{0,...,T-1\}} = (978.63, 1291.72, 1372.26, 1159.40, 690.58)$$

und somit

$$RM_0 = 6.0\% \cdot \sum_{t=0}^{T-1} \frac{SCR_{0;t}}{\prod_{\tau=0}^{t}(1 + fw_{0;\tau+1})} = 316.11.$$

Damit wird die Solvenzanforderung mit einer Solvenzquote von

$$\frac{\tilde{A}_0 - \tilde{L}_0 - RM_0}{SCR} = \frac{2500.00 - 833.72 - 316.11}{978.63} = \frac{1350.17}{978.63} = 138.0\%$$

erfüllt.

## 4.7.6 Solvency 2 Standardformel für das Nicht-Leben Underwriting Risiko

In diesem Kapitel beschreiben wir das Nicht-Leben Modul für Solvency 2 in etwas vereinfachter Form.[52] Das Nicht-Leben Underwriting Risiko besteht aus drei Komponenten:

- Prämien- und Reserverisiko,
- Stornorisiko,
- Katastrophenrisiko.

### 4.7.6.1 Prämien- und Reserverisiko

Das kombinierte Prämien- und Reserverisiko umfasst die folgenden Risiken:

- Für neue Verträge werden Prämien verlangt, die nicht ausreichen, das Risiko zu decken.
- Während des Zeithorizonts werden mehr und/oder höhere Schäden als erwartet erlitten.

---

[52]Dieser Abschnitt basiert auf [9].

- Die Rückstellungen erweisen sich als nicht ausreichend.

Das kombinierte Prämien- und Reserverisiko ist durch $X_{\text{NL}}^{\text{Prem,Res}} = X_{\text{NL}}^{\text{Prem}} + X_{\text{NL}}^{\text{Res}}$ gegeben. Dabei bezeichnet

$$X_{\text{NL}}^{\text{Prem}} = \text{Leistungen}^{\text{Prem}} + \text{Kosten}^{\text{Prem}} - P$$

die Leistungen und Kosten, die nicht durch die entsprechende verdiente Prämie $P$ gedeckt sind. Zu stellende Reserven sind hier in den Leistungen bereits enthalten.

$$X_{\text{NL}}^{\text{Res}} = \text{Leistungen}^{\text{Res}} + \text{Kosten}^{\text{Res}} + \text{Res}^{\text{Jahresende}} - \text{Res}$$

bezeichnet für die reservierten Fälle den Teil der Summe aus anfallenden Leistungen, Kosten und am Ende des Jahres zu stellender Reserve, der die zu Jahresbeginn gestellte Reserve übersteigt. Dabei nehmen wir an, dass diese Größen dem Zeitpunkt ihres Anfalls gemäß korrekt mit dem risikofreien Zins diskontiert wurden. Wir setzen

$$S_{\text{NL}}^{\text{Prem}} = X_{\text{NL}}^{\text{Prem}} + P \quad \text{und} \quad S_{\text{NL}}^{\text{Res}} = X_{\text{NL}}^{\text{Res}} + \text{Res}$$

und nehmen außerdem an, dass die Gesamtschadenverteilung

$$S_{\text{NL}}^{\text{Prem,Res}} = S_{\text{NL}}^{\text{Prem}} + S_{\text{NL}}^{\text{Res}}$$

durch eine lognormalverteilte Zufallsvariable mit Erwartungswert $\mu$ und Standardabweichung $\sigma$ modelliert werden kann,

$$\ln\left(S_{\text{NL}}^{\text{Prem,Res}}\right) \sim N\left(\ln\mu - \frac{1}{2}\ln\left(1 + \text{vk}^2\right), \ln\left(1 + \text{vk}^2\right)\right),$$

wobei $\text{vk} = \sigma/\mu$ der Variationskoeffizient von $S_{\text{NL}}^{\text{Prem,Res}}$ ist.

*Anmerkung 4.21.* In der Originalliteratur [9] wird der Variationskoeffizient gemeint, wenn von der Standardabweichung $\sigma$ gesprochen wird.

Da $P + \text{Res}$ als deterministisch angenommen wird, gilt $\text{VaR}_{99.5\%}\left(S_{\text{NL}}^{\text{Prem,Res}}\right) = P + \text{Res} + \text{VaR}_{99.5\%}\left(X_{\text{NL}}^{\text{Prem,Res}}\right)$. Aufgrund von Proposition 2.1 wäre dann die S2-Kapitalanforderung durch

$$\widetilde{SCR}_{\text{NL}}^{\text{PremRes}} = \text{VaR}_{99.5\%}\left(X_{\text{NL}}^{\text{Prem,Res}}\right)$$

$$= \text{VaR}_{99.5\%}\left(S_{\text{NL}}^{\text{Prem,Res}}\right) - P - \text{Res}$$

$$= \exp\left(\ln\mu - \frac{1}{2}\ln\left(1 + vk^2\right) + \sqrt{\ln\left(1 + vk^2\right)}\Phi_{0,1}^{-1}(99.5\,\%)\right)$$

$$- P - \text{Res}$$

$$= \frac{\mu}{\sqrt{1 + vk^2}} \exp\left(\Phi_{0,1}^{-1}(99.5\,\%)\sqrt{\ln\left(1 + vk^2\right)}\right) - P - \text{Res}$$

gegeben. In diese Bestimmung der Variable $\mu$ gehen weder Kostenmarge noch Schadenquote ein. EIOPA[53] [2] verweist dabei auf Artikel 105 (2) der Solvency 2 Direktive [1] und interpretiert diesen Artikel dahingehend, dass erwartete Kosten und erwartete Gewinne ignoriert werden sollten. Somit folgt

$$P + \text{Res} = \text{E}\left(S_{\text{NL}}^{\text{Prem,Res}}\right) = \mu,$$

und die Formel für die S2-Kapitalanforderung vereinfacht sich zu

$$\widetilde{SCR}_{\text{NL}}^{\text{PremRes}} = \mu\left(\frac{\exp\left(\Phi_{0,1}^{-1}(99.5\,\%)\sqrt{\ln\left(1 + vk^2\right)}\right)}{\sqrt{\left(1 + vk^2\right)}} - 1\right). \tag{4.32}$$

EIOPA benutzt eine Approximation für $\widetilde{SCR}_{\text{NL}}^{\text{Prem,Res}}$ und definiert

$$SCR_{\text{NL}}^{\text{PremRes}} = 3\mu vk = 3\sigma(S_{\text{NL}}^{\text{Prem,Res}}). \tag{4.33}$$

Abb. 4.10 verdeutlicht die Güte dieser Approximation.

Die Standardabweichung $\sigma(S_{\text{NL}}^{\text{Prem,Res}})$ und der Erwartungswert $\mu$ werden als (gewichtete) Mittelwerte über die einzelnen Sparten des Versicherers ermittelt.[54]

Es sei $P_t^{\text{gez},k}$ die im Jahr $t$ gezeichnete Prämie und $P_t^k$ die im Jahr $t$ verdiente Prämie der Sparte $k$. Wir bezeichnen mit $\text{upr}_t^k$ den Eingangsprämienübertrag vom vorhergehenden Jahr $t - 1$ ("Unearned Premium Reserve") zu Beginn des Jahres $t$. Dann gilt

$$P_t^k = P_t^{\text{gez},k} + \text{upr}_t^k - \text{upr}_{t+1}^k. \tag{4.34}$$

---

[53] Am 1. Januar 2011 wurde das *Committee of European Insurance and Occupational Pensions Supervisors* (CEIOPS) durch die *European Insurance and Occupational Pensions Authority* (EIOPA) ersetzt. In diesem Buch wird durchgängig der Name EIOPA verwendet, auch wenn wir uns auf den Zeitraum vor dem 1. Januar 2011 beziehen.

[54] $\mu$ wird später in Gl. (4.38) bestimmt.

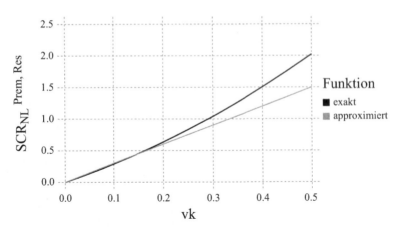

**Abb. 4.10** Vergleich der exakten Bestimmung der *SCR* für Prämien- und Reserverisiko (4.32) mit der in Solvency 2 benutzen Approximation (4.33)

Der Teil des Barwerts der Nettoprämie für zum Zeitpunkt $t$ bereits existierende Verträge, von dem erwartet wird, dass er nach dem Zeitpunkt $t + 1$ verdient wird, sei mit $FP_t^{\text{exist},k}$ bezeichnet. Der Teil des Barwerts der Nettoprämie für im Jahr $t + 1$ beginnende Verträge, von dem erwartet wird, dass er mindestens 1 Jahr nach Vertragsbeginn verdient wird, wird mit $FP_t^{\text{zukünftig},k}$ bezeichnet. Damit ist zu Beginn des Jahres $t$ der Barwert $FP_t^{\text{exist},k}$ Teil der Prämienreserve, der Barwert $FP_t^{\text{zukünftig},k}$ jedoch nicht. Die Barwerte $FP_t^{\text{exist},k}$, $FP_t^{\text{zukünftig},k}$ verschwinden, wenn alle Versicherungsverträge eine Laufzeit von maximal einem Jahr (ohne Verlängerungsoption) haben.

Als Volumenmaß für das Netto-Prämienrisiko wird

$$V_0^{\text{Prem},k} = \max\left(P_{-1}^k, P_0^k\right) + FP_0^{\text{exist},k} + FP_0^{\text{zukünftig},k}$$

gewählt.

EIOPA gibt die Variationskoeffizienten für das Brutto-Prämienrisiko

$$\text{vk}\left(S_{\text{NL}}^{\text{Prem,brutto},k}\right)$$

sowie Faktoren $\text{re}_{\text{NP}}^{\text{Prem}}$ für allfällige nichtproportionale Rückversicherungen an (Tab. 4.15). Die Standardabweichung des Netto-Prämienrisikos für Sparte $k$ ist dann

$$\sigma\left(S_{\text{NL}}^{\text{Prem},k}\right) \approx \text{vk}\left(S_{\text{NL}}^{\text{Prem,brutto},k}\right) V_0^{\text{Prem},k} \text{re}_{\text{NP}}^{\text{Prem}}. \tag{4.35}$$

In dieser Gleichung wird (konservativ) der Erwartungswert $\text{E}(S_{\text{NL}}^{\text{Prem},k})$ durch $V_0^{\text{Prem},k}$ approximiert. Nichtproportionale Rückversicherung wird durch den Faktor $\text{re}_{\text{NP}}^{\text{Prem}}$ pauschal berücksichtigt.

**Tab. 4.15** Von EIOPA bereit gestellte industrieübergreifende Brutto-Variationskoeffizienten [9]

| $k$ | Sparte | $\mathrm{vk}\left(S_{\mathrm{NL}}^{\mathrm{Prem,brutto},k}\right)$ | $\mathrm{re}_{\mathrm{NP}}^{\mathrm{Prem}}$ | $\mathrm{vk}\left(S_{\mathrm{NL}}^{\mathrm{Res},k}\right)$ |
|---|---|---|---|---|
| 1 | Kraftfahrzeug-Haftpflichtversicherung | 10.0 % | 80.0 % | 9.0 % |
| 2 | Sonstige Kraftfahrzeugversicherung | 8.0 % | 100.0 % | 80.0 % |
| 3 | Transport- und Luftfahrtversicherung | 15.0 % | 100.0 % | 11.0 % |
| 4 | Feuer- und Sachversicherung | 8.0 % | 80.0 % | 10.0 % |
| 5 | Haftpflichtversicherung | 14.0 % | 80.0 % | 11.0 % |
| 6 | Kredit- und Kautionsversicherung | 12.0 % | 100.0 % | 19.0 % |
| 7 | Rechtschutzversicherung | 7.0 % | 100.0 % | 12.0 % |
| 8 | Beistandsleistungsversicherung | 9.0 % | 100.0 % | 20.0 % |
| 9 | Sonstige Schadenversicherungen | 13.0 % | 100.0 % | 20.0 % |
| 10 | Nicht-proportionale Rückversicherung (sonstige Versicherung) | 17.0 % | 100.0 % | 20.0 % |
| 11 | Nicht-proportionale Rückversicherung (Transport- und Luftfahrtversicherung) | 17.0 % | 100.0 % | 20.0 % |
| 12 | Nicht-Proportionale Rückversicherung (Sachversicherung) | 17.0 % | 100.0 % | 20.0 % |

*Anmerkung 4.22.* Die Berücksichtigung der nichtproportionalen Rückversicherung wird durch das Rückversicherungsprogramm des Versicherers kaum beeinflusst. Insbesondere scheint es möglich, mit einem Rückversicherungsvertrag beliebig geringen Wertes (und beliebig geringer Kosten) die maximale Anrechenbarkeit für Solvency 2 erreichen zu können. Die Motivation für diese extreme Pauschalisierung ist uns nicht bekannt.

Bis einschließlich der quantitativen Impaktstudie 5 (QIS5) [10] wurde nichtproportionale Rückversicherung über ein einfaches Modell berücksichtigt, das zu einer länglichen, aber expliziten Formel führte und in das unternehmensspezifische Daten einging.

Ähnlich wie in Abschn. 4.6.5 sei $R_t^k$ der deterministische Best Estimate der nicht-diskontierten Schadenrückstellungen am Ende des Jahres $t$ für noch nicht regulierte Schäden, die bisher angefallen sind. Das deterministische Zahlungsmuster für diese Schäden sei mit $\left(\beta_t^k\right)_{t\geq 1}$ bezeichnet. Es erfüllt die Normierungsbedingung $\sum_{t=1}^{\infty}\beta_t^k = 1$. Das Volumenmaß für das Reserverisiko ist der Best Estimate der benötigten, mit dem risikofreien Forward-zins $fw_{0;t}$ diskontierten Schadenrückstellungen und daher durch

$$V_t^{\mathrm{Res},k} = R_{t-1}^k \sum_{\tau=t}^{\infty} \frac{\beta_\tau^k}{\prod_{\tilde{\tau}=t}^{\tau}\left(1 + \backslash\mathrm{FW}[0]\tilde{\tau}\right)}$$

gegeben. Es wird $\mathrm{E}\left(S_{\mathrm{NL}}^{\mathrm{Res},k}\right) = V_0^{\mathrm{Res},k}$ angenommen.

Für das Reserverisiko $S_{\mathrm{NL}}^{\mathrm{Res},k}$ der Sparte $k$ wird der Effekt der Rückversicherung nicht unternehmensindividuell bestimmt, sondern EIOPA gibt direkt die Netto-Variationskoeffizienten vk $\left(S_{\mathrm{NL}}^{\mathrm{Res},k}\right)$ vor (siehe Tab. 4.15). Damit ist der Schätzer für die Standardabweichung des Reserverisikos durch

$$\sigma(S_{\mathrm{NL}}^{\mathrm{Res},k}) = \mathrm{vk}(S_{\mathrm{NL}}^{\mathrm{Res},k})V_0^{\mathrm{Res},k} \tag{4.36}$$

gegeben.

Für die Korrelation zwischen Prämienrisiko und Reserverisiko wird von EIOPA der Schätzwert $\mathrm{corr}_{\mathrm{Prem,Res}}^k = 0.5$ vorgegeben. Die Standardabweichung des kombinierten Prämien- und Reserverisikos der Sparte $k$ ist dann durch

$$\sigma(S_{\mathrm{NL}}^{\mathrm{Prem,Res},k}) = \sqrt{\sigma(S_{\mathrm{NL}}^{\mathrm{Prem},k})^2 + \sigma(S_{\mathrm{NL}}^{\mathrm{Prem},k})\sigma(S_{\mathrm{NL}}^{\mathrm{Res},k}) + \sigma(S_{\mathrm{NL}}^{\mathrm{Res},k})^2} \tag{4.37}$$

gegeben.

Damit gilt für das Prämien-Reserverisiko

$$\mu = \mathrm{E}\left(S_{\mathrm{NL}}^{\mathrm{Prem,Res}}\right) \approx \sum_{k=1}^{12}\left(V_0^{\mathrm{Prem},k} + V_0^{\mathrm{Res},k}\right). \tag{4.38}$$

und

$$\sigma(S_{\mathrm{NL}}^{\mathrm{Prem,Res}}) = \sqrt{\sum_{k,l=1}^{12}\mathrm{corr}_{kl}\,\sigma(S_{\mathrm{NL}}^{\mathrm{Prem,Res},k})\sigma(S_{\mathrm{NL}}^{\mathrm{Prem,Res},l})},$$

wobei $(\mathrm{corr}_{kl})_{k,l\in\{1,\dots,12\}}$ eine von EIOPA vorgegebene Korrelationsmatrix für die kombinierten Prämien- und Reserverisiken der einzelnen Sparten ist,

$$\mathrm{corr} = \begin{pmatrix}
1.00 & 0.50 & 0.50 & 0.25 & 0.50 & 0.25 & 0.50 & 0.25 & 0.50 & 0.25 & 0.25 & 0.25 \\
0.50 & 1.00 & 0.25 & 0.25 & 0.25 & 0.25 & 0.50 & 0.50 & 0.50 & 0.25 & 0.25 & 0.25 \\
0.50 & 0.25 & 1.00 & 0.25 & 0.25 & 0.25 & 0.25 & 0.50 & 0.50 & 0.25 & 0.50 & 0.25 \\
0.25 & 0.25 & 0.25 & 1.00 & 0.25 & 0.25 & 0.25 & 0.50 & 0.50 & 0.25 & 0.50 & 0.50 \\
0.50 & 0.25 & 0.25 & 0.25 & 1.00 & 0.50 & 0.50 & 0.25 & 0.50 & 0.50 & 0.25 & 0.25 \\
0.25 & 0.25 & 0.25 & 0.25 & 0.50 & 1.00 & 0.50 & 0.25 & 0.50 & 0.50 & 0.25 & 0.25 \\
0.50 & 0.50 & 0.25 & 0.25 & 0.50 & 0.50 & 1.00 & 0.25 & 0.50 & 0.50 & 0.25 & 0.25 \\
0.25 & 0.50 & 0.50 & 0.50 & 0.25 & 0.25 & 0.25 & 1.00 & 0.50 & 0.25 & 0.25 & 0.50 \\
0.50 & 0.50 & 0.50 & 0.50 & 0.50 & 0.50 & 0.50 & 0.50 & 1.00 & 0.25 & 0.50 & 0.25 \\
0.25 & 0.25 & 0.25 & 0.25 & 0.50 & 0.50 & 0.50 & 0.25 & 0.25 & 1.00 & 0.25 & 0.25 \\
0.25 & 0.25 & 0.50 & 0.50 & 0.25 & 0.25 & 0.25 & 0.25 & 0.50 & 0.25 & 1.00 & 0.25 \\
0.25 & 0.25 & 0.25 & 0.50 & 0.25 & 0.25 & 0.25 & 0.50 & 0.25 & 0.25 & 0.25 & 1.00
\end{pmatrix}.$$

*Anmerkung 4.23.* Für geographisch diversifizierte Portfolios wird diese Formel im Standardmodell adjustiert [9, SCR.9.29].

*Anmerkung 4.24.* Rückversicherungskosten und -provision gehen nicht direkt in die Berechnung des *SCR* ein, da sie bereits in der Bestimmung der Vermögenswerte berücksichtigt sind.

### 4.7.6.2 Stornorisiko

Das Stornorisiko ist dann relevant, wenn bei der Berechnung der Reseven davon ausgegangen wird, dass ein gewisser Teil der Versicherten auch in Zukunft (das heißt, nach dem Beobachtungsjahr) Prämien zahlen. Das Stornorisiko wird über Szenarien bestimmt. Dazu wird das Versicherungsgeschäft unter den folgenden Annahmen projiziert:

Stornoschock 1:   Unmittelbares Storno von 40 % derjenigen Verträge, für die ein Storno zur Erhöhung des Best Estimates[55] der technischen Rückstellungen für das gesamte Portfolio führt.

Stornoshock 2:   Verringerung um 40 % der Anzahl zukünftiger Versicherungsverträge, die in die Berechnung der technischen Rückstellungen eingehen.

Wir bezeichnen die Basic Own Funds, also die Differenz Assets − Verpflichtungen, mit *BOF* und die analoge Größe unter Berücksichtigung beider Stornoschocks mit $BOF^{\text{Storno}}$. Dann ist das *SCR* für das Stornorisiko durch

$$SCR_{\text{NL}}^{\text{Storno}} = \Delta BOF = BOF - BOF^{\text{Storno}}$$

gegeben. Diese Werte werden nicht stochastisch, sondern approximativ als Resultat der Rechnung mit erwarteten Parametern und entsprechend adjustierten Storno- und Neugeschäftsraten berechnet.

### 4.7.6.3 Katastrophenrisiko

Das Katastrophenrisiko wird über Szenarien bestimmt. Das Katastrophenrisiko wird in 4 Untermodule, die wiederum verschiedene Teilmodule umfassen können, aufgeteilt:

- Naturkatastrophen:
  - Sturmrisiko,
  - Erdbebenrisiko,
  - Flutrisiko,
  - Hagelrisiko,
  - Bodensenkungsrisiko
  
  Bei sämtlichen Naturkatastrophen wird geographische Diversifikation berücksichtigt.

---

[55]Damit ist insbesondere gemeint, dass hier ohne Sicherheitsmargen gerechnet wird.

- Katastrophenrisiken der nichtproportionalen Rückversicherung (aus Sicht des Rückversicherers),
- durch menschliche Handlungen herrührende Katastrophen:
  - Kraftfahrt (z. B., Autounfall verursacht Zugunglück, Feuer im Tunnel, Busunfall, bei dem eine ganze Fußballmannschaft der Bundesliga stirbt)
  - Feuer
  - Seefahrtkatastrophe (z. B. Kollision eines Passagierschiffs mit einem Öltanker),
  - Luftfahrtkatastrophe (z. B. Absturz eines Großraumflugzeugs)
  - Haftpflicht
  - Kredit- und Kautionsversicherung

  Für jede dieser Katastrophen wird ein *SCR* errechnet und dann zur Kapitalanforderung für durch menschliche Handlungen herrührende Katastrophen unter der Annahme verschwindender Korrelation mit der Wurzelformel aggregiert,

  $$SCR_{\text{menschl. Handl.}}^{\text{Kat}} = \sqrt{\sum_i SCR_{\text{menschl. Handl.},i}^2}.$$

- sonstiges Nicht-Leben-Katastrophenrisiko.

Für jedes Katastrophenteilmodul $i$ wird ein unmittelbar eintretender Schaden $S_i$ über eine einfache Rechenvorschrift vorgegeben. Das SCR ergibt sich als

$$SCR_{\text{NL}}^{\text{Kat},i} = \Delta BOF^{\text{Kat},i} = BOF - BOF^{\text{Kat},i},$$

wobei $BOF^{\text{Kat},i}$ die Basic Own Funds unter der Annahme, dass der Schaden $S_i$ unmittelbar eintritt, sind.

Man beachte, dass im allgemeinen $\Delta BOF^{\text{Kat},i} < S_i$ gilt, da der Schaden häufig teilweise durch Risikomanagementmechanismen wie ein Bonus-Malus-System aufgefangen werden kann.

*Beispiel 4.15 (Feuer).* Um eine Feuer-Katastrophe zu modellieren, wird die größte (kumulierte) versicherte Summe innerhalb eines Radius von 200 Metern ermittelt,

$$VS_a^{\text{Kat,Feuer}} = \max_{x \in \text{Erdoberfläche}} \left\{ \sum_{|y-x| \leq 200m} VS(y) \right\}.$$

wobei $a$ der Mittelpunkt eines Kreises, für den das Maximum angenommen wird, ist und $VS(y)$ die beim Unternehmen versicherte Summe eines Hauses am Punkt $y$ ist. Es wird ein unmittelbarer Verlust

$$S_{\text{Feuer}} = VS_a^{\text{Kat,Feuer}}$$

**Tab. 4.16** Von EIOPA bereit gestellte Koeffizienten für Haftpflichtkatastrophenszenarien [9]

| $i$ | Haftpflichtrisikogruppe $i$ | $f_{\text{Haftpflicht},i}$ |
|---|---|---|
| 1 | Haftpflicht für Kunstfehler und Verletzung der Berufspflicht (ohne selbständige Handwerker und Kunsthandwerker) | 100 % |
| 2 | Haftpflicht von Arbeitgebern | 160 % |
| 3 | Haftpflichtversicherung für Direktoren und Führungskräfte | 160 % |
| 4 | Persönliche Haftpflicht (inkl. selbständige Handwerker und Kunsthandwerker) | 0 % |
| 5 | Sonstige Haftpflicht | 100 % |
| 6 | Nicht-proportionale Rückversicherung von Haftpflichtversicherung | 210 % |

angenommen und $BOF^{\text{Kat,Feuer}}$ als die Basic Own Funds unter der Annahme, dass der Verlust $S_{\text{Feuer}}$ erlitten wird, berechnet. Das $SCR$ für das Feuerkatastrophenrisiko berechnet sich dann zu

$$SCR_{\text{NL}}^{\text{Kat,Feuer}} = BOF - BOF^{\text{Kat,Feuer}}.$$

*Beispiel 4.16 (Haftpflicht).* Für das Haftpflichtkatastrophenrisiko werden alle Haftpflichtversicherungen, die nicht der Kraftfahrthaftpflicht, Seefahrt, Luftfahrt, oder Transportversicherung zuzuordnen sind, betrachtet. Sie werden in 6 Untergruppen[56] (Tab. 4.16) unterteilt und für jede Untergruppe $i$ werden die korrespondierenden verdienten Bruttoprämien $P_1^{\text{brutto,Haftpflicht},i}$ für die nächsten 12 Monate bestimmt. Das $SCR$ für Untergruppe $i$ ist dann

$$SCR_{\text{NL}}^{\text{Kat,Haftpflicht},i} = BOF - BOF^{\text{Kat,Haftpflicht},i},$$

wobei $BOF^{\text{Kat,Haftpflicht},i}$ die Basic Own Funds unter der Annahme, dass ein unmittelbarer Verlust von

$$S_{\text{Haftpflicht},i} = f_{\text{Haftpflicht},i} \, P_1^{\text{brutto,Haftpflicht},i},$$

eintritt und $f_{\text{Haftpflicht},i}$ in Tab. 4.16 vorgegeben ist. Die SCRs der Untergruppen werden dann über eine Korrelationsmatrix

---

[56]In der Originalliteratur gibt es nur 5 Untergruppen. Unsere zusätzliche Untergruppe 4 fasst diejenigen Haftpflichtversicherungen zusammen, für die kein Katastrophenkapital berechnet wird.

$$\text{corr}^{\text{Kat,Haftpflicht}} = \begin{pmatrix} 1.00 & 0.00 & 0.50 & 0.00 & 0.25 & 0.50 \\ 0.00 & 1.00 & 0.00 & 0.00 & 0.25 & 0.50 \\ 0.50 & 0.00 & 1.00 & 0.00 & 0.25 & 0.50 \\ 0.00 & 0.00 & 0.00 & 1.00 & 0.00 & 0.00 \\ 0.25 & 0.25 & 0.25 & 0.00 & 1.00 & 0.50 \\ 0.50 & 0.50 & 0.50 & 0.00 & 0.50 & 1.00 \end{pmatrix}$$

aggregiert,

$$SCR_{\text{NL}}^{\text{Kat,Haftpflicht}} = \sqrt{\sum_{i,j} \text{corr}_{ij}^{\text{Kat,Haftpflicht}} SCR_{\text{NL}}^{\text{Kat,Haftpflicht},i} SCR_{\text{NL}}^{\text{Kat,Haftpflicht},i}}.$$

Innerhalb eines Katastrophenuntermoduls werden die Teilmodule über Korrelationsmatrizen aggregiert, und in einem zweiten Schritt werden die Untermodule zum Gesamtkatastrophenrisiko mithilfe einer weiteren Korrelationsmatrix aggregiert:

$$SCR_{\text{NL}}^{\text{Kat}} = \sqrt{(SCR_{\text{Nat}}^{\text{Kat}} + SCR_{\text{nprop Re}}^{\text{Kat}})^2 + (SCR_{\text{menschl. Handl.}}^{\text{Kat}})^2 + (SCR_{\text{Übrige}}^{\text{Kat}})^2}.$$

### 4.7.6.4 Gesamtrisiko

Das Prämien- und Reserverisiko, das Stornorisiko und das Katastrophenrisiko werden mithilfe der Korrelationsmatrix

$$\text{corr}^{\text{NL}} = \begin{pmatrix} 1.00 & 0.00 & 0.25 \\ 0.00 & 1.00 & 0.00 \\ 0.25 & 0.00 & 1.00 \end{pmatrix}$$

miteinander aggregiert,

$$SCR_{\text{NL}} = \sqrt{\sum_{j,k \in \{\text{PremRes,Storno,Kat}\}} \text{corr}_{jk}^{\text{NL}} SCR_{\text{NL}}^{j} SCR_{\text{NL}}^{k}}.$$

## 4.7.7   Ein einfaches Beispiel für die Berechnung der S2-Kapitalanforderung für das Nicht-Leben Underwriting Risiko

### 4.7.7.1 Das Beispielunternehmen

Die Y-AG hat 3 Sparten, Feuer $F$, Haftpflicht $H$ und Diebstahlversicherung. Diebstahlversicherung wird nicht separat in den S2-Rechnungsvorschriften angeführt und von Y-AG der sonstigen Sachversicherung $S$ zugeordnet. Alle Versicherungsverträge haben eine Laufzeit von jeweils einem Jahr, und es gibt keine automatische Verlängerungsoption. Daher gilt

**Tab. 4.17** Unternehmensindividuelle Inputs für die Berechnung des Prämien-Reserve-Risikos

| Jahr | $t-1$ | | | $t$ | | | $t+1$ | | |
|---|---|---|---|---|---|---|---|---|---|
| Sparte | $F$ | $H$ | $S$ | $F$ | $H$ | $S$ | $F$ | $H$ | $S$ |
| $P_0^{\text{brutto,gez},k}$ | 500 | 250 | 50 | 600 | 300 | 100 | — | — | — |
| $\text{upr}_0^k$ | 50 | 20 | 5 | 70 | 40 | 12 | 75 | 45 | 15 |
| $R_0^k$ | 200.0 | 150.0 | 20.0 | — | — | — | — | — | — |
| $q_0^k$ | 25% | 20% | 20% | 25% | 20% | 20% | 25% | 20% | 20% |

$$FP_0^{\text{exist},k} = FP_0^{\text{zukünftig},k} = 0.$$

Wir nehmen außerdem an, dass die Prämie jeweils zu Beginn des Jahres fällig ist und dass es keine nachträgliche Prämienanpassung für Verträge, die in diesem Jahr geschrieben werden, gibt. Y-AG hat jede Sparte über eine einfache Quote und die Sparte Feuer überdies durch einen Einzelschadenexzedenten rückversichert. Tab. 4.17 gibt die für die Berechnung relevanten unternehmensindividuellen Größen an.

### 4.7.7.2 Prämien- und Reserverisiko der Y-AG

Da Y-AG lediglich die drei Sparten $F, H, S$ hat, ersetzen wir die 12-Vektoren aus Tab. 4.15 durch 3-Vektoren mithilfe der Umnummerierung $4 \to 1, 5 \to 2, 9 \to 3$. Die gezeichnete Nettoprämie ist durch

$$P_t^{\text{gez},k} = (1 - q_t^k) P_t^{\text{brutto,gez},k}$$

gegeben und wir erhalten

$$\begin{pmatrix} P_{-1}^{\text{gez},1} \\ P_{-1}^{\text{gez},2} \\ P_{-1}^{\text{gez},3} \end{pmatrix} = \begin{pmatrix} 375 \\ 200 \\ 40 \end{pmatrix}, \quad \begin{pmatrix} P_0^{\text{gez},1} \\ P_0^{\text{gez},2} \\ P_0^{\text{gez},3} \end{pmatrix} = \begin{pmatrix} 450 \\ 240 \\ 80 \end{pmatrix}.$$

Mit (4.34) ergibt sich für die verdiente Prämie

$$\begin{pmatrix} P_{-1}^1 \\ P_{-1}^2 \\ P_{-1}^3 \end{pmatrix} = \begin{pmatrix} 355 \\ 180 \\ 33 \end{pmatrix}, \quad \begin{pmatrix} P_0^1 \\ P_0^2 \\ P_0^3 \end{pmatrix} = \begin{pmatrix} 445 \\ 235 \\ 77 \end{pmatrix}$$

und somit

$$\begin{pmatrix} V_0^{\text{Prem},1} \\ V_0^{\text{Prem},2} \\ V_0^{\text{Prem},3} \end{pmatrix} = \begin{pmatrix} \max(P_{-1}^1, P_0^1) \\ \max(P_{-1}^2, P_0^2) \\ \max(P_{-1}^3, P_0^3) \end{pmatrix} = \begin{pmatrix} 445 \\ 235 \\ 77 \end{pmatrix}.$$

Wir werden später ebenfalls die verdiente Bruttoprämie benötigen. Das Analogon zu (4.34) ist

$$P_t^{\mathrm{brutto},k} = P_t^{\mathrm{brutto,gez},k} + \mathrm{upr}_t^{\mathrm{brutto},k} - \mathrm{upr}_{t+1}^{\mathrm{brutto},k},$$

wobei

$$\mathrm{upr}_t^{\mathrm{brutto},k} = \frac{\mathrm{upr}_t^k}{1 - q_{t-1}^k}$$

gilt. Damit folgt

$$\begin{pmatrix} \mathrm{upr}_0^{\mathrm{brutto},1} \\ \mathrm{upr}_0^{\mathrm{brutto},2} \\ \mathrm{upr}_0^{\mathrm{brutto},3} \end{pmatrix} = \begin{pmatrix} 93 \\ 50 \\ 15 \end{pmatrix}, \quad \begin{pmatrix} \mathrm{upr}_1^{\mathrm{brutto},1} \\ \mathrm{upr}_1^{\mathrm{brutto},2} \\ \mathrm{upr}_1^{\mathrm{brutto},3} \end{pmatrix} = \begin{pmatrix} 100 \\ 56 \\ 19 \end{pmatrix}$$

und

$$\begin{pmatrix} P_0^{\mathrm{brutto},1} \\ P_0^{\mathrm{brutto},2} \\ P_0^{\mathrm{brutto},3} \end{pmatrix} = \begin{pmatrix} 593 \\ 294 \\ 96 \end{pmatrix}. \tag{4.39}$$

Tab. 4.18 enthält die Zinskurve und das von Y-AG ermittelte Abwicklungsmuster der Reserven. Mit

$$(d_\tau)_{\tau=\{1,\ldots,6\}} = \left( \prod_{\tilde{\tau}=t}^{\tau} \frac{1}{1 + FW[0]\tilde{\tau}} \right)_{\tau \in \{1,\ldots,6\}}$$

$$= (0.9709, 0.9417, 0.9129, 0.8846, 0.8572, 0.8306)$$

folgt

**Tab. 4.18** Zinskurve und Abwicklungsmuster der Reserven

| $t$ | $fw_{0;t}$ | $\beta_t^F$ | $\beta_t^H$ | $\beta_t^S$ |
|---|---|---|---|---|
| 1 | 3.00 % | 58.8 % | 35.7 % | 71.4 % |
| 2 | 3.10 % | 35.3 % | 32.1 % | 28.6 % |
| 3 | 3.15 % | 5.9 % | 21.4 % | 0.0 % |
| 4 | 3.20 % | 0.0 % | 7.1 % | 0.0 % |
| 5 | 3.20 % | 0.0 % | 3.6 % | 0.0 % |
| 6 | 3.20 % | 0.0 % | 0.0 % | 0.0 % |

$$\sum_{\tau=t}^{\infty} d_\tau \beta_\tau^1 = 0.9709 \cdot 58.8\% + 0.9417 \cdot 35.3\% + 0.9129 \cdot 5.9\% = 0.9572$$

$$\sum_{\tau=t}^{\infty} d_\tau \beta_\tau^2 = 0.9709 \cdot 35.7\% + 0.9417 \cdot 32.1\% + 0.9129 \cdot 21.4\% +$$

$$0.9417 \cdot 7.1\% + 0.9129 \cdot 3.6\% = 0.9389$$

$$\sum_{\tau=t}^{\infty} d_\tau \beta_\tau^3 = 0.9709 \cdot 71.4\% + 0.9417 \cdot 28.6\% = 0.9625$$

und

$$\begin{pmatrix} V_0^{\text{Res},1} \\ V_0^{\text{Res},2} \\ V_0^{\text{Res},3} \end{pmatrix} = \begin{pmatrix} R_{-1}^1 \sum_{\tau=0}^{\infty} d_\tau \beta_\tau^1 \\ R_{-1}^2 \sum_{\tau=0}^{\infty} d_\tau \beta_\tau^2 \\ R_{-1}^3 \sum_{\tau=0}^{\infty} d_\tau \beta_\tau^3 \end{pmatrix} = \begin{pmatrix} 200.0 \cdot 0.9572 \\ 150.0 \cdot 0.9389 \\ 20.0 \cdot 0.9625 \end{pmatrix} = \begin{pmatrix} 191.43 \\ 140.83 \\ 19.25 \end{pmatrix}.$$

Ferner folgt mit (4.38)

$$\mu = V_0^{\text{Prem},1} + V_0^{\text{Prem},2} + V_0^{\text{Prem},3} + V_0^{\text{Res},1} + V_0^{\text{Res},2} + V_0^{\text{Res},3} = 1108.51.$$

Gl. (4.35) impliziert

$$\begin{pmatrix} \sigma(S_{\text{NL}}^{\text{Prem},1}) \\ \sigma(S_{\text{NL}}^{\text{Prem},2}) \\ \sigma(S_{\text{NL}}^{\text{Prem},3}) \end{pmatrix} = \begin{pmatrix} \text{vk}\left(S_{\text{NL}}^{\text{Prem,brutto},1}\right) \cdot V_0^{\text{Prem},1} \cdot \text{re}_{\text{NP}}^{\text{Prem},1} \\ \text{vk}\left(S_{\text{NL}}^{\text{Prem,brutto},2}\right) \cdot V_0^{\text{Prem},2} \cdot \text{re}_{\text{NP}}^{\text{Prem},2} \\ \text{vk}\left(S_{\text{NL}}^{\text{Prem,brutto},3}\right) \cdot V_0^{\text{Prem},3} \cdot \text{re}_{\text{NP}}^{\text{Prem},3} \end{pmatrix}$$

$$= \begin{pmatrix} 8\% \cdot 445 \cdot 80\% \\ 14\% \cdot 235 \cdot 100\% \\ 13\% \cdot 77 \cdot 100\% \end{pmatrix} = \begin{pmatrix} 28.5 \\ 32.9 \\ 10.0 \end{pmatrix},$$

wobei wir benutzt haben, dass Y-AG lediglich die Feuerversicherung nichtproportional rückversichert hat.

Aus Gl. (4.36) erhalten wir

$$\begin{pmatrix} \sigma(S_{\text{NL}}^{\text{Res},1}) \\ \sigma(S_{\text{NL}}^{\text{Res},2}) \\ \sigma(S_{\text{NL}}^{\text{Res},3}) \end{pmatrix} = \begin{pmatrix} \text{vk}(S_{\text{NL}}^{\text{Res},1}) \cdot V_0^{\text{Res},1} \\ \text{vk}(S_{\text{NL}}^{\text{Res},2}) \cdot V_0^{\text{Res},2} \\ \text{vk}(S_{\text{NL}}^{\text{Res},3}) \cdot V_0^{\text{Res},3} \end{pmatrix} = \begin{pmatrix} 10.0\% \cdot 191.43 \\ 11.0\% \cdot 140.83 \\ 20.0\% \cdot 19.25 \end{pmatrix} = \begin{pmatrix} 19.1 \\ 15.5 \\ 3.9 \end{pmatrix}.$$

Damit ist die Standardabweichung des Prämien-Reserve-Risikos durch

$$
\begin{pmatrix} \sigma\left(S_{\mathrm{NL}}^{\mathrm{PremRes},1}\right) \\ \sigma\left(S_{\mathrm{NL}}^{\mathrm{PremRes},2}\right) \\ \sigma\left(S_{\mathrm{NL}}^{\mathrm{PremRes},3}\right) \end{pmatrix} = \begin{pmatrix} \sqrt{28.5^2 + 28.5 \cdot 19.1 + 19.1^2} \\ \sqrt{32.9^2 + 32.9 \cdot 15.5 + 15.5^2} \\ \sqrt{10.0^2 + 10.0 \cdot 3.9 + 3.9^2} \end{pmatrix} = \begin{pmatrix} 41.5 \\ 36.6 \\ 12.4 \end{pmatrix}
$$

gegeben (siehe (4.37)). Mit dem relevanten Ausschnitt aus der Korrelationsmatrix,

$$
\mathrm{corr} = \begin{pmatrix} 1.00 & 0.25 & 0.50 \\ 0.25 & 1.00 & 0.50 \\ 0.50 & 0.50 & 1.00 \end{pmatrix},
$$

berechnet Y-AG

$$
\sigma\left(S_{\mathrm{NL}}^{\mathrm{Prem,Res}}\right) = 70.3.
$$

Das *SCR* für das Prämien-Reserve-Risiko beträgt also mit (4.33)

$$
SCR_{\mathrm{NL}}^{\mathrm{PremRes}} = 3\sigma\left(S_{\mathrm{NL}}^{\mathrm{Prem,Res}}\right) = 3 \cdot 70.3 = 211.0.
$$

### 4.7.7.3 Stornorisiko der Y-AG

Da Y-AG lediglich einjährige Verträge gegen Vorauszahlung und ohne Verlängerungsoption anbietet, haben die beiden Stornoschocks keinen negativen Effekt auf die Basic Own Funds. Damit gilt

$$
SCR_{\mathrm{NL}}^{\mathrm{Storno}} = 0.
$$

### 4.7.7.4 Katastrophenrisiko der Y-AG

Da Y-AG weder gegen Naturereignisse versichert noch aktive Rückversicherung beteiligt, müssen weder Naturkatastrophen noch Katastrophenrisiken der nichtproportionalen Rückversicherung betrachtet werden. Die folgenden Teilmodule sind für Y-AG relevant:

- Feuer
- Haftpflicht
- sonstiges Nicht-Leben-Katastrophenrisiko, sofern es für die Diebstahlversicherung relevant ist.

### Feuerkatastrophe

Das Feuerkatastrophenszenario wird wie in Beispiel 4.15 berechnet. Es ist nicht ganz einfach, den Mittelpunkt $a$ zu ermitteln, denn er muss nicht mit den Koordinaten eines versicherten Objekts übereinstimmen. Y-AG ermittelt[57] zunächst eine Untergrenze für $VS_a^{\text{Kat,Feuer}}$, indem sie die Koordinaten $\tilde{a}$ eines derjenigen versicherten Häuser ermittelt, für die die kumulierte versicherte Summe $VS_{\tilde{a}}^{\text{Kat,Feuer}}$ in einem Umkreis von 200 m von dem Haus maximal ist.[58] Es werden nun für jedes versicherte Objekt mit Koordinaten $x$ ein Kreis $K_x^{400}$ um·$x$ mit Radius 400 m geschlagen. Ist die kumulierte Versicherungssumme aller Objekte in $K_x^{400}$ größer als $VS_{\tilde{a}}^{\text{Kat,Feuer}}$, so wird die maximale kumulierte Versicherungssumme $VS_{a(x)}^{\text{Kat,Feuer}}$ ermittelt, wobei nur Kreise $K_y^{200}$ (mit Radius 200 m) betrachtet werden, die ganz in $K_x^{400}$ liegen. Dies bewerkstelligt Y-AG über ein kartesisches Punktegitter $\{y\}$, wobei benachbarte Punkte $5m$[59] auseinander liegen. Gilt $VS_{a(x)}^{\text{Kat,Feuer}} > VS_{\tilde{a}}^{\text{Kat,Feuer}}$, so wird $VS_{\tilde{a}}^{\text{Kat,Feuer}}$ durch $VS_{a(x)}^{\text{Kat,Feuer}}$ ersetzt. Nach Behandlung aller Objekte $x$ gilt $VS_a^{\text{Kat,Feuer}} = VS_{\tilde{a}}^{\text{Kat,Feuer}}$.

Y-AG ermittelt auf diese Weise, dass im Kreis $K_a^{200}$ 3 Objekte mit den versicherten Summen

$$(20.0, 30.0, 10.0)$$

liegen. Die kumulierte versicherte Summe beträgt $VS_a^{\text{Kat,Feuer}} = 60.0$. Da Y-AG kein Bonus-Malus-System oder ähnliche Verfahren zur Risikominderung implementiert hat, ist der unmittelbare Verlust $S_{\text{Feuer}} = VS_a^{\text{Kat,Feuer}}$ auch gerade das SCR:

$$SCR_{\text{NL}}^{\text{Kat,Feuer}} = S_{\text{Feuer}} = 60.0.$$

**Haftpflichtkatastrophe**

Das Haftpflichtkatastrophenszenario wird wie in Beispiel 4.16 berechnet. Y-AG zeichnet Geschäft in den Haftpflichtrisikogruppen

$$\text{ind}^{\text{Haftpflicht}} = \{2, 3, 4\}$$

(siehe Tab. 4.16), und die Aufteilung der Prämie auf diese Gruppen ist

$$\text{mix}^{\text{Haftpflicht}} = (50.0\,\%, 10.0\,\%, 40.0\,\%)$$

---

[57]Das folgende Verfahren ist langwierig und sicher nicht optimal, verdeutlicht aber die Schwierigkeiten, die bei der Bestimmung von $VS_a^{\text{Kat,Feuer}}$ auftreten.

[58]Das heisst, bei der Bestimmung der Untergrenze machen wir die zusätzliche Annahme, dass der Mittelpunkt des Kreises mit einem versicherten Objekt übereinstimmt.

[59]Innerhalb des Kreises $K_x^{400}$ kann die Erdoberfläche als eben betrachtet weden. Da jedes versicherte Objekt eine Ausdehnung von mindestens 5m hat, ist die durch das Gitter erreichte Auflösung ausreichend.

der Gesamtbruttoprämie $P_0^{\text{brutto,Haftpflicht}} = 294$ (vergl. Gl. (4.39)). Die korrespondierenden Faktoren $f_{\text{Haftpflicht},i}$ lauten

$$(f_{\text{Haftpflicht},i})_{i \in \text{ind}^{\text{Haftpflicht}}} = (1.6, 1.6, 0.0),$$

woraus wir die unmittelbaren Katastrophenschäden

$$(S_{\text{Haftpflicht},i})_{i \in \text{ind}^{\text{Haftpflicht}}} = (235.0, 47.0, 0.0)$$

errechnen. Da Y-AG innerhalb des laufenden Jahres keine Prämienanpassungen vornimmt, gilt $SCR_{\text{NL}}^{\text{Kat,Haftpflicht},i} = S_{\text{Haftpflicht},i}$ für alle $i$. Das SCR für Haftpflichtkatastrophenrisiko erhalten wir somit durch Aggregation mit dem entsprechenden Ausschnitt der Korrelationsmatrix $\text{corr}^{\text{Kat,Haftpflicht}}$,

$$SCR_{\text{NL}}^{\text{Kat,Haftpflicht}} = \sqrt{\begin{pmatrix} 235.0 & 47.0 & 0.0 \end{pmatrix} \begin{pmatrix} 1.00 & 0.00 & 0.00 \\ 0.00 & 1.00 & 0.00 \\ 0.00 & 0.00 & 1.00 \end{pmatrix} \begin{pmatrix} 235.0 \\ 47.0 \\ 0.0 \end{pmatrix}}$$

$$= 239.7.$$

### Diebstahlkatastrophe

Es gibt keine Katastrophenszenarien für Diebstahlversicherung. Damit gilt

$$SCR_{\text{NL}}^{\text{Kat,Diebstahl}} = 0.0.$$

### Aggregation der Katastrophenkapitale

Da das Katastrophenrisiko lediglich von menschlichen Handlungen herrührt, folgt

$$SCR_{\text{NL}}^{\text{Kat}} = SCR_{\text{menschl. Handl.}}^{\text{Kat}} = \sqrt{(60.0)^2 + (239.7)^2} = 247.1.$$

### 4.7.7.5 Kapitalanforderung der Y-AG für das Nicht-Leben Underwriting Risiko

Insgesamt erhält Y-AG

$$SCR_{\text{NL}} = \sqrt{\begin{pmatrix} 211.0 & 0.0 & 247.1 \end{pmatrix} \begin{pmatrix} 1.00 & 0.00 & 0.25 \\ 0.00 & 1.00 & 0.00 \\ 0.25 & 0.00 & 1.00 \end{pmatrix} \begin{pmatrix} 211.0 \\ 0.0 \\ 247.1 \end{pmatrix}} = 362.8.$$

# Literatur

1. Commission of the European Communities (2009) Directive of the European Parliament and the Council on the taking-up and pursuit of the business of insurance and reinsurance, Solvency II (recast), Nov 2009. PE-CONS 3643/6/09 REV 6, approved by the European Parliament on 2009-04-22

2. Committee of European Insurance and Occupational Pensions Supervisors (CEIOPS) (2009) CEIOPS' advice for level 2 implementing measures on Solvency II: SCR standard formula – article 111, non-life underwriting risk. CEIOPS-DOC-41/09, CP48

3. Committee of European Insurance and Occupational Pensions Supervisors (CEIOPS) (2009) CEIOPS' advice for level 2 implementing measures on Solvency II: valuation of assets and "other liabilities", CEIOPS-DOC-31/09, CP35

4. Eidgenössische Finanzmarktaufsicht (FINMA) (2006)   Technisches Dokument zum Swiss Solvency Test. https://www.finma.ch

5. Eidgenössische Finanzmarktaufsicht (FINMA) (2010) Wegleitung für Versicherungsunternehmen betreffend die Abschätzung des Zufallsrisikos der Abwicklung von Schadenrückstellungen in der Nichtleben-Versicherung. https://www.finma.ch

6. Eidgenössische Finanzmarktaufsicht (FINMA) (2013) Delta-Gamma-Verfahren als Standard-Risikomodell für Lebensversicherer. https://www.finma.ch

7. Eidgenössische Finanzmarktaufsicht (FINMA) (2013)   Wegleitung zum SST-Marktrisiko-Standardmodell. https://www.finma.ch

8. Eidgenössische Finanzmarktaufsicht (FINMA) (2014)   Wegleitung zum SST-Marktrisiko-Standardmodell. https://www.finma.ch

9. EIOPA (2014) Technical specification for the preparatory phase. https://eiopa.europa.eu

10. European Commission (2010)   QIS5 technical specification. annex to call for advice from CEIOPS on QIS5

11. Haier A, Pfeiffer T (2012) Scenarios and their aggregation in the regulatory risk measurement environment. arXiv:1209.0646 [q-fin.RM]

12. Kriele M, Wolf J (2007) On market value margins and cost of capital. Blätter der DGVFM 28(2):195–219

13. Mack T (1997)  Schadenversicherungsmathematik. Volume 28 of Schriftenreihe Angewandte Versicherungsmathematik, Deutsche Gesellschaft für Versicherungsmathematik. Verlag Versicherungswirtschaft E.V., Karlsruhe

14. Maxima. Maxima, a computer algebra system. version 5.34.1. http://maxima.sourceforge.net/

15. McNeil A, Frey R, Embrechts P (2005) Quantitative risk management. Concepts, techniques, tools. Princeton series in finance. Princeton University Press, Princeton

# Kapitalallokation

5

## 5.1 Einführung

Hat die den Verlust beschreibende Zufallsvariable $X$ mehr als einen Risikotreiber, so stellt sich die Frage, wie diese Risikotreiber zum Gesamtrisiko beitragen. Ihre Antwort würde es ermöglichen, Einzelrisiken unter Berücksichtigung von Diversifikationseffekten im Gesamtportfolio zu bewerten. Wir betrachten $m$ risikobehaftete Portfolios, deren Risiken auf dem Wahrscheinlichkeitsraum $(\Omega, \mathscr{F}, \mathbf{P})$ durch die Zufallsvariablen $X_1, \ldots, X_m$ beschrieben werden. Das Risiko des Gesamtportfolios wird dann durch die Zufallsvariable $X = X_1 + \cdots + X_m$ modelliert. Umgekehrt können wir vom Gesamtunternehmen ausgehen und es in $m$ Geschäftsbereiche aufteilen:

**Definition 5.1.** $X \in \mathscr{M}(\Omega, \mathbb{R})$ sei die den Verlust beschreibende Zufallsvariable eines Unternehmens. Eine *Aufteilung in Geschäftsbereiche* (oder kurz *Aufteilung*) ist ein Zufallsvektor

$$(X_1, \ldots, X_m)$$

mit $\sum_{i=1}^{m} X_i = X$. Wir bezeichnen die Menge der Aufteilungen mit $\mathscr{M}_X(\Omega)$.

Ist $(X_1, \ldots, X_m)$ eine Aufteilung in Geschäftsbereiche, so repräsentiert $X_i$ den Verlust, der dem *Geschäftsbereich i* zuzuordnen ist.

Dabei kann der Begriff „Geschäftsbereich" sehr weit gefasst sein. Die Aufteilung des Gesamtgeschäfts könnte zum Beispiel anhand von

- Produktgruppen,
- Profitcenter,

© Springer-Verlag Berlin Heidelberg 2016
M. Kriele und J. Wolf, *Wertorientiertes Risikomanagement von Versicherungsunternehmen*, Springer-Lehrbuch Masterclass,
DOI 10.1007/978-3-662-50257-0_5

- Sparten,
- das durch die verschiedenen Vertriebswege vermittelte Geschäft,

erfolgen. Für jeden dieser Fälle kann aus Steuerungsgesichtspunkten der Beitrag der Geschäftszweige zum Gesamtgeschäft von Interesse sein.

Die Summationsbedingung in Definition 5.1 sagt einfach aus, dass jeder Verlust des Gesamtunternehmens von einem Verlust eines Geschäftsbereichs herrühren muss. Es gibt natürlich auch Risiken, die auf mehrere Geschäftsbereiche ausstrahlen, ohne dass eine klare Zuordnung der Risiken (bzw. der assoziierten Verluste) auf die Geschäftsbereiche möglich ist. Beispiele dafür wären operationelle Risiken, die das Gesamtunternehmen betreffen, wie etwa ein Terroranschlag auf die Zentrale oder ein Reputationsverlust infolge von Managementfehlern oder aber das Kapitalmarktrisiko in der Lebensversicherung, da es in der Regel keine natürliche Zuordnung der Kapitalanlagen auf die Versicherungs-produkte gibt. In diesen Fällen wäre die Zuordnung übergreifender Risiken auf einzelne Geschäftsbereiche Teil der Modellierung und mit einer gewissen Willkür behaftet, die bei einer Interpretation der Ergebnisse zu berücksichtigen wäre. Mitunter ist es auch sinnvoll, einen eigenen Geschäftsbereich „Corporate" zu definieren, der die Risiken auffängt, die einzelnen Geschäftsbreichen nur schwer zuzuordnen sind.

Der Rest dieses Kapitels ist der Allokation von Risikokapital auf Geschäftsbereiche gewidmet. Risikokapitalallokation ist nicht unbedingt notwendig für gutes Risikomanage-ment. Man könnte ebenso gut in einem Gremium Sensitivitäten betrachten, um zu einer optimalen Lösung für das Gesamtunternehmen zu kommen. In der Praxis erweist es sich jedoch häufig als effektiver, einzelnen Bereichen weitgehende Autonomie zu geben. Es wird dann erwartet, dass jeder dieser Bereiche seinen eigenen Vorteil maximiert, ohne notwendigerweise den Vorteil des Gesamtunternehmens zu priorisieren. Um das Interesse der Bereiche mit dem Unternehmensinteresse in Übereinstimmung zu bringen, muss ein gutes Anreizsystem eingerichtet werden. Mit Hilfe der Risikokapitalallokation ist es möglich, als gerecht empfundene Anreizsysteme zu konstruieren.

Nach Wahl eines Risikomaßes $\rho$ ergibt sich ein Gesamtrisikokapitalbedarf von $\rho(X)$ nach Diversifikation, während $\rho(X_i)$ das Risikokapital darstellt, das der Geschäftsbereich $i$ im Falle der Eigenständigkeit benötigen würde. Für Geschäftsbereich $i$ einfach den Kapitalbedarf $\rho(X_i)$ vorzuhalten, liefe darauf hinaus, für das Gesamtgeschäft mehr Kapital als notwendig vorzuhalten, da aufgrund des Diversifikationseffektes im allgemeinen

$$\rho(X) < \sum_{i=1}^{m} \rho(X_i)$$

gilt. Die Kapitaleinsparung $\sum_{i=1}^{m} \rho(X_i) - \rho(X)$ rührt von der Interaktion der einzelnen Risiken her, so dass der Beitrag der einzelnen Risiken zum Einspareffekt in der Regel unterschiedlich ist. Da der Diversifizierungseffekt erst auf Gesamtunternehmensebene durch die Interaktion der Risiken entsteht, ist es nicht möglich, den Anteil der einzelnen Geschäftsbereiche am Gesamtdiversifikationseffekt objektiv zu bestimmen. Daher gibt es

kein optimales Risikokapitalallokationsverfahren. Das eigentliche Problem der Risikoka-
pitalallokation besteht darin, diesen Effekt „möglichst gerecht" mit zu berücksichtigen.
Dass eine Risikokapitalallokation als gerecht empfunden wird, ist eine unabdingbare
Voraussetzung für eine wertorientierte Unternehmenssteuerung, die den Erfolg, den
Geschäftsbereiche erwirtschaften, den Kapitalkosten, die auf ihren Risikobeitrag zum
Gesamtrisiko des Unternehmen zurückzuführen sind, gegenüberstellt. Die Definition, was
„gerecht" heißt, gehört somit zum Problem der Risikokapitalallokation.

*Anmerkung 5.1.*  Die Aufteilung von Erfolgsgrößen auf Geschäftsbereiche, die über Erwartungswerte definiert sind, ist wegen der Linearität des Erwartungswerts unproblematisch. Werden andere Erfolgsmaße (wie zum Beispiel der Median) gewählt, müssen
Techniken, wie sie in diesem Kapitel beschrieben werden, angewendet werden.

**Definition 5.2.**  $X$ sei die Zufallsvariable, die den Verlust des Gesamtunternehmens
beschreibt, und $(X_1, \ldots, X_m) \in \mathcal{M}_X(\Omega)$ eine Aufteilung. Eine *Kapitalallokation* ist ein
Vektor $\bar{\Lambda} \in \mathbb{R}^m$, dessen $i$-te Komponente $\bar{\Lambda}_i$ das dem Geschäftsbereich $i$ *alloziierte Kapital*
darstellt.

   In dieser Allgemeinheit ist die Definition einer Kapitalallokation von geringer Aussagekraft. Wie werden im folgenden zwei Axiome formulieren, die betriebswirtschaftlich
motivierte Eigenschaften beschreiben. Der Unterschied zwischen einem Axiom und einer
Definition besteht darin, dass ein Axiom eine inhaltliche Verbindung zu einem Gebiet
außerhalb der Mathematik darstellt. Unsere beiden Axiome haben den Anspruch, evident
zu sein, so dass von jeder sinnvollen Kapitalallokation gefordert werden kann, dass diese
Axiome gelten. Daher werden sie als Annahme und nicht als Definition formuliert.[1]
   Eine natürliche Forderung verbindet die Kapitalallokation mit dem Risikomaß:

$$\bar{\Lambda}_1 + \cdots + \bar{\Lambda}_m \geq \rho(X),$$

denn andernfalls würde insgesamt den Geschäftsbereichen weniger Risikokapital alloziert
werden, als für das Gesamtunternehmen notwendig ist. Gilt $\bar{\Lambda}_1 + \cdots + \bar{\Lambda}_m > \rho(X)$,
so wird den Geschäftsbereichen unnötiges *Exzesskapital* alloziert, das den Eignern des
Unternehmens zurückerstattet werden kann.[2] Daher gehen wir hier von der Idealsituation
der Gleichheit aus:

---

[1]Ein gutes Beispiel für ein fruchtbares Axiomensystem ist die Euklidische Geometrie, die eine
(lediglich approximativ gültige) physikalische Theorie des Raums darstellt.

[2]In der Praxis gibt es durchaus gute Gründe für das Halten von Exzesskapital. Dies wird in
Abschn. 7.1.1 unter den Stichworten „Risikoappetit" und „Risikotoleranz" diskutiert. Es ist allerdings schwer zu motivieren, dass dieses Exzesskapital auf die Geschäftsbereiche aufgeteilt werden
sollte, zumindest wenn die Geschäftsbereiche selbst keine eigenständigen Unternehmen sind.

**Axiom 5.1 (Kein Exzesskapital).** $(X_1, \ldots, X_m) \in \mathcal{M}_X(\Omega)$ *sei die Aufteilung in Geschäftsbereiche. Dann wird den Geschäftsbereichen das gesamte Kapital alloziert:*

$$\rho(X) = \sum_{i=1}^{m} \bar{\Lambda}_i.$$

Wir wollen ebenfalls voraussetzen, dass keinem Geschäftsbereich ein höheres Kapital zugeordnet wird als das Risikokapital, das er für sich alleine benötigt. Denn wenn diese Voraussetzung verletzt wäre, gäbe es aus der Sicht des Geschäftsbereichs einen Antidiversifikationseffekt. Die betriebswirtschaftliche Schlussfolgerung des Geschäftsbereichs wäre seine Abspaltung vom Gesamtunternehmen.

**Axiom 5.2 (Diversifizierung).** $(X_1, \ldots, X_m) \in \mathcal{M}_X(\Omega)$ *sei die Aufteilung in Geschäftsbereiche. Das allozierte Kapital eines Geschäftsbereichs ist nicht höher als sein individuelles Risikokapital, d. h. es gilt*

$$\bar{\Lambda}_i \leq \rho(X_i)$$

*für jedes $i = 1, \ldots, n$.*

**Definition 5.3.** Eine Kapitalallokation $\bar{\Lambda}$ heißt *Zuteilung* für die Aufteilung

$$(X_1, \ldots, X_m) \in \mathcal{M}_X(\Omega),$$

falls die Axiome 5.1 und 5.2 erfüllt sind.

## 5.2    Beispiele

Um die folgenden Beispiele zu illustrieren, betrachten wir ein Versicherungsunternehmen, das drei Produktgruppen hat: Feuerversicherung mit Verlustfunktion $X_F$, Wasserschadenversicherung mit Verlustfunktion $X_W$, Computerdiebstahlversicherung mit Verlustfunktion $X_C$. Zur Vereinfachung der Rechnung nehmen wir hier (realitätsfern) an, dass diese Risiken multinormalverteilt sind. Da bei der Löschung eines Brandes Wasserschäden entstehen, erscheint es plausibel, dass $X_F$ und $X_W$ miteinander korreliert sind. Wir unterstellen, dass die Korrelation 50 % beträgt. Ferner wollen wir annehmen, dass $X_C$ von $X_F$ und $X_W$ unabhängig ist. Insgesamt erhalten wir für die Aufteilung $\bar{X} = (X_F, X_W, X_C)$ die Korrelationsmatrix

$$\text{corr} = \begin{pmatrix} 1 & 50\,\% & 0 \\ 50\,\% & 1 & 0 \\ 0 & 0 & 1 \end{pmatrix}.$$

Der erwartete Gewinn der Sparten und die Standardabweichung seien

$$-E\left(\bar{X}^{\top}\right) = \begin{pmatrix} 10 \\ 5 \\ 5 \end{pmatrix}, \quad \sigma\left(\bar{X}^{\top}\right) = \begin{pmatrix} 12 \\ 2.5 \\ 7.5 \end{pmatrix}$$

(für das Vorzeichen vergleiche unsere in Abschn. 2.2 gegebene Definition der Verlustfunktion). Die Kovarianzmatrix ist dann durch

$$\mathrm{cov} = \begin{pmatrix} (\sigma_F)^2 & \mathrm{cov}_{FW} & 0 \\ \mathrm{cov}_{FW} & (\sigma_W)^2 & 0 \\ 0 & 0 & (\sigma_C)^2 \end{pmatrix} = \begin{pmatrix} 144 & 15 & 0 \\ 15 & 6.25 & 0 \\ 0 & 0 & 56.25 \end{pmatrix}$$

gegeben. Für unser Beispiel wählen wir als Risikomaß den Expected Shortfall $\rho = \mathrm{ES}_\alpha$ zum Sicherheitsniveau $\alpha = 99.5\,\%$.

Für die weiteren Rechnungen werden wir zur Vereinfachung die Notation

$$\beta = \frac{\phi_{0,1}\left(\Phi_{0,1}^{-1}(\alpha)\right)}{1-\alpha} = 2.9, \quad \mu = E(X), \quad \mu_i = E(X_i) \text{ für } i \in \{F, W, C\}$$

benutzen. Wir stellen Zwischenergebnisse gerundet dar, rechnen aber immer mit den ungerundeten Werten bis zum Endergebnis.

Da $(X_F, X_W, X_C)^T$ multinormalverteilt ist und

$$X = X_F + X_W + X_C = \overbrace{\begin{pmatrix} 1 & 1 & 1 \end{pmatrix}}^{=:A} \begin{pmatrix} X_F \\ X_W \\ X_C \end{pmatrix}$$

gilt, ist $X$ ebenfalls normalverteilt und hat die Kovarianzmatrix

$$A\mathrm{cov}A^T = \begin{pmatrix} 1 & 1 & 1 \end{pmatrix} \begin{pmatrix} (\sigma_F)^2 & \mathrm{cov}_{FW} & 0 \\ \mathrm{cov}_{FW} & (\sigma_W)^2 & 0 \\ 0 & 0 & (\sigma_C)^2 \end{pmatrix} \begin{pmatrix} 1 \\ 1 \\ 1 \end{pmatrix}$$

$$= \begin{pmatrix} 1 & 1 & 1 \end{pmatrix} \begin{pmatrix} (\sigma_F)^2 + \mathrm{cov}_{FW} \\ \mathrm{cov}_{FW} + (\sigma_W)^2 \\ (\sigma_C)^2 \end{pmatrix} = (\sigma_F)^2 + (\sigma_W)^2 + (\sigma_C)^2 + 2\mathrm{cov}_{FW}.$$

Wir erhalten also aus Proposition 2.5

$$
\begin{aligned}
\sigma(X) &= \sqrt{(\sigma_F)^2 + (\sigma_W)^2 + (\sigma_C)^2 + 2\text{cov}_{FW}} \\
&= \sqrt{144 + 6.25 + 56.25 + 2 \times 15} \\
&= 15.4
\end{aligned}
\tag{5.1}
$$

und damit

$$
\rho(X) = \text{E}(X) + \beta\sigma(X) = -20 + 2.9 \times 15.4 = 24.5.
$$

Für den Expected Shortfall der Marginalverteilungen erhalten wir analog

$$
\rho(X_F) = \mu_F + \beta\sigma_F = -10 + 2.9 \times 12 = 24.7,
$$

$$
\rho(X_W) = \mu_W + \beta\sigma_W = -5 + 2.9 \times 2.5 = 2.2,
$$

$$
\rho(X_C) = \mu_C + \beta\sigma_C = -5 + 2.9 \times 7.5 = 16.7.
$$

Dieser Abschnitt ist an [6] angelehnt, wo sich auch weiterführende Ausführungen finden.

### 5.2.1  Proportionale Kapitalallokation

**Definition 5.4.** Die *proportionale Kapitalallokation* für die Aufteilung

$$
(X_1, \dots, X_m) \in \mathscr{M}_X(\Omega)
$$

und den Geschäftsbereich $i$ ist durch

$$
\bar{\Lambda}_i^{\text{proportional}} = \frac{\rho(X_i)\,\rho(X)}{\sum_{j=1}^{m} \rho(X_j)}
$$

definiert.

Dieses Allokationsverfahren hat zwar den Vorteil, dass es einfach zu berechnen ist, allerdings wird die Abhängigkeitsstruktur des Portfolios bei der Aufteilung nicht berücksichtigt. Dies widerspricht dem Ziel der „gerechten" Aufteilung des Diversifikationseffektes.

**Proposition 5.1.** *Für positive, subadditive Risikomaße ist die proportionale Kapitalallokation eine Zuteilung.*

*Beweis.* Axiom 5.1 folgt aus

$$\sum_{i=1}^{m} \bar{\Lambda}_i^{\text{proportional}} = \frac{\sum_{i=1}^{m} \rho\left(X_i\right)\rho\left(X\right)}{\sum_{j=1}^{m} \rho\left(X_j\right)} = \rho(X).$$

Da $\rho$ subadditiv ist, gilt

$$\rho(X) = \rho\left(\sum_{i=j}^{m} X_j\right) \leq \sum_{i=j}^{m} \rho\left(X_j\right)$$

und daher $\bar{\Lambda}_i^{\text{proportional}} \leq \rho\left(X_i\right)$. Damit ist auch Axiom 5.2 erfüllt. $\qquad\square$

*Beispiel 5.1.* Da für unser Beispiel $\rho\left(X_i\right) = \mu_i + \beta\sigma_i \ (i \in \{F, W, C\})$ gilt, erhalten wir

$$\frac{\bar{\Lambda}_F^{\text{proportional}}}{\rho(X)} = \frac{\mu_F + \beta\sigma_F}{\mu + \beta\left(\sigma_F + \sigma_W + \sigma_C\right)} = \frac{24.7}{43.6} = 56.6\,\%,$$

$$\frac{\bar{\Lambda}_W^{\text{proportional}}}{\rho(X)} = \frac{\mu_W + \beta\sigma_W}{\mu + \beta\left(\sigma_F + \sigma_W + \sigma_C\right)} = \frac{2.2}{43.6} = 5.1\,\%,$$

$$\frac{\bar{\Lambda}_C^{\text{proportional}}}{\rho(X)} = \frac{\mu_C + \beta\sigma_C}{\mu + \beta\left(\sigma_F + \sigma_W + \sigma_C\right)} = \frac{16.7}{43.6} = 38.3\,\%.$$

## 5.2.2 Marginalprinzipien

### 5.2.2.1 Diskretes Marginalprinzip (Merton und Perold)

Um Diversifizierung mit zu berücksichtigen, kann man im Prinzip der proportionalen Aufteilung das Risikokapital $\rho\left(X_i\right)$ durch den Beitrag des Geschäftsbereichs $i$ zum Gesamtrisiko ersetzen. Dieser Beitrag kann aufgefasst werden als die Differenz aus den Risikokapitalen, die man mit und ohne $X_i$ erhalten würde.

**Definition 5.5.** Die *diskrete, marginale Kapitalallokation* für die Aufteilung

$$(X_1, \ldots, X_m) \in \mathcal{M}_X\left(\Omega\right)$$

und den Geschäftsbereich $i$ ist durch

$$\bar{\Lambda}_i^{\text{diskr. Marginal}} = \frac{\left(\rho(X) - \rho\left(X - X_i\right)\right)\rho(X)}{\sum_{j=1}^{m}\left(\rho(X) - \rho\left(X - X_j\right)\right)}$$

definiert.

Die diskrete, marginale Kapitalallokation berücksichtigt sämtliche Interdependenzen des Geschäftsbereichs $i$ in der aktuell gegebenen Unternehmensstruktur, betrachtet jedoch nicht den Effekt einer Ausweitung des Geschäftsbereichs. Primär ist man also daran interessiert, für die gegebene Aufteilung in Geschäftsbereiche das Kapital möglichst gerecht zu verteilen.

*Anmerkung 5.2.* Die diskrete, marginale Kapitalallokation ist im allgemeinen keine Zuteilung, selbst wenn wir die Subadditivität des Risikomaßes fordern. Um dies zu sehen, sei $(X_1, X_2)$ eine Aufteilung. Wir schreiben $\rho(X_i) = \rho_i$ und $\varepsilon = \rho_1 + \rho_2 - \rho(X)$. Dann gilt

$$
\begin{aligned}
\bar{\Lambda}_1^{\text{diskr. Marginal}} &= \frac{(\rho_1 + \rho_2 - \varepsilon - \rho_2)(\rho_1 + \rho_2 - \varepsilon)}{2\rho_1 + 2\rho_2 - 2\varepsilon - \rho_2 - \rho_1} = \frac{(\rho_1 - \varepsilon)(\rho_1 + \rho_2 - \varepsilon)}{\rho_1 + \rho_2 - 2\varepsilon} \\
&= \rho_1 - \varepsilon + \frac{\varepsilon(\rho_1 - \varepsilon)}{\rho_1 + \rho_2 - 2\varepsilon} = \rho_1 - \varepsilon \frac{\rho_1 + \rho_2 - 2\varepsilon - \rho_1 + \varepsilon}{\rho_1 + \rho_2 - 2\varepsilon} \\
&= \rho_1 - \varepsilon \frac{\rho_2 - \varepsilon}{\rho_1 + \rho_2 - 2\varepsilon}.
\end{aligned}
$$

Gilt $\rho_2 < \varepsilon$ und $\rho_1 + \rho_2 - 2\varepsilon > 0$, so ist Axiom 5.2 verletzt. Dieses Axiom ist auch in unserem Standardbeispiel verletzt.

*Beispiel 5.2.* Analog zur Berechnung von $\rho(X)$ erhalten wir

$$
\sigma(X - X_F) = \sqrt{(\sigma_W)^2 + (\sigma_C)^2} = \sqrt{62.5} = 7.9, \tag{5.2}
$$

$$
\sigma(X - X_W) = \sqrt{(\sigma_F)^2 + (\sigma_C)^2} = \sqrt{200.25} = 14.2, \tag{5.3}
$$

$$
\sigma(X - X_C) = \sqrt{(\sigma_F)^2 + (\sigma_W)^2 + 2\text{cov}_{FW}} = \sqrt{180.25} = 13.4 \tag{5.4}
$$

und daher

$$
\begin{aligned}
\rho(X) - \rho(X - X_F) &= \mu + \beta\sigma - (\mu_W + \mu_C + \beta\sigma(X - X_F)) \\
&= \mu_F + \beta(\sigma - \sigma(X - X_F)) \\
&= -10 + 2.9 \times (15.4 - 7.9) = 11.6, \\
\rho(X) - \rho(X - X_W) &= \mu + \beta\sigma - (\mu_C + \mu_F + \beta\sigma(X - X_W)) \\
&= \mu_W + \beta(\sigma - \sigma(X - X_W)) \\
&= -5 + 2.9 \times (15.4 - 14.2) = -1.4, \\
\rho(X) - \rho(X - X_C) &= \mu + \beta\sigma - (\mu_F + \mu_W + \beta\sigma(X - X_C)) \\
&= \mu_C + \beta(\sigma - \sigma(X - X_C)) \\
&= -5 + 2.9 \times (15.4 - 13.4) = 0.6.
\end{aligned}
$$

Die relative Kapitalallokation ergibt sich mit

$$Z = \sum_j \left( \rho(X) - \rho\left(X - X_j\right) \right) = 11.6 - 1.4 + 0.6 = 10.8$$

als

$$\frac{\bar{\Lambda}_F^{\text{diskr. Marginal}}}{\rho(X)} = \frac{1}{Z} \left( \rho(X) - \rho\left(X - X_F\right) \right) = \frac{11.6}{10.8} = 107\,\%,$$

$$\frac{\bar{\Lambda}_W^{\text{diskr. Marginal}}}{\rho(X)} = \frac{1}{Z} \left( \rho(X) - \rho\left(X - X_W\right) \right) = \frac{-1.4}{10.8} = -13\,\%,$$

$$\frac{\bar{\Lambda}_C^{\text{diskr. Marginal}}}{\rho(X)} = \frac{1}{Z} \left( \rho(X) - \rho\left(X - X_C\right) \right) = \frac{0.6}{10.8} = 6\,\%.$$

Für die absolute Kapitalallokation erhalten wir

$$\bar{\Lambda}_F^{\text{diskr. Marginal}} = 107\,\% \times 24.5 = 26.3 > \rho(X_F),$$

$$\bar{\Lambda}_W^{\text{diskr. Marginal}} = -13\,\% \times 24.5 = -3.3 < 0,$$

$$\bar{\Lambda}_C^{\text{diskr. Marginal}} = 6\,\% \times 24.5 = 1.5.$$

*Anmerkung 5.3.* Beispiel 5.2 offenbart eine wesentliche Schwäche des diskreten Marginalprinzips. Dem Geschäftsbereich „Feuer" wird mit dem diskreten Marginalprinzip mehr Kapital alloziert als ohne Berücksichtigung der Diversifikation. Ein derartiges Resultat ist dem Geschäftsbereich Feuer gegenüber kaum kommunizierbar.

### 5.2.2.2 Kontinuierliches Marginalprinzip (Myers und Read)

Eine Alternative zum diskreten Marginalprinzip, das den Gerechtigkeitsgedanken in den Vordergrund stellt, wäre ein Kapitalallokationsprinzip, bei dem lediglich die Aufteilung einer zusätzlichen infinitesimalen Kapitaleinheit möglichst gerecht wäre. Dies wäre sinnvoll, wenn man die Kapitalallokation dazu benutzen wollte herauszufinden, welche Geschäftsbereiche zu fördern wären. Für ein derartiges Maß wäre also der Steuerungsimpuls primär.

**Definition 5.6.** Es sei $(X_1, \ldots, X_m)$ eine Aufteilung für $X$ und $\rho$ ein Risikomaß. Dann ist

$$\tilde{X}: \xi \mapsto \sum_{i=1}^{m} \xi_i X_i$$

die durch die Aufteilung *induzierte Volumenparametrisierung* von $X$, falls $\xi \mapsto \rho\left(\tilde{X}(\xi)\right)$ in einer Umgebung von $\xi = (1, \ldots, 1)$ differenzierbar ist.

Die Idee hinter Definition 5.6 besteht darin, dass sich die $i$-te Komponente des Größenparameters $\xi = (\xi_1, \ldots, \xi_m)$ auf den $i$-ten Geschäftsbereich bezieht und einen Wachstumsfaktor darstellt. Die Differenzierbarkeitsbedingung ist notwendig, um infinitesimale Beiträge zum Gesamtrisikokapital betrachten zu können.

In Definition 5.6 wird implizit angenommen, dass das Wachstum eines Geschäftsbereichs keinen Einfluss auf die anderen Geschäftsbereiche hat. Dies ist in der Realität selten der Fall. Die folgende Definition ist eine Verallgemeinerung von Definition 5.6, die genügend Freiheit bietet, Quereinflüsse von Geschäftsbereichen zu beschreiben.

**Definition 5.7.** Eine *Volumenparametrisierung* einer den Verlust beschreibenden Zufallsvariablen $X$ zum Risikomaß $\rho$ ist eine Abbildung

$$\tilde{X} \colon U \subset \mathbb{R}^m \to \mathcal{M}(\Omega, \mathbb{R})$$

$$\xi \mapsto \tilde{X}(\xi),$$

wobei

(i) $U$ eine offene Umgebung von $(1, \ldots, 1) \in \mathbb{R}^m$ ist,
(ii) $\xi \mapsto \rho\big(\tilde{X}(\xi)\big)$ ist differenzierbar auf $U$,
(iii) $\tilde{X}(1, \ldots, 1) = X$.

In Definition 5.7 wird nicht mehr explizit von einer Aufteilung ausgegangen. Es wird aber weiterhin die $i$-te Komponente des Volumenparameters $\xi$ mit dem Wachstum des $i$-ten Geschäftsbereich identifiziert, und in praktischen, konkreten Beispielen von Definition 5.7 wird in der Regel eine Aufteilung zugrundegelegt.

**Definition 5.8.** Es sei $X$ eine den Verlust beschreibende Zufallsvariable und $\tilde{X}$ Volumenparametrisierung von $X$ zum Risikomaß $\rho$. Dann ist die *kontinuierliche, marginale Kapitalallokation* durch

$$\bar{\Lambda}_i^{\text{kont. Marginal}} = \frac{\dfrac{\partial \rho \circ \tilde{X}(\xi)}{\partial \xi_i} \rho(X)}{\sum_{j=1}^m \dfrac{\partial \rho \circ \tilde{X}(\xi)}{\partial \xi_j}} \tag{5.5}$$

gegeben.

*Anmerkung 5.4.* Offenbar ist Axiom 5.1 erfüllt. Andererseits macht es keinen Sinn, von der Erfülltheit von Axiom 5.2 zu sprechen, da mit der kontinuierlichen, marginalen Kapitalallokation auf natürliche Weise keine Aufteilung assoziiert ist.

Wir wollen jetzt die kontinuierliche, marginale Kapitalallokation auf eine von einer Aufteilung $(X_1, \ldots, X_m)$ induzierten Volumenparametrisierung und homogene Risikomaße spezialisieren. Da für ein homogenes Risikomaß $\rho$ für $t \in \mathbb{R}$ die Homogenitätsbeziehung

$$t\rho \left( \sum_{i=1}^{m} \xi_i X_i \right) = \rho \left( \sum_{i=1}^{m} t\xi_i X_i \right)$$

gilt, folgt durch Ableitung an der Stelle $t = 1$

$$\rho \left( \sum_{i=1}^{m} \xi_i X_i \right) = \sum_{i=1}^{m} \xi_i \frac{\partial \rho \left( \sum_{j=1}^{m} \xi_j X_j \right)}{\partial \xi_i}.$$

Diese Ableitungsregel für homogene Funktionen wird Euler-Prinzip genannt. Damit vereinfacht sich die durch Gl. (5.5) beschriebene marginale Kapitalallokation wie folgt:

**Definition 5.9.** $\rho$ sei ein homogenes Risikomaß. Die *Euler-Kapitalallokation* für die Aufteilung $(X_1, \ldots, X_m) \in \mathcal{M}_X(\Omega)$ und den Geschäftsbereich $i$ ist durch

$$\bar{\Lambda}_i^{\text{Euler}} = \left. \frac{\partial \rho \left( \sum_{j=1}^{m} \xi_j X_j \right)}{\partial \xi_i} \right|_{\xi=(1,\ldots,1)}$$

gegeben.

**Proposition 5.2.** *Die Euler-Kapitalallokation ist für homogene, subadditive Risikomaße eine Zuteilung.*

*Beweis.* In Anmerkung 5.4 haben wir bereits festgestellt, dass Axiom 5.1 erfüllt ist. Aus

$$\begin{aligned}
\bar{\Lambda}_i^{\text{Euler}} &= \left. \frac{\partial \rho \left( \sum_{j=1}^{m} \xi_j X_j \right)}{\partial \xi_i} \right|_{\xi=(1,\ldots,1)} \\
&= \lim_{\varepsilon \to 0} \frac{\rho \left( (1+\varepsilon)X_i + \sum_{j=1, j\neq i}^{m} X_j \right) - \rho \left( X_i + \sum_{j=1, j\neq i}^{m} X_j \right)}{\varepsilon} \\
&\leq \lim_{\varepsilon \to 0} \frac{\rho(\varepsilon X_i) + \rho \left( \sum_{j=1}^{m} X_j \right) - \rho \left( \sum_{j=1}^{m} X_j \right)}{\varepsilon} \\
&= \lim_{\varepsilon \to 0} \frac{\rho(\varepsilon X_i)}{\varepsilon} = \lim_{\varepsilon \to 0} \varepsilon \frac{\rho(X_i)}{\varepsilon} = \rho(X_i)
\end{aligned}$$

folgt die Gültigkeit von Axiom 5.2.                                                   $\square$

*Anmerkung 5.5.* Es sei $\tilde{X}(\xi) = \sum_{j=1}^{m} \xi_j X_j$ die induzierte Volumenparametrisierung für ein homogenes Risikomaß $\rho$, und eine Aufteilung $(X_1, \ldots, X_m)$ von $X$. Dann gilt

$$\frac{\partial}{\partial \xi_i} \frac{E(\tilde{X}(\xi))}{\rho(\tilde{X}(\xi))} = \rho(\tilde{X}(\xi))^{-2} \left( E(X_i)\rho(\tilde{X}(\xi)) - E(\tilde{X}(\xi)) \frac{\partial \rho(\tilde{X}(\xi))}{\partial \xi_i} \right).$$

Unter der natürlichen Annahme $\bar{\Lambda}_i^{\text{Euler}} > 0$ folgt somit

$$\left( \frac{\partial}{\partial \xi_i} \frac{E(\tilde{X}(\xi))}{\rho(\tilde{X}(\xi))} \right)_{\xi=(1,\ldots,1)} > 0 \Leftrightarrow \frac{E(X_i)}{\bar{\Lambda}_i^{\text{Euler}}} > \frac{E(X)}{\rho(X)}.$$

Dies bedeutet, dass das Rendite-Risiko-Verhältnis des $i$-ten Geschäftsbereichs unter dem Euler-Prinzip genau dann als überdurchschnittlich eingeschätzt wird, wenn die Erweiterung des Geschäftsbereichs das Rendite-Risiko-Verhältnis des Gesamtunternehmens verbessert.

Wir wollen nun die Euler-Kapitalallokation weiter auf den Fall spezialisieren, dass $\rho(X) = aE(X) + \beta\sigma(X)$ eine Linearkombination von Erwartungswert und Standardabweichung ist. Offenbar ist dieses Risikomaß homogen. Es gilt

$$\frac{\partial \rho \circ \tilde{X}(\xi)}{\partial \xi_i} = a \frac{\partial}{\partial \xi_i} E\left( \sum_{j=1}^{m} \xi_j X_j \right) + \beta \frac{\partial}{\partial \xi_i} \sqrt{\text{cov}\left( \sum_{j=1}^{m} \xi_j X_j, \sum_{k=1}^{m} \xi_k X_k \right)}$$

$$= aE(X_i) + \frac{\beta}{2} \frac{1}{\sigma} \frac{\partial}{\partial \xi_i} \text{cov}\left( \sum_{i=1}^{m} \xi_j X_j, \sum_{k=1}^{m} \xi_k X_k \right)$$

$$= aE(X_i) + \frac{\beta}{2} \frac{1}{\sigma} 2 \sum_{j=1}^{m} \xi_j \text{cov}\left( X_i, X_j \right)$$

$$= aE(X_i) + \beta \frac{\text{cov}\left( X_i, \tilde{X} \right)}{\sigma}.$$

Aufgrund unserer Normalisierung $\tilde{X}(1, \ldots, 1) = X$ erhalten wir damit die folgende Kapitalallokation.

**Definition 5.10.** Die *Kapitalallokation nach dem Kovarianzprinzip* für die Aufteilung $(X_1, \ldots, X_m) \in \mathcal{M}_X(\Omega)$ und den Geschäftsbereich $i$ ist durch

$$\bar{\Lambda}_i^{\text{Kovarianz}} = aE(X_i) + \beta \frac{\text{cov}(X_i, X)}{\sigma}.$$

gegeben.

**Proposition 5.3.** *Die Kapitalallokation nach dem Kovarianzprinzip ist eine Zuteilung.*

*Beweis.* Dies folgt aus Proposition 5.2 und der Subadditivität des Risikomaßes

$$X \mapsto a\mathrm{E}(X) + \beta\sigma(X).$$

□

*Beispiel 5.3.* In unserem Beispiel setzen wir $\tilde{X}(\xi) = \sum_{i=1}^{m} \xi_i X_i$. Wir können dann direkt das Kovarianzprinzip anwenden. Wegen

$$\mathrm{cov}\,(X_i, X) = \mathrm{cov}\,(X_i, X_F) + \mathrm{cov}\,(X_i, X_W) + \mathrm{cov}\,(X_i, X_C) = \mathrm{cov}_{iF} + \mathrm{cov}_{iW} + \mathrm{cov}_{iC}$$

und $a = 1$ erhalten wir

$$\bar{\Lambda}_F^{\text{Kovarianz}} = \mu_F + \frac{\beta}{\sigma}\left((\sigma_F)^2 + \mathrm{cov}_{FW}\right)$$

$$= -10 + \frac{2.9}{15.4} \times (144 + 15) = 19.9,$$

$$\bar{\Lambda}_W^{\text{Kovarianz}} = \mu_W + \frac{\beta}{\sigma}\left((\sigma_W)^2 + \mathrm{cov}_{FW}\right)$$

$$= -5 + \frac{2.9}{15.4} \times (6.25 + 15) = -1.0,$$

$$\bar{\Lambda}_C^{\text{Kovarianz}} = \mu_C + \frac{\beta}{\sigma}(\sigma_C)^2$$

$$= -5 + \frac{2.9}{15.4} \times 56.25 = 5.6.$$

beziehungsweise

$$\frac{\bar{\Lambda}_F^{\text{Kovarianz}}}{\rho(X)} = \frac{19.9}{24.5} = 81\%,$$

$$\frac{\bar{\Lambda}_W^{\text{Kovarianz}}}{\rho(X)} = \frac{-1.0}{24.5} = -4\%,$$

$$\frac{\bar{\Lambda}_C^{\text{Kovarianz}}}{\rho(X)} = \frac{5.6}{24.5} = 23\%.$$

*Anmerkung 5.6.* Wir erhalten eine negative Kapitalallokation für den Produktbereich $W$, da der erwarte Ertrag $-\mu_W$ höher als das $W$ zuzuordnende Risiko ist. In diesem Fall kann das Risiko durch den erwarteten Ertrag absorbiert werden.

Es ist auch möglich, Beispiele zu konstruieren, in denen der durch den Produktbereich verursachte Diversifikationseffekt höher als das assoziierte Risiko ist. Dies kann zu einer negativen Kapitalallokation führen, die nicht durch den erwarteten Ertrag abgedeckt wird. Wenn zum Beispiel $\mathrm{corr}_{FW} = -50\,\%$ anstelle von $\mathrm{corr}_{FW} = 50\,\%$ angenommen wird, ergibt sich

$$\bar{\Lambda}_F^{\text{Kovarianz}} = 18.1,$$

$$\bar{\Lambda}_W^{\text{Kovarianz}} = -6.9,$$

$$\bar{\Lambda}_C^{\text{Kovarianz}} = 7.2.$$

In diesem Fall gilt also $-\mu_W + \bar{\Lambda}_W^{\text{Kovarianz}} < 0$. Eine derart negative Kapitalallokation kann in einigen Fällen durchaus angemessen sein, wenn diese eine interne Hedgewirkung eines Geschäftsbereichs reflektiert. Man denke z. B. an einen Rentenversicherer, der zusätzlich Risikoversicherungen einführt.

Bei einer negativen Kapitalallokation kann jedoch der RORAC nicht als risikoadjustiertes Leistungsmaß verwendet werden, da ein negativer RORAC nicht interpretierbar ist.

### 5.2.3  Spieltheoretische Kapitalallokationsprinzipien

Eine wirklich gerechte Zuteilung kann es nicht geben. Allerdings ist es möglich, Zuteilungen zu identifizieren, die allgemein als ungerecht empfunden werden und die man deshalb ausschließen möchte. Eine Koalition $B$ von Geschäftsbereichen würde es zum Beispiel als ungerecht empfinden, wenn sie für sich alleine weniger Kapital bräuchte, als ihr durch eine Zuteilung $\bar{\Lambda}$ zugeteilt wird. Diese Geschäftsbereiche würden dann eine Quersubvention für die restlichen Geschäftsbereiche liefern.

Es sei $\bar{X} = (X_1, \dots, X_m)$ eine Aufteilung in Geschäftsbereiche vorgegeben. Ist $\rho$ das Risikomaß, so ist das für die Koalition $B \subseteq \{1, \dots, m\}$ von Geschäftsbereichen notwendige Kapital durch

$$\zeta_{\bar{X}}(B) = \rho\left(\sum_{i \in B} X_i\right)$$

gegeben. Ist $\rho$ subadditiv, so gilt für alle $B, C \subseteq \{1, \dots, m\}$ die Subadditivitätsbedingung $\zeta_{\bar{X}}(B \cup C) \leq \zeta_{\bar{X}}(B) + \zeta_{\bar{X}}(C)$. Wir können daher für unsere Diskussion unser Risikomaß auf eine einfachere, auf einer endlichen Menge definierten, Abbildung mit analogen Eigenschaften zurückführen. Dies motiviert die folgende Definition.

**Definition 5.11.** Eine Abbildung $\zeta\colon \mathscr{P}\left(\{1,\dots,m\}\right) \rightarrow \mathbb{R}$, $B \mapsto \zeta(B)$ ist ein *diskretes Risikomaß*, falls $\zeta(\emptyset) = 0$ und $\zeta(B) \geq 0$ für alle $B \in \mathscr{P}\left(\{1,\dots,m\}\right)$.

Ein diskretes Risikomaß heißt *subadditiv*, falls $\zeta(B \cup C) \leq \zeta(B) + \zeta(C)$ für alle $B, C \in \mathscr{P}\left(\{1,\dots,m\}\right)$ gilt.

Ebenso wie das Konzept des Risikomaßes lässt sich das Konzept der Zuteilung „diskret" formulieren:

**Definition 5.12.** Eine *diskrete Zuteilung* für ein diskretes Risikomaß $\zeta$ ist ein Vektor $\bar{\lambda}$ mit

(i) $\zeta\left(\{1,\dots,m\}\right) = \sum_{i=1}^{m} \bar{\lambda}_i$
(ii) $\bar{\lambda}_i \leq \zeta\left(\{i\}\right)$ für alle $i \in \{1,\dots,m\}$.

Offenbar induzieren eine Aufteilung, ein subadditives Risikomaß und eine Zuteilung ein diskretes, subadditives Risikomaß $\zeta$ und eine diskrete Zuteilung für $\zeta$. Daher sind diskrete Zuteilungen für die Kapitalallokation relevant.

Die Idee einer ungerechten Zuteilung wird durch den Begriff der *dominanten, diskreten Zuteilung* formalisiert:

**Definition 5.13.** Es sei $\zeta$ ein diskretes Risikomaß. Eine diskrete Zuteilung $\bar{\lambda}'$ *dominiert* die diskrete Zuteilung $\bar{\lambda}$ bezüglich $B$, falls

(i) $\bar{\lambda}'_i < \bar{\lambda}_i \quad \forall i \in B$
(ii) $\zeta(B) \leq \sum_{i \in B} \bar{\lambda}'_i$

gilt.

Die dominante diskrete Zuteilung $\bar{\lambda}'$ ordnet allen Geschäftsbereichen aus $B$ weniger Risikokapital zu als die dominierte diskrete Zuteilung $\bar{\lambda}$. Überdies können diese Geschäftsbereiche die für sie günstigere Zuteilung durchsetzen, indem sie sich als eigenständiges Unternehmen $B$ vom Gesamtunternehmen abspalten.

Das folgende Theorem gibt ein Kriterium dafür an, dass diese Form der Ungerechtigkeit nicht auftritt.

**Theorem 5.1.** *Es sei $\zeta$ ein subadditives, diskretes Risikomaß. Genau dann gibt es keine diskrete Zuteilung, die bezüglich einer Teilmenge von Geschäftsbereichen die diskrete Zuteilung $\bar{\lambda}$ dominiert, wenn für alle $B \subset \{1,\dots,m\}$ gilt: $\sum_{i \in B} \bar{\lambda}_i \leq \zeta(B)$.*

*Beweis.* Ist $\bar{\lambda}'$ eine diskrete Zuteilung, die $\bar{\lambda}$ bezüglich $B$ dominiert, so gilt

$$\sum_{i \in B} \bar{\lambda}_i > \sum_{i \in B} \bar{\lambda}'_i \geq \zeta(B)\,.$$

Sei nun umgekehrt $\bar{\lambda}$ eine diskrete Zuteilung, die von keiner diskreten Zuteilung bezüglich $B$ dominiert wird. Da nach Definition einer diskreten Zuteilung

$$\zeta\left(\{1,\ldots,m\}\right) = \sum_{i=1}^{m} \bar{\lambda}_i \quad \text{und} \quad \zeta\left(\{i\}\right) \geq \bar{\lambda}_i$$

für alle $i \in \{1,\ldots,m\}$ gilt, nehmen wir im Folgenden an, es gebe eine Teilmenge $B$ mit $1 < \#B < m$ und

$$\zeta\left(B\right) < \sum_{i\in B} \bar{\lambda}_i.$$

Wir wählen eine solche Teilmenge $B$ mit maximaler Mächtigkeit $\#B$. Wir finden ein $\varepsilon > 0$, so dass $\sum_{i\in B} \bar{\lambda}_i - \varepsilon\#B > \zeta\left(B\right)$ gilt. Wegen

$$\sum_{i\notin B} \zeta\left(\{i\}\right) \geq \zeta\left(\{1,\ldots,m\}\right) - \zeta\left(B\right) = \sum_{i=1}^{m} \bar{\lambda}_i - \zeta\left(B\right)$$

$$= \sum_{i\in B} \bar{\lambda}_i - \varepsilon\#B - \zeta\left(B\right) + \sum_{i\notin B} \bar{\lambda}_i + \varepsilon\#B$$

$$> \sum_{i\notin B} \bar{\lambda}_i + \varepsilon\#B,$$

$\bar{\lambda}_i \leq \zeta\left(\{i\}\right)$ und der Wahl von $\#B$ können wir $\varepsilon_i > 0, i \notin B$, wählen, so dass

$$\bar{\lambda}_i' := \bar{\lambda}_i + \varepsilon_i \leq \zeta\left(\{i\}\right), \quad i \notin B,$$

und $\sum_{i\notin B} \varepsilon_i = \varepsilon\#B$ gilt. Indem wir

$$\bar{\lambda}_i' := \bar{\lambda}_i - \varepsilon, \quad i \in B,$$

setzen, haben wir eine diskrete Zuteilung $\bar{\lambda}' = \left(\bar{\lambda}_1',\ldots,\bar{\lambda}_m'\right)$ gefunden, die $\bar{\lambda}$ bzgl. $B$ dominiert, im Widerspruch zur Voraussetzung. Also muss für alle Teilmengen $B$

$$\zeta\left(B\right) \geq \sum_{i\in B} \bar{\lambda}_i$$

gelten.                                                                                                                    $\square$

Ein Teilziel des spieltheoretischen Ansatzes ist es, einen Zuteilungsalgorithmus zu finden, dessen Ergebnis nicht bezüglich irgendeiner Koalition von Geschäftsbereichen von einer anderen Zuteilung dominiert wird.

### 5.2.3.1 Shapley Algorithmus

**Definition 5.14.** Es sei $\zeta \colon \mathscr{P}(\{1, \dots, m\}) \to \mathbb{R}$ ein diskretes Risikomaß und $B \subset \{1, \dots, m\}$ ein Teil der Geschäftsbereiche. Der *Kapitalbeitrag* des Geschäftsbereichs $i \in \{1, \dots, m\}$ zu den Geschäftsbereichen $B$ ist durch $\Delta_i(\zeta, B) = \zeta(B \cup \{i\}) - \zeta(B)$ gegeben.

Für $i \in B$ gilt offenbar $\Delta_i(\zeta, B) = 0$.

Am liebsten hätte man ein Verfahren zur Konstruktion einer diskreten Zuteilung, die von keiner anderen diskreten Zuteilung dominiert wird. Leider ist uns kein allgemeines Verfahren bekannt. Das nächst beste Verfahren ist, ein einleuchtendes Axiomensystem zu definieren, das eine Zuteilung weitgehend bestimmt. Diesen Weg werden wir im folgenden einschlagen.

**Definition 5.15.** Es sei $R$ eine Teilmenge der diskreten Risikomaße

$$\zeta \colon \mathscr{P}(\{1, \dots, m\}) \to \mathbb{R}.$$

Eine Abbildung $\lambda \colon R \to \mathbb{R}^m$ heißt *Shapley-Algorithmus*, falls für alle $\zeta, \zeta_1, \zeta_2 \in R$ die folgenden Eigenschaften erfüllt sind:

(i) Für jedes Paar von Geschäftsbereichen $i, j$ mit $\Delta_i(\zeta, B) = \Delta_j(\zeta, B)$ für alle $B$ mit $i, j \notin B$ gilt stets $\lambda_i(\zeta) = \lambda_j(\zeta)$.
(ii) Für Geschäftsbereiche $i$, die für alle $B$ mit $i \notin B$ den Kapitalbeitrag

$$\Delta_i(\zeta, B) = \zeta(\{i\})$$

liefern, gilt $\lambda_i(\zeta) = \zeta(\{i\})$.
(iii) $\lambda(\zeta_1 + \zeta_2) = \lambda(\zeta_1) + \lambda(\zeta_2)$.

Im allgemeinen ist $\lambda(\zeta)$ keine diskrete Zuteilung. Allerdings sind Bedingungen (i), (ii), (iii) durch die Anwendung auf diskrete Zuteilungen motiviert:

Bedingung (i)    ist eine Eindeutigkeitsbedingung: Zwei Geschäftsbereiche, die jeweils den gleichen Kapitalbeitrag zu jeder anderen Teilmenge von Geschäftsbereichen leisten, sollen sich nicht in der Kapitalallokation unterscheiden.
Bedingung (ii)    besagt, dass Geschäftsbereiche, die keinen Diversifikationsbeitrag leisten, ihr gesamtes individuelles Risikokapital alloziert bekommen.

Bedingung (iii)    ist eine Linearitätsbedingung, die inhaltlich schwer zu motivieren ist,
    da die Addition zweier diskreter Risikokapitalmaße keine direkte operationale Entspre-
    chung hat. Sie führt zum mathematisch fruchtbaren Gebiet der linearen Operatoren, was
    die Untersuchung von Shapley Algorithmen stark vereinfacht. Aus Sicht der Relevanz
    für Anwendungen ist diese Bedingung allerdings kritisch zu hinterfragen.

**Theorem 5.2.** *Auf dem Raum der diskreten Risikomaße existiert der Shapley Algorithmus
und ist eindeutig. Er ist gegeben durch*

$$\bar{\lambda}_i^{\text{Shapley}}(\zeta) = \sum_{B \subseteq \{1,\dots,m\}\setminus\{i\}} \frac{\#B!\,(m-1-\#B)!}{m!} \Delta_i(\zeta, B).$$

*Ist $\zeta$ ein subadditives diskretes Risikomaß, so ist $\bar{\lambda}^{\text{Shapley}}(\zeta)$ eine diskrete Zuteilung.*

*Anmerkung 5.7.* Theorem 5.2 behauptet nicht, dass der Shapley Algorithmus auf dem
kleineren Raum der subadditiven diskreten Risikomaße eindeutig bestimmt sei.

Zur Vorbereitung des Beweises von Theorem 5.2 stellen wir ein Lemma über die
Randwerte einer Teilmenge von Geschäftsbereichen bereit.

**Definition 5.16.** Die *Randwerte* einer Teilmenge $B$ von Geschäftsbreichen für ein diskretes Risikomaß $\zeta$ sind wie folgt rekursiv definiert:

$$r_{\{i\}}(\zeta) := \zeta(\{i\}) \text{ für alle } i = 1,\dots,m,$$

$$r_B(\zeta) := \zeta(B) - \sum_{L \subset B} r_L(\zeta) \text{ für alle } B \subseteq \{1,\dots,m\} \text{ mit } \#B > 1.$$

**Lemma 5.1.** *Für den Randwert $r_B(\zeta)$ der Teilmenge $B$ gilt*

$$r_B(\zeta) = \sum_{C \subseteq B} (-1)^{\#B-\#C} \zeta(C).$$

*Beweis.* Für $\#B = 1$ ist die Behauptung offensichtlich. Für $\#B > 1$ sehen wir induktiv

$$r_B(\rho) = \zeta(B) - \sum_{C \subset B} r_C(\zeta)$$

$$= \zeta(B) - \sum_{C \subset B} \sum_{D \subseteq C} (-1)^{\#C-\#D} \zeta(D)$$

$$= \zeta(B) - \sum_{C \subset B} \sum_{i=0}^{\#B-\#C-1} \binom{\#B-\#C}{i} (-1)^i \zeta(C)$$

$$= \zeta(B) - \sum_{C \subset B} (-1)^{\#B - \#C - 1} \zeta(C)$$

$$= \sum_{C \subseteq B} (-1)^{\#B - \#C} \rho(C),$$

wobei wir $\sum_{i=0}^{n} \binom{n+1}{i} (-1)^i = (-1+1)^{n+1} - (-1)^{n+1} = (-1)^n$ gemäß der binomischen Formel verwendet haben. $\qquad \square$

*Beweis von Theorem 5.2.* Nach Voraussetzung ist $R$ die Menge aller diskreten Risikomaße.

1. Für $B \subseteq \{1, \ldots, m\}$ und $k \geq 0$ sei das diskrete Risikomaß $\zeta_{B,k}$ durch

$$\zeta_{B,k}(C) = \begin{cases} k, & \text{falls } B \subseteq C \text{ und } B \neq \emptyset, C \neq \emptyset \\ 0, & \text{falls } B \nsubseteq C \text{ oder } B = \emptyset \text{ oder } C = \emptyset \end{cases}$$

gegeben. Wir zeigen, dass für jeden Shapley-Algorithmus $\lambda$ auf $R$

$$\lambda_i(\zeta_{B,k}) = \begin{cases} \frac{k}{\#B}, & i \in B \\ 0, & i \notin B. \end{cases} \tag{5.6}$$

gilt.

Für $i \notin B$, gilt $\zeta_{B,k}(\{i\}) = 0$ und daher $\Delta_i(\zeta_{B,k}, C) = 0$ für alle $C \subseteq \{1, \ldots, m\}$. Die Shapley-Bedingung (ii) impliziert somit $\lambda_i(\zeta_{B,k}) = 0$.

Sind $i, j \in B$ mit $i \neq j$, so ist $\Delta_i(\zeta_{B,k}, C) = \Delta_j(\zeta_{B,k}, C) = 0$ für alle $C \subseteq \{1, \ldots, m\} \setminus \{i, j\}$. Aus der Shapley-Bedingung (i) folgt also $\lambda_i(\zeta_{B,k}) = \lambda_j(\zeta_{B,k})$, was unter Beachtung von

$$\sum_{i \in B} \lambda_i(\zeta_{B,k}) = \sum_{i=1}^{m} \lambda_i(\zeta_{B,k}) = \zeta_{B,k}(\{1, \ldots, m\}) = k$$

die Beziehung $\lambda_i(\zeta_{B,k}) = \frac{k}{\#B}$ für $i \in B$ impliziert.

2. Es gibt eine Teilmenge $\mathscr{D} \subset \mathscr{P}\{1, \ldots, m\}$, so dass sich ein beliebiges, diskretes Risikomaß $\zeta$ auf eindeutige Weise als Summe

$$\zeta = \sum_{\emptyset \neq B \in \mathscr{D}} \zeta_{B,k_B} - \sum_{\emptyset \neq B' \in \mathscr{P}\{1, \ldots, m\} \setminus \mathscr{D}} \zeta_{B', k'_{B'}} \tag{5.7}$$

darstellen lässt. Es gilt $\mathscr{D} = \{B \in \mathscr{P}\{1, \ldots, m\} : r_B(\zeta) \geq 0\}$. Die Werte $k_B, k'_{B'}$ sind durch die Randwerte $k_B = r_B(\zeta)$ und $k'_{B'} = -r_{B'}(\zeta)$ gegeben.

Um die Notation im Beweis dieser Aussage zu vereinfachen, definieren wir für $B \in \mathscr{P}\{1, \dots, m\}$ und $k < 0$ die Abbildung $\zeta_{B,k} = -\zeta_{B,-k}$. Wir können dann Gl. 5.7 einfacher als

$$\zeta = \sum_{\emptyset \neq B} \zeta_{B,k_B} \tag{5.8}$$

schreiben, wobei allerdings im Allgemeinen nicht alle Summanden Risikomaße sind. Es genügt offenbar, Existenz und Eindeutigkeit für die Darstellung (5.8) zu zeigen.

Wir zeigen zunächst die Existenz der Darstellung. Es sei $C \subseteq \{1, \dots, m\}$. Mit Lemma 5.1 und der Definition von $\zeta_{B,k}$ formen wir die rechte Seite um:

$$\sum_{B \subseteq \{1,\dots,m\}} \zeta_{B,r_B(\zeta)}(C) = \sum_{B \subseteq C} r_B(\zeta)$$

$$= \sum_{B \subseteq C} \sum_{D \subseteq B} (-1)^{\#B - \#D} \zeta(D)$$

$$= \sum_{D \subseteq C} \sum_{B:D \subseteq B \subseteq C} (-1)^{\#B - \#D} \zeta(D)$$

$$= \sum_{D \subseteq C} \left( \sum_{b=\#D}^{\#C} \sum_{\substack{B:D \subseteq B \subseteq C \\ \#B = b}} (-1)^{b - \#D} \right) \zeta(D).$$

Da eine Menge $B$ von $b$ Elementen, die eine Menge $D$ enthält, aus einer Menge $C$ auf $\binom{\#C - \#D}{b - \#D}$ verschiedene Weisen gewählt werden kann, schließen wir unter Anwendung der binomischen Formel

$$\sum_{B \subseteq \{1,\dots,m\}} \zeta_{B,r_B(\zeta)}(C) = \sum_{D \subseteq C} \left( \sum_{b=\#D}^{\#C} \binom{\#C - \#D}{b - \#D} (-1)^{b - \#D} \right) \zeta(D))$$

$$= \sum_{D \subseteq C} \left( \sum_{b=0}^{\#C - \#D} \binom{\#C - \#D}{b} (-1)^b \right) \zeta(D)$$

$$= \sum_{D \subseteq C} 1_{\{0\}} (\#C - \#D) \zeta(D)$$

$$= \zeta(C).$$

Wir zeigen nun die Eindeutigkeit der Parameter $k_B$. Sind

$$\zeta = \sum_{B \subseteq \{1,\dots,m\}} \zeta_{B,k_B} = \sum_{B \subseteq \{1,\dots,m\}} \zeta_{B,\tilde{k}_B}$$

zwei verschiedene Darstellungen, so zeigen wir die Gleichheit der Parameter $k_B$ und $\tilde{k}_B$ durch Anwendung auf $C \subseteq \{1, \dots, m\}$ per Induktion nach #$C$. Zunächst erhalten wir für $C = \{i\}$ die Gleichheit $k_{\{i\}} = \tilde{k}_{\{i\}}$ aus

$$\zeta(\{i\}) = \sum_{B \subseteq \{i\}} k_B = k_{\{i\}}.$$

Sei nun $k_B = \tilde{k}_B$ für alle $B$ mit #$B <$ #$C$ bereits nachgewiesen. Aus

$$\zeta(C) = \sum_{B \subseteq \{1,\dots,m\}} \zeta_{B,\tilde{k}_B}(C) = \sum_{B \subseteq C} \tilde{k}_B = \sum_{B \subseteq C} k_B = \sum_{B \subset C} \overbrace{k_B}^{=\tilde{k}_B} + k_C$$

folgt $k_C = \tilde{k}_C$. Also ist die Darstellung eindeutig.
3. Es gilt

$$\lambda_i(\zeta) = \sum_{C \subseteq \{1,\dots,m\} \setminus \{i\}} \frac{(m - \#C - 1)! \#C!}{m!} \Delta_i(\zeta, C). \tag{5.9}$$

Es sei $\mathscr{D} \subset \mathscr{P}\{1, \dots, m\}$ die Menge aller Teilmengen $B$ mit $r_B(\zeta) \geq 0$. Dann sind $\zeta_{B,r_B(\zeta)}$ und $\zeta_{B',-r_{B'}(\zeta)}$ für alle $B \in \mathscr{D}$ und $B' \in \mathscr{P}\{1, \dots, m\} \setminus \mathscr{D}$ diskrete Risikomaße. Die Shapley-Bedingung (iii) und die Darstellung (5.7) implizieren somit

$$\lambda(\zeta) + \sum_{B' \in \mathscr{P}\{1,\dots,m\} \setminus \mathscr{D}} \lambda\left(\zeta_{B',-r_{B'}(\zeta)}\right) = \lambda\left(\zeta + \sum_{B' \in \mathscr{P}\{1,\dots,m\} \setminus \mathscr{D}} \zeta_{B',-r_{B'}(\zeta)}\right)$$

$$= \lambda\left(\sum_{B \in \mathscr{D}} \zeta_{B,r_B(\zeta)}\right)$$

$$= \sum_{B \in \mathscr{D}} \lambda\left(\zeta_{B,r_B(\zeta)}\right).$$

Aus Gl. 5.6 folgt nun

$$\lambda_i(\zeta) = \sum_{\substack{B \in \mathscr{D} \\ i \in B}} \frac{r_B(\zeta)}{\#B} - \sum_{\substack{B' \in \mathscr{P}\{1,\dots,m\} \setminus \mathscr{D} \\ i \in B'}} \frac{-r_{B'}(\zeta)}{\#B'} = \sum_{B: i \in B} \frac{r_B(\zeta)}{\#B}.$$

Mit Lemma 5.1 erhalten wir

$$\lambda_i(\zeta) = \sum_{B:i\in B} \frac{1}{\#B} \sum_{C\subseteq B} (-1)^{\#B-\#C} \zeta(C)$$

$$= \sum_C \left( \sum_{B:C\cup\{i\}\subseteq B} \frac{1}{\#B} (-1)^{\#B-\#C} \right) \zeta(C). \tag{5.10}$$

Die äußere Summe können wir so umordnen, dass zunächst für jedes $C$ mit $i \notin C$ die Summanden für $C$ und $C \cup \{i\}$ zusammenfassen. Dann erhalten wir,

$$\lambda_i(\zeta) = \sum_{C\subseteq\{1,\dots,m\}\setminus\{i\}} \left( \sum_{B:C\cup\{i\}\subseteq B} \frac{1}{\#B} (-1)^{\#B-\#C} \right) (\zeta(C) - \zeta(C\cup\{i\}))$$

$$= - \sum_{C\subseteq\{1,\dots,m\}\setminus\{i\}} \left( \sum_{B:C\cup\{i\}\subseteq B} \frac{1}{\#B} (-1)^{\#B-\#C} \right) \Delta_i(\zeta, C).$$

Mit Hilfe der binomischen Formel berechnen wir nun

$$- \sum_{B:C\cup\{i\}\subseteq B} \frac{(-1)^{\#B-\#C}}{\#B} = \sum_{b=\#C+1}^{m} \frac{1}{b} (-1)^{b-(\#C+1)} \binom{m-(\#C+1)}{b-(\#C+1)}$$

$$= \sum_{b=\#C+1}^{m} \int_0^1 x^{b-1}\, dx (-1)^{b-\#C-1} \binom{m-\#C-1}{b-\#C-1}$$

$$= \int_0^1 \sum_{b=\#C+1}^{m} \binom{m-\#C-1}{b-\#C-1} x^{b-\#C-1} (-1)^{b-\#C-1} x^{\#C}\, dx$$

$$= \int_0^1 (1-x)^{m-\#C-1} x^{\#C}\, dx$$

$$= \frac{(m-\#C-1)!(\#C)!}{m!},$$

wobei wir im letzten Schritt Definition und Eigenschaften der Beta-Funktion angewendet haben. Insgesamt haben wir nachgewiesen, dass ein Zuteilungsalgorithmus, der die Eigenschaften der Definition 5.15 erfüllt, die Gestalt (5.9) aufweist.

4. Die durch Gl. (5.9) definierte Abbildung $\lambda$ ist ein Shapley-Algorithmus.

Es seien $i,j \in \{1,\dots,m\}$ so dass für alle $B \subseteq \{1,\dots,m\} \setminus \{i,j\}$ die Beziehung $\Delta_i(\zeta, B) = \Delta_j(\zeta, B)$ gilt. Dann gilt auch

$$\zeta(B\cup\{i\}) = \Delta_i(\zeta, B) + \zeta(B) = \Delta_j(\zeta, B) + \zeta(B) = \zeta(B\cup\{j\})$$

und weiter

$$\Delta_i(\zeta, B \cup \{j\}) = \zeta(B \cup \{j\} \cup \{i\}) - \overbrace{\zeta(B \cup \{j\})}^{=\zeta(B \cup \{i\})} = \Delta_j(\zeta, B \cup \{i\}).$$

Es folgt

$$\lambda_i(\zeta) = \sum_{C \subseteq \{1,\ldots,m\}\setminus\{i\}} \frac{(m - \#C - 1)!\#C!}{m!} \Delta_i(\zeta, C)$$

$$= \sum_{B \subseteq \{1,\ldots,m\}\setminus(\{i\}\cup\{j\})} \frac{(m - \#B - 1)!\#B!}{m!} \overbrace{\Delta_i(\zeta, B)}^{=\Delta_j(\zeta,B)}$$

$$+ \sum_{B \subseteq \{1,\ldots,m\}\setminus(\{i\}\cup\{j\})} \frac{(m - (\#B + 1) - 1)!(\#B + 1)!}{m!}$$

$$\times \sum_{j \in \{1,\ldots,m\}\setminus\{i\}} \overbrace{\Delta_i(\zeta, B \cup \{j\})}^{\Delta_j(\zeta,B\cup\{i\})}$$

$$= \lambda_j(\zeta),$$

wobei wir in der letzten Gleichung $\Delta_i(\zeta, B \cup \{i\}) = \Delta_j(\zeta, B \cup \{j\}) = 0$ ausgenutzt haben. Also ist die Shapley-Bedingung (i) erfüllt.

Ist $i$ ein Geschäftsbereich mit $\Delta_i(\zeta, B) = \zeta(\{i\})$ für alle $B \subset \{1, \ldots, m\}$, so gilt

$$\lambda_i(\zeta) = \sum_{B \subseteq \{1,\ldots,m\}\setminus\{i\}} \frac{(m - \#B - 1)!\#B!}{m!} \Delta_i(\zeta, B)$$

$$= \zeta(\{i\}) \sum_{B \subseteq \{1,\ldots,m\}\setminus\{i\}} \frac{(m - \#B - 1)!\#B!}{m!}$$

Die Shapley-Bedingung (ii) ist somit wegen

$$\sum_{B \subseteq \{1,\ldots,m\}\setminus\{i\}} \frac{(m - \#B - 1)!(\#B)!}{m!} = \sum_{b=0}^{m-1} \binom{m-1}{b} \frac{(m - b - 1)!\, b!}{m!}$$

$$= \frac{1}{m} \sum_{b=0}^{m-1} 1$$

$$= 1. \tag{5.11}$$

erfüllt.

Schließlich folgt die Gültigkeit von Bedingung (iii) direkt aus

$$\Delta_i (\zeta_1 + \zeta_2, B) = \zeta_1(B \cup \{i\}) + \zeta_2(B \cup \{i\}) - (\zeta_1(B) + \zeta_2(B))$$
$$= \Delta_i (\zeta_1, B) + \Delta_i (\zeta_2, B).$$

5. Es bleibt zu zeigen, dass für subadditive, diskrete Risikomaße $\zeta$ der Vektor $\lambda(\zeta)$ tatsächlich eine diskrete Zuteilung ist.

Wegen der Subadditivität von $\zeta$ gilt $\Delta_i (\zeta, B) \leq \zeta(\{i\})$ für alle $i$, $B$. Die Gl. (5.9) und (5.11) implizieren daher $\lambda_i(\zeta) \leq \zeta(\{i\})$.

Schließlich ist

$$\sum_{i=1}^{m} \lambda_i(\zeta) = \sum_{i=1}^{m} \sum_{B \subseteq \{1,\ldots,m\}\setminus\{i\}} \frac{(m - \#B - 1)! \#B!}{m!}(\zeta(B \cup \{i\}) - \zeta(B))$$

$$= \sum_{i=1}^{m} \sum_{B \subseteq \{1,\ldots,m\}\setminus\{i\}} \frac{(m - (\#B + 1))!((\#B + 1) - 1)!}{m!}\zeta(B \cup \{i\})$$

$$- \sum_{i=1}^{m} \sum_{B \subseteq \{1,\ldots,m\}\setminus\{i\}} \frac{(m - \#B - 1)! \#B!}{m!}\zeta(B).$$

Ist $A \subset \{1,\ldots,m\}$, so kann man für jedes $i \in A$ genau ein $B \subset \{1,\ldots,m\} \setminus \{i\}$ mit $A = B \cup \{i\}$ finden. Damit gilt

$$\sum_{i=1}^{m} \sum_{B \subseteq \{1,\ldots,m\}\setminus\{i\}} \frac{(m - (\#B + 1))!((\#B + 1) - 1)!}{m!}\zeta(B \cup \{i\})$$

$$= \sum_{A \subseteq \{1,\ldots,m\}} \#A \frac{(m - \#A)!(\#A - 1)!}{m!}\zeta(A)$$

$$= \sum_{A \subseteq \{1,\ldots,m\}} \frac{(m - \#A)! \#A!}{m!}\zeta(A).$$

Da es $m - \#A$ Geschäftsbereiche $i \notin A$ gibt, erhalten wir

$$\sum_{i=1}^{m} \sum_{B \subseteq \{1,\ldots,m\}\setminus\{i\}} \frac{(m - \#B - 1)! \#B!}{m!}\zeta(B)$$

$$= \sum_{A \subset \{1,\ldots,m\}} (m - \#A) \frac{(m - \#A - 1)! \#A!}{m!}\zeta(A)$$

$$= \sum_{A \subset \{1,\ldots,m\}} \frac{(m - \#A)! \#A!}{m!}\zeta(A).$$

Es folgt also

$$\sum_{i=1}^{m} \lambda_i(\zeta) = \sum_{A \subseteq \{1,\ldots,m\}} \frac{(m - \#A)! \#A!}{m!} \zeta(A) - \sum_{A \subset \{1,\ldots,m\}} \frac{(m - \#A)! \#A!}{m!} \zeta(A)$$

$$= m \frac{(m - m)!(m - 1)!}{m!} \zeta(\{1, \ldots, m\})$$

$$= \zeta(\{1, \ldots, m\})$$

$\square$

*Anmerkung 5.8.* Die in Theorem 5.2 gegebene Formel lässt sich auch direkt interpretieren. Da es genau $\binom{m-1}{\#B}$ unterschiedliche Teilmengen $B$ von $\{1, \ldots, m\} \setminus \{i\}$ mit $\#B$ Elementen gibt, folgt aus

$$\bar{\lambda}_i^{\text{Shapley}}(\zeta) = \sum_{B \subseteq \{1,\ldots,m\} \setminus \{i\}} \frac{\#B! \, (m - 1 - \#B)!}{m!} \Delta_i(\zeta, B)$$

$$= \frac{1}{m} \sum_{B \subseteq \{1,\ldots,m\} \setminus \{i\}} \frac{1}{\binom{m-1}{\#B}} \Delta_i(\zeta, B),$$

dass bis auf einen Proportionalitätsfaktor $1/m$ die Shapley-Zuteilung $\bar{\lambda}_i^{\text{Shapley}}(\zeta)$ gerade der durchschnittliche Kapitalbeitrag des Geschäftsbereichs $i$ bezüglich aller Teilmengen anderer Geschäftsbereiche ist. Der Proportionalitätsfaktor sorgt dafür, dass die Gesamtzuteilung zu allen Geschäftsbreichen gerade das Gesamtrisikokapital ausmacht.

Beim Shapley-Algorithmus werden Geschäftsbereiche als Ganzes betrachtet, so dass ähnlich wie beim diskreten Marginalprinzip der Steuerungsimpuls sekundär ist.

*Beispiel 5.4.* Wir haben $m = 3$ Geschäftsbereiche und müssen die folgenden Teilmengen betrachten, wobei wir die Resultate aus Beispiel 5.2 nutzen:

$$B_1 = \{F, W, C\} : \zeta(\{F, W, C\}) = \rho\left(\sum_{j \in B_1} X_j\right) = \mu_F + \mu_W + \mu_C + \beta\sigma(X)$$

$$B_2 = \{F, W\} : \zeta(\{F, W\}) = \rho\left(\sum_{j \in B_2} X_j\right) = \mu_F + \mu_W + \beta\sigma(X - X_C)$$

$$B_3 = \{F, C\} : \zeta(\{F, C\}) = \rho\left(\sum_{j \in B_3} X_j\right) = \mu_F + \mu_C + \beta\sigma(X - X_W)$$

$$B_4 = \{W, C\} : \zeta(\{W, C\}) = \rho\left(\sum_{j\in B_4} X_j\right) = \mu_W + \mu_C + \beta\sigma(X - X_F)$$

$$B_5 = \{F\} : \zeta(\{F\}) = \rho\left(\sum_{j\in B_5} X_j\right) = \mu_F + \beta\sigma_F$$

$$B_6 = \{W\} : \zeta(\{W\}) = \rho\left(\sum_{j\in B_6} X_j\right) = \mu_W + \beta\sigma_W$$

$$B_7 = \{C\} : \zeta(\{C\}) = \rho\left(\sum_{j\in B_7} X_j\right) = \mu_C + \beta\sigma_C$$

$$B_8 = \emptyset : \zeta(\emptyset) = \rho\left(\sum_{j\in B_8} X_j\right) = 0$$

Damit erhalten wir für die nicht-verschwindenden Kapitalbeiträge des Geschäftsbereichs $F$

$$\Delta_F(\zeta, B_4) = \mu_F + \beta\left(\sigma(X) - \sigma(X - X_F)\right),$$
$$\Delta_F(\zeta, B_6) = \mu_F + \beta\left(\sigma(X - X_C) - \sigma_W\right),$$
$$\Delta_F(\zeta, B_7) = \mu_F + \beta\left(\sigma(X - X_W) - \sigma_C\right),$$
$$\Delta_F(\zeta, B_8) = \mu_F + \beta\sigma_F$$

und daher

$$\begin{aligned}
\bar{\lambda}_F^{\text{Shapley}}(\zeta) &= \sum_{B\subseteq\{1,\dots,m\}\setminus\{F\}} \frac{\#B!\,(2 - \#B)!}{6}\Delta_F(\zeta, B)\\
&= \frac{2!(2-2)!}{6}\left(\mu_F + \beta\left(\sigma(X) - \sigma(X - X_F)\right)\right)\\
&\quad + \frac{1!(2-1)!}{6}\left(\mu_F + \beta\left(\sigma(X - X_C) - \sigma_W\right)\right)\\
&\quad + \frac{1!(2-1)!}{6}\left(\mu_F + \beta\left(\sigma(X - X_W) - \sigma_C\right)\right)\\
&\quad + \frac{0!(2-0)!}{6}\left(\mu_F + \beta\sigma_F\right)\\
&= \mu_F + \frac{\beta}{3}\sigma
\end{aligned}$$

$$+ \frac{\beta}{6} \left( -2\sigma(X - X_F) + \sigma(X - X_W) + \sigma(X - X_C) \right)$$

$$+ \frac{\beta}{6} \left( 2\sigma_F - \sigma_W - \sigma_C \right).$$

Für die Geschäftsbereiche $W$ und $C$ erhalten wir analog

$$\bar{\lambda}_W^{\text{Shapley}}(\zeta) = \mu_W + \frac{\beta}{3}\sigma$$

$$+ \frac{\beta}{6} \left( \sigma(X - X_F) - 2\sigma(X - X_W) + \sigma(X - X_C) \right)$$

$$+ \frac{\beta}{6} \left( -\sigma_F + 2\sigma_W - \sigma_C \right),$$

$$\bar{\lambda}_C^{\text{Shapley}}(\zeta) = \mu_C + \frac{\beta}{3}\sigma$$

$$+ \frac{\beta}{6} \left( \sigma(X - X_F) + \sigma(X - X_W) - 2\sigma(X - X_C) \right)$$

$$+ \frac{\beta}{6} \left( -\sigma_F - \sigma_W + 2\sigma_C \right).$$

Als Kontrolle sieht man leicht, dass

$$\bar{\lambda}_F^{\text{Shapley}}(\zeta) + \bar{\lambda}_W^{\text{Shapley}}(\zeta) + \bar{\lambda}_C^{\text{Shapley}}(\zeta) = \rho(X)$$

gilt, da sich in der Summe bis auf die Terme $\mu_i + \beta\sigma/3$ alle Terme gegenseitig wegheben. Wir erhalten

$$\bar{\lambda}_F^{\text{Shapley}}(\zeta) = -10 + \frac{2.9}{3} \times 15.4 + \frac{2.9}{6} \left( -2 \times 7.9 + 14.2 + 13.4 \right)$$

$$+ \frac{2.9}{6} \left( 2 \times 12.0 - 2.5 - 7.5 \right)$$

$$= -10 + 14.8 + 5.7 + 6.7 = 17.2,$$

$$\bar{\lambda}_W^{\text{Shapley}}(\zeta) = -5 + \frac{2.9}{3} \times 15.4 + \frac{2.9}{6} \left( 7.9 - 2 \times 14.2 + 13.4 \right)$$

$$+ \frac{2.9}{6} \left( -12.0 + 2 \times 2.5 - 7.5 \right)$$

$$= -5 + 14.8 - 3.4 - 7.0 = -0.5,$$

$$\bar{\lambda}_C^{\text{Shapley}}(\zeta) = -5 + \frac{2.9}{3} \times 15.4 + \frac{2.9}{6}(7.9 + 14.2 - 2 \times 13.4)$$

$$+ \frac{2.9}{6}(-12.0 - 2.5 + 2 \times 7.5)$$

$$= -5 + 14.8 - 2.3 + 0.2 = 7.8.$$

### 5.2.3.2 Aumann-Shapley Algorithmus

Der Aumann-Shapley Algorithmus ist eine infinitesimale Version des Shapley Algorithmus.

Wir benutzen die in Bemerkung 5.8 beschriebene Eigenschaft, dass die Shapley-Zuteilung $\bar{\lambda}_i^{\text{Shapley}}(\zeta)$ gerade der durchschnittliche Kapitalbeitrag des Geschäftsbereichs $i$ bezüglich aller Teilmengen anderer Geschäftsbereiche ist. Das infinitesimale Analogon des Kapitalbeitrags $\Delta_i(\zeta, B) = \zeta(B \cup \{i\}) - \zeta(B)$ ist gerade die Ableitung von $\rho \circ \tilde{X}$ nach dem Volumenparameter für den $i$-ten Geschäftsbereich, $\frac{\partial \rho \circ \tilde{X}}{\xi_i}$. Um den durchschnittlichen Kapitalbeitrag zu erhalten, integrieren wir den infinitesimalen Kapitalertrag. Damit erhalten wir die folgende Definition.

**Definition 5.17.** $X$ sei eine den Verlust beschreibende Zufallsvariable und $\tilde{X} : U \subset \mathbb{R}^m \to \mathcal{M}(\Omega, \mathbb{R})$ sei eine Volumenparametrisierung für $X$ zum Risikomaß $\rho$, die die folgenden Eigenschaften erfüllt:

(i) $U$ enthält eine Umgebung der Strecke von $(0, \ldots, 0)$ nach $(1, \ldots, 1)$,
(ii) $\tilde{X}(0, \ldots, 0) = 0$.

Die *Aumann-Shapley* Kapitalallokation ist durch

$$\bar{\Lambda}_i^{\text{Aumann-Shapley}}(\rho) = \int_0^1 \frac{\partial \rho \circ X(t(1, \ldots, 1))}{\partial \xi_i} \, dt$$

gegeben.

Im Gegensatz zum Shapley Algorithmus ist hier wieder der Steuerungsimpuls primär.

**Proposition 5.4.** *Die Aumann-Shapley Kapitalallokation erfüllt Axiom 5.1.*

*Beweis.* Die Behauptung folgt direkt aus

$$\rho(X(1, \ldots, 1)) = \rho(X(1, \ldots, 1)) - \rho(X(0, \ldots, 0))$$

$$= \int_0^1 \frac{d\rho(t(1, \ldots, 1))}{dt} dt$$

$$= \sum_{i=1}^{m} \int_0^1 \left( \frac{\partial \rho(t(\xi_1, \ldots, \xi_m))}{\partial \xi_i} \xi_i \right)_{\xi=(1,\ldots,1)} dt$$

$$= \sum_{i=1}^{m} \bar{\Lambda}_i^{\text{Aumann-Shapley}}(\rho).$$

$\square$

Axiom 5.2 in der Regel nicht erfüllt, wenn die Aumann-Shapley Kapitalallokation nicht auf einer Aufteilung basiert.

**Proposition 5.5.** *Die Volumenparametrisierung $\tilde{X}$ sei durch eine Aufteilung induziert und $\rho$ sei ein homogenes, subadditives Risikomaß. Dann ist die Aumann-Shapley Kapitalallokation eine Zuteilung.*

*Beweis.* Aus

$$\rho(X(\tilde{\xi})) = \rho(X(\tilde{\xi})) - \rho(X(0))$$

$$= \int_0^1 \frac{d\rho \circ X(t\tilde{\xi})}{dt} dt = \sum_{i=1}^{m} \tilde{\xi}_i \int_0^1 \frac{\partial \rho \circ X(t\tilde{\xi})}{\partial \xi_i} dt$$

folgt die Gültigkeit von Axiom 5.1.

Analog zum Beweis von Proposition 5.2 berechnen wir

$$\bar{\Lambda}_i^{\text{Aumann-Shapley}}(\rho)$$

$$= \int_0^1 \left( \frac{\partial \rho \left( \sum_{j=1}^{m} \xi_j X_j \right)}{\partial \xi_i} \right)_{|t((1,\ldots,1))} dt$$

$$= \int_0^1 \lim_{\varepsilon \to 0} \frac{\rho \left( (t+\varepsilon)X_i + t \sum_{j=1, j\neq i}^{m} X_j \right) - \rho \left( tX_i + t \sum_{j=1, j\neq i}^{m} X_j \right)}{\varepsilon} dt$$

$$\leq \int_0^1 \rho(X_i) \, dt = \rho(X_i).$$

Also ist auch Axiom 5.2 erfüllt. $\square$

*Beispiel 5.5.* Wir nehmen wie im Beispiel 5.3 an, dass $\tilde{X}$ durch

$$\tilde{X}(\xi) = \xi_F X_F + \xi_W X_W + \xi_C X_C$$

gegeben ist. Es gilt

$$
\rho \circ \tilde{X}(t\tilde{\xi}) = t\left(\tilde{\xi}_F \mu_F + \tilde{\xi}_W \mu_W + \tilde{\xi}_C \mu_C\right)
$$

$$
+ \beta\sigma\left(t\tilde{\xi}_F X_F + t\tilde{\xi}_W X_W + t\tilde{\xi}_C X_C\right)
$$

$$
= t\left(\tilde{\xi}_F \mu_F + \tilde{\xi}_W \mu_W + \tilde{\xi}_C \mu_C\right)
$$

$$
+ \beta\sigma\left(\left(t\tilde{\xi}_F \ \ t\tilde{\xi}_W \ \ t\tilde{\xi}_C\right)\begin{pmatrix} X_F \\ X_W \\ X_C \end{pmatrix}\right)
$$

$$
= t\left(\tilde{\xi}_F \mu_F + \tilde{\xi}_W \mu_W + \tilde{\xi}_C \mu_C\right)
$$

$$
+ \beta\sqrt{\left(t\tilde{\xi}_F \ \ t\tilde{\xi}_W \ \ t\tilde{\xi}_C\right)\mathrm{cov}\begin{pmatrix} t\tilde{\xi}_F \\ t\tilde{\xi}_W \\ t\tilde{\xi}_C \end{pmatrix}}
$$

$$
= t\left(\tilde{\xi}_F \mu_F + \tilde{\xi}_W \mu_W + \tilde{\xi}_C \mu_C\right)
$$

$$
+ \beta\sqrt{\left(t\tilde{\xi}_F \sigma_F\right)^2 + \left(t\tilde{\xi}_W \sigma_W\right)^2 + \left(t\tilde{\xi}_C \sigma_C\right)^2 + 2t\tilde{\xi}_F t\tilde{\xi}_W \mathrm{cov}_{FW}}.
$$

Damit erhalten wir an der Stelle $\tilde{\xi} = (1, \ldots, 1)$

$$
\frac{\partial \rho \circ \tilde{X}(t\tilde{\xi})}{\partial \xi_F} = \mu_F + \frac{\beta t\left(2\left(\sigma_F\right)^2 + 2\mathrm{cov}_{FW}\right)}{2t\sqrt{\left(\sigma_F\right)^2 + \left(\sigma_W\right)^2 + \left(\sigma_C\right)^2 + 2\mathrm{cov}_{FW}}}
$$

$$
= \mu_F + \beta\frac{\left(\sigma_F\right)^2 + \mathrm{cov}_{FW}}{\sigma(X)}
$$

$$
\frac{\partial \rho \circ \tilde{X}(t\tilde{\xi})}{\partial \xi_W} = \mu_W + \frac{\beta t\left(2\left(\sigma_W\right)^2 + 2\mathrm{cov}_{FW}\right)}{2t\sqrt{\left(\sigma_F\right)^2 + \left(\sigma_W\right)^2 + \left(\sigma_C\right)^2 + 2\mathrm{cov}_{FW}}}
$$

$$
= \mu_W + \beta\frac{\left(\sigma_W\right)^2 + \mathrm{cov}_{FW}}{\sigma(X)}
$$

$$
\frac{\partial \rho \circ \tilde{X}(t\tilde{\xi})}{\partial \xi_F} = \mu_C + \frac{\beta t 2\left(\sigma_C\right)^2}{2t\sqrt{\left(\sigma_F\right)^2 + \left(\sigma_W\right)^2 + \left(\sigma_C\right)^2 + 2\mathrm{cov}_{FW}}}
$$

$$
= \mu_C + \beta\frac{\left(\sigma_C\right)^2}{\sigma(X)}.
$$

Da der Integrand nicht mehr von $t$ abhängt, folgt

$$\bar{\Lambda}_F^{\text{Aumann-Shapley}}(\rho) = \mu_F + \frac{\beta\left((\sigma_F)^2 + \text{cov}_{FW}\right)}{\sigma}$$

$$= -10 + \frac{2.9 \times (144 + 15)}{15.4} = 19.9,$$

$$\bar{\Lambda}_W^{\text{Aumann-Shapley}}(\rho) = \mu_W + \frac{\beta\left((\sigma_W)^2 + \text{cov}_{FW}\right)}{\sigma}$$

$$= -5 + \frac{2.9 \times (6.25 + 15)}{15.4} = -1.0,$$

$$\bar{\Lambda}_C^{\text{Aumann-Shapley}}(\rho) = \mu_C + \frac{\beta\,(\sigma_C)^2}{\sigma}$$

$$= -5 + \frac{2.9 \times 56.25}{15.4} = 5.6$$

sowie

$$\frac{\bar{\Lambda}_F^{\text{Aumann-Shapley}}(\rho)}{\rho(X)} = \frac{19.9}{24.5} = 81\,\%,$$

$$\frac{\bar{\Lambda}_W^{\text{Aumann-Shapley}}(\rho)}{\rho(X)} = \frac{-1.0}{24.5} = -4\,\%,$$

$$\frac{\bar{\Lambda}_C^{\text{Aumann-Shapley}}(\rho)}{\rho(X)} = \frac{5.6}{24.5} = 23\,\%.$$

Für unser Beispiel ergibt sich also die gleiche Kapitalallokation wie nach dem Kovarianzprinzip.

### 5.2.4 Axiomatik von Kalkbrener

Im vorigen Abschnitt haben wir verschiedene Kapitalallokationen vorgestellt und untersucht, ob sie die Axiome 5.1 und 5.2 erfüllen. In diesem Abschnitt wollen wir umgekehrt vorgehen, in dem wir — soweit wie möglich — eine Kapitalallokation aus einem Axiomensystem ableiten. Dieser Abschnitt basiert auf der Arbeit von Kalkbrener [4].

Während wir bisher jeweils eine einzige Verlustfunktion $X$ und eine Aufteilung in Geschäftsbereiche betrachtet haben, werden wir in diesem Abschnitt Axiome formulieren, die sich auf den Raum der möglichen Verlustfunktionen und beliebige Geschäftsbereiche beziehen. Wir wechseln also quasi von einer Punktbetrachtung einer konkreten Unternehmenssituation auf den mathematischen Vektorraum aller möglichen Verlustfunktionen.

Außerdem werden wir einige betriebswirtschaftliche Eigenschaften auf Größen extrapolieren, die einer direkten betriebswirtschaftlichen Interpretation nicht mehr zugänglich sind. Daher wird unser Axiomensystem nicht mehr ganz so gut wie Axiome 5.1 und 5.2 motiviert sein, dafür aber eine sehr viel reichere Struktur bieten, die es uns erlauben wird, weitreichende Aussagen zu machen.

Bei der Definition der Kapitalallokation werden alle Geschäftsbereiche einer Aufteilung gleichzeitig betrachtet, denn bei der Kapitalallokation geht es ja gerade um den Beitrag, den der Geschäftsbereich zum Diversifizierungseffekt des Gesamtunternehmens geleistet hat. Andererseits soll die Kapitalallokation nicht von der willkürlichen Aufteilung des Unternehmens in Geschäftsbereiche abhängen. Wenn zum Beispiel ein Unternehmen die Sparten „Feuer", „Hagel", „Sturm", „Erdbeben", „Haftpflicht", „Diebstahl" führt, so ist es für die Kapitalallokation der Sparte „Diebstahl" unbedeutend, ob das Unternehmen die anderen Sparten einzeln betrachtet oder zum Beispiel „Hagel", „Sturm", „Erdbeben" zu einer Sparte „Naturereignisse" zusammenfasst.

Daher sollte es möglich sein, die Kapitalallokation für einen Geschäftsbereich, dessen Verlust durch die Zufallsvariable $U$ beschrieben wird, als Funktion von $U$ und der den Gesamtverlust beschreibenden Zufallsvariablen $X$ darzustellen. Daher werden wir die Kapitalallokation durch eine bivariate Abbildung $\Lambda(U, X)$ darstellen, wobei $\Lambda(U, X)$ den Kapitalbetrag angibt, der einem Unterportfolio $U$ des Gesamtportfolios $X$ zugeteilt wird. Als typische Anwendung wird man $U = X_i$ wählen, wenn eine Aufteilung $(X_1, \ldots, X_m)$ vorgegeben ist.

**Definition 5.18.** Eine *globale Kapitalallokation* ist eine Abbildung

$$\Lambda: \mathcal{M}(\Omega, \mathbb{R}) \times \mathcal{M}(\Omega, \mathbb{R}) \to \mathbb{R}$$

$$(U, Y) \mapsto \Lambda(U, Y).$$

Gilt $0 \leq U \leq X$, so kann ein Geschäftsbereich konstruiert werden, für den $U$ die Zufallsvariable ist, die den Verlust des Geschäftsbereichs beschreibt. $\Lambda(U, X)$ wird dann als das diesem Geschäftsbereich allozierte Kapital interpretiert. Ist $0 \leq U \leq X$ nicht erfüllt, haben wir dagegen keine betriebswirtschaftliche Interpretation des Wertes $\Lambda(U, X)$.

Der Name „globale Kapitalallokation" ist dadurch motiviert, dass wir jetzt den Raum aller Zufallsvariablen anstelle einer einzelnen ausgewählten Zufallsvariablen $X$ betrachten.

In diesem Abschnitt betrachten wir ein festes Risikomaß $\rho$.

**Lemma 5.2.** *Gilt für eine globale Kapitalallokation $\Lambda$ und jede Aufteilung Axiom 5.1, so folgt die Gleichung $\Lambda(X, X) = \rho(X)$.*

*Beweis.* Dies folgt aus der Anwendung von Axiom 5.1 auf die triviale Aufteilung $(X)$ in einen Geschäftsbereich.                                                                                     □

Dies motiviert unser erstes Axiom:

**Axiom 5.3 (Gesamtallokation).** *Für jedes* $X \in \mathscr{M}(\Omega, \mathbb{R})$ *gilt* $\Lambda(X, X) = \rho(X)$.

In Analogie zur Definition von kohärenten Risikomaßen wollen wir nun einige intuitive Axiome, die eine Kapitalallokationsabbildung erfüllen sollte, identifizieren.

**Axiom 5.4 (Linearität).** *Für alle* $U, V, X \in \mathscr{M}(\Omega, \mathbb{R})$ *und* $a, b \in \mathbb{R}$, *gilt*

$$\Lambda(aU + bV, X) = a\Lambda(U, X) + b\Lambda(V, X).$$

Das Linearitätsaxiom 5.4 ist eine Verschärfung des Axioms 5.1. Zur Motivation der Linearität betrachten wir eine Aufteilung $(X_1, \ldots, X_m)$ von $X$. Die Gleichung $\sum_{i=1}^{m} \Lambda(X_i, X) = \rho(X) = \Lambda(X, X)$ folgt direkt aus Axiom 5.1, das aussagt, dass kein Exzesskapital existiert, und Axiom 5.3. Da $X$ und die Aufteilung $(X_1, \ldots, X_m)$ beliebig waren, folgt die Additivität $\Lambda(U + V, X) = \Lambda(U, X) + \Lambda(V, X)$ falls $0 \leq U, V$ und $U + V = X$ gilt. Gilt $U + V < X$, so folgt mit $W = X - U - V$ die Gleichung

$$\Lambda(U + V + W, X) = \Lambda(U, X) + \Lambda(V, X) + \Lambda(W, X)$$

und ebenso

$$\Lambda(U + V + W, X) = \Lambda(U + V, X) + \Lambda(W, X).$$

Damit folgt die Additivität $\Lambda(U + V, X) = \Lambda(U, X) + \Lambda(V, X)$ für beliebige $0 \leq U, V$ mit $U + V \leq X$. Um die Multiplikation zu motivieren, sei zunächst $k, l \in \mathbb{N}$. Dann kann der durch $U$ beschriebene Geschäftsbereich in $k$ identische Geschäftsbereiche, die durch $V = U/k$ beschrieben werden, aufgeteilt werden. Solange $lU \leq X$ gilt, können wir die Summe von $l$ dieser Geschäftsbereiche, $W = lU/k$ betrachten. Wir erhalten dann aus der Additivität

$$\frac{k}{l}\Lambda(W, X) = \frac{1}{l}\overbrace{(\Lambda(W, X) + \cdots + \Lambda(W, X))}^{k \text{ Summanden}} = \frac{1}{l}\overbrace{(\Lambda(V, X) + \cdots + \Lambda(V, X))}^{lk \text{ Summanden}}$$

$$= \overbrace{\Lambda(V, X) + \cdots + \Lambda(V, X)}^{k \text{ Summanden}} = \Lambda(\overbrace{V + \cdots + V}^{k \text{ Summanden}}, X)$$

$$= \Lambda(kV, X) = \Lambda\left(\frac{k}{l}W, X\right).$$

Damit ist für Geschäftsbereiche $U \geq 0$ und positive rationale Zahlen $\frac{k}{l}$ mit $lU \leq X$ gezeigt, dass die Multiplikativität aus der Additivität folgt. Wir machen die zusätzliche Annahme, dass die Additivität auch für negative Zufallsvariablen und Zufallsvariablen, für die $U + V \leq X$ nicht gilt, erfüllt sein soll. Dies ist eine mathematisch gut motivierte Extrapolation, die allerdings nicht mehr klar durch die Beschreibung der betriebswirtschaftlichen Realität motiviert werden kann. Unter dieser zusätzlichen Annahme folgt die Multiplikativität für alle rationalen Zahlen. Da jede reelle Zahl beliebig genau durch rationale Zahlen approximiert werden kann, ist es naheliegend, die Multiplikativität für beliebige reelle Zahlen zu fordern. Zur Motivation dieser Stetigkeitsforderung ist zu beachten, dass Unstetigkeit in der Beschreibung der Realität fast immer als Artefakt vereinfachender Modellierung erklärt werden kann.

**Lemma 5.3.** *Gilt für eine globale Kapitalallokation $\Lambda$ und jede Aufteilung Axiom 5.2, so folgt für $U, X \in \mathscr{M}(\Omega, \mathbb{R})$ mit $0 \leq U \leq X$ die Beziehung $\Lambda(U, X) \leq \Lambda(U, U)$.*

*Beweis.* Dies folgt aus der Anwendung von Axiom 5.2 auf die Aufteilung $(U, X - U)$.  □

Das folgende Axiom verschärft Axiom 5.2

**Axiom 5.5 (Starke Diversifizierung).** *Gilt $U, X \in \mathscr{M}(\Omega, \mathbb{R})$, so folgt $\Lambda(U, X) \leq \Lambda(U, U)$.*

Für $0 \leq U \leq X$ folgt Axiom 5.5 unter Annahme der Diversifizierungseigenschaft Axiom 5.2 direkt aus Lemma 5.3. Ist $\{\omega \in \Omega : U(\omega) \geq X(\omega)$ oder $U(\omega) < 0\}$ keine Nullmenge, so gibt es keine direkte Interpretation. Wie die Linearitätseigenschaft Axiom 5.4 motivieren wir Axiom 5.5 als Verschärfung von Axiom 5.2 durch mathematische Extrapolation auf alle Zufallsvariablen $U, X$.

**Definition 5.19.** Es sei $\rho$ ein Risikomaß. Eine *globale Zuteilung* bezüglich $\rho$ ist eine globale Kapitalallokation $\Lambda$, so dass Axiome 5.3, 5.4, 5.5 gelten.

Offenbar induziert für jede globale Zuteilung jede Aufteilung $(X_1, \ldots, X_m)$ von $X$ eine Zuteilung. Das folgende Theorem zeigt aber, dass im Gegensatz zu Zuteilungen globale Zuteilungen nur für eine spezielle Klasse von Risikomaßen möglich sind.

**Theorem 5.3.** *Es sei $\rho$ ein Risikomaß und $\Lambda$ eine globale Zuteilung bezüglich $\rho$. Dann ist $\rho$ positiv homogen und subadditiv.*

*Beweis.* Es sei $a \geq 0$. Dann gilt aufgrund der Axiome 5.4, 5.5

$$a\Lambda(U, U) \overset{\text{Linearität}}{=} \underbrace{\Lambda(aU, U) \leq \Lambda(aU, aU)}_{\text{starke Diversifizierung}} \overset{\text{Linearität}}{=} \underbrace{a\Lambda(U, aU) \leq a\Lambda(U, U)}_{\text{starke Diversifizierung}}.$$

Es folgt unter Berücksichtigung von Axiom 5.5

$$a\rho(U) = a\Lambda(U,U) = \Lambda(aU, aU) = \rho(aU),$$

so dass $\rho$ positiv homogen ist. Die Subadditivität folgt aus

$$\rho(U + V) = \Lambda(U + V, U + V) = \Lambda(U, U + V) + \Lambda(V, U + V)$$

$$\leq \Lambda(U, U) + \Lambda(V, V)$$

$$= \rho(U) + \rho(Y).$$

$\square$

Insbesondere ist eine mit den Axiomen konforme Kapitalallokation für das Risikomaß VaR$_\alpha$ für allgemeine Verlustverteilungen nicht möglich. Auch wenn einige unserer Axiome schärfer sind, als man es sich wünschen würde, ist dieses Ergebnis ein weiteres Indiz dafür, dass der Expected Shortfall für den Einsatz in der Unternehmenssteuerung robuster motiviert werden kann als der Value at Risk.

Wir werden nun zeigen, dass es für jedes positiv homogene, subadditive Risikomaß eine globale Zuteilung gibt.

**Lemma 5.4 (Hahn-Banach).** *$E$ sei ein reeller Vektorraum und $\rho\colon E \to \mathbb{R}$ eine konvexe Abbildung. $F \subseteq E$ sei ein Unterraum und $f\colon F \to \mathbb{R}$ eine lineare Abbildung mit $f(U) \leq \rho(U)$ für alle $U \in F$. Dann existiert eine lineare Abbildung $h\colon E \to \mathbb{R}$ mit $h(V) \leq \rho(V)$ und $h(U) = f(U)$ für alle $V \in E$ und $U \in F$.*

*Beweis.* Siehe [5, Theorem III.5]. $\square$

**Lemma 5.5.** *Es sei $\rho\colon \mathcal{M}(\Omega, \mathbb{R}) \to \mathbb{R}$ eine positiv homogene, subadditive Abbildung und $V \in \mathcal{M}(\Omega, \mathbb{R})$. Dann existiert eine lineare Abbildung $h_V\colon \mathcal{M}(\Omega, \mathbb{R}) \to \mathbb{R}$ mit*

*(i) $h_V(V) = \rho(V)$,*
*(ii) $h_V(U) \leq \rho(U)$ für alle $U \in \mathcal{M}(\Omega, \mathbb{R})$.*

*Beweis.* Wir wollen Lemma 5.4 anwenden. Aufgrund der positiven Homogenität und der Subadditivität erfüllt die Abbildung $\rho$ die Konvexitätsbedingung $\rho(tU + (1 - t)V) \leq t\rho(U) + (1 - t)\rho(V)$ für alle $U, V \in \mathcal{M}(\Omega, \mathbb{R})$ und $t \in [0, 1]$. Auf dem Vektorraum $F = \{cV : c \in \mathbb{R}\} \subseteq \mathcal{M}(\Omega, \mathbb{R})$ ist ein Funktional $f\colon cV \mapsto c\rho(V)$ definiert und erfüllt $f(V) = \rho(V), f(cV) = \rho(cV)$ für alle $c \geq 0$. Aus

$$0 = \rho(0) = \rho(-cV + cV)$$

$$\leq \rho(-cV) + \rho(cV) = \rho(-cV) - f(-cV)$$

für alle $c \geq 0$ folgt $f(-cV) \leq \rho(-cV)$ für alle $c \geq 0$ und somit $f(U) \leq \rho(U)$ für alle $U \in F$. Lemma 5.4 liefert somit die Existenz der Abbildung $h_V$.                    □

**Theorem 5.4 (Existenz).**  *Für jedes positiv homogene, subadditive Risikomaß $\rho$ gibt es eine globale Zuteilung $\Lambda$.*

*Beweis.* Lemma 5.5 garantiert, dass es für jedes $V \in \mathscr{M}(\Omega, \mathbb{R})$ eine lineare Abbildung $h_V \colon \mathscr{M}(\Omega, \mathbb{R}) \to \mathbb{R}$ mit $h_V(V) = \rho(V)$ und $h_V(U) \leq \rho(U)$ für alle $U \in \mathscr{M}(\Omega, \mathbb{R})$ gibt. Es sei

$$\Lambda \colon \mathscr{M}(\Omega, \mathbb{R}) \times \mathscr{M}(\Omega, \mathbb{R}) \to \mathbb{R}$$

$$(U, V) \mapsto \Lambda(U, V) = h_V(U).$$

Nach Konstruktion von $\Lambda$ gilt $\Lambda(U, U) = h_U(U) = \rho(U)$ für alle $U$, so dass $\Lambda$ Axiom 5.3 erfüllt. Die Linearität (Axiom 5.4) ist klar, da $h_V(\cdot)$ linear ist. Aus

$$h_V(U) \leq \rho(U) = h_U(U)$$

folgt die Diversifikationsbedingung Axiom 5.5.                                                □

Die durch Theorem 5.4 garantierte globale Zuteilung $\Lambda$ ist nicht notwendig eindeutig. Die Eindeutigkeit folgt jedoch unter einer zusätzlichen Stetigkeitsbedingung.

**Definition 5.20 (Stetigkeit).**  Es sei $X \in \mathscr{M}(\Omega, \mathbb{R})$. Eine globale Kapitalallokation $\Lambda$ heißt *stetig* in $X$, falls für jedes $U \in \mathscr{M}(\Omega, \mathbb{R})$

$$\lim_{\varepsilon \to 0} \Lambda(U, X + \varepsilon U) = \Lambda(U, X)$$

gilt.

In der Praxis wird $X$ die Zufallsvariable sein, die dem Gesamtverlust des Unternehmens entspricht. Wäre die globale Kapitalallokation nicht stetig in $X$, so würde eine infinitesimale Änderung des Gesamtportfolios eine erkennbare Änderung der Kapitalallokation bewirken, was nicht plausibel wäre. Fordert man die Stetigkeit nicht nur beim Gesamtverlust sondern für alle $X \in \mathscr{M}(\Omega, \mathbb{R})$, so wird der Raum der mit den Axiomen verträglichen Risikomaße aus betriebswirtschaftlicher Sicht zu weit eingeschränkt.[3]

---

[3]Sebastian Maaß hat die Beobachtung gemacht, dass unter Annahme der Stetigkeit für $X = 0$ und der Homogenität des Risikomaßes $\Lambda(U, 0) = \rho(U)$ für alle $U \in \mathscr{M}(\Omega, \mathbb{R})$ folgt. Insbesondere ist dann $U \mapsto \rho(U)$ linear, was für sinnvolle Risikomaße $\rho$ nicht erfüllt ist. Seine Beobachtung folgt sofort aus der im folgenden Theorem 5.5 gegebenen Darstellung für $\Lambda$, wenn man $X = 0$ setzt.

**Theorem 5.5.** *Es sei $X \in \mathcal{M}(\Omega, \mathbb{R})$, $\rho$ ein Risikomaß und $\Lambda$ eine globale Zuteilung. Ist $\Lambda$ stetig in X, so gilt*

$$\Lambda(U, X) = \lim_{\varepsilon \to 0} \frac{\rho(X + \varepsilon U) - \rho(X)}{\varepsilon}$$

*für alle $U \in \mathcal{M}(\Omega, \mathbb{R})$.*

*Beweis.* Es seien $\varepsilon, \eta \in \mathbb{R}$. Dann folgt

$$\begin{aligned}
\rho(X + \eta U) &= \Lambda(X + \eta U, X + \eta U) \\
&\geq \Lambda(X + \eta U, X + \varepsilon U) \\
&= \Lambda(X + \varepsilon U + (\eta - \varepsilon)U, X + \varepsilon U) \\
&= \Lambda(X + \varepsilon U, X + \varepsilon U) + (\eta - \varepsilon)\Lambda(U, X + \varepsilon U) \\
&= \rho(X + \varepsilon U) + (\eta - \varepsilon)\Lambda(U, X + \varepsilon U)
\end{aligned}$$

und daher

$$\rho(X + \eta U) - \rho(X + \varepsilon U) \geq (\eta - \varepsilon)\Lambda(U, X + \varepsilon U).$$

Analog erhalten wir

$$\rho(X + \varepsilon U) - \rho(X + \eta U) \geq (\varepsilon - \eta)\Lambda(U, X + \eta U),$$

was zu

$$\rho(X + \eta U) - \rho(X + \varepsilon U) \leq (\eta - \varepsilon)\Lambda(U, X + \eta U)$$

äquivalent ist. Wenn $\eta > \varepsilon$ gilt, folgt

$$\Lambda(U, X + \varepsilon U) \leq \frac{\rho(X + \eta U) - \rho(X + \varepsilon U)}{\eta - \varepsilon} \leq \Lambda(U, X + \eta U).$$

Da $\Lambda$ im zweiten Argument an der Stelle $X$ stetig ist, existiert der Limes $(\varepsilon, \eta) \to (0, 0)$, und die Aussage des Theorems folgt. $\qquad\square$

Aus Theorem 5.5 ergibt sich insbesondere folgende Eindeutigkeitsaussage über die Kapitalallokation bei gegebener Gesamtverlustgröße $X$.

**Korollar 5.1.** *Ist eine globale Zuteilung $\Lambda$ für ein Risikomaß $\rho$ in X stetig, so wird $\Lambda(U, X)$ für alle $U \in \mathcal{M}(\Omega, \mathbb{R})$ eindeutig durch $\rho$ bestimmt.*

**Korollar 5.2.** *$\Lambda$ sei eine globale Zuteilung für das Risikomaß $\rho$. Ist $\Lambda$ in $X$ stetig und $(X_1, \ldots, X_m)$ eine Aufteilung, so ist $\Lambda(X_i, X)$ die Euler-Kapitalallokation für Geschäftsbereich i.*

*Beweis.* Die Behauptung folgt direkt aus Theorem 5.5,

$$\Lambda\left(X_i, X\right) = \lim_{\varepsilon \to 0} \frac{\rho\left(X + \varepsilon X_i\right) - \rho(X)}{\varepsilon} = \left(\frac{\partial \rho\left(X + \varepsilon X_i\right)}{\partial \varepsilon}\right)_{|\varepsilon=0}$$

$$= \left(\frac{\partial \rho\left(\sum_{j=1, j \neq i}^m X_j + \xi_i X_i\right)}{\partial \xi_i}\right)_{|\xi_i=1}$$

$$= \bar{\Lambda}_i^{\text{Euler}}.$$

$\square$

**Theorem 5.6 (Eindeutigkeit).** *Es seien $U, V \in \mathcal{M}(\Omega, \mathbb{R})$ und $\rho$ ein positiv homogenes, subadditives Risikomaß. Existiert die Richtungsableitung*

$$\lim_{\varepsilon \to 0} \frac{\rho(V + \varepsilon U) - \rho(V)}{\varepsilon},$$

*so ist die globale Zuteilung in $(U, V)$ eindeutig und durch die Richtungsableitung gegeben.*

*Beweis.* Aufgrund von Theorem 5.4 existiert eine globale Kapitalallokation $\Lambda$. Da

$$\rho(V + \varepsilon U) - \rho(V) = \Lambda(V + \varepsilon U, V + \varepsilon U) - \Lambda(V, V)$$

$$\geq \Lambda(V + \varepsilon U, V) - \Lambda(V, V)$$

$$= \varepsilon \Lambda(U, V)$$

für jedes $\varepsilon \in \mathbb{R}$ gilt, folgt für $\varepsilon < 0$

$$\frac{\rho(V + \varepsilon U) - \rho(V)}{\varepsilon} \leq \Lambda(U, V)$$

und für $\varepsilon > 0$

$$\frac{\rho(V + \varepsilon U) - \rho(V)}{\varepsilon} \geq \Lambda(U, V).$$

In beiden Fällen konvergiert die linke Seite gegen die Richtungsableitung. Daher muss sie mit $\Lambda(U, V)$ übereinstimmen.

$\square$

*Beispiel 5.6.* Das Risikomaß $\rho(\cdot) = \mathrm{E}(\cdot) + \beta\sigma(\cdot)$ ist homogen und subadditiv. Außerdem existiert für $X \neq 0$ die Richtungsableitung $\Lambda_\rho(U, X)$. Aus Korollar 5.2 und der speziellen Form unseres Risikomaßes folgt, dass die globale Zuteilung für unser Beispiel gerade die Kapitalallokation nach dem Kovarianzprinzip ist (siehe Beispiel 5.3).

Der wichtigste Spezialfall ist der Expected Shortfall zum Konfidenzniveau $\alpha$. Da dieses Risikomaß positiv homogen und subadditiv ist, gibt es eine globale Zuteilung.

**Proposition 5.6.** *Zum Risikomaß* $\mathrm{ES}_\alpha$ *existiert eine globale Zuteilung, die durch*

$$\Lambda_{\mathrm{ES}_\alpha}(U, X) = \frac{1}{1-\alpha}\mathrm{E}\left(U 1_{X, \mathrm{VaR}_\alpha(X), \alpha}\right), \tag{5.12}$$

*gegeben ist, wobei wir die Notation*

$$1_{V, x, \alpha} = 1_{\{V > x\}} + \beta_{V, \alpha}(x) 1_{\{V = x\}}$$

$$\beta_{V, \alpha}(x) = \begin{cases} \frac{\mathbf{P}(V \leq x) - \alpha}{\mathbf{P}(V = x)} & \text{falls } \mathbf{P}(V = x) > 0 \\ 0 & \text{sonst.} \end{cases}$$

*benutzt haben.*

*Beweis.* Wir müssen zeigen, dass die durch Gl. (5.12) gegebene Abbildung die Axiome 5.3, 5.4, 5.5 erfüllt.

Die Gültigkeit von Axiom 5.4 folgt unmittelbar aus der Linearität des Erwartungswerts und Axiom 5.3 ist aufgrund von Lemma 2.5 (iii) erfüllt.

Es verbleibt, $\Lambda_{\mathrm{ES}_\alpha}(U, X) \leq \Lambda_{\mathrm{ES}_\alpha}(U, U)$ zu zeigen, um Axiom 5.5 zu verifizieren.

Für $V \in \mathcal{M}(\Omega, \mathbb{R})$ sei

$$A_V = \{\omega \in \Omega \colon V(\omega) > \mathrm{VaR}_\alpha(V)\},$$
$$B_V = \{\omega \in \Omega \colon V(\omega) = \mathrm{VaR}_\alpha(V)\},$$
$$C_V = \Omega \setminus (A_V \cup B_V).$$

Diese Mengen sind disjunkt und messbar und es gilt $A_V \cup B_V \cup C_V = \Omega$. Mit der Abkürzung $\beta_V = \beta_{V, \mathrm{VaR}_\alpha(V)}$ folgt aus Lemma 2.5 (ii)

$$1 - \alpha = \mathbf{P}(A_V) + \beta_V \mathbf{P}(B_V). \tag{5.13}$$

Für $X, U \in \mathcal{M}(\Omega, \mathbb{R})$ sind die Mengen

$$A_X \cap A_U, \ A_X \cap B_U, \ A_X \cap C_U,$$
$$B_X \cap A_U, \ B_X \cap B_U, \ B_X \cap C_U,$$
$$C_X \cap A_U, \ C_X \cap B_U, \ C_X \cap C_U,$$

ebenfalls eine messbare und disjunkte Zerlegung von $\Omega$. Wir erhalten

$$(1-\alpha)\Lambda_{\mathrm{ES}_\alpha}(U,X) = \int_{A_X} U\mathrm{d}\mathbf{P} + \beta_X \int_{B_X} U\mathrm{d}\mathbf{P}$$

$$= \int_{A_X \cap A_U} U\mathrm{d}\mathbf{P} + \int_{A_X \cap B_U} U\mathrm{d}\mathbf{P} + \int_{A_X \cap C_U} U\mathrm{d}\mathbf{P}$$

$$+ \beta_X \int_{B_X \cap A_U} U\mathrm{d}\mathbf{P} + \beta_X \int_{B_X \cap B_U} U\mathrm{d}\mathbf{P} + \beta_X \int_{B_X \cap C_U} U\mathrm{d}\mathbf{P}.$$

Da $U \leq \mathrm{VaR}_\alpha(U)$ auf $B_U \cup C_U$ gilt, folgt

$$(1-\alpha)\Lambda_{\mathrm{ES}_\alpha}(U,X) \leq \int_{A_X \cap A_U} U\mathrm{d}\mathbf{P} + \beta_X \int_{B_X \cap A_U} U\mathrm{d}\mathbf{P}$$

$$+ \mathrm{VaR}_\alpha(U)\big(\mathbf{P}(A_X \cap B_U) + \beta_X \mathbf{P}(B_X \cap B_U)$$

$$+ \mathbf{P}(A_X \cap C_U) + \beta_X \mathbf{P}(B_X \cap C_U)\big)$$

$$= \int_{A_X \cap A_U} U\mathrm{d}\mathbf{P} + \beta_X \int_{B_X \cap A_U} U\mathrm{d}\mathbf{P}$$

$$+ \mathrm{VaR}_\alpha(U)\,(1 - \alpha - \mathbf{P}(A_X \cap A_U) - \beta_X \mathbf{P}(B_X \cap A_U))$$

$$= \int_{A_X \cap A_U} U\mathrm{d}\mathbf{P}$$

$$+ \beta_X \int_{B_X \cap A_U} U\mathrm{d}\mathbf{P} + (1 - \beta_X)\,\mathrm{VaR}_\alpha(U)\mathbf{P}(B_X \cap A_U)$$

$$+ \mathrm{VaR}_\alpha(U)\,(1 - \alpha - \mathbf{P}(A_X \cap A_U) - \mathbf{P}(B_X \cap A_U))$$

$$\leq \int_{(A_X \cup B_X) \cap A_U} U\mathrm{d}\mathbf{P}$$

$$+ \mathrm{VaR}_\alpha(U)\,(1 - \alpha - \mathbf{P}(A_X \cap A_U) - \mathbf{P}(B_X \cap A_U))$$

$$\leq \int_{A_U} U\mathrm{d}\mathbf{P} - \mathrm{VaR}_\alpha(U)\mathbf{P}(C_X \cap A_U)$$

$$+ \mathrm{VaR}_\alpha(U)\,(1 - \alpha - \mathbf{P}(A_X \cap A_U) - \mathbf{P}(B_X \cap A_U))$$

$$= \int_{A_U} U\mathrm{d}\mathbf{P} - \mathrm{VaR}_\alpha(U)\beta_U \mathbf{P}(B_U)$$

$$= (1-\alpha)\Lambda_{\mathrm{ES}_\alpha}(U,U),$$

wobei wir im vorletzten Schritt Gl. (5.13) benutzt haben.                                    $\square$

Die Kapitalallokationsabbildung für den Expected Shortfall kann anschaulich dahingehend interpretiert werden, dass jedem Geschäftsbereich genau das Kapital für
diejenigen Schäden, die der Geschäftsbereich verursachen könnte, zugeordnet wird. Denn
$\Lambda_{\mathrm{ES}_\alpha}(U, X)$ ist ja gerade der Erwartungswert für alle durch $U$ verursachten Schäden, die
durch Ereignisse hervorgerufen werden, für die der Gesamtschaden größer als $\mathrm{VaR}_\alpha(X)$
ist. Daher entspricht dieses Verfahren sehr gut dem intuitiven Gerechtigkeitsbegriff.

Wir wollen nun demonstrieren, wie für stetige Gesamtverteilungsfunktionen $F_X$ diese
Kapitalallokationsabbildung im Rahmen einer Monte Carlo Simulation bestimmt werden
kann.

1. Für eine gegebene Monte Carlo Simulation, die mehrere verschiedene Geschäftsbereiche gleichzeitig betrachtet, ist es möglich, zu jedem $p \in [0, 1]$ diejenigen Risikoereig-
   nisse festzustellen, die zu $\mathrm{VaR}_p$ beitragen. Dazu wird der Monte Carlo Lauf betrachtet,
   der als Verlust gerade $X = \mathrm{VaR}_p(X)$ aufweist.

   Wenn zum Beispiel 10000 Simulationen durchgeführt werden und $p = 99.5\%$ gewählt
   wird, so werden zunächst alle Läufe nach aufsteigender Verlusthöhe sortiert und dann aus
   dieser Liste der 9950te Lauf gewählt.

2. Der Expected Shortfall $\mathrm{ES}_\alpha(X)$ zu $\alpha = 99\%$ wäre bei 10000 Simulationen dann
   einfach das arithmetische Mittel der $\mathrm{VaR}_p(X)$ der 100 Läufe, die sich aus $p > \alpha$
   ergeben.
3. Um die Kapitalallokation auf Geschäftsbereiche zu ermitteln, wird nur für jeden Geschäftsbereich der Beitrag zum Gesamtrisiko ermittelt. Wenn wir in unserem Beispiel
   die Allokation für einen Geschäftsbereich $U$ berechnen wollen, würden wir bei jedem
   der 100 Läufe $i$, mit denen $\mathrm{ES}_\alpha(X)$ geschätzt wird, den Verlustbeitrag $V(i, \alpha, X, U)$ des
   Geschäftsbereichs $U$ ermitteln und anschließend den Durchschnitt

$$\frac{\sum_{i=9901}^{10000} V(i, \alpha, X, U)}{100}$$

bilden. Dies ist gerade die diskretisierte Version der Kapitalallokationsabbildung für
den Expected Shortfall, wobei wir genutzt haben, dass aufgrund der Stetigkeit von $F_X$
das zweite Integral in Gl. (5.12) verschwindet.

*Anmerkung 5.9.* Es ist klar, dass auch bei diesem diskretisierten Verfahren die Summe der
Kapitalallokationen über alle Geschäftsbereiche wieder das gesamte Risikokapital ergibt.

*Anmerkung 5.10.* Das Verfahren ist nur dann modellierbar, wenn eine Gesamtverteilung
aller Risiken modelliert wird. Dies ist ein praktischer Grund, warum einfache Copulas
linearen Korrelationen gegenüber vorzuziehen sind.

*Anmerkung 5.11.* Der durch diese Methode ermittelte Beitrag des Geschäftsbereichs $U$ kann sich vom Expected Shortfall für diesen Geschäftsbereich stark unterscheiden. Es ist zum Beispiel denkbar, dass die hohen Verluste für $U$ gerade in Simulationen entstehen, die für die anderen Geschäftsbereiche zu einem Gewinn führen und deshalb nicht in die Berechnung des Expected Shortfalls für das Gesamtrisiko eingehen.

*Anmerkung 5.12.* Dieses Verfahren lässt sich gut auf Spektralmaße verallgemeinern, passt aber weniger gut für den Value at Risk: Mit dem einen Lauf, der $\text{VaR}_\alpha(X)$ bestimmt, lassen sich nicht außerdem noch die Beiträge der einzelnen Geschäftsbereiche gut schätzen. Denn ein großer Verlust durch Geschäftsbereich $A$ und ein kleiner Verlust durch Geschäftsbereich $B$ haben auf den Gesamtverlust die gleiche Auswirkung wie ein kleiner Verlust durch $A$ und ein großer durch $B$, führen aber eben zu ganz unterschiedlichen Aufteilungen. Wird an den Parametern nun ein wenig gedreht oder auch nur ein anderer Zufallsgenerator gewählt, so wird sich eine andere Zusammensetzung der Einzelverluste ergeben. In unserem Beispiel wird der 9900te Lauf für die Bestimmung von $\text{VaR}_\alpha(X)$ herangezogen. Selbst wenn wir einen Fehler von $\pm 0,1\,\%$ erlauben und uns somit immerhin noch 20 Läufe zur Verfügung stehen, die $\text{VaR}_\alpha(X)$ vielleicht hinreichend gut approximieren, so reichen diese wenigen Läufe normalerweise immer noch nicht für die Aufteilung auf mehrere Geschäftsbereiche. Dagegen funktioniert das Verfahren bei allgemeinen Spektralmaßen in der Regel gut, da wegen der Integration über weitaus mehr Läufe gemittelt wird.

Der Hauptvorteil der Allokation auf Grundlage der Gesamtverteilung gegenüber der kennzahlenbasierten Allokation besteht darin, dass dieses Verfahren besser kommuniziert werden kann und somit zu höherer Akzeptanz führt. Hat man sehr viele Geschäftsbereiche, so ist der rechnerische Aufwand zudem geringer als beim Shapley Algorithmus.

## 5.3    Kapitalallokation bei Gruppen

Versicherer operieren in zunehmenden Maße auf Gruppenbasis, sei es als Versicherungsgruppe oder Finanzkonglomerat. Solvenzkapitalanforderungen können somit für verschiedene Ebenen – von der Geschäfteinheit bis zur Gruppenebene – innerhalb der Gruppe definiert werden. Durch Aggregation und Ausgleich von Risiken innerhalb einer Gruppe entstehen Diversifikationseffekte.

Diversifikation ist fundamental für das Risikomanagement in und Solvenzanforderungen an Versicherungsgruppen. Gruppendiversifikationseffekte werden am besten quantifiziert durch Vergleich von aufsummierten Solosolvenzkapitalanforderungen und aggregiertem Gruppenzielkapital.

Der Ausgleich von Risiken innerhalb einer Gruppe erfordert jedoch Kapitalmobilität. Diese kann eingeschränkt sein, wenn sich die Geschäftseinheiten in verschiedenen Jurisdiktionen befinden.

Außerdem birgt die Zugehörigkeit einer Geschäfteinheit zu einer Gruppe zusätzliche Gruppenrisiken. Zum Beispiel kann eine Geschäfteinheit vom Gruppenmanagement verkauft und in den Run-off geschickt werden. Außerdem können sich Imageschäden oder andere Negativergebnisse einer Geschäfteinheit ungünstig auf alle Geschäfteinheiten auswirken.

Die Auswirkungen von eingeschränkter Kapitalmobilität und Gruppenrisiken auf das Risikokapital und das effektiv verfügbare Kapital sind schwierig zu modellieren. Es sind verschiedene Ansätze denkbar und in Diskussion (zum Beispiel [1–3]).

Der Schweizer Gruppensolvenztest [2] beruht auf dem Prinzip, dass nur durch rechtlich bindende Kapital- und Risikotransferinstrumente (KRTI) erzeugte Cashflows zum Risikoausgleich innerhalb der Gruppe zulässig sind. Dazu gehört allerdings auch der Verkauf von Geschäfteinheiten zu ihrem Marktpreis, definiert als risikotragendes Kapital abzüglich einer Market Value Margin für den Run-off des Asset-Liability-Portfolios.[4] Aus Solvenztestsicht besteht eine Gruppe daher aus ihren Geschäfteinheiten (Mutter und Töchter) und einem Netz von rechtlich bindenden KRTI mit klar definierten Eventualcashflows. Das Gruppenzielkapital ist dann definiert als Summe der Zielkapitalanforderungen für die einzelnen Geschäfteinheiten. Das Netz von KRTI kann natürlich im Hinblick auf die Gruppensolvenzkapitalanforderungen optimiert werden (siehe [3]). Der Diversifikationseffekt wird schließlich messbar durch Vergleich der so definierten Gruppensolvenzkapitalanforderungen ohne und mit dem Einsatz von KRTI.

Diversifikationseffekte lassen sich offensichtlich auch auf Untergruppenebenen bestimmen, indem man zum Beispiel Geschäfteinheiten nach ihrer regionalen Zugehörigkeit zu Untergruppen zusammenfasst. Dabei gilt ganz allgemein, dass die Diversifikationseffekte für die Untergruppen kleiner sind, auf je tieferer Ebene man die Untergruppen bildet (siehe [3]). Das gilt jedoch **nicht** aus Sicht der einzelnen Geschäfteinheiten! Folgendes Beispiel dient als Illustration:

*Beispiel 5.7.* Wir betrachten eine Schweizer Gruppe bestehend aus drei Geschäfteinheiten verteilt auf zwei geographische Regionen $A$ und $B$, wovon sich die ersten zwei in $A$ und die dritte in $B$ befinden. Der Einfachheit halber nehmen wir hier volle Kapitalmobilität an. Theoretisch entspricht das einem perfekten Netz von KRTI, welche für jeden Zustand der Welt jeden Eventualcashflow erzeugen können. Sei $\Delta RTK_i$ die Änderung des risikotragenden Kapitals von Geschäfteinheit $i$ ohne KRTI. Wir nehmen an, dass $\Delta RTK_1$, $\Delta RTK_2$, $\Delta RTK_3$ multivariat normalverteilt sind mit Erwartungswert null, Varianzen $\mathrm{var}(\Delta RTK_i) = 100$ und Korrelationsmatrix

---

[4]Es sei daran erinnert, dass im SST die Marktwertmarge als Teil der Kapitalanforderung und nicht als Teil des Werts der Verpflichtungen gezählt wird.

$$\text{corr}(\Delta\text{RTK}) = \begin{pmatrix} 1 & 0 & 0.75 \\ 0 & 1 & 0 \\ 0.75 & 0 & 1 \end{pmatrix}.$$

Das Risikomaß sei der 99 %-Expected Shortfall. Dann erhalten mit Proposition 2.1 die Solozielkapitalanforderungen von

$$\text{ZK}_i = \text{ES}_{99\%}(-\Delta\text{RTK}_i) = 2.6652 \times \sqrt{\text{var}(-\Delta\text{RTK}_i)} = 26.652.$$

Dank der vollen Kapitalmobilität dürfen wir die Cashflows $\Delta\text{RTK}_i$ auf Gruppenebene einfach addieren und erhalten als Gruppenzielkapital

$$\text{ZK}_G = \text{ES}_{99\%}\left(-\sum_{i=1}^{3}\Delta\text{RTK}_i\right) = 2.6652 \times \sqrt{100 + 100 + 100 + 2 \times 0.75 \times 100}$$

$$= 56.54.$$

Dieses Gruppenzielkapital allozieren wir mit Hilfe des Kovarianzprinzips (siehe Abschn. (5.2.2.2)) auf die Geschäftseinheiten und erhalten die auf Gruppenebene diversifizierten Zielkapitalanforderungen von

$$\text{ZK}_1^G = \text{ZK}_3^G = 2.6652 \times \frac{\text{cov}(\Delta\text{RTK}_1, \sum_{i=1}^{3}\Delta\text{RTK}_i)}{\sqrt{\text{var}\left(\sum_{i=1}^{3}\Delta\text{RTK}_i\right)}}$$

$$= 2.6652 \times \frac{100 + 0.75 \times 100}{\sqrt{100 + 100 + 100 + 2 \times 0.75 \times 100}} = 21.99,$$

$$\text{ZK}_2^G = 2.6652 \times \frac{100}{\sqrt{100 + 100 + 100 + 2 \times 0.75 \times 100}} = 12.56.$$

Wie bei jeder zulässigen Kapitalallokationsmethode gilt $\text{ZK}_1^G + \text{ZK}_2^G + \text{ZK}_3^G = \text{ZK}_G$.

Analog beträgt die Solvenzkapitalanforderung für die gesamte Untergruppe in Region $A$

$$\text{ZK}_A = \text{ES}_{99\%}\left(-\sum_{i=1}^{2}\Delta\text{RTK}_i\right) = 2.6652 \times \sqrt{100 + 100} = 37.7.$$

Mittels Kovarianzmethode erhalten wir bei Diversifikation auf regionaler Ebene die Zielkapitalanforderungen von

$$ZK_1^A = ZK_2^A = 2.6652 \times \frac{\mathrm{cov}(\Delta\mathrm{RTK}_1, \sum_{i=1}^2 \Delta\mathrm{RTK}_i)}{\sqrt{\mathrm{var}\left(\sum_{i=1}^2 \Delta\mathrm{RTK}_i\right)}}$$

$$= 2.6652 \times \frac{100}{\sqrt{100 + 100}} = 18.85.$$

Offensichtlich resultiert für Geschäftseinheit eins auf Gruppenebene ein kleinerer Diversifikationsbenefit als auf Regionalebene: $ZK_1^G > ZK_1^A$! Dies ist anscheinend auf die hohe Korrelation von 0.75 mit Geschäftseinheit drei zurückzuführen. Allerdings gilt, wie oben allgemein bemerkt, dass Region $A$ als Untergruppe von der Koalition mit der ganzen Gruppe profitiert: $ZK_1^G + ZK_2^G < ZK_A$.

## Literatur

1. Committee of European Insurance and Occupational Pensions Supervisors (CEIOPS) (2006) Advice on sub-group supervision, diversification effects, cooperation with third countries and issues related to the MCR and the SCR in a group context, Nov 2006. Document CEIOPS-DOC-05/06
2. Eidgenössische Finanzmarktaufsicht (FINMA) (2006) Draft: modelling of groups and group effects
3. Filipović D. und Kupper M. (2007) Optimal capital and risk transfers for group diversification. Math Financ 18:55–76. Wird erscheinen
4. Kalkbrener M. (2005) An axiomatic approach to capital allocation. Math Financ 15(3):425–438
5. Reed M. und Simon B. (1980) Methods of modern mathematical physics. Volume I: Functional analysis, rev. and enl. edn. Academic Press, New York
6. Urban M. (2002) Allokation von Risikokapital auf Versicherungsportfolios. Diplomarbeit TU München

# Erfolgsmessung

**6**

Um den Erfolg eines Unternehmens zu beurteilen, reicht es nicht aus, den Gewinn zu ermitteln. Darüber hinaus muss auch das mit dem Gewinn verbundene Risiko berücksichtigt werden. Dies kann über Kapitalkosten (Abschn. 4.1.2) geschehen, aber es gibt auch andere Möglichkeiten (Abschn. 6.6.4). Zur Erfolgsmessung bieten sich absolute und relative Messgrößen an.

Wir bezeichnen mit $C_t$ das notwendige Risikokapital, mit $s_t$ den risikofreien Zins und mit $k_t$ den Spread (oder Überzins), der das eingegangene Risiko kompensieren soll. Berücksichtigen wir den Effekt der Kapitalanlage auf das Risikokapital nicht, so nehmen wir an, dass das Risikokapital risikofrei angelegt wird und markieren die korrespondierenden Größen mit einer Tilde $\tilde{\ }$.

Je nach Anwendung repräsentiert $C_t$ das ökonomische Risikokapital $C_t^{EC}$, das regulatorische Kapital $C_t^{Reg}$ oder ein anderes Kapitalkonzept. Zum Beispiel wird der RORAC in der Regel über Cashflows ermittelt, bei denen $C_t$ das ökonomische Kapital $C_t^{EC}$ repräsentiert. Bei der Fair Value Berechnung der Verbindlichkeiten über das Kapitalkostenprinzip wird dagegen in der Regel ein Kapitalbegriff $C_t^{FV}$, der mit der Risikoaversion des Marktes konsistent ist, gewählt.

Die Erfolgsmessung wird für Versicherungsunternehmen dadurch kompliziert, dass Rückstellungen einen zentralen Mechanismus zur Risikomitigation darstellen, der bei der Erfolgsmessung berücksichtigt werden muss.

## 6.1 Auf Bilanzdaten basierende Erfolgsmessung

Bilanzdaten eignen sich in der Regel nicht zur Erfolgsmessung. Ihr Zweck ist es, Aktionären und anderen Interessierten ein möglichst *objektives* Bild der finanziellen Lage des

© Springer-Verlag Berlin Heidelberg 2016
M. Kriele und J. Wolf, *Wertorientiertes Risikomanagement von Versicherungsunternehmen*, Springer-Lehrbuch Masterclass,
DOI 10.1007/978-3-662-50257-0_6

Unternehmens zu geben. Um diese Objektivität zu erreichen, sind der Erfolgsinterpretation dieser Größen durch eine teilweise Normierung gewisse Grenzen gesetzt. Darüber hinaus sind viele Bilanzierungsregeln wie z. B. das HGB konservativ ausgerichtet. Umgekehrt fließen in Größen zur Erfolgsmessung auf Interpretation beruhende Einschätzungen (z. B. über zukünftige Schadenabwicklung) ein.

Eine Erfolgsmessung auf Grundlage von Bilanzdaten (und der GuV) wird also immer ein verzerrtes Bild der Realität darstellen. Für einen Außenstehenden, der nicht über unternehmensinterne Information verfügt, stellen diese Daten aber oft die einzige zugängliche Informationsbasis dar. Deswegen wird praktisch über sie ein Proxy für den Erfolg kommuniziert. Umgekehrt reagieren die Unternehmen auf das Feedback, das sie vom Markt bekommen, so dass Bilanzsteuerung durchaus ökonomischen Sinn machen kann.

Wir gehen im folgenden davon aus, dass unternehmensinterne Information bekannt ist, so dass man nicht auf Bilanzgrößen angewiesen ist.

## 6.2   Gewinnmessung

Die Gewinnmessung für einzelne Unternehmensbereiche birgt zunächst keine mathematischen Schwierigkeiten, da sich der erwartete Gewinn des Gesamtunternehmens als Erwartungswert linear aus den Gewinnen der einzelnen Unternehmensbereiche zusammensetzt.[1] Praktisch stellt sich jedoch das Problem, dass einige Größen, die den Gewinn beeinflussen, häufig nicht auf der Ebene dieser Unternehmensbereiche vorliegen. Wir wollen dies in diesem Abschnitt am Beispiel der Kosten illustrieren.

Es leuchtet unmittelbar ein, dass eine gute Kostenrechnung für die wertorientierte Steuerung notwendig ist. Jede betriebswirtschaftliche Aktion generiert Kosten, und umgekehrt kann man jedem Produkt Kosten zuordnen. Während die von einer Aktion generierten Kosten wenigstens prinzipiell messbar sind, ist die betriebswirtschaftlich interessantere Zuordnung von Kosten zu Produkten von weiteren Faktoren abhängig. Im einfachsten Fall kann man direkte Kosten und Fixkosten unterscheiden. Die Fixkosten sind davon unabhängig, ob das Produkt hergestellt wird oder nicht, während die direkten Kosten vom produzierten Volumen abhängig sind.

**Definition 6.1.** Unter einem *Kostenträger* verstehen wir ein Produkt oder eine Aktion, der in der Kostenrechnung Kosten zugeordnet werden. In der *Vollkostenrechnung* werden sämtliche Kosten auf die Kostenträger verrechnet. In der *Teilkostenrechnung* werden nur die direkt zuzuordnenden Kosten (direkte Kosten) auf die Kostenträger verrechnet.

Wenn die Profitabilität des Gesamtunternehmens untersucht wird, ist eine Vollkostenrechnung angemessen, da andernfalls nicht alle Kosten berücksichtigt würden. Wenn

---

[1] Diese Linearität liegt zum Beispiel für das Risikokapital nicht vor, siehe Kap. 5.

es hingegen um die Profitabilität einzelner Produkte geht, kann eine Teilkostenrechnung angemessener sein, da andernfalls approximativ geschlüsselte Fixkosten die Ergebnisse verzerren könnten.

Wir betrachten ein stark vereinfachtes Beispiel. Ein Versicherungsunternehmen habe Fixkosten von 180'000 €, die nach der Versicherungssumme auf die Versicherungsverträge im Bestand geschlüsselt werden. Es soll nun die Profitabilität zweier Verträge verglichen werden. Vertrag A hat eine Versicherungssumme von 1000 € und generiert direkt zuzuordnende Kosten von 10 €. Vertrag B hat eine Versicherungssumme von 5000 € und direkt zuzuordnende Kosten von 15 €. (Das Handling ist das gleiche, aber Kunden mit höheren Versicherungssummen kontaktieren das Unternehmen häufiger, was die 5 € Mehrkosten verursacht). Im Durchschnitt beträgt die Leistung 97 % der Prämie bei kleinen Versicherungsverträgen wie Vertrag A und 98 % der Prämie bei größeren Versicherungsverträgen wie Vertrag B. Wenn man nur die direkt zuzuordnenden Kosten betrachtet, erhält man für Vertrag A einen Profit von

$$(1 - 97\,\%) \times 1000\,€ - 10\,€ = 20\,€$$

und für Vertrag B einen Profit von

$$(1 - 98\,\%) \times 5000\,€ - 15\,€ = 85\,€.$$

Vertrag B erscheint also in unserer Teilkostenrechnung profitabler. Die Versicherungssumme des Gesamtportfolios betrage 10'000'000 €. Damit entfallen auf Vertrag A 18 € Fixkosten und auf Vertrag B 90 € Fixkosten. In der Vollkostenrechnung ist also Vertrag A mit 2 € gerade noch profitabel, während Vertrag B mit −5 € einen Verlust bringt. Aufgrund der Vollkostenrechnung könnte man annehmen, dass Vertrag B im Gegensatz zu Vertrag A Geld verliert. Das Management könnte daher auf den Gedanken kommen, den Vertrag (wenn möglich) zu kündigen. Das Resultat wäre eine Verschlechterung der Situation, da nun 85 € fehlen, mit denen ein Teil der Fixkosten, die sich durch die Kündigung des Vertrags natürlich nicht ändern, gedeckt wurde.

Eine weitere Schwierigkeit der Kostenrechnung besteht darin, dass eine klare Unterscheidung zwischen variablen Kosten und Fixkosten nicht besteht. Eine klassische Fixkostenposition ist zum Beispiel die Miete für das Verwaltungsgebäude des Versicherungsunternehmens. Solange die Schwankungen im produzierten Geschäftsvolumen nicht zu groß sind, sind die Mietkosten in der Tat unabhängig von den Produkten. Wenn allerdings das Unternehmen sich stark vergrößert oder verkleinert, wird das Verwaltungsgebäude für das veränderte Volumen nicht mehr passen. Wir erwarten also eine Änderung der Mietkosten als Konsequenz einer Volumenänderung des Geschäfts. Umgekehrt werden Bearbeitungskosten für Versicherungsverträge häufig als variable Kosten angesehen. Man wird aber nicht bei jeder Volumenschwankung Mitarbeiter einstellen bzw. entlassen wollen. Selbst bei einem größeren Geschäftseinbruch wird man sich sehr genau überlegen, ob man betriebsbedingte Kündigungen aussprechen möchte, da dies Auswirkungen auf die Moral der restlichen Belegschaft hat, Abfindungspakete Kosten verursachen, und bei einem späteren Anziehen des Geschäfts weitere Kosten entstehen, wenn neue Mitarbeiter eingestellt und angelernt werden müssen.

Die Einteilung in Fixkosten und variable Kosten ist also auch von der Strategie des Unternehmens bzw. dem betrachteten Szenario abhängig.

## 6.3 Absolute Erfolgsmessgrößen

In diesem Abschnitt beschreiben wir den Economic Value Added (EVA)[2] und verwandte Konzepte.

**Definition 6.2.** Der *Nettogewinn nach Steuern* $N_t$ ist die Differenz aus Ertrag und Aufwand nach Steuern. Er ist durch

$$N_t = P_t - \text{Prov}_t - L_t + I_t + E_t - K_t - \text{St}_t - (V_t - V_{t-1})$$

gegeben, wobei wir die in Tab. 6.1 aufgeführten Abkürzungen benutzt haben. Siehe auch Abb. 6.1.

Der letzte Term, die Änderung der Reserven, $(V_t - V_{t-1})$, kann als zusätzlicher „erwarteter Schadenaufwand" für das Geschäftsjahr interpretiert werden. Dieser Term wird (insbesondere bei Anwendungen im Bankenbereich) nicht immer zum Nettogewinn

**Tab. 6.1** Abkürzungen für die Komponenten des Nettogewinns

| Variable | Bedeutung | Zeitpunkt |
|---|---|---|
| $P_t$ | Prämieneinnahmen | Periodenbeginn |
| $\text{Prov}_t$ | gezahlte Provisionen | Periodenbeginn |
| $L_t$ | Schadenzahlungen | Periodenende |
| $r_t$ | relativer Kapitalertrag | während der Periode |
| $A_t$ | Kapitalanlagevolumen incl. Risikokapital | Periodenbeginn |
| $I_t = r_t A_t$ | Kapitalanlagegewinn | Periodenende |
| $E_t$ | sonstige Ergebniszuschreibungen | Periodenende |
| $K_t$ | Kosten | Periodenende |
| $\text{St}_t$ | Steuern | Periodenende |
| $V_t$ | Rückstellungen | Periodenende |

---

[2]EVA ist eine eingetragene Marke der Firma Stern Stewart & Co. Die Idee, dass die risikoadäquate Verzinsung ausschlaggebend dafür ist, ob man in ein Unternehmen investieren sollte, ist jedoch viel älter und findet sich zum Beispiel auch im Werk von Eugen Schmalenbach [5, S. 49–50].

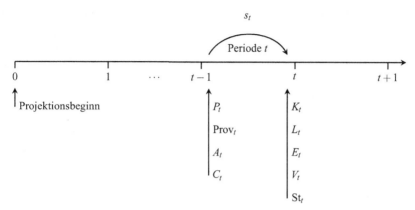

**Abb. 6.1** Ein einfaches Zeitmodell für die Unternehmensbeschreibung. Alle Zahlungen werden entweder zu Beginn oder am Ende einer Periode geleistet. Die erste Prämie $P_1$ fließt somit zum Zeitpunkt $t = 0$ zu Beginn der Periode 1

gezählt. Wir subsumieren die Änderung der Reserven unter dem Nettogewinn, da die Reservierung in der Praxis eine zentrale Bedeutung für das Versicherungsgeschäft hat.

Kapitalkosten sind in $N_t$ nur insoweit enthalten, als Kapital auf dem Kapitalmarkt aufgenommen wird und echte Zinskosten anfallen. Dies ist bei Versicherungsunternehmen nicht immer der Fall. Eine Ausnahme bilden Genussrechtkapital sowie Nachrangdarlehen. Dem gegenüber berücksichtigt der EVA (Definition 6.4) Kapitalkosten explizit.

**Definition 6.3.** Die *Hurdle Rate* $h_t$ ist die Mindestverzinsung, die der Kapitalgeber für das ökonomische Kapital verlangt.

Die Hurdle Rate hängt damit von dem Risiko ab, unter dem das Risikokapital $C_t$ steht. Häufig wird $h_t = s_t + k_t$ geschrieben, wobei $s_t$ den risikolosen Zins bezeichnet. $k_t$ ist dann der Spread, der für das Risiko erwartet wird.

*Anmerkung 6.1.* Eine objektive Bestimmung der Hurdle Rate ist selten möglich. Kennt man die Wahrscheinlichkeit, mit der das Risikokapital $C_t$ verloren wird, so kann man als Näherung den Spread für eine Unternehmensanleihe der gleichen Ausfallwahrscheinlichkeit annehmen. Diese Näherung ist selbst in liquiden, arbitragefreien Märkten nicht exakt, weil in der Praxis fast immer nur ein Teil des Risikokapitals verloren wird, und es keinen Grund gibt, warum der verbleibende Teil gleich den Recoverables der Unternehmensanleihe im Falle eines Ausfalls sein sollte.

Eine andere Möglichkeit für die Bestimmung der Hurdle Rate bei börsenorientierten Unternehmen ist die Nutzung des Capital Asset Pricing Model (CAPM, siehe Anhang A). Diese Methode hat allerdings eine hohe Modellunsicherheit, da sie eine starke Kopplung zwischen den realen Risiken und den Aktienkursen unterstellt. Schwerer wiegt jedoch, dass externen Investoren, die die Aktienpreise bestimmen, viel weniger Information über die Risikolage des Unternehmens zur Verfügung steht als dem Unternehmen selbst.

Häufig wird daher (insbesondere bei Tochterunternehmen) der pragmatische Ansatz gewählt, dass die Hurdle-Rate einfach (vom Eigner) vorgegeben wird.

*Anmerkung 6.2.* Eine weitere in der Praxis kontrovers diskutierte Frage bei der Bestimmung der Hurdle Rate besteht darin, ob die Hurdle Rate für alle Geschäftsbereiche eines Unternehmens oder eines Konzerns einheitlich oder individuell gewählt werden sollte.

**Definition 6.4.** Falls der Rückkopplungseffekt des Risikokapitals (siehe Abschn. 4.5.6) bei seiner Berechnung berücksichtigt wird, ist der *Economic Value Added* (EVA) durch

$$\mathrm{EVA}_t = N_t - h_t C_t^{\mathrm{EC}}.$$

gegeben.

Man kann diese Formel so interpretieren, dass man, um den Betrieb aufrecht erhalten zu können, das ökonomische Risikokapital $C_t^{\mathrm{EC}}$ aufnehmen muss. Der Betrag $h_t C_t^{\mathrm{EC}}$ sind die *Zinskosten* (oder *Kapitalkosten*) für das erforderliche Kapital, die vom Nettogewinn abzuziehen sind. Erst wenn nach Bezahlung der Kapitalkosten noch ein Profit übrig bleibt, wird ein sogenannter Mehrwert (Economic Value Added) geschaffen (vgl. Definition 6.5).

Wird das Risikokapital ohne Berücksichtigung der Wechselwirkungen zum übrigen Unternehmen ermittelt, so muss der auf das Risikokapital erzielte Kapitalertrag explizit in Rechnung gestellt werden. In dieser Approximation geht man davon aus, dass das Risikokapital risikofrei angelegt wird. Somit erhält man

$$\mathrm{EVA}_t = \widetilde{\mathrm{EVA}}_t = \tilde{N}_t - k_t \tilde{C}_t^{\mathrm{EC}}.$$

Wenn die Annahme, dass das Risikokapital risikofrei angelegt wird, nicht zutrifft, haben wir natürlich $\mathrm{EVA}_t \neq \widetilde{\mathrm{EVA}}_t$.

**Definition 6.5.** Ein Unternehmen *schafft Wert*, falls es einen positiven EVA erzielt, und *vernichtet Wert* bei einem negativen EVA.

Auch ein Unternehmen, das Gewinne macht, kann demnach Wert vernichten, wenn diese Gewinne nicht ausreichen, die Kapitalkosten zu bezahlen. In diesem Fall wäre es vorteilhafter, das Kapital in ein anderes Unternehmen zu investieren, das bei gleichem Risiko einen die Kapitalkosten übersteigenden Gewinn erwirtschaftet. (Falls ein solches Unternehmen nicht existiert, ist wahrscheinlich die Bestimmung der Hurdle Rate fehlerhaft.)

## 6.4 Relative Erfolgsmessgrößen

Der Economic Value Added gibt einen absoluten Ertrag an, eignet sich also nicht zum Vergleich von Unternehmen verschiedener Größe. Zu diesem Zweck ist es besser, einen dazu passenden relativen Ertrag zu definieren.

Die Notation ist in der Literatur uneinheitlich. Es ist daher leicht möglich, alternative Definitionen für die in diesem Abschnitt eingeführten Ertragsmaße zu finden, die mit unseren Definitionen inkompatibel sind.

**Definition 6.6.** Der *Return on Capital* (ROC) ist durch

$$\text{ROC}_t = \frac{N_t}{EK_t}$$

gegeben, wobei $EK_t$ das Bilanzkapital bezeichnet.

Der ROC ist somit keine risikoadjustierte Erfolgsgröße und zur Unternehmenssteuerung nur sehr bedingt geeignet. Je nach zugrunde liegender Rechnungslegung (z. B. HGB, IFRS, US-GAAP) ergibt sich für den ROC ein unterschiedlicher Wert.

**Definition 6.7.** Der *Risk Adjusted Return on Capital* (RAROC) ist durch

$$\text{RAROC}_t = \frac{N_t - h_t C_t^{\text{EC}}}{EK_t} = \frac{\text{EVA}_t}{EK_t}$$

gegeben, wobei $EK_t$ das Bilanzkapital bezeichnet.

Ebenso wie der ROC hängt der RAROC von der verwendeten Rechnungslegung ab. Da das Bilanzkapital $EK_t$ keine direkte ökonomische Größe ist, verzerrt die Erfolgsgröße RAROC den wirklichen risikoadjustierten Erfolg und ist daher zur Unternehmenssteuerung nur bedingt geeignet. Häufig wird allerdings der in Definition 6.8 definierte risikoadjustierte relative Ertrag RORAC ebenfalls RAROC genannt. Dabei wird dann implizit unterstellt, dass das vorhandene Risikokapital genau dem benötigtem Kapital entspricht.

**Definition 6.8.** Der *Return on Risk Adjusted Capital* (RORAC) ist die zum EVA korrespondierende relative Größe,

$$\text{RORAC}_t = \frac{N_t}{C_t^{\text{EC}}} = \frac{\text{EVA}_t}{C_t^{\text{EC}}} + h_t,$$

wobei wir hier wieder davon ausgehen, dass Wechselwirkungseffekte bei der Bestimmung des ökonomischen Kapitals $C_t^{\text{EC}}$ berücksichtigt werden.

Werden die Wechselwirkungseffekte nicht berücksichtigt, muss angenommen werden, dass das ökonomische Risikokapital $\tilde{C}_t^{\text{EC}}$ zum risikofreien Zins $s_t$ angelegt wird. Wir erhalten dann

$$\text{RORAC}_t = \widetilde{\text{RORAC}}_t = \frac{\tilde{N}_t + s_t \tilde{C}_t^{\text{EC}}}{\tilde{C}_t^{\text{EC}}} = \frac{\tilde{N}_t}{\tilde{C}_t^{\text{EC}}} + s_t.$$

Bei einer nicht risikofreien Anlage des Risikokapitals gilt $\text{RORAC}_t \neq \widetilde{\text{RORAC}}_t$.

Ein weiterer Vorteil des RORAC ist die Tatsache, dass diese Definition ohne die Hurdle Rate auskommt. Die Hurdle Rate hat allerdings auch hier eine Bedeutung:

**Korollar 6.1.** *Ein Unternehmen schafft genau dann Wert, wenn* $\text{RORAC}_t \geq h_t$ *gilt.*

RORAC-Ergebnisse müssen immer im betrachteten Zusammenhang interpretiert werden, da Nischenprodukte, die alleine nicht überlebensfähig wären, mitunter einen besonders hohen Ertrag abwerfen. Für deutsche Unternehmen gehört häufig die Unfallzusatzversicherung in diese Kategorie. Ihr natürlicher Markt ist jedoch klein und eine Produktion kann nicht unbeschränkt gesteigert werden. Es sind auch Massenprodukte notwendig, die einen vielleicht bescheideneren Ertrag liefern, aber aufgrund ihres Volumens die Fixkosten des Unternehmens tragen können. Die Entscheidung, des guten RORACs der Zusatzunfallversicherung wegen alle anderen Produkte einzustellen, würde unzweifelhaft direkt zum Ruin des betreffenden Unternehmens führen.

## 6.5    Ein numerisches Beispiel

Wir betrachten drei Sparten, deren zu Beginn des Jahres $t$ gezeichnetes Geschäft miteinander verglichen werden soll. Alle drei Sparten haben das gleiche versicherungstechnische Nominalergebnis (siehe Tab. 6.2). Dabei verstehen wir unter *Nominalergebnis* (bzw. allgemeiner *Nominalwerten*) Werte, die weder risikoadjustiert noch diskontiert sind.

In dieser Beschreibung werden Kosten und Steuern unter den sonstigen Ergebniszuschreibungen subsumiert. Während sich Prämien und Provisionen auf den Beginn des Jahres $t$ beziehen, treten Schäden, die damit verbundenen Schadenzahlungen und

**Tab. 6.2** Nominalwerte der Sparten A, B, C

| Nominalwerte | Sparte | | |
|---|---|---|---|
| | A | B | C |
| Prämien | 1000 | 1000 | 1000 |
| Provisionen | 50 | 50 | 50 |
| Schäden (projiziert) | 800 | 800 | 800 |
| Ergebniszuschreibungen (projiziert) | −50 | −50 | −50 |
| Nominalergebnis | 100 | 100 | 100 |

**Tab. 6.3** Abwicklungsmuster der Sparten A, B, C

| Sparte | Rückstellungen am Ende des Jahres | | | | |
|---|---|---|---|---|---|
| | $t$ | $t+1$ | $t+2$ | $t+3$ | $t+4$ |
| A | 80 % | 60 % | 40 % | 20 % | 0 % |
| B | 0 % | – | – | – | – |
| C | 50 % | 0 % | – | – | – |

(sonstige) Ergebniszuschreibungen in der Zukunft auf, sind also lediglich projizierte Werte. Wir nehmen an, dass die Rückstellungen und sonstigen Ergebniszuschreibungen der Sparte $x$ ein lineares erwartetes Abwicklungsmuster $\left(\alpha^x_{\hat{t},\tau}\right)_{\tau \geq t}$ haben (Tab. 6.3)

Zur Vereinfachung der Notation setzen wir außerdem für jede Sparte $\alpha^x_{t,t-1} = 100\,\%$. Wir nehmen an, dass dieses Abwicklungsmuster auch in der Vergangenheit galt, also $\alpha^x_{t-k,\tau-k} = \alpha^x_{t,\tau}$ für alle $k \in \mathbb{N}$. Die Reservierung wird so vorgenommen, dass (unter Berücksichtigung der sonstigen Ergebniszuschreibungen) weder Abwicklungsgewinne noch Abwicklungsverluste erwartet werden. Das Kapitalanlageergebnis resultiert aus einer risikofreien Kapitalanlage, die einen Zins von

$$s_{t+k} = 3\,\% \quad (k \in \{0, \dots, 4\})$$

generiert.

Für die Sparte $x$ und das Zeichnungsjahr $\hat{t}$ sei

- $L^x_{\hat{t},\tau}$ die gesamte undiskontierte Schadenzahlung im Jahr $\tau \geq \hat{t}$ und
- $E^x_{\hat{t},\tau}$ die gesamte undiskontierte sonstige Ergebniszuschreibungen im Jahr $\tau \geq \hat{t}$.

Wir bezeichnen den undiskontierten Gesamtschaden für das Zeichnungsjahr $\hat{t}$ mit $\mathbf{L}^x_{\hat{t}} = \sum_{\tau \geq \hat{t}} L^x_{\hat{t},\tau}$ und die undiskontierten Ergebniszuschreibungen mit $\mathbf{E}^x_{\hat{t}} = \sum_{\tau \geq \hat{t}} E^x_{\hat{t},\tau}$. Die im Zeichnungsjahr eingenommene Einmalprämie werde mit $P^x_{\hat{t}}$ bezeichnet. Das (undiskontierte) versicherungstechnische Abwicklungsergebnis inklusive Kosten und Steuern, aber ohne Provisionen für das Zeichnungsjahr $\hat{t}$ kann dann durch

$$Q^x_{\hat{t}} = \frac{\mathbf{L}^x_{\hat{t}} - \mathbf{E}^x_{\hat{t}}}{P^x_{\hat{t}}}.$$

beschrieben werden.

Die Sparten A, B, C haben in den vergangenen Jahren stark unterschiedliche Volatilitäten des Abwicklungsergebnisses aufgewiesen. Die Abwicklungsergebnisse für die Jahre

$$\hat{t} \in \{t-10, \dots, t-6\}$$

**Tab. 6.4** Historisches
Abwicklungsergebnis $Q_{\hat{t}}^x$ der
Sparte A, B, C

| Sparte | Zeichnungsjahr $\hat{t}$ | | | | |
|--------|--------|--------|--------|--------|--------|
|        | $t-10$ | $t-9$ | $t-8$ | $t-7$ | $t-6$ |
| A      | 20 %   | 150 %  | 50 %   | 140 %  | 40 %   |
| B      | 85 %   | 75 %   | 80 %   | 85 %   | 75 %   |
| C      | 75 %   | 65 %   | 80 %   | 85 %   | 95 %   |

sind in der Tab. 6.4 gegeben. Wir nehmen an, dass nur der gesamte, undiskontierte Schaden $L_{\hat{t}}^x - E_{\hat{t}}^x$ unter Risiko steht. Wir setzen ebenfalls voraus, dass für jede Sparte $x$ sowohl Volumen als auch typische Höhe des in den Jahren $\hat{t}$ sowie im Jahr $t$ gezeichneten Geschäfts vergleichbar sind.

Obwohl die Nominalergebnisse der Sparten A, B, C gleich sind, sind die Charakteristika der Sparten sehr unterschiedlich. Wir werden nun die Konsequenzen aus diesen unterschiedlichen Eigenschaften für die Erfolgsbestimmung analysieren. Dabei gehen wir davon aus, dass das Risikokapital risikofrei angelegt wird und berücksichtigen daher nicht den Kapitalertrag auf Risikokapital im Nettogewinn und den anderen Größen. Wir markieren die entsprechenden Größen wie im Rest des Kapitels mit einer Tilde ~. Wir nehmen außerdem an, dass der wirkliche Schadenverlauf der im Jahr $t$ gezeichneten Versicherungsverträge für jede Sparte $x$ genau den Erwartungen entspricht. Mit $\alpha_{t,t-1}^x = 1$ und $\Delta\alpha_{t,\tau}^x = \alpha_{t,\tau}^x - \alpha_{t,\tau-1}^x$ bedeutet diese Annahme, dass für jedes $\tau \geq t$

$$L_{t,\tau}^x = -\Delta\alpha_{t,\tau}^x L_t^x, \quad E_{t,\tau}^x = -\Delta\alpha_{t,\tau}^x E_t^x$$

gilt. In unseren Projektionen wird ebenfalls vorausgesetzt, dass alle anfallenden Gewinne zu jedem Jahresende dem Unternehmen entzogen werden.

Die Rückstellungen am Ende des Jahres $\tau$ sind durch

$$V_{t,\tau}^x = \frac{V_{t,\tau+1}^x + \mathrm{E}\left(L_{t,\tau+1}^x - E_{t,\tau+1}^x\right)}{1 + s_{\tau+1}} = \frac{V_{t,\tau+1}^x - \Delta\alpha_{t,\tau+1}^x \mathrm{E}\left(L_t^x - E_t^x\right)}{1 + s_{\tau+1}} \tag{6.1}$$

gegeben. Das Anlagevolumen der Sparte $x$ zu Beginn des Jahres $\tau$ beträgt

$$\tilde{A}_{t,\tau}^x = \delta_\tau^t \left(P_t^x - \mathrm{Prov}_t^x\right) + \left(1 - \delta_\tau^t\right) V_{t,\tau-1}^x,$$

wobei

$$\delta_\tau^t = \begin{cases} 1 & \text{falls } t = \tau \\ 0 & \text{falls } t \neq \tau \end{cases}$$

das Kronecker-Symbol bezeichnet. Aus Gl. (6.1) folgt

$$V^x_{t,\tau} - V^x_{t,\tau-1} = \begin{cases} V^x_{t,\tau} & \text{für } \tau = t, \\ s_\tau V_{t,\tau-1} + \Delta\alpha^x_{t,\tau} \mathrm{E}\left(\mathbf{L}^x_t - \mathbf{E}^x_t\right) & \text{für } \tau > t. \end{cases}$$

Der Nettogewinn am Ende des Jahres $\tau \geq t$ ist dann durch

$$\begin{aligned} \tilde{N}^x_{t,\tau} &= \delta^t_\tau \left(P^x_t - \mathrm{Prov}^x_t\right) - L^x_{t,\tau} + E^x_{t,\tau} + s_\tau \tilde{A}^x_{t,\tau} - \left(V^x_{t,\tau} - V^x_{t,\tau-1}\right) \\ &= \delta^t_\tau \left(P^x_t - \mathrm{Prov}^x_t\right) + \Delta\alpha^x_{t,\tau}\left(\mathbf{L}^x_t - \mathbf{E}^x_t\right) + s_\tau \tilde{A}^x_{t,\tau} - \left(V^x_{t,\tau} - V^x_{t,\tau-1}\right) \end{aligned}$$

gegeben, und es gilt

$$\begin{aligned} \mathrm{E}\left(\tilde{N}^x_{t,\tau}\right) &= \delta^t_\tau \left(P^x_t - \mathrm{Prov}^x_t\right) + \Delta\alpha^x_{t,\tau}\mathrm{E}\left(\mathbf{L}^x_t - \mathbf{E}^x_t\right) + s_\tau \delta^t_\tau \left(P^x_t - \mathrm{Prov}^x_t\right) \\ &\quad + s_\tau\left(1 - \delta^t_\tau\right)V^x_{t,\tau-1} - \delta^t_\tau V^x_{t,\tau} \\ &\quad - \left(1 - \delta^t_\tau\right)\left(s_\tau V^x_{t,\tau-1} + \Delta\alpha^x_{t,\tau}\mathrm{E}\left(\mathbf{L}^x_t - \mathbf{E}^x_t\right)\right) \\ &= \delta^t_\tau\left((1 + s_t)\left(P^x_t - \mathrm{Prov}^x_t\right) - V^x_{t,\tau} + \Delta\alpha^x_{t,\tau}\mathrm{E}\left(\mathbf{L}^x_t - \mathbf{E}^x_t\right)\right). \end{aligned}$$

Ein positives Nettoergebnis wird jeweils nur im ersten Jahr erwartet, da wir gerade so reserviert haben, dass bei einem erwarteten Abwicklungsverlauf das Ergebnis aus der Abwicklung der Reserven verschwindet.

Damit erhalten wir den in Tab. 6.5 gegebenen Abwicklungsverlauf.

Dadurch, dass die Schäden sehr viel später abgewickelt werden als die Prämienzahlung erfolgt, entstehen Zinserträge, die in der reinen Nominalbetrachtung nicht berücksichtigt werden. Eine reine Nettobetrachtung, die diesen Effekt berücksichtigt, würde das Geschäft der Sparte $A$ gegenüber dem Geschäft der Sparten $B$ und $C$ bevorzugen.

Wir wollen jetzt das Risiko in unserer Rechnung ebenfalls berücksichtigen. Als Maß für das ökonomische Risikokapital wählen wir den Value at Risk zum Konfidenzniveau $\alpha = 99.5\,\%$,

$$\tilde{C}^{\mathrm{EC},x}_{t,\tau} = \mathrm{VaR}_\alpha(X^x_{t,\tau}),$$

wobei $X^x_{t,\tau} = -\tilde{N}^x_{t,\tau}$ die den im Jahr $\tau$ erlittenen Verlust der Sparte $x$ für das Zeichnungsjahr $t$ bezeichnet. Wir nehmen außerdem an, dass die Summe aus Gesamtschaden und sonstigen Ergebniszurechnungen normalverteilt ist und einen nicht-negativen Erwartungswert hat. Wir können dann einen Schätzwert für die Standardabweichung von $X^x_{t,\tau}$ aus dem (dimensionslosen) Variationskoeffizienten der historischen Quotienten $Q^x_{\hat{t}}, \hat{t} \in \{t-10,\ldots,t-6\}$, ermitteln.

**Tab. 6.5** Abwicklungsverlauf der Sparten A, B, C

| Größe | $\tau = t$ | $\tau = t+1$ | $\tau = t+2$ | $\tau = t+3$ | $\tau = t+4$ | $\tau = t+5$ |
|---|---|---|---|---|---|---|
| $\tilde{A}^A_{t,\tau}$ | 950.0 | 631.9 | 480.9 | 325.3 | 165.0 | 0.0 |
| $s_\tau \tilde{A}^A_{t,\tau}$ | 28.5 | 19.0 | 14.4 | 9.8 | 5.0 | 0.0 |
| $L^A_{t,\tau}$ | 160.0 | 160.0 | 160.0 | 160.0 | 160.0 | 0.0 |
| $E^A_{t,\tau}$ | −10.0 | −10.0 | −10.0 | −10.0 | −10.0 | 0.0 |
| $V^A_{t,\tau}$ | 631.9 | 480.9 | 325.3 | 165.0 | 0.0 | 0.0 |
| $\tilde{N}^A_{t,\tau}$ | 176.6 | 0.0 | 0.0 | 0.0 | 0.0 | 0.0 |
| $\tilde{A}^B_{t,\tau}$ | 950.0 | 0.0 | 0.0 | 0.0 | 0.0 | 0.0 |
| $s_\tau \tilde{A}^B_{t,\tau}$ | 28.5 | 0.0 | 0.0 | 0.0 | 0.0 | 0.0 |
| $L^B_{t,\tau}$ | 800.0 | 0.0 | 0.0 | 0.0 | 0.0 | 0.0 |
| $E^B_{t,\tau}$ | −50.0 | 0.0 | 0.0 | 0.0 | 0.0 | 0.0 |
| $V^B_{t,\tau}$ | 0.0 | 0.0 | 0.0 | 0.0 | 0.0 | 0.0 |
| $\tilde{N}^B_{t,\tau}$ | 128.5 | 0.0 | 0.0 | 0.0 | 0.0 | 0.0 |
| $\tilde{A}^C_{t,\tau}$ | 950.0 | 412.6 | 0.0 | 0.0 | 0.0 | 0.0 |
| $s_\tau \tilde{A}^C_{t,\tau}$ | 28.5 | 12.4 | 0.0 | 0.0 | 0.0 | 0.0 |
| $L^C_{t,\tau}$ | 400.0 | 400.0 | 0.0 | 0.0 | 0.0 | 0.0 |
| $E^C_{t,\tau}$ | −25.0 | −25.0 | 0.0 | 0.0 | 0.0 | 0.0 |
| $V^C_{t,\tau}$ | 412.6 | 0.0 | 0.0 | 0.0 | 0.0 | 0.0 |
| $\tilde{N}^C_{t,\tau}$ | 140.9 | 0.0 | 0.0 | 0.0 | 0.0 | 0.0 |

$$\sigma\left(X^x_{t,\tau}\right) = \sigma\left(\delta^t_\tau\left(P^x_t - \text{Prov}^x_t\right) + \Delta\alpha^x_{t,\tau}\left(\mathbf{L}^x_t - \mathbf{E}^x_t\right) + s_\tau \tilde{A}^x_{t,\tau} - \left(V^x_{t,\tau} - V^x_{t,\tau-1}\right)\right)$$

$$= -\Delta\alpha^x_{t,\tau}\sigma\left(\mathbf{L}^x_t - \mathbf{E}^x_t\right)$$

$$= -\Delta\alpha^x_{t,\tau}P^x_t\sigma\left(\frac{\mathbf{L}^x_t - \mathbf{E}^x_t}{P^x_t}\right)$$

$$= -\Delta\alpha^x_{t,\tau}\frac{\sigma\left(Q^x_t\right)}{\mathrm{E}\left(Q^x_t\right)}\mathrm{E}\left(\mathbf{L}^x_t - \mathbf{E}^x_t\right),$$

wobei wir benutzt haben, dass Prämien, Provisionen und Rückstellungen aufgrund unserer Annahmen deterministisch sind. Es folgt

$$\tilde{C}^{\mathrm{EC},x}_{t,\tau} = \mathrm{VaR}_{99.5\%}\left(X^x_{t,\tau}\right)$$

$$= -\mathrm{E}\left(\tilde{N}^x_{t,\tau}\right) + \Phi^{-1}_{0,1}(99.5\,\%)\sigma\left(\tilde{N}^x_{t,\tau}\right)$$

$$= -\mathrm{E}\left(\tilde{N}^x_{t,\tau}\right) + \frac{\Phi^{-1}_{0,1}(99.5\,\%)\sigma\left(Q^x_t\right)}{\mathrm{E}\left(Q^x_t\right)}\left(-\Delta\alpha^x_{t,\tau}\mathrm{E}\left(\mathbf{L}^x_t - \mathbf{E}^x_t\right)\right).$$

Die numerische Berechnung führt zu den Werten in Tab. 6.6.

**Tab. 6.6** Erwartungswert, Standardabweichung für den historischen $Q_t^x$ der Sparten A, B, C

| Größe | | Sparte | |
|---|---|---|---|
| | A | B | C |
| $E\left(Q_t^x\right)$ | 80.00 % | 80.00 % | 80.00 % |
| $\sigma\left(Q_t^x\right)$ | 60.42 % | 05.00 % | 15.81 % |
| $\Phi_{0,1}^{-1}(99.5\,\%)\sigma\left(Q_t^x\right)/E(Q_t^x)$ | 194.52 % | 16.10 % | 50.91 % |

**Tab. 6.7** Ergebnisse für die Sparten A, B, C

| Größe | $\tau = t$ | $\tau = t+1$ | $\tau = t+2$ | $\tau = t+3$ | $\tau = t+4$ | $\tau = t+5$ |
|---|---|---|---|---|---|---|
| $\tilde{N}_{t,\tau}^A$ | 176.6 | 0.0 | 0.0 | 0.0 | 0.0 | 0.0 |
| $\tilde{C}_{t,\tau}^{EC,A}$ | 154.1 | 330.7 | 330.7 | 330.7 | 330.7 | 0.0 |
| $k_\tau \tilde{C}_{t,\tau}^{EC,A}$ | 9.2 | 19.8 | 19.8 | 19.8 | 19.8 | 0.0 |
| $EVA_{t,\tau}^A$ | 167.3 | −19.8 | −19.8 | −19.8 | −19.8 | 0.0 |
| $RORAC_{t,\tau}^A$ | 117.6 % | 3.0 % | 3.0 % | 3.0 % | 3.0 % | – |
| $\tilde{N}_{t,\tau}^B$ | 128.5 | 0.0 | 0.0 | 0.0 | 0.0 | 0.0 |
| $\tilde{C}_{t,\tau}^{EC,B}$ | 8.3 | 0.0 | 0.0 | 0.0 | 0.0 | 0.0 |
| $k_\tau \tilde{C}_{t,\tau}^{EC,B}$ | 0.5 | 0.0 | 0.0 | 0.0 | 0.0 | 0.0 |
| $EVA_{t,\tau}^B$ | 128.0 | 0.0 | 0.0 | 0.0 | 0.0 | 0.0 |
| $RORAC_{t,\tau}^B$ | 1543.6 % | – | – | – | – | – |
| $\tilde{N}_{t,\tau}^C$ | 140.9 | 0.0 | 0.0 | 0.0 | 0.0 | 0.0 |
| $\tilde{C}_{t,\tau}^{EC,C}$ | 12.1 | 153.0 | 0.0 | 0.0 | 0.0 | 0.0 |
| $k_\tau \tilde{C}_{t,\tau}^{EC,C}$ | 0.7 | 9.2 | 0.0 | 0.0 | 0.0 | 0.0 |
| $EVA_{t,\tau}^C$ | 140.2 | −9.2 | 0.0 | 0.0 | 0.0 | 0.0 |
| $RORAC_{t,\tau}^C$ | 1165.9 % | 3.0 % | – | – | – | – |

Wir nehmen an, dass die Hurdle Rate $h_t = 9\,\%$ und der Spread $k_t = 6\,\%$ beträgt. Aufgrund unserer Risikokapitalberechnung, die Wechselwirkungen ignoriert, haben wir

$$\widetilde{EVA}_{t,\tau}^x = \tilde{N}_{t,\tau}^x - k_\tau \tilde{C}_{t,\tau}^{EC,x} \quad \text{und} \quad \widetilde{RORAC}_{t,\tau}^x = \frac{\tilde{N}_{t,\tau}^x}{\tilde{C}_{t,\tau}^{EC,x}} + s_\tau,$$

wobei $\tilde{C}_{t,\tau}^{EC,x}$ das ökonomische Risikokapital der Periode $\tau$ für das in der Periode $t$ gezeichnete Geschäft der Sparte $x$ bezeichnet. Insgesamt erhalten wir die in Tab. 6.7 angegebenen Ergebnisse.

Wir haben vier verschiedene Systeme der Erfolgsmessung genutzt: Nominalbetrachtung, Nettogewinnbetrachtung, $\widetilde{EVA}$, und $\widetilde{RORAC}$. Dabei haben wir die Nominalbetrachtung benutzt, um die Sparten zu normieren, so dass Spartenvergleiche für jedes der anderen Erfolgsmessungskonzepte sinnvoll sind. Wird der Nettogewinn betrachtet, erscheint Sparte A am besten, bei Betrachtung des $\widetilde{EVA}$ Sparte C und bei Betrachtung des $\widetilde{RORAC}$

Sparte B. Da das Risiko beim Nettogewinn ignoriert wird, ist es nicht verwunderlich, dass die volatile Sparte A hier am besten abschneidet. Der Unterschied zwischen dem $\widetilde{EVA}$-Ergebnis und dem $\widetilde{RORAC}$-Ergebnis lässt sich durch die Volatilität der Sparte B erklären: Für $\tilde{C}_{t,\tau}^{EC,x} \to 0$ erhalten wir (bei positivem Nettogewinn) $\widetilde{RORAC} \to \infty$. Diese Beziehung gilt unabhängig vom Nettogewinn $\tilde{N}_{t,\tau}^x$, solange es ein $\delta > 0$ gibt, so dass im Grenzprozess $\tilde{N}_{t,\tau}^x > \delta$ gilt. Das RORAC Maß ist also für sehr kleinen Kapitalbedarf, wo für den Gesamterfolg der Nettogewinn entscheidend ist, nicht gut geeignet. Für $\tilde{C}_{t,\tau}^{EC,x} \to 0$ erhalten wir hingegen $\widetilde{EVA} \to \tilde{N}_{t,\tau}^x$. Es gibt also kein Maß, das für jede Anwendung vorzuziehen ist, so dass man für die jeweilige Anwendung das passende Maß bzw. eine geeignete Kombination von Maßen wählen muss.

*Anmerkung 6.3.* Das hier verwendete Modellierungsverfahren ist sehr stark vereinfacht und deshalb für unser Beispiel angemessen. Für Anwendungen in der Realität eignet es sich jedoch nicht:

- Mit 5 Datensätzen nahe am Erwartungswert kann man nicht zuverlässig die Verteilung in der Nähe des 99.5 % Quantils schätzen.
- Die Normalverteilungsannahme ist nicht angemessen. Auch der zentrale Grenzwertsatz kann hier nicht als Begründung herangezogen werden, da u. a. die Voraussetzung, dass die zu approximierende Verteilung eine endliche Standardabweichung hat, nicht überprüft werden kann.
- Die Annahme, dass die Summe aus Gesamtschaden und gesamten sonstigen Ergebniszuschreibungen der einzige Risikotreiber ist, kann häufig nicht verteidigt werden. In der Praxis hat auch der Zeitpunkt der Schadenzahlungen einen wichtigen Einfluss. Diesen Einfluss hinzuzunehmen hätte unsere Rechnung jedoch sehr viel komplizierter gemacht.
- Wir haben angenommen, dass die historischen Geschäftsparameter annähernd konstant sind und auch heute noch gelten. Dies ist in der Regel nicht erfüllt. Selbst in unserem Beispiel suggeriert der historische Schadenverlauf der Sparte C einen klaren Trend, den wir hier ignoriert haben. Außerdem kann die Zusammensetzung des Portfolios, die wir nicht untersucht haben, wichtig sein. Wenige Großverträge sind bei gleichem Volumen risikoreicher als Massengeschäft, da der Ausgleich im Portfolio weniger stark wirkt.

## 6.6   Grundlagen der Unternehmenswertkonzepte und der Wertbeitragsermittlung

In den Abschn. 6.3, 6.4, und 6.5 haben wir Erfolg auf Basis des risikoadjustierten Gewinns der Periode gemessen. Alternativ kann man Erfolg bezüglich der Wertänderung des Unternehmens definieren. Dies ist besonders dann sinnvoll, wenn die Versicherungsverträge wie in der Lebensversicherung langfristig sind und sich somit über mehrere Perioden erstrecken.

**Definition 6.9.** Der *marktkonsistente Wert eines Unternehmens* ist der Preis, zu dem es an einen rationalen unabhängigen Investor, der das Unternehmen gut kennt, verkauft werden könnte.

Diese Definition geht implizit davon aus, dass unterschiedliche unabhängige Investoren zu einem einheitlichen Preis kommen würden. Dies ist jedoch fraglich, da der Preis auch vom Risikoprofil des Käufers abhängt [4]. Außerdem wird ein Käufer in der Regel ein anderes Versicherungsunternehmen sein, so dass individuelle Synergieeffekte wesentlich werden. Definition 6.9 muss daher etwas abstrakter interpretiert werden:

- Um zu einem möglichst objektiven Ergebnis zu kommen, gehen wir davon aus, dass Synergieeffekte vernachlässigt werden können.
- Das Risikoprofil des Käufers erfassen wir durch explizite Normierungen. Ein Beispiel für eine solche Normierung ist durch das Kapitalkostenkonzept (siehe Abschn. 6.6.3) zum einem fest gewählten Risikomaß und Konfidenzniveau gegeben. Ein weiteres Beispiel für eine Normierung ist das durch die risikoneutrale Evaluierung induzierte Risikoprofil (siehe Abschn. 6.6.4).

**Definition 6.10.** Es sei $\mathbb{T} = \{0, \ldots, T\}$. Ein *deterministischer Cashflow* für $T$ Projektionsperioden ist eine Abbildung

$$Cf : \mathbb{T} \to \mathbb{R}, \quad t \mapsto Cf_t,$$

wobei jeder Periode $t$ ein monetäres Ergebnis $Cf_t$ zugeordnet wird, das am Ende der Periode evaluiert wird. Gilt $Cf_t > 0$, so wird dieser Wert als in dieser Periode erfolgte Einzahlung, andernfalls als Auszahlung aufgefasst.

Insbesondere nehmen wir an, dass der Cashflow $Cf_t$ sofort dem Unternehmen entzogen wird, also zukünftige Cashflows $Cf_{t+k}$ $(k > 0)$ nicht beeinflusst.

Um unsichere Cashflows zu beschreiben, benötigen wir Filtrationen (siehe Abschn. 2.4.1).

**Definition 6.11.** Es sei $\mathbb{T} = \{0, \ldots, T\}$ und $(\mathscr{F}_t)_{t \in \mathbb{T}}$ eine Filtration auf $\Omega$. Ein *Cashflow* für $T$ Projektionsperioden ist ein adaptierter stochastischer Prozess

$$Cf : \Omega \times \mathbb{T} \to \mathbb{R}, \quad (\omega, t) \mapsto Cf_t(\omega),$$

wobei $Cf_t(\omega)$ die Einzahlung (bzw. Auszahlung) in Periode $t$ beschreibt.

Aufgrund der Adaptiertheit ist $Cf_t$ zum Zeitpunkt $t$ bekannt. Dies ist besonders anschaulich, wenn $(\mathscr{F})_{\mathbb{T}}$ eine Produktfiltration ist (siehe Korollar 2.2).

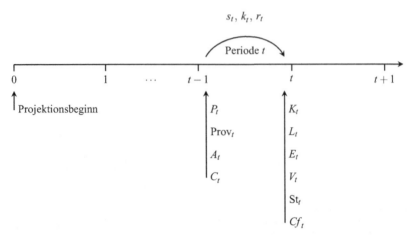

**Abb. 6.2**  Das der Definition des Versicherungscashflows zugrunde liegende Zeitmodell

Ein Versicherungscashflow gibt für jede Zeitperiode die in der Periode erfolgten Einnahmen und Ausgaben an (siehe Abb. 6.2). Es gibt zwei Versionen des Versicherungscashflows, je nachdem, ob die Veränderung der Rückstellungen in den Cashflow mit einbezogen wird oder nicht.

**Definition 6.12.**  Mit den Bezeichnungen aus Definition 6.2 ist ein *reiner Versicherungscashflow* durch

$$\widehat{Cf}_t = r_t A_t + P_t - \text{Prov}_t - L_t - K_t - \left(s_t + k_t\right) C_t + E_t - \text{St}_t$$

gegeben, wobei $C_t$ das Risikokapital und $k_t$ den Spread in der Zeitperiode $t$ sind.

Beim reinen Versicherungscashflow wird der Aufbau von Rückstellungen als ein rein interner Vorgang erfasst und daher hier nicht berücksichtigt. Praktisch hat diese Definition des reinen Cashflows jedoch die folgenden Nachteile:

- Der reine Cashflow im Jahr $t$, $\widehat{Cf}_t$, kann nicht als der Betrag interpretiert werden, der zur Gewinnverwendung für Eigentümer und Versicherungsnehmer zur Verfügung steht, da zunächst die Änderung der Reserven berücksichtigt werden muss.
- In der Lebensversicherung kann die Dauer zwischen Prämieneinzahlungen und Leistungsauszahlungen mehrere Jahrzehnte betragen. Davon sind insbesondere Verträge gegen Einmalbeitrag betroffen. Daher kann bei der Modellierung recht häufig der Fall auftreten, dass die Prämieneinzahlung während der $T$ Projektionsjahre einzelvertraglich modelliert wird, die zugehörige Auszahlung jedoch lediglich im Restglied $\widehat{Cf}_T$ pauschal erfasst wird. Die betroffenen Verträge werden dann nicht konsistent modelliert, wodurch es zu Wertverzerrungen kommen kann.

Alternativ kann man die Reserven als Mittel ansehen, die nicht dem Unternehmen, sondern dem Versichertenkollektiv zuzuordnen sind. In dieser Interpretation würde der Cashflow die Veränderung der Reserven als Ein- bzw. Auszahlungen mit berücksichtigen.

**Definition 6.13.** Mit den Bezeichnungen aus Definition 6.2 ist ein *Versicherungscashflow* durch

$$Cf_t = r_t A_t + P_t - \text{Prov}_t - L_t - (V_t - V_{t-1}) - K_t - (s_t + k_t) C_t + E_t - \text{St}_t \tag{6.2}$$

gegeben, wobei $C_t$ das Risikokapital und $k_t$ der Spread in der Zeitperiode $t$ sind.

Diese Definition hat die Vorteile, dass $Cf_t$ wirklich zur Gewinnverwendung zur Verfügung steht und die zeitliche Differenz zwischen Prämieneinzahlungen und Leistungsauszahlungen durch den Aufbau der zugehörigen Rückstellungen „überbrückt" wird. Dadurch werden Verzerrungen durch unterschiedliche Modellierung des Cashflows in den Projektionsjahren und des Restglieds verringert. Diesen Vorteilen steht der Nachteil gegenüber, dass es sich nicht um einen reinen Cashflow von Einzahlungen und Auszahlungen handelt. Dies ist bei der Interpretation natürlich zu berücksichtigen. Die Definitionen 6.12 und 6.13 unterscheiden sich nur um eine zeitliche Verschiebung der Periodenergebnisse.

Die in Abschn. 6.3 eingeführte absolute Erfolgsmessung hängt eng mit unserem Cashflowkonzept zusammen:

**Proposition 6.1.** *Es sei der Versicherungscashflow $Cf_t$ wie in Gl. 6.2 definiert, und es gelte $C_t = C_t^{\text{EC}}$. Dann gilt $Cf_t = \text{EVA}_t$.*

*Beweis.* Mit den Bezeichnungen aus Definition 6.2 berechnen wir

$$
\begin{aligned}
Cf_t &= r_t A_t + P_t - \text{Prov}_t - L_t - (V_t - V_{t-1}) - K_t - (s_t + k_t^{\text{EC}}) C_t^{\text{EC}} + E_t - \text{St}_t \\
&= N_t - (s_t + k_t^{\text{EC}}) C_t^{\text{EC}} \\
&= \text{EVA}_t.
\end{aligned}
$$

$\square$

Den Wert erhält man aus einem Cashflow, indem man zum Barwert übergeht. Dabei gehen wir implizit davon aus, dass der Cashflow am Ende jeder Zeitperiode dem Unternehmen entzogen (und nicht über das Anlagevermögen $A_{t+1}$ innerhalb des Unternehmens verbleibt), da es sonst zu Doppelzählungen kommen würde.

**Definition 6.14.** Es sei $Cf_t$ ein Versicherungscashflow, in dem die Periode $T$ die Liquidierung des Unternehmens beschreibt. Ist $r_t^{\text{Bew}}$ ein adaptierter stochastischer Prozess, der den Bewertungszins beschreibt, so ist der *Wert* zu Beginn der Periode $t_0$ durch

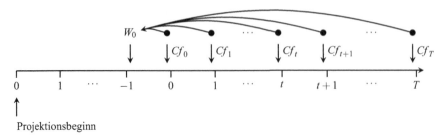

**Abb. 6.3** Definition des Unternehmenswerts

$$W_{t_0}(\omega) = \sum_{t=t_0}^{T} \frac{Cf_t(\omega)}{\prod_{\tau=t_0}^{t} \left(1 + r_\tau^{\mathrm{Bew}}(\omega)\right)} \tag{6.3}$$

gegeben Siehe Abb. 6.3.

Bei der Wertbestimmung umfasst der Cashflow des Unternehmens im Jahr der Liquidation das Abwicklungsergebnis (bzw. den Restwert des Unternehmens im Jahr $T$). In der Literatur wird dieses Abwicklungsergebnis in Gl. 6.3 häufig auch gesondert ausgewiesen.

*Anmerkung 6.4.* Der Wert ist kein adaptierter stochastischer Prozess, da zu seiner Berechnung zukünftige Cashflows benötigt werden.

*Anmerkung 6.5.* Die Schätzung des Zinses $r_t^{\mathrm{Bew}}$ ist für $t \gg 1$ mit großen Unsicherheiten behaftet, hat aber einen erheblichen Einfluss auf die Wertberechnung. Um dies zu illustrieren, nehmen wir als Cashflow an, dass wir 1 Euro für $T$ Jahre zum Zins $i$ anlegen und dass $r_t^{\mathrm{Bew}}(\omega) = r$ für alle Jahre $t$ konstant ist. Dann erhalten wir

$$W_1 = \sum_{t=1}^{T} \frac{Cf_t}{\prod_{\tau=1}^{t} \left(1 + r_\tau^{\mathrm{Bew}}\right)} = \left(\frac{1+i}{1+r}\right)^T 1.$$

Ist $r > i$, so erhalten wir für $T \to \infty$ den Wert $W_1 = 0$, gilt genau $r = i$, so erhalten wir $W_1 = 1$, und gilt schließlich $r < i$, so divergiert der Wert, $W_1 \to \infty$. Wenn wir stattdessen jedes Jahr den Zins $i$ aus unserer Investition abziehen, erhalten wir

$$W_1 = \sum_{t=1}^{T} \frac{Cf_t}{\prod_{\tau=1}^{t} \left(1 + r_\tau^{\mathrm{Bew}}\right)}$$

$$= \sum_{t=1}^{T} \frac{i}{(1+r)^t} + \left(\frac{1}{1+r}\right)^T 1$$

$$= i \frac{1 - (1+r)^{-T}}{r} + \left(\frac{1}{1+r}\right)^T$$

Dies ergibt für $i \neq r$ ein neues Ergebnis, obwohl ein ökonomisch äquivalentes Szenario beschrieben werden sollte. Diese unterschiedlichen Resultate lassen sich natürlich durch die Differenz von erwirtschaftetem Zins $i$ und Bewertungszins $r$ erklären. In unserem risikolosen Beispiel gibt es keinen Grund, warum $i$ von $r$ abweichen sollte. Bei einer realitätsnahen Bewertung eines Portfolios oder eines Unternehmens ist allerdings die Wahl des Bewertungszinses weniger klar.

### 6.6.1 Perspektive der Unternehmenswertbestimmung

Der Cashflow *Cf* hängt entscheidend davon ab, welche Perspektive zugrunde gelegt wird.

- Beim *Equity-Ansatz* wird der Wert aus der Sicht des Eigentümers berechnet. Der auf diese Weise bestimmte Wert wird auch als *Shareholdervalue* bezeichnet. Der Einfluss von Fremdkapital wird dabei direkt in den Cashflows als Zuflüsse, Rückzahlungen und Zinszahlungen berücksichtigt.
- Beim *Entity-Ansatz* wird das Unternehmen aus der gemeinsamen Sicht von Eigentümer und Fremdkapitalgeber betrachtet. In einem weiteren Schritt wird dann entweder der Cashflow selbst oder der Wert auf Eigentümer und Fremdkapitalgeber aufgeteilt. Als Vorteil für diesen Zugang wird angeführt, dass so der Einfluss der Kapitalstruktur klarer erkennbar ist. Allerdings ist die Bewertung des Fremdeigentümer-Cashflows bzw. die Aufteilung des Gesamtwertes mit weiteren Annahmen verbunden.
- Beim *Stakeholder-Ansatz* werden neben dem Fremdkapitalgeber und/oder dem Eigentümer noch weitere Stakeholder wie zum Beispiel Versicherungsnehmer oder Angestellte des Unternehmens berücksichtigt. Es ist sicher praktisch kaum möglich, alle Stakeholder zu berücksichtigen. Die Definition eines Erfolgsbegriffs, der die (mitunter konträren Interessen) aller Stakeholder angemessen berücksichtigt, erscheint ebenfalls schwierig.

  Für einige Steuerungsaufgaben ist jedoch das Einbeziehen spezifischer Stakeholder vorteilhaft. Ein Beispiel ist das Asset Liability Management in der Lebensversicherung. Bei einer langfristigen Projektion würde ein Algorithmus, der Managemententscheidungen zur Maximierung des Shareholdervalues simuliert, die Überschussbeteiligung des Altbestandes so weit wie möglich absenken,[3] da diese Versicherungsnehmer allenfalls stornieren könnten, was für das Unternehmen in der Regel zu Stornogewinnen führen würde. Die mit diesen Entscheidungen verbundenen negativen Effekte sind zwar erheblich (z. B. Reputationsverlust mit Auswirkung auf das Neugeschäft, bei Rentenversicherungen adverse Veränderung des Bestands, relative Erhöhung der Fixkosten, Unzufriedenheit von Arbeitnehmern aufgrund moralischer Konflikte), aber

---

[3]In Deutschland gibt es einen Gleichbehandlungsgrundsatz, der eine einseitige Absenkung des Überschusses für den Altbestand verbietet.

kaum praktisch modellierbar. Da die wirklichen Managemententscheidungen diese negativen Effekte zumindest qualitativ einbeziehen würden und deshalb auch den Altbestand angemessen an den Überschüssen beteiligen würden, würde das Modell die Realität unzureichend abbilden. Für die strategische Assetallokation wird daher oft der Gesamterfolg von Versicherungsnehmern und Eigentümer optimiert.

In der folgenden Darstellung werden wir den Equity-Ansatz wählen, da dieser Ansatz am besten zu den RORAC und EVA Methoden der Abschn. 6.3, 6.4, und 6.5 passt.

### 6.6.2 Deterministische Wertermittlung

Die Wertermittlung ist eine natürliche Fragestellung, so dass es nicht verwunderlich ist, dass Unternehmenswertbestimmungen vorgenommen wurden, lange bevor stochastische, Monte Carlo basierte Projektionsmethoden in der Industrie genutzt werden konnten. Da es ohne derartige stochastische Methoden schwierig ist, ökonomisches Kapital zu berechnen, wurde traditionell ein anderer Weg beschritten, um zukünftige Risiken mitberücksichtigen zu können:

Die Wertbestimmung basiert auf einem deterministischen (erwarteten) Cashflow ohne eine ökonomische Kapitalkomponente. Allerdings werden Kapitalkosten für das regulatorische Kapital $C_t^{\text{Reg}}$ berücksichtigt. Als Spread wird in der Regel der Unternehmensspread $k_t^{\text{EC}}$ gewählt, da das regulatorische Kapital vom Unternehmen aufgebracht werden muss. $C_t = C_t^{\text{Reg}}$ wird also nicht als Risikokapital, sondern $\left(s_t + k_t^{\text{EC}}\right) C_t^{\text{Reg}}$ werden als zusätzliche regulatorische Kosten aufgefasst. Als Bewertungszins wird $r_t^{\text{Bew}} = s_t + k_t^{\text{Bew}}$ gewählt, wobei $k_t^{\text{Bew}}$ ein Spread ist, der das Risiko ausdrücken soll. Es gibt keine allgemein anerkannte Methode, um $k_t^{\text{Bew}}$ zu schätzen, und in der Tat werden von den Unternehmen sehr unterschiedliche Spreads angesetzt. Insgesamt erhält man den Wert

$$W_t = \sum_{\tilde{t}=t}^{T} \frac{Cf_{\tilde{t}}}{\prod_{\tau=t}^{\tilde{t}} \left(1 + \left(s_\tau + k_\tau^{\text{Bew}}\right)\right)}$$

mit

$$Cf_{\tilde{t}} = r_{\tilde{t}} A_{\tilde{t}} + P_{\tilde{t}} - \text{Prov}_{\tilde{t}} - L_{\tilde{t}} - (V_{\tilde{t}} - V_{\tilde{t}-1}) - K_{\tilde{t}} - \left(s_{\tilde{t}} + k_{\tilde{t}}^{\text{EC}}\right) C_{\tilde{t}}^{\text{Reg}} + E_{\tilde{t}} - \text{St}_{\tilde{t}}.$$

Für die wertorientierte Unternehmenssteuerung ist es natürlich notwendig, zusätzliche Sensitivitätsanalysen bezüglich verschiedener Unternehmensstrategien (und der korrespondierenden verschiedenen Cashflows) zu erstellen.

Die deterministische Wertermittlung und auf ihr basierende wertorientierte Unternehmenssteuerungsmethoden gelten heute nicht mehr als „best practice".

### 6.6.3 Kapitalkostenbasierte Wertbestimmung

Da zukünftige Cashflows unsicher sind, ist es naheliegend, den Wert des Unternehmens über stochastische Prozesse zu bestimmen.

Der Versicherungscashflow $Cf_t$ sei auf einer Produktfiltration

$$(\mathscr{F}_t)_{t \in \mathbb{T}} \quad (\mathbb{T} = \{0, \ldots, T\})$$

definiert. **P** sei das Wahrscheinlichkeitsmaß auf der $\sigma$-Algebra $\mathscr{F}_T$, das die Unsicherheit in der wirklichen Welt[4] beschreibt. Als Bewertungszins wird in der Regel der risikofreie Zins $s_t$ verwendet.

Der Wert (Definition 6.14) ist zwar kein adaptierter stochastischer Prozess. Über seine bedingten Erwartungswerte (siehe Definition 2.10) ist es jedoch möglich, einen adaptierten stochastischen Wertprozess zu definieren, der zu jedem Zeitpunkt den Wert des Unternehmens an diesem Zeitpunkt liefert.

**Definition 6.15.** Es seien $\mathbb{T} = \{0, \ldots, T\}$, $(\Omega, \mathbf{P})$ ein Wahrscheinlichkeitsraum und $(\mathscr{F}_t)_{t \in \mathbb{T}}$ eine Filtration auf $\Omega$. Ist $Cf$ ein Versicherungscashflow bezüglich dieser Filtration, dann ist die Abbildung

$$(t, \omega) \mapsto \mathrm{E}\left(W_{t+1} \mid \mathscr{F}_t\right)(\omega)$$

der zu $Cf$ assoziierte *Wertprozess*.

Man lasse sich durch den Index $t + 1$ nicht verwirren. $W_{t+1}$ ist der Wert zu Beginn der Periode $t + 1$, also zum Zeitpunkt $t$ am Ende der Periode $t$.

Da $\mathrm{E}\left(W_{t+1} \mid \mathscr{F}_t\right)$ offenbar eine $\mathscr{F}_t$-messbare Zufallsvariable ist, ist der Wertprozess ein adaptierter stochastischer Prozess. Proposition 2.7 impliziert, dass sich diese Definition für unsere Anwendungen, die auf filtrierten Produktökonomien basieren, zu einer praktisch leicht handhabbaren Form konkretisieren lässt.

#### 6.6.3.1 Wertbasierter risikoadjustierter Gewinn

Beim RORAC wird der in einer Periode erwirtschaftete Gewinn zu dem für die Periode benötigten Risikokapital ins Verhältnis gesetzt. Das Risikokapital berücksichtigt auch zukünftige, auf Veränderungen in der betrachteten Periode zurückgehende Veränderungen in den Zahlungsverpflichtungen des Unternehmens, nicht aber eine zukünftige Schmälerung des Gewinns. Der wertbasierte risikoadjustierte Gewinn berücksichtigt dagegen auch diesen Gewinnverlust.

---

[4]In Abschn. 6.6.4 werden wir ein weiteres „risikoneutrales" Wahrscheinlichkeitsmaß definieren, das die „wirkliche Welt" („real world") nicht direkt beschreibt.

Wir betrachten zunächst die Änderung des Wertprozesses $E\left(W_t \mid \mathscr{F}_{t-1}\right)$:

$$
\begin{aligned}
E\left(W_t \mid \mathscr{F}_t\right) &= E\left(\sum_{\tilde{t}=t}^{T} \frac{Cf_{\tilde{t}}}{\prod_{\tau=t}^{\tilde{t}}\left(1+s_\tau\right)} \mid \mathscr{F}_t\right) \\
&= E\left(\frac{Cf_t}{1+s_t} \mid \mathscr{F}_t\right) + E\left(\frac{1}{1+s_t} \sum_{\tilde{t}=t+1}^{T} \frac{Cf_{\tilde{t}}}{\prod_{\tau=t+1}^{\tilde{t}}\left(1+s_\tau\right)} \mid \mathscr{F}_t\right) \\
&= \frac{Cf_t}{1+s_t} + \frac{1}{1+s_t} E\left(W_{t+1} \mid \mathscr{F}_t\right) \\
&= \frac{1}{1+s_t}\left(N_t - \left(s_t + k_t\right) C_t\right) + \frac{1}{1+s_t} E\left(W_{t+1} \mid \mathscr{F}_t\right),
\end{aligned}
$$

wobei wir benutzt haben, dass $s_t$ und $Cf_t$ aufgrund der Adaptiertheit $\mathscr{F}_t$-messbar sind.

**Korollar 6.2.** *Unter der Voraussetzung* $C_t = C_t^{\text{EC}}$ *folgt mit der Hurdle Rate* $h_t = s_t + k_t$

$$
EVA_t = E\left(W_{t+1} \mid \mathscr{F}_t\right) - \left(1+s_t\right) E\left(W_t \mid \mathscr{F}_t\right).
$$

Dieses Korollar zeigt, dass der EVA wirklich den „value added" repräsentiert, falls die Hurdle Rate den wirklichen Kapitalkosten entspricht. Der Term $E\left(W_t \mid \mathscr{F}_t\right)$ ist jedoch nicht einfach die Schätzung des Wertes zum Zeitpunkt $t-1$, sondern der zum Zeitpunkt $t$ ermittelte retrospektive Wert zum Zeitpunkt $t-1$. Dieser etwas subtile Unterschied macht den EVA weniger intuitiv als die folgende Modifikation

$$
EVA_t^{\text{Wert}} = E\left(W_{t+1} \mid \mathscr{F}_t\right) - \left(1+s_t\right) E\left(W_t \mid \mathscr{F}_{t-1}\right),
$$

die direkt die ermittelten Werte am Anfang und am Ende der Periode $t$ vergleicht (Abb. 6.4). Wir verwenden diese modifizierte Definition für den erwirtschafteten Erfolg in der Periode $t$ und definieren daher die wertbasierte Verlustfunktion als

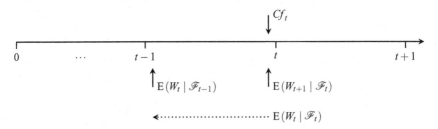

**Abb. 6.4** Die Berechnung des Wertzuwachses. Wir benutzen, dass der risikofreie Zins für die Periode $t$ bereits zu Beginn der Periode bekannt ist

$$X_t^{\text{Wert}} = -\text{EVA}_t^{\text{Wert}} = -\left(\left(\text{E}\left(W_{t+1} \mid \mathscr{F}_t\right) - (1 + s_t)\,\text{E}\left(W_t \mid \mathscr{F}_{t-1}\right)\right)\right).$$

Wir benutzen den dynamischen Value at Risk (Definition 2.17) für die Filtration bis zum Zeitpunkt $t$ als unser Risikomaß. Dann ist das wertbasierte Kapital durch

$$C_t^{\text{Wert}} = \text{VaR}_{\alpha, t-1}\left(X_t^{\text{Wert}}\right) = (1 + s_t)\,\text{E}\left(W_t \mid \mathscr{F}_{t-1}\right) - \text{VaR}_{1-\alpha, t-1}\left(\text{E}\left(W_{t+1} \mid \mathscr{F}_t\right)\right)$$

gegeben. Man beachte, dass $C_t^{\text{Wert}}$, wie es sein sollte, $\mathscr{F}_{t-1}$-messbar ist.

Dies führt zu dem folgenden Kandidaten für ein relatives, wertbasiertes, risiko-adjustiertes Erfolgsmaß:

**Definition 6.16.** Der *VaR-basierte RORAC-Prozess* ist durch

$$\text{RORAC}_t^{\text{Wert}} = \frac{\text{E}\left(W_{t+1} \mid \mathscr{F}_t\right) - (1 + s_t)\,\text{E}\left(W_t \mid \mathscr{F}_{t-1}\right)}{(1 + s_t)\,\text{E}\left(W_t \mid \mathscr{F}_{t-1}\right) - \text{VaR}_{1-\alpha}\left(\text{E}\left(W_{t+1} \mid \mathscr{F}_t\right)\right)}$$

gegeben.

Offenbar ist der VaR-basierte RORAC-Prozess adaptiert, aber $\text{RORAC}_t^{\text{Wert}}$ ist normalerweise nicht $\mathscr{F}_{t-1}$-messbar.

### 6.6.3.2 Numerische Berechnung durch Monte Carlo Simulation

Eine praktische Möglichkeit, den Wertprozess zu berechnen, liefert die Monte Carlo Simulation. Wir betrachten zunächst einen allgemeinen Wahrscheinlichkeitsraum $(\tilde{\Omega}, \tilde{\mathbf{P}})$.

Bei einer Monte Carlo Simulation wird die Verteilung $F_{\tilde{X}}$ einer Zufallsvariablen $\tilde{X} \colon \tilde{\Omega} \to \mathbb{R}^k$ durch $m$ Werte $\tilde{X}(\tilde{\omega}_1), \ldots, \tilde{X}(\tilde{\omega}_m)$ mit $\tilde{\omega}_1, \ldots, \tilde{\omega}_m \in \tilde{\Omega}$ simuliert, so dass für jedes $x \in \mathbb{R}^k$

$$F_{\tilde{X}}(x) \approx \frac{1}{m} \#\left\{i \in \{1, \ldots, m\} \mid \tilde{X}(\tilde{\omega}_i) \leq x\right\}$$

gilt.[5] Die Werte $\tilde{\omega}_i$ sind dabei über einen Zufallsgenerator ermittelte Pseudozufallszahlen. Wir transformieren also approximativ den Wahrscheinlichkeitsraum $(\tilde{\Omega}, \mathbf{P})$ in den diskreten Wahrscheinlichkeitsraum

$$(\{1, \ldots, m\}, \mathbf{P}_{\text{uniform}}) \text{ mit } \mathbf{P}_{\text{uniform}}(i) = \frac{1}{m} \text{ für alle } i \in \{1, \ldots, m\}.$$

Die Zufallsvariable transformiert sich dabei zu

$$\tilde{X}^{\approx} \colon \{1, \ldots, m\} \to \mathbb{R}^k, \quad i \mapsto \tilde{X}(\tilde{\omega}_i).$$

---

[5]Für $a, b \in \mathbb{R}^k$ bedeutet $a \leq b$, dass die Ungleichung für alle Komponenten gilt.

Für unsere Anwendung auf stochastische Prozesse betrachten wir nun eine filtrierte

Produktökonomie $(\Omega, (\mathscr{F}_t)_{t \in \mathbb{T}}, \mathbf{P})$, wobei $\mathbb{T} = \{0, \dots, T\}$, $\Omega = \overbrace{\tilde{\Omega} \times \cdots \times \tilde{\Omega}}^{T \text{ Faktoren}}$ und $\mathbf{P} = \tilde{\mathbf{P}} \times \cdots \times \tilde{\mathbf{P}}$ gelte. Wir nehmen weiterhin an, dass die $\sigma$-Algebra $\mathscr{F}_0$ trivial ist. Der Produktraum $(\Omega, \mathbf{P})$ hat dann $m^T$ Elemente der Form $\omega = (\omega_1, \dots, \omega_T)$ mit $\omega_t \in \{1, \dots, m\}$. Die Anzahl der Perioden $T$ ist in der Regel zweistellig und nicht selten größer als 30. Selbst wenn man für $m$ einen moderaten Wert wählt, ist $m^T$ so groß, dass man auch mit modernen Computern den gesamten Raum $(\Omega, \mathbf{P})$ nicht vollständig modellieren kann.[6] Um dieses Problem zu umgehen, werden in der Praxis lediglich $n$ Pfade

$$\omega^i = (\omega_1^i, \dots, \omega_T^i)$$

modelliert. Damit verliert man zwar die explizite Produktstruktur der Filtration,[7] aber dafür kann ein Wert $n$ gewählt werden, für den die Anzahl der Berechnungen bewältigt werden kann. Es sei nun $X_t$ ($t \in \mathbb{T}$) ein bezüglich der Produktfiltration adaptierter stochastischer Prozess. Um diesen Prozess zu approximieren, ziehen wir $nT$ Zufallszahlen $\omega_t^i$ aus $(\tilde{\Omega}, \tilde{\mathbf{P}})$. So erhalten wir eine Approximation

$$X^{\approx} : \{1, \dots n\} \to \mathbb{R}^k, \quad i \mapsto X_t(\omega^i) = X_t(\omega_1^i, \dots, \omega_T^i),$$

wobei $X_t(\omega_1^i, \dots, \omega_T^i)$ nicht von den gezogenen Zufallszahlen $\omega_{t+1}^i, \dots, \omega_T^i$ abhängt. Wir können daher $X(\omega_{\mathbf{B}}^{i,t})$ statt $X(\omega^i)$ schreiben.

In den folgenden beiden Beispielen beschreiben wir die Berechnung der Größen $E(W_1) = E(W_1 \mid \mathscr{F}_0)$ und $E(W_2 \mid \mathscr{F}_1)$, die für die Berechnung von $\text{RORAC}_1^{\text{Wert}}$ (Definition 6.16) benötigt werden. Am Ende des zweiten Beispiels werden wir schätzen, wie viel Berechnungen zur Bestimmung von $\text{RORAC}_1^{\text{Wert}}$ notwendig sind.

*Beispiel 6.1 (Berechnung von $E(W_1)$).* In unserer Notation gilt

$$E(W_1) = \frac{1}{n} \sum_{j=1}^{n} W_1^{\approx}(\omega^j)$$

mit

$$W_1^{\approx}(\omega^j) = \sum_{t=1}^{T} \frac{Cf_t^{\approx}(\omega_{\mathbf{B}}^{j,t})}{\prod_{\tau=1}^{t}(1 + s_\tau^{\approx}(\omega_{\mathbf{B}}^{j,\tau-1}))}.$$

---

[6]Zum Vergleich: Wenn man den viel zu kleinen Wert $m = 10$ wählt und $T = 25$ Perioden modelliert, so ist $m^T$ sehr viel größer als die Anzahl der Atome in einem 50 g schweren Stück Eisen.

[7]Die Produktstruktur des Wahrscheinlichkeitsraums bleibt aber natürlich erhalten.

Der risikofreie Zins $s_\tau^\approx(\omega_{\mathbf{B}}^{j,\tau-1})$ wird durch einen gegebenen stochastischen Prozess modelliert und daher leicht berechenbar. Der Cashflow beträgt

$$
\begin{aligned}
Cf_t^\approx(\omega_{\mathbf{B}}^{j,t}) = {}& r_t^\approx(\omega_{\mathbf{B}}^{j,t-1})A_t^\approx(\omega_{\mathbf{B}}^{j,t-1}) + P_t^\approx(\omega_{\mathbf{B}}^{j,t-1}) \\
& - \mathrm{Prov}_t^\approx(\omega_{\mathbf{B}}^{j,t-1}) - L_t^\approx(\omega_{\mathbf{B}}^{j,t}) \\
& - \left( V_t^\approx(\omega_{\mathbf{B}}^{j,t}) - V_{t-1}^\approx(\omega_{\mathbf{B}}^{j,t-1}) \right) - K_t^\approx(\omega_{\mathbf{B}}^{j,t}) \\
& - \left( s_t^\approx(\omega_{\mathbf{B}}^{j,t}) + k_t^{\mathrm{EC},\approx}(\omega_{\mathbf{B}}^{j,t}) \right) C_t^\approx(\omega_{\mathbf{B}}^{j,t}) \\
& + E_t^\approx(\omega_{\mathbf{B}}^{j,t}) - \mathrm{St}_t^\approx(\omega_{\mathbf{B}}^{j,t}).
\end{aligned}
$$

Die Modellierung der meisten dieser Terme ist ebenso unproblematisch wie die Modellierung der risikofreien Zinssätze. Aber die Rückstellungen $V_t^\approx(\omega_{\mathbf{B}}^{j,t})$ und das Risikokapital $C_t^\approx(\omega_{\mathbf{B}}^{j,t})$ können nicht direkt aus den bis zum Projektionsschritt $t$ berechneten Größen abgelesen werden. Denn sowohl die Rückstellungen als auch das Risikokapital sind das Ergebnis stochastischer Funktionale, die sich auf die zukünftigen unsicheren Cashflows beziehen.

Konzeptionell sind die Rückstellungen der Wert der Verbindlichkeiten. In der Praxis werden die Rückstellungen jedoch häufig über Vereinfachungen bestimmt. Im einfachsten Fall wird die Rückstellung rekursiv über ein einzelnes deterministisches „erwartetes" Szenario berechnet. In diesem Fall hat die Rechenzeit für $V_t^\approx(\omega_{\mathbf{B}}^{j,t})$ die Ordnung $O(T-t)$.

Für die Berechnung des Risikokapitals sind ebenfalls verschiedene Ansätze gängig:

- Mitunter wird das Risikokapital über eine einfache faktorbasierte Formel approximiert. In diesem Fall hat die Rechenzeit Ordung $O(1)$. Das Verfahren ist aber mit sehr hohen Unsicherheiten verbunden.
- Besonders in der Lebensversicherung ist die Approximation über deterministische Stresstests des auslaufenden Bestands populär. Die Rechenzeit für

$$
C_t^\approx(\omega_{\mathbf{B}}^{j,t})
$$

  hat die Ordnung $O(T-t)$. Bei der Kalibrierung dieser Stresstests gibt es Unsicherheiten, da sie mögliche zukünftige Entwicklungen, deren Eintritt einer gegebenen kleinen Wahrscheinlichkeit entspricht, repräsentieren.
- Methodisch am konsistentesten ist es, das Risikokapital stochastisch über eine weitere Monte Carlo Simulation zu bestimmen. Beispielsweise könnte so der Value at Risk $\mathrm{VaR}_\alpha(-N_t)$ oder den Expected Shortfall $\mathrm{ES}_\alpha(-N_t))$ des negativen Nettoprofits $-N_t$ direkt berechnet werden. In Abschn. 2.3.2 haben wir gesehen, dass man in der Praxis die Berechnung des Risikokapitals durch die Auswertung einer geeignet definierten Zufallsvariable auf dem $\tilde{m}$-fachen Produkt des zugrunde liegenden

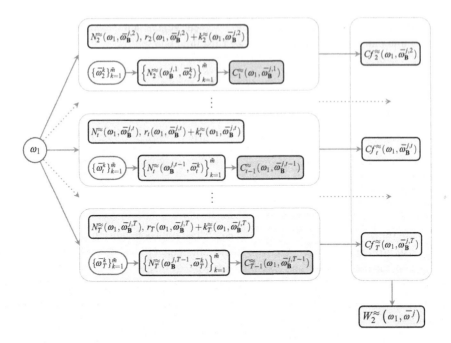

**Abb. 6.5** Die Berechnung von $W_2^{\approx}(\omega_1, \bar{\omega}^j)$. Die Berechnung von $W_1^{\approx}(\omega^j)$ verläuft analog

Wahrscheinlichkeitsraumes ersetzt. Dies führt zu einer geschachtelten stochastischen Simulation (siehe Abb. 6.5). Zum Zeitpunkt $t$ werden zusätzlich $\tilde{m}$ 1-Perioden Simulationen auf dem Wahrscheinlichkeitsraum $(\tilde{\Omega}, \tilde{\mathbf{P}})$ durchgeführt, mit denen die Zufallsvariable für den Verlust $-N_t$ des Unternehmens in der Periode $t$ approximiert werden kann. Dies liefert die diskretisierte Zufallsvariable

$$-N_t^{\approx}\left(\omega_{\mathbf{B}}^{j,t-1}, \tilde{\omega}_t\right) \quad \tilde{\omega}_t \in \{1, \ldots, \tilde{m}\},$$

woraus das Risikokapital $C_t^{\approx}(\omega_{\mathbf{B}}^{j,t-1})$ numerisch bestimmt werden kann. Die Rechenzeit hat die Ordnung $O(\tilde{m})$. Da für diese Berechnung weitere Zufallszahlen $\{\omega\left(\tilde{i}_t\right)\}_{\tilde{i}_t=1}^{\tilde{m}}$ gezogen werden müssen, vergrößert sich für jeden Zeitschritt $t$ der praktisch zu modellierende Wahrscheinlichkeitsraum um $\tilde{m}$ Faktoren $\tilde{\Omega}$.

Um eine Vorstellung des daraus resultierenden Rechenaufwands zu erhalten, nehmen wir an, dass die Passivseite des Unternehmens durch 100'000 Modelpoints beschrieben werden kann. Wir nehmen ferner an, dass die Abwicklung jedes Modelpoints $T = 10$ Jahre dauert und dass wir kein Neugeschäft berücksichtigen. Wenn wir $n = 1000$ Zufallspfade benötigen, um einen guten Schätzwert für den Erwartungswert zu erhalten, dann müssen wir pro Modelpoint $n \times T = 1000 \times 10 = 10^4$ Cashflow-Werte berechnen.

Bei der Berechnung eines jeden Cashflow-Werts muss auch ein Risikokapitalwert ermittelt werden. Wir nehmen an, dass das Risikokapital wie bei Solvency 2 als das 99,5 % Quantil definiert wird. Um Quantilsaussagen mit hinreichender Verlässlichkeit zu erhalten, wollen wir mindestens 100 Ereignisse jenseits des Quantils erzeugen. Dann benötigen wir für einen Risikokapitalwert $\tilde{m} = 2 \times 10^4$ Szenarien. Insgesamt ergibt dies $n \times T \times \tilde{m} = 2 \times 10^8$ Szenarien für einen Modelpoint. Da wir 100'000 Modelpoints haben, benötigen wir insgesamt $2 \times 10^{13}$ 1-Jahres-Projektionen.

*Beispiel 6.2 (Berechnung von* $\mathrm{E}(W_2 \mid \mathscr{F}_1)$ *und* $\mathrm{RORAC}_1^{\mathrm{Wert}}$*).* Im Gegensatz zu $\mathrm{E}(W_1)$ ist $\mathrm{E}(W_2 \mid \mathscr{F}_1)$ nicht einfach eine reelle Zahl sondern eine Zufallsvariable (siehe Abb. 6.6). In Beispiel 6.1 konnten wir den großen Wahrscheinlichkeitsraum einfach durch $n$ Zufallspfade darstellen, und dann $\mathrm{E}(W_1)$ durch eine Durchschnittsbildung über diese Pfade approximieren. Da wir jetzt in eine $\mathscr{F}_1$-messbare Funktion anstatt einer reellen Zahl interessiert sind, müssen wir nun eine Approximation von $(\mathbf{P}, \Omega)$ verwenden, die das erste Produkt der filtrierten Produktökonomie $(\Omega, (\mathscr{F}_t)_{t \in \mathbb{T}}, \mathbf{P})$ respektiert. Es sei $\Omega = \tilde{\Omega} \times \bar{\Omega}$ und $\mathbf{P} = \tilde{\mathbf{P}} \otimes \bar{\mathbf{P}}$, wobei wir $(\bar{\Omega}, \bar{\mathbf{P}}) = (\prod_{j=2}^T \tilde{\Omega}, \bigotimes_{j=2}^T \tilde{\mathbf{P}})$ setzen. Wir approximieren $(\bar{\Omega}, \bar{\mathbf{P}})$ durch $n$ Zufallspfade $\bar{\omega}^j = (\bar{\omega}_2^j, \ldots, \bar{\omega}_T^j)$, wobei $\bar{\omega}_t^j \in \tilde{\Omega}$ gelte. Nun können wir $W_2$ und $\mathrm{E}(W_2 \mid \mathscr{F}_1)$ durch

$$W_2^{\approx}(\omega_1, \bar{\omega}^j) = \sum_{t=2}^T \frac{Cf_t^{\approx}(\omega_1, \bar{\omega}_{\mathbf{B}}^{j,t})}{\prod_{\tau=2}^t (1 + s_\tau^{\approx}(\omega_1, \bar{\omega}_{\mathbf{B}}^{j,\tau-1}))}.$$

und

$$\mathrm{E}(W_2 \mid \mathscr{F}_1)^{\approx}(\omega_1) = \frac{1}{n} \sum_{j=1}^n W_2^{\approx}(\omega_1, \bar{\omega}^j)$$

approximieren. Bei dieser Approximation müssen wir lediglich $m + n(T-1)$ Zufallszahlen $\omega_1 \in \{1, \ldots, m\}$, $\bar{\omega} \in \{1, \ldots, n\} \times \{2, \ldots, T\}$ ziehen, was (für $m \approx n$) vergleichbar mit der im Beispiel 6.1 benötigten Anzahl von Zufallszahlen ist. Die benötigte Anzahl von 1-Perioden Szenarien für die Berechnung von $s_\tau^{\approx}$ und $Cf_t^{\approx}$ pro Modelpoint hat sich aber von $nT$ auf $mn(T-1)$ stark erhöht. Dies liegt daran, dass wir nun eine Funktion anstelle einer einfachen Zahl approximieren.

Wir nehmen wieder an, dass das der Versicherungsbestand mit 100'000 Model-points abgebildet werden kann, und dass das Portfolio in 10 Perioden abgewickelt ist. Um $\mathrm{RORAC}_1^{\mathrm{Wert}}$ zu berechnen, benötigen wir den Value at Risk der Zufallsvariablen $\mathrm{E}(W_2 \mid \mathscr{F}_1)^{\approx}$. Unsere Mindestgenauigkeit sei wieder dadurch gegeben, dass wenigstens 100 Ereignisse jenseits des Quantils existieren. Für den 0.5 % Value at Risk bedeutet dies, dass wir, ohne zunächst Kapitalkosten zu berücksichtigen, wenigstens 20'000 Monte Carlo Szenarien erzeugen müssen. Für den bedingten Erwartungswert benutzen wir wieder $n = 1000$. Dies bedeutet, dass wir $20'000 \times 1000 \times (10 - 1) = 180$ Millionen Szenarien pro Modelpoint berechnen müssen. Da der Cashflow $Cf_t^{\approx}$ einen Summanden

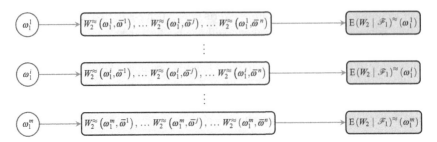

**Abb. 6.6** Die Berechnung der Zufallsvariablen $E(W_2 \mid \mathscr{F}_1)^{\approx} : \omega^1 \mapsto \mathbb{R}$. Die Berechnung des Erwartungswerts $E(W_1)^{\approx}$ verläuft analog

für Kapitalkosten enthält, müssen wir in einer geschachtelten Monte Carlo Simulation das Kapital $C_t^{\approx}$ berechnen. Dazu nehmen wir an, dass $C_t^{\approx}$ ebenfalls als 99.5 % Value at Risk bestimmt wird, was jeweils die Berechnung von zusätzlichen $\tilde{m} = 20'000$ Szenarien erfordert. Insgesamt erfordert dies $20'000 \times 180 \times 10^6 = 3.6 \times 10^{12}$ 1-Perioden Szenarien pro Modelpoint. Wir müssen somit $3.6 \times 10^{17}$ 1-Perioden Projektionen für das gesamte Portfolio berechnen.

*Anmerkung 6.6.* Neben dem praktischen Problem der notwendigen Rechenzeit hat dieser Ansatz auch eine konzeptionelle Schwierigkeit in Bezug zu Definition 6.9: Der Wert hängt vom Risikokapital $C_t$ und somit vom gewählten Konfidenzniveau ab. Dieses Konfidenzniveau wird in der Regel mit dem vom Unternehmen angestrebten Rating konsistent sein, allerdings kann nicht davon ausgegangen werden, dass ein Käufer des Unternehmens das gleiche Rating anstreben würde. Damit mangelt es auch diesem Maß an Vergleichbarkeit. Es sollte jedoch hervorgehoben werden, dass — anders als der Bewertungszins in der deterministischen Wertbestimmung — das Konfidenzniveau operational definiert und somit objektiv bestimmt ist. Wir werden einen Lösungsansatz für dieses Problem in Abschn. 6.6.4 skizzieren.

### 6.6.4  Marktkonsistente Wertbestimmung

Eine Wertbestimmung im Sinne von Definition 6.9 müsste am Finanzmarkt kalibriert werden. Da es aber keine liquiden Märkte für Versicherungsportfolios gibt, ist eine solche marktkonsistente Wertbestimmung streng genommen nicht möglich. Man kann aber zumindest diejenigen Teile des Gesamtportfolios marktkonsistent bestimmen, für die es Märkte gibt, und den Wert der anderen Komponenten mit einem standardisierten, allgemein anerkannten Verfahren bestimmen. Risiken werden dazu in *hedgebare Risiken* und *nicht-hedgebare Risiken* aufgeteilt. Hedgebare Risiken sind hier Risiken, die sich durch Replikation mit in liquiden Märkten gehandelten Finanzinstrumenten replizieren lassen.

**Tab. 6.8** Leistungsspektrum der fondsgebundenen Lebensversicherungen im betrachteten Portfolio. Dabei ist $p \in \,]0, 1[$ eine Konstante, die den Profit des Unternehmens bestimmt, und $i$ ein vorab vereinbarter Rechnungszins

| Ereignis | Leistung |
|---|---|
| Ablauf im Jahr $T$ | $\max\left(pS_T^1, 1\right) B$ |
| Storno im Jahr $t \leq T$ | $\max\left(pS_t^1, (1+i)^{t-T}\right) B$ |
| Tod im Jahr $t \leq T$ | $\max\left(pS_{t,}^1, 1\right) B$ |

Nicht hedgebare Risiken sind versicherungstechnische Risiken, operationales Risiko und Finanzrisiken, für die keine liquiden Märkte existieren, z. B. festverzinsliche Wertpapiere mit sehr langer Laufzeit. Der Market Consistent Embedded Value (MCEV) des CFO-Forums [1, 2] stellt ein (in Europa[8]) allgemein anerkanntes und verbreitetes Verfahren (mit Fokus auf die Lebensversicherung) bereit. Sensitivitätsanalysen auf Basis des MCEVs werden in der Praxis für die wertorientierte Unternehmenssteuerung eingesetzt.

Eine angemessene Beschreibung des MCEV oder der marktkonsistenten Bewertung im allgemeinen würde den Rahmen dieses Buches sprengen. Wir werden uns daher darauf beschränken, einige grundlegenden Ideen der marktkonsistenten Bewertung an einem sehr einfachen Beispiel darzustellen.

*Beispiel 6.3.* Wir betrachten ein stark vereinfachtes Portfolio, das aus gleichartigen fondsgebundenen Lebensversicherungen gegen Einmalbeitrag $B$ mit einer Laufzeit von $T$ Jahren besteht, die alle zur gleichen Zeit abgeschlossen wurden. Wir nehmen an, dass das Versicherungsunternehmen alle Geldmittel in einen Aktienfonds $S_t^1$ anlegt, wobei wir die Normalisierung $S_0^1 = 1$ vornehmen. Das vereinbarte Leistungsspektrum ist in Tab. 6.8 aufgeführt.

Aus Sicht des Unternehmens bestehen drei Risiken:

1. Marktrisiko. Das Unternehmen gewährt eine Garantie für die Performance des Aktienfonds, indem es im Falle einer Auszahlung neben dem Fondsguthaben $\max\left(0, 1 - pS_t^1\right) B$ (bzw. $\max\left(0, (1+i)^{t-T} - pS_t^1\right) B$) auszahlt. Auch im Fall der Ablaufleistung ist dies keine reine Put-Option, da die Ablaufleistung nur ausgezahlt wird, wenn der Versicherte noch am Leben ist und nicht bereits die Versicherung storniert hat. Das Marktrisiko ist ein (weitgehend) hedgebares Risiko.

2. Stornorisiko. Das Risiko besteht darin, dass der Versicherte storniert, wenn die Stornoleistung höher als das Aktienfondsguthaben ist. Streng genommen ist dies kein hedgebares Risiko, da der Versicherte aufgrund eines plötzlichen Geldbedarfs zu einem Zeitpunkt stornieren kann, der ohne Berücksichtigung der individuellen Situation nicht

---

[8]Zur Zeit (2010) erfahren marktkonsistente Methoden (und auch Solvency 2) in den USA nur eine geringe Akzeptanz.

rational erscheint. Das Risiko ist allerdings geringer als das hedgebare Risiko, für das marktrationales Verhalten des Versicherten unterstellt wird. Häufig wird entweder dieses hedgebare Risiko modelliert oder das nicht-hedgebare Risiko durch ein hedgebares Risiko approximiert, indem das marktrationale Verhalten funktional korrigiert wird.

3. Mortalitätsrisiko. Dies ist ein nicht-hedgebares Risiko, da Mortalität nicht handelbar ist. Im Fall des Todes des Versicherungsnehmer entsteht zusätzlich das unter 1 beschriebene Marktrisiko.

Es gibt hier also zwei Risikotreiber, das Marktrisiko und das Mortalitätsrisiko, denn das Stornorisiko fassen wir als Funktion des Marktrisikos auf.

In der eigentlichen Modellierung werden wir lediglich das hedgebare Marktrisiko stochastisch über einen Wahrscheinlichkeitsraum $\Omega = \tilde{\Omega} \times \cdots \times \tilde{\Omega}$, der mit einer Produktfiltration $\mathscr{F}_t$ ausgestattet ist, erfassen.

Das Stornorisiko modellieren wir, indem wir die Stornowahrscheinlichkeit als eine Funktion $r(t, S_t^1)$ von der Zeit $t$ und Performance des Aktienfonds $S_t^1$ ansetzen. Damit haben wir das Stornorisiko auf das Marktrisiko zurückgeführt. Das Risiko von persönlichen Stornoauslösern wie Arbeitslosigkeit oder sonstiger unerwarteter Geldbedarf lässt sich so natürlich nur pauschal erfassen.

Das Mortalitätsrisiko wird über einen Kapitalkostenansatz erfasst, wobei wir annehmen, dass das Risikokapital für das Mortalitätsrisiko, normiert auf die Summe unter Risiko, bereits unabhängig berechnet wurde. Als Sicherheitsniveau bietet sich bei der Berechnung des Kapitals an, das regulatorische Minimum zu wählen. Wir wollen annehmen, dass das Kapital für den Verlust eines Euros aufgrund von Mortalität durch den konstanten Wert $C_{\text{norm}}^{\text{mort,reg}}$ und die assoziierten Kapitalkosten durch $\left(s_t + k_t^{\text{Reg}}\right) C_{\text{norm}}^{\text{mort,reg}}$ gegeben sind.[9] Wir nehmen außerdem an, dass die Sterbewahrscheinlichkeit für jedes Jahr konstant gleich $q$ ist.

---

[9]Da wir offenbar eine Binomialverteilung vorzuliegen haben, mag man sich wundern, warum wir das Kapital nicht explizit berechnet haben. Dies liegt daran, dass es keinen Sinn macht, Risikokapital für ein individuelles Personenrisiko zu berechnen: Entweder stirbt der Versicherte und die volle Versicherungssumme muss bezahlt werden, oder er überlebt und kein Verlust entsteht. Der Value of Risk wäre daher (je nach Konfidenzniveau) entweder die volle Versicherungssumme oder gleich Null. Erst im Portfolio ist das Kapitalkonzept sinnvoll. Wir nehmen also hier an, dass unser Versicherungsnehmer zu einem größeren Portfolio gehört und dass der Wert $C_{\text{norm}}^{\text{mort,reg}}$ gerade der auf ihn entfallende Anteil des Gesamtkapitals für das Mortalitätsrisiko ist. Dass wir in der Zeit konstantes Kapital gewählt haben, ist eine weitere Vereinfachung.

Damit erhalten wir für $t \in \{1, \ldots, T\}$ den folgenden Cashflow:

$$Cf_0(\omega) = B$$

$$Cf_t(\omega) = \prod_{\tau=1}^{t-1} \left(1 - q - r\left(\tau, S_\tau^1(\omega)\right)\right)$$

$$\times B\Bigg( -q \max\left(pS_t^1(\omega), 1\right)$$

$$- \left(s_t + k_t^{\text{Reg}}\right) C_{\text{norm}}^{\text{mort,reg}} \max\left(0, 1 - pS_t^1(\omega)\right)$$

$$- r\left(t, S_t^1(\omega)\right) \max\left(pS_t^1(\omega), (1+i)^{t-T}\right)$$

$$- \left(1 - q - r\left(\tau, S_t^1(\omega)\right)\right) \delta_t^T \max\left(pS_t^1(\omega), 1\right) \Bigg),$$

wobei

$$\delta_t^T = \begin{cases} 1 & \text{falls } t = T \\ 0 & \text{sonst} \end{cases}$$

das Kronecker Delta sei und wir die Konvention nutzen, dass das Produkt über die leere Menge 1 ergibt. Für jedes $t$ kann man offensichtlich den Cashflow $Cf_t$ als ein Derivat des Zinsprozesses $s_t$ und des Aktienindex $S_t^1$ auffassen. Zur Bewertung des Cashflows (und damit zur Bestimmung des Werts des Portfolios) kann man daher die Mittel der Finanzmathematik, insbesondere zur Bewertung von Derivaten, heranziehen.

Wir wollen nun kurz skizzieren, wie man ein Derivat bewerten kann. Wir betrachten den zweidimensionalen adaptierten stochastischen Prozess

$$S_t(\omega) = \left(s_t(\omega), S_t^1(\omega)\right)$$

auf unserer Produktfiltration $(\mathscr{F}_t)$ und setzen $v_t = \prod_{\tau=1}^t (1 + s_\tau)^{-1}$. $H_t$ sei ein Derivat dieses Prozesses und korrespondiere zu einer einmaligen Zahlung $\tilde{H}(S_t)$ zum Zeitpunkt $t$, wobei $\tilde{H}$ eine messbare Funktion sei. Es gilt, den Wert von $H_t$ zum Zeitpunkt $\tau = 0$ zu bestimmen. Dazu benötigen wir die folgende Notation.

**Definition 6.17.** Es sei $\mathbb{T} = \{0, \ldots, T\}$. $M_t$ sei ein adaptierter stochastischer Prozess bezüglich der Filtration $\mathscr{F} = (\mathscr{F}_t)_{t \in \mathbb{T}}$ auf $\Omega$ und $\mathbf{P}$ sei ein Wahrscheinlichkeitsmaß auf $\Omega$. $M_t$ heißt $(\mathscr{F}, \mathbf{P})$-*Martingal*, falls für jedes $t$

$$\mathrm{E}\left(|M_t|\right) < \infty,$$

$$\mathrm{E}\left(M_t \mid \mathscr{F}_{t-1}\right) = M_{t-1}$$

gilt.

Wir nehmen nun an, dass $W_\tau$ ein adaptierter stochastischer Prozess[10] ist, der zu jedem Zeitpunkt $\tau \le t$ den Wert des Derivats $H_t$ beschreibt. Wenn $v_\tau W_\tau$ ein $(\mathscr{F}, \mathbf{P})$-Martingal wäre, wäre die Wertbestimmung sehr einfach, denn durch sukzessive Anwendung der Martingaleigenschaft erhielten wir

$$v_0 W_0 = \mathrm{E}\left(v_1 W_1 \mid \mathscr{F}_0\right) = \mathrm{E}\left(\mathrm{E}\left(v_2 W_2 \mid \mathscr{F}_1\right) \mid \mathscr{F}_0\right)$$

$$= \mathrm{E}\left(v_2 W_2 \mid \mathscr{F}_0\right) = \dots$$

$$= \mathrm{E}\left(v_t W_t \mid \mathscr{F}_0\right) = \mathrm{E}\left(v_t \tilde{H}\left(S_t\right)\right).$$

Damit wäre der Wert zum Zeitpunk $\tau = 0$ einfach der Erwartungswert

$$W_0 = \mathrm{E}\left(v_t \tilde{H}\left(S_t\right)\right).$$

Im allgemeinen ist der Prozess $W_\tau$ natürlich kein Martingal. Aber in vielen Fällen kann die Bewertung des Derivats durch einen Trick auf die Bewertung eines Martingals, das eine Handelsstrategie beschreibt, zurückgeführt werden.

Von zentraler Bedeutung in der Finanzmathematik sind Handelsstrategien eines Investmentportfolios.

**Definition 6.18.** Ist $\mathscr{F}_t$ eine Filtration, so heißt ein stochastischer Prozess $\theta_t$ *vorhersagbar*, falls für jedes $t \in \{1, \dots, T\}$ die Zufallsvariable $\theta_t$ bezüglich $\mathscr{F}_{t-1}$ messbar ist.

Ein vorhersagbarer Prozess ist, intuitiv ausgedrückt, ein Prozess, dessen Wert $\theta_t$ in der Periode $t$ bereits bekannt ist. Wir nehmen an, dass der Investor zur Zeit $t-1$, also zu Beginn der Periode $t$, das Portfolio $\theta_{t-1}^0 S_{t-1}^0, \dots, \theta_{t-1}^d S_{t-1}^d$ besitze, wobei $\theta_{t-1} \in \mathbb{R}^{d+1}$ seine Anteile an den entsprechenden Finanzinstrumenten bezeichne. Zu diesem Zeitpunkt besteht die Möglichkeit, die Wertpapiere umzuschichten, wobei der Gesamtwert natürlich erhalten bleiben sollte. Es gilt also $S_{t-1} \cdot \theta_t = S_{t-1} \cdot \theta_{t-1}$, wobei $\cdot$ das Standardskalarprodukt im $\mathbb{R}^{d+1}$ bezeichnet. Dies motiviert die folgende Definition:

---

[10]Dieser stochastische Prozess ist nicht mit dem im Abschn. 6.6.3 definierten Wert für die kapitalkostenbasierte Wertbestimmung zu verwechseln, der kein adaptierter stochastischer Prozess ist. Auch der in jenem Kapitel definierte Wertprozess ist nicht mit dem hier verwendeten Begriff identisch, da wir dort explizit von der Cashflowstruktur und dem Kapitalkostenansatz Gebrauch gemacht hatten. Die wirtschaftliche Interpretation beider Wertprozesse ist dieselbe.

**Definition 6.19.** Der $\mathbb{R}^{d+1}$-wertige adaptierte, stochastische Prozess $S_t$ beschreibe die Dynamik von $d + 1$ Wertpapieren. Eine *selbstfinanzierende Handelsstrategie* ist ein vorhersagbarer Prozess $\theta_t$ mit $S_{t-1} \cdot \theta_t = S_{t-1} \cdot \theta_{t-1}$ für jedes $t$.

Wir wollen nun das Resultat einer Handelsstrategie bewerten. Dazu benötigen wir das folgende Lemma.

**Lemma 6.1.** *Für eine $\mathscr{F}_{t-1}$-messbare Funktion h gilt*

$$\mathrm{E}\left(hW_t \mid \mathscr{F}_{t-1}\right) = h\mathrm{E}\left(W_t \mid \mathscr{F}_{t-1}\right)$$

*Beweis.* Es sei $Z$ eine $\mathscr{F}_{t-1}$-messbare Funktion. Dann ist $hZ$ ebenfalls $\mathscr{F}_{t-1}$-messbar und es gilt

$$\mathrm{E}\left(\mathrm{E}\left(hW_t \mid \mathscr{F}_{t-1}\right)Z\right) = \mathrm{E}\left(hW_tZ\right) = \mathrm{E}\left(\mathrm{E}\left(W_t \mid \mathscr{F}_{t-1}\right)hZ\right)$$

Die Behauptung folgt nun aus der Eindeutigkeit des bedingten Erwartungswertes. $\qquad\square$

Der Wert des Portfolios zur Zeit $t$ ist offenbar $\theta_t \cdot S_t$. Wir nehmen außerdem an, dass die 0-te Komponente $S_t^0$ einer risikofreien Wertanlage entspricht ($S_t^0/S_{t-1}^0 = 1 + s_t$) und dass der Prozess $\bar{S}_t = \left(v_t S_t^k\right)_{k \in \{1,\dots,d\}}$ in jeder Komponente ein Martingal ist. Dann gilt

$$\sum_{k=1}^d \theta_1^k \bar{S}_0^k = \sum_{k=1}^d \theta_1^k \mathrm{E}\left(\bar{S}_1^k \mid \mathscr{F}_0\right) = \mathrm{E}\left(\sum_{k=1}^d \theta_1^k \bar{S}_1^k \mid \mathscr{F}_0\right)$$

$$= \mathrm{E}\left(\sum_{k=1}^d \theta_2^k \bar{S}_1^k \mid \mathscr{F}_0\right) = \mathrm{E}\left(\sum_{k=1}^d \theta_2^k \mathrm{E}\left(\bar{S}_2^k \mid \mathscr{F}_1\right) \mid \mathscr{F}_0\right)$$

$$= \mathrm{E}\left(\mathrm{E}\left(\sum_{k=1}^d \theta_2^k \bar{S}_2^k \mid \mathscr{F}_1\right) \mid \mathscr{F}_0\right) = \mathrm{E}\left(\sum_{k=1}^d \theta_2^k \bar{S}_2^k \mid \mathscr{F}_0\right)$$

$$= \cdots = \mathrm{E}\left(\sum_{k=1}^d \theta_t^k \bar{S}_t^k \mid \mathscr{F}_0\right).$$

Es sei $H_t$ ein Derivat, also eine Finanzinstrument, das als Funktion von $S_t$ aufgefasst werden kann. Falls es im Markt keine Arbitrage-Möglichkeiten gibt und $H_t$ durch eine Handelsstrategie $\theta_\tau$ repliziert werden kann, also $\theta_t(\omega) \cdot S_t(\omega) = H_t$ für fast alle $\omega \in \Omega$ gilt, so gilt für jede andere replizierende Handelsstrategie $\tilde{\theta}_\tau$

$$\tilde{\theta}_\tau(\omega)S_\tau(\omega) = \theta_\tau(\omega)S_\tau(\Omega)$$

fast überall. Einen Beweis findet man in [3, Lemma 2.2.3]. Wenn also

- $\bar{S}$ ein Martingal bezüglich der Filtration $\mathscr{F}_t$ und dem Wahrscheinlichkeitsmaß $\mathbf{P}$ ist,
- eine selbstfinanzierende Handelsstrategie $\theta_\tau$ existiert, die $H_t$ repliziert,
- keine Arbitrage-Möglichkeiten bestehen,

dann kann der Wert $\pi(H_t)$ von $H_t$ zur Zeit 0 einfach durch Erwartungswertbildung bestimmt werden. Denn einerseits würde dieser Wert gerade den Kosten für die replizierende Handelsstrategie entsprechen,

$$\pi(H_t) = \sum_{k=1}^{d} \theta_1^k S_0^k,$$

und andererseits gilt mit $v_0 = 1$

$$\sum_{k=1}^{d} \theta_1^k S_0^k = \sum_{k=1}^{d} \theta_1^k \bar{S}_0^k = \mathrm{E}\left(\sum_{k=1}^{d} \theta_t^k \bar{S}_t^k\right) = \mathrm{E}\left(\sum_{k=1}^{d} v_t \theta_t^k S_t^k\right) = \mathrm{E}(v_t H_t).$$

Bislang haben wir angenommen, dass $\bar{S}$ bezüglich der Filtration $\mathscr{F}_t$ und dem Wahrscheinlichkeitsmaß $\mathbf{P}$ ein Martingal ist. Es kann nun gezeigt werden, dass der Markt genau dann keine Arbitrage erlaubt, wenn ein Maß $\mathbf{Q}$ mit den gleichen Nullmengen wie $\mathbf{P}$ existiert, für das $\bar{S}_\tau$ komponentenweise ein Martingal ist. Einen Beweis für den Fall, dass $\mathscr{F}_\tau$ endlich erzeugt wird, findet man in [3, Theorem 3.2.2]. Das Theorem wird für den allgemeinen Fall ebenfalls in [3] vorgestellt, jedoch verweisen die Autoren für den Beweis auf Originalarbeiten. Wir können also unsere Annahme, dass $\bar{S}_\tau$ ein Martingal ist, durch die Annahme ersetzen, dass es keine Arbitrage-Möglichkeiten gibt. In diesem Fall bilden wir den Erwartungswert mit $\mathbf{Q}$ anstelle von $\mathbf{P}$.

Wir haben gesehen, wie der Wert eines Derivats bestimmt werden kann, falls im Markt keine Arbitrage-Möglichkeiten bestehen und das Derivat durch eine Handelsstrategie repliziert werden kann. Kann das Derivat nicht repliziert werden, so ist es möglich, dass mehrere äquivalente Martingalmaße existieren, die jeweils einen anderen Wert ergeben. Dies ist (insbesondere für die Bewertung von Versicherungsverpflichtungen) kein rein akademisches Problem, und selbst im einfachen Fall einer gemischten Poissonverteilung kann der Wert weitgehend unbestimmt bleiben [4].

Wir machen nun die *Annahme*, dass für jedes $t$ der Cashflow $Cf_t$ replizierbar ist und dass keine Arbitrage-Möglichkeiten bestehen. Es existiert ein äquivalentes Martingalmaß $\mathbf{Q}$. Der Wert des Portfolios ist dann mit

$$v_t^q = \left(\prod_{\tau=1}^{t} \left(1 - q - r\left(\tau, S_\tau^1(\omega)\right)\right)\right)^{-1}$$

durch

$$\sum_{t=0}^{T} \mathrm{E}_{\mathbf{Q}} \left( Cf_t \right) = B - p B S_0^1 (\omega)$$

$$+ B \sum_{t=0}^{T} \mathrm{E}_{\mathbf{Q}} \left( \frac{v_t}{v_{t-1}^q} \left( - q \max \left( p S_t(\omega), 1 \right) \right. \right.$$

$$- \left( s_t + k_t^{\mathrm{Reg}} \right) C_{\mathrm{norm}}^{\mathrm{mort,reg}} \max \left( 0, 1 - p S_t^1 (\omega) \right)$$

$$- r \left( t, S_t^1(\omega) \right) \max \left( p S_t^1 (\omega), (1+i)^{t-T} \right)$$

$$\left. \left. - \left( 1 - q - r \left( \tau, S_t^1(\omega) \right) \right) \delta_t^T \max \left( p S_t^1, 1 \right) \right) \right)$$

gegeben, wobei $\mathrm{E}_{\mathbf{Q}}$ den Erwartungswert bezüglich $\mathbf{Q}$ bezeichnet.

Um diesen Wert berechnen zu können, braucht man natürlich das äquivalente Martingalmaß $\mathbf{Q}$. Im Prinzip wäre dies über die Radon-Nikodym-Ableitung, $\frac{\mathrm{d}\mathbf{Q}}{\mathrm{d}\mathbf{P}}(\omega)$, möglich, die in unserem Fall beschränkt und wohldefiniert ist. Die Radon-Nikodym-Ableitung kann als ein Gewicht, das die Risikoaversion des Marktes ausdrückt, interpretiert werden, und es gilt

$$\mathrm{E}_{\mathbf{Q}} \left( \sum_{t=0}^{T} v_t Cf_t \right) = \sum_{t=0}^{T} \int_{\Omega} v_t(\omega) Cf_t(\omega) \, \mathrm{d}\mathbf{Q} = \sum_{t=0}^{T} \int_{\Omega} v_t(\omega) Cf_t(\omega) \frac{\mathrm{d}\mathbf{Q}}{\mathrm{d}\mathbf{P}}(\omega) \, \mathrm{d}\mathbf{P}.$$

In der Praxis ist es aber einfacher, das äquivalente Martingalmaß direkt zu bestimmen. Zunächst wird eine parametrisierte Form des stochastischen Prozesses $S_\tau$ (bezüglich des Wahrscheinlichkeitsmaßes $\mathbf{Q}$) gewählt, so dass lediglich die Parameter dieses Prozesses zu bestimmen sind. Da für jedes (replizierbare) Derivat $H_t$ von $S_\tau$ der Preis durch $\mathrm{E}_{\mathbf{Q}}(H_t)$ gegeben ist, erhält man über den aktuellen Preis $\pi(H_t)$ dieses Derivats im Markt eine Gleichung der Form

$$\pi(H_t) = \mathrm{E}_{\mathbf{Q}}(H_t(S)).$$

Auf der linken Seite steht eine bekannte Zahl, während auf der rechten Seite (nach Ausführung des Erwartungswertes) eine Funktion der Parameter $p_1, \ldots, p_r$ des Paares $(S, \mathbf{Q})$ steht. Der Erwartungswert auf der rechten Seite wird numerisch über eine Monte-Carlo Simulation berechnet. Das Wahrscheinlichkeitsmaß $\mathbf{Q}$ ist in dieser Darstellung gleichverteilt, ganz analog zur numerischen Darstellung von $\mathbf{P}$ in Abschn. 6.6.3.2. Rein mathematisch wäre es in der Regel ausreichend, $r$ Preise zur Berechnung der Parameter $p_1, \ldots, p_r$ heranzuziehen, aber aufgrund der Unsicherheit der Modellbildung würde dies zu wenig stabilen Ergebnissen führen. Daher ist es ratsam, mehr Preise heranzuziehen und die Parameter $p_1, \ldots, p_r$ so zu wählen, dass all diese Preise durch das Modell gut approximiert werden. Das reale Wahrscheinlichkeitsmaß $\mathbf{P}$ bleibt bei diesem Verfahren unbestimmt, ist aber für die reine Wertbestimmung auch nicht notwendig.

*Anmerkung 6.7.* Man nennt das Wahrscheinlichkeitsmaß $\mathbf{Q}$ häufig *risikoneutral*. Denn in einer Welt, in der der Wahrscheinlichkeitsraum $(\Omega, \mathbf{Q})$ real wäre, also $\mathbf{P} = \mathbf{Q}$ gälte, hätten Investoren keine Risikoaversion, da die Risikoaversion des Marktes durch $\frac{d\mathbf{Q}}{d\mathbf{P}}(\omega) = 1$ für jeden Zustand $\omega$ gegeben wäre. Daher sprich man auch von einer „risikoneutralen Evaluierung" und, häufig in Bezug auf $(\Omega, \mathbf{Q})$ von einer risikoneutralen Welt. Gleichzeitig spricht man von $(\Omega, \mathbf{P})$ als der „realen Welt" und nennt $\mathbf{P}$ das „real world Wahrscheinlichkeitsmaß". Diese anschauliche Sprechweise hat aber den Nachteil, dass sie eine „risikoneutrale" Parallelwelt vorgaukelt, die nicht existiert. Insbesondere liest man in der Literatur mitunter, dass ein risikoneutraler Investor ein anderes Wahrscheinlichkeitsmaß nutze als ein markttypischer Investor. In solchen Fällen wird die Metapher allerdings über ihren Gültigkeitsbereich hinaus extrapoliert, denn jeder reale Investor, was immer seine persönlichen Risikopräferenzen seien, operiert im gleichen, realen Markt unter dem gleichen realen Wahrscheinlichkeitsmaß $\mathbf{P}$.

## 6.7   Spitzenkennzahl und Nebenbedingungen

Sinn der Unternehmenssteuerung ist es, den Erfolg des Unternehmens zu maximieren. Aber was ist „Erfolg"? Wir haben in Abschn. 6.3 und 6.4 gesehen, dass es verschiedene Möglichkeiten gibt, risikoadjustierten Erfolg zu definieren. Das Beispiel in Abschn. 6.5 hat gezeigt, dass diese unterschiedlichen Definitionen zu unterschiedlichen Handlungs-anweisungen führen können. Es ist daher Teil der Unternehmensstrategie, ein geeignetes Erfolgsmaß zu definieren.

**Definition 6.20.** Die *Spitzenkennzahl* ist ein Erfolgsmaß, das als primäres Steuerungsele-ment gewählt wird und somit die Unternehmensstrategie widerspiegelt.

Ist die Spitzenkennzahl über ein Kapitalkostenkonzept bestimmt, so gehören zu ihrer Definition das Erfolgsmaß, das Risikomaß und das Konfidenzniveau. Zum Beispiel könnte ein Unternehmen über das RORAC-Konzept mit Risikomaß „Expected Shortfall" und Konfidenzniveau 99 % definiert werden.

Neben der Spitzenkennzahl, die es zu maximieren gilt, gibt es auch Nebenbedingungen, die erfüllt werden müssen. Diese Nebenbedingungen können regulatorischer Natur sein oder dazu dienen, den Fortbestand des Unternehmens zu sichern. Beispiele für direkte Nebenbedingungen sind:

• Bedeckung der Fixkosten (Man kann sich nicht nur auf profitable Nischen konzentrie-ren, da die Fixkosten des Unternehmens erwirtschaftet werden müssen.)

**Tab. 6.9** Illustratives Beispiel für die Definition eines Risikoprofils

| Sicherheitsniveau $\alpha$ | 70 % | 90 % | 95 % | 99.5 % |
|---|---|---|---|---|
| Risikoappetit (in % des verfügbaren Kapitals) | 5 % | 25 % | 50 % | 100 % |

- Aufrechterhaltung der Reputation des Unternehmens
- regulatorische Kapitalanforderungen (z. B. Solvabilität, Stresstests)
- Aufrechterhaltung eines als notwendig erachteten Ratings
- minimaler langfristiger Ertrag

Eine weitere wichtige Klasse von Nebenbedingungen ist dadurch gegeben, dass der Risikoappetit vom jeweiligen Sicherheitsniveau abhängt. Ein Unternehmen mag bereit sein, mit einer Wahrscheinlichkeit von 1 % Verluste von bis zu € 10 Mio hinzunehmen. Das gleiche Unternehmen wäre aber sicher nicht bereit, mit einer Wahrscheinlichkeit von 50 % Verluste von € 1 Mio hinzunehmen. Dies führt zur Einführung eines Risikoprofils, bei dem jedem Sicherheitsniveau ein maximal tolerierbarer Wert für das Risikomaß zugeordnet wird. Ein Beispiel eines Risikoprofils ist in Tab. 6.9 gegeben. Die Spitzenkennzahl könnte eine Funktion des erwarteten Ertrags $N_t$ und aller Werte des Risikomaßes für die verschiedenen Sicherheitsniveaus sein, z. B.

$$\text{Spitzenkennzahl}_t = \frac{N_t}{a_1 \text{ES}_{70\%}(t) + a_2 \text{ES}_{90\%}(t) + a_3 \text{ES}_{95\%}(t) + a_4 \text{ES}_{99.5\%}(t)},$$

wobei $a_1$, $a_2$, $a_3$, $a_4$ geeignete Konstanten sind. Das Risikoprofil selbst wäre dann eine Nebenbedingung.

## 6.8   Unterschiedliche Anforderungen in der Personen- und Schadenversicherung

Personen- und Schadenversicherung, wie sie heutzutage betrieben werden, haben grundlegend unterschiedliche Eigenschaften.

In der Schadenversicherung werden Verträge gewöhnlich über ein Jahr abgeschlossen, während in der Lebensversicherung langfristige Verträge mit einer Laufzeit von 20 oder mehr Jahren die Norm sind. Für die Rentenversicherung verlängert sich die Laufzeit noch einmal. Daher ist die Gefahr von Trends, die nicht der ursprünglichen Kalkulation der Versicherungsverträge entsprechen, in der Lebensversicherung ausgeprägter als in der Schadenversicherung. Dem gegenüber kann es in der Schadenversicherung leichter zu größeren Bestandsschwankungen kommen.

Ein weiterer Unterschied ist, dass die Schadenhöhe in der Schadenversicherung (und in der Krankenversicherung) nicht feststehen, wohl aber in der Lebensversicherung. Da es (anders als bei der Krankenversicherung) in der Schadenversicherung keine Möglichkeit der retrospektiven Korrektur gibt, wird hier die Rückversicherung als risikomitigierendes Werkzeug besonders interessant.

In der Schadenversicherung wird man sich bei der Steuerung zunächst auf Perioden von 1 Jahr konzentrieren. Der Schwerpunkt liegt in der Analyse des einjährigen Schadenprozesses und der optimalen Rückversicherungsstruktur. Längerfristige Effekte wie die Abwicklung der Reserven oder die periodische Verhärtung der Rückversicherungsmärkte kann man in einem Ausbauschritt betrachten.

In der Lebensversicherung ist die Einjahresperspektive nur eingeschränkt sinnvoll, weil Verträge über eine Laufzeit von mehreren Jahren abgeschlossen werden und den Versicherungsnehmern weit in die Zukunft reichende Optionen und Garantien eingeräumt werden. Darüber hinaus gibt es eine Kosten- und Einkommensverschiebung, da Provisionen meist zu Beginn der Vertragslaufzeit gezahlt, aber über die gesamte Laufzeit der Verträge amortisiert werden. Eine radikale Einjahressicht könnte daher im Extremfall dazu führen, kein Neugeschäft mehr zu zeichnen, obwohl Neugeschäft zur langfristigen Erhaltung des Unternehmens notwendig ist.

## Literatur

1. CFO Forum (2009) Market consistent embedded value – basis for conclusions. www.cfoforum.nl
2. CFO Forum (2009) Market consistent embedded value – principles. www.cfoforum.nl
3. Elliott RJ, Kopp PE (1999) Mathematics of financial markets. Springer, New York
4. Kriele M, Wolf J (2007) On market value margins and cost of capital. Blätter der DGVFM 28(2):195–219
5. Schmalenbach E (1922) Finanzierungen, 3. Aufl. Gloeckner, Leipzig

# Wertorientierte Unternehmenssteuerung 7

## 7.1  Das Konzept der wertorientierten Unternehmenssteuerung

Die grundlegende Frage der wertorientierten Unternehmenssteuerung ist, wie Chancen und Risiken möglichst effizient gemanagt werden können.

Das allgemeine Ziel der wertorientierten Unternehmenssteuerung kann aus verschiedenen Blickwinkeln mit einem jeweils leicht unterschiedlichen Fokus gesehen werden:

*Enterprise Risk Management (ERM)*:  Beim ERM liegt der Fokus auf der ganzheitlichen Steuerung des Unternehmens und der mit den Aktivitäten verbundenen Risiken — ganzheitliche Risiko- und Prozesssicht.

*Value Based Management (VBM)*:  Der Fokus liegt darauf, Gewinne im Verhältnis zu den korrespondierenden Risiken aus Gesamtunternehmenssicht zu managen — ganzheitlich Risiko- und Gewinnsicht.

*Risk and Capital Management*:  Hier liegt der Fokus auf der optimalen Allokation von Kapital im Verhältnis zu den eingegangenen Risiken — ganzheitliche Risiko- und Kapitalsicht.

Da in der Realität keiner dieser Blickwinkel isoliert von den anderen beiden Blickwinkel gesehen werden kann, werden häufig unter jedem dieser drei Begriffe auch Aspekte der jeweils anderen beiden Blickwinkel zugeordnet. Wir sehen hier die wertorientierte Unternehmenssteuerung als eine Einheit, die alle drei Blickwinkel gleichermaßen umfasst.

Die Interessen von Investoren, Aufsicht und Ratinggesellschaften sind treibende Faktoren für die Einführung der wertorientierte Unternehmenssteuerung:

*Investoren*: Mithilfe von ökonomischem Risikokapital können die quantitativen Erwartungen von Investoren in das Risikomanagement integriert werden. Es adressiert auch die qualitative Erwartung, dass die Entscheidungsfindung im Unternehmen auf

© Springer-Verlag Berlin Heidelberg 2016
M. Kriele und J. Wolf, *Wertorientiertes Risikomanagement von Versicherungsunternehmen*, Springer-Lehrbuch Masterclass,
DOI 10.1007/978-3-662-50257-0_7

robusten Bewertungen der Risiken und ökonomischen Kapitalanforderungen basiert. Ferner ist das ökonomische Risikokapital ein so allgemeines Konzept, dass auf seiner Grundlage Risiko und Gewinn verschiedener Industriesektoren miteinander verglichen werden kann. Dies ist insbesondere für die Versicherungsbranche von Bedeutung, da so Wertabschläge aufgrund ihrer Intransparenz für viele Investoren verringert werden können.

*Aufsicht*: In Europa wird durch Solvency 2 (und besonders den Usetest, siehe Abschn. 8.2.4) ein direkter Anreiz für die Nutzung von auf ökonomischem Risikokapital basierender wertorientierter Steuerung geschaffen. Das IAIS Solvency Projekt agiert weitgehend parallel zu Solvency 2 und schafft ähnliche direkte Anreize auf globaler Ebene.

*Ratinggesellschaften*: Ratinggesellschaften berechnen das dem Rating zugrunde liegende Kapital mit ihren eigenen Kapitalmodellen. Sie beginnen aber, interne Risikokapitalberechnungen von Unternehmen zu berücksichtigen, falls diese Unternehmen über ein sehr gutes Enterprise Risk Management verfügen.

Die Einführung der wertorientierten Unternehmenssteuerung hat vier Hauptkomponenten:

*Strategische Komponente*: Welches Risikoprofil soll für das Unternehmen angestrebt werden?

*Messkomponente*: Wie können Gewinne, Risiken und Chancen möglichst vollständig und vergleichbar erfasst werden?

*Organisatorische Komponente*: Wie müssen Verantwortungen im Unternehmen verteilt werden, damit die wertorientierte Unternehmenssteuerung auf allen Unternehmensebenen durchgesetzt werden kann?

*Prozesskomponente*: Welche Prozesse müssen implementiert werden, um in der Praxis eine wertorientierte Steuerung umzusetzen? Die Herausforderung besteht darin, die verschiedenen Prozesse zu einem einheitlichen System zu bündeln, das die Risiken, wie sie auf das Gesamtunternehmen wirken, managt, anstatt Prozesse in abgeschotteten Silos nebeneinander laufen zu lassen.

## 7.1.1  Die strategische Komponente

Die Bestimmung des Risikoappetits setzt den strategischen Rahmen für die wertorientierte Unternehmenssteuerung.

**Definition 7.1.** Der *Risikoappetit* gibt an, welches Maß an Risiko das Unternehmen anstrebt.

Der Risikoappetit kann im einfachsten Fall als Risikomaß (mit festgelegtem Konfidenzniveau) oder auch einfach als Rating ausgedrückt werden. Eine genauere Bestimmung des Risikoappetits kann in der Form eines Risikoprofils erfolgen (siehe Abschn. 6.7).

Vom Risikoappetit zu unterscheiden ist die Risikotoleranz:

**Definition 7.2.** Die *Risikotoleranz* drückt das maximal tolerierbare Maß an Risiko aus. Bei Überschreitung ist das Risiko des Unternehmens umgehend zu verringern.

Ebenso wie der Risikoappetit kann die Risikotoleranz als Konfidenzniveau, Rating oder Risikoprofil gegeben werden.

*Beispiel 7.1.* Das Unternehmen Y-AG hat einen Risikoappetit, der durch den Expected Shortfall $ES_\alpha(X)$ mit $\alpha = 99.5\%$ gegeben ist. Aufgrund von Fluktuationen und der Natur des Risikobegriffs ist es unmöglich, dass Unternehmen so zu steuern, dass zu jedem Zeitpunkt das zur Verfügung stehende Kapital $K$ die Gleichung $K = ES_{99.5\%}(X)$ erfüllt. Die Unternehmensführung muss also mit gewissen Schwankungen um das angestrebte Maß an Risiko leben. Um diese Schwankungen operativ in den Griff zu bekommen, definiert das Unternehmen auch eine Risikotoleranz von $ES_{99\%}(X)$. Der Risikotoleranzwert hat ein geringeres Konfidenzniveau und entspricht daher einem höheren Risiko. Steigt dass Risiko soweit an, dass $K = ES_{99\%}(X)$ gilt, werden sofort Gegenmaßnahmen ergriffen, um das Risiko wieder einzudämmen.

Die Differenz zwischen Risikoappetit und Risikotoleranz kann man als Risikopuffer verstehen. Je größer dieser Risikopuffer ist, desto seltener müssen sofortige Gegenmaßnahmen ergriffen werden, die häufig kostenträchtig sind. Andererseits bedeutet ein großer Risikopuffer, dass das zur Verfügung stehende Kapital nicht optimal eingesetzt wird. Der optimale Risikopuffer wird daher einen Kompromiss darstellen.

*Anmerkung 7.1.* In der Literatur werden die Begriffe Risikoappetit und Risikotoleranz nicht einheitlich gebraucht. Mitunter werden diese beiden Begriffe auch synonym benutzt.

Aus strategischer Sicht stellt sich zunächst die Frage, wie Risikoappetit und Risikotoleranz sinnvoll zu definieren sind. Schematisch kann dabei folgendermaßen vorgegangen werden:

1. Bestimmung der Risikotoleranz: Die Risikotoleranz bestimmt das Rating, das das Unternehmen erwarten kann. Je höher das Rating, desto einfacher ist es, (institutionelles) Neugeschäft zu akquirieren oder kostengünstige Kredite aufzunehmen, aber desto höher ist auch der Kapitalbedarf. Daher ist weder eine extrem geringe noch eine extrem hohe Risikotoleranz zuträglich. Es folgt, dass es eine optimale Risikotoleranz geben muss. Um diese Risikotoleranz zu bestimmen, kann das Unternehmen für jedes Rating Szenarien entwickeln, die die Chancen und Kapitalkosten für dieses

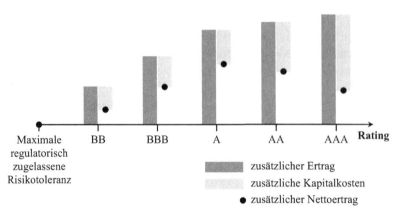

**Abb. 7.1**  Optimierung der Risikotoleranz

Rating beschreiben. Ein ökonomisches Kapitalmodell kann dann diese Szenarien als Input nehmen und den resultierenden Geschäftserfolg sowie die damit verbundenen Kapitalkosten berechnen. Damit erhält man eine Beziehung, wie sie in Abb. 7.1 dargestellt wird. Die optimale Risikotoleranz würde in diesem Fall einem Rating von A entsprechen.

2. Der Risikopuffer wird in einem zweiten Schritt bestimmt, in dem (aufgrund der Fluktuation der Risiken) approximativ bestimmt wird, wie häufig für einen gegebenen Risikopuffer die Risikotoleranz erreicht wird und welche Kosten die Gegenmaßnahmen verursachen. Die Bestimmung dieser Kosten wird in der Praxis durch repräsentative Szenarien erfolgen.

Das vorgestellte Verfahren ist mit großen Unsicherheiten behaftet, weshalb lediglich eine „approximative" Optimierung von Risikoappetit und Risikotoleranz erwartet werden kann. Andererseits ist eine hohe Genauigkeit für diese Anwendung auch nicht nötig. Ein Hauptnutzen des Verfahrens liegt darin, dass das Unternehmen in einem weitgehend quantitativen Rahmen seine Marktnische analysiert.

Im Unternehmensalltag ist es nicht realistisch, bei jeder Entscheidung das ökonomische Kapitalmodell laufen zu lassen, um herauszufinden, ob sie mit der Risikotoleranz vereinbar ist. Für die Prozessintegration müssen daher einfache *Key Risk Indicators* (KRI) und darauf basierende Limits definiert werden, deren Einhaltung Konsistenz mit der Risikotoleranz sicherstellt. Typische Limits sind zum Beispiel maximale Aktienquoten pro Emittenten in der Kapitalanlage oder maximale Konzentrationsgrenzen im Underwriting. Dass die Einhaltung dieser Limits (angenähert) zu einer Einhaltung der Risikotoleranz führen, müsste periodisch mit einem ökonomischen Kapitalmodell nachgeprüft werden. Für den Risikoappetit können ähnliche Größen definiert werden, die aber in diesem Fall nicht als strikter Limit sondern als Vorschlagswert zu interpretieren sind.

## 7.1.2 Die Messkomponente

Ein moderner Ansatz besteht darin, die Chancen und Risiken quantitativ über ökonomische Kapitalkonzepte zu erfassen und die Unternehmenssteuerung auf darauf basierende Spitzenkennzahlen zu beziehen. In Kap. 6 haben wir gesehen, dass für die risikoadjustierte Erfolgsmessung sowohl der erwartete Gewinn als auch das damit verbundene Risiko für einzelne Unternehmensbereiche gemessen werden muss. Wir werden für die wertorientierte Unternehmenssteuerung als Risikobegriff hauptsächlich das ökonomische Risikokapital wählen. Das Management von ökonomischem Risikokapital hat die folgenden Zielsetzungen:

*Schutz des Unternehmens*: Dies ist in erster Linie der Schutz vor Insolvenz. Kapital ist aber auch notwendig, um regulatorische Anforderungen (Solvenzrichtlinien) zu erfüllen und um ein für notwendig erachtetes Zielrating sicherzustellen.

*Effiziente Allokation von Ressourcen*: Das Risikokapital ist ein einheitliches Risikomaß, mit dem die Risiken unterschiedlicher Aktivitäten verglichen werden können. Der Quotient

$$\frac{\text{Gewinn}}{\text{ökonomisches Risikokapital}}$$

gibt ein einfaches risikoadjustiertes Erfolgsmaß, mit dem verschiedene Aktivitäten aus ökonomischer Sicht verglichen werden können (siehe Abschn. 6).

*Preisbildung*: Um langfristig im Wettbewerb bestehen zu können, müssen Versicherungsunternehmen die Risiken, die sie übernehmen, in ihre Produkte einpreisen. Dies ist mit dem Konzept des ökonomischen Risikokapitals und der assoziierten Kapitalkosten möglich.

Dabei muss die Balance gewahrt werden: Ein höhere Ausstattung mit Risikokapital führt einerseits zu einem höheren Schutz des Unternehmens, einer geringeren Ruinwahrscheinlichkeit und einem besseren Rating. Andererseits bedeutet dies in der Regel auch höhere Kapitalkosten und somit einen geringeren risikoadjustierten Gewinn.

Es gibt Risiken, die nicht über Risikokapital erfasst werden können, z. B.:

*Strategische Risiken*: Strategische Risiken sind Risiken, die in der Regel einen längeren Zeithorizont haben, weshalb sie durch die 1-Jahressicht des ökonomischen Kapitals nicht erfasst werden. Da strategische Entscheidungen in der Regel auf individuellen Experteneinschätzungen beruhen, sind strategische Risiken kaum stochastisch modellierbar.

*Trendrisiken*: Trendrisiken haben ähnliche Eigenschaften wie strategische Risiken, weisen jedoch noch stärker in die Zukunft. Dabei besteht das eigentliche Problem darin, dass Vergangenheitsdaten keine gute Aussage über zukünftige Trends machen können. Zum Beispiel ist die Lebenserwartung in Deutschland im letzten Jahrhundert hauptsächlich deswegen gestiegen, weil immer breitere Bevölkerungsschichten Zugang zu guter medizinischer Versorgung erhielten. Dieser Trend ist aber an seinem natürlichen Ende angelangt. Andere Faktoren, wie zum Beispiel Fortschritte in der medizinischen Gentechnik, könnten in der Zukunft zu einer weiteren Erhöhung der Lebenserwartung führen. Diese Fortschritte können aber, da sie auf anderen Faktoren beruhen, nicht aus Vergangenheitsdaten abgeschätzt werden, so dass eine stochastische Modellierung ohne Einbeziehung von Experteneinschätzungen kaum möglich erscheint.

Kapital eignet sich nicht zur Absicherung gegen Trendrisiken, weil Trendrisiken typischer Weise das ganze Versicherungskollektiv betreffen und langfristig wirken. Es würde einfach zu teuer werden, Kapital für Risiken zu halten, deren Auswirkungen zeitlich unbegrenzt sind und einen Großteil des Kollektivs betreffen.

*Liquiditätsrisiken*: Das Liquiditätsrisiko besteht darin, dass das Versicherungsunternehmen zwar über die finanziellen Ressourcen verfügt, aber nicht kurzfristig die benötigten Cashflows bereitstellen kann. Diesem Risiko kann man durch gutes Liquiditätsmanagement begegnen. Das Vorhalten von Bargeld ist dagegen in der Regel zu teuer.

*Anmerkung 7.2.* Operationale Risiken nehmen eine Sonderstellung ein. Im Prinzip können sie über das Risikokapital erfasst werden, aber ihre Bestimmung ist mit sehr großen Unsicherheiten verbunden. Für viele Arten von operationalen Risiken (wie z. B. Fehler bei der Antragsbearbeitung) lassen sich die Mittel der Schadenversicherung nutzen, sofern die Schadenereignisse quantitativ erfasst werden und genügend Daten vorhanden sind. Sind nicht genügend Schadendaten vorhanden, lassen sich mitunter Daten von Industriekonsortien oder von Drittanbietern verwenden. Dieser Weg wird von einigen internationalen Großbanken erfolgreich beschritten. Es gibt allerdings auch operationelle Risiken, die nur schwer statistisch erfassbar sind. Zum Beispiel hat ein Unternehmen, dessen Hauptverwaltung sich in der Einflugzone eines Flughafens befindet, das operationelle Risiko, dass ein Flugzeug in das Verwaltungsgebäude stürzen könnte. Die Eintrittswahrscheinlichkeit ist so klein, dass es hierzu keine statistischen Daten gibt. Andererseits wäre der daraus entstehende Schaden so groß, dass die Möglichkeit besteht, dass dieses Risiko insgesamt materiell sein könnte. Ein vielleicht weniger exotisches Beispiel ist die Betrugsgefahr durch einen leitenden Angestellten. Derartige Risiken lassen sich durch szenariobasierte stochastische Methoden abschätzen.

### 7.1.3  Die organisatorische Komponente

Da die wertorientierte Unternehmenssteuerung das gesamte Unternehmen durchdringt, ist eine klare Governance-Struktur, die alle wichtigen Betroffenen einbindet, eine notwendige Voraussetzung für eine erfolgreiche Einführung. Es gibt verschiedene Wege, diese Anforderung in die Praxis umzusetzen. Abb. 7.2 skizziert eine mögliche Struktur, die dies gewährleistet. Die Schaltzentrale ist ein Enterprise-Risk-Management-Ausschuss. Er definiert

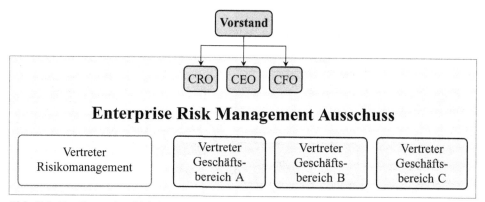

**Abb. 7.2** Der Enterprise-Risk-Management-Ausschuss

- Ziele und Anreize für das Management,
- Limits für das Übernehmen von Risiken, zum Beispiel maximale Exposures für Assetklassen,
- die Kapitalallokation unter Berücksichtigung der auf Modellierung beruhenden Vorschläge des Risikomanagements,
- gegebenenfalls Risikomanagementprozesse.

Wegen des weiten Betätigungsfelds des Enterprise-Risk-Management-Ausschusses ist es häufig praktisch, stärker spezialisierte Unterausschüsse zu bilden, z. B. einen ALM-Ausschuss, der die Kapitalanlagestrategie im einzelnen untersucht.

Da das Enterprise Risk Management zur Verantwortung des Vorstands gehört, sind CEO, CRO, CFO und gegebenenfalls weitere Mitglieder des Vorstands im Enterprise-Risk-Management-Ausschuss vertreten. In Abb. 7.2 hat das Risikomanagement die Aufgabe, sowohl alle Risiken zu messen und zu berichten, als auch die *Key Risk Indikatoren* (KRI) wie zum Beispiel das ökonomische Risikokapital oder den risikoadjustierten Ertrag zu berechnen. Im Enterprise-Risk-Management-Ausschuss hat das Risikomanagement die Funktion des technischen Sachverständigen. Es ist dabei oft erwünscht, dass das Risikomanagement von den operativen Geschäftsbereichen organisatorisch getrennt und unabhängig ist. Nichtsdestotrotz werden das Risikomanagement und die operativen Geschäftsbereiche für die Messung zusammenarbeiten, da die operativen Geschäftsbereiche über notwendige Rohdaten und gegebenenfalls über spezielles Know-How verfügen. Die operativen Geschäftsbereiche sind als die von den Entscheidungen direkt betroffenen im Enterprise-Risk-Management-Ausschuss vertreten.

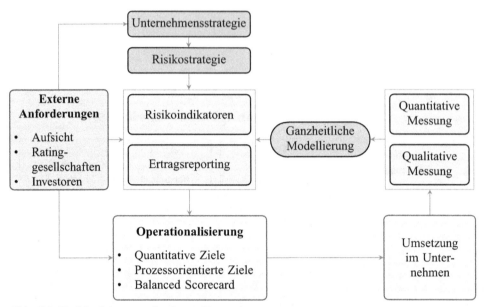

**Abb. 7.3** Kreislauf der wertorientierten Unternehmenssteuerung

## 7.1.4 Die Prozesskomponente

In Abb. 7.3 wird der Kreislauf für die Hauptprozesse der wertorientierten Steuerung beschrieben. Zunächst wird aus der Unternehmensstrategie die Risikostrategie des Unternehmens abgeleitet. Die Unternehmensstrategie wird unter anderem durch externe Faktoren wie regulatorische Solvenzrichtlinien oder Kriterien von Ratinggesellschaften beeinflusst. Unternehmensstrategie und Risikostrategie geben die im Unternehmen benutzten Risikoindikatoren (und insbesondere die benutzten Risikomaße) vor. Dabei muss natürlich sichergestellt werden, dass die technischen Abteilungen in der Lage sind, über geeignete quantitative und qualitative Methoden sowie eine geeignete Modellierung diese Risikomaße inhaltlich zu füllen. Dieser Kreislauf wird in Abb. 7.3 beschrieben:

1. Messung des Ist-Zustands anhand der Risikoindikatoren.
2. Erstellung von Berichten, die die Ertrags- und Risikolage beschreiben. Die Basis dieser Berichte bilden die aktuellen Risikoindikatoren. Diese Berichte sollten nach Möglichkeit auch eine Analyse der seit dem letzten Bericht aufgetretenen Änderungen enthalten. Das Risiko- und Ertragsreporting ist auch von externen Anforderungen abhängig, zum Beispiel regulatorischen Anforderungen im Rahmen von Solvency 2.
3. Die in den Berichten dargestellten Erkenntnisse werden in einem nächsten Schritt operationalisiert, in dem sie in quantitative oder qualitative Ziele für das Management übersetzt werden.

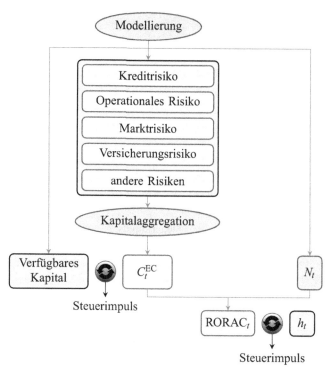

**Abb. 7.4** Grundsätzlicher Aufbau der wertorientierten Unternehmenssteuerung aus Risikokapital-sicht (Unternehmensebene). $C_t^{EC}$ bezeichnet das ökonomische Kapital, $N_t$ den Nettoertrag, RORAC$_t$ den risikoadjustierten Ertrag und $h_t$ die Hurdle Rate

4. Wenn diese Managementzielvereinbarungen im Unternehmen eingeführt werden, än-dert sich die Ertrags- und Risikosituation, so dass der Messprozess von Neuem beginnt.

Selbstverständlich handelt es sich bei diesem Kreislauf um einen kontinuierlichen Prozess. Man wird mit dem Beginn einer Phase nicht warten können, bis die vorherige Phase abgeschlossen ist. Daher ist es notwendig, bei der Analyse in Schritt 2 zu berücksichtigen, welche Managementziele den gemessenen Aktivitäten zugrunde lagen.

Wir wollen nun den Messprozess in Abb. 7.3 etwas genauer analysieren. Dabei gehen wir davon aus, dass die Risikoindikatoren auf ökonomischem Risikokapital und von diesem Risikokapital abgeleiteten Größen beruhen (Abb. 7.4). Die individuellen Risiken werden zunächst separat gemessen. Dabei ist zu beachten, dass diese Risiken durchaus verschiedene Bereiche des Unternehmens betreffen können. Zum Beispiel ist operationales Risiko in jedem Geschäftsbereich vertreten. Die individuellen Risiken werden dann aggregiert und das ökonomische Gesamtrisikokapital berechnet. Diese Aggregation kann mit den in Kap. 3 beschriebenen Mitteln erfolgen.

Als ein erster Check ist dieses Risikokapital mit dem verfügbaren Kapital zu ver-gleichen. Kapitalausstattung und Risikokapital sind dann gut aufeinander abgestimmt,

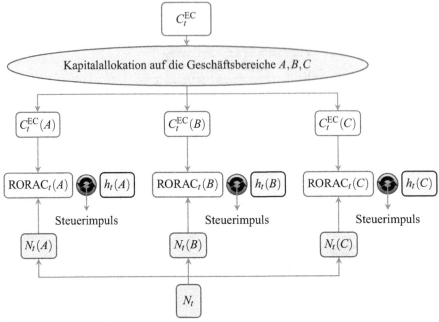

**Abb. 7.5** Grundsätzlicher Aufbau der wertorientierten Unternehmenssteuerung aus Risikokapitalsicht (Geschäftsbereichebene)

wenn sie nahezu gleich sind und das notwendige Risikokapital den Risikoappetit nicht übersteigt. Denn dann übersteigt einerseits das Risiko nicht den Risikoappetit, und andererseits gibt es wenig Exzesskapital, das zu unnötigen Kapitalkosten führt.

Der risikoadjustierte Ertrag $RORAC_t$ ist der Quotient aus Nettoertrag $N_t$ und ökonomischem Risikokapital $C_t^{EC}$ (siehe Abschn. 6.4). Diese Kenngröße kann in einem zweiten Check mit der Hurdle Rate $h_t$, also der Ertragsvorgabe für das Unternehmen durch die Eigner, verglichen werden.

Um neben diesen Steuerungsimpulsen auf der Gesamtunternehmensebene auch Steuerimpulse auf der Ebene individueller Geschäftsbereiche zu erhalten, muss das ökonomische Risikokapital auf diese Geschäftsbereiche unter möglichst gerechter Aufteilung des Diversifikationseffekts heruntergebrochen werden. Dies geschieht durch die Kapitalallokation, auf die im Kap. 5 näher eingegangen wird. Das Ergebnis ist ein ökonomisches Risikokapital für jeden Geschäftsbereich. Damit ist es möglich, den risikoadjustierten Ertrag für jeden Geschäftsbereich zu berechnen und mit den Ertragsvorgaben zu vergleichen (Abb. 7.5). Im einfachsten Fall hat man eine Hierarchieebene von Unternehmensbereichen. Insbesondere für Gruppen kann es jedoch auch mehrere Hierarchieebenen geben. Die Summe des Risikokapitals der Unternehmensbereiche pro Ebene hängt nicht von der Ebene ab. (Siehe Abb. 7.6).

Die Definition geeigneter Kennzahlen zur Steuerung wurde im Abschn. 6.7 behandelt. Wichtige Auswahlkriterien sind Interpretierbarkeit durch das Management und Berechen-

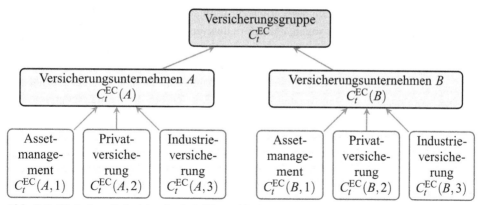

**Abb. 7.6** Einfaches Beispiel mit drei Hierarchieebenen von Unternehmensbereichen. Es gilt $C_t^{EC} = C_t^{EC}(A) + C_t^{EC}(B)$ und $C_t^{EC}(x) = \sum_{i=1}^{3} C_t^{EC}(x,i)$ für $x \in \{A, B\}$. Das Gesamtkapital pro Hierarchieebene ist daher für alle drei Hierarchieebenen konstant

barkeit mit ausreichend kleiner Fehlerschranke um sicherzustellen, dass wirklich nach den Managementkriterien, die modelliert werden sollen, gesteuert wird.

## 7.1.5 Zieldefinition und Zielüberwachung: Balanced Scorecard

Die Implementation eines Unternehmensprozesses ist nur dann erfolgreich, wenn die Betroffenen wissen, was von ihnen erwartet wird, und motiviert werden, die neuen Prozesse zu unterstützen. Zu diesem Zweck ist es üblich, klare Ziele für Mitarbeiter (und Manager) zu formulieren. Diese Ziele sollten außerdem so formuliert werden, dass das Maß der Zielerreichung verifiziert werden kann, damit dem Mitarbeiter später eine Rückmeldung gegeben werden kann, inwieweit er erfolgreich war.

In der wertorientierten Unternehmenssteuerung wird das Unternehmen ganzheitlich betrachtet. Diese ganzheitliche Sicht sollte sich natürlich auch in der Zieldefinition niederschlagen, indem zum Beispiel Visionen und Strategien des Unternehmens auf Mitarbeiterebene operationalisiert werden. Die Balanced Scorecard ist ein Konzept, um Visionen und Strategien in die Performance-Messung einzubeziehen [1, 2]. Um ein „ausbalanciertes" Gesamtbild zu erhalten, werden 4 komplementäre Perspektiven betrachtet.

1. *Finanzperspektive.* Eine Kenngröße könnte der risikoadjustierte Ertrag pro Kapitaleinheit oder andere ökonomische Kennzahlen sein. Je nach der Unternehmensebene, in der die Balanced Scorecard eingesetzt wird, kann es sich auch um weniger aufbereitete Kennzahlen handeln. Für die Antragsbearbeitungsabteilung könnten z. B. die durchschnittlichen Kosten pro Antragsbearbeitung eine sinnvolle Kennzahl darstellen. Es ist aber wichtig, dass das wirkliche Ziel der Unternehmung widergespiegelt wird. Daher wird diese Kennzahl als alleiniger Maßstab nicht ausreichen, da die Qualität

der Antragsprüfung ebenfalls wesentlich zur Profitabilität beiträgt. Häufig werden auch Bilanzkennzahlen herangezogen, die sich in unserem Zusammenhang aber weniger gut eignen.

2. *Kundenperspektive*. Eine mögliche Kenngröße für den Außendienst ist die Stornoquote. Die Qualität der Marketingunterlagen könnte zum Beispiel aus der Anzahl der Beschwerden, die auf Missverständnissen des Kunden bei der Vertragsinterpretation beruhen, abgeleitet werden.

3. *Prozessperspektive*. Hier wird man in der Regel Prozessqualität und Prozesseffizienz getrennt beurteilen. Im Rechnungswesen könnte zum Beispiel die Prozessqualität an der Anzahl oder der Materialität der durch den Wirtschaftsprüfer veranlassten Korrekturen gemessen werden. Die Prozesseffizienz könnte man durch den Arbeitsaufwand, der für die Bilanzerstellung aufgebracht wird, messen.

4. *Potenzialperspektive*. Hier geht es um das Erreichen der langfristigen Ziele des Unternehmens. Ein besonderer Fokus wird dabei auf das Lernen und Anwenden von Gelerntem gelegt. Auch das Halten guter Mitarbeiter gehört in diesen Bereich. Für ein großes Aktuariat könnte die Anzahl der DAV-Mitglieder (und insbesondere die Zeit, die Berufsanfänger brauchen, um Aktuare zu werden) eine einfache Kenngröße sein.

Für jede dieser 4 Perspektiven werden Ziele und quantitative Kennzahlen formuliert und in einer Scorecard (vgl. Abb. 7.7) zusammengefasst. Insgesamt ergibt sich also der folgende Prozess:

- Übersetzung von Visionen in operative Unternehmensziele
- Kommunikation der Vision und Verknüpfung der operativen Unternehmensziele mit individuellen Performance-Zielen
- Planung und Controlling
- Feedback und Anpassung der Strategien

In dieser allgemeinen Form ist das Konzept auf beliebige Industrien anwendbar. Für die Versicherungswirtschaft oder spezifische Adressaten würde man die Kategorien entsprechend anpassen. So wäre zum Beispiel die Einführung einer eigenen Perspektive „Risikomanagement" naheliegend, da hier die Kernkompetenz von Versicherungsunternehmen liegt.

Es besteht eine gewisse Willkür darin, wie man die Zielsetzungen in messbare Kenngrößen überführt. Hier besteht die Gefahr, dass das eigentliche Ziel durch praktisch messbare Kennzahlen ersetzt wird. Wenn zum Beispiel in der Prozessperspektive für das Rechnungswesen, wie oben in Punkt 3 vorgeschlagen wird, die Prozessqualität durch die Anzahl der Einwände des Wirtschaftsprüfers gemessen wird, könnte das Rechnungswesen den Wirtschaftsprüfer bitten, eventuelle Einwände erst im kleinen Kreis vorzutragen, so dass die Fehler korrigiert werden können, bevor es zur Messung kommt. Bei einem Wechsel des Wirtschaftsprüfers kann die Messmethode auch zu irreführenden Resultaten führen, wenn der neue Wirtschaftsprüfer in Details andere Standpunkte als der vorige

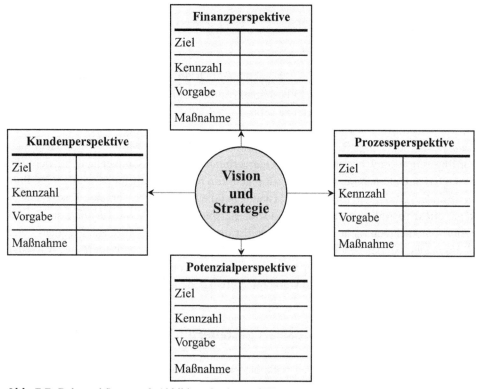

**Abb. 7.7** Balanced Scorecard. Abbildung basiert auf [3]

Wirtschaftsprüfer vertritt. Er würde Einwände erheben, die sich auf die Interpretationen des alten Wirtschaftsprüfers, nicht aber auf die Qualität des Rechnungswesens beziehen.

Risiken werden in der traditionellen Balanced Scorecard kaum berücksichtigt, sind aber für Versicherungsunternehmen von besonderer Wichtigkeit.

Der Erfolg der Balanced Scorecard steht und fällt mit der operativen Beschreibung von Strategien. Hierbei wird aber kaum Hilfestellung gegeben. Wenn die Strategie nicht bekannt (und nicht auf ihre Effekte hin in Modellen getestet) ist, wird es auch nicht möglich sein, Visionen und operative Unternehmensziele zu formulieren.

## 7.2 Ein Beispielunternehmen

In diesem Abschnitt wird der Aufbau der wertorientierten Unternehmenssteuerung für ein fiktives, stark vereinfachtes Unternehmen, die Y-AG, beschrieben. Die Y-AG ist ein Sachversicherungsunternehmen, das die Sparten

- Feuer
- Haftpflicht
- Diebstahl

betreibt. Das Unternehmen schreibt ausschließlich Privatgeschäft. Ferner agiert das Unternehmen in der Eurozone und beschränkt seine Kapitalanlage auf die Eurozone, um keinen Währungsrisiken ausgesetzt zu sein.

*Anmerkung 7.3.*  Unser Beispielunternehmen Y-AG ist nicht als Muster, sondern lediglich zur Illustration von Überlegungen und Querverbindungen im Zusammenhang mit der wertorientierten Unternehmenssteuerung zu sehen. Ein reales Unternehmen würde viele Prozesse anders einrichten. Zum Beispiel ist eine auf die Eurozone beschränkte Kapitalanlage keine effektive Anlagestrategie. Ein anderes Beispiel für eine Vereinfachung, die für ein reales Unternehmen nicht gemacht würde, ist die Zusammenfassung von Frequenz- und Großschäden bei der Modellierung (Abschn. 7.2.3.1). Desweiteren wägt Y-AG Aufwand und Nutzen der Komponenten der wertorientierten Unternehmenssteuerung gegeneinander ab. Daher wird nicht jedes Risiko vollkommen risikoadäquat behandelt.

## 7.2.1  Definition der risikobasiert gesteuerten Unternehmensbereiche

Y-AG möchte sowohl die Sparten risikobasiert steuern als auch die Leistung wichtiger Unternehmensfunktionen risikobasiert bewerten. Daher werden zwei Unternehmensbereichssichten definiert, die Spartensicht und die Funktionssicht.

### 7.2.1.1 Spartensicht

Die Spartensicht teilt das Unternehmen in vier nicht überlappende Geschäftsbereiche auf, wobei drei Geschäftsbereiche die drei Sparten und ein weiterer Geschäftsbereich das restliche Unternehmen beschreiben. Die Spartensicht liefert Information für die zukünftige strategische Ausrichtung des Unternehmens und hilft Fragen wie „In welche Sparte soll zukünftig verstärkt investiert werden¿' beantworten.

1. *Feuer*: Dieser Unternehmensbereich umfasst diejenigen Geschäftsprozesse, die sich direkt der Sparte Feuer zuordnen lassen. Dazu gehört auch das Assetmanagement derjenigen Assets, die die Verpflichtungen dieser Sparte bedecken.
2. *Haftpflicht*: Dieser Unternehmensbereich umfasst diejenigen Geschäftsprozesse, die sich direkt der Sparte Haftpflicht zuordnen lassen. Dazu gehört auch das Assetmanagement derjenigen Assets, die die Verpflichtungen dieser Sparte bedecken.
3. *Diebstahl*: Dieser Unternehmensbereich umfasst diejenigen Geschäftsprozesse, die sich direkt der Sparte Diebstahl zuordnen lassen. Dazu gehört auch das Assetmanagement derjenigen Assets, die die Verpflichtungen dieser Sparte bedecken.

4. *Übriges*: Dieser Unternehmensbereich umfasst alle Geschäftsprozesse, die sich nicht in den Sparten Feuer, Haftpflicht, Diebstahl zuordnen lassen. Zum Geschäftsbereich Übriges gehören zum Beispiel das Rechnungswesen und die Personalabteilung.

### 7.2.1.2 Funktionssicht

Die Funktionssicht teilt das Unternehmen in nicht überlappende Geschäftsbereiche auf, die rein funktional beschrieben sind. Eine Hauptmotivation der Funktionssicht besteht darin, eine leistungsabhängige Vergütung zu ermöglichen. Die Funktionssicht hat zwei Schichten, wobei ökonomisches Kapital und risikoadjustierter Ertrag als Leistungsmaße lediglich für die obere Schicht berechnet wird.

1. *Kapitalanlage*: Die Kapitalanlage wird als Profitcenter aufgefasst. Sie muss eine vordefinierte Liquidität bereitstellen und im Übrigen den Sparten für ihre Einlagen den kurzfristigen risikofreien Zins gutschreiben.
2. *Versicherungsgeschäft*: Das Versicherungsgeschäft (ohne Kapitalanlage) wird als ein weiteres Profitcenter aufgefasst. Die Sparten Feuer Haftpflicht und Diebstahl stellen unterschiedliche Märkte mit unterschiedlichem Konkurrenzdruck und unterschiedlichem Versichertenverhalten dar. Diese Unterschiede werden bei der Vergütung nicht explizit berücksichtigt.
   a. *Vertrieb*: Jedem Vertrag, der vom Underwriting angenommen wird, wird ein von der Produktkalkulation erwarteter (risikoadjustierter) Gewinn gegenübergestellt. Es gibt ein Ziel für die Summe dieser Gewinne. Das Risiko besteht darin, dieses Ziel nicht zu erreichen.
   b. *Underwriting*: Das Underwriting wird bzgl. seiner Effektivität und der Einhaltung der Underwritingrichtlinien beurteilt.
   c. *Schadenannahme*: Die Schadenannahme hat eine reine Kontrollfunktion. Die leistungsbasierte Beurteilung erfolgt analog zur Beurteilung des Underwriting.
   d. *Produktkalkulation*: Die Ergebnisse der Produktkalkulation beeinflussen die Performancemessung von Vertrieb und Underwriting.
   e. *Marketing*: Die leistungsabhängige Vergütung dieser Funktion erfolgt über Balanced Scorecards ohne Berücksichtigung des risikoadjustierten Unternehmenserfolgs.
   f. *Verwaltung und übriges Versicherungsgeschäft*: Die leistungsabhängige Vergütung dieser Funktion erfolgt über Balanced Scorecards ohne Berücksichtigung des risikoadjustierten Unternehmenserfolgs.
3. *Zentrale Funktionen*: Personal, Rechnungslegung, Controlling, Produkt- und Bestandscontrolling etc. Die leistungsabhängige Vergütung dieser Funktionen erfolgt über Balanced Scorecards. Das ökonomische Kapital für zentrale Funktionen basiert ausschließlich auf operationalen Risiken.

### 7.2.2 Mitigation von Risiken, für die ökonomisches Kapital nur bedingt geeignet ist

#### 7.2.2.1 Trendrisiko

Das Trendrisiko entzieht sich einer direkten quantitativen Bewertung. Die Juristen der Y-AG verfolgen die amerikanische Rechtsprechung für relevante Haftpflichtfälle und geben Schätzungen ab, wann und in welchem Ausmaß sie eine ähnliche Entwicklung auch für Deutschland erwarten. Dabei beobachten sie auch die Industriehaftpflicht, da eine Ausweitung des Geschäfts auf Industriekunden im Vorstand erwogen wird. Die Produktentwicklungsabteilung nutzt diese Einschätzungen sowohl bei der Produktentwicklung und beim Design der Underwritingrichtlinien. Die Produktentwicklung berichtet an die juristische Abteilung, in welchem Maße und wie deren Einschätzungen umgesetzt wurden.

#### 7.2.2.2 Liquiditätsrisiko

Um das Liquiditätsrisikos zu mitigieren unterhält die Abteilung Produkt- und Bestandscontrolling ein einfaches, mehrperiodisches stochastisches ALM-Modell. Als Inputs für die Passivseite liest das Modell die erwarteten Netto-Cashflows für die Vertragsabwicklung sowie die erwartete Volatilität dieser Cashflows ein. Diese Daten werden mit einer Lognormalverteilungsannahme in einem mehrperiodischen stochastischen Passiv-Modell erzeugt. Die Neugeschäftsannahmen für dieses Passiv-Modell werden von der Produktentwicklungsabteilung geliefert. Mithilfe eines Hull-White-Modells, $dr(t) = (\theta(t) - \alpha) r(t)dt + \sigma dW(t)$, wird die Dynamik des kurzfristigen Zinses projiziert. Für das Hull-White-Modell werden monatliche Zeitschritte modelliert. Spreads und Ausfallwahrscheinlichkeiten werden konstant angenommen, wobei die Ausfälle über eine Binomialverteilung modelliert werden. Dazu wird das Kreditportfolio stark verdichtet, was tendenziell zu einer Überschätzung des Ausfallrisikos führt. Andere Kapitalanlageklassen werden über Lognormalverteilungen modelliert und als gegenseitig unabhängig angenommen. Alle Inputparameter sowie die Kapitalanlagestrategie werden von der Kapitalanlageabteilung geliefert.

Mithilfe dieses Modells wird eine Liquiditätsvorgabe geliefert, die dem Modell zufolge dazu führt, dass in den nächsten 5 Jahren die kumulierte Wahrscheinlichkeit eines Liquiditätsengpasses maximal 5 % beträgt. Das Modell wird zusätzlich von der Kapitalanlageabteilung genutzt, um die strategische Assetallokation zu unterstützen.

Neben dem ALM Modell werden Szenarien für Liquiditätsengpässe durchgespielt und damit die notwendige Liquidität abgeschätzt. Diese Szenarien sind so definiert, dass jedes Szenario eine Eintrittswahrscheinlichkeit von ungefähr 1 % hat. Die Eintrittswahrscheinlichkeit basiert auf qualitativen Einschätzungen der Abteilung Produkt- und Bestandscontrolling.

Der Kapitalanlage werden Liquiditätslimits geliefert, die Liquiditätsvorgaben aus beiden Methoden sicherstellen.

### 7.2.3 Das ökonomische Kapitalmodell der Y-AG

Vor der Einführung eines ökonomischen Kapitalmodells wurden vielfach Bedenken geäußert, dass Kapitalallokationsalgorithmen die wirkliche Diversifikation nur unzureichend widerspiegeln und daher zu Ungerechtigkeiten führen. Da die Y-AG den risikoadjustierten Ertrag als ein Vergütungsmaß nutzen wollte, war es eine Priorität, ein Verfahren zu finden, das von allen getragen wurde. Am besten vermittelbar erwies sich dabei der Ansatz, dass jedem Geschäftsbereich genau der von ihm verursachte Anteil des ökonomischen Kapitals zugeteilt wird. Daher entschließt sich Y-AG, den Expected Shortfall als Risikomaß und die in Proposition 5.6 beschriebene Kapitalallokation (siehe auch die an Proposition 5.6 anschließende Diskussion) zu nutzen.

#### 7.2.3.1 Ein vereinfachtes ökonomisches Kapitalmodell

Y-AG führt zunächst ein (stark vereinfachtes) ökonomisches Kapitalmodell V1.0 ein. Wenn es sich bewährt hat und in der Organisation angenommen ist, soll es schrittweise ausgebaut werden (siehe Abschn. 7.2.4). Damit wird vermieden, dass die Unternehmenssteuerung auf einer Black Box basiert wird, die im Unternehmen nur ansatzweise verstanden wird.

In der Spartensicht wurde das Unternehmen vollständig in die Geschäftsbereiche Feuer, Haftpflicht, Diebstahl, Übriges zerlegt, und die Kapitalanlage wurde als Teil dieser 4 Geschäftsbereiche betrachtet. Im ökonomischen Kapitalmodell wird dagegen aus Modellierungsgründen die Kapitalanlage als eigenständiger Geschäftsbereich aufgefasst. Wenn die Ergebnisse aus dem ökonomischen Kapitalmodell auf das Unternehmen angewendet werden, müssen daher zunächst die Ergebnisse für die Kapitalanlage den anderen 4 Geschäftsbereichen zugeschlüsselt werden.

Der Geschäftsbereich Übriges wird nicht individuell modelliert sondern pauschal als Fixkosten erfasst.

Im Modell wird angenommen, dass alle Prämien zu Jahresbeginn anfallen und der Versicherungsschutz für ein Jahr besteht. Es werden keine unterjährigen Cashflows modelliert. Der Geschäftsbereich Kapitalanlage wird durch eine normalverteilte Zufallsvariable $r$ modelliert, die den Erfolg der Kapitalanlage für ein Jahr als durchschnittlich erwirtschafteten Zins beschreibt. Für alle Assets wird die gleiche Kapitalanlage gewählt. Die Kapitalanlagekosten beziehen sich auf das Kapitalanlagevermögen zu Jahresbeginn.

Die Schadenverteilungen für die Geschäftsbereiche Feuer, Haftpflicht, Diebstahl werden durch lognormalverteilte Zufallsvariablen $S(F), S(H), S(D)$ beschrieben. Die erwarteten Schäden und die Kosten werden jeweils als Vielfaches der Prämien vorgegeben. Reserven werden nicht modelliert.

Es werden $n = 10000$ Szenarien generiert (siehe Bemerkung 7.4). Das Unternehmen verfügt über ein Kapital von $K_0 = 1400.0$ zu Jahresbeginn und die Fixkosten betragen $k_{\text{fix}} = 20.0$. Als risikofreier Zins wird $r_0 = 3\,\%$ angenommen. Das Risikomaß ist der $ES_{99\,\%}(X_{\text{netto}})$, wobei wir mit $-X_{\text{netto}}$ den Netto-Gewinn bezeichnen.

**Tab. 7.1** Spartenspezifische Daten für Y-AG

| Größe | Variable | Geschäftsbereich $A$ | | |
|---|---|---|---|---|
| | | $F$ | $H$ | $D$ |
| Prämie | $P(A)$ | 600 | 300 | 100 |
| Schadenquote | $c(A)$ | 75 % | 75 % | 75 % |
| Kostenquote | $k(A)$ | 5 % | 5 % | 5 % |
| Quotenrückversicherung: Zediert | $Q_{\text{zed}}(A)$ | 25 % | 20 % | 20 % |
| Quotenrückversicherung: Provision | $Q_{\text{prov}}(A)$ | 5 % | 5 % | 5 % |
| Variationskoeffizient | $\text{vc}(A) = \sigma(S(A))/EV(S(A))$ | 50 % | 60 % | 70 % |

*Anmerkung 7.4.* Im allgemeinen sind sehr viel mehr als 10000 Szenarien notwendig, um das Risikokapital oder den RORAC zuverlässig zu schätzen. Dies trifft auch für unser Beispiel zu: die quantitativen Resultate werden durch die Wahl der Szenarien maßgeblich beeinflusst.[1]

Der (relative) Kapitalanlageerfolg $r$ wird normalverteilt mit Erwartungswert $E(r) = 5\,\%$ und Standardabweichung $\sigma(r) = 2\,\%$ angenommen. Die Kosten für die Kapitalanlage betragen $0.5\,\%$ des Kapitalanlagevolumens.

Die spartenspezifischen Daten sind in Tab. 7.1 zusammengefasst:

Es sei $A \in \{F, H, D\}$. Dann gilt brutto

$$E(S(A)) = c(A)P(A)$$

Sind $m(A), s^2(A)$ die Parameter der Lognormalverteilung

$$S(A) = \exp(N(m(A), s^2(A)),$$

wobei $N(m, s^2)$ eine normalverteilte Zufallsvariable mit Erwartungswert $m$ und Standardabweichung $s$ ist, so gilt

$$E(S(A)) = \exp\left(m(A) + \frac{s(A)^2}{2}\right),$$

$$\sigma(S(A)) = \sqrt{\exp(s(A)^2 - 1)} \exp\left(m(A) + \frac{s(A)^2}{2}\right)$$

---

[1]Die qualitativen Effekte, die wir in diesem Abschnitt diskutieren werden, zeigen sich schon bei 10000 Monte-Carlo-Szenarien. Wir haben diese geringe Zahl gewählt, da dann alle Berechnungen auf einem Notebook aus dem Jahr 2013 mit erträglicher Geschwindigkeit vollzogen werden können.

Damit erhält man für $A \in \{F, H, D\}$ als Parametrisierung der Schadenverteilung $S(A)$

$$s(A) = \sqrt{\ln\left(1 + \gamma(A)^2\right)}, \quad m(A) = \ln(c(A)P(A)) - \frac{1}{2}\ln\left(1 + \gamma(A)^2\right),$$

wobei $\gamma(A)$ den Variationskoeffizienten bezeichnet.

Die Abhängigkeitsstruktur der Zufallsvariablen $(S(F), S(H), S(D), r)$ wird durch eine Gaußsche Copula mit

$$\tau_{\text{Kendall}} = \begin{pmatrix} 1.0 & 0.3 & 0.2 & 0.0 \\ 0.3 & 1.0 & 0.6 & 0.0 \\ 0.2 & 0.6 & 1.0 & 0.0 \\ 0.0 & 0.0 & 0.0 & 1.0 \end{pmatrix}$$

beschrieben. Wir werden im folgenden aus Konsistenzgründen an Größen, für die sich der Bruttobetrag vom Nettobetrag unterscheidet, oft einen Index $_{\text{brutto}}$ anfügen, wenn wir den Betrag vor Rückversicherung meinen. Die Nettoprämie ist durch $P_{\text{netto}}(A) = (1 - Q_{\text{zed}}(A)) P_{\text{brutto}}(A)$ und die Nettoschadenverteilung offenbar durch

$$S_{\text{netto}}(A) = (1 - Q_{\text{zed}}(A)) S_{\text{brutto}}(A)$$

gegeben. Der dem Geschäftseinheit Kapitalanlage $K$ zuzuordnenden Gewinn wird um den risikofreien Zins korrigiert. Es ergibt sich für $g \in \{\text{brutto}, \text{netto}\}$

$$-X_g(K) = (r - r_0)\left(K_0 + \sum_{A \in \{F,H,D\}} P_g(A)\right) - k(K)\left(K_0 + \sum_{A \in \{F,H,D\}} P_g(A)\right).$$

Es sei

$$\delta^g_{\text{netto}} = \begin{cases} 1 & \text{für } g = \text{netto}, \\ 0 & \text{sonst} \end{cases}$$

das übliche Kroneckersymbol. Dann beträgt der Gewinn der Sparte $A$

$$-X_g(A) = (1 + r_0) P_g(A) + \left(\delta^g_{\text{netto}} Q_{\text{prov}} Q_{\text{zed}} - k(A)\right) P_{\text{brutto}}(A) - S_g(A).$$

Insbesondere nehmen wir also an, dass die Policenverwaltung beim Erstversicherer verbleibt, so dass die Kostenquote von der Rückversicherungsquote unabhängig ist. Der Gesamtgewinn ist die Summe der Spartengewinne abzüglich Fixkosten und zuzüglich risikofreiem Zinsertrag auf Kapital,

$$-X_g = -\sum_{A \in \{F,H,D,K\}} X_g(A) + r_0 K_0 - k_{\text{fix}}.$$

**Tab. 7.2** Der erwartete
Gewinn für jede Sparte und das
Gesamtunternehmen

|  | $g = $ brutto | $g = $ netto |
|---|---|---|
| $-\mathrm{E}(X_g(F))$ | 141.9 | 115.4 |
| $-\mathrm{E}(X_g(H))$ | 69.5 | 59.2 |
| $-\mathrm{E}(X_g(D))$ | 23.1 | 19.7 |
| $-\mathrm{E}(X_g(K))$ | 36.6 | 33.1 |
| $-\mathrm{E}(X_g)$ | 293.1 | 249.4 |

**Tab. 7.3** Das ökonomische
Kapital für jede Sparte und das
Gesamtunternehmen

|  | $g = $ brutto | $g = $ netto |
|---|---|---|
| $\mathrm{ES}_{99\%}(X_g(F))$ | 841.2 | 621.9 |
| $\mathrm{ES}_{99\%}(X_g(H))$ | 582.2 | 462.2 |
| $\mathrm{ES}_{99\%}(X_g(D))$ | 248.5 | 197.6 |
| $\mathrm{ES}_{99\%}(X_g(K))$ | 90.4 | 81.7 |
| $-\mathrm{ES}_{99\%}(X_g)$ | 1096.7 | 823.7 |

Tab. 7.2 enthält die mit den oben aufgeführten Eingabedaten numerisch[2] berechneten Erwartungswerte für die Gewinne der Sparten. Die Differenz 22.0 aus Summe der Sparten und Gesamtergebnis setzt sich aus den Fixkosten, $k_{\mathrm{fix}} = 20.0$, und dem risikofreien Ertrag, $r_0 K_0 = 42.0$ auf das Startkapital zusammen, da diese Größen ihrer geschäftsbereichsübergreifenden Natur wegen nicht auf die vier Geschäftsbereiche Kapitalanlage, Feuer, Haftpflicht, Diebstahl zugeteilt werden.

Tab. 7.3 enthält das ökonomische Kapital für jede Sparte. Die Differenz

$$
\mathrm{ES}_{99\%}\left(X_g\right) - \sum_{A \in \{F,H,D,k\}} \mathrm{ES}_{99\%}\left(X_g(A)\right) = \begin{cases} -665.5 & g: \text{brutto}, \\ -539.6 & g: \text{netto} \end{cases}
$$

erklärt sich neben dem nicht allokierten Gewinn von 22.0 durch die Diversifikation zwischen den Geschäftsbereichen.

Der RORAC (siehe Tab. 7.4) ist einfach der Quotient aus erwartetem Gewinn und ökonomischem Kapital.

Das ökonomische Kapitalmodell der Y-AG ist Teil des im Anhang C eingeführten Julia Skripts.

Abb. 7.8 zeigt die Verteilungsfunktionen $-X_g(A)$. Die vertikalen Linien zeigen das zu den Verteilungsfunktionen zugehörige ökonomische Kapital an. Abb. 7.9 zeigt ein Histogram der Gesamtverteilungen für $-X_{\mathrm{brutto}}$ und $-X_{\mathrm{netto}}$.

---

[2]Diese Erwartungswerte lassen sich natürlich auch exakt berechnen, was aufgrund des numerischen Fehlers zu unterschiedlichen Ergebnissen führen würde. Zum Beispiel ist der exakte Wert für das Feuerbruttoergebnis $-\mathrm{E}\left(X_{\mathrm{brutto}}(F)\right) = 138.0$.

**Tab. 7.4** Der risikoadjustierte Gewinn für jede Sparte und das Gesamtunternehmen

| | $g =$ brutto | $g =$ netto |
|---|---|---|
| $RORAC_{99\%}(X_g(F))$ | 16.9 % | 18.6 % |
| $RORAC_{99\%}(X_g(H))$ | 11.9 % | 12.8 % |
| $RORAC_{99\%}(X_g(D))$ | 9.3 % | 10.0 % |
| $RORAC_{99\%}(X_g(K))$ | 40.5 % | 40.5 % |
| $RORAC_{99\%}(X_g)$ | 26.7 % | 30.3 % |

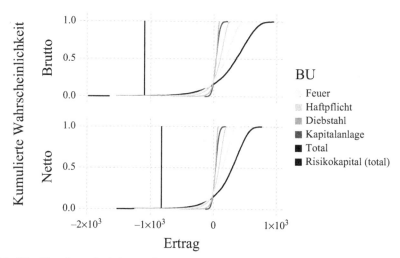

**Abb. 7.8** Die Verteilungsfunktionen für die Geschäftseinheiten Feuer, Haftpflicht, Diebstahl, Kapitalanlage sowie für das totale Ergebnis. Die vertikalen Linien zeigen das ökonomische Kapital für das Gesamtunternehmen an

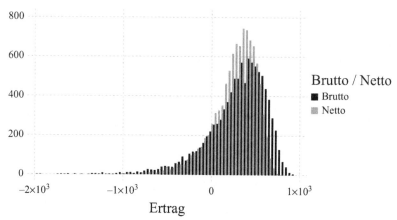

**Abb. 7.9** Histogramme der totalen Verteilung für den Bruttogewinn $-X_{\text{brutto}}$ und den Nettogewinn $-X_{\text{netto}}$. Die Klassenbreite beträgt $n = 75$

*Anmerkung 7.5.* Die im folgenden vorgestellten Rechnungen sollen lediglich Methoden aufzeigen. Um aus derartigen Rechnungen allgemeine Schlüsse zu ziehen, bedarf es ausgefeilterer Modelle und einer sorgfältigen Kalibrierung. Da die Y-AG hier ein sehr stark vereinfachtes Modell benutzt, haben wir auch die Kalibrierung der Versicherungssparten bewusst unrealistisch gewählt. Zum Beispiel haben wir für die Sparten Feuer und Haftpflicht nahezu die gleichen Charakteristiken gewählt, was in der Realität definitiv nicht zutrifft.

### 7.2.3.2 Risikoadjustierte Preisgestaltung

Feuer und Haftpflicht haben die gleiche Schadenquote und die gleiche Kostenquote. Feuer ist trotzdem etwas profitabler als Haftpflicht, was auf die folgenden Faktoren zurückzuführen ist:

- Die Volatilität für Feuer ist etwas geringer als die für Haftpflicht.
- Das Netto-Haftpflichtvolumen ist geringer als das Netto-Feuervolumen, weshalb der Diversifikationseffekt mit der Kapitalanlage trotz gleichen Kendalls $\tau$ geringer ausfällt.

Das Rückversicherungsvolumen lässt sich leicht ändern. Daher betrachtet Y-AG für die Bestimmung des „risikoadjustierten Preises" den Brutto-RORAC. Der Preis der Haftpflichtversicherung wird sukzessive erhöht (und der Preis für Feuerversicherung entsprechend verringert), bis beide Sparten nahezu den gleichen Brutto-RORAC aufweisen.

Dabei benutzt Y-AG einen simplen iterativen Halbierungsalgorithmus. Es sei $p_{min}(0) = 0.0\,\%$, $p_{max}(0) = 5.0\,\%$ und $p(0) = 0.0\,\%$ unser anfänglicher Preisanstieg. Hat man im Schritt $i$ den Preisanstieg $p(i)$ erhalten, so wird

$$p_{min}(i+1) = p(i), p(i+1) = \frac{p(i) + p_{max}(i)}{2}, \quad p_{max}(i+1) = p_{max}(i)$$

gesetzt, wenn $\text{RORAC}_{99\,\%}(X_{brutto}(F)) > \text{RORAC}_{99\,\%}(X_{brutto}(H))$ gilt, und andernfalls wird

$$p_{min}(i+1) = p_{min}(i), p(i+1) = \frac{p(i) + p_{min}(i)}{2}, \quad p_{max}(i+1) = p(i)$$

gesetzt. Es wird abgebrochen, wenn $p_{max}(i) - p_{min}(i)$ hinreichend klein ist. Dieser Algorithmus führt zu dem in Tab. 7.5 aufgeführten Resultat.

Das neue ökonomische Kapital beträgt $\text{ES}_{99\,\%}(X_{netto}) = 823.0$ und der neue risikoadjustierte Gewinn beträgt $\text{RORAC}_{99\,\%}(X_{netto}) = 30.4\,\%$. Da die (von uns angenommenen) Charakteristiken von Feuer und Haftpflicht sehr ähnlich sind und Y-AG das Gesamtprämienaufkommen konstant gelassen hat, ist es nicht verwunderlich, dass sich die Werte für ökonomisches Kapital und RORAC durch die Preisanpasssung kaum verändert haben.

**Tab. 7.5** Risikoadjustierter Ertrag bei relativem Preisanstieg für Haftpflicht

| Preisanstieg für Haftpflicht | $\mathrm{RORAC}_{99\%}(X_{\mathrm{brutto}}(F))$ | $\mathrm{RORAC}_{99\%}(X_{\mathrm{brutto}}(H))$ |
| --- | --- | --- |
| 0.0000 % | 11.9372 % | 16.8643 % |
| 2.5000 % | 13.4424 % | 15.8008 % |
| 3.7500 % | 14.2103 % | 15.2763 % |
| 4.3750 % | 14.5982 % | 15.0158 % |
| 4.6875 % | 14.7931 % | 14.8860 % |
| 4.8438 % | 14.8908 % | 14.8213 % |
| 4.7656 % | 14.8420 % | 14.8536 % |
| 4.8047 % | 14.8664 % | 14.8374 % |
| 4.7852 % | 14.8542 % | 14.8455 % |
| 4.7754 % | 14.8481 % | 14.8496 % |
| 4.7803 % | 14.8511 % | 14.8476 % |
| 4.7778 % | 14.8496 % | 14.8486 % |
| 4.7766 % | 14.8488 % | 14.8491 % |
| 4.7772 % | 14.8492 % | 14.8488 % |
| 4.7769 % | 14.8490 % | 14.8490 % |

**Tab. 7.6** Modifizierte Daten nach Anpassung der Preise für Feuer- und Haftpflichtversicherung

| $A$ | $c(A)$ | $k(A)$ | $Q_{\mathrm{prov}}(A)$ |
| --- | --- | --- | --- |
| $F$ | 76.84 % | 5.12 % | 6.15 % |
| $H$ | 71.58 % | 4.77 % | 5.73 % |
| $D$ | 75.00 % | 5.00 % | 6.00 % |

Dadurch dass die Preise für die Feuer- und Haftpflichtversicherung geändert wurden, müssen die Schadenquoten, Kostenquoten und Rückversicherungsprovisionssätze angepasst werden. Es ergeben sich die modifizierten Daten in Tab. 7.6.

*Anmerkung 7.6.* Die risikoadjustierte Preisgestaltung ist nicht identisch mit der gewinnoptimierten Preisgestaltung, da die erstere Kundenpräferenzen vollkommen ignoriert.

**Übung 7.1.** Erweitern Sie das in Anhang C referenzierte Julia Skript um die hier beschriebene risikoadjustierte Preisgestaltung.

### 7.2.3.3 Optimierung der Kapitalausstattung

Da die Kapitalausstattung $K_0 = 1400.0 > 823.0 = \mathrm{ES}_{99\%}(X_{\mathrm{netto}})$ beträgt, kann sie verringert werden. Um die optimale Kapitalausstattung zu finden, berechnet Y-AG das Kapital $\mathrm{ES}_{99\%}(X_{\mathrm{netto}})$ sowie den RORAC und den ROC für verschiedene $K_0$ (Tab. 7.7).

Der RORAC ist für ein Startkapital von 1400.0 am höchsten. Dies heißt aber in unserem Fall nicht, dass es für das Unternehmen vorteilhaft wäre, ein hohes Kapital vorzuhalten. Denn in den Zähler der RORAC-Berechnung gehen zwar die zusätzlichen Erträge aus

**Tab. 7.7** Risikoadjustierter Gewinn in Abhängigkeit von der Kapitalausstattung

| $K_0$ | $ES_{99\%}(X_{netto})$ | $RORAC_{99\%}(X_{netto})$ | $ROC_{99\%}(X_{netto})$ |
|---|---|---|---|
| 1400.0 | 823.0 | 30.4 % | 17.9 % |
| 1300.0 | 827.5 | 29.7 % | 18.9 % |
| 1200.0 | 832.0 | 29.0 % | 20.1 % |
| 1100.0 | 836.5 | 28.3 % | 21.5 % |
| 1000.0 | 841.0 | 27.6 % | 23.2 % |
| 900.0 | 845.6 | 26.9 % | 25.3 % |
| 800.0 | 850.2 | 26.2 % | 27.9 % |
| 700.0 | 854.8 | 25.6 % | 31.2 % |

Exzesskapital ein, das ökonomische Kapital im Nenner erhöht sich aber nur um das durch die zusätzliche Kapitalanlage erhöhte Risiko. Für die Wahl der optimalen Kapitalausstattung ist daher der ROC entscheidend. In unserem Beispiel sinkt der ROC mit wachsendem Startkapital.

Y-AG wählt als Kapital $K_0 = 900.0$, da dieser Wert relativ nahe am Optimum liegt, aber immer noch einen Sicherheitsbuffer für Fluktuationen aufweist. Der neue RORAC beträgt

$$RORAC_{99\%}(X_{netto}) = 33.8\%.$$

Das überschüssige Kapital kann an die Eigner zurückgegeben werden.

**Übung 7.2.** Erweitern Sie das in Anhang C referenzierte Julia Skript um die hier beschriebene risikoadjustierte Optimierung der Kapitalausstattung.

### 7.2.3.4 Optimierung des Produktmixes durch Rückversicherung

Y-AG sieht zwei Wege, auf den Produktmix Einfluss zu nehmen. Das Unternehmen kann entweder Anreize für den Vertrieb setzen, bestimmte Produkte stärker zu verkaufen als andere, oder es kann Teile des Portfolios rückversichern. Y-AG entscheidet sich für die zweite Methode, da sie leichter handhabbar ist. Zur Zeit werden je 20 % des Haftpflicht- und Diebstahlgeschäfts zediert, aber 70 % des Feuergeschäfts. Y-AG untersucht daher zunächst, was die optimale Feuerrückversicherungsquote ist.

Zur Optimierung der Feuerrückversicherung könnte Y-AG ähnlich wie bei der Optimierung der Kapitalausstattung den $RORAC_{99\%}(X_{netto})$ für verschiedene Prämienkombinationen berechnen. Y-AG zieht es jedoch vor, stattdessen die *Efficient Frontier* zu bestimmen. Dazu wird sukzessive die Rückversicherungsquoten für Feuer angehoben und jeweils sowohl der erwartete Nettoprofit $E(X_{netto})$ als auch das ökonomische Risikokapital $ES_{99\%}(X_{netto})$ berechnet und graphisch auftragen (Abb. 7.10). Die Efficient Frontier ist der obere Ast der durch die berechneten Punkte angedeuteten Kurve. Jeder Punkt

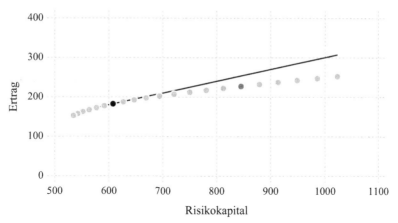

**Abb. 7.10**  Efficient Frontier für die Feuerrückversicherung

auf dieser Kurve repräsentiert einen optimalen Produktmix in dem Sinn, dass es keinen Produktmix gibt, der bei gleichem Risiko einen höheren erwarteten Ertrag verspricht. Der optimale RORAC wird durch den Anstieg der geraden Linie, die im Ursprung des Koordinatensystems (Risikokapital = 0, Profit = 0) beginnt und die Efficient Frontier tangiert, dargestellt. Er beträgt 30.0 %, und 70.0 % der Feuerprämie werden zediert. Der dunkelgraue Punkt repräsentiert die ursprüngliche und der schwarze Punkt die neue Feuerrückversicherungsquote. Das optimierte Kapital beträgt $ES_{99\%}(X_{\text{netto}}) = 607.5$.

*Anmerkung 7.7.*  Bei der Optimierung der Feuerrückversicherung wurde das jeweils unterschiedliche Kapitalmarktrisiko der Sparten ignoriert. Hat zum Beispiel die Haftpflichtversicherung höhere Reserven als die Feuerversicherung, so entfällt auf die Sparte Haftpflicht ein höheres Kapitalmarktrisiko als auf die Sparte Feuer. Der dadurch entstehende Fehler kann leicht signifikant sein. Daher sollte Y-AG für die Optimierung des Produktmixes das Kapitalmarktrisiko anteilig den Sparten Feuer und Haftpflicht zuschlüsseln.

Es liegt nun nahe, eine Efficient Frontier für die gleichzeitige Optimierung der Rückversicherung für Feuer, Haftpflicht und Diebstahl zu bestimmen. Es gibt nun drei Variablen, die unabhängig voneinander variiert werden, nämlich den jeweils zedierten Anteil von Feuer, Haftpflicht und Diebstahl. Die Punkte werden daher eine zweidimensionale Punktwolke anstatt einer eindimensionalen Kurve beschreiben. Die Efficient Frontier ist nun die obere Grenze dieser Punktwolke. Es ist naheliegend, in Analogie zur Behandlung der Feuerrückversicherung ein gleichmäßiges Gitter von Rückversicherungskombinationen, z. B.

$$P_{\text{zediert}}(F) = \frac{i}{N}P(F), \quad P_{\text{zediert}}(H) = \frac{j}{N}P(H), \quad P_{\text{zediert}}(D) = \frac{k}{N}P(D)$$

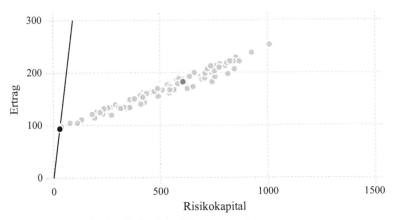

**Abb. 7.11** Efficient Frontier für die Rückversicherungsstruktur

mit $i, j, k \in \{0, \ldots, N\}$, zu wählen. Allerdings wird dann die Gitterstruktur in die Abbildung übertragen, was von den wirklichen Eigenschaften der Rückversicherung ablenken könnte. Zur besseren Kommunikation wählt Y-AG daher $P_{\text{zediert}}(F) = \omega_F P(F)$, $P_{\text{zediert}}(H) = \omega_H P(H)$, $P_{\text{zediert}}(D) = \omega_D P(D)$, wobei $\omega_F, \omega_H, \omega_D$ gleichmäßig verteilte Zufallsvariablen in $[0, 1]$ sind. Abb. 7.11 zeigt das Resultat für $N = 100$ Punkte.

Der dunkelgraue Punkt zeigt die Ertrags-Risikoposition des ursprünglichen Rückversicherungsprogramms, und der schwarze Punkt entspricht dem neuen Rückversicherungsprogramm. Die Steigung der geraden Linie stellt wieder den optimalen RORAC dar und beträgt 317.5 %. Es werden 97.5 % der Feuerprämie, 93.2 % der Haftpflichtprämie und 71.3 % der Diebstahlprämie zediert. Aufgrund der beschränkten Auflösung von 100 Punkten sind diese Quoten in unserer Berechnung nicht von einer Zedierung aller Prämien zu unterscheiden. Und in der Tat führt dies zu einem maximalen RORAC. Damit degeneriert die Y-AG zu einer reinen Verkaufs- und Verwaltungsorganisation. Das einzige Risiko käme dann von der Kapitalanlage. Das Kapital könnte allerdings auf Null reduziert werden, so dass Y-AG als optimalen risikoadjustierten Ertrag $\text{RORAC}_{99\,\%}(X_{\text{netto}}) = \infty$ erhielte. Der absolute Ertrag wäre allerdings sehr gering, da die Rückversicherungsprovision nach Abzug der Verwaltungskosten lediglich

$$6.15\,\% - 5.12\,\% = 5.12\,\% \text{ der Feuerprämien,}$$

$$5.73\,\% - 4.77\,\% = 4.77\,\% \text{ der Haftpflichtprämien,}$$

$$6.00\,\% - 5.00\,\% = 5.00\,\% \text{ der Diebstahlprämien}$$

beträgt. Ließe sich der Verkauf beliebig skalieren, wäre dies kein Problem. In der Praxis wäre dies aber nicht möglich, und außerdem wäre zu beachten, dass wir die Vertriebs- und Verwaltungsrisiken gar nicht modelliert haben, der wahre RORAC also wahrscheinlich sehr viel geringer wäre. Insgesamt kann man den Schluss ziehen, dass eine mechanische

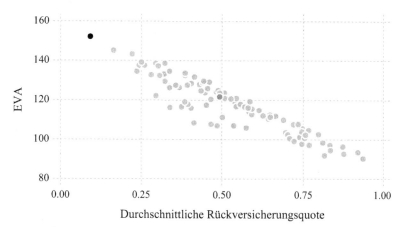

**Abb. 7.12** EVA in Abhängigkeit von der Rückversicherungsstruktur. Es wurde eine Hurdle Rate von 10.00 % angenommen

mathematische Optimierung des RORAC in diesem Fall kein ökonomisch brauchbares Resultat liefert.

Man kann sich überlegen, dass eine Optimierung des EVA zu einem ähnlichen Problem führen würde. Der optimale EVA würde erreicht werden, wenn gar nichts zediert würde (siehe Abb. 7.12). Die Optimierung führt einfach zum Schluss, dass sich Rückversicherung aus der EVA-Perspektive nicht rechnet.

Weder die RORAC-Optimierung noch die EVA-Optimierung geben einen Hinweis auf den optimalen Portfoliomix. Um den Produktmix zu optimieren, muss man weitere Bedingungen hinzufügen. Eine naheliegende Einschränkung wäre die Vorgabe eines Wertes für das ökonomische Kapital. Allerdings würde eine solche Vorgabe aufwändige iterative Berechnungen erzwingen. Um die Berechnungen zu vereinfachen, gibt die Y-AG einfach das Verhältnis Gesamtnettoprämie zu Gesamtbruttoprämie vor. Das Unternehmen wählt das Verhältnis $f$, das sich bei einer optimalen Feuerrückversicherungsquote $Q_{\text{zed}}(F) = 70.0\,\%$ ergibt, wenn Haftpflicht und Diebstahl zu je 20 % zediert werden, d. h.

$$f = \frac{\sum_{A \in \{F,H,D\}} Q_{\text{zed}}(A)P(A)}{\sum_{A \in \{F,H,D\}} P(A)} = 49.28\,\%$$

Damit kann das Resultat aus der Feuerrückversicherungsoptimierung mit dem Resultat aus der gleichzeitigen Optimierung von Feuer-, Haftpflicht- und Diebstahlrückversicherung verglichen werden.

Es werden insgesamt wieder $N = 100$ Punkte berechnet und $N$ unabhängige, gleichmäßig verteilte Zufallsvariablen $(\omega_F, \omega_H, \omega_D) \in [0,1]^3$ erzeugt. Unter Benutzung von $f = 49.28\,\%$ ergibt sich für $A \in \{F, H, D\}$

$$P_{\text{zediert}}(A) = f\omega_A \frac{\sum_{B \in \{F,H,D\}} P(B)}{\sum_{B \in \{F,H,D\}} \omega_B P(B)} P(A)$$

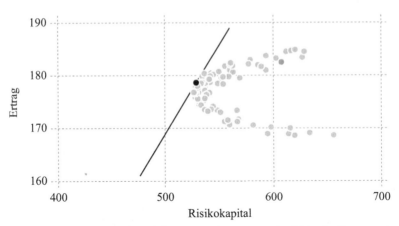

**Abb. 7.13** Optimierung der Rückversicherungsstruktur unter der Nebenbedingung, dass $f$ = 49.28 % der Gesamtprämie zediert werden

**Tab. 7.8** Ökonomisches Kapital und risikoadjustierter Gewinn in Abhängigkeit vom Konfidenzniveau

| $\alpha$ | 50 % | 75 % | 90 % | 99 % |
|---|---|---|---|---|
| $ES_\alpha(X_{netto})$ | −50.4 | 57.0 | 192.3 | 529.1 |
| $RORAC_\alpha(X_{netto})$ | – | 313.7 % | 92.9 % | 33.8 % |

(Abb. 7.13). Zufallsvariablen $(\omega_F, \omega_h, \omega_D)$, die zu $P_{zediert}(A) > P(A)$ führen, werden in der Berechnung jeweils ersetzt. Als bestes Ergebnis erhält die Y-AG

$$\frac{P_{zediert}(F)}{P(F)} = 51.29\%, \qquad \frac{P_{zediert}(H)}{P(H)} = 37.23\%, \qquad \frac{P_{zediert}(D)}{P(D)} = 75.44\%.$$

Der neue risikoadjustierte Ertrag beträgt $RORAC_{99\%}(X_{netto}) = 33.76\%$, und das notwendige Risikokapital ist $ES_{99\%}(X_{netto}) = 529.1$.

Für Anwendungen in Abschn. 7.2.5 stellen wir in Tab. 7.8 das ökonomische Kapital und den RORAC für weitere Konfidenzniveaus zusammen.

Die Optimierung ist ein iterativer Prozess. Zum Beispiel ist nach Änderung des Rückversicherungsprogramms die Kapitalausstattung $K_0$ nicht mehr optimal, weshalb die RORAC-Optimierung noch nicht abgeschlossen ist.

**Übung 7.3.** Erweitern Sie das in Anhang C referenzierte Julia Skript, um die hier beschriebene Optimierung des Produktmixes nachzuvollziehen. Optimieren Sie die Kapitalausstattung für die neue Rückversicherungsstruktur.

### 7.2.4    Kritik am ökonomischen Kapitalmodell der Y-AG

Das in Abschn. 7.2.3 beschriebene ökonomische Kapitalmodell ist so stark vereinfacht, dass seine direkte Anwendung zu ernsthaften Fehlentscheidungen führen würde. Zum

Beispiel werden in der oben beschriebenen Version des ökonomischen Kapitalmodells einige wesentlichen Risiken (wie das Reserverisiko oder einzelne Kapitalanlagerisiken (Kreditrisiko, Zinsrisiko, etc.) nicht behandelt. Wie bei jedem Modell müssen die Ergebnisse unter Beachtung der Modellierungsbeschränkungen interpretiert werden, um sinnvoll angewendet werden zu können. Modellierungsbeschränkungen sind bei einem einfachen Modell häufig besonders transparent, weshalb es auch für das ökonomische Kapitalmodell der Y-AG sinnvolle Anwendungen gibt — zum Beispiel als ersten quantitativen Plausibilitätstest für auf rein qualitativen Überlegungen beruhende Managemententscheidungen.

Wie jedes nicht-triviale Modell wird auch das ökonomische Kapitalmodell in einen kontinuierlichen Weiterentwicklungsprozess eingebettet. Y-AG stellt zunächst eine Liste derjenigen Funktionalitäten auf, die die nächste Version des ökonomischen Kapitalmodells adressieren soll. Dabei werden auch Risiken mit aufgenommen, die nicht modelliert werden. Dies erhöht die Transparenz und hilft, die Beschränkungen des Systems bei der Anwendung der Ergebnisse einzubeziehen. Ferner wird die Beziehung zu anderen Modellen dokumentiert. Y-AG unterhält ein Mehrperioden-ALM-Modell (siehe Abschn. 7.2.2.2), das sich in Anwendung und Modellierung mit dem ökonomischen Kapitalmodell überschneidet. Für einige Module mag es sinnvoll sein, den gleichen Code zu benutzen, bei anderen Modulen könnten die unterschiedlichen Anwendungen unterschiedliche Approximationen/Implementierungen diktieren. Um die Ergebnisse beider Modelle angemessen interpretieren zu können, müssen daher Überschneidungen, Beschränkungen und gegebenenfalls alternative Implementierungen transparent dokumentiert werden.

Die Komponenten des ökonomischen Kapitalmodells V2.0 sind in Tab. 7.9 dargestellt. Y-AG plant für V2.0 des ökonomischen Kapitalmodells die folgenden Verbesserungen:

1. $F_U$, $H_U$, $D_U$—*Underwriting*: Trennung von Normalschäden und Großschäden Y-AG hat die Erfahrung gemacht, dass Großschäden ein stärker ausgeprägtes „fat tail" als Normalschäden haben. Da das ökonomische Kapital besonders sensitiv gegenüber seltenen, großen Verlusten ist, müssen Großschäden explizit implementiert werden.

   Y-AG beschließt, Großschäden wegen ihrer Auswirkung auf die Liquidität auch im ALM-Modell zu implementieren.

2. $F_U$, $H_U$, $D_U$—*Underwriting*: Modellierung als zusammengesetzte Poissonverteilung Zusammengesetzte Poissonverteilungen werden bei der Produktkalkulation verwendet. Das ALM Modell nutzt gegenwärtig eine Lognormalverteilung (wie V1.0 des ökonomischen Kapitalmodells.

   Y-AG wird prüfen, ob das ALM-Modell ebenfalls angepasst werden soll.

3. $F_R$, $H_R$, $D_R$—*Reserve*: Modellierung des Abwicklungsergebnisses und des Einflusses der Volatilität des risikofreien Zinses auf das Reserverisiko In Version 2.0 wird nur das Abwicklungsergebnis am Ende des Projektionsjahres stochastisch modelliert. Das durch die Volatilität des Abwicklungsergebnis späterer Jahre induzierte Risiko wird im ökonomischen Kapitalmodell nicht berücksichtigt.

**Tab. 7.9** Komponenten des ökonomischen Kapitalmodells V2.0

| Symbol | Teilmodell | Modul | Modell |
| --- | --- | --- | --- |
| $K_{Zi}$ | Kapitalmarkt | Zinsrisiko | ökon. Kap. Modell ALM Modell |
| $K_{Sp}$ | Kapitalmarkt | Spreadrisiko | ökon. Kap. Modell ALM Modell |
| $K_{Kr}$ | Kapitalmarkt | Kreditrisiko | ökon. Kap. Modell ALM Modell |
| $K_{Akt}$ | Kapitalmarkt | Aktienmarktrisiko | ökon. Kap. Modell ALM Modell |
| $K_{Imm}$ | Kapitalmarkt | Immobilienmarktrisiko | ökon. Kap. Modell ALM Modell |
| $K_{Kat}$ | Kapitalmarkt | Risiko katastrophaler Entwicklungen, die durch das analytische Kapitalmarktmodell nicht hinreichend erfasst werden. | ökon. Kap. Modell |
| $K_{Liq}$ | Kapitalmarkt | Liquiditätsrisiko | Mitigation ALM Modell |
| $A_U\, A \in \{F, H, D\}$ | Haftpflicht, Feuer, Diebstahl | Underwritingrisiko | ökon. Kap. Modell ALM Modell |
| $A_R\, A \in \{F, H, D\}$ | Haftpflicht, Feuer, Diebstahl | Reserverisiko | ökon. Kap. Modell ALM Modell |
| $A_{Kr}\, A \in \{F, H, D\}$ | Haftpflicht, Feuer, Diebstahl | Rückversicherungskreditrisiko | ökon. Kap. Modell ALM Modell |
| $A_{Kat}\, A \in \{F, H, D\}$ | Haftpflicht, Feuer, Diebstahl | Risiko katastrophaler Entwicklungen, die durch das analytische Modell nicht hinreichend erfasst werden. | ökon. Kap. Modell |
| $O$ | Operationelle Risiken | Operationelle Risiken | ökon. Kap. Modell |
| $\ddot{U}$ | Übrige Risiken | Nicht in anderen Risikosubmodellen erfasste Risiken | Mitigation ökon. Kap. Modell |
| $Trend$ | Trendrisiken | Langfristige Trendrisiken | Mitigation ALM Modell |
| $Erg$ | Ergebnisausweis | ökonomische Bilanz und GuV, Risikomaße und Graphiken | ökon. Kap. Modell ALM Modell |
| $Man$ | Managementregeln | Regeln zur Abbildung von Managemententscheidungen | ökon. Kap. Modell ALM Modell |

Das ALM-Modell modelliert bereits das Zinsrisiko der Reserven. Das Abwicklungsrisiko wird im ALM-Modell derzeit nicht modelliert. Diese Diskrepanz wird in der Dokumentation zur Interpretation vermerkt.

4. $K_{Zi}$, $K_{Sp}$, $K_{Akt}$, $K_{Kr}$, $K_{Imm}$—*Zins, Spread- Aktien, Kredit- und Immobilienrisiken*: Es wird die Modellierung des ALM-Modells übernommen. Dabei werden monatliche

Zeitschritte modelliert, um die Konsistenz der Parametrisierung von ökonomischem Kapitalmodell und ALM-Modell zu gewährleisten.

5. $K_{\text{Kat}}, H_{\text{Kat}}, F_{\text{Kat}}$—*Szenariobasierte Modellierung von Katastrophenrisiken*: Es werden $m$ explizite Katastrophenszenarien durchgespielt. Der von der $i$-ten Katastrophe herrührende Verlust wird mit Kat$_i$ und die (geschätzte) Eintrittswahrscheinlichkeit der $i$-ten Katastrophe wird mit $p_i$ bezeichnet. Das Modell berechnet $n > \min(p_i \mid i \in \{1, \ldots, m\})^{-1}$ Monte-Carlo-Szenarien mit assoziierten Verlusten $X_j^0$ ($j \in \{1, \ldots, n\}$). Es werden nun zufällig $[p_1 n]$ Indizes

$$I_1 = \{i_{1,1}, \ldots, i_{1,[np_1]}\}$$

aus $\{1, \ldots, n\}$ ausgewählt, wobei die eckigen Klammern den ganzzahligen Anteil bedeuten. Y-AG setzt nun

$$X_j^1 = \begin{cases} X_j^0 + \text{Kat}_1 & \text{falls } i \in I_1, \\ X_j^0 & \text{sonst} \end{cases}$$

für alle $j \in \{1, \ldots, n\}$. Dieses Verfahren wird nun sukzessiv für $k \in \{2, \ldots, m\}$ fortgesetzt mit

$$X_j^k = \begin{cases} X_j^{k-1} + \text{Kat}_k & \text{falls } i \in I_k, \\ X_j^{k-1} & \text{sonst.} \end{cases}$$

Dadurch teilt Y-AG die Katastrophenszenarios ihrer Eintrittswahrscheinlichkeit entsprechend auf die $n$ Monte-Carlo-Szenarien auf. Dabei kommt es vereinzelt vor, dass einem Monte-Carlo-Szenario mehr als eine Katastrophe zugeordnet wird. Dies reflektiert die Möglichkeit, dass in einem Geschäftsjahr mehrere reale Katastrophen eintreffen. Die Katastrophenschäden werden außerdem gemäß dieser Aufteilung den entsprechenden Geschäftsbereichverlusten zugeordnet.

Für das ALM-Modell werden keine Katastrophen modelliert, da diese Risiken für ALM-Anwendungen weniger relevant sind. Dieser Unterschied wird in der Dokumentation zur Interpretation vermerkt.

6. $F_U, H_U, D_U$—*Implementierung weiterer Vertragsformen für die Rückversicherung*: Das ALM-Modell soll eine analoge Implementation erhalten.

7. $O$—*Operationelle Risiken*: Zur Kapitalbestimmung wird eine Verallgemeinerte Paretoverteilung (GPD) angenommen. Sie wird mit Hilfe von Szenarien kalibriert.

Operationelle Risiken werden im ALM-Modell derzeit nicht modelliert. Dieser Unterschied wird in der Dokumentation zur Interpretation vermerkt, da operationelle Risiken zu einem leicht erhöhten Liquiditätsbedarf führen.

8. $F_{\text{Kr}}, H_{\text{Kr}}, D_{\text{Kr}}$—*Kreditrisiko für Rückversicherung*: Das Kreditrisiko der Rückversicherung wird analog zum Kapitalanlagekreditrisiko modelliert.

Das Kreditrisiko der Rückversicherung wird im ALM-Modell derzeit nicht modelliert, da es im ALM-Kontext als sekundär eingeschätzt wird und eine Modellierung zu längeren Laufzeiten führen würde. Dieser Unterschied wird in der Dokumentation zur Interpretation vermerkt.

9. *Ü—Nichtmaterielle und nicht explizit modellierte Risiken*: Diese Risiken werden pauschal als Normalverteilung bestimmt, wobei Erwartungswert und Standardabweichung qualitativ von der Abteilung Produkt- und Bestandscontrolling geschätzt werden.

Diese Risiken werden im ALM-Modell derzeit nicht modelliert. Dieser Unterschied wird in der Dokumentation zur Interpretation vermerkt.

10. *K, F, H, D—Einführung von Maximalschäden*: Die gängigen mathematischen Risikoverteilungen lassen beliebig hohe Schäden zu, deren Höhe aber für das Unternehmen nicht relevant ist, wenn keine Mittel vorhanden sind, um diese Schäden zu decken. Daher wird für jedes Risiko ein Maximalschaden definiert, mit dem das Ergebnis der entsprechenden Verteilung (nach Adjustierung durch Katastrophenszenarien) minimiert wird. Als Maximalschaden wird die letzte Bilanzsumme der Aktiva angesetzt.

Maximalschäden werden im ALM-Modell derzeit nicht modelliert. Dieser Unterschied wird in der Dokumentation zur Interpretation vermerkt.

11. *T—Trendrisiken*: Trendrisiken werden im ökonomischen Kapitalmodell nicht modelliert. Y-AG sieht als wesentliches Trendrisiko eine Angleichung der Rechtsprechung bzgl. Haftpflicht an das amerikanische Recht.

Trendrisiken werden im ALM Modell als Sensitivitäten behandelt. Dieser Unterschied wird in der Dokumentation zur Interpretation vermerkt.

**Übung 7.4.** Diskutieren Sie, unter welchen Bedingungen die Implementation von Maximalschäden angemessen sein könnte. Wie würden Sie die Wahl des Maximalschadens bei der Y-AG beurteilen?

Da dieses Verfahren eine Gesamtverteilung für die Unternehmensrisiken voraussetzt, werden die individuellen Risikoverteilungen über Gauß-Copulas aggregiert.

Es sei

$$K = \left\{ K_{Zi}, K_{Sp}, K_{Kr}, K_{Akt}, K_{Imm} \right\},$$

$$F = \left\{ F_U, F_R, F_{Kr} \right\},$$

$$H = \left\{ H_U, H_R, H_{Kr} \right\},$$

$$D = \left\{ D_U, D_R, D_{Kr} \right\}.$$

Die Y-AG konstruiert einen $(5 + 3 + 3 + 1 + 1)$-dimensionalen Zufallsvektor

$$X_{KFHDOÜ} = \Big( X_{K_{Zi}}, X_{K_{Sp}}, X_{K_{Kr}}, X_{K_{Akt}}, X_{K_{Imm}}, X_{F_U}, X_{F_R}, X_{F_{Kr}},$$

$$X_{H_U}, X_{H_R}, X_{H_{Kr}}, X_{D_U}, X_{D_R}, X_{D_{Kr}}, X_O, X_Ü \Big)^\top$$

mithilfe einer 16-dimensionalen Gauß Copula $C_\rho^{\text{Gauss}}$, wobei Kendalls $\tau$ die Form

$$
\begin{pmatrix}
1 & \tau_2^1 & \tau_3^1 & \tau_4^1 & \tau_5^1 & A & A & A & B & B & B & C & C & C & D & E \\
 & 1 & \tau_3^2 & \tau_4^2 & \tau_5^2 & A & A & A & B & B & B & C & C & C & D & E \\
 & & 1 & \tau_4^3 & \tau_5^3 & A & A & A & B & B & B & C & C & C & D & E \\
 & & & 1 & \tau_5^4 & A & A & A & B & B & B & C & C & C & D & E \\
 & & & & 1 & A & A & A & B & B & B & C & C & C & D & E \\
 & & & & & 1 & \tau_7^6 & \tau_8^6 & F & F & F & G & G & G & H & I \\
 & & & & & & 1 & \tau_8^7 & F & F & F & G & G & G & H & I \\
 & & & & & & & 1 & F & F & F & G & G & G & H & I \\
 & & & & & & & & 1 & \tau_{10}^9 & \tau_{11}^9 & J & J & J & K & L \\
 & & & & & & & & & 1 & \tau_{11}^{10} & J & J & J & K & L \\
 & & & & & & & & & & 1 & J & J & J & K & L \\
 & & & & & & & & & & & 1 & \tau_{13}^{12} & \tau_{14}^{12} & M & N \\
 & & & & & & & & & & & & 1 & \tau_{14}^{13} & M & N \\
 & & & & & & & & & & & & & 1 & M & N \\
 & & & & & & & & & & & & & & 1 & O \\
 & & & & & & & & & & & & & & & 1
\end{pmatrix}
$$

hat. Es wird also vereinfachend angenommen, dass die Abhängigkeit zwischen den Gruppen $K, H, F, D, O, Ü$ nicht von der inneren Struktur dieser Gruppen abhängt.

**Übung 7.5.** Diskutieren Sie, inwieweit die Vereinfachung, dass die Abhängigkeit zwischen den Gruppen $K, H, F, D, O, Ü$ nicht von deren innerer Struktur abhängt, auch für das Kreditrisiko gilt.

Die Komponenten

$$K_{\text{Zi}}, K_{\text{Sp}}, K_{\text{Kr}}, K_{\text{Akt}}, K_{\text{Imm}}, F_{\text{U}}, F_{\text{R}}, F_{\text{Kr}}, H_{\text{U}}, H_{\text{R}}, H_{\text{Kr}}, D_{\text{U}}, D_{\text{R}}, D_{\text{Kr}}, O, Ü$$

des 16-dimensionalen Zufallsvektors $X_{KFHDOÜ}$ werden anschließend durch Berücksichtigung der Katastrophenszenarien modifiziert.

Die Zufallsvariable $X$ für den Gesamtverlust ist die Summe der 16 Komponenten des so erhaltenen Vektors:

$$X = \sum_{i \in K \cup F \cup H \cup D} X_i + X_O + X_{\ddot{U}}.$$

*Anmerkung 7.8.* Um die Auswirkung des Liquiditätsrisikos auf den Kapitalbedarf zu berücksichtigen, hätte Y-AG eine 17. Dimension $X_{K_{\text{Liq}}}$ einführen können: $X_{K_{\text{Liq}}}$ wäre für jedes Szenario der die Liquiditätsvorgabe überschießende Liquiditätsbedarf, multipliziert mit dem Marktzins für festverzinsliche Unternehmensanleihen eines Ratings, das für Unternehmen mit Liquiditätsschwierigkeiten typisch ist, z. B. $B^-$.

**Übung 7.6.** Die Y-AG schätzt Abhängigkeiten der zusammengesetzten Verteilungen (Frequenz- und Schadenhöheninformation). Eine andere Möglichkeit wäre, die Abhängigkeitsstruktur nur auf Frequenzen oder nur auf Schadenhöhen zu basieren. Diskutieren Sie Vor- und Nachteile dieser Alternativen für die Y-AG.

Um ökonomisches Kapital auf Geschäftsbereiche zu allokieren, werden bei der Berechnung des Expected Shortfalls lediglich die Szenarioresultate berücksichtigt, die sich diesem Teilbereich zuordnen lassen (siehe Proposition 5.6 und die nachfolgende Diskussion). Dieses Verfahren funktioniert, solange dem Geschäftsbereich eindeutig ganze Komponenten des 16-dimensionalen Vektors $X$ zugeordnet werden können. Bei der reinen Spartensicht (Abschn. 7.2.1.1) ist dies jedoch nicht der Fall, da das Kapitalanlagerisiko teilweise der Sparte Feuer, teilweise der Sparte Haftpflicht und teilweise der Sparte Diebstahl zugeordnet wird. Aus diesem Grund teilt Y-AG jedes Kapitalanlagerisiko prozentual der entsprechenden Deckung der Verpflichtungen auf Haftpflicht, Feuer, Diebstahl und Übriges auf und addiert dann jeweils diese prozentualen Anteile zum jeweiligen Spartenrisiko.

## 7.2.5 Kennzahlen

Y-AG nutzt als Spitzenkennzahl den RORAC (Definition 6.8) unter Beachtung des in Tab. 7.10 aufgeführten Risikoprofils (siehe Abschn. 6.7).

### 7.2.5.1 Spartensicht
Die Spartensicht nutzt ebenfalls die Spitzenkennzahl RORAC mit dem gleichen Risikoprofil als Nebenbedingung.

Als Hauptanwendung für die Spartensicht werden Vertriebs- und Marketingkapazitäten gesteuert. Marketing und Vertrieb erarbeiten gemeinsam Pläne für Vertriebs- und Marketinginitiativen mit detaillierten Kostenannahmen und Umsatzzielen. Für verschiedene Kombinationen dieser Initiativen werden die Spitzenkennzahlen unter der Annahme, dass diese Vertriebspläne umgesetzt sind, neu berechnet. Die assoziierten Zusatzkosten werden

**Tab. 7.10** Risikoprofil der Y-AG

| Sicherheitsniveau $\alpha$ | 50 % | 75 % | 90 % | 99 % |
|---|---|---|---|---|
| Risikoappetit (in % des verfügbaren Kapitals) | 5 % | 10 % | 50 % | 100 % |
| Maximales ökonomisches Kapital | 45 | 90 | 450 | 900 |
| Tatsächliches ökonomisches Kapital (siehe Abschn. 7.2.3.4) | −50.4 | 57.0 | 192.3 | 529.1 |

nicht im Modell selbst berücksichtigt, sondern im Anschluss bei der RORAC-Berechnung explizit angesetzt. Aufgrund dieser Ergebnisse wird über die Priorisierung von Marketing-Initiativen entschieden.

*Beispiel 7.2.* Als neuer Markt innerhalb der Haftpflichtsparte sollen D&O Versicherungen eingeführt werden. Die Produktentwicklungsabteilung hat bereits ein grobes Produkt entworfen und mit Daten, die der Rückversicherer geliefert hat, parametrisiert. Die notwendigen Produktentwicklungskosten werden auf 10 und die Kosten für die Anpassung der Systeme auf 20 geschätzt. Dabei wird angenommen, dass der Lebenszyklus dieses Produktes 5 Jahre beträgt, wobei mögliche Synergien mit Nachfolgeprodukten vernachlässigt werden. Die einmaligen Vertriebs- und Marketingkosten werden auf 10 geschätzt. Der Plan sieht vor, dass jedes Jahr 500 D&O Verträge abgesetzt werden können, wobei die erwartete Schadenquote (pro Versicherungssumme) 4 % beträgt. Für die laufenden Kosten werden 10 % der Prämieneinnahmen angenommen. Die durchschnittlichen Prämieneinnahmen pro Vertrag werden mit 0.15 angesetzt und die durchschnittliche Versicherungssumme mit 2. Es wird angenommen, dass das neue Produkt keinen Einfluss auf den Absatz anderer Versicherungsprodukte hat. Der zusätzliche Ertrag wird mit 30 % versteuert.

Das ökonomische Kapitalmodell errechnet ein zusätzliches ökonomisches Kapital von 100 für die DO-Versicherungen. Es ergibt sich somit ein neuer RORAC von 14 %. Allerdings fürchtet das Management, dass verstärkte Antiselektionseffekte zu einer Verschlechterung des Risikoprofils führen. In der Tat wurde bei der Produktkalkulation angenommen, dass Unternehmensführer kleinerer mittelständischer Unternehmen häufiger Fehlentscheidungen treffen als Manager größerer Unternehmen. Trotz eingehender Underwritingrichtlinien wurde für das Modell angenommen, dass dieser Effekt zu einer Schadenverteilung mit verstärkt auftretenden Kleinschäden führen könnte. Eine Auswertung der Gesamtverteilung zeigt die Verteilung für den Expected Shortfall (Tab. 7.11).

Dies verletzt die Vorgabe für das strategische Risikoprofil, weshalb das neue Produkt trotz seiner hohen Profitabilität in dieser Form nicht eingeführt wird.

**Übung 7.7.** Verifizieren Sie auf Grundlage der übrigen Angaben das Endresultat in Abschn. 7.2.3.4, dass der RORAC unter Berücksichtigung des D&O-Versicherungsprodukts 14 % beträgt.[3]

**Tab. 7.11** Expected Shortfall für die Konfidenzniveaus des Risikoprofils

| Sicherheitsniveau $\alpha$ | 50 % | 75 % | 90 % | 99 % |
|---|---|---|---|---|
| $ES_\alpha$ | 10 | 100 | 270 | 620 |

---

[3]Da dies eine Modellierungsaufgabe ist, bei der nicht alle Annahmen vorgegeben sind, ist 14 % nicht die einzige plausible Lösung.

### 7.2.5.2 Funktionssicht

Die Funktionssicht dient bei der Y-AG hauptsächlich der leistungsorientierten Vergütung.

Für die Kapitalanlage wird ebenso wie für das Gesamtunternehmen die Spitzenkennzahl RORAC genutzt. Die Kapitalanlage unterliegt den durch das Risikoprofil implizierten Beschränkungen und muss die mit dem ALM System errechnete Liquidität sicherstellen.

Die im Versicherungsgeschäft als Ganzes erbrachte Leistung wird mit der Spitzenkennzahl RORAC gemessen. Um einen besseren Vergleich zu ermöglichen, wird der RORAC der Kapitalanlage vor dem Hintergrund, dass die Kapitalanlage keinen Vertrieb benötigt, um hypothetische Vertriebskosten korrigiert:

Im Enterprise Risk Management Ausschuss wird ein „Soll-Vertriebskostenfaktor" als Prämienanteil festgelegt. Der Soll-Vertriebskostenfaktor orientiert sich an den Durchschnittskosten der letzten 5 Jahre,

$$\text{Soll-Vertriebskostenfaktor}(t) \approx \frac{1}{5} \sum_{i=1}^{5} \frac{\text{Vertriebskosten}(t-i)}{P_{t-i}}.$$

(Hier liegt nur eine ungefähre Gleichheit vor, da der Enterprise Risk Management Ausschuss den Soll-Vertriebskostenfaktor aufgrund qualitativer Erwägungen modifiziert). Soll-Vertriebskostenfaktoren für vergangene Jahre werden auch bei der im Jahr $t$ durchgeführten Bewertung der aktuellen Vertriebsleistung herangezogen. Mit

$$f = \frac{1}{3} \sum_{i=1}^{3} \frac{\text{Soll-Vertriebskostenfaktor}(t-i)P_{t-i}}{\text{Gesamtkosten [Versicherungsgeschäft]}\,(t-i)}$$

werden

$$\text{RORAC}_{\text{eff}}\,[\text{Kapitalanlage}]\,(t) = (1-f)\,\text{RORAC}\,[\text{Kapitalanlage}]\,(t)$$

und

$$\text{RORAC}_{\text{eff}}\,[\text{Versicherungsgeschäft}]\,(t) = \text{RORAC}\,[\text{Versicherungsgeschäft}]\,(t)$$

als Leistungskenngrößen für Kapitalanlage und Versicherungsgeschäft im Jahr $t$ gewählt. Diese Größen werden mit der Hurdle Rate verglichen. Auf Basis dieser Vergleiche allokiert der Vorstand einen leistungsabhängigen Bonus auf Kapitalanlage und Versicherungsgeschäft.

**Übung 7.8.** Diskutieren Sie, inwieweit die Modifizierung des RORAC für die Kapitalanlage angemessen ist.

Für das Versicherungsgeschäft wird der leistungsabhängige Bonus auf Untergeschäftsbereiche heruntergebrochen. Für jeden Mitarbeiter $i$ im Untergeschäftsbereich $j$ gibt es
einen Soll-Bonus $B_S(i,j)$, der dem Mitarbeiter zusteht, wenn der Gewinn des Versicherungsgeschäfts erwartungsgemäß ausfällt und sowohl sein Untergeschäftsbereich als auch
er selbst die erwartete Leistung erbracht hat. Jedem Untergeschäftsbereich $j$ wird ein
Leistungsgewicht $W(j) \in [0,2]$ zugeordnet, wobei $W(j) = 1$ vergeben wird, wenn der
Untergeschäftsbereich genau die erwartete Leistung erbracht hat.

1. *Vertrieb*: Für jeden Vertrag $v$, der vom Underwriting angenommen wird, wird mit Hilfe
   von vorgegebenen Formeln aus der Produktkalkulation ein risikoadjustierter erwarteter
   Gewinn $g(v)$ errechnet und einer risikoadjustierten Gewinnvorgabe $G$ gegenübergestellt. Das Leistungsgewicht wird über

$$W\,[\text{Vertrieb}] = \max\left(0, \min\left(\frac{\sum_v g(v)}{G}, 2\right)\right)$$

ermittelt.

2. *Underwriting*: Das Underwriting hat den Charakter einer Kontrollfunktion, es wird
   aber selbst stichprobenhaft vom Produkt-und Bestandscontrolling kontrolliert. Aufgrund dieser Stichproben schätzt das Produkt- und Bestandscontrolling den Anteil $\gamma$ der
   inkorrekt verarbeiteten Verträge. Das Produkt- und Bestandscontrolling schätzt auch
   einen Auslastungsfaktor

$$F = \frac{1}{12}\sum_{\mu=1}^{12} \frac{\#\,[\text{erwartete Verträge im Monat } \mu]}{\max_{m\in\{1,\dots,12\}}\{\#\,[\text{erwartete Verträge im Monat } m]\}},$$

der die effektiv zu erwartende jährliche Auslastung jedes Mitarbeiters beschreibt. Es
gibt für jede Vertragsart $k$ eine Zeitvorgabe, $z(k)$, in der dieser Vertrag bearbeitet werden
sollte. Ferner werden Erwartungswerte $n(k)$ für die Anzahl der Verträge, die im Jahr zu
erwarten sind, vorgegeben. Die im Jahr zur Verfügung stehenden Mitarbeiterstunden
für die Vertragsbearbeitung werden mit $Z^4$ bezeichnet. Dann ist

$$W\,[\text{Underwriting}] = \max\left(0, (1-10\gamma)\frac{\sum_{\text{Vertragsarten } k} z(k)n(k)}{FZ}\right).$$

Der Faktor 10 wurde gewählt, um dem Einhalten der Underwritingrichtlinien ein höheres Gewicht zu geben als der Arbeitsgeschwindigkeit.

---

[4]$Z$ ist kleiner als die Gesamtarbeitszeit der Mitarbeiter, da Pausen, Zeit für Mitarbeiterversammlun-
gen etc. von der Gesamtarbeitszeit abgezogen werden müssen.

3. *Schadenannahme*: Das Gewicht

$$W\,[\text{Schadenannahme}]$$

wird analog zum Gewicht

$$W\,[\text{Underwriting}]$$

berechnet.

4. *Produktkalkulation*: Zur Berechnung des Leistungsgewichts wird verglichen, inwieweit das Pricing in den letzten 3 Jahren den wahren Verlauf korrekt antizipiert hat. Dies bestimmt bis zu einem Viertel des erwarteten Leistungsgewichts. Das restliche Leistungsgewicht wird danach bestimmt, inwieweit die qualitativen Ziele des letzten Jahres erreicht wurden (Balanced Score Card, kurz BSC). Wir bezeichnen mit $\mathscr{V}(s)$ die Menge der gezeichneten Verträge des Jahres $s$ und mit $P(v,t), S(v,t), R(v,t), K(v,t)$ kumulierte Prämie, kumulierter Schaden, Reserve und kumulierte Kosten, die dem Vertrag $v$ zum Zeitpunkt $t$ zuzuordnen sind. Die Zuordnung der Reserve erfolgt dabei pauschal proportional zur Versicherungssumme. Als Zielmaß ist dann

$$Z(v,t) = P(v,t) - S(v,t) - R(v,t) - K(v,t)$$

definiert. Ein Index $_{\text{calc}}$ kennzeichnet die entsprechenden auf Grundlage der Produktkalkulation errechneten Größen. Der Gewichtsfaktor ist dann durch

$$W\,[\text{Produktkalkulation}] = -\frac{1}{4}\min\left(\left|1 - \frac{\sum_{s=1}^{3}\sum_{v\in\mathscr{V}(t-s)} Z(v,t)}{\sum_{s=1}^{3}\sum_{v\in\mathscr{V}(t-s)} Z_{\text{calc}}(v,t)}\right|, 1\right)$$
$$+ [\text{Resultat(BSC)}]\,.$$

Ein Gewicht $W\,[\text{Produktkalkulation}] > 1$ kann demnach nur erreicht werden, wenn das Resultat aus der Balanced Score Card über den Erwartungen liegt.

5. *Marketing*: Das Marketing ist am Vertriebserfolg beteiligt. Dem wird dadurch Rechnung getragen, dass das Vertriebsergebnis zu 25 % in das Leistungsgewicht von Marketing eingeht.

$$W\,[\text{Marketing}] = \frac{1}{4}W\,[\text{Vertrieb}] + \frac{3}{4}[\text{Resultat(BSC)}]$$

6. *Verwaltung und übriges Versicherungsgeschäft*: Alle übrigen Funktionen werden rein qualitativ bewertet.

$$W\,[\text{Verwaltung und übriges Versicherungsgeschäft}] = [\text{Resultat(BSC)}]\,.$$

Es sei $M(j)$ die Menge der Mitarbeiter im Untergeschäftsbereich $j$. Die Aufteilung des Bonus für das Versicherungsgeschäfts auf die Untergeschäftsbereiche $j$ ist durch

$$B(j) = \frac{\text{Bonus (Versicherungsgeschäft)}\, W(j) \sum_{i \in M(j)} B_S(i,j)}{\sum_{k=1}^{6} W(k) \sum_{i \in M(k)} B_S(i,k)}$$

gegeben. Die Untergeschäftsbereiche entscheiden selbst, wie ihr Bonus auf die Mitarbeiter verteilt wird. Der Bonus des Geschäftsbereichsleiters wird allerdings direkt vom Vorstand festgesetzt.

**Übung 7.9.** Für welche Funktionen wird der Vergütung ökonomisches Kapital zugrunde gelegt? Diskutieren Sie, inwieweit dies auch für andere Funktionen getan werden sollte.

**Übung 7.10.** Entwickeln Sie für die Berechnung des Leistungsgewichts für die Produktkalkulation ein detailliertes Vorgehen, wie man einem Vertrag $v$ im Portfolio eine Reserve $R(v)$ zuordnen kann. Betrachten Sie dazu Abwicklungsdreiecke für Haftpflicht und Feuer und unterscheiden Sie IBNR (incurred but not reported), IBNER (incurred [and reported] but not enough reserved) sowie RBNS (reported but not settled).

### 7.2.6 Die organisatorische Komponente der wertorientierten Unternehmenssteuerung bei der Y-AG

Das Unternehmen ist in Funktionen organisiert (siehe Abschn. 7.2.1.2). Jede Funktion innerhalb des Versicherungsgeschäfts betreut die drei Sparten Haftpflicht, Feuer und Diebstahl. Der Bereich Produktkalkulation hat eine aktuarielle und eine juristisch/betriebswirtschaftliche Untergruppe. Die aktuarielle Untergruppe berechnet außerdem alle Reserven und den risikoadjustierten Ertrag pro Versicherungsprodukt in Abhängigkeit der Parameter.

Das Risikomanagement ist keiner der Sparten zugeordnet und wird vom CRO geleitet, der selbst nicht Vorstandsmitglied ist. Der CRO berichtet direkt an den CEO (mit Kopie an den CFO). Der Bereich Risikomanagement umfasst das klassische Controlling und die technische Spezialabteilung Produkt- und Bestandscontrolling. Produkt- und Bestandscontrolling ist verantwortlich für alle firmenweiten Modelle. Für Produkt-und Bestandscontrolling arbeiten Aktuare und Finanzmathematiker mit Schwerpunkt Kapitalanlage.

Der Enterprise Risk Management Ausschuss der Y-AG ist in Abb. 7.14 dargestellt. Die Funktion der Vertreter aus Controlling und Produkt- und Bestandscontrolling beschränkt sich darauf, den übrigen Mitgliedern zu helfen, die Ergebnisse zu interpretieren. Der Enterprise Risk Management Ausschuss berichtet formal an den Vorstand, der sämtliche Entscheidungen trifft. Soweit bereits im ERM Ausschuss Konsens besteht, werden Entscheidungen von den beiden Vorstandsvertretern während der ERM Sitzungen getroffen,

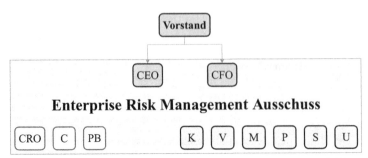

**Abb. 7.14** Enterprise Risk Management Ausschuss der Y-AG. Neben dem CEO und dem CFO besteht er aus dem CRO, je einem Vertreter von Controlling (C) und Produkt-und Bestandscontrolling (PB) sowie je einem Vertreter von Kapitalanlage (K), Vertrieb (V), Marketing (M), Produktkalkulation (P), Schadenannahme (S), Underwriting (U)

um die folgende Diskussion auf eine möglichst solide Basis zu stellen. Diese Entscheidungen finden sich im Protokoll der ERM Sitzungen.

Der ERM Ausschuss trifft sich vierteljährlich für jeweils 2 mal 3 Stunden und hat gewöhnlich die folgenden Tagesordnungspunkte:

1. *Risikobericht.* Die wichtigsten Punkte des Standard-Risikoberichtes werden vorgestellt und bezüglich möglicher Konsequenzen besprochen. Der Bericht liegt den Mitgliedern eine Woche vor der Sitzung vor. Auf Wunsch von Ausschussmitgliedern werden auch andere Punkte im Standardrisikobericht behandelt bzw. mögliche Risiken, die nicht im Bericht aufgeführt sind, besprochen.

   Für jedes Risiko, das besprochen wurde, wird ein Handlungsauftrag gegeben bzw. festgelegt, dass kein Handlungsbedarf besteht.

   Für nicht besprochene Risiken besteht kein Handlungsbedarf.

2. *Bericht über risikoadjustierte Leistungen.* Dies dient der Information. Die Mitglieder der Funktionen nehmen Stellung zu ihren risikoadjustierten Leistungen und erklären eventuelle Unterschiede zu den vergangenen Quartalen. Gegebenenfalls wird auch diskutiert, inwieweit die Leistungsmessungen die Realität der Funktion widerspiegeln.

   Beispiel: Im schwachen Sommerquartal haben Underwriting und Schadenannahme je zwei erfahrende Mitarbeiter der Produktkalkulation zur Verfügung gestellt, um bei der Anpassung externer Daten für die Produktkalkulation auf das von der Y-AG angesprochene Marktsegment zu unterstützen. Die zu erwartende Auslastung wird zwar bei der Leistungsermittlung berücksichtigt, aber es gibt keine Anreize, diese Art der Zusammenarbeit zu fördern. Controlling erhält den Auftrag zu prüfen, wie derartige Anreize in die Leistungsbewertung eingebaut werden können. Als mögliche Ansätze, die genauer zu untersuchen sind, werden ein internes Verrechnungssystem für Mitarbeiterstunden oder eine qualitative Bewertung über Balanced Score Card vorgeschlagen.

3. *Die 5 wichtigsten Risiken und Chancen und ERM-Strategie.* Die 5 wichtigsten Risiken und Chancen wurden vom CEO ausgewählt und 3 Tage vor der Sitzung den Teilnehmern mitgeteilt. Ideen werden diskutiert, wie mit diesen Risiken und Chancen umgegangen werden sollte. Eine Entscheidung wird nicht getroffen, da dieser TOP in erster Linie dazu dient, den Vorstand bei der Risikostrategie zu unterstützen.

4. *Aktualisierung von Prozessen.* Vorschläge zur besseren Integration von Risikomanagement- und Geschäftsprozessen werden unterbreitet und diskutiert. Zu diesem TOP gibt es nur selten Beiträge, da die ERM Vertreter sich lieber ihrem Kerngeschäft widmen.

5. *Marketing und Vertrieb.* Marketing- und Vertriebsstrategien werden untersucht und diskutiert. Im Vorfeld hat Produkt- und Bestandscontrolling die zu diskutierenden Strategien und Initiativen analysiert (siehe Beispiel 7.2).

6. *Bonus.* Dieser Tagesordnungspunkt wird nur im 4. Quartal behandelt. Die für das Jahr berechneten Leistungsgewichte werden vorgestellt und mögliche qualitative Anpassungen besprochen. Eine Entscheidung wird nicht getroffen, da letztendlich der Vorstand für die festzusetzenden Leistungsgewichte verantwortlich ist.

7. *Sonstiges.*

**Übung 7.11.** Wie könnte der TOP „Aktualisierung von Prozessen" belebt werden?

### 7.2.7  Die Prozesskomponente der wertorientierten Unternehmenssteuerung bei der Y-AG

Die Sitzungen des ERM-Ausschusses sind eingebettet in einen Prozess, der die Sitzungen vorbereitet und die Ergebnisse aufarbeitet. Dieser Prozess ist in Tab. 7.12 dargestellt, wobei sich alle Zeitangaben auf Arbeitstage (5 pro Woche) relativ zur ERM-Ausschusssitzung, die im letzten Monat im Quartal stattfindet, beziehen.

#### 7.2.7.1 Beispielszenario: Erweiterung des Feuergeschäfts

Die Anwendung der Komponenten der wertorientierten Steuerung lässt sich am besten in einem konkreten Szenario illustrieren.

Das Unternehmen erwägt, das Feuergeschäft auf mittelständische Unternehmen zu erweitern.[5] Eine Vorentscheidung soll während der ERM-Ausschusssitzung in 3 Monaten (zum Zeitpunkt $t$) getroffen werden. Es werden Arbeitsaufträge vergeben, die in Tab. 7.13 zusammengefasst sind.

---

[5]Die Zahlenwerte in diesem Beispielszenario sind vollkommen willkürlich gewählt und *nicht* mit wirklichen Schadenerwartungen abgeglichen worden. Insbesondere kann aus diesem Beispiel nicht geschlossen werden, dass die Schadenerwartung für das Industriefeuergeschäft wirklich um 20 % höher als im Privatfeuergeschäft sei.

**Tab. 7.12**  Zeitplan für die Vorbereitung der ERM-Ausschusssitzung

| Zeit | Aktion | Wer |
|---|---|---|
| bis −22 | Entwicklung von Marketing- und Vertriebsinitiativen | Marketing |
| −20 bis −10 | Risikoadjustierte Leistungsbewertung von vorgeschlagenen Marketing- und Vertriebsinitiativen | Produkt- und Bestandscontrolling |
| −20 bis −10 | Berechnungen von ökonomischem Kapital, risikoadjustierter Leistung etc. | Produkt- und Bestandscontrolling |
| −15 bis −10 | Sammlung der qualitativen Risiko- und Leistungsindikatoren | Controlling |
| −10 bis −8 | Erstellung von Risiko- und Leistungsbericht | Controlling, Produkt- und Bestandscontrolling |
| −5 | Vorschlag für die Top 5 Chancen/Risiken an CEO | CRO |
| −5 | Risikomanagement- und Leistungsberichte werden an ERM-Ausschussmitglieder verteilt | CRO |
| −3 | Definition der Top 5 Chancen/Risiken | CEO |
| 0 | Sitzung ERM-Ausschuss | ERM-Ausschuss |
| +x | Aufträge aus der ERM Sitzung | |

**Tab. 7.13**  Planung des Industriefeuergeschäfts

| Zeitpunkt: | $t - 90$ | $t - 60$ | $t - 30$ | $t - 25$ | $t - 10$ |
|---|---|---|---|---|---|
| Aktuariat: | Start Produktentwicklung | Kurzer Statusbericht an die Mitglieder des ERM-Ausschusses | Kurzer Abschlussbericht an die Mitglieder des ERM-Ausschusses | | |
| Marketing: | Unterstützung des Aktuariats bei der Produktentwicklung | | | | |
| | | Start Entwicklung einer Marketingstrategie | Kurzer Statusbericht an die Mitglieder des ERM-Ausschusses | Abschluss der Marketingstrategie | |
| Produkt- und Bestandscontrolling: | | | | Berechnung des ökonomischen Kapitals und risikoadjustierten Ertrags mit und ohne neuem Geschäftsfeld | |

Die Statusberichte an die Mitglieder des ERM-Ausschusses haben die Funktion, ein frühzeitiges Eingreifen in das Projekt zu ermöglichen, falls sich schon früh schwer überwindliche Hindernisse zeigen.

Kurz nach $t - 90$ stellt sich heraus, dass kaum Daten für die Schadenhäufigkeit und Schadenhöhe bei mittelständischen Unternehmen verfügbar sind. Es gibt einige kumulierte Daten, die sich auf die gesamte Versicherungsbranche beziehen und nach Industriegeschäft und Privatgeschäft aufgespalten sind. Diesen wenigen Daten zufolge beträgt die Combined Ratio für das Privatgeschäft im Landesdurchschnitt 75 %. Die Combined Ratio für das Industriegeschäft ist im Landesdurchschnitt um 20 % höher[6] und beträgt daher 90 %.[7] Dem gegenüber ist die Combined Ratio des Unternehmens für das Privatkundengeschäft 10 % geringer als im Landesdurchschnitt und beträgt 67.5 %. Das Aktuariat hat keine landesweiten Daten zur Volatilität oder zur Häufigkeits- bzw. Schadenverteilung gefunden.

Das Aktuariat modelliert das Industriefeuergeschäft als gemischte Poissonverteilung mit lognormaler Schadenverteilung.

- Für die Schadenhöhenverteilung werden die folgenden Überlegungen angestellt:
  - Das Unternehmen hat die Erfahrung gemacht, dass im Privatkundengeschäft für Feuer der Schaden im Durchschnitt 75 % der gesamten Versicherungssumme beträgt.
  - Das Aktuariat geht davon aus, dass im Industriegeschäft eine intensive Schadenprüfung erfolgen wird, die die Schadenquote pro Schadenfall auf 50 % reduzieren wird.
  - Im Privatkundengeschäft hat die Schadenverteilung eine Standardabweichung von 25 %. Da das Privatkundengeschäft homogener erscheint, wird mit einer höheren Volatilität im Industriegeschäft gerechnet. Eine Verdopplung der Standardabweichung ist nach einer qualitativen Einschätzung des Aktuars ein konservativer Worst Case. Als „Best Estimate" wird der Mittelwert aus diesem Worst Case und der Standardabweichung des Privatkundengeschäfts genommen.

  Die vom Aktuariat ermittelten Parmeter für die relative Schadenhöhenverteilung $S_0$ (bezogen auf die Versicherungssumme) finden sich in Tab. 7.14.
- Im Privatkundengeschäft wurde eine Schadenhäufigkeit von 5 % gemessen. Eine Überschlagsrechnung auf Basis der Combined Ratios des landesweiten Industriegeschäfts und des Privatgeschäfts des Unternehmens liefert einen Schätzwert von 10 %. Tab. 7.15 enthält die daraus vom Aktuariat abgeleiteten Parameter für die Häufigkeitsverteilung.

**Tab. 7.14** Parameter für die relative Schadenhöhenverteilung $S_0$

| Parameter | Best Case | Likely Case | Worst Case |
|---|---|---|---|
| Erwartungswert | 50 % | 50 % | 75 % |
| Standardabweichung | 25 % | 38 % | 50 % |

---

[6] Siehe Fußnote 5.

[7] 20 % von 75 % sind 15 %.

**Tab. 7.15** Parameter für die
Schadenhäufigkeitsverteilung

| Parameter | Best Case | Likely Case | Worst Case |
|---|---|---|---|
| Erwartungswert | 5 % | 10 % | 15 % |

**Übung 7.12.** Welche implizite Annahme hat das Aktuariat getroffen, wenn es die Combined Ratios für das Privatgeschäft des Unternehmens und das landesweite Industriegeschäft verglichen hat? Man diskutiere, inwieweit dies gerechtfertigt ist. Wie hätte das Aktuariat in diesem Fall vorgehen sollen?

Zum Zeitpunkt $t - 60$ werden die Ergebnisse des Aktuariats kurz vorgestellt, wobei auch auf die Unsicherheit der zugrunde liegenden Annahmen eingegangen wird. Eines der Ergebnisse des Aktuariats ist eine provisorische Preiskalkulation, die noch nicht die Kapitalkosten beinhaltet. Dies dient der Marketingabteilung als erste Grundlage für eine Produkteinführungsplanung. Aufgrund der schlechten Datenlage wird beschlossen, das Produkt zunächst nur in einer Region einzuführen und den Vertrieb bei Erfolg später auszuweiten. Das Aktuariat erhält den Auftrag unter Einschätzung der Wahrscheinlichkeiten für *Best Case*, *Likely Case* (e.g., Best Estimate), *Worst Case* eine Produktkalkulation unter Einbezug des Risikokapitals zu erstellen.

Die Dichte einer Lognormalverteilung $S$ ist durch

$$f_{\mu,\sigma}(x) = \frac{\exp -\frac{(\ln x - \mu)^2}{2\sigma^2}}{\sqrt{2\pi} x \sigma}$$

gegeben. Für eine lognormalverteilte Schadenhöhenverteilung $S \sim f_{\mu,\sigma}$ gilt

$$\mathrm{E}(S) = e^{\mu + \sigma^2/2}$$

$$\mathrm{var}(S) = \left(e^{\sigma^2} - 1\right) e^{2\mu + \sigma^2} = \left(e^{\sigma^2} - 1\right) \mathrm{E}(S)^2$$

und somit

$$\sigma = \sqrt{\ln\left(1 + \frac{\mathrm{var}(S)}{\mathrm{E}(S)^2}\right)}$$

$$\mu = \ln \mathrm{E}(S) - \sigma^2/2 = \ln \mathrm{E}(S) - \frac{1}{2}\ln\left(1 + \frac{\mathrm{var}(S)}{\mathrm{E}(S)^2}\right),$$

so dass man für die durch die Lognormalverteilung $S_0$ beschriebene relative Schadenhöhe pro Versicherungsfall im gegebenen Portfolio die in Tab. 7.16 aufgeführten Parameter erhält.

**Tab. 7.16** Die Parameter $\sigma$, $\mu$
für die relative
Schadenhöhenverteilung $S_0$

| Parameter | Best Case | Likely Case | Worst Case |
|-----------|-----------|-------------|------------|
| $\mu$ | $-80\,\%$ | $-92\,\%$ | $-47\,\%$ |
| $\sigma$ | $47\,\%$ | $67\,\%$ | $61\,\%$ |

**Tab. 7.17** Die Parameter $\sigma$, $\mu$
für die Schadenhöhenverteilung
$S_i$

| Parameter | Best Case | Likely Case | Worst Case |
|-----------|-----------|-------------|------------|
| $\mu$ | $0.29$ | $0.18$ | $0.62$ |
| $\sigma$ | $47\,\%$ | $67\,\%$ | $61\,\%$ |

**Übung 7.13.** Warum wäre es inkorrekt, die Größen in der Tabelle als durchschnittliche relative Werte pro Einzelvertrag zu interpretieren?

Um von den Parametern für den auf Versicherungssumme 1 normierten, mit der Portfoliostruktur gewichteten Schadenfall zu den Parametern für die entsprechende unnormierte Schadenhöhenverteilung pro Versicherungsfall zu gelangen, muss die normierte Schadenhöhenverteilung $S_0$ auf die unnormierte Schadenhöhenverteilung $S_0 \mapsto S = cS_0$ transformiert werden. Es gilt $E(S_0) \mapsto cE(S_0)$, $\mathrm{var}(S_0) \mapsto c^2\mathrm{var}(S_0)$. Wegen

$$\mu + \frac{1}{2}\sigma^2 = \ln E(S_0)$$

erhalten wir für $\mu$ und $\sigma$ die korrespondierenden Transformationen

$$\mu \mapsto \ln(cE(S_0)) - \frac{1}{2}\ln\left(1 + \frac{c^2\mathrm{var}(S_0)}{c^2\mathrm{E}(S_0)^2}\right) = \ln c + \ln E(S_0) - \frac{1}{2}\ln\left(1 + \frac{\mathrm{var}(S_0)}{\mathrm{E}(S_0)^2}\right)$$

$$= \mu + \ln c$$

$$\sigma \mapsto \sigma$$

Die durchschnittlich zu erwartende Versicherungssumme $c$ für die Pilotregion wird in Zusammenarbeit mit dem Marketing Team bestimmt und beträgt $c = 3$. Das Aktuariat geht damit von dem in Tab. 7.17 dargestellten Schadenmodell für die absolute Schadenhöhe $S_i = c_i S_0$ aus.

**Übung 7.14.** Man diskutiere die impliziten Vereinfachungen, die bei diesem Modell gemacht wurden.

Die Parameterkombinationen für die Häufigkeitsverteilungen $N_j$ und die Schadenhöhenverteilungen $S_i$ ($i, j \in \{1, \ldots, 3\}$ sind in Tab. 7.18 zusammengefasst.
Die Gesamtverteilung ergibt sich somit als

**Tab. 7.18** Zusammenfassung der Parameterkombinationen für die Häufigkeitsverteilungen $N_j$ und die Schadenhöhenverteilungen $S_i$

| | | | | Schadenhöhe: $S_i = cS_{0,i}$ | | |
|---|---|---|---|---|---|---|
| | | | | Best Case | Likely Case | Worst Case |
| | | | $\mu_i$ | 0.29 | 0.18 | 0.62 |
| | | | $\sigma_i$ | 47 % | 67 % | 61 % |
| | | $E(N_j)$ | $p_{ij}$ | 20 % | 70 % | 10 % |
| Häufigkeit: $N_j$ | Best Case | 5 % | 10 % | 2 % | 7 % | 1 % |
| | Likely Case | 10 % | 80 % | 16 % | 56 % | 8 % |
| | Worst Case | 15 % | 10 % | 2 % | 7 % | 1 % |

$$X(\omega) = \sum_{k=1}^{N_{j(\omega)}(\omega)} S_{i(k,\omega)}(\omega).$$

Diese Gleichung ist folgendermaßen zu verstehen:

1. Der Parameter der Poissonverteilung $j(\omega)$ wird aus den drei Möglichkeiten „Best Case", „Likely Case", „Worst Case" gezogen, wobei die Wahrscheinlichkeiten {10 %, 80 %, 10 %} angenommen werden.
2. Die Schadenzahl $N_{j(\omega)}(\omega)$ wird gemäß der Poissonverteilung $j(\omega)$ gezogen.
3. Für jedes $k \in \{1, \ldots, N_{j(\omega)}(\omega)\}$ wird jeweils eine Schadenverteilung $i(k,\omega)$ aus den drei Möglichkeiten „Best Case", „Likely Case", „Worst Case" entsprechend der Wahrscheinlichkeiten {20 %, 70 %, 10 %} gezogen.
4. Für jedes $k \in \{1, \ldots, N_{j(\omega)}(\omega)\}$ wird je ein Schaden $S_{i(k,\omega)}(\omega)$ aus der Schadenverteilung $i(k,\omega)$ gezogen.
5. Schließlich werden die so gewonnenen Schäden addiert.

Diese Verteilung modelliert sowohl die aktuarielle Unsicherheit als auch die Parameterunsicherheit für diesen neuen Geschäftszweig. Es bestehen weitere Unsicherheiten (wie zum Beispiel die Unsicherheit bezüglich des Vertriebserfolgs), die hier nicht weiter betrachtet werden. Mit dieser Verteilung bestimmt das Aktuariat das zugeordnete ökonomische Kapital $ES_{99.5\%}(X)$. Die Hurdle Rate des Unternehmens beträgt $h = 17\%$ und der risikolose Zins $s = 4\%$. Somit muss insgesamt mindestens $P = E(X) + (h - s) ES_{99.5\%}(X)$ als Prämie eingenommen werden, um einen risikoadjustierten Break-Even zu erreichen. Hinzu kommt ein Aufschlag $x$, der Verwaltungs- und Vertriebskosten, Kosten für nicht explizit behandelte Risiken sowie eine Gewinnmarge widerspiegelt. Ist $VS$ die Versicherungssumme eines Vertrags und $VS_{Gesamt}$ die kumulierte Versicherungssumme des betrachteten Portfolio, so erhält man

$$P(VS) = (E(X) + (h - s) \, ES_{99.5\%}(X)) \, \frac{(1 + p)VS}{VS_{\text{Gesamt}}},$$

wobei $p$ eine zusätzliche Sicherheits- und Profitmarge bezeichnet, als vereinfachte Kalkulationsgrundlage.

**Übung 7.15.** Man diskutiere, inwieweit diese vereinfachte Kalkulationsgrundlage angemessen ist.

**Übung 7.16.** Erarbeiten Sie Verbesserungsvorschläge für die einzelnen Komponenten der wertorientierten Steuerung in diesem Beispiel. Dabei kann sowohl eine Vereinfachung bestimmter Aspekte als auch eine genauere Berücksichtigung von Risiken bei anderen Aspekten eine Verbesserung darstellen. Je nach der unterstellten Situation des Unternehmen wird man zu unterschiedlichen Vorschlägen kommen.

## Literatur

1. Kaplan RS, Norton DP (1992) The balanced scorecard measures that drive performance. Harv Bus Rev 70(1):71–79
2. Kaplan RS, Norton DP (1996) Balanced scorecard: translating strategy into action. Harvard Business School Press, Boston
3. Wikipedia Foundation (2006) Balanced scorecard. Deutsche Ausgabe. Lizenz der Abbildung: GNU Free Documentation License Version 1.2 oder später. Kopieren, Verbreiten und/oder Verändern ist unter den Bedingungen der GNU Free Documentation License, Version 1.2 oder einer späteren Version, veröffentlicht von der Free Software Foundation, erlaubt. Es gibt keine unveränderlichen Abschnitte, keinen vorderen Umschlagtext und keinen hinteren Umschlagtext

# Solvabilität und aufsichtsrechtliche Fragestellungen

In diesem Kapitel behandeln wir aufsichtsrechtliche Regelungen in Deutschland,[1] die Risikomanagement und Risikokapital (Solvabilität) betreffen. Während früher diese beiden Aspekte separat behandelt wurden (siehe Abschn. 8.1 und 8.2.3, werden sie in unter Solvency 2 (siehe Abschn. 8.2.4) gemeinsam betrachtet.

## 8.1 Gesetz zur Kontrolle und Transparenz im Unternehmensbereich (KonTraG)

### 8.1.1 Zielsetzungen des KonTraG

Vor dem Hintergrund vielfältiger Änderungen des wirtschaftlichen Umfeldes, höherer Wettbewerbsintensität und gesteigerter Komplexität gewinnt eine effiziente Unternehmenssteuerung zunehmend an Bedeutung. Das am 01.05.1998 in Kraft getretene Gesetz zur Kontrolle und Transparenz im Unternehmensbereich (KonTraG) zielt darauf ab, die Qualität der Unternehmenssteuerung durch ein verbessertes Risikomanagement, eine transparente Unternehmenspublizität und eine Qualitätssicherung der Information für Kapitalanleger und andere Interessenten durch interne und externe Kontrollmechanismen zu erreichen. Das KonTraG ist ein sogenanntes Artikelgesetz, das hauptsächlich einzelne Artikel des Aktiengesetzes (AktG) und des Handelsgesetzbuches (HGB) ändert. Aus der Gesetzesbegründung geht hervor, dass das KonTraG eine Ausstrahlungswirkung auf andere Rechtsformen, insbesondere diejenige der GmbH, entfaltet. Dies bedeutet, dass unter Berücksichtigung von Größe und Komplexität die Regelungen auch auf

---

[1] Weite Teile dieses Kapitels sind auch auf andere europäische Länder anwendbar.

© Springer-Verlag Berlin Heidelberg 2016
M. Kriele und J. Wolf, *Wertorientiertes Risikomanagement von Versicherungsunternehmen*, Springer-Lehrbuch Masterclass,
DOI 10.1007/978-3-662-50257-0_8

andere Rechtsformen sinngemäß übertragen werden. Das KonTraG verfolgt verschiedene Zielsetzungen:

- Einführung eines Risikofrüherkennungssystems für bestandsgefährdende Risiken
- erhöhte Unternehmenspublizität gegenüber den Kapitalmärkten
- bessere Information des Aufsichtsrates durch den Vorstand sowie umfassendere Kontrolle des Vorstandes durch den Aufsichtsrat
- Verbesserung der Qualität der Abschlussprüfungen
- Verbesserung der Zusammenarbeit zwischen Aufsichtsrat und Abschlussprüfer
- verbesserte interne Kontrollstrukturen und Stärkung der Kontrolle durch die Hauptversammlung
- Zulassung moderner Finanzierungs- und Vergütungsinstrumente
- Abbau von Stimmrechtsdifferenzierungen und Vermeidung von Interessenskonflikten bei Depotstimmrechten

Im folgenden Abschnitt sollen die Regelungen des KonTraG mit Bezug auf die Beteiligten am Kontrollsystem deutscher Aktiengesellschaften (Vorstand, Aufsichtsrat, Hauptversammlung, Abschlussprüfer, Kapitalmarkt) erläutert werden.

## 8.1.2   Regelungen

Nach § 91 Abs. 2 AktG hat der *Vorstand* geeignete Maßnahmen zu treffen, damit den Fortbestand der Gesellschaft gefährdende oder die Vermögens-, Ertrags- und Finanzlage wesentlich beeinträchtigende Entwicklungen früh erkannt werden. Die Gesetzesbegründung weist darauf hin, dass mit dieser Forderung der Einrichtung eines Risikofrüherkennungssystems auch die Verpflichtung des Vorstandes, für ein angemessenes Risikomanagement und eine angemessene interne Revision zu sorgen, verdeutlicht werden soll. Damit präzisiert das KonTraG, dass sich die Leitungsaufgabe eines Vorstands gemäß § 76 Abs. 1 AktG und seine Sorgfaltspflicht gemäß § 93 Abs. 1 Satz 1 AktG auch auf das Risikomanagement erstrecken. Dabei macht § 93 Abs. 2 AktG den Vorstand unter Beweislastumkehr schadenersatzpflichtig, wenn er seine Pflichten verletzt. Das KonTraG gibt keine konkreten Ausgestaltungshinweise für ein Frühwarnsystem, um den Unternehmen die Chance zu geben, unternehmensspezifisch die besten Ansätze zu implementieren. Risikofrüherkennung bedeutet nicht, bestandsgefährdende Risiken von vornherein auszuschließen, sondern sie in einem frühen Stadium zu erkennen, in dem geeignete Gegenmaßnahmen zur Sicherung des Fortbestands des Unternehmens getroffen werden können.

Ferner erweitert das KonTraG die Berichtspflichten des *Vorstands* gegenüber dem *Aufsichtsrat*. Gemäß § 90 Abs. 1 Nr. 1 AktG hat der Vorstand dem Aufsichtsrat auch über die „beabsichtigte Geschäftspolitik und andere grundsätzliche Fragen der Unternehmensplanung (insbesondere die Finanz-, Investitions- und Personalplanung)" zu berichten. Dies bedeutet im Gegenzug, dass der Aufsichtsrat sich nicht auf eine rein retrospektive Kontrolle beschränken kann, sondern die auf die Zukunft gerichtete kurz-, mittel- und langfristige Unternehmensplanung in seine Kontrolle miteinbeziehen muss. Das Transparenz- und Publizitätsgesetz (TransPuG) von 2002 erweitert die Berichtspflichten des Vorstands auf Abweichungen der tatsächlichen Entwicklung von früher berichteten Zielen unter Angabe von Gründen. Damit umfasst die Berichtspflicht des Vorstands sowohl Vergangenheit als auch Zukunft.

Um die Professionalität des *Aufsichtsrates* zu steigern, beschränkt das KonTraG die Anzahl der Aufsichtsratsmandate auf 10 zuzüglich 5 Konzernmandate (§ 100 Abs. 2 AktG) und schreibt mindestens zwei Sitzungen des Aufsichtsrats pro Kalenderhalbjahr vor (§ 110 Abs. 3 AktG). Die Überwachungspflicht des Aufsichtsrats erstreckt sich gemäß § 111 AktG auf die Rechtmäßigkeit, Ordnungsmäßigkeit, Wirtschaftlichkeit und Zweckmäßigkeit der Geschäftsführung. Sie schließt dabei auch die Einführung und Funktionsfähigkeit des Risikofrüherkennungssystems ein.

Weiter zielt das KonTraG auf eine Verbesserung der Zusammenarbeit zwischen *Aufsichtsrat* und *Abschlussprüfer*. Gemäß § 111 Abs. 2 S. 3 AktG erteilt der Aufsichtsrat, und nicht wie früher der Vorstand, dem Abschlussprüfer das Mandat. Der Aufsichtsrat kann dabei eigene Schwerpunkte festsetzen und sich die notwendige Unterstützung des Abschlussprüfers bei seinen Kontrollaufgaben sichern.

Das KonTraG hat durch die Streichung von § 12 Abs. 2 S.2 AktG Mehrstimmrechte in der *Hauptversammlung* abgeschafft. Damit sollen Verzerrungen zwischen der Eigenkapitalstruktur und der Stimmrechtsverteilung vermieden werden. § 128 Abs. 2 AktG regelt die Pflichten von Kreditinstituten bei der Ausübung von Depotstimmrechten neu. Die Institute müssen ihre Depotkunden ausführlich informieren und Vorschläge für die Ausübung des Stimmrechts unterbreiten, wobei sie sich vom Interesse des Aktionärs leiten lassen müssen. Hält ein Kreditinstitut mehr als 5 % des Grundkapitals und übt es eigene Stimmrechte aus, darf es Depotstimmrechte nur auf ausdrückliche Weisung seiner Depotkunden ausüben (§ 135 Abs. 1 S. 3 AktG). Damit soll Interessenkonflikten vorgebeugt werden. Zur Stärkung der Kontrollfunktion der Hauptversammlung ermöglicht § 147 Abs. 3 AktG im Falle des Verdachtes auf Pflichtverletzungen bereits eine Klage gegen Vorstand oder Aufsichtsrat, wenn der Kläger 5 % des Grundkapitals oder den anteiligen Betrag von 500'000 Euro hält.

Gemäß § 289 Abs. 1 HGB muss der *Lagebericht* (bzw. gemäß § 315 Abs. 1 HGB der Konzernlagebericht) neben der Schilderung der erwarteten Entwicklung auch auf die Risiken der künftigen Entwicklung eingehen. Dabei müssen alle Risiken mit einer relevanten Eintrittswahrscheinlichkeit dargestellt werden, nicht nur bestandsgefährdende Risiken. Eingeleitete oder bei bestimmten Entwicklungen geplante risikopolitische Maßnahmen sollten den Risikobericht abrunden, damit der Adressat sich ein umfassendes Bild über die Risikolage verschaffen kann.

Das KonTraG erhöht die Anforderungen an die *Abschlussprüfung* und die Berichterstattung des Abschlussprüfers. Gemäß § 317 Abs. 2 HGB muss der Abschlussprüfer untersuchen, ob der Lagebericht im Einklang mit dem Jahresabschluss steht und ob die Lage des Unternehmens und die Risiken seiner zukünftigen Entwicklung zutreffend dargestellt werden. Gemäß § 317 Abs. 4 HGB ist zu prüfen, ob das in § 91 Abs. 2 AktG geforderte Risikofrüherkennungssystem funktionstüchtig ist oder ob Maßnahmen zur Verbesserung eingeleitet werden müssen. § 319 Abs. 3 HGB zielt darauf, die Unabhängigkeit des Abschlussprüfers zu stärken. Als Prüfer kann nicht bestellt werden, wer in den letzten 10 Jahren in mehr als 6 Fällen den Bestätigungsvermerk gezeichnet hat oder in den letzten 5 Jahren jeweils 30 % seiner Gesamteinnahmen von dem zu prüfenden Unternehmen bezogen hat. Um die Information des Aufsichtsrates zu gewährleisten, sieht ferner § 170 Abs. 3 S. 2 AktG die Aushändigung der Vorlagen und Prüfungsberichte an jedes Aufsichtsratsmitglied vor.

Zum *Angleich an internationale Regelungen* eröffnet schließlich das KonTraG eine zusätzliche Möglichkeit zum Erwerb eigener Aktien gemäß § 71 Abs. 8 AktG. Nach Ermächtigung durch die Hauptversammlung können, beschränkt auf einen Zeitraum von 18 Monaten und 10 % des Grundkapitals, eigene Aktien zur Belebung des Börsenhandels oder der Steigerung der Akzeptanz der Aktie als Anlageform erworben werden. § 192 Abs. 2 Nr. 3 AktG ermöglicht eine bedingte Kapitalerhöhung zur Einräumung von Aktienoptionen an das Management, um dieses zu motivieren, sich an den Zielen einer langfristigen Unternehmenswertsteigerung zu orientieren.

### 8.1.3  Implementation

Auch wenn das KonTraG selbst keine konkreten Vorgaben macht, haben sich in der Praxis nicht zuletzt aufgrund des Prüfungsstandards IDW PS 340 grundlegende Anforderungen und Methoden bei der Implementation eines Risikofrüherkennungssystems etabliert.

Die Forderung des KonTraG, bestandsgefährdende Risiken frühzeitig zu erkennen und dadurch rechtzeitig Gegenmaßnahmen einleiten zu können, greift in allen Phasen des Risikomanagementprozesses. Zunächst ist sicherzustellen, dass alle potentiellen Risiken erfasst und bewertet werden. Dazu werden standardisierte Risikoerfassungsbögen (risk maps, risk registers) verwendet, die zu den einzelnen Risiken Einschätzungen der möglichen Schadenhöhe und der Eintrittswahrscheinlichkeit sowie Angaben zu Risikoindikatoren, Risikolimits und Risikobewältigungsmaßnahmen sowie Verantwortlichkeiten enthalten. Dabei können Risikoindikatoren finanzielle Kennzahlen und „weiche" Faktoren wie z. B. einen Markttrend oder das Image des Unternehmens umfassen. Risikolimits definieren Obergrenzen für bestimmte Risikopositionen (z. B. Kreditvolumen pro Kreditnehmer), bei deren Überschreitung festgelegte Gegenmaßnahmen ausgelöst werden.

Um auf der Grundlage der Risikoerfassungsbögen zu einer Gesamtrisikoanalyse des Unternehmens zu gelangen, müssen die Risiken unter Beachtung ihrer Interdependenzen geeignet zusammengefasst und systematisiert werden. Im Finanzsektor werden oft die folgenden Risikobereiche unterschieden:

- Marktrisiko
- Kreditrisiko

- Liquiditätsrisiko
- versicherungstechnisches Risiko
- operationelles Risiko
- Rechtsrisiko

Die Bewertung der Risiken zielt auf eine Klassifikation in einer zweidimensionalen Risikomatrix (siehe Abb. 1.2) mit den Dimensionen Schadenhöhe und Eintrittswahrscheinlichkeit ab. Während für quantifizierbare Risiken die Klasseneinteilung in Gestalt einer Zerlegung des Wertebereichs von Schadenhöhe und Eintrittswahrscheinlichkeit vorgenommen werden kann, erlauben qualitative Risiken (z. B. politisches Risiko, Entwicklungsperspektiven eines Marktes) lediglich eine Einordnung in eine qualitative Risikomatrix, die etwa die Schadenhöhe in die Klassen gering, mittel, schwer und die Eintrittswahrscheinlichkeit in die Klassen unwahrscheinlich, möglich, wahrscheinlich, sehr wahrscheinlich einteilt.

Für die Beurteilung, ob ein Risiko bestandsgefährdend ist, ist die potentielle Schadenhöhe ausschlaggebend, da das Risikomanagement auch für existenzbedrohende Szenarien mit kleiner Eintrittswahrscheinlichkeit Vorkehrungen treffen muss.

Die Risikomatrix ist Bestandteil des Risikohandbuchs, das den Charakter einer Unternehmensrichtlinie hat und vom Wirtschaftsprüfer geprüft wird. Neben der Definition der risikopolitischen Grundsätze des Unternehmens muss das Risikohandbuch die Geschäftsfelder und -aktivitäten identifizieren, bei denen es zu bestandsgefährdenden Entwicklungen kommen kann, sowie Zuständigkeiten und die Risikoberichterstattung regeln. Der IDW Prüfungsstandard verlangt, dass bestandsgefährdende Risiken in nachweisbarer Form dem Vorstand berichtet werden.

## 8.2  Solvabilität

### 8.2.1  Aufgabe der Solvabilitätsaufsicht

Versicherungsunternehmen sollen dauerhaft in der Lage sein, die vertraglich eingegangenen Verpflichtungen zu erfüllen. Sie sollen also stets zahlungsfähig, d. h. *solvent* sein. Da Versicherungsgeschäft zahlreichen Unsicherheiten, etwa einem ungewissen Schadenverlauf, unterliegt, braucht eine Versicherungsgesellschaft Eigenmittel, um adverse Entwicklungen ausgleichen zu können. Damit spannt sich der Bogen von der ursprünglichen Wortbedeutung, der Zahlungsfähigkeit, zu der heutigen Verwendung des Begriffs *Solvabilität (Solvency)* im Zusammenhang mit der Eigenmittelausstattung von Versicherungsunternehmen.

Vor dem Hintergrund der Deregulierung hat die Eigenmittelausstattung für das Risikomanagement der Versicherungsunternehmen und für die Aufsicht an Bedeutung gewonnen. Ziele von Eigenmittelanforderungen sind dabei

- der Schutz der Versicherten (policyholder protection),
- eine ausreichende Kapitalisierung der Versicherungsunternehmen (financial strength) und
- die Stabilität der Finanzmärkte (financial stability).

Allen Zielen gemeinsam ist die Überlegung, dass Eigenmittel der Versicherungsunternehmen als Puffer gegen adverse Entwicklungen wirken. Während das erste Ziel, der Schutz der Versicherten, die notwendige Vertrauensbasis sicherstellen soll, dass der mit den Prämienzahlungen in Vorleistung gehende Kunde sich auf die späteren Leistungen des Versicherungsunternehmens verlassen kann, tragen die beiden anderen Ziele der bedeutenden Rolle der Versicherungsunternehmen auf den Finanzmärkten Rechnung.

Die Gestaltung von Solvabilitätsanforderungen wirft die Fragen auf, wie groß der Puffer gegen adverse Entwicklungen sein muss, welcher Zeithorizont zugrundegelegt werden soll und welche Kapitalanlagen zur Bedeckung des Puffers geeignet sind. Die Antworten auf diese Fragen hängen von den verfolgten Zielen ab und müssen im Zusammenhang mit dem gewählten Modellierungsansatz konsistent entwickelt werden.

Neben diesen quantitativen Anforderungen sind für die Zahlungsfähigkeit des Unternehmens auch qualitative Anforderungen an das Management bestandsgefährdender Risiken relevant. Während die bis 2012 geltenden Solvabilitätsrichtlinien (Solvency 1, Abschn. 8.2.3) rein quantitativ ausgerichtet waren, enthält Solvency 2 (Abschn. 8.2.4) sowohl quantitative als auch qualitative Anforderungen.

### 8.2.2  Definitionen

Der Grundgedanke, dass Eigenmittel einen Puffer gegen adverse Entwicklungen darstellen, spiegelt sich bereits in der Definition der *Solvenzmarge (solvency margin) SM* als Differenz zwischen Aktiva (assets) $A$ und Passiva $P$ durch Pentikainen (1952) [13] wider:

$$SM = A - L$$

Der Teil der Solvenzmarge, der durch qualifizierte, d. h. aufsichtsrechtlich anerkannte Kapitalanlagen bedeckt wird, heißt *verfügbare Solvenzmarge (available solvency margin)*.

Die Mindesthöhe der verfügbaren Solvenzmarge gemäß den aufsichtsrechtlichen Bestimmungen wird *Solvabilitätsspanne (minimum solvency margin)* genannt.

Bei einer konkreten Definition von Solvabilität sind bezüglich des zugrundegelegten Zeithorizonts zwei Extremfälle denkbar. Während die „going concern"- Annahme verlangt, dass der Fortbestand des Unternehmens gesichert ist, das Unternehmen also in der Zukunft jederzeit seine Verpflichtungen erfüllen kann, reicht es für die „run off"- Annahme aus, dass die Verbindlichkeiten bei einer sofortigen Liquidation des Unternehmens befriedigt werden können. (Siehe auch Abschn. 4.3.1.2)

Der Schutz der Versicherten erfordert nicht notwendig den Fortbestand des Unternehmens. Die Ansprüche der Versicherungsnehmer sind auch dann sichergestellt, wenn in einer Krisensituation die Versicherungsbestände auf ein anderes Unternehmen übertragen werden können. Daher sind die aufsichtsrechtlichen Anforderungen an die Eigenmittelausstattung und die Bewertung versicherungstechnischer Verbindlichkeiten unter Solvency 1 und 2 auf das Ziel ausgerichtet, den Fortbestand des Versicherungsunternehmens für eine kurze Zeitspanne, in der Regel 1 Jahr, zu sichern und die Übertragbarkeit der Bestände zu gewährleisten.

Der Fortbestand des Unternehmens ist primäres Ziel der Eigner und des Managements, die das Unternehmen nach der going concern- Annahme steuern. Mit Blick auf die Erwartung der Versicherungsnehmer, dass ihre oft langfristigen Verträge vom Vertragspartner erfüllt werden, und auf das Ziel der Finanzmarktstabilität hat auch die Aufsicht ein Interesse an dauerhaft stabilen finanziellen Verhältnissen in den Versicherungsunternehmen. Dies erklärt, dass im Gegensatz zur Ausrichtung der konkreten Eigenmittelanforderungen an den Jahreshorizont sich die aufsichtsrechtlichen Definitionen der Solvabilität auf die going concern Annahme beziehen.

Die IAIS (2002) [11] definiert ein Versicherungsunternehmen als solvent, wenn es in der Lage ist, seine „Verpflichtungen aus allen Verträgen unter allen vernünftigerweise zu erwartenden Umständen zu erfüllen". In einer späteren Version von 2007 [12] verschärft die IAIS diese Definition, indem die Erfüllung aller vertraglichen Verpflichtungen „zu jeder Zeit" gefordert wird.

### 8.2.3 Solvency 1

In diesem Abschnitt werden die bis Ende 2012 geltenden aufsichtsrechtlichen Anforderungen an die Eigenmittelausstattung von Versicherungsunternehmen dargestellt und der Hintergrund ihrer Entstehung beleuchtet.

Die EU-Richtlinien zu Solvency 1 (2002) [9, 10] gehen von der going concern-Annahme aus und definieren die Solvenzmarge als Puffer gegen Schwankungen der Geschäftsergebnisse.

- Solvency 1 non-life directive: „The requirement that insurance undertakings establish, over and above the technical provisions to meet their underwriting liabilities, a solvency margin to act as a buffer against business fluctuations is an important element in the system of prudential supervision for the protection of insured persons and policyholders."
- Solvency 1 life directive: „It is necessary that, over and above technical provisions, including mathematical provisions, of sufficient amount to meet their underwriting liabilities, assurance undertakings should possess a supplementary reserve, known as the solvency margin, represented by free assets and, with the agreement of the

competent authority, by other implicit assets, which shall act as a buffer against adverse business fluctuations."

Die Solvabilität eine Versicherungsunternehmens wird somit an dem Betrag gemessen, um den die Aktiva die Passiva übersteigen und der zum Ausgleich adverser Entwicklungen zur Verfügung steht. Die Solvency 1 Richtlinie Leben weist dabei auf zusätzliche Anforderungen an die Qualität der die Solvenzmarge bedeckenden Kapitalanlagen hin.

### 8.2.3.1 Historische Entwicklung

Solvency 1 lässt sich im Kern auf die ersten EU-Richtlinien Nicht-Leben vom 24. 07.1973 und Leben vom 05.03.1979 zurückführen, die wiederum entscheidend von den Arbeiten des niederländischen Professors Campagne [2] geprägt wurden.

Campagne verfolgt im wesentlichen einen VaR-Ansatz. Da er eine Insolvenz-wahrscheinlichkeit von 0.001 in 3 Jahren für akzeptabel hält, wählt er approximativ das Niveau 0.9997 für den 1 Jahres-VaR. Campagne weist darauf hin, dass infolge weitreichender Vereinfachungen und nicht fundierter Verteilungsannahmen die Ergebnisse seiner Modelle nicht als Solvabilitätsmessung, sondern lediglich als Frühwarnindikatoren für eine unternehmensindividuelle tiefergehende Analyse dienen können.

Im Bereich der Schadenversicherung beobachtet Campagne einen durchschnittlichen Kostensatz von 42 % der Bruttoprämien nach Rückversicherung. An die Daten der beobachteten Schadenquoten passt er eine Beta-Verteilung an und bestimmt das 0.9997-Quantil zu 83 %. Auf dieser Grundlage schlägt er vor, 42 % + 83 % − 100 % = 25 % der Bruttoprämien als notwendige Solvenzmarge zu betrachten. Für das in Rückversicherung gegebene Prämienvolumen fordert er als grobe Näherung 2,5 % Solvenzmarge. Darüber hinaus schlägt er einen absoluten Sockelbetrag von 250'000 europäischen Währungseinheiten vor.

Als Hauptrisiko in der Lebensversicherung betrachtet Campagne das Kapital-anlagerisiko und schlägt vor dem Hintergrund, dass die versicherungstechnischen Rückstellung den größten Teil der Kapitalanlagen bilden, vor, einen festen Prozentsatz der versicherungstechnischen Rückstellungen als erforderliche Solvenzmarge zu definieren. Dazu modelliert er den Quotienten LR des innerhalb eines Jahres auftretenden Verlustes der Kapitalanlagen bezogen auf die versicherungstechnischen Rückstellungen mit Hilfe einer Pearson-Typ IV – Verteilung

$$f(x) = c \left( 1 + \frac{x^2}{a^2} \right)^m \exp\left( \nu \arctan\left( \frac{x}{a} \right) \right)$$

mit den Koeffizienten $a = 5.442$, $c = 31.73$, $m = -4.850$ und $\nu = 2.226$. Unter Orientierung an den 95 % VaR schlägt Campagne 4 % der versicherungstechnischen Rückstellungen als erforderliche Solvenzmarge vor.

Die Arbeiten von Campagne und weiterer Arbeitsgruppen im Auftrag der OECD und der CEA[2] münden in den Regelungen der 1. EU-Richtlinien Leben [9] und Nicht-Leben [10].

Die Lebensrichtlinie fordert als Mindestsolvenzmarge im wesentlichen 4 % der mathematischen Reserven und 0,3 % des riskierten Kapitals. Rückversicherung kann die Bemessungsgrundlage der versicherungstechnischen Reserven um bis zu 15 % und die Bemessungsgrundlage des riskierten Kapital um bis zu 50 % vermindern.

Die Nichtlebensrichtlinie fordert als minimale Solvenzmarge das Maximum von Beitrags- und Schadenindex. Der Beitragsindex beträgt 18 % der Bruttoprämien bis zu einer Höhe von 10 Millionen Währungseinheiten und 16 % des Teils der Bruttoprämien, der 10 Millionen übersteigt. Der Schadenindex besteht aus 26 % der eingetretenen Schäden bis zu einer Höhe von 7 Millionen Währungseinheiten und 23 % des Teils der Schadensumme, der 7 Millionen übersteigt. Rückversicherung wird bis zu 50 % anerkannt.

Darüber hinaus sehen die 1. EU-Richtlinien ein Drittel der Mindestsolvenzmarge als Garantiefonds an und legen einen spartenabhängigen absoluten Mindestbetrag fest.

Nachdem die Solvenzregeln in den 2. und 3. Richtlinien (1992) Leben und Nichtleben keine Änderungen erfahren haben, beauftragt das Versicherungskommittee der Europäischen Union eine Arbeitsgruppe unter dem Vorsitz von Helmut Müller, das Solvenzsystem zu überprüfen. Der Müller-Report [3] erstellt eine Identifikation der Risiken von Versicherungsunternehmen und vertritt die Auffassung, dass sich das Solvenzsystem im wesentlichen bewährt hat. Von den Vorschlägen des Müller-Reports greift die EU-Kommission die Erhöhung des absoluten Mindestbetrages zum Inflationsausgleich in den Solvency 1-Richtlinien [6–8] auf. Bereits 1999 entscheidet sie [5], Arbeiten zu einem neuen fundamentalen Zugang zu beginnen, da sie es vor dem Hintergrund der Veränderungen in der Versicherungswirtschaft für möglich erachtet, dass die Solvenzregeln in der Zukunft nicht mehr zufriedenstellend funktionieren könnten. Diese Entscheidung kann als erster Schritt zum Projekt Solvency 2 aufgefasst werden.

### 8.2.3.2 Solvabilitätsspanne nach Solvency 1

Die Solvency 1-Richtlinien [6–8] nehmen nur leichte Modifikationen der Solvenzregeln vor. So werden die absoluten Mindestbeträge der einzelnen Sparten erhöht. In Nichtleben werden die Anforderungen an die Mindestsolvenzmarge teilweise verschärft. In Leben werden Regelungen für fondsgebundene Versicherungen spezifiziert und Qualitätsanforderungen auf alle Kapitalanlagen, die die versicherungstechnischen Rückstellungen und die Solvenzmarge bedecken, ausgedehnt.

Die nationale Umsetzung der Solvency 1-Richtlinien fußt auf der Kapitalausstattungsverordnung (KapAusstV) [4], die die Berechnung der Solvabilitätsspanne (Mindestsolvenzmarge) regelt, §53c VAG, der insbesondere den Katalog der zur Bedeckung

---

[2]Comité Européen des Assurances, eine Vereinigung europäischer Versicherer. Im Jahr 2012 hat die CEA ihren Namen in "Insurance Europe" geändert.

der Solvabilitätsspanne geeigneten Eigenmittel enthält, und dem erläuternden BaFin-Rundschreiben 4/2005(VA) [1]. Im folgenden sollen die Regeln zur Berechnung der Solvabilitätsspanne in Abhängigkeit von den Sparten skizziert werden.

Die *Mindestsolvenzmarge (Solvabilitätsspanne) SM für Nicht-Lebensversicherungsunternehmen* (Schaden-/Unfallversicherung, Krankenversicherung, Rückversicherung) wird als Maximum des Beitrags- und des Schadenindexes ermittelt. Der Beitragsindex *BI* ergibt sich als der höhere Betrag der im Geschäftsjahr gebuchten oder verdienten Bruttobeiträge. Der Schadenindex *SI* ist definiert als die durchschnittlichen jährlichen Aufwendungen für Versicherungsfälle, wobei der Durchschnitt über die letzten drei Jahre, bei Unternehmen, die im wesentlichen Kredit-, Sturm-, Hagel- oder Frostversicherung betreiben, jedoch über die letzten 7 Jahre gebildet wird. Rückversicherung wird bis maximal 50 % anerkannt. Für Haftpflichtversicherungen mit Ausnahme der KFZ-Haftpflicht werden der Beitragsindex und der Schadenindex um 50 % erhöht. Bezeichnet *RV* das Verhältnis der Aufwendungen für Versicherungsfälle für eigene Rechnung zu den Bruttoaufwendungen für Versicherungsfälle der letzten drei Jahre, ergibt sich die Solvabilitätsspanne zu

$$SM = \max \Big[ 18\,\% \times \min(BI, 50'000'000) + 16\,\% \times \max(0, BI - 50'000'000);$$

$$26\,\% \times \min(SI, 35'000'000) + 23\,\% \times \max(0, SI - 35'000'000) \Big]$$

$$\times \max(RV, 0.5).$$

Für die substitutive Krankenversicherung sind die Prozentsätze in der obigen Formel zu halbieren. Der Garantiefonds beträgt ein Drittel der Solvabilitätsspanne. Der absolute Mindestbetrag beträgt 2'000'000 Euro und erhöht sich auf 3'000'000 Euro, wenn Geschäft in den Sparten Haftpflicht, Kredit oder Kaution gezeichnet wird. Für Versicherungsvereine auf Gegenseitigkeit sind beitragsabhängige Erleichterungen vorgesehen (siehe §§ 2,3 KapAusstV, § 156a Abs. 1 VAG).

Die *Mindestsolvenzmarge (Solvabilitätsspanne) SM für Lebensversicherungsunternehmen* wird als Summe von 4 % der Deckungsrückstellung und der um die Kostenanteile verminderten Beitragsüberträge und 0.3 % des riskierten Kapitals berechnet. Einzelvertraglich negatives riskiertes Kapital ist dabei auszunullen. Im Falle von fondsgebundenen Versicherungen, bei denen das Unternehmen kein Anlagerisiko trägt, reduziert sich für Verträge mit Laufzeiten von über fünf Jahren der Satz von 4 % auf 1 %, für Verträge mit Laufzeiten unter 5 Jahren werden stattdessen 25 % der diesen Verträgen zurechenbaren Verwaltungskosten angesetzt. Der Satz von 0.3 % reduziert sich für Todesfallversicherungen mit Laufzeit von höchstens 3 Jahren auf 0.1 %, für Laufzeiten von mehr als 3 und höchstens 5 Jahren auf 0.15 %. Der Garantiefonds beträgt ein Drittel der Solvabilitätsspanne, sein absoluter Mindestbetrag 3'000'000 Euro. Für Versicherungsvereine auf Gegenseitigkeit, insbesondere Pensions- und Sterbekassen sind beitragsabhängige Erleichterungen vorgesehen (siehe §§ 7,8,8a KapAusstV, § 156a Abs. 1 VAG).

Solvency 1 kann als regelbasiertes System charakterisiert werden, das einfach zu verstehen und zu implementieren ist, aber nur eine eingeschränkte Risikosensitivität gegenüber den individuellen Risikoprofilen der Versicherungsunternehmen aufweist. Zum Beispiel führen in der Lebensversicherung höhere Sicherheitsmargen in der Deckungsrückstellung zu einer höheren Solvabilitätsspanne.

Das Unterschreiten der Mindestsolvenzmarge (Solvabilitätsspanne) wird als Frühwarnsignal interpretiert. Die Aufsicht fordert in diesem Fall einen Solvabilitätsplan zur Wiederherstellung der erforderlichen Kapitalausstattung des Versicherungsunternehmens. Wird der Betrag des Garantiefonds unterschritten, verlangt die Aufsicht einen Finanzierungsplan zur kurzfristigen Verbesserung der finanziellen Lage. Erscheint dies nicht möglich, wird die Aufsicht das Unternehmen abwickeln und versuchen, den Versichertenbestand auf ein anderes Unternehmen zu übertragen.

### 8.2.3.3 Anrechenbare Eigenmittel

Nach der Definition der erforderlichen Mindestsolvenzmarge (Solvabilitätsspanne) stellt sich die Frage, welche Kapitalpositionen zur Bedeckung herangezogen werden können. Da die Solvenzmarge als Puffer gegen adverse Entwicklungen konzipiert ist, ist dabei zu prüfen, inwieweit eine Kapitalposition zum Verlustausgleich herangezogen werden kann. Unter Solvency 1 wird diese Frage abschließend in Form des Eigenmittelkatalogs in § 53c Abs. 3 VAG beantwortet und im BaFin-Rundschreiben 4/2005(VA) näher erläutert.

In Abstufung ihres Potentials zum Verlustausgleich können die in § 53c Abs. 3 S. 1 aufgelisteten Eigenmittel in drei Gruppen eingeteilt werden. Die Positionen unter den Nummern 1 bis 3 werden in jedem Fall angerechnet, diejenigen unter den Nummern 3a bis 4 nur unter bestimmten, im Gesetzestext genannten Voraussetzungen. Diese beiden Gruppen bilden zusammen die sogenannten Eigenmittel A. Die Eigenmittel B sind unter den Nummern 5a) bis d) aufgeführt und werden nur auf Antrag und mit Zustimmung der Aufsichtsbehörde angerechnet.

Die Positionen unter den Nummern 1 bis 3 bilden das Eigenkapital im engeren Sinne, das uneingeschränkt zur Verfügung steht:

- bei Aktiengesellschaften das eingezahlte Grundkapital abzüglich des Betrages der eigenen Aktien, bei Versicherungsvereinen auf Gegenseitigkeit der eingezahlte Gründungsstock
- Kapitalrücklage und Gewinnrücklagen
- Gewinnvortrag nach Abzug der auszuschüttenden Dividenden

Genussrechtskapital und nachrangige Verbindlichkeiten (Nr. 3a bzw. 3b) stellen zwar Verpflichtungen des Unternehmens dar, haben aber in einem gewissen Maß auch Eigenkapitalcharakter. Zur Sicherung eines ausreichenden Eigenkapitalcharakters nennt § 53c Abs. 3 VAG für beide Positionen die Voraussetzungen, dass das Kapital mindestens für die Dauer von 5 Jahren zur Verfügung gestellt wird, der Rückerstattungsanspruch nicht in weniger als 2 Jahren fällig wird und im Insolvenz- oder Liquidationsfall erst nach Befriedigung aller nicht nachrangigen Gläubiger zurückgezahlt wird. Genussrechtskapital muss ferner bis zur vollen Höhe am Verlust teilnehmen, und im Falle des Verlustes muss das Versicherungsunternehmen die Zinszahlungen aufschieben. Bei nachrangigen Verbindlichkeiten muss eine Aufrechnung des Rückzahlungsanspruches mit Forderungen des Versicherungsunternehmens ausgeschlossen sein. Der Anrechnungsbetrag von Genussrechtskapital und nachrangigen Verbindlichkeiten ist auf 25 % der Eigenmittel gemäß der Nummern 1 bis 3 und 50 % der Solvabilitätsspanne begrenzt.

Gemäß § 56a VAG können noch nicht festgelegte Überschussanteile mit Zustimmung der Aufsichtsbehörde zum Verlustausgleich herangezogen werden. Dies bedeutet, dass der kollektive Anspruch der Versicherungsnehmer auf Zuteilung von Überschüssen aus Mitteln der freien RfB im Krisenfall unter den Bedingungen des § 56a VAG nicht erfüllt werden muss. Dadurch werden die Verpflichtungen des Versicherungsunternehmens um den Betrag der freien RfB verringert, so dass die freie RfB als von den Versicherungsnehmern gestellte Eigenmittel des Unternehmens betrachtet werden kann. Dies bildet die Grundlage für §53c Abs. 3 Nr. 4 VAG, die freie RfB als Eigenmittel anzuerkennen.

Bei den in § 53c Abs. 3 Nr. 5a) bis d) genannten Kapitalpositionen besteht eine gewisse Unsicherheit, ob sie im Verlustfall tatsächlich zur Verfügung gestellt werden. Daher werden sie nur auf Antrag und mit Zustimmung der Aufsicht anerkannt. Als Eigenmittel angerechnet werden können

- die Hälfte des nicht eingezahlten Grundkapitals, sofern mindestens 25 % des Grundkapitals eingezahlt sind,
- die Hälfte der Differenz der nach Satzung zulässigen Nachschüsse der Mitglieder von Versicherungsvereinen auf Gegenseitigkeit und der im Geschäftsjahr tatsächlich geforderten Nachschüsse,
- stille Nettoreserven, sofern sie keinen Ausnahmecharakter haben.

Nicht eingezahltes Grundkapital oder Nachschüsse dürfen nur höchstens die Hälfte der Solvabilitätsspanne bedecken und auch höchstens die Hälfte der insgesamt angerechneten Eigenmittel ausmachen.

Die Beschränkungen bei der Anerkennung der obigen Kapitalpositionen beruhen auf risikopolitischen Überlegungen. Ob Nachschüsse in einer Krisensituation tatsächlich geleistet werden, hängt stark von dem Bewusstsein der Mitglieder eines Versicherungsvereins ab, Nachschüsse leisten zu müssen. Je stärker sich ein Versicherungsverein vom Vereinsgedanken zur Wettbewerbsorientierung entwickelt, desto geringer wird dieses Bewusstsein ausgeprägt sein. Daher unterliegt die Anerkennung von Nachschüssen der Zustimmung der Aufsicht, die im Einzelfall die Wahrscheinlichkeit einschätzen muss, dass im Krisenfall die Nachschüsse tatsächlich gezahlt werden. Während Zweifel an der Verfügbarkeit von Nachschüssen im Krisenfall berechtigt erscheinen, zeigt ein Blick in die Geschichte, dass Nachschüsse tatsächlich zur Rettung von Versicherungsunternehmen geleistet wurden (Beispiele: Großbrand in Hamburg (Gothaer), britische Versicherungsvereine zur Versicherung von Schiffen).

Stille Reserven stellen unrealisierte Gewinne dar, die der Gefahr unterliegen, bei adversen Marktentwicklungen in kurzer Zeit aufgezehrt zu werden. Daher unterliegt ihre

Anerkennung als Eigenmittel der Einschränkung, dass sie keinen Ausnahmecharakter haben, d. h., dass ihr Wert dauerhaft erscheint. Das Rundschreiben 4/2005 (VA) nennt u. a. folgende Kriterien zur Überprüfung, ob von einem dauerhaften Wert ausgegangen werden kann. Zur Ermittlung der stillen Reserven in börsennotierten Wertpapieren ist das Minimum von Bilanzstichtagswert und dem aus dem aktuellen und den drei vorangegangenen Bilanzstichtagen ermittelten Durchschnittskurs heranzuziehen. Eine Anerkennung stiller Reserven in nicht börsennotierten Wertpapieren ist in der Regel nicht möglich. Stille Reserven in festverzinslichen Papieren des Anlagevermögens werden nicht anerkannt, während bei festverzinslichen Papieren des Umlaufvermögens das Minimum des Wertes des Papiers und des Wertes eines analogen Papiers mit einer drei Jahre kürzeren Restlaufzeit zugrundegelegt wird. Stille Reserven in Immobilien sind durch unabhängige Gutachten nachzuweisen, die nicht älter als 5 Jahre sind. Stille Reserven in verbundenen Unternehmen und Beteiligungen werden in der Regel nicht anerkannt.

Von dem Betrag der anrechenbaren Eigenmittel gemäß §53c Abs. 3 Nr. 3–5 sind folgende Beträge abzuziehen, da mit ihnen im Verlustfall nicht gerechnet werden kann:

- ein aktivierter Firmen- oder Geschäftswert,
- aktivierte Aufwendungen für die Ingangsetzung und Erweiterung des Geschäftsbetriebs,
- Beteiligungen an verbundenen Unternehmen des Finanzsektors sowie Forderungen aus Genussrechten und nachrangigen Verbindlichkeiten gegen solche Unternehmen.

### 8.2.4 Solvency 2

#### 8.2.4.1 Ziele

Die Entscheidung der Europäischen Kommission im Juni 1999, die Finanzaufsicht über Versicherungsunternehmen grundlegend zu überarbeiten und an geänderte Verhältnisse anzupassen (siehe [5]), markiert den Beginn des Solvency 2-Projekts. Diese Entscheidung ist zum einen vor dem Hintergrund der Weiterentwicklung der Bankenaufsicht hin zu Basel 2 zu sehen, zum anderen durch die Veränderungen der Versicherungsmärkte infolge von Deregulierung, höherer Wettbewerbsintensität und der Entwicklung neuer Finanzinstrumente zu erklären.

Einen wesentlichen Meilenstein des Projektes markiert der Entwurf der Solvency 2-Rahmenrichtlinie von 2007, der 2009 von der Europäischen Kommission, dem Europäischen Parlament und dem Rat der EU verabschiedet und im November 2013 mit der Omnibus II-Richtlinie modifiziert wird. Der delegierte Rechtsakt zu den Durchführungsbestimmungen wird im Oktober 2014 von der Europäischen Kommission erlassen. Zum 01.01.2016 tritt Solvency 2 in Kraft.

Solvency 2 verfolgt folgende Ziele:

- Ausgestaltung eines prinzipienorientierten, EU-weit harmonisierten Aufsichtssystems, das Wettbewerbsneutralität sicherstellt, die Entwicklung effizienter Versicherungsmärkte fördert und einen ausreichenden Schutz der Interessen der Versicherungsnehmer gewährleistet.
- risikosensitive Eigenmittelanforderungen in Abhängigkeit vom tatsächlichen Risikoprofil des einzelnen Versicherungsunternehmens
- Verbesserung des Risikomanagements, des Systems interner Kontrollen und Stärkung der Corporate Governance
- Anreizwirkung für die Entwicklung interner Modelle zur Messung und Steuerung von Risiken
- Stärkung der Kontrollmechanismen des Marktes durch transparente und umfassende Berichterstattung

### 8.2.4.2 Architektur

Wie Basel 2 zeichnet sich Solvency 2 durch eine Drei-Säulen-Architektur aus (Abb. 8.1).

Die erste Säule definiert Anforderungen an die Finanzausstattung. Dazu gehören quantitative Eigenmittelanforderungen, Prinzipien zur Ermittlung der versicherungstechnischen Rückstellungen sowie Vorschriften über die Anlage von Vermögen.

Die Eigenmittelanforderungen werden dabei mit Hilfe der Standardformel oder eines von der Aufsicht zugelassenen internen Modells ermittelt, das sämtliche relevanten Risiken erfasst. Hauptrisikokategorien sind Markt-, Kredit- und operationales Risiko sowie versicherungstechnische Risiken.

Es gibt zwei Anforderungsniveaus, deren Unterschreiten gestaffelte aufsichtsrechtliche Maßnahmen auslöst. Das SCR (solvency capital requirement) ist auf eine maximal tolerierbare Ruinwahrscheinlichkeit bezogen auf einen Einjahreshorizont kalibriert, während das MCR (minimal capital requirement) einen Minimalbetrag darstellt. Bei Unterschreiten des MCR wird die Aufsicht das Unternehmen vom Markt nehmen, bei Unterschreitung des SCR Maßnahmen absprechen, die auf eine Wiederherstellung der notwendigen Eigenmittelausstattung abzielen. Während das SCR möglichst risikosensitiv konzipiert werden soll, wird beim MCR mit Blick auf mögliche juristische Auseinandersetzungen eine möglichst einfache Berechnung angestrebt.

Die zweite Säule regelt das aufsichtsrechtliche Überprüfungsverfahren (supervisory review process). Da auch eine großzügige Eigenmittelausstattung im Falle eines schlechten Managements schnell aufgezehrt werden kann, soll der aufsichtliche Überprüfungsprozess ein angemessenes Risikomanagement sowie ein funktionierendes System interner Kontrollen sicherstellen. Dabei besteht eine zentrale Strategie in den Anforderungen des ORSA (Own Risk and Solvency Assessment), dass die Versicherungsunternehmen ihr Risikomanagementsystem selbst überprüfen und kontinuierlich weiterentwickeln. Gegenstand der zweiten Säule sind darüber hinaus Frühwarnindikatoren und Stresstests, um rechtzeitige Reaktionen des Versicherungsunternehmens auf adverse Entwicklungen zu ermöglichen.

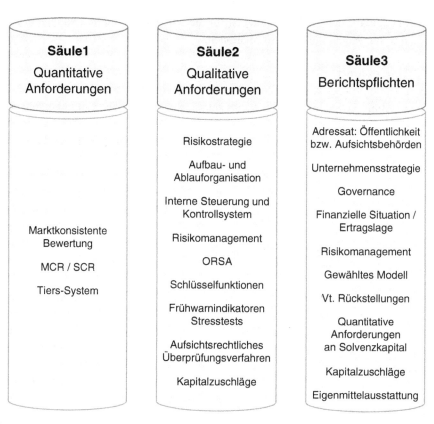

**Abb. 8.1** Die drei Säulen der Solvency 2 Architektur

Im Falle von Schwächen des Risikomanagementsystems kann die Aufsicht zusätzliche Kapitalanforderungen stellen.

Die dritte Säule hat zum Ziel, die Marktdisziplin miteinzubinden. Durch Offenlegungspflichten soll die Informationsasymmetrie über die finanzielle Lage des Versicherungsunternehmens reduziert werden, so dass sich die verschiedenen Interessensgruppen ein ausreichendes Bild machen können und mit ihren Reaktionen dazu beitragen, dass die Versicherungsunternehmen ihre Risiken adäquat managen.

Es gibt zwei Gruppen von Berichten. Der SFCR (Solvency and Financial Condition Report) wird veröffentlicht und enthält Informationen zu folgenden Themen:

- Geschäftsstruktur und -strategie
- finanzielle Situation und Ertragslage
- Organisations- und Konzernstruktur
- Bewertungsansätze zu versicherungstechnischen Verbindlichkeiten und Kapitalanlagen
- SCR und Berechnungsmethoden, gegebenenfalls strukturelle Information über das interne Modell

Der RSR (Regular Supervisory Report) ist für die Aufsicht bestimmt und enthält zu den Themen des SFCR detailliertere Informationen.

### 8.2.4.3 Umsetzung

Vor dem Hintergrund, dass Solvency 2 prinzipienorientiert ausgestaltet ist und viele komplexe technische Sachverhalte in einem volatilen ökonomischen Umfeld regelt, erfolgt die Umsetzung im Rahmen des Lamfalussy-Verfahrens. Die vier Ebenen dieses Verfahrens zielen darauf ab, den Gesetzgebungsprozess flexibler und effizienter zu gestalten, ohne die demokratische Kontrolle zu beeinträchtigen.

Level 1 umfasst die Rahmengesetzgebung, die auf dem Weg der gewöhnlichen Gesetzgebung von den Trilog-Parteien, d. h. der Europäischen Kommission, dem Rat und dem Parlament, durchgeführt wird. Regelungen auf Level 1 betreffen Grundsatzfestlegungen, die keinen häufigen Änderungsbedarf erwarten lassen. Beispiele sind die Festlegung des ökonomischen Sicherheitsniveaus als einjähriger Value at Risk zum Niveau 99.5 % sowie die Aggregation der Hauptrisikomodule mit einer vorgegebenen Korrelationsmatrix zur Basissolvenzkapitalanforderung.

Auf Level 2 werden die Durchführungsbestimmungen in Form delegierter Rechtsakte bzw. Durchführungsrechtsakte von der Kommission auf Grundlage der Level 1-Gesetze entworfen und erlassen. Sie treten in Kraft, wenn weder das Parlament noch der Rat widersprechen. In den Durchführungsbestimmungen werden beispielsweise Berechnungsformeln, Parameter und Korrelationen für das SCR in den Untermodulen geregelt.

Level 3 bezeichnet die Arbeitsebene. Dort erstellt die europäische Aufsichtsbehörde EIOPA Leitlinien zur kohärenten Umsetzung von Solvency 2. Diese Leitlinien stellen Empfehlungen dar, die jedoch insofern Bindungskraft entfalten, dass Abweichungen von den Empfehlungen ausführlich begründet werden müssen (comply or explain). Unter anderem gibt es Leitlinien zur Bewertung versicherungstechnischer Rückstellungen, unternehmensspezifischen Parametern und Vertragsgrenzen.

Mit Blick auf die Komplexität wird die Kommission bei den Durchführungsbestimmungen den Entwurf technischer Regelungen an EIOPA delegieren. EIOPA erarbeitet dazu technische Regulierungsstandards (z. B. Fit and Proper-Kriterien, Outsourcing) oder technische Implementierungsstandards (z. B. Quantitative Reporting Templates für die Berichterstattung), die von der Kommission genehmigt werden müssen. Man spricht dann von der Ebene 2.5.

### 8.2.4.4 Kernelemente der Säule 1

Den Ausgangspunkt für Säule 1 bildet die ökonomische Bilanz (Abb. 8.2).

Charakteristisches Merkmal für die ökonomische Bilanz ist die Bewertung von Aktiva und Passiva zu Marktwerten. Soweit für versicherungstechnische Verbindlichkeiten kein Marktwert existiert, ist zunächst der mit der risikolosen Zinsstrukturkurve diskontierte Barwert der zukünftigen Zahlungsströme unter realistischen Annahmen (best estimate) anzusetzen. Darüber hinaus ist eine Risikomarge zu entwickeln, die dem Barwert der Kapitalkosten entspricht, für die ein sachkundiger Investor bereit ist, in allen künftigen

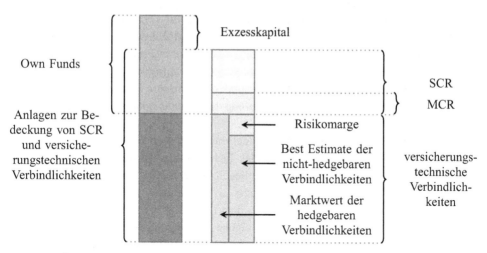

**Abb. 8.2** Ökonomische Bilanz

Perioden das benötigte Risikokapital für den Bestand zur Verfügung zu stellen. Die risikolose Zinsstrukturkurve wird von EIOPA vorgegeben. Für lange Laufzeiten basiert sie nicht mehr auf Marktdaten, sondern wird zur sogenannten Ultimate Forward Rate, einem „langfristigen Zins", extrapoliert.[3]

Die Ermittlung des SCR (Solvency Capital Requirement) beruht auf dem Value at Risk zum Konfidenzniveau 99.5 %, bezogen auf den Zeithorizont von 1 Jahr. Die Berechnung kann mit Hilfe der modular aufgebauten Standardformel oder eines von der Aufsicht genehmigten internen Modells erfolgen. Ferner besteht für Unternehmen, die interne Modelle entwickeln, die Möglichkeit, für eine Übergangszeit ein partielles internes Modell, das Elemente des Standardmodells enthält, zu nutzen.

Das Standardmodell wurde bereits in Abschn. 4.7 beschrieben. Unternehmen, die ein internes Modell anstelle des Standardmodells verwenden wollen, müssen es vorab durch die Aufsicht gemäß der folgenden Kriterien zertifizieren lassen:

- *Verwendungstest („Use test"):* Der Verwendungstest wird häufig als die wichtigste Zertifizierungskategorie genannt. Das Unternehmen muss das interne Model so stark in die Unternehmenssteuerung integriert haben, dass es motiviert ist, die Qualität des Modells ständig zu verbessern. Das Modell muss dazu benutzt werden, Unternehmensentscheidungen zu stützen und zu verifizieren. Daher muss das interne Modell mit dem Geschäftsmodell des Unternehmens konsistent sein. Es muss organisatorisch tief und konsistent in das Risikomanagement integriert sein. Außerdem muss die Unternehmensleitung demonstrieren können, dass sie das Modell versteht.

---

[3]Im Jahr 2016 beträgt die Ultimate Forward Rate 4.2 %. Inwieweit diese Ultimate Forward Rate mit der zu Beginn des Jahres 2016 herrschenden Zinskurve verträglich ist, ist fraglich.

- *Interne Modellaufsicht:* Die Geschäftsführung ist dafür verantwortlich, dass das interne Modell in einen umfassenden betrieblichen Aufsichtsprozess eingebunden ist und adäquate Resourcen zur Verfügung stehen. Sie ist auch für die strategische Ausrichtung des Modells verantwortlich. Für die detaillierte Modellaufsicht ist das Risikomanagement verantwortlich. Insbesondere fällt in sein Ressort die Aufsicht über Design, Implementation, Test und Validierung des Modells. Inputdaten müssen akkurat, vollständig und adäquat sein.
- *Statistischer Qualitätsstandard:* Das Modell muss fachlich korrekt sein, und die Methodologie muss dem aktuellen Stand der Technik entsprechen. Alle Annahmen, die der Methodologie des Modells zugrunde liegen, müssen gerechtfertigt werden.
- *Kalibrierungsstandard:* Das Modell muss so kalibriert sein, dass das berechnete Risikokapital zu einem 99.5 % VaR äquivalent ist.
- *Validierung:* Das Unternehmen muss eigene Validierungsrichtlinien haben. Diese Richtlinien beziehen sich sowohl auf die Validierung des Rechenkerns als auch auf alle quantitativen und qualitativen Prozesse, die das Modell betreffen. Darunter fallen zumindest Daten, Methodologie, Annahmen, Expertenmeinungen, Dokumentation, IT-System, Modellaufsicht, Verwendungstest. Modellergebnisse müssen mit der Vergangenheitserfahrung abgeglichen werden, und die Robustheit des Modells muss sichergestellt sein.
- *Dokumentation:* Das Unternehmen muss eine ausführliche und vollständige Dokumentation des Modells, der zugrundeliegenden Methodik und seiner Anwendung führen. Dabei müssen auch explizit die Gültigkeitsgrenzen des Modells aufgezeigt werden.
- *Externe Modelle und Daten:* Das Unternehmen muss die Rolle von externen Daten und Modellen sowie das Ausmaß ihrer Anwendung im Modell dokumentieren.

Schließlich legt Säule 1 den *Prudent Person Plus Approach* fest, der für das Kapitalanlagenmanagement die Prinzipien eines sachkundigen und umsichtigen Managers vorsieht, der Risiko- und Renditeaspekte sorgfältig abwägt. Das „Plus" bezeichnet dabei die Ergänzung dieser Prinzipien durch quantitative Kapitalanlagevorschriften und ein System von Limiten, die Risiken, die nicht im SCR erfasst werden, Rechnung tragen. Einen konkreten Niederschlag findet das „Plus" dieses Prinzip in dem an Basel 2 angelehnten Tiers-System zur Einteilung der Kapitalanlagen.

### 8.2.4.5 Kernelemente der Säule 2

Quantitative Kapitalanforderungen decken möglicherweise manche Risiken nicht hinreichend ab. Darüber hinaus kann eine noch so große Kapitalausstattung Defizite im Risikomanagement und der Unternehmenssteuerung nicht ausgleichen.

Daher zielt Säule 2 auf ein angemessenes Governance-System und ein effektives Risikomanagement ab, das eng mit der Unternehmenssteuerung verzahnt ist. Säule 2 regelt das aufsichtsrechtliche Überprüfungsverfahren (**S**upervisory **R**eview **P**rocess), die Interventionsniveaus der Aufsicht sowie die aufsichtsbehördlichen Befugnisse.

Das aufsichtsrechtliche Überprüfungsverfahren soll sicherstellen, dass die Versicherungsunternehmen Mindestanforderungen an das Risikomanagement und interne Kontrollverfahren erfüllen. Es läuft im Dialog zwischen der Aufsicht und dem Versicherungsunternehmen ab. Idealerweise antizipiert die unternehmenseigene Risiko- und Solvabilitätsbeurteilung (**O**wn **R**isk and **S**olvency **A**ssessment) den SRP und führt damit zu einer kontinuierlichen Verbesserung des Risikomanagementsystems.

Im Folgenden werden Kernelemente der Säule 2 erläutert.

Untersuchungsgestand des *SRP* sind das Governance-System, das Risikomanagementsystem, die versicherungstechnischen Rückstellungen, die Kapitalanforderungen SCR und MCR, die Einhaltung der Anlagevorschriften, die Qualität und Quantität der Eigenmittel sowie gegebenenfalls das interne Modell.

In Säule 2 können zusätzliche Eigenmittelanforderungen (capital add-ons) definiert werden, um

- eine unzureichende Eigenmittelausstattung in Säule 1 infolge einer mangelhaften Abbildung des Risikoprofils durch das Standardmodell oder Schwächen des internen Modells aufzustocken oder
- Schwachstellen im Risikomanagementprozess, internen Kontrollen und Strategien zu sanktionieren.

Vor einer Festsetzung von Add-ons sollen jedoch zunächst Maßnahmen zur Beseitigung der Schwachstellen geprüft werden.

Allgemeine *Governance-Anforderungen* zielen auf eine wirksame und ordnungsgemäße Geschäftsorganisation ab, die der Art, dem Umfang und der Komplexität ihrer Tätigkeiten angemessen ist (Proportionalitätsprinzip). Dazu bedarf es einer angemessenen und transparenten Aufbau- und Ablauforganisation mit klar definierten Zuständigkeiten, einer angemessenen Funktionstrennung und klaren Berichtslinien, so dass alle Akteure im Unternehmen die sie betreffenden Informationen unverzüglich erhalten und ihre Bedeutung erkennen können. Schriftliche Leitlinien müssen mindestens für die Bereiche Risikomanagement, internes Kontrollsystem, interne Revision und gegebenenfalls Funktionsausgliederung erstellt werden, um Zuständigkeiten, Ziele, Prozesse und Berichtsverfahren im Einklang mit der allgemeinen Geschäftsstrategie klar darzustellen. Zudem muss eine Notfallplanung bestehen, wie ein ordnungsgemäßer Geschäftsbetrieb im Katastrophenfall (z. B. Ausfall von Personal, Gebäuden, IT) wiederhergestellt werden kann. Die Ablauf- und Aufbauorganisation muss in für Dritte nachvollziehbarer Weise dokumentiert sein. Der Vorstand trägt die Verantwortung dafür, dass die Geschäftsorganisation mindestens einmal jährlich überprüft wird.

Ein *wirksames Risikomanagementsystem* stellt den ordnungsgemäßen und kontinuierlichen Ablauf des Risikokontrollprozesses sicher. Es implementiert die dazu notwendigen Strategien, Prozesse und internen Berichtsstrukturen und erfasst alle relevanten Risiken, auch diejenigen, die nicht in der Solvenzkapitalanforderung unter Säule 1 berücksichtigt

werden wie z. B. strategisches Risiko und Liquiditätsrisiko. Den Ausgangspunkt für
das Risikomanagementsystem bildet die Risikostrategie, die auf die Geschäftsstrategie
abgestimmt ist und dem unternehmensindividuellen Risikoprofil adäquat Rechnung trägt.
Die Risikosteuerung erfolgt auf Basis der Einzelrisiken und auf aggregierter Basis unter
Berücksichtigung der Interdependenzen zwischen den Risiken. Das Risikomanagementsystem muss mindestens die folgenden Bereiche umfassen, zu denen auch die schriftlichen
Leitlinien Vorgaben fixieren müssen:

- Identifikation und Bewertung aller eingegangenen und potentiellen Risiken
- Ermittlung und Kontrolle des aggregierten Risikoprofils
- Rückstellungsbildung
- Asset Liability Management
- Kapitalanlagenmanagement, derivative Instrumente
- Liquiditätsrisikomanagement
- Konzentrationsrisikomanagement
- Management operationeller Risiken
- Risikominderungstechniken, insbesondere Rückversicherung

Die Solvency 2-Rahmenrichtlinie verlangt die Einrichtung von vier *Schlüsselfunkt-
ionen*, die Risikomanagementfunktion, die Compliance-Funktion, die versicherungsmathematische Funktion und die interne Revision. Grundsätzliche Anforderung ist, dass
jede Funktion ihre Aufgaben unabhängig wahrnimmt und uneingeschränkten Zugang zu
allen relevanten Informationen hat.

Die Geschäftsleitung trägt die nicht delegierbare Verantwortung für die Implementation
eines effizienten Risikomanagementsystems und die Konzeption einer Risikostrategie.
Auf der Grundlage schriftlicher Leitlinien der Geschäftsleitung stellt die *Risikomanagementfunktion* die ordnungsgemäße Funktionsweise des Risikomanagementsystems sicher.
Dabei dient ein detailliertes Reporting an den Vorstand, das regelmäßig, auf Anforderung
oder aus Eigeninitiative erfolgt, dazu, die Erkenntnisse des Risikomanagements in die
Unternehmenssteuerung einfließen zu lassen, die Qualität des Risikomanagementsystems
zu sichern und seine Entwicklung, insbesondere Schwachstellen und eingeleitete Ver-
besserungsmaßnahmen im Zeitablauf zu dokumentieren. Bei Verwendung eines internen
Modells deckt die Risikomanagementfunktion folgende Aufgaben ab: Konzeption und
Umsetzung, Test und Validierung, Performancemessung, Dokumentation und Reporting.

Die *Compliance-Funktion* berät die Geschäftsleitung hinsichtlich der Einhaltung von
Gesetzen, Regularien und internen Vorschriften. Sie managet das Compliance-Risiko,
d. h. sie identifiziert, bewertet und überwacht Risiken, die aus Verstößen gegen rechtliche
Vorgaben resultieren, und konzipiert Präventionsmaßnahmen. Proaktiv beobachtet sie
Veränderungen im gesetzlichen Umfeld, die das Compliance-Risiko beeinflussen könnten,
und analysiert potentielle Auswirkungen auf die Geschäftstätigkeit. Sie berichtet an
die Geschäftsleitung über den Compliance-Plan (Aktivitäten zur Prävention) und die
Compliance-Strategie (Verantwortlichkeiten und Prozesse).

Die *interne Revision* überprüft die Funktionsfähigkeit und Ordnungsmäßigkeit der Geschäftsorganisation und Prozesse, insbesondere des internen Kontrollsystems und des Risikomanagementsystems. Sie organisiert ihre Prüfungen mit Hilfe eines mehrjährigen Prüfungsplans, den sie risikobasiert im Zeitablauf weiterentwickelt. Die interne Revision hat ein uneingeschränktes Prüfungsrecht. Sie ist unabhängig und direkt der Geschäftsleitung unterstellt, an die sie berichtet. Eine Ausgliederung der internen Revision an externe Abschlussprüfer oder an Konzernunternehmen ist zulässig.

Die *versicherungsmathematische Funktion* koordiniert und überwacht die Berechnung der versicherungstechnischen Rückstellungen und überprüft die verwendeten Methoden, Modelle und Annahmen sowie die Datenqualität. Insbesondere vergleicht sie die besten Schätzwerte mit den Erfahrungswerten, um die Angemessenheit der versicherungstechnischen Rückstellungen zu beurteilen. Die versicherungsmathematische Funktion unterstützt die Risikomanagementfunktion bei der Umsetzung des Risikomanagementsystems, insbesondere im Rahmen des ORSA und bei Verwendung eines internen Modells. Zudem nimmt sie zur Angemessenheit der versicherungstechnischen Rückstellungen, der Zeichnungspolitik und des Rückversicherungsprogramms Stellung und berichtet an den Vorstand.

Das *interne Kontrollsystem* soll die Einhaltung der Ziele und Vorgaben der Geschäftsleitung sowie der gesetzlichen und aufsichtsrechtlichen Anforderungen durch angemessene interne Kontrollen und Meldeverfahren gewährleisten. Das interne Kontrollsystem erfasst alle Unternehmensbereiche und gegebenenfalls auch ausgegliederte Bereiche. Auf Basis eines geeigneten Kontrollumfelds werden risikoorientierte Kontrollen in den Geschäftsprozessen implementiert, durchgeführt, überwacht und dokumentiert.

Bei *Funktionsausgliederungs- und Dienstleistungsverträgen* sind die damit verbundenen Risiken zu überwachen und angemessen zu steuern. Die Steuerungs- und Kontrollmöglichkeiten der Geschäftsleitung sowie die Prüfungs- und Kontrollrechte der Aufsicht dürfen durch die Funktionsausgliederung nicht beeinträchtigt werden.

*Externe Ratings* sollen soweit wie möglich durch eigene Bewertungen überprüft werden, um eine automatische Abhängigkeit von Ratingagenturen zu verhindern.

*Fit-and-Proper-Kriterien* definieren Mindestanforderungen an die fachliche Qualifikation sowie die persönliche Eignung und Zuverlässigkeit der Personen, die ein Versicherungsunternehmen leiten oder Schlüsselaufgaben wahrnehmen.

### 8.2.4.6 ORSA

Im ORSA stellen die Versicherungsunternehmen sich selbst den Fragen, die eine aufsichtsrechtliche Überprüfung des Risikomanagementsystems aufwerfen würde. Der ORSA wird damit zur Grundlage des Dialogs mit der Aufsicht. Wesentliche Ziele des ORSA sind

- ein besseres Verständnis der eigenen Risiken,
- die permanente Überwachung des Risikoprofils und die dauerhafte Sicherstellung der Solvenz,

- die kontinuierliche Weiterentwicklung des Risikomanagementsystems, das mit der Unternehmenssteuerung verzahnt und in die Entscheidungsprozesse des Unternehmens mit eingebunden wird.

Der ORSA ist mindestens jährlich sowie unverzüglich nach jeder bedeutenden Änderung des Risikoprofils durchzuführen. Es gilt der Grundsatz der Proportionalität, nach dem sich Umfang und Intensität des ORSA an der unternehmensindividuellen Situation orientieren sollen. Der ORSA erfordert eine adäquate Dokumentation. Dazu gehören die ORSA-Leitlinie, die die Geschäftsführung verantwortet, die Beschreibung der Prozesse, adressatengerechte interne Berichte sowie der Bericht an die Aufsicht.

Der ORSA nimmt eine ökonomische Perspektive ein, indem grundsätzlich marktkonsistente Bewertungsansätze angewandt werden und das Unternehmen eine eigene Einschätzung des Risikokapitalbedarfs unter Zugrundelegung des eigenen Risikoprofils, der individuellen Risikotoleranz und der Geschäftsstrategie vornimmt. Dabei sind alle Risiken einzubeziehen, auch solche, die im SCR nicht erfasst werden. Neben Risikoklassen, die in der SCR-Berechnung in Säule 1 nicht betrachtet werden wie z. B. das Liquiditätsrisiko, sollen auch solche Risiken untersucht werden, die unter dem Einjahreshorizont wegen einer zu geringen Eintrittwahrscheinlichkeit keinen Einfluss auf den 99.5% VaR haben, aber bei einer Mehrjahresbetrachtung zu einer Gefährdung der Solvenzbedeckung führen könnten.

Das Risikoprofil ist regelmäßig unter Berücksichtigung möglicher künftiger adverser Entwicklungen (inklusive emerging risks) zu analysieren.

Im ORSA prognostizieren die Unternehmen zudem, wie sich der ökonomische Risikokapitalbedarf über einen Zeitraum von 3 bis 5 Jahren entwickeln wird und ob die aufsichtsrechtlichen Solvenzkapitalanforderungen und die Bedeckung der versicherungstechnischen Verbindlichkeiten stets gewährleistet sind. Dies erfordert Projektionsrechnungen im Einklang mit der Geschäftsplanung und zusätzliche Szenarioanalysen / Stresstests sowie die Planung geeigneter kurz-, mittel- und langfristiger Maßnahmen, mit denen etwaige Bedeckungslücken geschlossen werden können.

Im ORSA überprüfen die Unternehmen ferner, ob ihr individuelles Risikoprofil bei der SCR-Berechnung angemessen abgebildet wird, indem sie alle zugrundeliegenden Annahmen prüfen und einschätzen, ob signifikante Abweichungen vorliegen. Ist dies der Fall, sollen die Unternehmen die resultierende Gesamtabweichung des Solvenzkapitalbedarfs einschätzen. Diese Überprüfung ist sowohl bei der Anwendung der Standardformel als auch bei einem internen Modell vorzunehmen.

Eine Möglichkeit, die Steuerung der Risiken zu operationalisieren, bietet die Anwendung eines *Limitsystems*. Auf Basis des individuellen Risikoprofils und der Risikostrategie wird ein Risikotragfähigkeitskonzept entwickelt. Dieses legt dar, welches Risikodeckungspotential (vorhandenes Risikokapital) zur Verfügung steht und wie viel davon zur Risikotragung verwendet werden soll (benötigtes Risikokapital). Dabei stellen die Solvabilitätsanforderungen eine Untergrenze, d. h. lediglich eine Nebenbedingung dar.

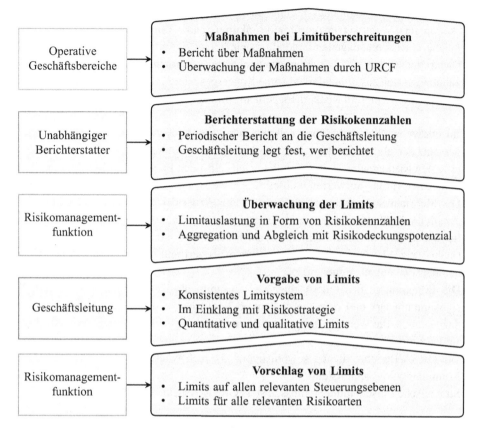

**Abb. 8.3** Steuerung mit Hilfe eines Limitsystems

Das Risikotragfähigkeitskonzept wird dann mit Hilfe eines Limitsystems siehe Abb. 8.3 operationalisiert.

Im Einklang mit der Geschäftsstrategie sind dabei aus dem benötigten Risikokapital Limite abzuleiten, die auf verschiedene Ebenen (z. B. Organisationsbereiche, Produkte, Tarife, Risikoarten) bezogen werden können. Zwingend ist die Aufteilung von Limiten auf die wichtigsten steuernden Organisationsbereiche und auf die Risikoarten. Die Limitauslastung ist mit einem quantitativen oder qualitativen Risikocontrolling zu überwachen. Die Verantwortung für die Definition und die Überwachung von Limiten wird von der Risikomanagementfunktion wahrgenommen. Über die Limiteinhaltung muss regelmäßig Bericht erstattet werden. Die Limite müssen für die jeweiligen Adressaten interpretierbar und operativ umsetzbar sein (z. B. allokiertes Risikokapital, Neugeschäftsvolumen, Zeichnungslimit, Aktienquote, maximales Kreditrisiko gegenüber einer Gesellschaft). Ein geplanter Geschäftsvorgang, der zur Limitüberschreitung führen würde, muss entweder abgelehnt werden oder durch vorher definierte Reaktionen mit der Risikostrategie in Einklang gebracht werden (z. B. autorisierte Erhöhung des Limits der Einheit bei ausreichender Risikokapitalausstattung des Unternehmens, Reduktion anderer Limits, Risikotransfer). Voraussetzungen für ein funktionierendes Limitsystem sind klare Zuständigkeiten im Risikomanagement und ein regelmäßiges Reporting.

Dadurch, dass der ORSA Risikomanagement und Unternehmenssteuerung miteinander verzahnt, lässt sich zusammenfassend eine Konvergenz der Perspektiven eines ökonomisch basierten wertorientierten Risikomanagements und der Aufsicht erkennen:

- Im ORSA etablieren die Unternehmen einen holistischen Zugang zum Risikomanagement, der alle relevanten, auch die nur qualitativ bewertbaren und nicht im SCR erfassten Risiken adressiert. Sie stellen sich selbst den Fragen, die eine aufsichtsrechtliche Überprüfung aufwerfen würde.
- Der Mehrjahreshorizont entspricht dem Zeithorizont der üblichen Geschäftspläne. In der Mehrjahresbetrachtung werden Ertragsziele, Kapitalausstattung aus aufsichtsrechtlicher und ökonomischer Sicht auf Basis des eigenen Risikoappetits über verschiedene (mehrjährige) Risikoszenarien gemeinsam analysiert und mit der strategischen Unternehmensplanung abgeglichen.
- Die Erkenntnisse des ORSA über den Zusammenhang zwischen Risikoprofil, Risikokapitalbedarf und dem Geschäftsmodell werden in der Unternehmenssteuerung dazu genutzt, die Wertschaffung zu erhöhen. Eine Möglichkeit der Operationalisierung stellen Limitsysteme dar.
- Die ORSA-Berichte dienen sowohl intern als auch extern zur Aufsichtsbehörde als Kommunikationsschnittstelle.
- Strategische Entscheidungen müssen stets ORSA-Aspekte berücksichtigen.

## Literatur

1. Bundesanstalt für Finanzdienstleistungsaufsicht (BaFin) (2005) Rundschreiben 4/2005 (VA)
2. Campagne C (1971) Standard minimum de solvabilité applicable aux entreprises d'assurances. Report of the OECD, Mar 1961. Reprint: Het Verzekerings-Archief 4:1–75
3. Conference of Insurance Supervisory Services of the Member States of the European Union (1997) Solvency of insurance undertakings. Müller-Report
4. Der Bundesminister der Finanzen (1983) Verordnung über die Kapitalausstattung von Versicherungsunternehmen, zuletzt geändert am 10.12.2003. BGBl I 2478. Zuletzt geändert durch Art. 4 G v. 29.7.2009 I 2305
5. European Commission (1999) The review of the overall financial position of an insurance undertaking (Solvency II review). MARKT/2095/99–EN
6. European Commission (2002) Directive 2002/12/EC of the European parliament and of the council of March 5 amending council directive 79/267/EEC as regards the solvency margin requirements for life insurance undertakings
7. European Commission (2002) Directive 2002/13/EC of the European parliament and of the council of March 5 amending council directive 73/239/EEC as regards the solvency margin requirements for non-life insurance undertakings

8. European Commission (2002) Directive 2002/83/EC of the European parliament and of the council of November 5 concerning life insurance
9. European Communities (1973) First council directive of 24 July 1973 on the coordination of laws, regulations and administrative procedures relating to the taking-up and pursuit of the business of direct insurance other than life assurance. Off J Eur Commun L 228:3
10. European Communities (1979) First council directive of 5 March 1979 on the coordination of laws, regulations and administrative procedures relating to the taking-up and pursuit of the business of direct life insurance. Off J Eur Commun L 63:1
11. International Association of Insurance Supervisors (2002) Principles on capital adequacy and solvency. http://www.iaisweb.org/
12. International Association of Insurance Supervisors (2006) Glossary of terms. http://www.iaisweb.org/
13. Pentikainen T (1952) On the net extension and solvency of insurance companies. Skand Aktuarietidskr 35:71–92

# Anhang A
# Das Capital Asset Pricing Model (CAPM)

Das CAPM hat erhebliche historische Bedeutung, eignet sich aber aufgrund seiner starken Vereinfachungen nur sehr bedingt für modernes Risikomanagement.

Wir nehmen an, dass der Markt aus $n + 1$ Finanzinstrumenten $i \in \{0, \ldots, n\}$ besteht. Wir bezeichnen mit $P_i$ die „normierte" Kapitalanlage in das Finanzinstrument $i$, die (zum Zeitpunkt 0) den Wert 1 hat. Wir stellen $P_i$ durch den $(i + 1)$-ten Einheitsvektor im $\mathbb{R}^{n+1}$ dar. Der Ertrag (zum Zeitpunkt 1) aus dieser Kapitalanlage ist eine Zufallsvariable, die wir mit $R_i$ bezeichnen. Wir machen die folgenden ökonomischen Annahmen:

(i) Für das Finanzinstrument 0 ist der Ertrag $R_0$ konstant. $P_0$ ist somit eine *risikofreie Kapitalanlage*. Aus Wettbewerbsgründen kann es im Markt höchstens ein risikofreies Finanzinstrument geben.

(ii) Für alle $i > 0$ gilt $\mathrm{var}(R_i) > 0$. Die Kapitalanlagen $P_1, \ldots, P_n$ heißen *risikobehaftet*.

(iii) Die Erträge der Finanzinstrumente sind positiv korreliert, jedoch nicht perfekt korreliert, $\mathrm{corr}(R_i, R_j) \in [0, 1[$ für alle $i, j$.

(iv) Es gibt weder Transaktionskosten noch persönliche Einkommenssteuer.

(v) Alle Kapitalanlagen können beliebig geteilt werden.

(vi) Es herrscht perfekter Wettbewerb: Kein einzelner Anleger kann den Aktienpreis durch Käufe oder Verkäufe beeinflussen.

(vii) Jeder Kapitalanleger basiert seine Entscheidungen einzig auf Erwartungswert und Varianz der Erträge aller möglichen Portfolios.

**Definition A.1.** Ein *Portfolio* $P(x) = \sum_{i=0}^{n} x^i P_i$ besteht aus $x^i \geq 0$ Anteilen der Kapitalanlage $P_i$ für jedes $i \in \{0, \ldots, n\}$. Wir bezeichnen den Ertrag aus $P(x)$ mit $R(x)$.

Ein *reines Portfolio* $P(x)$ ist ein Portfolio aus Kapitalanlagen mit $x^0 = 0$. Wir bezeichnen die Menge aller reinen Portfolios mit $\mathscr{P}_{\mathrm{rein}}$.

© Springer-Verlag Berlin Heidelberg 2016
M. Kriele und J. Wolf, *Wertorientiertes Risikomanagement von Versicherungsunternehmen*, Springer-Lehrbuch Masterclass,
DOI 10.1007/978-3-662-50257-0

Ein *normiertes Portfolio* ist ein Portfolio $P(x)$ mit $\sum_{i=0}^{n} x^i = 1$. Wir bezeichnen die Menge aller normierten Portfolios mit $\mathscr{P}^{\text{norm}}$.

*Anmerkung A.1.* Offenbar beträgt der Wert eines normierten Portfolios 1.

Für $P(x), P(y) \in \mathscr{P}^{\text{norm}}$ sei

$$
P(x) \prec P(y) \Leftrightarrow \begin{cases} \mathrm{E}(R(x)) < \mathrm{E}(R(y)), \sigma(R(x)) \geq \sigma(R(y)) \\ \text{oder} \\ \mathrm{E}(R(x)) \leq \mathrm{E}(R(y)), \sigma(R(x)) > \sigma(R(y)) \end{cases}.
$$

Gilt $P(x) \prec P(y)$, so ist (unter den dem CAPM zugrundeliegenden Annahmen) das normierte Portfolio $P(y)$ dem normierten Portfolio $P(x)$ vorzuziehen. Der optimale Rand $\partial \mathscr{P}^{\text{norm}}$ von $\mathscr{P}^{\text{norm}}$ besteht aus den Portfolios

$$
\partial \mathscr{P}^{\text{norm}} = \{P(x) \in \mathscr{P}^{\text{norm}} \colon \text{es gibt kein } P(y) \in \mathscr{P}^{\text{norm}} \text{ mit } P(x) \prec P(y)\}
$$

Da $[0,1]^{n+1} \cap \{x \colon \sum_{i=1}^{n} x^i = 1\}$ kompakt ist, ist $\partial \mathscr{P}^{\text{norm}}$ wohldefiniert.
   Der optimale Rand $\partial \mathscr{P}^{\text{norm}}_{\text{rein}}$ von $\mathscr{P}^{\text{norm}}_{\text{rein}} = \mathscr{P}^{\text{norm}} \cap \mathscr{P}_{\text{rein}}$ ist analog definiert.

**Definition A.2.** Es sei $P(x)$ ein normiertes Portfolio. Dann ist

$$
p(x) = (\sigma(R(x)), \mathrm{E}(R(x))) \in \mathbb{R}^2
$$

ein Punkt im *Risiko-Ertrags-Diagramm* des Kapitalmarkts.
   Die *Kapitalmarktlinie* ist die Menge

$$
\{p(x) \in \mathbb{R}^2 \colon P(x) \in \partial \mathscr{P}^{\text{norm}}\}
$$

im Risiko-Ertrags-Diagramm.
   Die *Effizienzkurve* ist die Menge

$$
\{p(x) \in \mathbb{R}^2 \colon P(x) \in \partial \mathscr{P}^{\text{norm}}_{\text{rein}}\}.
$$

im Risiko-Ertrags-Diagramm.
   Wir sagen, dass $P(x)$ auf der Kapitalmarktlinie/Effizienzkurve liegt, falls

$$
(\sigma(R(x)), \mathrm{E}(R(x)))
$$

ein Punkt auf der Kapitalmarktlinie/Effizienzkurve ist.

Die Kapitalmarktlinie beschreibt somit die im Markt optimalen Kapitalanlage portfolios.

**Theorem A.1.** *Die Effizienzkurve ist konkav.*

*Beweis.* Es seien $P(x)$ und $P(y)$ reine normierte Portfolios auf der Effizienzkurve. Wir können o.B.D.A. $\sigma(R(y)) > \sigma(R(x))$ und $E(R(y)) > E(R(x))$ annehmen. Es genügt zu zeigen, dass für $a \in ]0, 1[$

$$\frac{E\left(R(ay + (1-a)x) - R(x)\right)}{\sigma(R(ay + (1-a)x)) - \sigma(R(x))} > \frac{E\left(R(y) - R(x)\right)}{\sigma(R(y)) - \sigma(R(x))} \tag{A.1}$$

gilt (siehe Abb. A.1). Da $\mathrm{corr}(P_i, P_j) \in [0, 1[$ für alle $i \neq j$ gilt, folgt

$$\mathrm{cov}(P(y), P(x)) < \sigma(y)\sigma(x)$$

und somit

$$\mathrm{var}\left(R(ay + (1-a)x)\right) < a^2 \mathrm{var}\left(R(y)\right) + 2a(1-a)\sigma\left(R(y)\right)\sigma\left(R(x)\right)$$
$$+ (1-a)^2 \mathrm{var}\left(R(x)\right)$$
$$= \left(a\sigma\left(R(y)\right) + (1-a)\sigma\left(R(x)\right)\right)^2. \tag{A.2}$$

Insbesondere gilt $\sigma(R(ay + (1-a)x)) < \sigma(R(y))$ und Gl. (A.1) ist äquivalent zu

$$0 < (E(R(ay + (1-a)x) - R(x)))(\sigma(R(y)) - \sigma(R(x)))$$
$$- (E(R(y) - R(x)))(\sigma(R(ay + (1-a)x)) - \sigma(R(x)))$$
$$= E(R(y) - R(x))\left(a(\sigma(R(y)) - \sigma(R(x)))\right.$$
$$\left. - (\sigma(R(ay + (1-a)x)) - \sigma(R(x)))\right)$$
$$= E(R(y) - R(x))\left(a\sigma(R(y)) + (1-a)\sigma(R(x)) - \sigma(R(ay + (1-a)x))\right).$$

Die letzte Ungleichung ist äquivalent zu Gl. (A.2) und somit erfüllt. □

**Theorem A.2.** *Es gibt ein eindeutiges Portfolio $P(x_M) \in \mathscr{P}^{\mathrm{norm}}_{\mathrm{rein}}$, so dass die Kapitalmarktlinie aus den Portfolios $P(y) \in \mathscr{P}^{\mathrm{norm}}$ mit*

$$E(R(y)) = R_0 + \frac{E(R(x_M)) - R_0}{\sigma(R(x_M))}\sigma(R(y))$$

*besteht.*

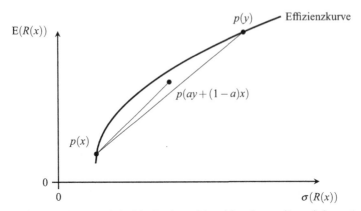

**Abb. A.1** Beweis von Theorem A.1. Die Punkte $p(x)$, $p(y)$, $p(ay + (1 - a)x)$ repräsentieren die reinen normierten Portfolios $P(x)$, $P(y)$, $P(ay + (1 - a)x)$ im Risiko-Ertrags-Diagramm

*Beweis.* Jedes normierte Portfolio $P(y)$ hat die Form $P(y) = aP_0 + (1 - a)P(x)$, wobei $P(x)$ ein reines normiertes Portfolio ist und $a \in [0, 1]$ gilt. Es gilt

$$E(R(y)) = aR_0 + (1 - a)E(R(x)) = R_0 + (1 - a)(E(R(x)) - R_0), \qquad (A.3)$$

wobei wir $E(R_0) = R_0$ benutzt haben. Da $aR_0$ eine konstante Zufallsvariable ist, erhalten wir

$$\text{var}(R(y)) = \text{var}\,(aR_0 + (1 - a)R(x)) = (1 - a)^2\text{var}(R(x))$$

bzw. $\sigma(R(y)) = (1 - a)\sigma(R(x))$. Indem wir diese Gleichung nach $1 - a$ auflösen und in Gl. (A.3) einsetzen, sehen wir, dass im Risiko-Ertrags-Diagramm die Punkte $p(y)$ derjenigen Portfolios $P(y)$, die für festes $x$ aus Kombinationen von $P(x)$ und $P_0$ bestehen, auf einer Geraden liegen. Diese Gerade ist durch

$$E(R(y)) = R_0 + \frac{E(R(x)) - R_0}{\sigma(R(x))}\,\sigma(R(y))$$

gegeben. Insbesondere liegt der Punkt $(0, R_0)$ auf dieser Geraden und hängt nicht von $P(x)$ ab. Somit geht jede Gerade, die auf diese Weise von einem reinen normierten Portfolio $P(x)$ generiert wird, durch $(0, R_0)$. Es sei $j > 0$ das Finanzinstrument, für das der Ertrag der normierten Kapitalanlage $P_j$ die kleinste Standardabweichung $\sigma(R_j) > 0$ hat, und $i$ sei das Finanzinstrument, für das der Ertrag der normierten Kapitalanlage $P_i$ den größten Erwartungswert $E(R_i)$ hat. Dann gilt für den Anstieg $\theta(x)$ der von $P(x)$ generierten Geraden

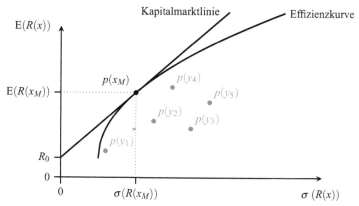

**Abb. A.2** Kapitalmarktlinie und Effizienzkurve. $p(x_M) = (\sigma(R(x_M)), E(R(x_M)))$ ist der vom Marktportfolio $P(x_M)$ generierte Punkt im Risiko-Ertrags-Diagramm. Die Punkte $p(y_1), \ldots, p(y_5)$ repräsentieren einige reine normierte Portfolios und liegen daher unter der Effizienzkurve

$$\theta(x) = \frac{E(R(x)) - R_0}{\sigma(R(x)) - \sigma(R_0)} = \frac{E(R(x)) - R_0}{\sigma(R(x))} \leq \frac{R_i - R_0}{\sigma(R_j)} < \infty.$$

Also existiert

$$\theta_{max} = \sup\left\{\theta(x) : P(x) \in \mathscr{P}_{rein}^{norm}\right\} < \infty.$$

Da $[0, 1]^{n+1} \cap \{x : x^0 = 0, \sum_{i=0}^{n} x^i = 1\}$ kompakt und $x \mapsto \theta(x)$ stetig ist, existiert eine gegen einen Vektor $x_M$ konvergente Folge $\{x_k\}_{k \in \mathbb{N}}$, so dass gilt

 (i) $P(x^k)$ und $P(x_M)$ sind reine normierte Portfolios,
 (ii) $\theta(x_M) = \theta_{max}$,
(iii) $P(x_M)$ liegt auf der Kapitalmarktlinie.

Siehe Abb. A.2. Da $P(x_M)$ auf der Kapitalmarktlinie liegt, tangiert die Kapitalmarktlinie die Effizienzkurve. $P(x_M)$ ist eindeutig, weil eine konkave Kurve ihre Tangenten nur in jeweils einem Punkt berührt.                                                                                    □

**Definition A.3.** $P(x_M)$ ist das *Marktportfolio*. Wir schreiben $R_M = R(x_M)$.

Da im CAPM jeder Kapitalanleger seine Entscheidungen ausschließlich auf erwarteten Ertrag und Varianz der möglichen Portfolios stützt, ist es für jeden Kapitalanleger optimal, in eine Mischung aus Kapitalmarktportfolio und risikofreier Anlage zu investieren. Folglich hält jeder Kapitalanleger die gleichen relativen Anteile an den

Finanzmarktinstrumenten $1, \ldots, n$. Insbesondere ist das Kapitalmarktportfolio ein Vielfaches des gesamten reinen Kapitalmarkts.

Diese Konsequenz der Annahmen des CAPM ist im wirklichen Kapitalmarkt nicht erfüllt, was zeigt, dass das CAPM für Anwendungen häufig zu simplistisch ist.

**Korollar A.1.** *Für jedes normierte Portfolio $P(y) \in \mathscr{P}^{\mathrm{norm}}$ gilt*

$$E(R(y)) = R_0 + \frac{\mathrm{cov}(R(y), R_M)}{\mathrm{var}(R_M)} \left( E(R_M) - R_0 \right).$$

*Beweis.* Wir benutzen die gleichen Bezeichnungen wie im Beweis von Theorem A.2. Für das Marktportfolio $P(x_M)$ nimmt der Anstieg $x \mapsto \theta(x)$ ein Maximum unter der Nebenbedingung $\sum_{i=1}^{n} x_M^i = 1$ an. Die Koeffizienten $x_M^i$ können mit der Lagrange-Multiplikatorenregel bestimmt werden. Dazu müssen wir die stationären Punkte von

$$(x^1, \ldots, x^n, \lambda) \mapsto \theta(x) - \lambda \left( \sum_{i=1}^{n} x^i - 1 \right) = \frac{E(R(x)) - R_0}{\sigma(R(x))} - \lambda \left( \sum_{i=1}^{n} x^i - 1 \right)$$

finden. Die Ableitung nach $x_k$ an der Stelle $x_M$ liefert

$$\begin{aligned}
\lambda &= \frac{\partial}{\partial x^k} \left( \frac{E(R(x)) - R_0}{\sigma(R(x))} \right)_{|x_M} \\
&= \frac{\partial}{\partial x^k} \left( \frac{\sum_{i=1}^{n} x^i E(R_i) - R_0}{\sqrt{\sum_{i,j=1}^{n} x^i x^j \mathrm{cov}(R_i, R_j)}} \right)_{|x_M} \\
&= \frac{E(R_k)\sigma(R_M) - (E(R_M) - R_0) \sum_{i=1}^{n} x_M^i \mathrm{cov}(R_i, R_k)/\sigma(R_M)}{\sigma(R_M)^2} \\
&= \frac{E(R_k)\mathrm{var}(R_M) - (E(R_M) - R_0)\mathrm{cov}(R_M, R_k)}{\sigma(R_M)^3}.
\end{aligned} \tag{A.4}$$

Indem wir diese Gleichung mit $x_M^k$ multiplizieren und über $k$ summieren, erhalten wir unter Berücksichtigung der Nebenbedingung $\sum_{k=1}^{n} x_M^k = 1$

$$\lambda = \frac{E(R_M)\mathrm{var}(R_M) - (E(R_M) - R_0)\mathrm{var}(R_M)}{\sigma(R_M)^3} = \frac{R_0}{\sigma(R_M)}.$$

Damit folgt aus Gl. (A.4)

$$\frac{R_0}{\sigma(R_M)} = \frac{E(R_k)\text{var}(R_M) - (E(R_M) - R_0)\text{cov}(R_M, R_k)}{\sigma(R_M)^3}$$

$$\Leftrightarrow \quad R_0\text{var}(R_M) = E(R_k)\text{var}(R_M) - (E(R_M) - R_0)\text{cov}(R_M, R_k)$$

$$\Leftrightarrow \quad (E(R_k) - R_0)\text{var}(R_M) = (E(R_M) - R_0)\text{cov}(R_M, R_k),$$

was die Aussage des Korollars für den Spezialfall $P(y) = P_k$, $k > 0$, zeigt. Die Aussage gilt außerdem trivialer Weise für $P_0$. Der allgemeine Fall für das normierte Portfolio $P(y)$ folgt nun direkt aus der Linearität des Erwartungswertes und der Bilinearität der Kovarianz unter Berücksichtigung von $\sum_{i=0}^{n} y^i = 1$.                                                    □

**Definition A.4.** Das $\beta$ eines normierten Portfolios $P(y)$ ist durch

$$\beta(y) = \frac{\text{cov}(R(y), R_M)}{\text{var}(R_M)}$$

gegeben.

Mit dieser Definition hat der Erwartungswert $E(R(y))$ die Darstellung

$$E(R(y)) = R_0 + \beta(y)(E(R_M) - R_0).$$

Diese Beziehung wird mitunter als Hauptaussage des CAPM aufgefasst.

**Definition A.5.** Das *systematische Risiko des Portfolios* $P(y)$ beträgt

$$\text{corr}(R(y), R_M)\sigma(R(y)).$$

Das *nicht-systematische Risiko des Portfolios* $P(y)$ ist $(1 - \text{corr}(R(y), R_M))\sigma(R(y))$.

Definition A.5 lässt sich durch das folgende Beispiel motivieren.

*Beispiel A.1.* Wir nehmen an, dass der Ertrag des Finanzinstruments $i$ linear vom Ertrag $R_M$ des Marktportfolios abhängt:

$$R_i = \alpha_i + \beta_i R_M + \varepsilon_i, \tag{A.5}$$

wobei $\varepsilon_i$ ein stochastischer Rauschterm mit $\text{cov}(\varepsilon_i, R_M) = 0$ ist. $\alpha_i, \beta_i$ sind Konstanten, wobei o.B.d.A. $\alpha_i$ so gewählt ist, dass $E(\varepsilon_i) = 0$ gilt. Es folgt

$$\text{var}(R_j) = \text{cov}(\alpha_j + \beta_j R_M + \varepsilon_j, \alpha_j + \beta_j R_M + \varepsilon_j)$$
$$= \text{cov}(\beta_j R_M + \varepsilon_j, \beta_j R_M + \varepsilon_j)$$
$$= (\beta_j)^2 \text{var}(R_M) + \text{var}(\varepsilon_j)$$
$$= \text{corr}(R_j, R_M)^2 \left( \sigma(R_j) \right)^2 + \text{var}(\varepsilon_j).$$

Also ist die Standardabweichung einer Kapitalanlage $P_j$ mit verschwindendem $\varepsilon_j$ gerade das systematische Risiko des Portfolios $P_j$.

Das nicht-systematische Risiko lässt sich wegdiversifizieren, indem man das Marktportfolio wählt, denn es gilt

$$\text{var}(R_M) = \sum_{j=1}^{n} x_M^j \text{cov}(R_j, R_M)$$
$$= \sum_{j=1}^{n} x_M^j \text{corr}(R_j, R_M) \sigma(R_j) \sigma(R_M).$$

**Definition A.6.** Die *Risikoprämie* des Portfolios $P$ beträgt $E(R(y)) - R_0$.

Aus

$$\beta(y) = \frac{\text{corr}(R(y), R_M) \sigma(R(y))}{\sigma(R_M)}$$

folgt, dass $\beta(y)$ der Quotient aus systematischem Risiko und Marktrisiko ist. Außerdem folgt, dass die Risikoprämie von $P(y)$ gerade das $\beta(y)$-fache der Risikoprämie des Marktportfolios ist.

# Anhang B
# Wahl der Programmiersprache Julia für die numerischen Beispiele

Julia ist eine sehr junge Programmiersprache und deshalb eine recht unorthodoxe Wahl für ein Lehrbuch. Wir wollen deshalb kurz erklären, welche Anforderungen wir an die Programmierumgebung gestellt und warum wir am Ende Julia gewählt haben.

1. Die Programmiersprache sollte für alle Leser des Buches leicht erhältlich sein.
2. Sie sollte einfach sein, so dass man sich auf den zu modellierenden Inhalt konzentrieren kann.
3. Programme sollten gut lesbar und leicht zu pflegen sein.
4. Es sollte viele gute vordefinierte mathematische und statistische Funktionen geben
5. Da Monte Carlo Simulationen im aktuariellen Risikomanagement viel gebraucht werden, sollte die Programmiersprache möglichst schnell laufenden Code erzeugen.

Viele Aktuare benutzen Tabellenprogramme als ihr tägliches Werkzeug. Diese Programme erfüllen die Anforderung 1 und, in einem etwas geringerem Maß, Anforderung 2. Grössere Tabellenanwendungen sind aber notorisch schwer zu pflegen (Anforderung 3), da sie

- den Anwender in eine 2-dimensionale Ordnung zwingen,
- sich bei der Benutzung von Zellenbezügen leicht Fehler einschleichen können
- und Anwendungen nur schwer skalierbar sind.

Tabellenanwendungen laufen im Vergleich auch relativ langsam (Anforderung 5). Daher sind Tabellenprogramme für aktuarielle Anwendungen im Risikomanagement nur bedingt geeignet.

Allgemeine kompilierte Sprachen wie C, C++ oder Fortran produzieren sehr schnellen Code (Anforderung 5) und sind leicht erhältlich (Anforderung 1). Es gibt auch grosse Bibliotheken mit sehr gut implementierten mathematischen Funktionen (Anforderung 4).

© Springer-Verlag Berlin Heidelberg 2016
M. Kriele und J. Wolf, *Wertorientiertes Risikomanagement von Versicherungsunternehmen*, Springer-Lehrbuch Masterclass,
DOI 10.1007/978-3-662-50257-0

Allerdings haben sie oft eine komplexe Syntax, die komplexe computertechnische Aspekte wie Pointer-Management erfordert. Dies macht derartige Anwendungen schwer zu pflegen (Anforderung 3).

Spezialisierte Programmierumgebungen für die aktuarielle Modellierung erfüllen weitgehend die Anforderungen 2 bis 5. Aufgrund ihrer hohen Preise ist jede dieser Umgebungen jedoch nur für eine Minderheit von Aktuaren zugänglich (Anforderung 1).

Es gibt mehrere Skript-Sprachen, die besonders auf die mathematische Modellierung ausgerichtet sind. Diese Sprachen sind häufig kostenlose Open-Source Projekte oder es gibt eng verwandte Sprachen, die mit einer kostenlosen Open-Source Lizenz erhältlich sind (Anforderung 1). Skripten-Sprachen können sowohl interaktiv für kleinere Rechnungen als auch zur Erstellung selbständiger Programme benutzt werden. Aufgrund ihres Designs erfüllen sie ebenso Anforderungen 2, 3 und 4. Sie produzieren in der Regel schnelleren Code als Tabellenprogramme, und einige sind fast so schnell wie C++ (Anforderung 5). Auf den ersten Blick erscheinen Python, R, und Julia besonders geeignet. Alle drei Sprachen können auch einfach Bibliotheken und Code anderer Programmiersprachen einbinden.

- Python ist eine allgemeine Skripten-Sprache, für die es spezielle Module für mathematische und statistische Modelle (z. B. `numpy`, `scypy`, `pandas`) gibt. Die Sprache ist relativ langsam, aber schnellere Versionen wie `pypy` werden entwickelt. Dies ist jedoch „work in progress" und das grundlegende Design von Python war nicht auf Schnelligkeit ausgerichtet.
- R ist eine äußerst populäre Skript-Sprache für statistische Modellierung und gut geeignet für aktuarielle Anwendungen. Allerdings gibt es die folgenden Nachteile, wenn man mit R komplexe Skripten schreibt:
  - R vereinfacht Matrizen und Arrays automatisch zu Vektoren, wenn dies (prinzipiell) möglich ist. So wird zum Beispiel eine $1 \times n$-Matrix automatisch in einen $n$-dimensionalen Vektor konvertiert, für den dann einige Matrizenoperationen nicht mehr definiert sind. Diese automatischen Konvertierungen müssen oft manuell verhindert werden, was zu komplizierteren Skripten führt.
  - R ist langsamer als Python, enthält aber viele vorkompilierte Funktionen, die sehr schnell sind. Ein Spezialfall ist „Vectorization", das heisst Nutzung der Vektorschreibweise, wodurch R intern schnelle, in anderen Programmiersprachen programmierte Schleifen nutzt.
- Julia [1] ist eine sehr neue[1] Skript-Sprache, die ursprünglich am MIT entwickelt wurde, jetzt aber über eine größere Open-Source Community verfügt. Das Ziel der Entwickler war, eine Sprache zu entwickeln, die so einfach und komfortabel wie Python und R ist, aber gleichzeitig so schnellen Code wie in C++ ermöglicht. Um dieses Ziel zu erreichen, wird der Skript-Code bei der ersten Ausführung automatisch kompiliert

---

[1] Kurz vor dem Abschluss an den Arbeiten für dieses Buches wurde Version 0.4 vorgestellt.

wird und die Sprache auf diese Methode ausgerichtet. Parallele Rechenkerne und auf mehrere Computer verteiltes Rechnen werden von Julia ebenfalls unterstützt.

- Im Gegensatz zu R ist Julia eher konservativ in der Konvertierung von Objekt-Typen, um ungewollte automatische Umwandlungen zu verhindern.
- Es gibt ein einfaches, aber transparentes und gut handbares Typensystem für objektorientiertes Programmieren. Es ist möglich, Funktionen mit gleichem Namen für verschiedene Argumentkombination zu definieren, und Julia wird dann immer die von den Argumenten her jeweils passendste Funktion auswählen.
- Skripten können in Unicode geschrieben werden, wodurch die Lesbarkeit erhöht wird (z. B. kann man das Skalarprodukt der Vektoren $\alpha$, $\beta$ in Julia einfach als $\alpha \cdot \beta$ schreiben).

Aus unserer Sicht besteht der wesentliche Nachteil von Julia darin, dass Julia noch sehr neu und daher noch nicht vollkommen gefestigt ist. Daher muss man davon ausgehen, dass die Rückwärtskompatibilität zukünftiger Versionen eingeschränkt ist und man existierenden Code anpassen muss, wenn neuere Juliaversionen[2] verfügbar werden. Julia ist daher für Produktionsanwendungen noch nicht zu empfehlen. Für isolierte Untersuchungen ist dieses Problem weniger ausschlaggebend. Es sollte auch bemerkt werden, dass die durch den transparenten Aufbau von Julia bedingte Zeitersparnis bei der Entwicklung des Codes für dieses Buch signifikanter war, als der Zeitaufwand, den fast fertigen Code von Julia 0.3.11 auf Julia 0.4.0 umzustellen.


Sowohl Python als auch Julia bieten ein interaktives web-basiertes Interface an (IJulia bzw. IPython), das es erlaubt, interaktive Sitzungen zu dokumentieren. Dabei lassen sich sowohl Formeln (via LaTeX) als auch vom Programm erzeugte Graphiken einbinden. Diese Dokumentation ist in dem Sinn dynamisch, dass der in ihr enthaltende Skript-Code jederzeit geändert und/oder wieder ausgeführt werden kann.

Aufgrund des klaren, an den Bedürfnissen von Mathematikern orientierten Designs von Julia und dem Umstand, dass man ohne große Anstrengungen performanten Code schreiben kann, glaube wir, dass Julia für mathematische Anwendungen eine populäre Skriptsprache werden wird. Wir halten Julia für eine gute Wahl für Aktuare, insbesondere in Verbindung mit IJulia. Die Website von Julia ist

$$\texttt{http://julialang.org}$$

---

[2]Dies betrifft die 0.x.0 Versionen. Code, der unter 0.x.0 läuft, sollte auch unter 0.x.y laufen, aber 0.(x+1).0 könnte das Programm brechen. Es ist noch nicht klar, wann die erste stabile Version 1.0.0 veröffentlicht wird.

## Literatur

1. Jeff Bezanson, Alan Edelman, Stefan Karpinski, and Viral B. Shah. Julia: A fresh approach to numerical computing. http://arxiv.org/abs/1411.1607, 2014.

# Anhang C
# Das Julia-Package
# ValueOrientedRiskManagementInsurance

## C.1    Kurzbeschreibung

Im Julia-Modul `ValueOrientedRiskManagementInsurance` finden sich die `type`-Deklarationen und Funktionen, die die in diesem Buch benutzten Julia-Skripten benutzen. Dieses Modul findet sich in dem Package gleichen Namens.

Das Modul besteht aus der Hauptdatei

`ValueOrientedRiskManagementInsurance.jl`

Im Ordner `src` und `include`-Dateien, die die eigentlichen Deklarationen und Funktionen enthalten. Letztere sind nach Anwendungen organisiert.

Das Package enthält außerdem einen Ordner `test`, der die in diesem Buch ausgeführten Beispielrechnungen enthält.

## C.1.1    Julia-Dateien für die SCR-Berechnung im SST Lebens Modell

Die Berechnung erfolgt mit der Inputdatei

`SSTLife_Input.jl`

und dem Skript

`SSTLife.jl,`

die sich beide im Ordner `test` befinden. Das Skript stützt sich auf die Typendeklarationen

`SST__Types.jl`

© Springer-Verlag Berlin Heidelberg 2016
M. Kriele und J. Wolf, *Wertorientiertes Risikomanagement von Versicherungsunternehmen*, Springer-Lehrbuch Masterclass,
DOI 10.1007/978-3-662-50257-0

und die Funktionen

`SST_Functions.jl,`

die sich im Unterordner `src/SST` befinden.

## C.1.2 Julia-Dateien für die szenariobasierte Solvency 2 SCR-Berechnung der X-AG aus Abschn. 4.7.5

Die Berechnung erfolgt mit den Inputdateien

`S2Life_Input.jl`, `Life_Input.jl`

und dem Skript

`S2_Life.jl,`

die sich alle im Ordner `test` befinden. Das Skript stützt sich auf die Typendeklarationen

`Life__Types.jl,`

Konstruktoren

`Life_Constructors.jl`

und Funktionen

`Life_Functions.jl,`

die sich im Unterordner `src/Life` befinden, sowie auf Typendeklarationen

`S2Life__Types.jl,`

Konstruktoren

`S2Life_Constructors.jl`

und Funktionen

`S2Life_Functions.jl,`

die sich im Unterordner `src/S2Life` befinden.

## C.1.3 Julia-Dateien für die Solvency 2 Risikokapitalberechnung der Y-AG aus Abschn. 4.7.6

Die Berechnung erfolgt mit der Inputdatei

`S2NonLife_Input.jl`

und dem Skript

$$S2NonLife.jl,$$

die sich beide im Ordner test befinden. Das Skript stützt sich auf die Typendeklarationen

$$S2NonLife\_\_Types.jl$$

und die Funktionen

$$S2NonLife\_Functions.jl,$$

die sich im Unterordner src/S2NonLife befinden.

### C.1.4    Julia-Dateien für das vereinfachte ökonomische Kapitalmodell

Die Berechnung erfolgt mit der Inputdatei

$$ECModel\_Input.jl$$

und dem Skript

$$ECModel.jl,$$

die sich beide im Ordner test befinden. Das Skript stützt sich auf die Typendeklarationen

$$ECModel\_\_Types.jl$$

und die Funktionen

$$ECModel\_Functions.jl,$$

die sich im Unterordner src/ECModel befinden.

## C.2    Installation des Packages „ValueOrientedRiskManagementInsurance"

Wir setzen voraus, dass auf dem Computer das Programm Julia bereits installiert ist.

### C.2.1    Benutzung des Package Managers

In der Julia-Konsole kann das Package mit dem Befehl

$$Pkg.add(\text{„ValueOrientedRiskManagementInsurance"})$$

installiert werden. Das ist aber die dann aktuelle Master-Version, die eventuell nicht zu dieser Auflage des Buchs oder zur installierten Julia-Version passt. Dazu muss man den jeweils geeigneten „Branch" auschecken. Auf der Website

```
https://github.com/mkriele/
ValueOrientedRiskManagementInsurance.jl
```
(es darf natürlich kein Zeilenwechsel und kein Leerzeichen in der Webadresse eingegeben werden) findet man Information, welcher Branch für welche Buchauflage und Juliaversion geeignet ist. Falls der geeignete Branch „de_2ed" heisst, so kann dieser Branch durch den Befehl
```
Pkg.checkout(„ValueOrientedRiskManagementInsurance",
„de_2ed")
```
ausgecheckt werden. Zum Schluss mus man Julia noch einmal neu starten.

### C.2.2   Manuelle Installation

Es ist auch möglich, das Package manuell zu installieren und mit Befehlen des Versionen-verwaltungsprogramms git die passende Version des Packages auszuwählen.[1]

In der Julia-Konsole kann das Package mit dem Befehl
```
Pkg.clone(„https://github.com/mkriele/
ValueOrientedRiskManagementInsurance.jl.git")
```
installiert werden. Das Package wird als Unterordner mit dem Namen „ValueOriented-RiskManagementInsurance" eines Ordners, dessen Speicherort man durch den Julia-Befehl

```
Pkg.dir()
```

erfährt, installiert.

Hiermit wird allerdings die neueste Master-Version des Packages installiert, die eventuell nicht für diese Auflage des Buches oder die auf dem Computer installierte Version von Julia passt. Es ist auch nicht auszuschliessen, dass die Master-Version Fehler enthält, die noch nicht korrigiert wurden. Daher sollte das für dieses Buch und für die installierte Julia-Version geeignete Release des Packages ausgecheckt werden. Dies kann man wie folgt mit einem git-Befehl erreichen.

Zunächst gilt es, das geeignete Release zu identifizieren. Das Package ValueOriented-RiskManagementInsurance befindet sich auf der Website
```
https://github.com/mkriele/
ValueOrientedRiskManagementInsurance.jl
```
Dort erfährt man für jede Buchauflage/Juliaversion-Kombination den geeigneten „Branch", der ausgecheckt werden muss. Für diese 2. Auflage des Buches und den neuesten Julia Release wäre es zum Beispiel der Branch de_2ed.

---

[1]Das Programm git ist freie Software und kann von der Website `https://git-scm.com` bezogen werden.

Um diesen Branch auszuchecken, navigiert in der normalen System-Shell[2] zunächst in den Ordner, in dem die Julia-Packages installiert werden, und dann weiter in den Unterordner

```
ValueOrientedRiskManagementInsurance.
```

Daraufhin führt man den `git`-Befehl

```
git checkout de_2ed
```

aus, damit Julia in Zukunft auf die passende Version zugreift.

---

[2]Also nicht in der Julia-Konsole.

# Sachverzeichnis

© Springer-Verlag Berlin Heidelberg 2016
M. Kriele und J. Wolf, *Wertorientiertes Risikomanagement von
Versicherungsunternehmen*, Springer-Lehrbuch Masterclass,
DOI 10.1007/978-3-662-50257-0

Printed in the United States
By Bookmasters